本书由国家自然科学基金青年项目(61473307,61304120)和
空军工程大学优秀博士论文扶持基金(KGD081114006)共同资助出版

# 空中加油动力学与控制

王海涛　董新民　等 编著

国防工业出版社
·北京·

# 内容简介

本书总结了作者及所在科研团队十多年来在空中加油动力学与控制研究领域所取得的部分成果，较为全面系统地介绍了空中加油技术的作战使用、历史发展和工程实践等基本知识；加油机尾涡流场、受油机头波效应的 Hallock – Burnhan 理论模拟和 CFD 数值模拟方法；变质量飞行器、软管锥套组合体和加油硬管的动力学建模仿真方法；人工电传控制增稳模态控制律设计与空中加油模态改进方法；针对高阶多输入、多输出仿射非线性系统的在线自组织近似指令滤波反推非线性控制理论及其在受油机对接飞行航迹控制中的应用。此外，各部分内容均安排翔实的仿真应用，便于读者理解掌握。

本书以空中加油动力学与控制最新理论为主线，同时包含流体力学、系统动力学建模、飞行控制、非线性控制等相关前沿方法，能够帮助空中加油爱好者尽快入门，适合从事飞行控制、非线性控制、动力学建模等研究领域的研究生、科研人员仔细研读，对于空中加油工程技术发展也具有一定指导作用。

**图书在版编目(CIP)数据**

空中加油动力学与控制/王海涛，董新民编著．—北京：国防工业出版社，2016.4

ISBN 978 – 7 – 118 – 10696 – 1

Ⅰ．①空…　Ⅱ．①王…②董…　Ⅲ．①空中加油 – 飞行力学②空中加油 – 飞行控制　Ⅳ．①V228.1

中国版本图书馆 CIP 数据核字(2016)第 053670 号

※

国防工业出版社出版发行

(北京市海淀区紫竹院南路 23 号　邮政编码 100048)

天利华印刷装订有限公司印刷

新华书店经售

*

开本 787 × 1092　1/16　印张 24½　字数 550 千字

2016 年 4 月第 1 版第 1 次印刷　印数 1—3000 册　定价 78.00 元

---



国防书店：(010)88540777　　发行邮购：(010)88540776

发行传真：(010)88540755　　发行业务：(010)88540717

# 前　言

本书总结了作者及所在科研团队十多年来在空中加油动力学与控制研究领域所取得的部分成果，目的是推广空中加油动力学与控制的基本知识与前沿理论，吸引和帮助更多研究生、科研人员深入开展空中加油相关研究，促进国内空中加油理论和工程的研究应用。

从个性特点看，空中加油应该是最为特别的一种飞行任务。它是唯一允许空中“碰撞”的飞行，是机体外部唯一配备柔性软体设备的技术，还是相对位置实时变换的超密集编队飞行。这些特别之处需要专门的前沿理论和方法作为支撑，也正是空中加油最吸引人的地方。从共性特点看，空中加油通常是对常规飞机的局部改造，其个性理论和方法仍然要以常规飞行中的控制、气动、结构等共性理论和方法作为强有力支撑。

空中加油已经成为现代战略空军必须具备的一项基本能力。与美国、英国、俄罗斯等空中加油强国相比，我国空中加油技术能力还有较大差距，目前仅仅是解决了有无问题，远远谈不上发挥战略作用。特别是世界新型空中加油机和无人自主空中加油技术的快速发展，这种差距正在逐步拉大。

因此，开展空中加油动力学与控制的研究，不但能够突出个性理论与技术的创新、夯实共性航空科学基础、满足学术研究需要，更有助于提升战略空军作用、解决工程难点、实现技术追赶。

作者及所在科研团队希望通过本书，将十多年的研究成果与国内从事空中加油理论研究和工程开发的圈内人士共同分享。同时抛出自己的“砖”，引来更多的“玉”，吸引更多的圈外人士关注、支持、从事空中加油研究，最终将我国空中加油理论研究和工程技术做大做强。

本书共分为5篇16章，分别为：第一篇（一～四章），简要介绍了空中加油技术的作战使用、历史发展、工程实践和常见事故等基本知识，使圈外人士对空中加油建立初步感性认识、理论研究人员建立实际系统概念避免脱离实际；第二篇（五～七章），细致介绍了加油机尾涡流场、受油机头波效应的 Hallock – Burnham 数学建模和 CFD 数值模拟方法，为研究空中加油流场环境特性及其对受油机影响提供手段；第三篇（八～十章），深入介绍了时变质量飞行器、软管锥套组合体和加油硬管的动力学建模仿真方法，为分析燃油传输阶段受油机、软硬式加油设备等动力学特性，开展控制器设计提供模型支持；第四篇（十一～十四章），介绍了受油机人工电传控制增稳模态控制律设计与空中加油模态改进方法，为受油机人工空中加油模态控制律设计提供参考；第五篇（十五～十六章），介绍了作者提出的针对高阶多输入、多输出仿射非线性系统的在线自组织近似指令滤波反推非线性控制理论及其在受油机对接飞行航迹控制中的应用。控制方法突出理论创新，控制过程对实际无人机自主空中加油工程技术具有一定借鉴意义。此外,各部分内容均安排翔实的仿真应用,便于读者理解掌握。

以上章节由6位作者集体讨论分工撰写。第二章由徐跃鉴主笔,第三章由郭军主笔,第六、十章由陈博主笔,第七章由刘娇龙主笔。其余章节由王海涛、董新民共同编写完成。感谢王健、高宇、苟义勇对本书所做的大量校稿工作。由于作者水平和资料有限,本书难免存在内容体系不够全面完整、论述不够精练专业,甚至存在错误,欢迎专家、读者不吝赐教。

编著者

2015年9月

# 目　录

## 第一篇　空中加油简介

## 第四篇 人工空中加油飞行控制

## 第五篇 自主空中加油飞行控制

# 第一篇　空中加油简介

2014年9月23日，一条爆炸性新闻几乎占据了世界各大媒体的头版头条：“美国空军的F－22战斗机从阿联酋阿哈佛拉（Al Dhafra）空军基地起飞，借助从卡塔尔乌代德空军基地起飞的KC－135加油机在途中进行空中加油完成了对叙利亚伊斯兰国（ISIS）极端武装组织的远程空袭任务。”这次新闻事件中，与世界最先进的战斗机F－22首次参战同样吸引眼球的无疑是美国空军屡试屡爽的“空中加油”。究竟空中加油是“何方神圣”，它到底身怀哪些绝技，致使美国人在历次现代空袭任务中频频出手，连大名鼎鼎的F－22都要空中加油的鼎力相助才能顺利完成任务？本篇将带您一起深入认识空中加油技术。

# 第一章　空中加油技术的意义与发展

## 1.1　战略意义

空中加油力量是现代化空军有效扩展空中力量作战范围和作战能力的重要手段，已经成为世界主要军事强国空中力量的“标准配置”。空中加油技术简单地说，就是在空中一架航空器给另一架或数架航空器加注燃油，使其航程加大，续航时间增长的技术。

### 1.1.1　遗憾错过第二次世界大战

对于空中加油技术巨大战略作用的认识，其实经历了一段漫长而曲折的过程。

早在第一架飞机问世之初，就有人提出空中加油的设想，并且获得不少人的认同。第一次空中加油出现在20世纪20年代末，美国人利用两架双翼机完成了空中加油。在此后一段时间里，追求空中加油的次数和留空时间纪录成了航空冒险家们的嗜好。然而，自第一次空中加油出现之后20多年的漫长时间里，这项“新技术”竟由于乏人问津而“束之高阁”。空中加油在技术上没有太大困难，但在第二次世界大战血与火的空中大战中竟然没有出现它的身影。

起初，航空界始终认为空中加油技术并非亟待发展的关键航空技术，主要是基于两种观点。一是“螺旋桨飞机的螺旋桨在机体的前面，高速旋转的螺旋桨会打断加油管或使加油管缠绕而发生事故，因此不适合进行空中加油。第二次世界大战后喷气机成为主流，去除了螺旋桨的困扰，空中加油才风行起来”。二是“螺旋桨飞机使用的是活塞发动机，耗油率非常低，因此在第二次世界大战中对空中加油技术的需要不是很强烈。只是到了喷气机大量使用后，对空中加油的需求增加，才导致加油技术得到发展”。后来，随着空中加油技术慢慢付诸实践，航空界才逐渐意识到这两种观点的错误。第一种说法现在看来相当可笑，第二次世界大战后双发、甚至四发螺旋桨飞机照样进行空中加油，到目前为止还未出现因螺旋桨与加油管碰撞而发生的事故；美军直升机的旋翼要比单发螺旋桨战斗机大得多，照样进行空中加油。第二种说法表面上看起来非常有道理，实际上也未能指明空中加油被忽视的真正原因。其实，活塞式发动机省油和喷气发动机费油对航程的影响是半斤对八两。省油意味着加进少量的油也能有可观的航程。为提高航程，第二次世界大战中的作战飞机普遍采用了机翼油箱设计并挂载了副油箱，这充分说明第二次世界大战中的螺旋桨飞机也同样需要空中加油。

整个第二次世界大战进程已经鲜明地表现出对空中加油技术的渴望。

为提高航程，人们首先想到的就是尽量增加机翼的翼展，但这样做会使机身结构重量增加，机动性下降，也会使战斗机的过载能力下降，速度受到限制。德国的 BF－109 战斗机是第二次世界大战中性能比较出色的战斗机，为了突出高速度和机动性，限制了翼展和翼面积，使航程大受影响，极大地影响了这种飞机的作战效能。德军飞行员在许多情况下都是还没有打完子弹就得返航。

美国、苏联等国都在第二次世界大战前进行了子母飞机的研制，其最主要的目的也是为了增加飞机的航程。另外，当时的活塞发动机功率/重量比很低，为提高这个比值，有人设想为飞机安装上二冲程发动机，能减少发动机重量一百多千克，这对于当时起飞重量只有 2t 的战斗机而言非常有吸引力。但这种发动机燃料消耗量要比四冲程高，这一想法最后无疾而终。

太平洋战争中的海空战斗充分说明了舰载机的航程对战局的重要影响。为了增加“零”式战斗机的航程，日本飞行员“发明”了以极低速度飞行、让发动机保持在极低功率状态下的方法，使战斗机的航程几乎增大了 1/3。但这样做大幅度增加了飞行时间，在飞抵目标开始攻击时，飞行员已经被六个多小时的远程飞行搞得精疲力竭，而且，飞行时间长也为美国的雷达提供了充分的预警时间。如果有空中加油，就没有必要浪费宝贵的时间，也就意味着提高了攻击的突然性。为了节省燃料并增加航程，美国海军在起飞侦察机时都尽量使用航空母舰上的弹射器，大型水上侦察机只要有条件，也是尽量使用弹射器，要不然就采用火箭助推，美国海军在第二次世界大战期间光是为了水上飞机起飞节省燃料就研制了三型液压弹射器。当时的螺旋桨飞机如果能进行空中加油，则侦察范围会成倍扩大，巡航时间会大增，1 架就有可能相当于 3 架或更多的架次。

从 1942 年开始，美国和英国开始利用大型轰炸机对德国进行战略轰炸，但由于护航战斗机航程有限，往往在越过海峡进入法国上空后战斗机就要返航。轰炸机群通常是在没有战斗机护航的情况下展开行动的，致使损失惨重。为减少伤亡，英国空军全线转入夜间攻击，这虽然容易避开德国战机拦截，但自身投弹精度也大受影响。1943 年底，美国空军为了实施远程轰炸，让 B－29 从印度的加尔各答起飞，受航程限制必须转场到中国成都机场加油挂弹。如果当时有空中加油，美、英两国轰炸机将会得到战斗机全程护航，行动突然性、隐蔽性将大大增强。

第二次世界大战中交战各国共生产了大约 100 万架作战飞机，由于航程受限，大量飞机进行攻击或空战前只能大量“堆积”在前线机场，导致几乎所有的前线机场在战斗或战役紧张时总是处于严重拥挤状态。如果当时有空中加油，各作战飞机将可直接从各自机场飞赴空战前线，大大降低前线机场压力。

可以说，第二次世界大战中的飞行员和飞机设计师都遇到了飞机航程受限制的困扰，有相当大数量的作战飞机都是因为燃料消耗完而坠毁的，如果有空中加油技术，这些缺陷就可以得到相当大的弥补，第二次世界大战的空战史就有可能会重写。

现代成熟的空中加油技术虽然与早期人工操作方式有很大不同，但其设备和操作过程仍属于一种航空边缘技术，和飞机本身的高技术相比，在结构上是非常简单的，使用起来也并不复杂。从实用的角度看，1946 年以后空中加油技术就已基本成熟，现有的软管锥套式加油系统和硬管式加油系统与第二次世界大战后几年间研制的加油装置并没有太大差别，可以说基本上没有改变。这也说明加油技术的简单和容易实现。通过第二次世界大战中大量空中作战行动受到飞机航程限制的战例，我们一定会为空中加油技术没有在第二次世界大战时开发出来而惋惜。可以说，第二次世界大战中作战飞机对加油技术的需求是非常强烈的，但最需要空中加油技术的时候它却被忽视了，这无疑值得我们后人深思！

### 1.1.2 现代空战显神威

实事求是地讲，空中加油技术的战略作用在其发展早期是被海空军决策者一度忽视的。现代局部战争的出现才使得空中加油技术得到广泛使用。

**1. 越南战争初露锋芒**

美国空军在战争中大规模使用空中加油始于越南战争。1964 年 6 月 9 日，4 架 KC－135 加油机首次参加实战，为美国空军的 8 架 F－100 战斗机实施了空中加油。从战争爆发到停战的 9 年零 2 个月时间内，美军 172 架 KC－135 加油机共飞行 194687 架次，进行空中加油 813878 次，共加燃油 410 万 t。此后，美军发动的历次战争几乎都有加油机的身影。

**2. 马岛战争大显神威**

1982 年，英国和阿根廷爆发马岛战争。英国为鼓舞士气，夺回失地，决定迅速发起“黑鹿行动”——派遣“火神”轰炸机从英国本土的朴茨茅斯怀丁顿基地远程奔袭马岛（马尔维纳斯群岛）轰炸斯坦利港机场。

从英国怀丁顿基地到马岛，距离远的令人咋舌：先要从怀丁顿基地飞 6600km 到位于南大西洋的中转站英属阿森松岛，再从那里飞 6200km 到马岛。因此，英国计划使用 11 架“胜利者”加油机为 2 架“火神”实施空中加油。1982 年 4 月 30 日深夜 22 点 50 分，行动开始。经过 16 小时零 2 分钟，英军完成了世界空战史上最长距离的一次空中奔袭。“黑鹿行动”中英军“火神”轰炸机和“胜利者”加油机组成的机群所飞行的航路如图 1－1 所示。

从英国起飞，飞到中间 6000 多千米的时候就得加油。一架“胜利者”就要给“火神”加油。那么别的加油机还要再给这架“胜利者”加油。把油全部加给“胜利者”的那架加油机就只能返航了。飞行到一定距离，这种“胜利者”给“胜利者”，“胜利者”给“火神”的接力式的加油过程就要反复进行。所以“黑鹿行动”中虽然只有 2 架“火神”实施轰炸，但却需要 11 架“胜利者”进行加油补给。“黑鹿行动”中空中加油任务模式如图 1－2 所示。尽管现代空战的样式天翻地覆，但还是应验了那句老话：兵马未动粮草先行。

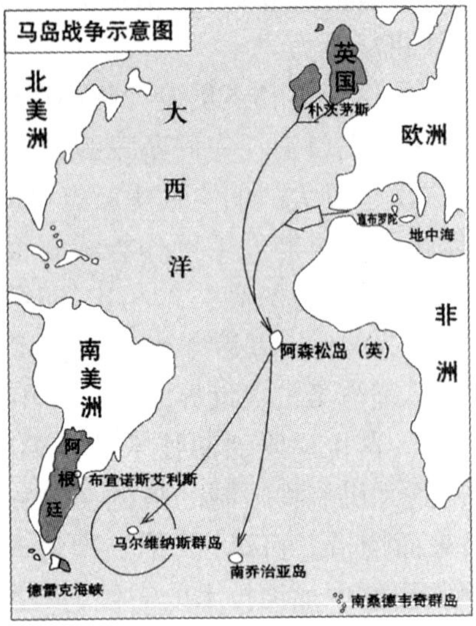


图 1-1 “黑鹿行动”中英军的航路

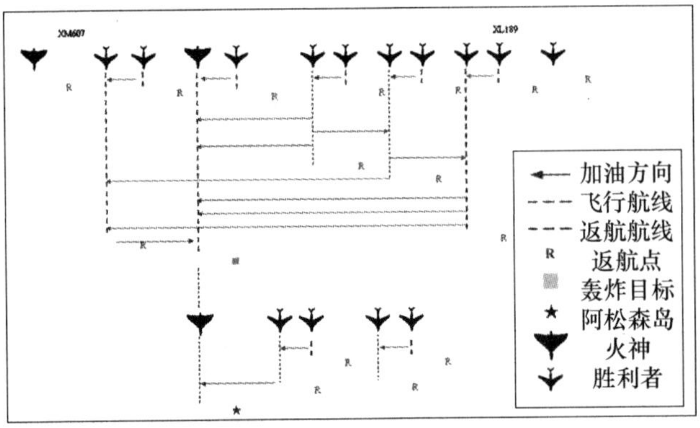


图 1-2 “黑鹿行动”中空中加油任务模式

**3. “黄金峡谷”开创“外科手术式打击”模式**

1985 年，美国决定对叙利亚发起代号为“黄金峡谷”的突然军事打击。4 月 15 日，由于法国和西班牙拒绝美军 F-111 穿越其领空，美国空军的 18 架 F-111 战斗轰炸机及 3 架 EF-111 电子反制机，只得自驻扎于英国的空军基地出发，途经北大西洋、直布罗陀海峡，穿越地中海上空到达利比亚。“黄金峡谷”行动中 F-111 借助空中加油后的曲折航线如图 1-3 所示。

30 架 KC-10 和 KC-135 与战斗机群一起编队飞行，在途中为战斗机群进行了 4 次加油，使得 F-111 顺利飞抵目标并准时发起空袭。在返航途中，它们又为 F-111 进行了 2 次加油，使它们顺利飞回英国的基地。从起飞到降落，连续飞行 1 万多千米，单程飞行约 6h。漫长的远程奔袭任务中，战斗任务仅用时 23min，就对叙利亚的重点预定目标实施了精确打击，攻击任务圆满成功。

“黄金峡谷”行动被认为是“外科手术式打击”空战模式的开端。如果说各种战斗飞机扮演手术刀的刀锋，那么空中加油技术则是手术刀的刀柄，助力刀锋直切病灶。

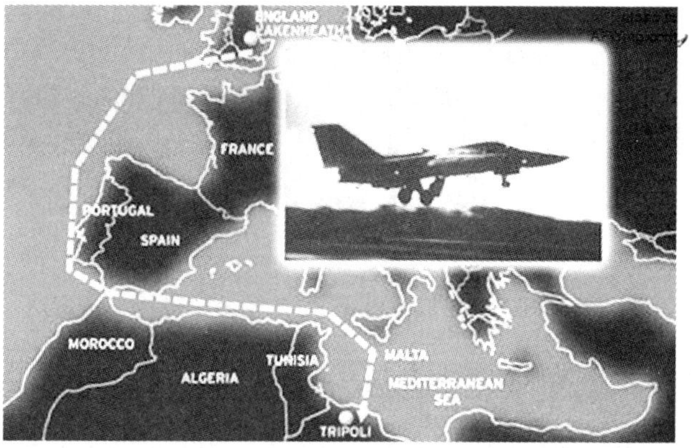


图 1－3 “黄金峡谷”行动中 F－111 的曲折航线

**4. 海湾战争的幕后主角**

海湾战争中，美国空军出动了其全部的 KC－10 加油机，为执行战斗攻击任务架次总数的约 60% 的飞机进行空中加油。KC－10 也是“沙漠风暴”行动首批出动的飞机之一，平均一天就要对 1433 架次的飞机进行空中加油。

把战机及其支持设备和人员、地面作战部队、装备和补给运到中东需要在短时间内进行非凡的空中加油努力。第一批 F－15 需要直接从弗吉尼亚州兰利空军基地飞到沙特阿拉伯，整个过程耗时 15h，要进行 7 次空中加油。空中加油在战争中发挥了关键作用。如果没有空中加油，F－117A 隐身战斗机在投放炸弹前就会耗尽燃料。在战争中，许多飞机来到加油点时几乎用光了燃油。美国空军预备役第 336 空中加油中队的罗恩·麦肯齐少校说：“在‘沙漠风暴’行动中经常能听到飞行员大呼小叫地需要燃油。”海湾战争期间 F－14 机群在 KC－10 加油机后争相排队加油的情景如图 1－4 所示。

图 1－4 海湾战争期间嗷嗷待哺的 F－14 在一架 KC－10 后排队加油

战斗机飞行员们并不是在战争中唯一依赖空中加油机的人。大型指挥和控制飞机（如 E－3 预警机和 E－8 战场联合监视机）也依赖于这些飞行加油站持续留空，来完成持续的任务控制和侦察任务，如图 1－5 所示。

而货机，如巨型的 C－5“银河”则要通过空中加油来加速货物的交付并增加载货量。轰炸机，像古老的 B－52 通过加油就能挂载更多的炸弹从遥远基地飞到战区。

海湾战争中，为增强隐蔽性，美军许多突袭任务都需要夜间发起，如图 1－6 所示。强大的夜间空中加油能力极大地拓展了美国空军的全时空作战能力。

在海湾战争中，空中加油为多国部队赢得战争的胜利立下了汗马功劳。据统计，战争期

图 1-5　KC-135 加油机为 E-3 预警机进行空中加油

图 1-6　KC-135 加油机的夜间加油

间，美国空军的 KC-135 和 KC-10 加油机一共为多国部队的飞机加油 5.1 万多次，共输送了 7.1 亿升燃油，并且全部成功。海湾战争结束后，各种新闻媒介对 F-117、F-14、F-15、F-16 等战斗机和精确制导武器进行了连篇累牍的报道，视其为战争中的英雄。然而，在制订作战计划的美军专职人员心目中，却一直把空中加油机群作为这场战争的领衔主角。

**5. 伊拉克战争首次进入敌国领空作战**

2003 年，美国向伊拉克宣战。3 月 17 日，布什总统发表了他的著名演讲，给萨达姆和他的儿子们下了最后通牒，要求他们必须在 48h 内离开伊拉克，否则将在“美国选择的时刻”面临战争。

当地时间 3 月 20 日午夜至凌晨 1 点间，美国加油机队出动，但这次不是向东飞向阿富汗，而是向沙特北方边境前进。战争首夜让人心惊胆战，这里不像阿富汗，在那里美军能遭遇的最大威胁就是塔利班的便携式防空导弹。这里是伊拉克，伊拉克空军和防空网络仍然健在。在战争命令下达之前，美军已在沙伊边境的沙特一侧规划了几个空中加油轨道，加油机群按 900m 的垂直间隔分散到 5400～9400m 的不同空域。这次空战行动的规模和复杂性让世人震惊。

这次作战行动不同于以往，也和美军接受的标准作战训练大为不同，这次作战标志着美国空军史上首次加油机进入敌国领空作战。一般来说加油机属于不会飞入敌国领空的高价值飞机，这个俱乐部的其他成员还包括预警机、联合监视与目标攻击雷达系统等。之前还没有一架美军加油机飞入过伊拉克境内，而现在美军大批加油机要和战术飞机一起飞入敌方领空。

战争开始后，如图 1-7 所示，加油轨道也直接推进到了伊拉克境内。

在美军飞向伊拉克境内的新加油轨道时，关掉了无线电，保持静默，遵守着隐蔽规定。美国加油机队在巴格达以南仅仅 80km 处绕圈，在黑暗的夜空中等待着战争迹象的显现。

和加油机队同时起飞的 F-117“夜鹰”隐身战斗机们开始向巴格达市中心投弹，企图在战争首夜干掉萨达姆。这时距布什总统的“48 小时”演讲几乎整整过去了 50 小时，真正的战争开始了……

这次作战标志着美国空军史上首次加油机进入敌国领空作战。

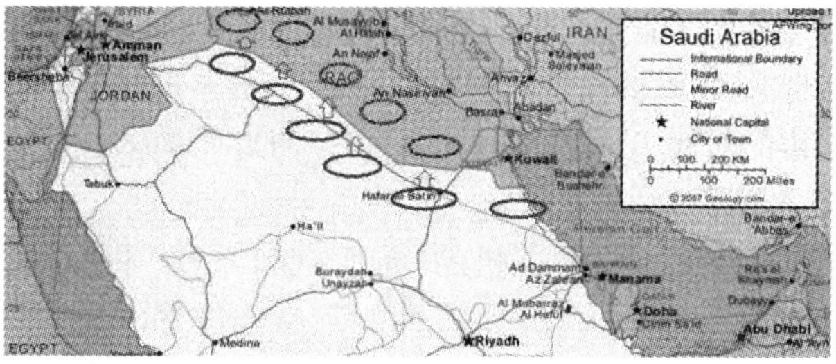


图 1-7　伊拉克战争前后美加油机队任务轨道

**6. 助力美军 F-22 战机夜袭 ISIS**

2014 年 9 月 23 日，美国空军多型战机远程奔袭叙利亚，对盘踞在当地的 ISIS 极端武装进行空中打击。由于距离遥远，为保证战斗力及足够航程，参加行动的 F-22A 战机、F/A-18EF 战机、F-16C 战机均进行了空中加油。

如图 1-8 所示，当地时间 9 月 23 日，从卡塔尔乌代德（El Udeid）空军基地起飞的美军 KC-135 加油机正在给赴叙利亚执行打击极端武装任务后返回的 F-22 战斗机进行空中加油。该架 F-22 战斗机是从阿联酋阿哈弗拉（Al Dhafra）空军基地起飞。

无论白天黑夜，空中加油技术使军用飞机持续滞空，延长了续航能力、航程和有效载荷，大大提高了作战效能。当需要进行远程作战时，空中加油技术可实现飞机的快速机动。如果没有空中加油技术，现代高技术战争的面貌将难以像今天这般绚丽多彩。

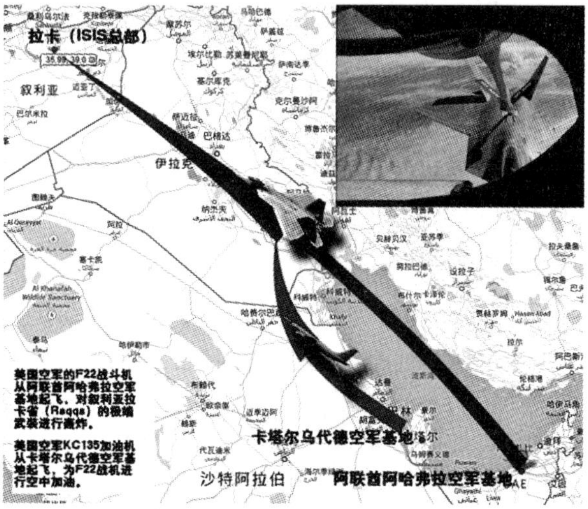


图 1-8　KC-135 支援 F-22 战斗机对 ISIS 进行轰炸路线图

## 1.1.3　空中加油技术的作用

空中加油技术给空军作战的力量部署、机动和使用带来了革命性的变化，它大大增强了航空兵的远程作战、快速反应和持续作战能力，使空中作战能力跃上了一个新台阶。总体而言，空中加油技术对提高海空军航空兵战斗力主要表现在五个方面。

第一，增大飞机作战半径。作战半径是衡量战机，乃至空军作战能力的重要指标之一。为了提高飞机的作战半径，人们总是尽可能地增大飞机的载油量，但过大的油料载荷，只能以牺牲飞机的其他性能为代价。采取空中加油，就能较好地解决这一矛盾。据统计，经过一次空中加油，轰炸机的作战半径可以增加 25% ~30%；战斗机的作战半径可增加 30% ~40%；运输机的航程差不多可增加 1 倍。如果实施多次空中加油，作战飞机就可以做到“全球到达，全球作战”。

第二，增大飞机有效载荷。由于飞机的“最大载荷系数”和“最大起飞重量”是一定的，因此载油量和载弹量始终是一对矛盾。使用空中加油手段后，就使这一矛盾迎刃而解。飞机可以最大限度地载弹，从而提高作战效能。据分析，8 架 F－117A 战斗机配备 2 架空中加油机就能完成相当于 75 架飞机编队所能完成的任务。

第三，延长飞机留空时间。巡逻机、预警机、侦察机等执行特殊勤务的飞机，往往需要较长的留空时间。无空中加油时，要想保持较长的执勤时间，就要增加出动架次。如果使用空中加油，少量的飞机就可以完成较多的任务。预警机之所以能十几小时，甚至更长时间地留空执行任务，主要依靠空中加油。

第四，提高快速机动能力，增强空袭的突然性。采用空中加油，使各类飞机得以实施远距离不着陆飞行，减少了对中途机场的依赖，避免了转场起降带来的延误和不便，大大提高了航空兵的远程机动和快速反应能力；使飞机部分地摆脱对机场的依赖，空袭前不需要预先向前方机场转场，直接从远离突击目标的机场起飞，发动突然袭击。目前，美国空军装备的约 700 架加油机，可保证其 600 余架战略轰炸机和 1000 多架战斗机同时出动作战。

第五，救援缺油飞机。对因缺油、断油而可能失事的飞机，进行空中紧急加油，就可使其顺利返航。越南战争中，被接应的飞机有上千架。特别是为直升机空中加油，提高了救援效率。据称，西方国家运用空中加油，救援了许多濒临断油的飞机，挽回损失达几亿美元。

空中加油技术自 20 世纪 50 年代达到实用化标准至今，应用规模不断扩大，深刻改变着现代空战样式，目前已经成为许多国家空军现代战争中重要的空中支援力量。空中加油技术有着深远的战术和战略意义，战术上是对战机操控性能和飞行员技术的直接检验，战略上是对一国空中持续打击能力和打击范围的直接延伸。空中加油技术的运用，改变了以往人们只能从战机的内载油量、航程来确定其执行任务种类的传统观念，使人们对空中加油支援战机的作战能力有了新的认识，空中加油技术在未来的战争中仍将发挥其重要的作用。

## 1.2 起源与发展

人类航空史上，英国、美国和苏联三国共同推动了空中加油技术的发展，我国也已初步掌握了空中加油技术。下面分别简要回顾各国空中加油技术的发展历史。

### 1.2.1 “不可思议”的登场

早在1917年，沙俄海军飞行员亚历山大·塞维尔斯基就提出了空中加油概念。十月革命后，他移居美国，并在美国申请了空中加油的第一个专利。

如果仅考虑把燃油从一架飞机转移到另一架飞机上的话，早在1921年11月12日，在美国举行的一次航空特技表演中，威斯雷·梅伊背着5加仑①燃油，通过一架林肯标准双翼机机翼走到了另一架寇蒂斯珍妮JN－4双翼机上，将燃油注入了寇蒂斯珍妮双翼机的油箱，如图1－9所示。就是这样一次惊心动魄而又极富想象力的航空特技表演，奏响了人类空中加油技术跌宕起伏百年发展史的华美前奏。

图1－9 1921年11月12日美国人威斯雷·梅伊进行的空中加油特技表演

在威斯雷·梅伊完成“壮举”之后，首次真正的空中加油试验是1923年4月20日，美国陆军航空队在加利福尼亚圣地亚哥的洛克威尔机场，在两架DH－4B双翼机之间进行的。严格来说，这次飞行试验才是第一次空中加油尝试。1923年8月27日至28日，美国陆军航空队飞行员洛威尔·史密斯和约翰·里奇特（见图1－10）驾驶一架哈维兰DH－4双翼机打破了当时的飞行时间纪录，他们飞行了37h15min。

图1－10 洛威尔·史密斯与约翰·里奇特

① 1加仑＝3.785L。

这是历史上第一次应用空中加油技术使飞机留空一天半。在一天半的飞行中,另一架 DH－4 双翼机一共对史密斯和里奇特的飞机进行了 16 次空中加油,这次飞行共在飞行距离、速度和留空时间上创下了 16 项世界纪录。1923 年 8 月 27 日在圣迭戈的天空中这两位年轻人写下了航空史上重要的一页,如图 1－11 所示。

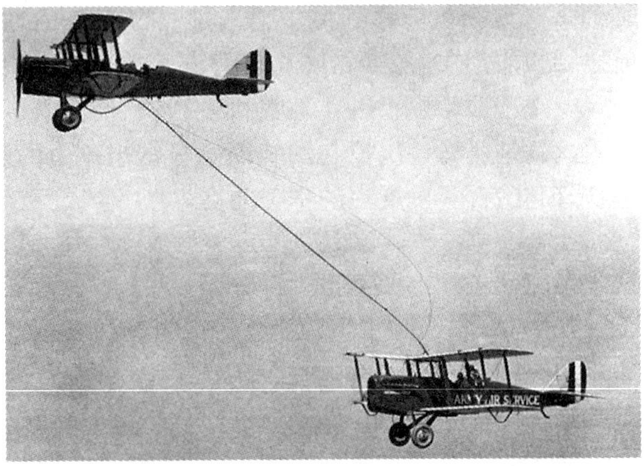

图 1－11　1923 年美国圣迭戈空中进行的人类首次空中加油飞行

当然,那时候没有现在的软管锥套式加油设备或硬管加油设备,它的加油方式是史密斯驾驶受油飞机,里希特站在座舱里,伸手捉住 DH－4B 放下的一根约 10m 长的软管,把它插进自己飞机的油箱。虽然简陋,但这是航空史上的一个伟大创举。“长翅膀的加油站”从此诞生了！而那架 DH－4B 飞机则作为世界上第一架加油机而载入航空史册。

1929 年的元旦,一架绰号为“问号”(因为没人能确定该机能飞多久)的福克 C－2 型飞机开始了创纪录飞行,如图 1－12 所示。

图 1－12　1929 年元旦福克 C－2 型飞机与格拉斯 C－1 型飞机的空中加油飞行

这次空中加油是在玫瑰碗体育场上空进行的,佐治亚理工学院正在对阵加州大学,比分 8:7。两架道格拉斯 C－1 双翼机作为加油机让“问号”持续飞行了 7 天,最终福克因一个发动机停止工作而不得不降落。在这次飞行中,机组传输了 21425L 燃油、927L 机油以及食品、水、电池等其他补给品。

初期的空中加油技术是借助输油软管依靠燃油自身重力实现两架飞机间的空中加

油，如图 1 - 13 所示。加、受油机均需配备加油操作员，且受油操作员身体必须探出飞机座舱，用手抓住输油管完成“对接”加油。这种空中加油方式风险极大，因此不可能得到普及。尽管取得了这样的成就，这项技术的发展在美国还是被终止了。英国这方面的试验取得了一些成功，但是在第二次世界大战期间，大多数当权者都置疑远程战略任务和空中加油技术。尽管存在着巨大的需求，除少数例子外空中加油技术的发展极为有限。

### 1.2.2 英、美合作发展历程

战后，空中加油技术得到了快速发展。苏联、美国、日本、德国等国家都对空中加油技术开展研发，在第二次世界大战结束时，技术最先进的则属英国。然而，成熟的加油机最终在美国建造成功。

洛威尔・史密斯与约翰・里奇特实现首次空中加油后，英国皇家空军的理查德・阿彻利少校开始研究更安全的空中加油方法。他提出让受油机在空中平稳地前飞，尾后拖一根导索，导索末端有一个配重，使导索在空中稳定；加油机也拖一根导索，也带一个配重，成一定角度从受油机的一侧飞往另一侧，使两根导索在空中交会挂住，然后受油机把导索拉进来，把加油机的加油软管拖进受油机，开始输油。此后，油管的末端增加了圆锥形锥套，既增加油管在空中的稳定性，又便于受油机的加油插头准确地插入油管。

1934 年，英国人阿伦・科巴姆于英国塔兰特拉什顿创立了空中加油有限公司（Flight Refueling Limited，FRL），意欲通过空中加油，使民航客机达到超远程飞行，FRL 至今仍然是空中加油领域无可争辩的权威。到 1945 年，FRL 为他们的空中加油系统取得了专利，标志着该技术的初步成形。

美国空军对此项能够大大增加轰炸机和战斗机航程的技术很感兴趣，在 1948 年从英国购买了 92 套空中加/受油设备并在波音公司的威奇塔工厂对 B - 29 轰炸机进行改装。以现在的眼光来看，这套软管式加油系统（looped - hose system）令人难以置信的笨重，能正常工作简直是奇迹。起初，使用旋进系统，加油机回卷着软管对准受油机。虽然这个系统是笨拙的，在开发出了一个更好的方案之前，它却常见于 20 世纪 40 年代后期。1948 年 3 月 28 日，两架经过改装的 B - 29 加/受油机演示了系统的可行性，如图 1 - 13 所示。出于安全考虑在测试中输送的是水而不是燃油，5 月份又成功进行了燃油输送试验。受

图 1 - 13　KB - 29M 加油机为 B - 29MR 受油机进行空中加油

到演示成功的鼓舞，美国空军决定将92架B－29改装为KB－29M加油机。为了这次改装，波音在1948年重开了已关闭的威奇塔2号工厂。另外，有74架B－29改装为受油机，最初型号定为B－29L，后来改为B－29MR。

KB－29M加油机在前后弹舱内都安装了可投弃的油箱，每个容量8700L，油箱接通机上加油系统，其中的燃油可以输送到受油机上。机身尾部安装了软管、卷架、绞车和燃料泵。在B－29MR受油机机尾配备了受油接头和软管绞盘。

空中加油时，受油机在加油机后下方保持近距编队。随后加油机尾部放下一根拖曳缆，同时受油机尾部右舷的受油接头处也伸出一根接触缆，末端有一个抓钩。当受油机做一个穿越机动与加油机平行飞行，抓钩会在机动中抓住加油机的拖曳缆，于是受油机绞车将缆收回，拖曳缆收入机身后，受油机操作员分开两条线缆，并将加油机的拖曳缆单独固定在绞车上。接下来就是绞车将加油机的加油软管拉回并锁定在受油接头，受油机会发出灯光信号，加油机于是开始输送燃油。加油结束后，软管被释放，并由加油机收回，完成加油。受油机的加油接头有一个保险装置，当软管承受的拉力达一定值时，会自动释放。

1948年6月30日，战略空军司令部建立了首批两个KB－29M中队。1948年12月，一架B－50轰炸机在加油机支持下，从得克萨斯的卡斯维尔空军基地起飞，携带4540kg的假原子弹，来回飞行15128km，对位于珍珠港的美国海军基地进行了假想攻击，以展示美国空军具有远程轰炸能力。

此后，美国空军利用这套加油系统进行了环球飞行，一架B－50A轰炸机从卡斯维尔空军基地出发，进行了94h1min的环球飞行，途中进行了4次空中加油，航程达37532km，如图1－14所示。这充分表明加油机使战略空军司令部能够有效扩大B－29和B－50A轰炸机的航程，战略空军司令部遂决定未来所有轰炸机都应具备空中加油能力。

图1－14　B－50A轰炸机环球一周不着陆飞行中与KB－29进行空中加油对接

随着时代进步，更好的加油技术使用了“插头—锥套”系统，美国对KB－29进行了修改，其中一个加油软管环面形锥套连接到受油飞机机鼻或机翼上的插头，如图1－15所示。加油系统的开发和安装由英国的FRL完成。

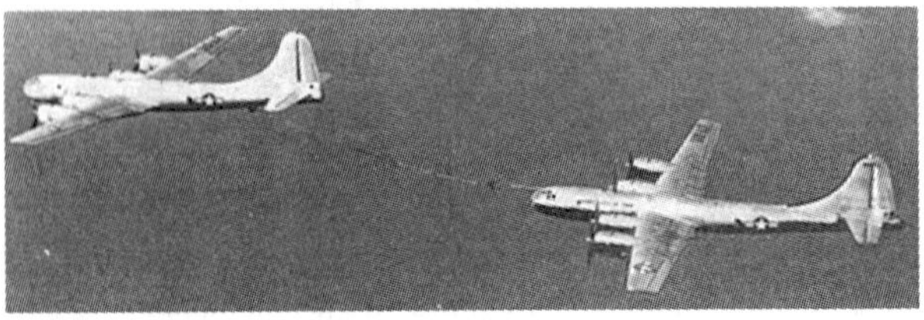

图1－15　英国FRL对KB－29改进后“插头—锥套”空中加油系统

尽管这套系统相对前身来说是一种巨大的改进，但还存在一些缺点。早期型插头与锥套系统的体积相当庞大并且燃油传送速率很低。插头与锥套系统对于受油机飞行员来说工作负担很重，早期锥套（见图 1－16 左）在空中并不是很稳定，会在一个小圆圈里摆动。要实现成功对接就需要飞行员进行大量的实践和训练，如图 1－17 所示。

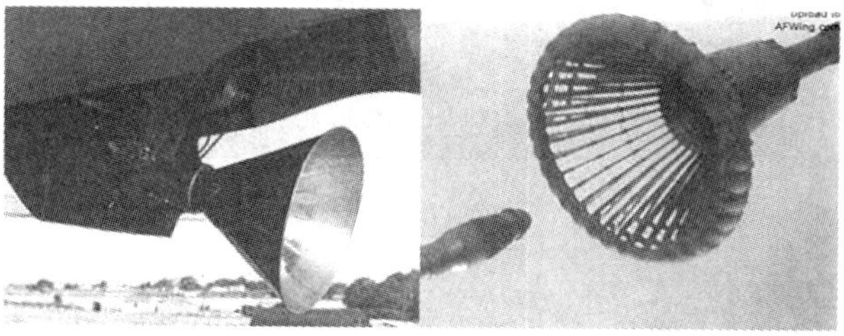

图 1－16　没有开缝的早期锥套（左）和现代“羽毛球”型锥套（右）

图 1－17　F－105 利用早期锥套进行空中加油对接训练

1953 年末，一架 KB－29 空中加油机正在日本海上空为第 116 战斗轰炸机联队的 F－84“雷鸣”式战机加油，如图 1－18 所示。注意，这次使用的是“插头—锥管”方式向战斗机翼尖油箱受油。

图 1－18　KB－29 为 F－84“雷鸣”式战机加油

从实际运用来看，从英国采购的这套“软管—锥套”加油系统还存在很大缺陷，尤其是在恶劣天气下无法应用。为了改善“插头—锥套”系统，波音公司开发了如图 1－19 所示的一种刚性悬挂臂系统，这是该系统第一次用于 KB－29P。改装后的 B－29 尾炮塔改为气泡形观察窗（见图 1－20），下方安装两截可伸缩的刚性悬挂臂加油杆，加油杆下部有两片液压控制的 V 形翼面。有了这对 V 形翼面，吊臂可由操作员手动操作。加油杆可以在一定范围内运动。受油机机头上方装有受油插座，空中加油时，KB－29P 的加油操作员控制加油杆的长度和方位，将其准确插入受油插座内，连接完成后就开始加油。不使用时，加油杆收起固定在加油机尾部的支架上。

图 1－19　KB－29 上的第一代加油硬管系统

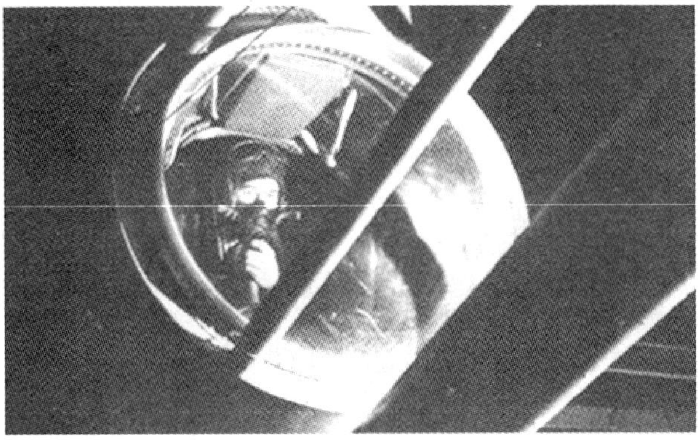

图 1－20　KB－29P 尾部气泡形观察窗和空中加油操作员

臂架系统成为空中加油的常用方法，后来应用于 KB－50 系列、KC－97 系列加油机，并成为现代硬式加油系统的原型，如 KC－135 和 KC－10 等。基本上去掉了软管式系统的软管和线缆，绞车和卷架。

使用加油硬管系统后，受油机只需作简单改装。但是受油机飞行员在空中加油时必须将飞机严格保持在加油机后下方一定范围内，确保与硬管的接触。加油机腹部的一系列指示灯将帮助受油机飞行员控制飞机。

为了进行 KB－29P 的加油硬管改装，波音兰顿工厂已关闭的剩余部分（其余已经转产 C－97 运输机）重开，在 1950—1951 年间将 116 架 B－29 改装成 KB－29P。1950 年 3 月，首架 KB－29P（见图 1－21）交付给了战略空军司令部。

图 1－21　为美国空军 F－86“佩刀”战斗机进行空中加油的 KB－29P 空中加油机

加油硬管式空中加油系统主要用于为轰炸机之类的大型飞机加油，也可用于小型战斗机。但 FRL 改进的“软管—锥套”式加油系统更适于小型飞机，在这个系统中，加油机尾部拖出加油软管，软管顶端装有锥套，通过与战斗机机头的加油插头连接完成加油。一些 KB－29P 加油硬管式加油机也进行了改装，在加油硬管末端安装了很短的软管和锥套。

1 架 KB－29M 安装了 3 套"软管—锥套"式加油系统可以同时为 3 架战斗机加油。1 套系统安装在尾部，其他 2 套安装在翼尖下的吊舱中。这架飞机型号重新编为 YKB－29T，是战术空军司令部的第一架三点加油机。

当喷气式战斗机成为美国空军主力机种后，KB－29 飞机就被 KB－50 空中加油机（见图 1－22）所取代，该机在其机翼上增加了喷气式螺旋桨发动机。KB－50 空中加油机改装于 B－50 及 RB－50 轰炸机，因为当 B－36 轰炸机服役后，这两种机型显得有些多余。

图 1－22　安装 3 套软管锥套的 KB－50 可同时为 3 架飞机加油

1951 年，美国波音公司推出了新型的 KC－97 型加油机，美国空军采购了 800 架。KC－97 空中加油机的前身是 B－29 和 B－50 轰炸机，它是第一架航程可达海外的空中加油机，该机采用伸缩套管式（即硬管式）空中加油设备，其机尾加油员操作舱如图 1－23 所示。

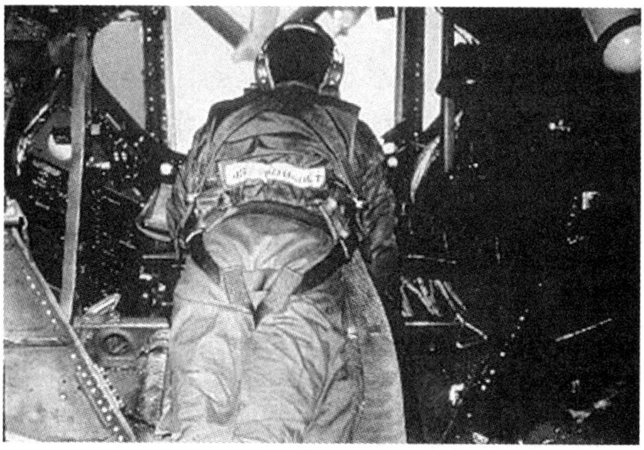

图 1－23　KC－97 空中加油机的油管操作员

为实现给装备受油插头的受油机进行加油的能力，与 KB－29P 一样，有的 KC－97 型加油机在加油硬管末端安装了如图 1－24 所示的很短的软管和锥套（后来称为硬管锥套适配器）。

图 1 – 24　KC – 97 加油机加油硬管末端安装的软管和锥套

1952 年,具备 8 个发动机的 B – 52“同温层堡垒”战略轰炸机服役,但同时暴露了 KC – 97 型加油机的使用效率问题。一架 KC – 97 型加油机能够携带 24000kg 的航油,可有效为两架 B – 47 轰炸机加油。但 B – 52 的“胃口”更大,航油的消耗率更高,这就意味着一架 B – 52 需要更多的 KC – 97 加油机来支援。此外,KC – 97 型加油机是活塞发动机,B – 52 为涡轮发动机,前者的飞行速度和高度都要落后于后者。在加油时,B – 52 不得不先降低到 KC – 97 的飞行高度,加油完成后再爬升到正常的巡航高度,这意味着更多的燃油消耗。KC – 97 的速度比 B – 52 低,如图 1 – 25 所示 B – 52 常常要放下起落架以匹配 KC – 97 的速度。如果要在指定地点实施空中加油,KC – 97 还必须比 B – 52 提前飞行,这无疑需要额外的战斗机进行护航。

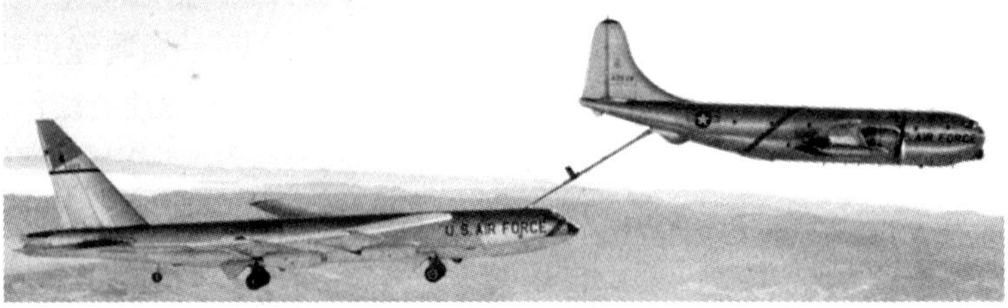


图 1 – 25　为匹配 KC – 97 的速度放下起落架进行加油的 B – 52

1957 年 1 月,美国空军的 5 架 B – 52 战略轰炸机从加利福尼亚州卡斯尔空军基地起飞,在加油机的支援下,作环球飞行。整个航程历时 45h15min。为保障这次实施全球空中打击的演练,美国空军共出动了多达 98 架 KC – 97 加油机。此举在世界上曾引起极大的轰动。同年,美国战略空军司令部展开旨在测试 B – 52 轰炸机洲际打击能力的行动。3 架 B – 52B 从加利福尼亚的卡斯特尔空军基地起飞,环游世界,飞行时间为 45h19min,比 1949 年的 B – 50A 节省了大约一半的时间。通过这次飞行,战略空军司令部宣布其已具备打击地球上任何目标的能力。但这次任务也表明,空中加油能力成为战略轰炸行动的软肋。3 架 B – 52B 需要 78 架 KC – 97 加油机的支持,通过计算表明,2 架 KC – 97 只能完成 1 架 B – 52B 加油需求的 26%。战略空军司令部需要一种新型的加油机来提升其全球打击能力。

美国空军的作战飞机全面换成喷气式后,以汽油为燃料、螺旋桨推进的加油机就落后于时代要求了。美国空军需要一种全新的加油机，在性能上能更好地匹配 B－52 和新型高速战斗机。波音公司在 20 世纪 50 年代初开始研制一种新飞机——KC－135，其基本设计既可用于空军的加油机也可用于民用运输机。KC－135 原型机在 1954 年首飞，如图 1－26所示该机出现后 B－52 空中加油时终于不用放起落架了。

图 1－26　KC－135 为 B－52 进行空中加油

1953 年 11 月，美国战略空军司令部提出了采购 200 架新型加油机的需求。空军收到了 3 份投标合同，但来自道格拉斯和洛克希德·马丁公司的加油机还停留在纸上设计阶段，而波音公司已经拥有了 KC－135 原型机。1957 年，空军采购了 29 架 KC－135 加油机。此后，这一数字不断增长，最终达 830 架。在随后 20 年时间里，战略空军司令部几乎保持了 KC－135 加油机和 B－52 轰炸机 1∶1 的比例，两者如同兄弟般共同执行任务。

尽管 KC－135 能为 B－52 战略轰炸机进行空中加油，但随着美国空军空中加油任务增长，战术歼击机、对地攻击机、运输机、巡逻机、预警机、直升机等也需要实施空中加油。因此，美国战略空军司令部要求用更先进的加油机来补充 KC－135 部队。此后，麦道公司也推出了 KC－10 加油机，它具备从短程跑道起飞的能力。从 1981 年到 1990 年，空军采购了 60 架 KC－10 加油机。

进入 21 世纪，KC－135 老化的问题日益严重。2006 年 12 月，美国空军提出在未来 15 年里，购买 179 架新型空中加油机，最合适的候选机型是波音 767 的加油机型 KC－767 和空客 A330 的加油机型 KC－45。

### 1.2.3　苏联另辟蹊径

**1. 翼尖对翼尖式空中加油**

俄罗斯民族与生俱来的战斗精神，使其空中加油技术的发展历程也颇具独立自主的特色。除了沙俄时代的“异想天开”，苏联在 1931 年也开始研究空中加油技术。帕维尔·格洛科夫斯基的早期试验很简陋，基本就是用一架波利亚克夫 R5 侦察机作加油机，用一架图波列夫 TB－1 双发轻轰炸机作受油机，重复美国陆军航空队在 1923 年的试验。试验是成功的，TB－1 的留空纪录达到 25h。

第二次世界大战中，苏联空军的主要使命是要地防空和空中支援，简易机场紧贴前线，对航程的要求不高，空中加油没有太大的必要。第二次世界大战后，喷气式战斗机的发展风起云涌，但喷气式战斗机的胃口太惊人，航程和同期的螺旋桨战斗机不可相提并论。苏联的第一种喷气式战斗机雅克－15 的载油量比第二次世界大战名机雅克－3 大一倍，但航程只有一半。

1948 年，弗拉德米尔·瓦克米斯特洛夫受命为雅克－15 研制空中加油系统。瓦克米斯特洛夫参照了当时世界上的几种方案，最后选用英国方案。在该方案交付茹科夫斯基试飞中心试验时，试飞员伊戈尔·谢莱斯特和维克托·瓦西亚宁提出如图1-27、图1-28所示的另一个方案：翼尖对翼尖加油。这是一个别出心裁的方案，可以避开飞机前后近距离飞行时的不利气流影响，紧急情况下，两机分离也容易。谢莱斯特和瓦西亚宁还提出压力加油，而不是瓦克米斯特洛夫的重力加油，以加快输油速度。

图1-27 谢莱斯特/瓦西亚宁系统在图-2轰炸机和雅克-15战斗机上的最初试验

图1-28 从图-2加油机上看雅克-15战斗机

新方案概念新颖，又不重蹈帝国主义的覆辙，得到上峰的赞许，瓦克米斯特洛夫的方案被放弃了。1949年6月，翼尖对翼尖加油在两架图波列夫图-2轰炸机得到试验，谢莱斯特亲自操纵加油机，然后再在雅克-15上试验成功。然而，此时雅克-15已经停产，新一代的喷气战斗机的载油量大幅度增加，航程问题不再突出。空中加油的重点转移到战略轰炸机。

冷战期间，苏联战略轰炸机的主要目标是美国本土，但图-4轰炸机（图-4是苏联仿造的B-29）的航程只有5100km，达不到美国。另外，在核警戒期间，战略轰炸机要求长时间在空中徘徊，以避免遭受第一次打击，尽快实施核反击。这都要求具备空中加油能力。于是，谢莱斯特和瓦西亚宁将翼尖对翼尖加油系统安装到部分图-4轰炸机上，后来还安装到部分图-16上。安装翼尖对翼尖加油系统的图-4和图-16没有什么明显的外部特征，只有翼尖有专用的收放油管的设备。额外的油箱装在炸弹舱内，不用时可以很快拆除，转回到普通的轰炸机。这种可以在不作加油机用时可以转换回常规轰炸机的特性是一个苏联特色，在以后的伊尔-78上也得到继承。

谢莱斯特和瓦西亚宁在图-4上安装了翼尖对翼尖加油系统（见图1-29），在受油机右机翼尖拖出一根导索，末端有一个小型阻力伞和一个配重块。加油机从受油机的右下方接近，设法用左机翼捕捉住受油机的导索，导索沿机翼前缘滑向翼尖，配重块滑入一个卡口锁住，然后受油机就可以用绞车把油管拉出来，接上加油口，开始输油。有意思的是，油管在加油机内是平整地铺在机翼内，而不是像通常的那样，盘绕在软管卷盘上。这个系统被进一步发展到图－16轰炸机上。图－16上的系统进行了简化，取消了导索，加油机直接将油管放出来，加油机作平直飞行，改由受油机作机动飞行，接近加油机。

图1－29　谢莱斯特/瓦西亚宁系统在图－4轰炸机上的试验

经过多年的经验，翼尖对翼尖加油系统的缺点也逐渐显现：①翼尖气流对加油软管的稳定性影响很大。机翼是产生升力的地方，气流从机翼上下表面流过，流速差形成升力，这是基本的伯努利原理。但是，机翼前缘的后略角使气流运动有沿着机翼横向流动的分量，即所谓展向流动。展向流动和机翼在翼尖处所造成的气流流场的不连续性，使翼尖附近的气流流动格外复杂。现代飞机的翼尖小翼就是用来克服这个问题的。但翼尖气流使加油软管在空中飘舞得格外起劲，为空中加油带来额外的困难。②两架大型飞机作精确的平行飞行，加上加油管和受油口都远离视线，对飞行员的要求很高(见图1－30)。③在短时间内通过一侧的机翼大量输送燃油，容易造成飞机的不平衡，所以输油速率较低。④对接前和脱离后，空中飞舞的油管可能卡在副翼和机翼的间隙中，这是非常危险的。

图1－30　大型飞机之间的翼尖对翼尖空中加油

1954年时，如图1－31所示，翼尖对翼尖加油系统在米格－19战斗机上短暂复活，试验中，一架米格－19曾前后两次空中加油，留空6h。但翼尖对翼尖加油的空中机动动作复杂，只能一对一加油，不能同时对两三架飞机加油，米格－19的试验最终成为翼尖对翼尖加油系统的谢幕演出。

图1－31　米格－19上试验的谢莱斯特/瓦西亚宁系统

20世纪50年代末开始，翼尖对翼尖加油系统被放弃，所有苏联战略轰炸机装备的空中加油设备全部统一到“插头—锥套”式空中加油系统。

**2. “纤夫”软管—锥套式空中加油**

大力研制翼尖对翼尖加油系统的同时，苏联也在积极研制“插头—锥套”式空中加油系统。苏联的“插头—锥套”系统尽管在概念上和英国的系统很相似，但苏联系统的灵感来自于对轰炸机拖带护航战斗机的研究。长期以来，远程轰炸机的护航一直是一个大问题。瓦克米斯特洛夫在20世纪30年代就研究子母式战斗机，在1931年将两架伊-4战斗机挂载在TB-1双发轻型轰炸机的机翼上，遇到敌机时，伊-4从TB-1释放，投入战斗，然后自行返航。如图1-32所示，美国在20世纪40年代也研究过类似的系统，试验过在B-36重轰炸机的炸弹舱里挂载XF-85战斗机，也在B-36的机腹下试验挂载过F-84E战斗机。

图1-32　B-36携带XF-85进行投放和回收试验

然而，子母式战斗机概念有几个不可克服的问题：①必须研制专用的超轻型护航战斗机，其轻小的尺寸又注定其有限的火力和性能不能和常规战斗机媲美，而且由于尺寸的巨大差别，这种超轻型护航战斗机将要永远和常规战斗机并行发展，而难于将常规战斗机的改进和发展经验直接借鉴到超轻型护航战斗机上。②不管是在炸弹舱内挂载，还是在机腹或翼下挂载，作为母机的轰炸机的载弹和航程要受到严重影响，外部挂载还要影响速度。③护航战斗机基本上是一次性使用，脱离母机后难以再和母机在空中汇合，重新挂载。

子母式战斗机的概念最终被放弃了。从1949年开始，苏联另辟蹊径，研究空中拖带系统，意图将战斗机像滑翔机一样拖带在后面，拖带期间战斗机的发动机关掉。投入战斗时，战斗机可以方便地和拖带索脱开；战斗结束时，可以重新和拖带索在空中对接。战斗机和轰炸机分别起飞，这样两者都可以按最大起飞重量起飞。在空中巡航期间，功率要求比起飞、加速期间低得多，所以拖带对轰炸机发动机没有特殊要求，这和真正的拖带滑翔机起飞是很不一样的。显然，空中拖带系统可以有效地解决子母式战斗机的许多问题，但在试验中也发现，拖带战斗机时，轰炸机的速度明显降低，航程也受到影响。战斗机在长时间的拖带过程中，由于发动机和空调系统关闭，座舱极其寒冷。空中起动发动机也不是一件可靠和简单的事。

苏联的空中拖带系统被冠名为“纤夫”（Burlaki）。“纤夫”在轰炸机的尾炮塔里安装一台绞车和一定长度的在末端带圆锥形套笼的拖带索，战斗机的头部则安装一个套管式插头，管内是一个滑动的梭镖。在空中对接时，用压缩空气将梭镖射入拖带索的圆锥形套笼内，完成对接，再把梭镖用绞车收回来锁定，这样就可以开始拖带了。压缩空气的量够用3～4次。

最初的试验是在一架第二次世界大战中租借法案获得的B－25轰炸机（见图1－33）和喷气式的雅克－25试验型战斗机（见图1－34）之间进行，试验获得成功。同样的试验在图－4轰炸机和米格－15战斗机之间重复，同样获得成功。

图1－33　作“纤夫”的B－25

图1－34　雅克－25的空中对接步骤

苏联的研制人员很快就意识到，圆锥可以沿拖带索牵引一根加油软管，为被拖带的战斗机空中加油。负责试制“纤夫”系统的MAPO（苏联解体后，和米格设计局合并成为Mig－MAPO，以后简称为MAPO）很快在B－25和雅克－25上试验了这一概念（见图1－35），并获得了成功。但这毕竟是试验性的临时改装，输油速率很低，油管也没有必要的闭锁装置，加油完毕，软管脱开后，软管里的剩余油料随气流到处飞舞，进入战斗机的发动机，甚至通过空调进气口进入战斗机的座舱，造成很大的危险。

**3. KAZ、PAZ与UPAZ空中加油**

弗拉德米尔·瓦克米斯特洛夫在1952年将“纤夫”系统开发成正规的空中加油系统，原设计得到大幅度的改进，加油软管不再从机尾的尾炮塔放出，而是从翼尖放出，这样可以同时为两架飞机加油。新系统很快通过了国家验证试验，但苏联空军当时没有急切的用处，所以被作为技术储备束之高阁，逐渐被后来的“复杂加油装置”（Kompleksniy Agregat Zapravki，KAZ）空中加油系统取代。

冷战伊始，苏联开始研制新型的远程战略轰炸机，除核轰炸外，主要目标是具有足够到美国来回的航程。参与竞标的米亚－4轰炸机达不到设计规定的11000～12000km航

图 1 – 35　雅克 – 25 上的受油步骤

程，在试验中，空载也只能勉强达到 9800km 的航程，所以必须用空中加油来弥补航程的不足，于是找上了瓦克米斯特洛夫的“纤夫”系统。

装备空中加油设备的米亚 – 4 首先在 1956 年的土希诺航展上露面。经过不断完善，并在伊尔 – 28 轻型轰炸机和米格 – 19 战斗机之间试验（见图 1 – 36），瓦克米斯特洛夫的设计最终演变成 KAZ。受油机的加油插头仍然从套筒插头中射出，射入加油机拖曳的加油软管末端的套笼中，完成对接，输油速率高于翼尖对翼尖加油系统。KAZ 采用液压机构收放油管，重量较大。

米亚 – 4 作为轰炸机最终是不成功的，大量米亚 – 4 安装了 KAZ 系统（见图 1 – 37），改为加油机使用，一直到 20 世纪 90 年代末还在预备役中服役。在此期间，苏联做了大量试验，试图使空中飞舞的套笼稳定下来。有一个方案是用机动的环形翼来控制套笼。试验获得成功，但这些结果局限在实验室，没有得到推广。

除了固定翼飞机，直升机的空中加油也得到研究。60 年代初，弗拉德伦 · 希洛在阿克祖宾斯克，成功地试验了用米 – 6 作为加油机，对米 – 4 和米 – 6 实行空中加油。加油软管从左机门拖出，因为旋翼顺时针旋转的关系，机身左侧的湍流较弱。

然而，50 ~ 60 年代对空中加油的紧张研究，到 60 年代末和 70 年代初却戛然而止。战略轰炸机的空中加油系统统一到 KAZ，由于苏联空军作战思想的缘故，战术飞机没有空中加油的要求。这种情况直到苏 – 24 的出现才得到改变。

在苏 – 24 之前，苏联战术空军（所谓前线航空兵）的使命很简单，就是防空和近距支援，对敌人纵深的攻击是交给战略空军（所谓远程航空兵）完成的。在战略空军的眼光越来越远的同时，中程的战役纵深目标受到了一定的忽视。用机动性较差的大型轰炸机攻

图 1－36　米格－19 在试验不同的受油插头位置

图 1－37　米亚－4 之间采用 KAZ 进行伙伴式空中加油

击价值相对不及战略目标的战役纵深目标，其效益和生存力也有问题。苏－24 是苏联第一种航程较长的以攻击战役纵深目标为主要使命的战术攻击飞机，为了使苏－24 能够攻击整个西欧范围内的目标，战术飞机的空中加油重新提上了日程。空中加油还有容许战术飞机满载弹药但是减油起飞，而在空中再灌满油箱的作用。这是美国空军和海军的基本战术，但对很多别的国家，还是一个新鲜事。

经过系统的研究，苏－24 之间的伙伴加油是最好的方案（见图 1－38）。于是 KAZ 系统被大幅度改进，成为"外挂加油装置"（Podvesnoy Agregant Zapravki，PAZ）系统。PAZ 在 1974 年首先在两架苏－15 战斗机上试验成功，然后在两架伊尔－38 巡逻机上再次试验成功。

图 1－38　图－24 挂载加油吊舱作为伙伴加油机

在 PAZ 的成功经验上，研制人员再接再厉，进一步研制了如图 1－39 所示的 UPAZ，其中 U 指 Unifitsirovannyi，意为通用的。UPAZ 是按从战斗机到战略轰炸机的各种飞机通用的空中加油系统来设计的，任何飞机都可以挂载，燃油直接从机内油箱里抽取。和早年的 KAZ 相比，UPAZ 不采用沉重的液压系统，没有自身的动力，也不需要从母机上接驳电源或液压系统。UPAZ 巧妙地利用飞机飞行中的气流驱动轻巧的风车，带动输油泵和绞车，重量和系统复杂性大大改善。UPAZ 采用直径为 40mm 的输油软管，长度为 28m，最多每分钟可以输油 1600L，改进型 UPAZ－1 的油管直径增加到 52mm，长度缩短到 26m，输油速度提高到 2300L/min，最新的 UPAZ－1M 输油速度则可以达到 2900L/min。

图 1－39　UPAZ 加油吊舱

在研制通用的 UPAZ 的同时，苏联空军也同时研制专用的伊尔－78 加油机。UPAZ 首先于 1983 年在苏－24 上服役，伊尔－78 于 1987 年投入现役。伊尔－78 从伊尔－76 发展而来，除了固定安装用于空中加油的外挂短舱外，还在机舱安装了油箱，供空中加油之用。尾门、装卸跳板和机内所有货物装载系统都得到保留，如果需要可以很容易地把机舱内的额外油箱拆除，把伊尔－78 作为伊尔－76 使用。但是实际经验表明，伊尔－78 基本没有转换回到基本货运飞机的情况，加油机远比运输机短缺，保留货运能力而损失载油量是得不偿失的。因此，伊尔－78 被进一步发展为伊尔－78M，如图 1－40 所示，尾门、装卸跳板和机内所有装载系统被拆除，以增加载油量。

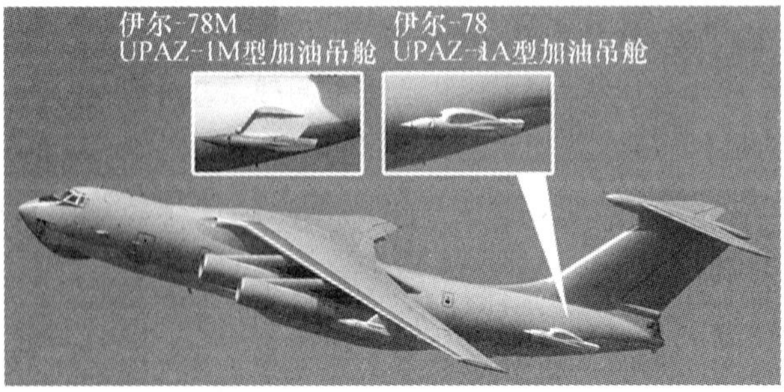


图 1－40　俄罗斯主力空中加油机伊尔－78 和伊尔－78M

进入20世纪90年代，随着新一代战术飞机的服役，海外战争的影响，以及出口市场的需求，基本上所有的苏联/俄罗斯主要新型战术飞机都具备了空中加油能力，UPAZ成为标准装备，空中加油也在训练和演习中得到越来越多的应用。目前，俄罗斯主力空中加油机仍是伊尔－78和伊尔－78M，分别采用UPAZ－1A型和UPAZ－1M型“软管—锥套”式空中加油吊舱。

苏联的空中加油系统和英国、美国海军的软管加油系统相似，但和美国空军的硬管加油系统截然不同。事实上，苏联好像从来没有在硬管加油系统上下过功夫，这其中的原因不是很清楚。和软管加油相比，硬管加油的压力高，流量比软管要大很多，所以对需要输送大量燃油的重型轰炸机特别适合。

### 1.2.4 我国发展之路

20世纪80年代以前，我国空军的主要任务是国土防空，装备的飞机也主要是前线歼击机和执行战术任务的攻击机，因此对空中加油能力的需求并不是很迫切。真正使中国空军开始关注到空中加油技术的决定性因素，是我国与东南亚的一些国家在80年代对南沙群岛领土主权上所出现的危机。中国空军面对部分东南亚国家侵占南沙群岛的现实威胁，却因为作战飞机航程不足的原因而缺乏应对手段，中国战斗机几乎难以在南沙群岛有效地执行作战任务，而海军舰艇和轰炸机在没有战斗机掩护的情况下也无法起到威慑作用。从武器装备来看，中国空军有着亚洲第一位的强大空中作战力量，而海军舰艇在南沙巡航时却不得不时刻警惕越南等国的空中威胁，在维护国土安全时出现这样的窘境可以说是对中国战斗机部队最大的讽刺。中国空军为了能够将战斗机的作战范围扩展到南沙海域，先后采取了在西沙群岛修建中继机场和为战斗机加挂大容量副油箱的方法，但是这些方法在使用过程中都存在一定的缺陷，仍然无法从根本上解决中国战斗机应付南海危机时存在航程不足的问题。需求上的牵引导致中国开始重视空中加油技术的使用价值。

1988年，在北京防务技术展览会上，中国展示了由轰－6型轰炸机改进而来的一种空中加油机的模型，这应该是中国空中加油机计划的首次露面。自行研制的空中加油吊舱也相继在航展展出（见图1－41和图1－42）。1992年，轰油－6加油机与歼－8受油机完成了中国空军历史上的首次空中加油对接，使中国成为继美国、英国、俄罗斯、法国之后第5个独立掌握空中加油技术的国家。

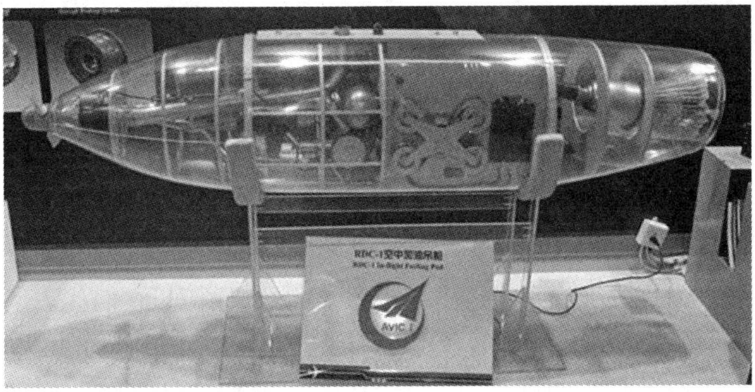

图1－41 航展展出的我国自行研制的RDC－1型空中加油吊舱模型

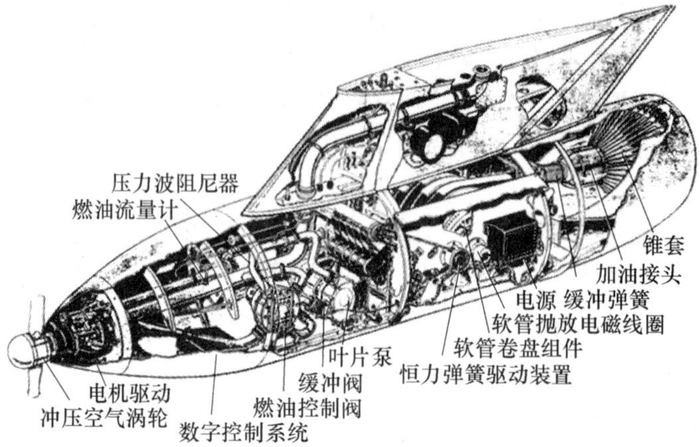


图 1-42　RDC-1 型空中加油吊舱结构图

1999 年,在中华人民共和国成立 50 周年的国庆阅兵典礼上,两架轰油-6 和四架歼-8 组成了两组编队排着密集的队形低空通过天安门广场,这表明中国战斗机的空中加受油技术已经正式形成战斗力(见图 1-43)。

图 1-43　轰油-6 为两架歼-8 进行空中加油

2006 年 12 月 29 日,中国央视一套晚间新闻联播节目中,赫然出现了一架轰油-6 与一架中国最新型战斗机歼-10 进行空中加受油的镜头(见图 1-44)。

图 1-44　轰油-6 为两架歼-10 进行空中加油

### 1.2.5　不可思议的加油瞬间

空中加油技术发展史上出现过许多不可思议的经典瞬间,它们代表了人类对各式各样空中加油相关技术的大胆探索,下面仅以图片的形式展现给读者(图 1-45 ~ 图 1-59)。

若图 1-45 这种弹舱回收挂架上发射和回收战机技术能够实用化,则别说是空中加油,就算空中挂弹也能成为现实。

图 1－45　1951 年美国开展的 B－36 运输机与 YRF－84F 战斗机的“子母机”试验

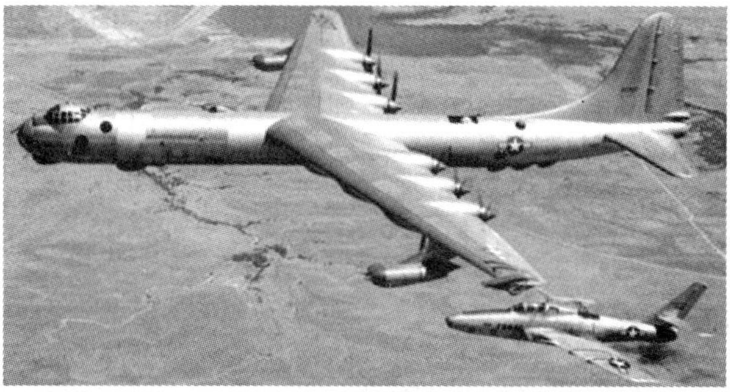

图 1－46　50 年代中期美国开展的 B－36 翼尖拖曳 F－84 的试验

图 1－47　50 年代美国开展的 B－29 与 F－84 之间的翼尖对翼尖空中加油试验

图 1－48　KC－747 加油机为波音 747 飞机的商业加油探索

图1－49　KC－135为SR－71“双三(3万米、马赫数为3)”空中加油

图1－49所示的加油飞行再次遇到了如图1－26所示的KC－97为B－52空中加油的速度匹配困难。此时KC－135几乎达到了加油速度上限,而SR－71则完全处于飞行速度下限。可以想见,随着四代机超声速能力的逐渐普及,这种速度匹配困难会愈发突出。因此,未来高速、甚至超声速空中加油技术的发展将具有非常大的战略意义。

图1－50　加油硬管喷水用于研究飞机结冰特性

图1－51　安装于A3D－2弹舱内的带机械臂的软式空中加油方案

图1－52　沿袭A3D－2软硬结合方案的无人机自主空中加油试验

图 1－53　小加油机的“大”作用

图 1－54　3 架(2 架 KA－3,1 架 A－4)“串接式”的空中加油

图 1－55　软硬 2 种加油方式为 3 架不同型号的飞机加油

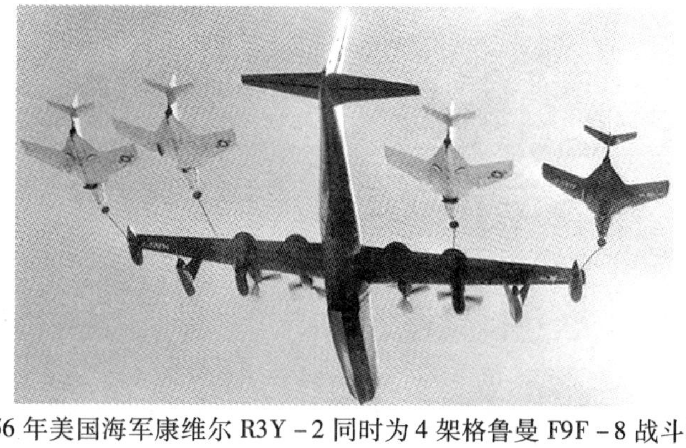

图 1－56　1956 年美国海军康维尔 R3Y－2 同时为 4 架格鲁曼 F9F－8 战斗机加油的壮举

图 1－57　直升机跨海悬吊运输时的空中加油

图 1－58　包含全部最尖端航空科技的空中加油

图 1－59　波音公司的多种翼体混合型飞机为 X－45 机队空中加油想象图

# 第二章　空中加油技术分类

目前,航空界对于空中加油技术的分类依据主要有按加受油装置分类和按加受油载机平台分类两种。其中,按加受油装置分类分为软管锥套式、伸缩套管式和混合式三种,这种分类依据具有较强的可比性,较为普遍。按加受油载机平台分类可分为伙伴式/非伙伴式空中加油或固定翼/旋翼飞机空中加油两种。本章先简介第一种分类方法,后者将在后文介绍。

## 2.1　空中加油基本形式

### 2.1.1　软管锥套式(简称软式)

软管锥套式空中加油设备亦称为插头—锥套式加油系统,由英国空中加油有限公司研发,于1949年问世。采用此种方式进行空中加油,受油机的设备非常简单,只要在机首或机翼前缘装一根固定的或可伸缩的受油插头即可。而加油机的加油设备分为机身加油系统和加油吊舱两种,如图2-1所示。二者结构相似,主要由输油软管卷盘装置、压力供油机构和电控指示装置组成。加油软管通常长16~30m,末端连接一个锥套。锥套呈漏斗状,且重量轻,上面装有机械自锁机构。当受油管伸进锥套后,锥套上的机构自动锁紧受油插头使之与输油软管相衔接,软管则由绞盘控制放出和回收。

图2-1　软式空中加油方式

实际的加油过程是:在空中加油时,加油机内的操作人员将软管放出机外。受油机的飞行员收到准备妥当的信号后,受油机从后下方接近加油机,然后慢慢加速,靠冲力将受油插头插入锥套,顶开加油管末端的单向活门,只要自锁机构锁紧完成衔接后,燃油便自动输送至受油机。由于受油机与加油机的速度差及高度差都有严格的规定,因此受油机飞行员的操纵动作必须十分稳定准确。通常加油机的加油设备都装备有灯光指示装置,用以指示受油机飞行进行相应操作。加油作业结束后受油机将减速,当加油机与受油机的速度差达到一定数值时,在张力作用下,输油软管和受油管就会自动脱离,燃油输送自动切断，然后受油机和加油机的距离和高度差逐渐拉大，受油机到达安全距离后再向另一侧滚转自加油作业编队脱离，而加油机就可继续给下一架战机加油或是回收加油软管。

软管—锥套式加油系统经过逐步改进，性能不断提高，其优点是体积小，结构简单，便于拆装，一架大型加油机上可安装数套加油设备，同时给几架战机加油。能够实现“伙伴加油”，特别适合航空母舰平台，无须专门配置加油操作员，对于全无人化的自主空中加油优势更为明显。由于加油机与受油机存在相对运动，采用具有柔性的软管衔接安全性好。缺点是对大气乱流相当敏感，对接时比较困难，对飞行员的操作技术要求高；其次是输油速度慢，约为每分钟 1500L 左右，因此给大型军机加油时需要较长的作业时间。

目前，此种方式被美国海军、世界各国海空军军用飞机作为标准加油方式，是应用范围最广的空中加油方式。同时，该加油方式是实现直升机空中加油、舰载空中加油机以及伙伴式空中加油的唯一方式。

### 2.1.2 伸缩套管式（简称硬式）

伸缩套管式空中加油设备，由美国波音公司研发成功，紧随英国的软管式加油设备之后，于 1949 年 12 月开始使用。加油机的尾部结构装有一具由两截可伸缩的刚性伸缩管所组成的加油硬管和专职加油操作员控制舱，其结构与机尾结构合二为一（见图 2 – 2）。加油硬管平时为收起状态，进行空中加油作业时将其伸出。在加油硬管的中间装有 V 形（或 H 形）气动操作面，该操作面的作用类似于飞机的升降舵，操纵它可使加油硬管在一定范围内移动。

图 2 – 2　KC – 10 的硬式空中加油方式

受油机欲加油时须参考加油机机腹的位置参考线、加油操作员指示灯调整受油机速度和位置。在进行空中加油作业时，加油机上的加油操作员通过信号指挥受油机接近已伸出的加油硬管。当两机之间的距离很近时，相对位置保持不变，然后操纵 V 形操作面，并通过加油硬管的长短伸缩，到达适当位置后使之与受油机上的受油插座衔接。由于有专职加油操作员的操作，因此使用硬管式的空中加油设备时，受油机飞行员的操作相对于使用软管锥套式空中加油设备时要更容易些。一旦两者衔接好，加油硬管便自动锁定开始给受油机输送燃油。加油完毕后的两机分离，可由飞行员控制，受油机的速度放慢或是加油机的飞行速度提高，使加油硬管自动开锁，燃油输送自动切断，两机自加油作业编队脱离。

采用硬管式加油设备，输油速度较快，可达到 6000L/min 左右。因为是使用刚性杆，所以对空气乱流不敏感，并有衔接操纵方便等优点。但技术实现难度大，一次只能对一架飞机进行空中加油；还必须配备专门的加油操作员以操控加油硬管。目前，美国空军军用飞机大部分采用此种方式执行空中加油任务。

### 2.1.3 混合式

美国空军为解决为美国海军、北约盟国战机的空中加油通用性问题，为 KC－97、KC－135 等系列加油机的加油硬管尾端研制了一套软管锥套改装套件，称为硬管锥套适配器（见图 2－3）。应用这种软硬结合式加油设备的空中加油方式即为混合式空中加油。

图 2－3 混合式空中加油方式

从目前两种空中加油方式的技术优缺点来看，二者几乎不存在谁更先进，谁将替代谁的矛盾。目前更为合理的处理方式是二者并存，相互补充，以最大化各自优势。从老旧的 KC－10 到最新型的 KC－767、KC－46、A310MRTT 以及 A330MRTT 等加油机的加油设备软硬兼备式的配置情况就能证明这一点。

## 2.2 伙伴式空中加油

伙伴加油技术是指同类型飞机间的空中加油技术。通常是战术飞机上挂载软式加油吊舱，为另一架或数架战机进行空中加油。伙伴加油技术主要运用于战术飞机，如战斗机或战斗轰炸机等。目前，伙伴加油技术已经成为战术海空军提升远程作战能力的有效手段，应用十分普及。

大、中型专用加油机的最大优势是航程远、载油量大、用途多样化、同时为多架战机加油的能力，但也存在很多不足。首先，大、中型专用加油机普遍体积庞大，速度较慢，目标过于明显，容易遭到敌方打击，同时除配备有限的红外、光电或电子对抗自卫手段外，基本不具备自卫空战能力。因此，目前大、中型专用加油机都普遍部署在远离战场的安全空域，并需要数架战斗机护航。其次，现役大、中型专用加油机都是由已有的运输机、轰炸机或客机改装而来的。由于载机与加油机之间在机体结构、航电设备等方面存在很大不同，改装工作量很大。同时，大、中型专用加油机由于体积和重量的因素，在机场等辅助设施和起降条件等方面有相当复杂的需求，对后勤保障能力的要求非常高。最重要的一点，由于大、中型专用加油机体积和重量过于庞大，无法部署在航空母舰上，极大地削弱了其对远洋海军航空兵舰载机作战行动的支援能力。

与传统的大、中型专用加油机相比，伙伴加油技术具有多种明显优势。首先，伙伴加油机具有极强的自卫能力。当战斗机挂载伙伴加油吊舱等加油设备作为空中加油机时，载机依然可以携带和使用空战武器进行自卫，因此不需要安排专用的护航兵力。其次，伙伴加油机的改装技术和难度要远小于前者。伙伴加油机的核心技术其实就是战机携带的加油吊舱技术。目前,现役伙伴加油吊舱的体积和重量大概只有副油箱大小,重量约900kg。一般可以挂载副油箱的战机都可以携带。同时,伙伴加油机与受油机是相同或近似平台,对机场起降条件、后勤保障辅助设施等方面的技术要求基本相同,两者在速度、机动性、航程等性能上相差不大。因此,伙伴加油机可以与战斗机群共同部署在同一基地或航空母舰,当执行任务时,可以随时与战斗机共同出击,具有极强的任务灵活性和适应性。

伙伴加油技术对海军航空兵的最大意义就是使舰载加油机成为现实。例如,美国海军的 KA-6、KC-18(见图2-4),俄罗斯的苏-33 舰载加油机(见图2-5),都是现役舰载机挂载伙伴加油吊舱并进行一定改进后作为舰载加油机使用。

图2-4 KC-18 航空母舰舰载伙伴加油机

图2-5 苏-33 航空母舰舰载伙伴加油机

目前,中国空军和海军航空兵的发展战略正向远程化变革。中国空军和海军航空兵今后将必然需要到远离本土机场的战场或远海作战,甚至执行进入敌方深层空域的小规模、高风险的远程、大纵深突击任务。因此,未来的中国航空母舰舰载加油机完全可以采用伙伴加油吊舱来扩大舰载机的航程和载弹量,极大地提高中国空军和海军航空兵舰载机的远程作战能力、任务灵活性和多样性。

当然,与传统的大、中型专用加油机相比,伙伴空中加油技术在载油量、多机同时加油能力以及航程和滞空时间等方面都存在一定不足。因此,伙伴空中加油技术不可能取代传统的大、中型专用加油机。但是,它可以作为大、中型专用加油机的有效补充,与传统的大、中型专用加油机一道,构成一个完整的空中加油体系。

## 2.3 直升机空中加油

### 2.3.1 作用与发展情况

直升机的飞行特点是依靠旋翼形成的拉力满足垂直起飞和降落的要求,通过旋翼向不同方向倾斜形成的侧向拉力向特定方向运动，其发动机的功率需要同时满足克服重力和侧向拉力的要求。直升机的飞行方式决定了其飞行速度，航程远不如常规固定翼飞机。同样发动机功率的双发螺旋桨飞机和直升机，前者的巡航速度比后者高1倍，航程也要高2~3倍。

直升机能够垂直起飞的要求就是旋翼产生的拉力可以克服飞机本身的重力，也就是说直升机在总重量一定的情况下必须适度分配载荷和燃料，而有效载荷和燃料储备双赢的理想状态事实上是不存在的。与固定翼飞机一样，真正有效地解决直升机载荷和航程的矛盾，空中加油几乎是唯一的可取措施。

直升机空中加油主要有三个方面的作用：①直升机空中加油后能执行远距离任务和进行自布置，免去了费时费事的空运和船运。②空中加油可使直升机在作战需要或紧急情况下，通过少装燃油的方式，减轻总重，利于执行特种任务。③直升机空中加油可大大增加留空时间，对其频繁执行预警、反潜、侦察和救援等任务具有特别重要的意义。

目前，掌握直升机空中加油技术的只有美国。1950—1958年美国进行直升机对直升机的插头锥套式空中加油试验，证明了这种加油方式是可行的，但因直升机所带的油料有限，加油效果并不理想。这促使美国另辟蹊径，通过不断实践和摸索，成功实现了低速固定翼飞机给直升机空中加油技术。1964年开始美国正式采用C-130"大力神"多用途运输机改装而成的HC-130P加油机为其直升机进行空中加油作业，直升机空中加油时代随即开启(见图2-6)。

图2-6　KC-130P加油机为两架直升机进行空中加油作业

在20世纪60年代的越战中，通过空中加油，利用直升机营救被击落飞机的飞行员取得极大成功。到1967年，直升机通过空中加油执行营救任务已成为美国海军和空军作战方式的一个必要组成部分。1967年，美军两架HH-3E直升机利用空中加油从纽约直接飞到巴黎。整个飞行过程中，HH-3E直升机近31个小时不着陆飞行了6870km，每架HH-3E直升机都进行了9次空中加油，直升机不着陆跨大西洋飞行证明直升机的航程和航时不再受燃料限制。1985年8月，HC-130P对CH-47D进行了空中加油试验(见图2-7)，这是串列双旋翼直升机首次空中加油，试验的成功使单、双旋翼直升机都具备了空中加油能力。

空中加油对执行特殊任务的直升机作用非常明显，尤其适合支援海军舰队外海作战的需要。现在美国的军用直升机大多具有空中加油能力，俄罗斯、英国、法国、日本等也都在研究直升机的空中加油技术。我国目前在直升机空中加油这个领域还是空白。

图2-7　KC-130P 对 CH-47D 进行空中加油

我国有完备的 HY-6 加油机、多型吊舱的成功研制经验，同时装备有大量的 Y-8、Y-9 等与 C-130 相似体量和性能的运输机，从技术、载机两方面实现直升机空中加油均有较强的可行性。面对我国南海诸多岛屿、领海争端的不断升级，相信直升机空中加油也会很快得到重视。

### 2.3.2　难点和结构差异

直升机空中加油设备的安装需要保证不影响机体结构和飞行性能，尽可能不影响载荷条件和对起降场地的要求。空中加油设备在工作时对直升机和加油机都必须是安全的，安装在直升机上的受油系统必须简单、轻便和容易维护。用来空中加油的插头和连接杆不能影响内部布置，为直升机空中加油的受油设备都固定安装在机体外部，伸缩或固定式受油杆的长度受旋翼尺寸的限制普遍较大，加油时的流量需要受油杆的直径也较大。直升机全套空中加油设备只能用于中型以上规格机型，但 6t 以下级别直升机安装空中加油装置对性能的影响较大却作用不高，所以目前具备实用化空中加油能力的直升机基本都集中在 10t 以上规格。

直升机空中加油与固定翼飞机加油的方法基本相同，加油和受油设备的结构特点与使用方法也基本相同，差异只是在于直升机巨大的旋翼对加油系统产生的干扰，以及直升机飞行速度低对加油机性能和操纵的影响。

直升机为直升机空中加油在飞行高度和速度的适应性上优于固定翼飞机，但直升机的旋翼在垂直方向会产生很强大的下洗气流，导致其加油系统对旋翼的影响非常敏感，这一气动因素导致直升机为直升机加油的方式实际上很少采用。目前，固定翼飞机为直升机加油是直升机空中加油的主要方式，固定翼加油机不但要在载油量和设备条件上满足要求，而且还必须具备较好的低空和低速飞行稳定性。加油机在较低飞行速度时必须有较高的稳定性才能保证安全，这是直升机加油的基本前提。

常规直升机的最大平飞速度很少超过 300km/h，在稳定飞行过程中大多数飞行速度在 200~280km/h 范围内，加油机加油时的稳定飞行速度必须与直升机飞行速度重叠，这个重叠范围至少需要保证 20~30km/h 才可满足需要。为直升机空中加油的加油机首先需要的就是低速高稳定性，其次还需要具备必要的低速操纵能力，以回避可能出现的气流干扰，保证直升机飞行员在加油过程中有个稳定的位置参考目标。美军 HC-130N/P 为直升机加油时需要保持 204~220km/h 的低速飞行状态，为 HH-53 或 MH-47 加油的整个过程大约需要 7 ~ 10min，每架 HC - 130N/P 可以同时为两架直升机进行空中加油。

直升机的旋翼在空中加油过程中扮演着拦路虎角色，不解决这个问题就无法真正安全地完成空中加油。按照理论计算，加油插头必须伸出旋翼范围之外，但直升机有限的空间却不容易设置这么长的加油插头。如图 2 - 8 所示，单旋翼直升机较大的旋翼直径和受油插头长度之间存在矛盾，为了满足空中加油的安全性，单旋翼直升机的受油插头大都采用可伸缩的套筒结构，这样可以在满足需要的同时降低阻力并避免直升机着陆时损坏受油插头。

图 2 - 8　单旋翼直升机较大的旋翼直径和受油插头长度

直升机受油插头的总体结构和功能与固定翼飞机类似，但仔细分辨却可发现直升机的受油接头存在明显的差异。固定翼飞机的受油插头与连接杆之间是直接刚性连接结构，但直升机上方存在有高速旋转的旋翼和桨毂等设备，如果采用刚性接头，一旦加油机相对直升机的位置出现变化，加油机又处于稳定性和操纵性都不出色的低速飞行状态，相对位置的横向偏差就很容易导致旋翼切断或缠绕加油软管，软管不能在位置偏差出现时及时脱离则会对加、受油机都造成危险。直升机受油管在对接前的安全性主要通过适当的操纵方法来保证，但直升机和加油机在低速对接时的相互位置保持难度较大，如果出现紊流干扰或其他因素导致相对机位的剧烈变化，在对接状态下迅速而安全地脱离就成为保证安全的另一个保障条件。

固定翼飞机采用的刚性受油管结构强度非常高，在不能正常脱离的情况下往往直接拉断锥套进行脱离，但直升机在紧急脱离时必须考虑旋翼可能造成的影响，大范围飘动的加油软管对飞行安全是个巨大的威胁，所以直升机的受油接头在结构上与固定翼飞机有所不同。直升机加油杆前方的插头与连接管之间有一个可切断的缩喉结构，当插头与锥套对接后出现机位方向位置偏差时，横向或垂直方向承受的载荷如果超过 454kg 设计极限强度，插头与受油连杆之间的易断接头就会被载荷剪切折断，加油机的加油锥套则会连同受油插头一起脱离。受油插头折断的同时，加油和受油机的自动油路阀门也会切断油路，保证两机安全脱离时不会出现燃油泄漏等危险。

### 2.3.3　加油设备简介

直升机上的受油管分固定式和伸缩收放式两种。美军现役的 CH - 47 直升机分别采用过伸缩式和固定式两种受油管。由于这两种受油系统在美军现役直升机空中加油装置中较有代表性，因此以其为例对美国开发的直升机受油装置进行简要说明。

CH - 47D 最初采用可伸缩受油管和易断插头（见图 2 - 9），受油管的位置在机身下方外侧，受油管（不含插头）收缩时的长度为 6.3m，全部伸展后的总长度为 11.8m，活动受油管的内、外两层套管都采用较轻的石墨复合材料制造，固定在机身上的外筒直径为25. 4cm，长度为5. 2m的可活动内筒直径为22. 9cm，直径11cm的插头和易断接头的总长度为330mm。受油管内筒在飞行时速204km时的伸展和收缩时间为30s和34s，在内外筒之间安装的伸缩磁力开关自动探测套筒的活动情况，当内筒完全伸出或者完全缩回时驱动伸缩锁销锁紧内筒。CH－47D伸缩式受油管全套设备都安装在机身外侧，包括安装支架和连接部分的全部零件的总结构重量为230kg，当加油压力为3. 87kg/cm$^2$时，输油量为757L/min。CH－47D的伸缩式受油管全部伸展后的插头位置超过旋翼外沿约1m，飞机正常飞行时旋翼距离受油管的垂直距离为2. 8～2. 9m，在阵风和小机动飞行时的距离也能够保持在1. 8～2m之间。

图2－9　CH－47D直升机的受油管

早期试验性的伸缩式受油管在使用方面获得了完全成功，但存在结构重量大和操纵复杂的问题，大量活动部件容易出现使用可靠性问题。显而易见，如果直升机结构和尺寸允许，那么采用固定式受油管比伸缩式的效果要好。采用纵列双旋翼的CH－47D旋翼直径远小于单旋翼直升机，旋翼舞动范围到受油管的间距也比单旋翼直升机要大，因此CH－47D应当采用在重量和结构方面更有优势的固定式受油管。

CH－47D旋翼与受油管的距离较远就不必将受油管完全伸出到旋翼外侧，所以批量生产的CH－47D上并没有安装试验时使用的伸缩受油管，而是用全长8. 92m的固定式受油管取代了伸缩受油管。取消了活动部件的固定式受油管可靠性更高也更轻，所以CH－47D能够在夜间和中等气流干扰条件下完成加油，在飞行速度220km/h的情况下输油速度为570L/min，标准型CH－47D在6min内就可加满油箱。

美军采用伸缩受油管装置的直升机大都是旋翼尺寸很大的单旋翼直升机，加长受油管的目的主要是拉大受油管和旋翼的距离，但因直升机在飞行过程中旋翼会在垂直范围内有很大的活动空间，长度过大的受油管在直升机飞行状态变化剧烈时很容易因受油管与旋翼距离迅速缩小而造成破坏甚至危险，因此直升机受油管多使用重量轻、强度高却不耐冲击的非金属复合材料，这其中就有避免受油管与旋翼撞击破坏旋翼方面的考虑（即受油管不能比旋翼硬，出现撞击损坏的只能是受油管而不能是旋翼）。

### 2. 3. 4　加油基本过程

直升机空中加油与固定翼飞机加油在步骤和过程上基本相同，都由会合、对接、加油和解散四个步骤组成，每个步骤的操作内容和基本工作方式也大体相同，但是具体操作方法与固定翼飞机存在一定的区别。常规固定翼飞机软管锥套系统加油时大都是受油机从侧下方主动靠近加油机，受油机主动调整机身位置将插头对准锥套完成对接。而直升机机身上方巨大的旋翼可形成大面积危险区，采用与固定翼飞机相同的机动动作与加油机接近和对接显然是行不通的。

KC/HC－130加油机在为直升机进行空中加油时需要由下向上飞行，在接近直升机前首先在直升机侧下方约60m处靠近并且超越直升机，当超越直升机并达到加油所需的稳定飞行速度后，直升机开始下降高度到加油机侧后方维持60m左右的距离编队飞行，相对位置的距离和高度差要保证直升机飞行员能够全面观察加油机的活动。

加油机的吊舱后方释放软管位置设置有红、黄、绿色信号灯，吊舱开始释放加油软管后红灯亮，吊舱前方的冲压涡轮由顺桨转为高速旋转为吊舱提供动力，锥套在弹力作用下打开稳定伞并在气流作用下拉出加油软管。加油软管拉出过程中直升机飞行员相应调整飞机相对锥套的位置和高度，加油软管被全部拉出吊舱的红灯熄灭，黄灯亮。正常情况下，直升机在加油机软管全部拉出后的位置后方40°～50°范围，受油管插头距离锥套稳定伞的距离在3～5m之间，飞行员在黄色信号灯亮后操纵直升机向侧下方飞行用插头对准锥套。

直升机在对接前保持插头在锥套正后方2～3m的距离，然后以1～2.5m/s的速度接近，将插头插入锥套的伞冒中央。受油插头在60kg压力的作用下会被锥套自动锁定，直升机继续向前使插头施加到锥套卡环上的压力达到接通加油电路的门限。加油吊舱上的加油电路接通后黄灯灭，绿灯亮，以提示满足加油的工作状态，加油机中的燃油被加压到3.8kg/$cm^2$后经吊舱向直升机输送。

直升机在进行空中加油时需要保持安全的相互位置，旋翼尺寸较大的直升机应该保持在略靠加油吊舱轴线外侧的位置，它可以尽可能拉大受油机和加油机之间的间距，但直升机外偏过程中必须保证插头受到的侧向力矩小于规定值。直升机相对加油机的高度主要根据型号不同来确定，目的是使加油软管的最低点低于与插头连接的锥套，如此，出现气流干扰影响直升机位置或插头与锥套非正常脱离时，低高度的软管和脱落的锥套可以依靠重力下垂以免打到旋翼。

直升机在进行空中加油时处于加油机吊舱轴线的后下方，吊舱中的软管收放系统根据加、受油机相互位置变化调整软管长度，软管拉出长度在17～23m范围内都可以进行正常加油作业。直升机油箱加满燃料或加油机已经输送完预定的燃油时，燃油泵停止工作，同时吊舱上绿灯灭，红灯亮，直升机飞行员看到红灯信号后移动位置，以保证高于对接位置1～3m。在完成加油后，直升机减速将软管拉出到全身长度，当插头和接口之间的拉力增加到190kg时插头被拉出，脱离插头的锥套和软管在重力作用下向直升机下方脱离，直升机飞行员完成脱离操作后侧向移动解散加油编队。加油机锥套内阀门在插头脱离的同时切断油路进行密封，然后视情况脱离加油空域或与其他直升机再次进行对接飞行。

## 2.4 无人机自主空中加油

无人机自主空中加油的概念最早是美国空军研究实验室（AFRL）和国防高级研究计划办公室（DARPA）联合制订的自主空中加油（AAR）计划中提出的。在自主空中加油技术研究上,美国可谓独领风骚,已经开展了多个研究项目,并计划于2010—2015年使其无人机具备空中加油能力。2015年4月16日,美国海军X-47B无人作战飞机技术验证机成功完成历史上首次无人机自主空中加油对接测试,标志美国已经初步实现了这一目标。到目前为止,美国所开展的自主空中加油研究项目大致进展如图2-10所示。

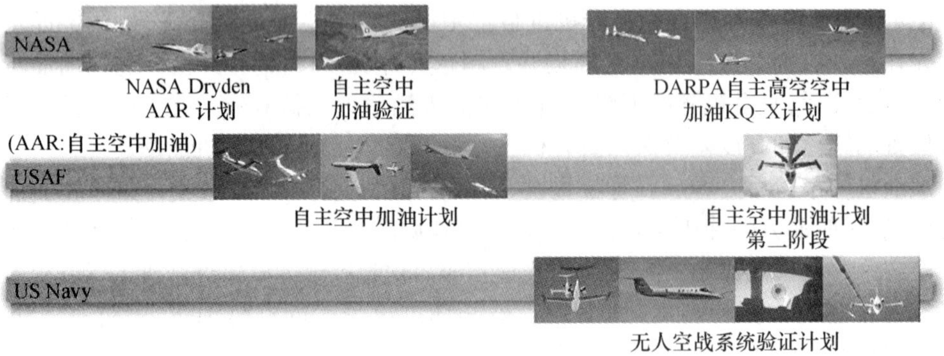


图2-10　美国所开展的自主空中加油研究项目大致进展

### 2.4.1　NASA软式自主空中加油

美国国家航空航天局(NASA)主持的自主空中加油验证项目针对美国海军采用的软管加油方式,验证了自主空中加油技术的可行性。该项目最初起源于1998年由NASA发起的自主编队飞行(Autonomous Formation Flight,AFF)计划,其最终目标是将UAV成功整合到目前的军事战斗组织中。

NASA早先的自主编队飞行计划的顺利进行,为自主空中加油研究提供了相应的技术储备。从2000年6月到2001年12月,AFF计划利用相对位置状态保持技术论证了紧密编队飞行节省燃油的可行性。经过适当改装,AFF计划原有的GPS技术与机载自动测量系统可用于AAR中实时监视两机的相对位置与速度,并在飞行时为驾驶员提供飞行指引。特别是AFF研究技术中使用的两架F/A-18试验飞机同样应用到了之后的AAR项目,如图2-11所示。因而自主式编队飞行与空中加油是两个密切相关的研究内容。事实上,空中加油飞行本身就是一种特殊的编队飞行。

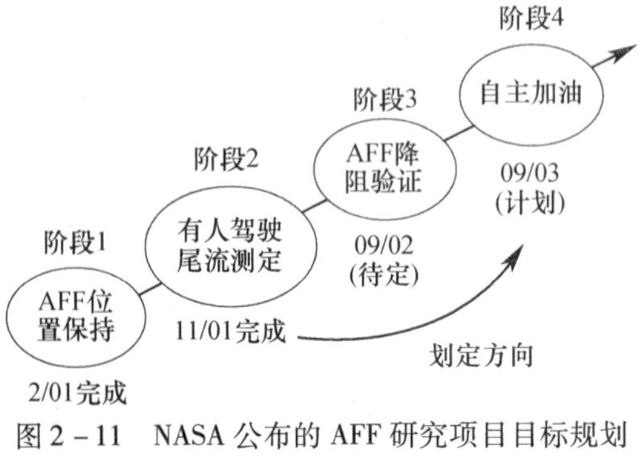


图2-11　NASA公布的AFF研究项目目标规划

2006年,NASA在自主编队研究基础上,开始针对软式加油方式展开自主空中加油研究,其目标是建立整个空中加油系统的数学模型,并验证自动空中加油系统可行性。

NASA 主要使用了两架 F/A－18 飞机和配备插头锥套式加油设备的波音 707－300 型加油机。

为控制试验成本和风险，NASA 采用了先地面验证后试飞试验的策略，分别从气动耦合影响、视觉相对导航、飞行控制系统等多个方面进行了全面细致的研究工作。

前期，飞行试验是在两架 F/A－18 之间展开的，这里通过图片简要介绍其试验过程（图 2－12～图 2－18）。

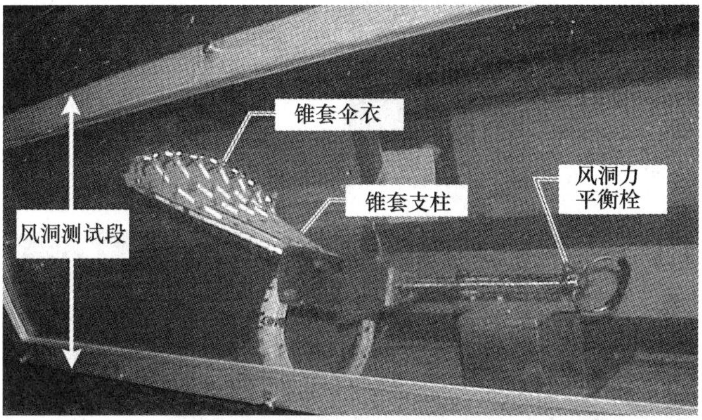


图 2－12　NASA 对试验锥套基本气动特性进行风洞测试

图 2－13　NASA 对软管锥套基本气动特性及其对载机影响进行飞行测试

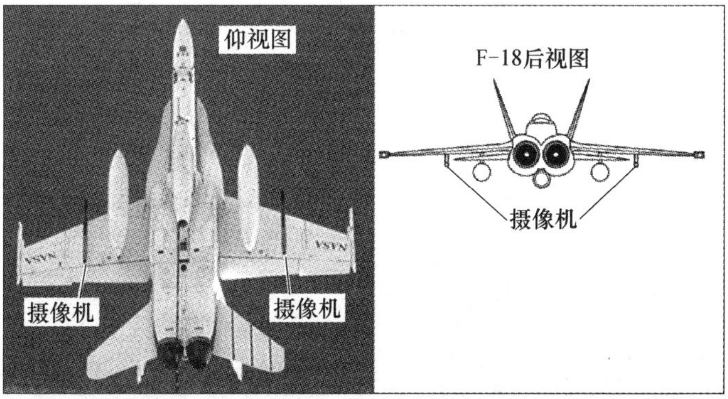


图 2－14　充当加油机的 F/A－18 及其后视相机安装方案

NASA 的 AAR 项目后期选用波音 707 加油机进行试验，该机加装了 GPS 和数据链设备天线，可通过机载计算机测量并传输 GPS/INS 数据给受油机。对于起飞、着落以及进入和退出加油状态，F/A－18 受油机都是通过飞行员人工驾驶完成的。只有接近和捕获

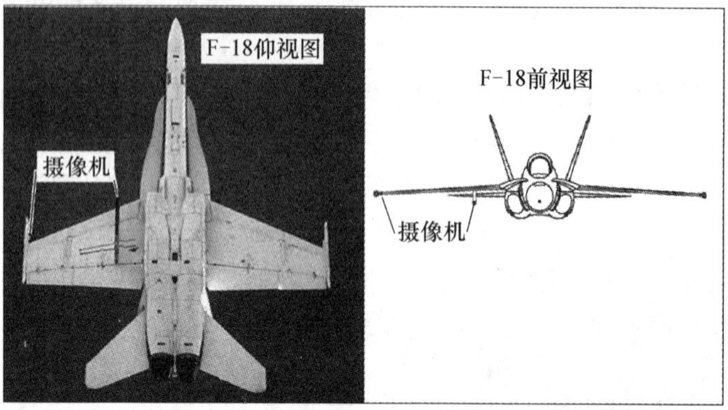


图 2－15　充当受油机的 F/A－18 及其前视相机安装方案

图 2－16　NASA 进行 F/A－18 加/受油机间的锥套跟踪飞行试验

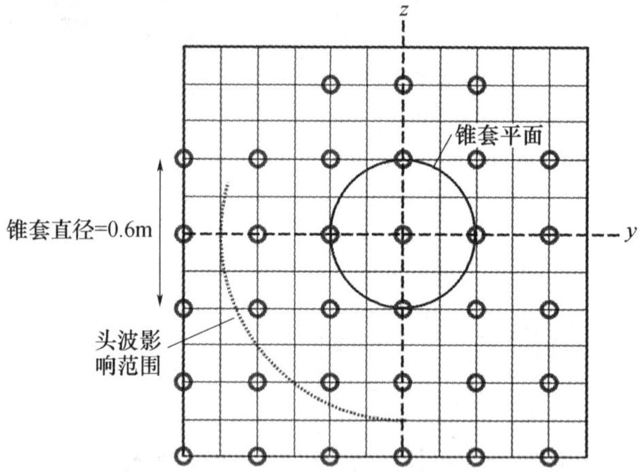


图 2－17　NASA 通过飞行试验确定的 F/A－18 机头头波对锥套位置的影响范围

图 2－18　NASA 试验中期加油机替换为里尔喷气飞机

模态由自主控制器完成。自主对接飞行过程中，一套基于机器视觉（机载摄像机）的跟踪系统被用作相对导航传感器，其视频处理器采用了商用货架产品。NASA 的自主空中加油系统组成如图 2－19 所示。这里通过图片简要介绍其试验过程（图 2－19～图 2－23）。

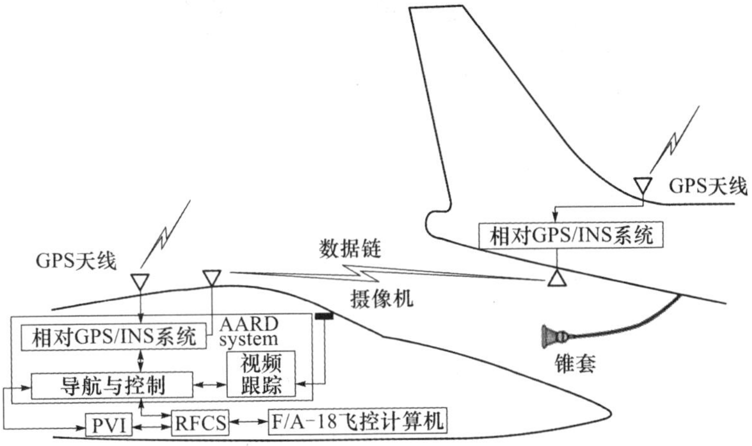


图 2－19　NASA 的自主空中加油控制系统组成

图 2－20　座舱视觉相机相对导航靶标跟踪地面试验

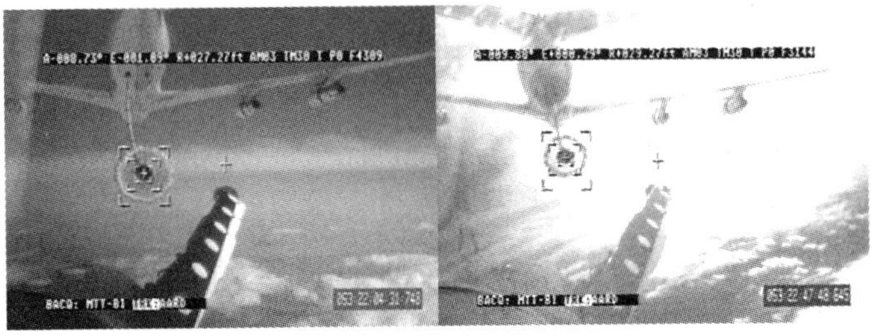

图 2－21　不同光照下座舱视觉相机相对导航锥套跟踪飞行试验

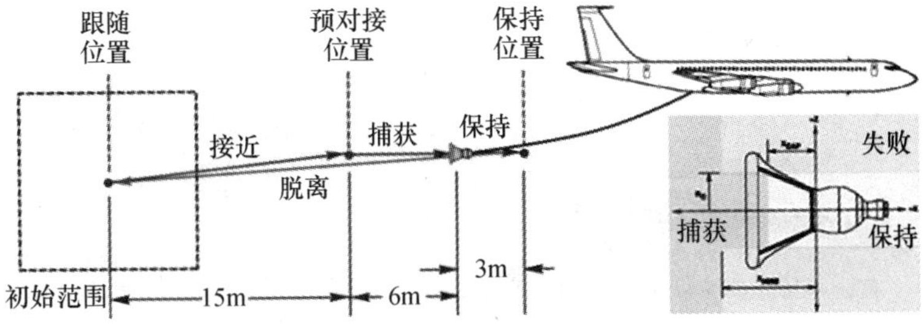


图 2－22　NASA 自主空中加油关键状态、空间相对位置与对接成功标准的定义

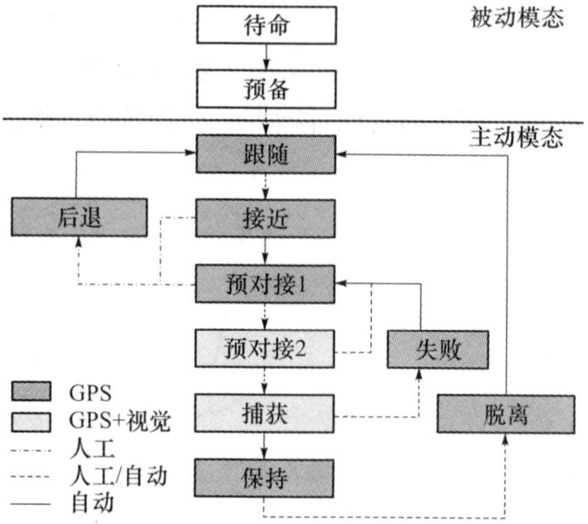


图 2－23　NASA 自主空中加油过程中关键状态的转换逻辑及其导航方式

经过一系列初步试飞试验准备后，在最后的 6 次自主对接飞行试验中，有 2 次实现了成功对接（见图 2－24），对接成功率为 33%。在失败的自主对接试飞中，自主空中加油控制器仍能够使受油机安全而及时后退至预对接位置，证明了该系统的安全性。

图 2－24　NASA 的 AAR 项目试验成功对接飞行

2006 年 10 月到 2007 年 4 月，该项目进行了第二阶段研究，目的是开发自主会合系统，改进控制器和光学跟踪器性能，并研究转弯飞行过程中的锥套对接。该阶段试验最终实现了转弯飞行和中度气流扰动条件下的成功自主对接。

NASA 特别指出，无人与有人自主空中加油过程中最为明显的区别是如图 2－25 所示的加油保持状态下受油机铅垂方向的相对位置。由图 2－25 可知，无/有人驾驶情况下受油插头处软管角度明显不同。造成这种不同的原因是：无人驾驶情况下，受油机捕获锥套后将继续沿水平直线向前直到加油保持位置，同时软管由于张力下降被吊舱自动收紧，因而插头处软管角度较大；相反，飞行员加油对接锁定后，通常会“本能”地跟随软管的回

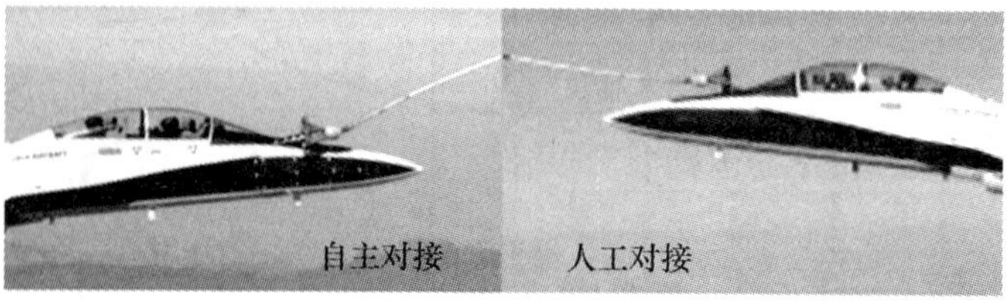


图 2－25　AAR 项目试验中加油保持状态时无人/有人驾驶情况下软管形态区别

收，适当同步升高飞机相对高度，因而使插头处软管角度较小。同理，飞行员对侧向和前向的操纵也是如此。

飞行员这种看似“本能”的操纵习惯，实际对于空中加油安全性具有巨大的优点：使插头处软管角度较小，整条软管形态与对接前稳定拖曳基本一致且张力较为稳定，能够有效避免锥套软管连接处受力断裂。更重要的是当加油完毕，受油机后退插头锥套脱离瞬间，软管张力突变较小，软管弹性振荡导致的锥套甩动较小，打到受油机机身的概率相对较低。这一细微的操纵区别充分说明人的智慧远高于机器，实现无人机真正意义上的自主或智能，仍然任重而道远。

### 2.4.2 美国空军硬式自主空中加油

2000年以后，美国空军技术学院(US Air Force Institute of Technology，AFIT)已经研发了包括传感器、编队飞行控制系统等在内的许多通用技术，这些技术为自主空中加油的研究奠定了基础。

针对硬管加油方式，美国空军研究实验室(Air Force Research Laboratories，AFRL)主持的自动空中加油计划基于单通道PGPS导航系统开发了无人机空中加油相关技术，目前已经进行了一系列飞行测试和仿真开发。

2005年，美国空军在位于爱德华兹空军基地的空军测试中心对空中加油自主编队飞行控制算法进行了试飞试验。一架美国空军的C－12C和一架“斯潘”变稳里尔喷气飞机分别用以模拟配备硬式加油设备的加油机和无人受油机，如图2－26所示。两架飞机均装备了数据链收发装置、GPS接收器、PC－104计算机、DGPS软件以及便携式显示器。

图2－26　美国空军的C－12C和“斯潘”变稳里尔喷气飞机进行的自主空中加油试验

试验表明，在对接位置，该飞行控制器能够保证受油机始终处于“模拟”的加油硬管加油包线内；当在预对接和观察位置，该飞行控制器能够确保受油机的安全位置裕度；当加油机分别以15°和30°滚转角协调转弯飞行时，该飞行控制器在观察位置、预对接位置和对接位置均具有良好的位置保持能力。但是，当加油机快速滚转机动且受油机处于对接位置时，受油机的侧向位置误差较大。这一误差可能会导致加油过程中加、受油机的脱离或者加油硬管的损坏。对于加油机的协调转弯，采用的典型滚转角速率为3°/s，而美军试验中这一数值达到了12°/s。

2006 年，美国空军研究实验室与波音公司开展合作，以里尔喷气飞机充当无人机自主跟踪装备加油硬管的 KC－135R 加油机，以验证自主空中加油位置保持技术。据报道，在加油机的定直平飞和协调转弯两种加油飞行中，受油机仅在对接位置进行了不足 30min 的自主位置保持飞行。2007 年，该研究项目对远距会合、近距对接、脱离等加油位置之间的自主转换进行了验证。

2009 年，该项目进入第二阶段。项目首先侧重更深入的仿真验证，研发高精度 GPS 和机载导航系统。2011 年，同样以里尔喷气飞机对这些系统进行了验证，以提升传感器性能并完善相对导航和定位软件。

在最近的这次试验中，AAR 系统自动引导里尔喷气"无人机"靠近到 KC－135 加油机旁，并且将"无人机"驾驶到 KC－135 后面完成 7 个加油步骤：接触，预备接触，到达左翼内侧和右翼内侧观察位置，到达左翼内侧和右翼外侧观察位置，解散编队。这套系统控制飞机飞行了 1h40min，并保持空中加油所需的紧密编队达 20min。

### 2.4.3 美国海军自主高空加油计划

2010 年，美国国防预研局与诺格公司（Northrop Grumman）签订了自主高空加油计划 KQ－X。该计划的目标是使一架"全球鹰"无人机能够自主地给另一架"全球鹰"进行空中加油，使"全球鹰"的续航时间增加到数天，如图 2－27 所示。

图 2－27　美国国防预研局与诺格公司以"全球鹰"开展的自主高空加油计划 KQ－X

2011 年 1 月，KQ－X 项目开始了初期的风险评估飞行测试，目的是测试自主控制下加/受油机近距尾流效应。两架"全球鹰"的飞行高度为 45000 英尺①，最小间距达到了 40 英尺。2012 年初的飞行试验进一步测试了近距编队保持能力和软管回收系统，完成了 2.5h 的编队飞行，且受油插头和锥套距离始终小于 100 英尺。这项飞行试验总共进行了 9 次飞行试验。

此外，针对美国海军联合无人作战系统 X－45C 和 X－47B，波音和诺格公司也分别开展了自主空中加油研究计划。

开始于 2008 年的美国海军无人机自主空中加油项目，目的是为诺斯罗普·格鲁曼公司的 X－47B 无人作战飞机发展和验证对软、硬式两种加油方式的自主空中加油能力。这是美国海军针对航空母舰舰载作战无人机开展的无人作战飞行系统验证计划（Unmanned Combat Air System Demonstrator，UCAS－D）的一部分。该项目也分享了美国空军 AAR 项目第二阶段的一些经验。为了充分利用之前试验成果，本项目研发和测试所用的自主空中加油系统与之前美国空军研究实验室 AAR 项目采用的里尔喷气飞机完全相同。飞行测试开始于 2008 年，用以验证自主闭环远距会合和位置保持能力。随后，2011 年和

① 1 英尺＝0.3048m。

2012 年的测试，安装于试验替代平台的 X－47B 的飞行控制软硬件原型版本研究成功。地面操作员远距控制里尔喷气飞机完成了多次绕 Omega K－707 加油机的空中加油测试。这些测试成功验证了 X－47B 的飞行控制系统从远距会合到近距对接然后相互脱离的自主空中加油控制能力。

美国空军和海军的自主空中加油能力均要依靠从诺斯罗普·格鲁曼公司研发的光纤陀螺 LN－251 惯性导航系统获取的高精度位置信息。LN－251 惯性导航系统配备了惯性/GPS 耦合系统、基于 GPS 的复杂相对导航算法以及余度高速数据链。

### 2.4.4 史上首次无人机自主加油对接

2015 年 4 月 16 日，美国海军 X－47B 无人作战飞机技术验证机的第 2 架机（昵称“盐狗 502”）成功完成历史上首次无人机自主空中加油对接测试，如图 2－28 所示。

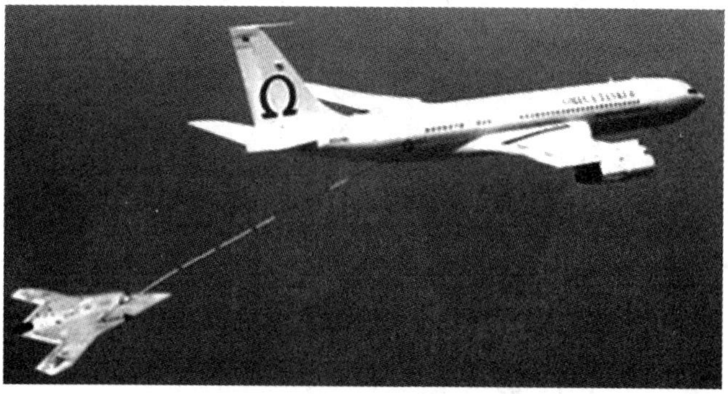

图 2－28 美国海军 X－47B 完成史上首次无人机自主空中加油对接测试

当时，该机在美国马里兰州海岸上空，成功将受油探管插入到由空中加油机放出的锥套中。这架空中加油机是美国奥米茄航空公司的一架 KC－707 加油机。

在对接过程中，这架 X－47B 先从 1 英里（1609m）的距离外尾随 KC－707 加油机，此时开始使用光学传感器和视频摄像机，在接近到距离加油机 20 英尺（6m）的过程中进行接近监控。在接下来的空中加油试验中，目标是实现加油机在 5min 内向 X－47B 输送 3000 磅（1361kg）燃油。

这次试验中，X－47B 利用一部新的光学传感器而不是高精度 GPS（此前的飞行和航空母舰着舰依赖后者）开展试验，并将机上的受油探管插入锥套之中。这使该机成为有史以来第一架进行空中加油对接的无人机。

## 2.5 空中加油的基本过程

不论空中加油机是采用上述软、硬式哪一种方式，现代化的空中加油作业仍然需要飞行员正确且细心的操作，需要加油机与受油机的配合协调，才能安全完成加油任务。

空中加油不同于地面加油，稍有不慎，即可能酿成大祸，必须严格遵循加油程序。加油程序一般分为四个阶段：第一阶段是会合阶段。由于加油机和受油机的速度不同，必须约定会合空域、航线、时间。会合时，受油机要比加油机的飞行高度低一定距离，以防相撞。第二个阶段是对接。两机对接时，除加油和通话开关外，飞行员不得按动其他电钮，以防误触武器开关或其他开关,引起危险。第三阶段是加油。受油机与加油机在这个时候的高度、速度及相互位置都必须严格一致,当受油机加进一部分油时,飞机的重量就会增加,而加油机的重量减轻。两机必须随时调整自己的速度、高度。第四阶段是解散。这时必须是受油机减速,然后再作脱离动作。

北约对其成员国的空中加油飞行任务制定了完整统一的飞行规范 ATP－56(B)。该规范对空中加油飞行任务涉及的会合方式、编队要求、通信导航、指挥控制、加油包线、夜间照明等诸多要素都进行了详细的规定。限于篇幅,在此仅以图片的形式简要介绍空中加油编队飞行的基本过程,更多细节请参考 ATP－56(B)。

图 2－29 和图 2－30 所示分别为 ATP－56(B)规定的多架受油机进行硬、软式空中加油编队飞行的基本过程。

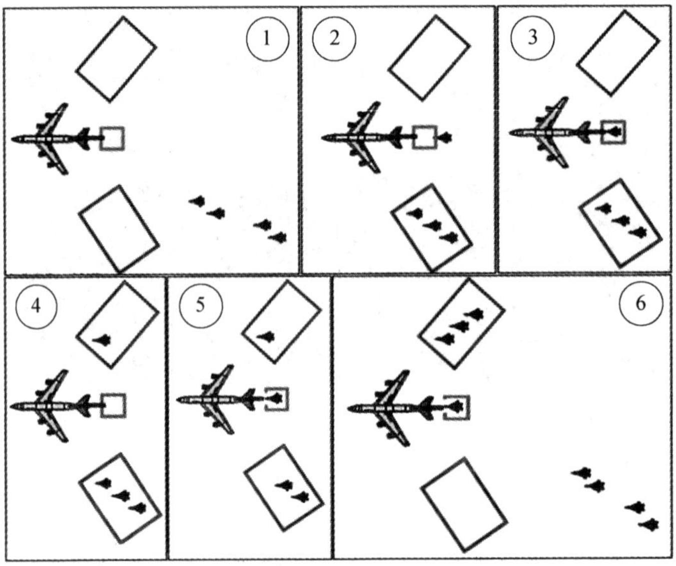


图 2－29　ATP－56(B)规定的硬式空中加油编队飞行的基本过程

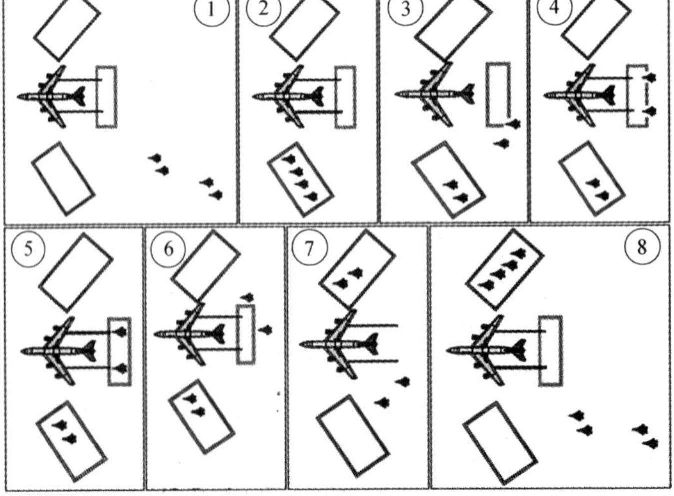


图 2－30　ATP－56(B)规定的软式空中加油编队飞行的基本过程

图 2 - 31 所示为多加油机的梯形编队飞行要求。如图 2 - 32 和图 2 - 33 所示分别为硬、软式多加油机的梯形编队空中加油飞行的实例。

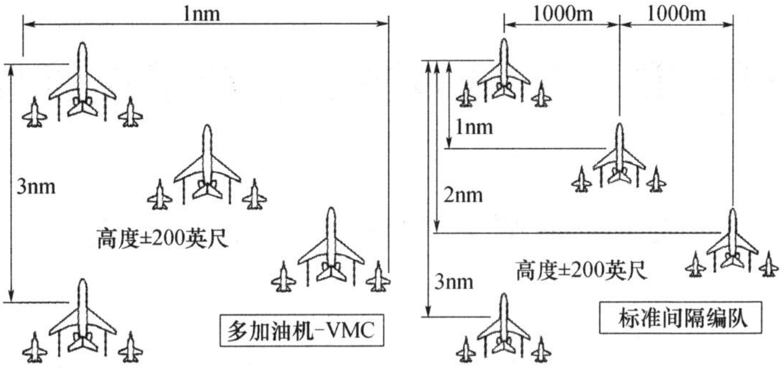

图 2 - 31　目视(左)和仪表(右)飞行条件下的多加油机梯形编队示意图

图 2 - 32　硬式加油方式的多加油机梯形编队

图 2 - 33　软式加油方式的多加油机梯形编队

图 2 - 34 所示为直升机进行空中加油的编队飞行的基本过程。

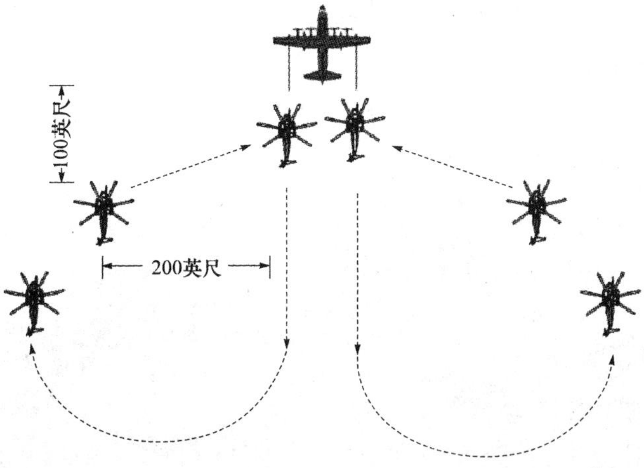

图 2 - 34　直升机进行空中加油的编队飞行的基本过程

# 第三章　空中加油机及其系统组成

## 3.1　世界各国主要空中加油机

目前能生产加油机的国家有美国、英国、俄罗斯等，世界上拥有空中加油机的国家有20余个，共装备10余种型号的加油机1000余架，装有受油装置的飞机约11000多架。以下以图片形式针对世界各国的典型加油机进行简要介绍。

### 3.1.1　美国

美国是目前世界上拥有加油机最多的国家，空军目前大约有200架加油机，可保证其现有的100多架战略轰炸机和600多架战斗机同时作战。主要型号有以下几种。

**1. KB－29加油机**

KB－29是由波音公司的B－29“超级空中堡垒”重型轰炸机改装而成的（见图3－1），目前已全部退役。

图3－1　给英国空军“流星”战斗机进行空中加油的美国KB－29P空中加油机

**2. KB－50空中加油机**

KB－50（见图3－2）于1955年12月首飞，1956年1月开始服役，1965年退役。KB－50J是由B－50轰炸机改装而来的，总共改装了112架。

图3－2　KB－50空中加油机

### 3. KC－97 空中加油机

KC－97 于 1944 年 11 月首飞，20 世纪 70 年代退役，KC－97 是由 C－97 运输机改装而成的（见图 3－3）。

图 3－3　KC－97 空中加油机

### 4. KC－135 空中加油机

KC－135 是在美国波音公司 C－135 军用运输机基础上改进而来的一种空中加油机（见图 3－4）。1957 年美国空军开始列装，截至目前共生产了 732 架，现役规模 410 余架。

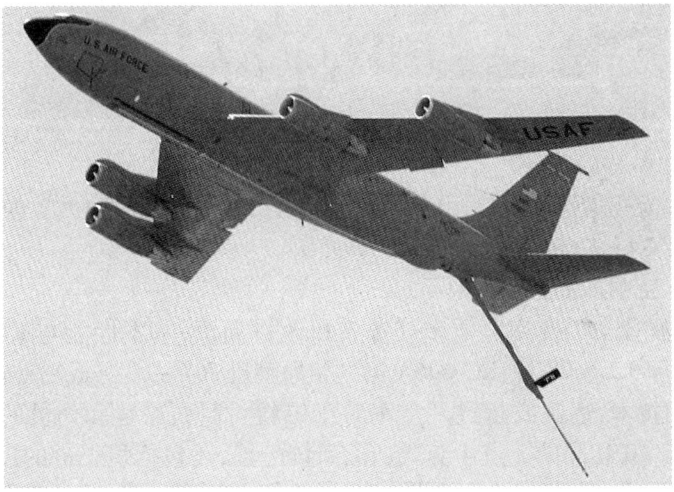


图 3－4　美国空军 KC－135 空中加油机

KC－135 标配伸缩套管式空中加油系统（俗称硬管），其伸缩套管末端的加油接头处可安装一种特殊的长 2.74m 的硬管锥套适配器（Boom Drogue Adapter，BDA）。另外，约 20 架 KC－135 安装了翼尖加油吊舱。KC－135 加装的硬管锥套适配器和翼尖加油吊舱主要是兼顾其海军和盟友的软式空中加油需求。

### 5. KC－10 空中加油机

KC－10 是美国麦道公司在 DC－10－30CF 三发中远程运输机的基础上制造的加油/货运两用机，是美国空军近年来使用的主要空中加油机之一（见图 3－5）。1978 年 11 月开始生产，1980 年 7 月首飞，1981 年 3 月第一架进入现役。现共生产了 60 架，1 架毁于火灾,其余59架均在役。KC－10全系列标配了硬管式加油系统和机身中线软管式加油系统,其中20架还配置了翼尖加油吊舱。

图3－5 美国空军KC－10空中加油机

**6. KC－767空中加油机**

KC－767是由美国波音767宽体客机改装研制的空中加油机,同时可作为战略运输机使用(见图3－6)。KC－767于2005年5月21日首飞,该机后机身中央装备了伸缩套管(硬管),机翼两侧装备了锥套式加油吊舱(软管),也可以将伸缩套管改为锥套式加油。

图3－6 美国KC－767多用途加油机

KC－767作为战略运输机使用时,最多可容纳216名人员或19个容积463L的货盘,可载货34000kg飞行9260km。

**7. KC－46空中加油机**

KC－46由波音767商用宽体多任务飞机改进而成,基本性能与KC－767相近(见图3－7)。2014年12月28日,KC－46A第一架原型机767－2C号成功首飞。KC－46采用了最新最先进的技术,达到或超过了空军对于燃料、货物、旅客和伤员的运输需求指标。该机采用与KC－10相同的3点4套式加油系统配置,还包括最先进的设备系统,包括数

图3－7 美国KC－46多用途加油机

字式飞行甲板，波音787Dreamliner电子显示屏，现代飞行控制设计理念，同时兼具战略运输能力。

KC－46项目是美军三个关键现代化项目的重中之重，将全面取代老旧的KC－135，成为美国未来战略空军之本。

**8. KC－130空中加油机**

KC－130由洛克希德·马丁公司生产（见图3－8），从1962年开始使用，最新型号KC－130J为适应可垂直起降的MV－22“鱼鹰”倾斜旋翼机空中加油需要，性能有了很大提高。美国海军使用这种飞机执行空中加油任务，也经常执行运输、疏散等任务。该机标配翼尖软式加油吊舱，也有部分机型配备机身中线软式加油系统。

KC－130的突出特点是高低速飞行性能好，加油空速范围大，既能匹配速度较高的固定翼战斗，又能给速度较低的直升机进行加油。它是目前美军中唯一能为直升机进行加油的空中加油机。

图3－8 美国KC－130系列加油机

**9. KA－6D舰载空中加油机**

KA－6D由美国诺斯罗普·格鲁曼公司生产，由A－6A改装而成（见图3－9），是美国海军的标准舰载加油机，也能执行海上救护和夜间攻击任务，共改装78架。

图3－9 KA－6D舰载空中加油机

**10. KF－18 舰载空中加油机**

KF－18 舰载空中加油机是在 F/A－18 舰载战斗机机腹挂载伙伴式加油吊舱而成的空中加油机(见图 3－10),是美国海军舰载伙伴加油的重要实现形式。

图 3－10 KF－18 舰载空中加油机

**11. MV－22"鱼鹰"倾斜旋翼空中加油机**

2013 年 8 月 29 日,美国进行了 MV－22 为 F/A－18 空中加油的探索性试飞,速度为 210kn,使用高速锥套(见图 3－11)。

图 3－11 MV－22"鱼鹰"倾斜旋翼空中加油机

## 3.1.2 俄罗斯

俄罗斯加油机数量居世界第二。俄空军远程航空兵拥有 20 架伊尔－78、20 余架图－16 和米亚－4 型加油机,海军航空兵有 30 多架图－16 加油机。

**1. 伊尔－78/伊尔－78M 空中加油机**

伊尔－78 是苏联 20 世纪 70 年代中期由伊尔－76 军用运输机改装而成的空中加油机(见图 3－12)。伊尔－78 生产了大约 30 架。它采用 3 点软式空中加油系统,能为战术和战略飞机实施空中加油,是俄罗斯空军主力加油机。伊尔－78 飞机在两翼和机尾各装有一台 UPAZ－1 加油吊舱,其中机尾吊舱是外挂在后机身左侧。

伊尔－78 的改进型是伊尔－78M(见图 3－12)。和伊尔－78 相比,这种飞机是专业的空中加油机。伊尔－78M 在货舱内加装第三个油箱,提高了载油量,加油吊舱也换装为 UPAZ－1M,输油量提高到 2340L/min。不过为了节省重量,伊尔－78M 货舱内并无货物处理设备,货舱门也无法打开,因此无法再担任一般运输机。在外观上,伊尔－78M 的最大改变是机尾使用新设计的 L 形加油吊舱,让加油管避开机身气流。

**2. 图－16 空中加油机**

图－16 加油机是苏联图波列夫设计局在图－16 双发高亚声速中程轰炸机基础上改装而成的空中加油机(见图 3－13),该机仅配备 2 点翼尖软式加油吊舱。

图 3 - 12　伊尔 - 78 和伊尔 - 78M 空中加油机

图 3 - 13　图 - 16 空中加油机

**3. 米亚 -4 空中加油机**

米亚 -4(Miya -4)是 20 世纪 50 年代苏联米亚西舍夫设计局研制的重型轰炸机,共生产约 110 架。从 80 年代开始,苏联空军将 45 架米亚 -4 改为空中加油机(见图 3 - 14)。该型空中加油机于 1993 年退役。

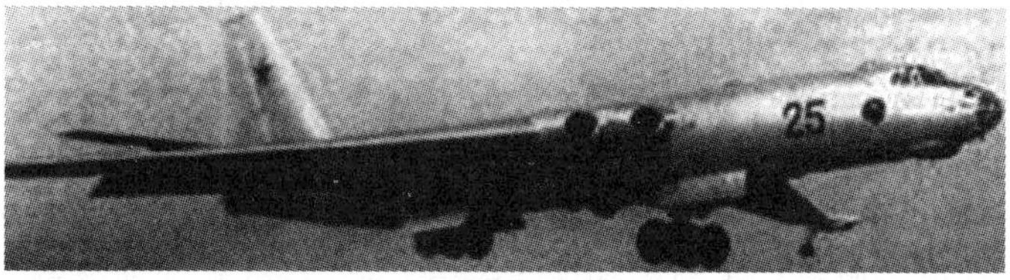

图 3 - 14　米亚 -4 重型轰炸机

### 3.1.3 英国

英国加油机数量居世界第三。英国未来战略加油机(FSTA)项目将采购30架加油机,用于替代24架老龄VC-10和10架皇家空军目前正在使用的洛克希德·马丁公司生产的L-1011。英国空军现有3个空中加油机中队,主要加油机机型为自制的VC-10K“胜利者”。

**1. VC-10K“胜利者”空中加油机**

VC-10(见图3-15)由英国航宇公司1978年在VC-10和超VC-10运输机基础上改装而成,是英国皇家空军的主要加油机种,现装备5架VC-10K-2R和4架VC-10K-3型。采用软管式加油;配备3点软式加油设备;航程大,加油半径大。

图3-15 VC-10空中加油机

**2. “胜利者”K·2型空中加油机**

“胜利者”K·2型空中加油机是英国在“胜利者”中程战略轰炸机基础上改进的空中加油机。1972年3月首飞,共装备24架。采用两侧翼根进气;航程和加油半径较大,配备3点软式加油设备(见图3-16)。

图3-16 “胜利者”K·2型空中加油机

**3. L-1011“三星”空中加油机**

“三星”客机(L-1011 TriStar)是美国洛克希德·马丁公司研制的三发动机宽体喷气式客机,是继波音747和DC-10后推出的宽体喷气式客机。英国的马歇尔航空航天中心对L-1011“三星”客机进行了空中加油改装,配备3点软式加油设备(见图3-17)。

**4. “火神”空中加油机**

1982年,皇家空军决定把6架“火神”轰炸机改装为临时加油机以弥补马岛战争中英

图 3 - 17　L - 1011“三星”空中加油机

军空中加油力量的不足,该机仅在机身尾部中线安装了与 VC - 10 加油机相同的 1 套空中加油公司 Mk - 17B 锥套系统(见图 3 - 18)。

图 3 - 18　“火神”空中加油机

## 3.1.4 欧洲空中客车公司

### 1. A310MRTT 空中加油机

A310MRTT(Multi Role Tanker Transport,MRTT,意为多用途加油运输机)是在 A310 - 300 客机基础上发展而来的,除了担当空中加油机任务外,还可以兼有货物运输机、旅客运输机、医疗飞机或者混合型飞机等多种任务(见图 3 - 19)。

图 3 - 19　A310MRTT 空中加油机

A310MRTT 配备 3 点 3 套式空中加油系统。其尾部安装有一套硬管式加油系统。该硬管加油系统由欧洲航空防务和航天公司(EADS)独立研制,打破了美国对于加油硬管的垄断。A310MRTT 在靠近机翼翼尖的位置安装了两个英国科巴姆集团下属飞行加油公司制造的 Mk－32B－907 型输油吊舱。

作为一种多功能加油机,A310MRTT 在 50h 之内即可完成相应改装。在完全承担运输任务情况下,A310MRTT 最大货物承载能力为 37t,在担负部队输送任务时,A310MRTT 可搭乘 214 名士兵;当执行物资与部队运输双重任务时,则可搭载 54 人和 12 个货盘。作为空中医院,A310MRTT 可容纳 6 个重症监护室和 56 副担架床。

**2. A330MRTT 空中加油机**

A330MRTT 空中加油机(Multi Role Tanker Transport,MRTT,意为多用途加油运输机)是欧洲客车军事公司在 A330－200 客机基础上改进而来的一型多用途加油机(见图 3－20)。在 A330－200 基础上研制的 A330MRTT 采用了目前所能应用的各种现代技术,同时具备加油、运输、通信中继等功能,总体性能更加先进,空中加油能力更加全面。

图 3－20　A330MRTT 空中加油机

该机载油量比 KC－767 加油机还多,达 111t。该机根据需要选配 3 点 3 套软、硬两种加油系统。A330MRTT 相比 KC－767A 的另一优势是在保持加油机构型情况下,有更突出的载客运货能力,最多可以运载 285 名乘客。机舱内可以装 6 个 223.5cm × 274.3cm 的北约标准货盘,加上 2 个 LD3 集装箱。

**3. A400M 运输/加油机**

A400M 军用运输机项目于 2003 年启动(见图 3－21)。其设计目标是取代正在服役的 C－130 和 C－160 运输机。该军用运输机还配备了空中加油设备,并可在 2h 内被改装成一架加油机。这种飞机还可用于海上监视和人道主义救援。该机与美国 KC－130 加油机相似,配备 2 套翼尖软式加油吊舱。

图 3－21　A400M 军用运输机

### 3.1.5　其他国家

**1. 巴西 KC－390 加油运输机**

KC－390 项目是巴航工业和巴西空军的合作项目,旨在联合研制出一款战术军用运输兼空中加油机(见图 3 - 22)。KC - 390 运营成本较低,能够灵活执行物资、军队运输与空投,空中加油,搜救和救援及森林灭火等多种任务,确立了该级别机型的新标准。

图 3 - 22　巴西 KC - 390 加油运输机

**2. 日本 KC - 767J 空中加油机(图 3 - 23)**

图 3 - 23　日本 KC - 767J 空中加油机

**3. 印度伊尔 - 78MKI 空中加油机(图 3 - 24)**

图 3 - 24　印度空军的伊尔 - 78MKI 空中加油机

**4. 巴基斯坦伊尔 - 78 空中加油机(图 3 - 25)**

图 3 - 25　巴基斯坦空军的伊尔 - 78 空中加油机

### 3.1.6 空中加油机应该造多大

美国为替换其日益老旧且数量庞大的 KC－135 加油机，在其公开招标的 KC－X 项目中，经过几轮拉锯式竞标，美国人最终放弃了欧洲航空防务和航天公司体量更大、载油更多的 KC－30/A330MRTT 型加油机方案，而选用了波音公司的 KC－767/KC－46A 型加油机方案。笔者认为，除去怀有“肥水不流外人田”的心理作用外，应该也是综合其空中加油任务需求而确定的。

图 3－26 为 2008 年美军加油机任务数据，共出动 55200 架次，其中加油任务 33300 架次，占总数的 60%。横坐标为每架次转移燃油量（单位 1000 磅/453.6kg），纵坐标为架次数。

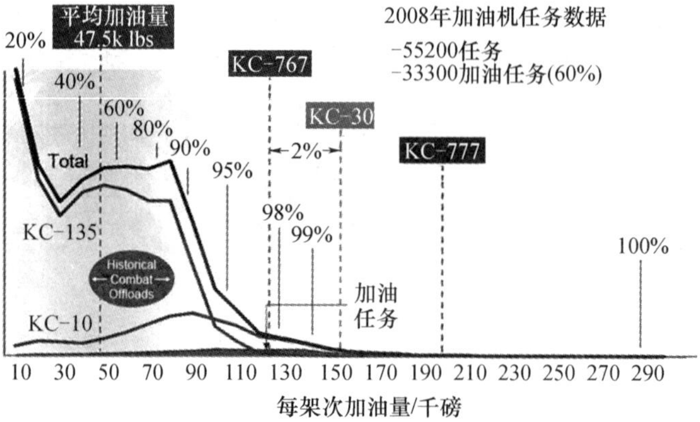


图 3－26　2008 年美军加油机任务数据

由图 3－26 可见，美军涡扇动力大型空中加油机平均每架次转移燃油 4.75 万磅/21546kg，绝大多数情况下（90%，图中阴影区）每架次转移燃油不超过 9 万磅/40824kg 级。KC－767/KC－46A 的燃油容量足以满足近 98% 任务的需求，与 KC－30/A330MRTT 的任务谱宽度只有 2 个百分点的差距。KC－777 的容量足以包办几乎全部空中加油任务，但对于主流作战类型而言属于严重的“大材小用”。如果不考虑兼职运输和尽可能加大任务谱宽度的需要，新研制的加油机中即便是吨位最小的 KC－767/KC－46A 也颇有体态臃肿之嫌。

目前，世界各国现役主要空中加油机体型比较如图 3－27 所示。那么，空中加油机到底应该造多大呢？

从美国经验数据来看，加油机不是造得越大越好，对于日常绝大多数的战术加油任务，最理想的战术空中加油机（主要支持战术飞机执行各类作战任务）应是满载起飞重量 100＋吨级，具备极其出色燃油经济性的高亚声速型号。而若是像英国和阿根廷马岛海战中执行“黑鹿行动”之类的远程战略加油任务，KC－767/KC－46A、KC－30/A330MRTT 等大型加油机则可有效减少加油机出动架次，简化任务流程。因此，加油机的体量设计、数量配备应该充分考虑自身任务需求，做到大小搭配、比例合理，以充分提高加油机任务效率。

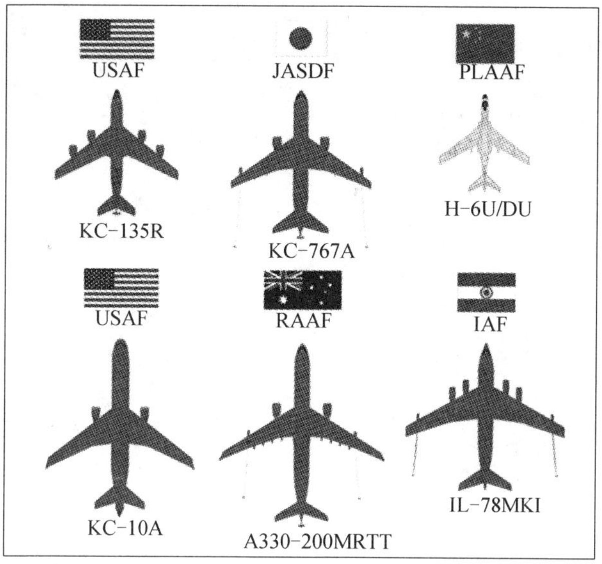


图 3－27　世界典型加油机体型对比

# 3.2　典型空中加油机的系统组成

## 3.2.1　伊尔－78 系列空中加油机

伊尔－78 货舱内保留了货物处理设备，因此只要拆除货舱油箱，即可担任一般运输或空投任务。该型机机尾并无武装，炮手位置由加油控制员取代。

和伊尔－78 相比，伊尔－78M 是专业的空中加油机（见图 3－28）。该机在货舱内加装第三个油箱，提高了载油量，加油吊舱也换装为 UPAZ－1M，输油量提高到 2340L/min，不过为了节省重量，伊尔－78M 货舱内并无货物处理设备，货舱门也无法打开，因此无法再担任一般运输机。

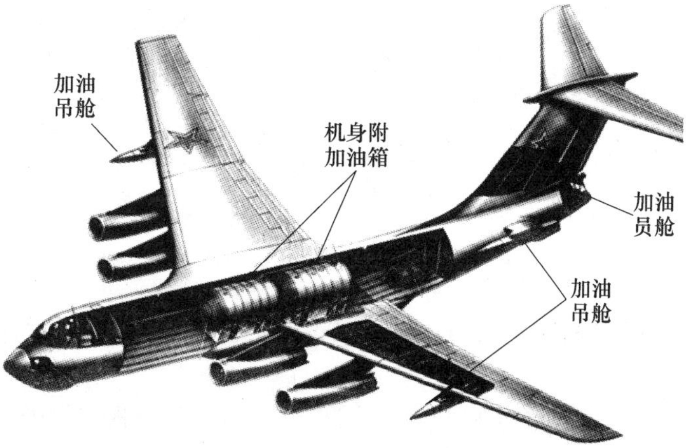


图 3－28　伊尔－78M 空中加油机基本机构

伊尔－78M 所装配的 UPAZ－1M“萨哈林”加油吊舱系统细节如图 3－29 所示。

图 3－29　伊尔－78M 空中加油机的 UPAZ－1M 吊舱细节

## 3.2.2　KC－135 空中加油机

**1. 加油系统组成**

KC－135 型加油机空勤组为 4 人，分别为正副驾驶、领航员和加油操作员。加油操作员的任务是完成加油机与受油机之间的联络、对接及控制加油量的工作。KC－135 加油机的硬式加油系统组成如图 3－30 所示。

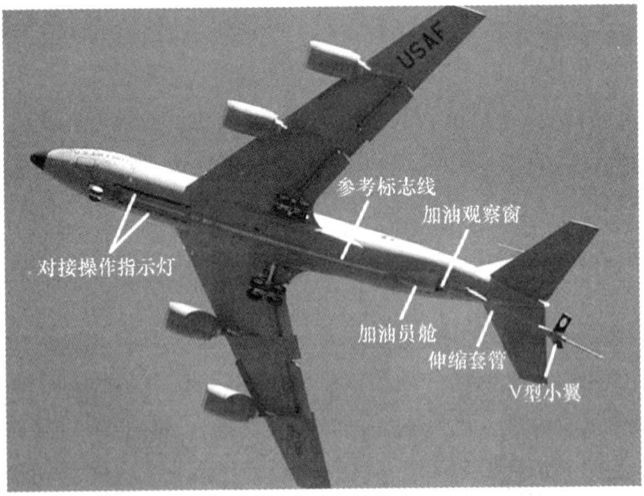


图 3－30　KC－135 加油机的硬式加油系统组成

KC－135 共有 10 个机身油箱，各油箱位置与容量如图 3－31 所示，所有的燃油加起来超过 90t。

另外，如图 3－32 所示，该机机身内部空间很大，且机舱甲板非常平整，具备较强的运输能力。同时具备加油、运输等多任务能力是未来空中加油机的必然发展方向，对于提高自身任务效率，意义重大。

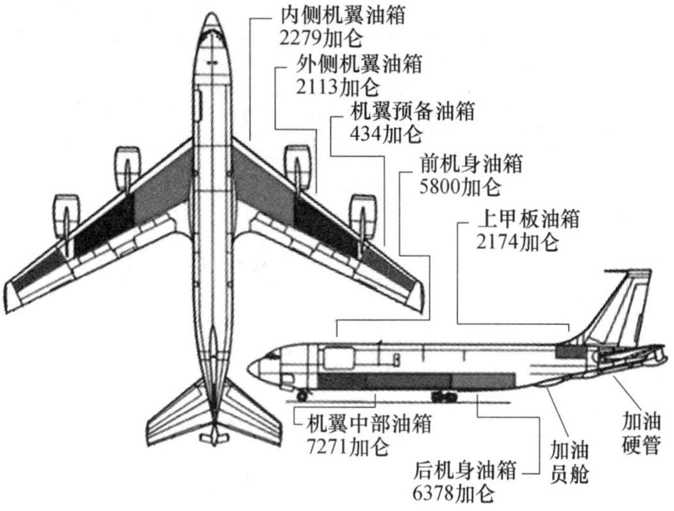


图 3－31　KC－135 加油机的油箱分布

图 3－32　KC－135 空中加油机的货运舱

KC－135 安装了经过时间考验的硬式加油系统和 KC－97 的加油操作员面板，加油操作舱位于机尾下部，机舱甲板下面，空间非常狭小，仅能容纳 3 人，如图 3－33 和图 3－34 所示。因此，加油操作员必须匍匐进入，且操作时必须脸朝下俯卧在“卧铺”上。加油操作员位于“中铺”，两侧为加油观察员或教官安排了两个位置，观察窗周围的大型反射镜拓展了操作员的视野。

**2. 加油硬管**

如图 3－35 所示，KC－135 加油机尾部装有一根可伸缩的半刚性加油管，由主管（长 8.5m）和内管（长 5.6m）两部分组成。加油对接时，加油操作员通过控制硬管上的 V 形气动小翼调整硬管的偏转，以对准受油机受油口。

KC－135 加油硬管内管末端的喷嘴如图 3－36 所示，它是实现硬管与受油机受油口（见图 3－37）对接锁定的唯一机构。由图可知，“喷嘴”具有极为复杂的机械和电气结构。

图 3－33　KC－135 位于机尾甲板下面的加油操作舱

图 3－34　KC－135“卧铺”式的加油操作舱

图 3－35　KC－135 的加油硬管

图 3 - 36　KC - 135 加油硬管末端的喷嘴

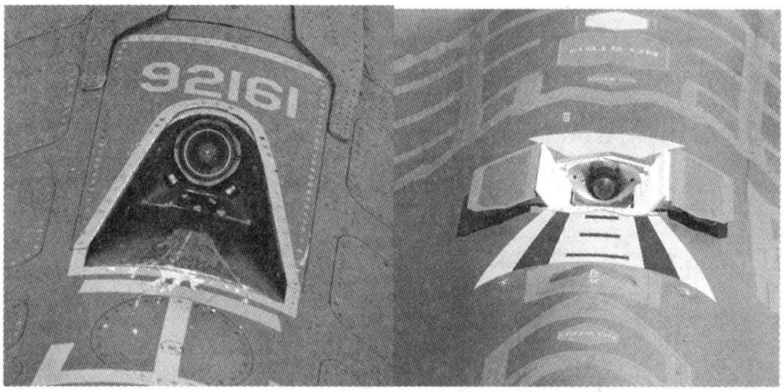

图 3 - 37　F - 16(左)、F - 35(右)飞机机背的受油口

KC - 135 的加油硬管加油作业的伸缩调节和偏转范围如图 3 - 38 所示,其中阴影区为 KC - 135 加油硬管的加油对接包线。

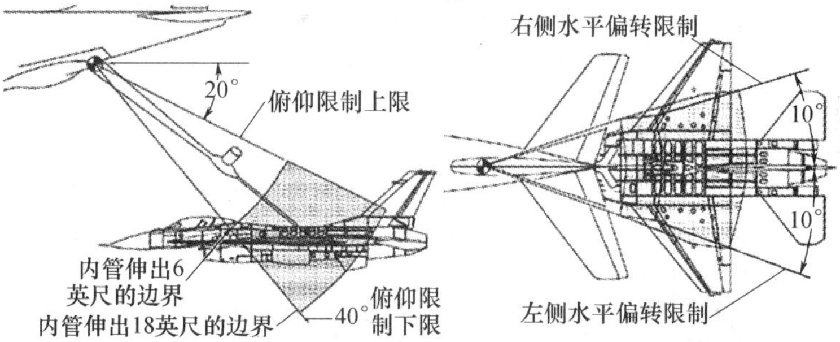


图 3 - 38　KC - 135 加油机加油硬管的空间加油对接包线

为使受油机在整个加油过程中始终保持在最佳的加油对接位置,KC - 135 机尾底部的加油操作员会通过语音通话、对接操作指示灯对受油机飞行员进行相对位置的操纵提醒。同时加油硬管的内管壁上也涂有与对接操作指示灯相对应的颜色标记(见图 3 - 39)。这些措施的最终目的是提示受油机飞行员始终将受油机受油口保持在加油硬管的加油对接包线内。

如前文所述,KC - 135 加油硬管末端加装一套漏斗式锥套加油软管改装套件(称为硬管锥套适配器),如图 3 - 40 所示,可实现混合式空中加油,以满足仅装备受油插头飞机的空中加油需要。该适配器所采用的锥套与普通软式锥套不同,其机构为硬质、不可折叠的锥套。值得注意的是,该适配器只能在地面进行更换改装操作,且其软管(2.74m)不能够像普通加油软管一样被吊舱收回。整个飞行过程中,该适配器只能在 KC - 135 外部

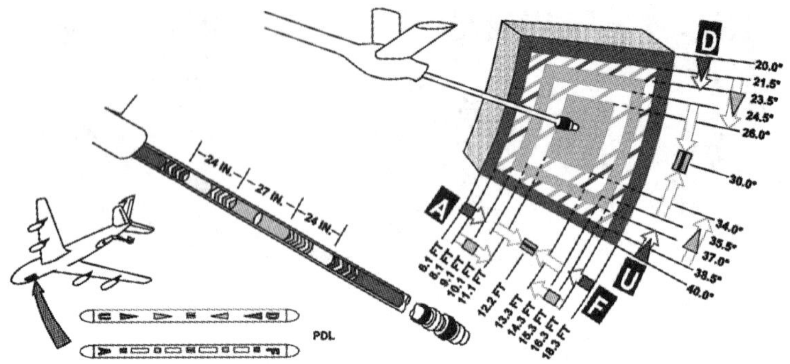


图 3－39　KC－135 对接操作指示灯含义及其与内管颜色标记的对应关系

“随风飘扬”。因此，采用该适配器时，受油机对接速度超过 2kn 时就会引起软管的明显甩动（甩鞭现象，后文将进行详细介绍），必须引起飞行员的高度注意。

图 3－40　KC－135 的硬管适配器

### 3. KC－135FR 翼尖软式吊舱

KC－135FR 在两翼尖处配备的 FRL Mk32B－753 型软式加油吊舱如图 3－41 所示，该型翼尖多点加油系统允许 2 架受油机同时加油的条件是受油机翼展不超过 20.7m（68 英尺）。

图 3－41　FRL Mk32B－753 翼尖加油吊舱（右）与吊舱状态指示灯（左）

该吊舱配备的软管全长为 22.5m，软管末端安装有 MA－4 型加油接头和常规可折叠式锥套。黑色软管表面每隔 0.3m 涂有一系列白线标记，另有间隔 0.6m 的 2 条橙色标志线用以指示燃油可传输的范围。

Mk32B－753 吊舱工作状态、状态灯指示与软管长度的关系如图 3－42 所示。由图可知，受油机对接锁定后至少要将软管继续向前推入吊舱 1.5m（5 英尺），才能接通燃油传输开关（以第一条 0.6m 宽的橙色标志线为标志）。受油机最佳的加油位置是处于两条 0.6m 宽的橙色标志线之间的区域，即软管内外侧边界长度分别为 16.4m（54 英尺）和

21m(69 英尺)。当软管被推入吊舱短于 15.2m 后,燃油传输将自动关断。而当软管被再次拉出到 15.8m 时,燃油传输又将自动接通。这也就是说,燃油传输状态下,该型吊舱允许受油机前后位置变化大约为 5.8m。

这种设计思路既可防止对接锁定后燃油传输活门过早打开造成燃油喷溅,又能在受油机与加油机距离较小时及时关断燃油传输,具有较高的安全性。

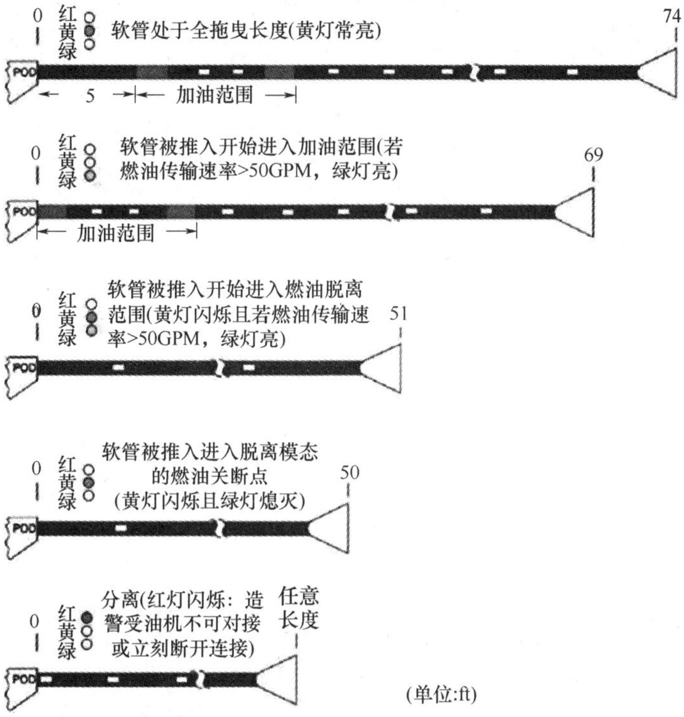


图 3-42 吊舱工作状态、吊舱状态灯指示与软管长度的关系

### 4. 夜间空中加油灯光设置

为满足夜间加油需要,KC-135 系列加油机均装备诸如照明、编队、防撞、航行等大量灯光设备,如图 1-6 所示,其作用主要是使加、受油机间有较好的可见度,具体细节见 ATP-56(B)。

作为受油机,为提高夜间空中加油的可见度,硬式受油口通常带有特定的灯光和发光引导标志等辅助措施,如图 3-43 所示。当配备硬管锥套适配器进行夜间加油时,受油机照明灯光如图 3-44 所示。

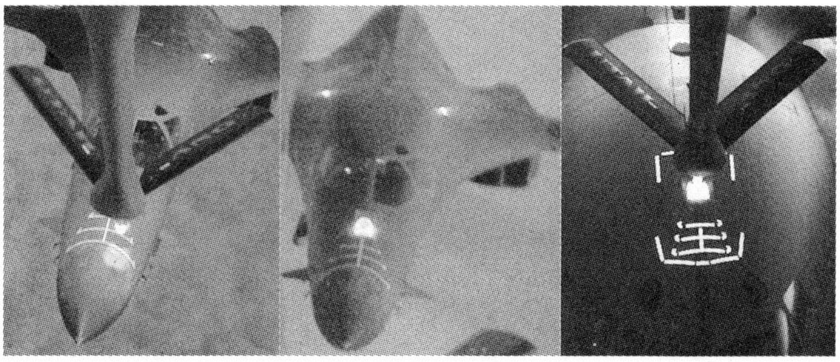

图 3-43 受油机硬式受油口的夜间加油灯光和发光引导标志实例

图 3 - 44　配备硬管锥套适配器进行夜间加油时的受油机照明灯光

## 3.2.3　KC - 10 空中加油机

**1. 加油系统组成**

KC - 10 总体布局与 DC - 10 运输机基本相同，动力装置采用 3 台通用电气公司的 CF - 6 - 50C2 涡扇发动机，单台推力 234kN。1 台安装在后机身上方垂尾根部，另 2 部分别安装在两侧机翼下的吊舱内。KC - 10 加油机的加油系统组成如图 3 - 45 所示。

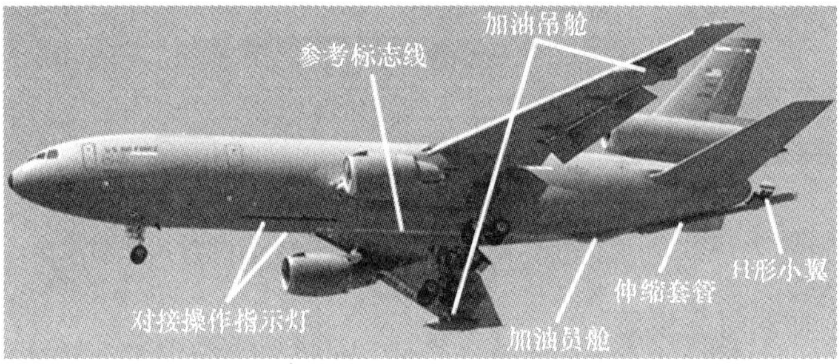


图 3 - 45　KC - 10 加油机的加油系统组成

除了 DC - 10 原有的标准机翼油箱和辅助油箱外，增加一个由 7 个非增压整体囊式油箱组成的油箱系统，3 个在机翼前方，4 个在机翼后方，全部位于货舱地板，利用龙骨梁和能量吸收材料来进行防护，可从机舱甲板直接安装、拆卸、维护、检查这些油箱，如图 3 - 46所示。

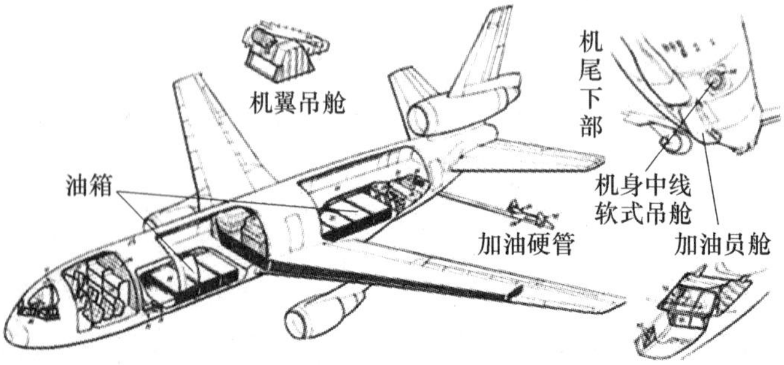


图 3 - 46　KC - 10 加油机的油箱分布

为便于载货，KC－10 前机身左侧布置了一个大的向上开启的货舱门，机舱内可装载 27 个货盘或 17 个货盘加 75 名乘客。相比 KC－135 加油，该机货舱更大，运输能力更强（见图 3－47）。

图 3－47　KC－10 空中加油机的货运舱

空中加油操作增压舱位于后机身下方油箱后面，有独立的热管理系统，加油操作员从机舱甲板进入，面向后乘坐，其后面 2 个座椅可乘坐教官和学员，用于训练。如图 3－48 所示，加油操作员再也不用像 KC－135 那样辛苦地趴在“卧铺”上工作了。

图 3－48　KC－10 空中加油机的加油操作舱

**2. 加油硬管**

KC－10 加油机尾部的可伸缩半刚性加油管，由主管（长约 11m）和内管（长 7m）两部分组成（见图 3－49）。KC－10 的加油硬管采用 H 形气动小翼进行偏转控制，其外形与 KC－135 的 V 形小翼有很大不同。KC－10 的硬式空中加油系统采用全新设计，操作员通过数字式电传操纵系统来控制机尾的加油硬管。该系统配有自动加装燃油阻尼系统、独立燃油断接系统和自动载荷卸除系统，提高了空中加油的安全性和便利性，显著扩大了加油对接包线。

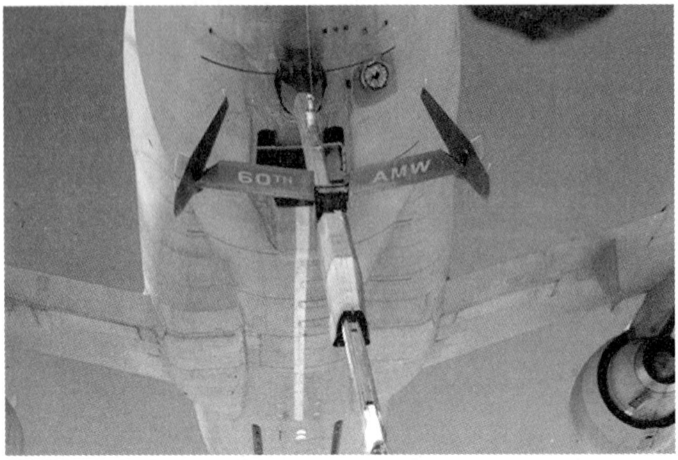

图 3-49　KC-10 的加油硬管

KC-10 加油硬管内管末端的喷嘴如图 3-50 所示，它是实现硬管与受油机受油口对接锁定的唯一机构。由图可知，KC-10 加油硬管的喷嘴比 KC-135 更为复杂。

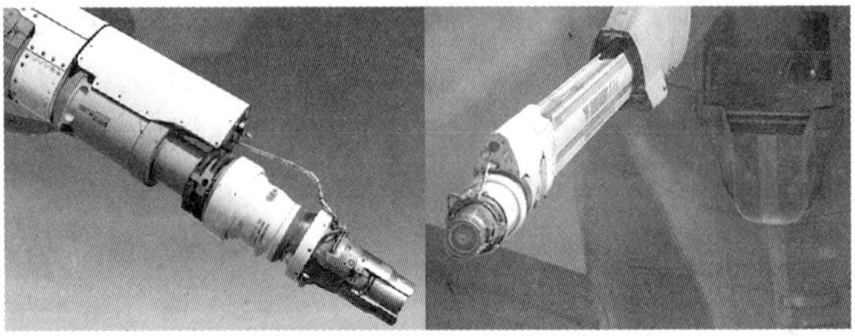

图 3-50　KC-10 加油硬管末端的喷嘴

KC-10 加油硬管加油作业的伸缩调节和偏转范围如图 3-51 所示，其中阴影区为 KC-10 加油硬管的加油对接包线。

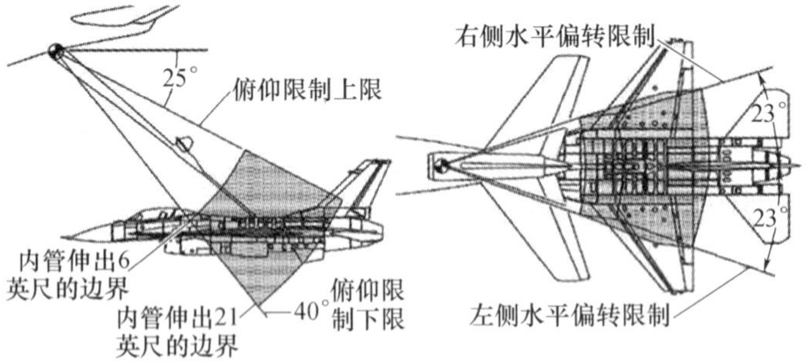


图 3-51　KC-10 加油机加油硬管的空间加油对接包线

与 KC-135 一样，为使受油机在整个加油过程中始终保持在最佳的加油对接位置，KC-10 机尾底部的加油操作员会通过语音通话、对接操作指示灯对受油机飞行员进行相对位置的操纵提醒。同时，加油硬管的内管壁上也涂有与对接操作指示灯相对应的不同颜色标记，如图 3-52 所示。这些措施的最终目的是提示受油机飞行员始终将受油机受油口保持在加油硬管的加油对接包线内。

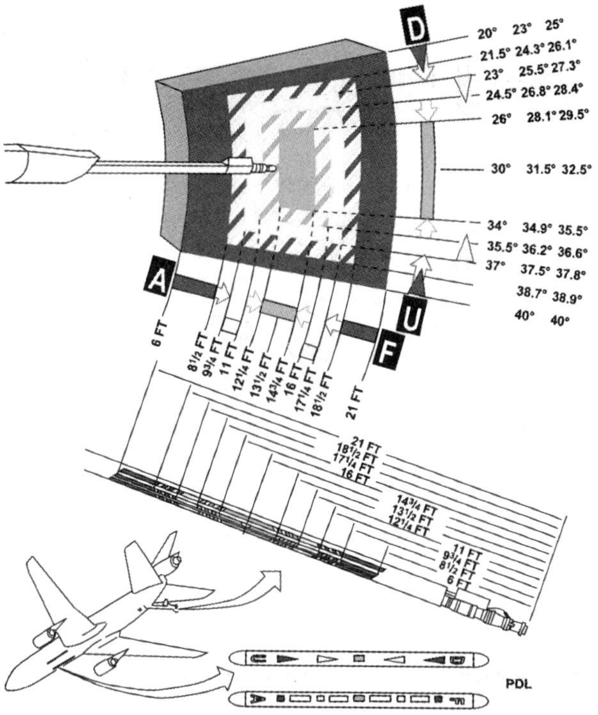


图 3－52　KC－10 对接操作指示灯含义及其与内管颜色标记的对应关系

### 3. KC－10 机身中线软式加油系统

KC－10 机身中线软式加油系统位于机身后下部如图 3－53 所示。该机身加油平台软管出口位于机身中心线偏右约 1.2m。

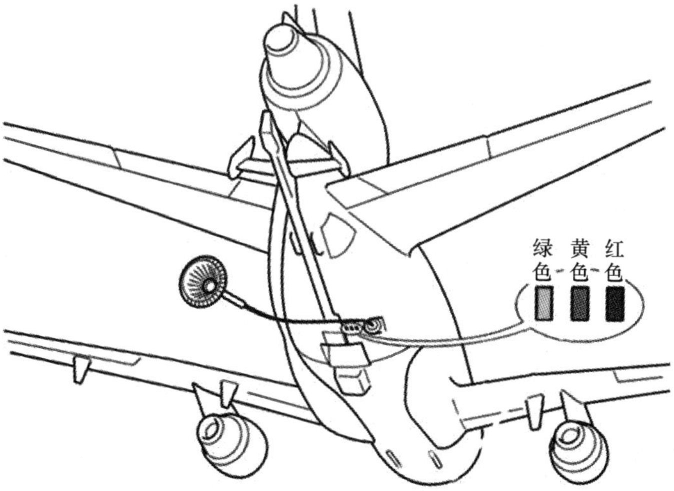


图 3－53　KC－10 机身中线软式加油系统位置与状态指示灯

软管全长 24m，其中 21m 可放出。管壁表面按一定间隔依次涂有宽度分别为 0.3m 和 0.6m 的白色标志线，软管末端装配 US MA－3/4 型加油接头和直径为 0.7m 的可折叠锥套，如图 3－54 所示。

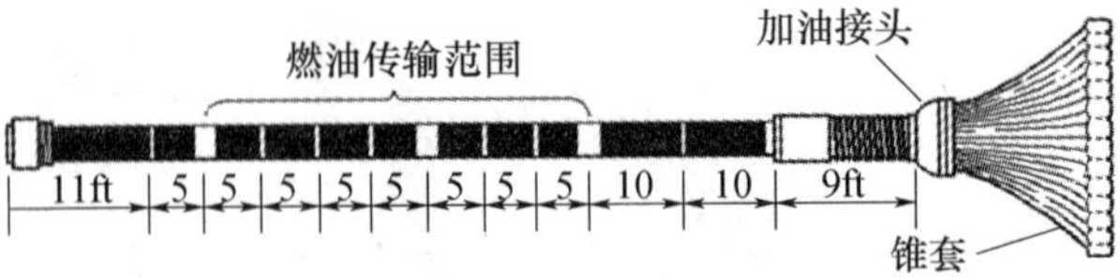


图 3－54　KC－10 机身中线软式加油系统的软管与锥套

KC－10 机身中线软式加油系统工作状态、状态灯指示与软管长度的关系如图 3－55 所示。由此可知，受油机对接锁定后至少要将软管继续向前推入吊舱 1.5m(5 英尺)，才能接通燃油传输开关(以第一条 0.6m 宽的白色标志线为标志)。受油机最佳的加油位置是对接锁定后将软管继续推进约 6m 处，即以第二条 0.6m 宽的白色标志线为标志。受油机从最佳加油位置继续向前将软管推进 4.6m(15 英尺)的范围内，燃油始终可以传输。但若软管再向前推进，则燃油传输将自动关断。这也就是说，燃油传输状态下，该型机身软式加油平台允许受油机前后位置变化大约为 11m，比 KC－135FR 翼尖吊舱软管的前后允许波动范围明显加大。这种设计思路既可防止对接锁定后燃油传输活门过早打开造成燃油喷溅，又能在受油机与加油机距离较小时及时关断燃油传输，具有较高的安全性。

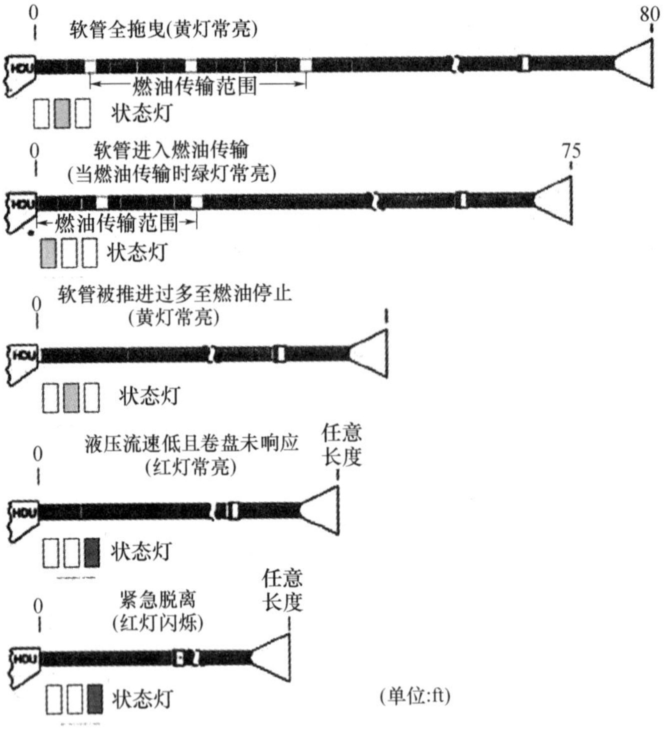


图 3－55　KC－10 机身中线软式加油系统工作状态、状态灯指示与软管长度的关系

另外，受油机对接后，应当对齐软管出口位置，防止产生不期望的侧向载荷。

**4. KC－10 翼尖加油吊舱**

KC－10 加油机两侧翼尖配备有 FRL Mk32B 型加油吊舱，如图 3－56 所示。该吊舱软管全长为 24m，其中 22.5m 可放出舱外。

黑色软管表面每隔 0.3m 涂有一系列白线标志线，另有间隔 0.6m 的 2 条橙色标志线

图 3 - 56　KC - 10 加油机两侧翼尖配备有 FRL Mk32B 型加油吊舱

用以指示燃油可传输的范围。软管末端装配 US MA - 4 型加油接头和可折叠锥套，如图 3 - 57所示。

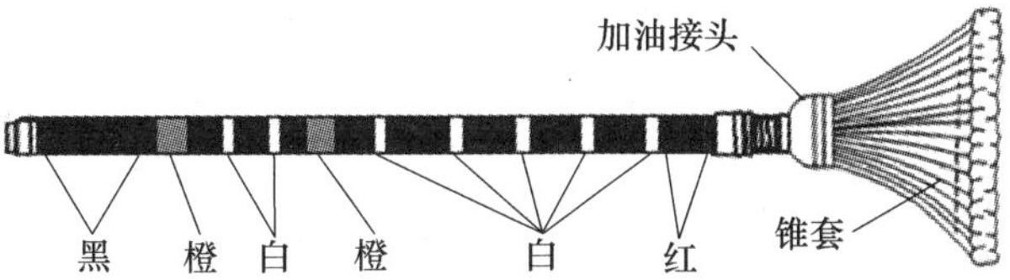


图 3 - 57　KC - 10 翼尖软式加油吊舱的软管与锥套

KC - 10 翼尖吊舱工作状态、状态灯指示与软管长度的关系如图 3 - 58 所示。由此可知，受油机对接锁定后至少要将软管继续向前推入吊舱 1.5m(5 英尺)，才能接通燃油传输开关(以第一条 0.6m 宽的橙色标志线为标志)。受油机最佳的加油位置是处于两条 0.6m 宽的橙色标志线之间的区域，即软管内外侧边界长度分别为 17.4m 和 21m。当软管被推入吊舱短于 14.6m 后，燃油传输将自动关断。而当软管被再次拉出到 14.9m 时，燃

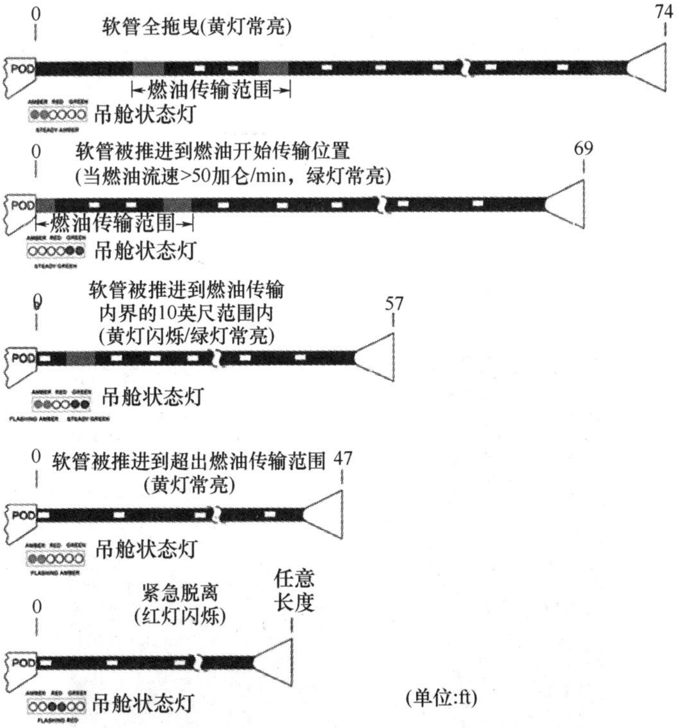


图 3 - 58　KC - 10 翼尖软式加油吊舱的工作状态、状态灯指示与软管长度的关系

油传输又将自动接通。这也就是说,燃油传输状态下,该型吊舱允许受油机前后位置变化大约为6.4m。

这种设计思路既可防止对接锁定后燃油传输活门过早打开造成燃油喷溅,又能在受油机与加油机距离较小时及时关断燃油传输,具有较高的安全性。

**5. 夜间空中加油灯光设置**

为满足夜间加油需要,KC-10加油机均装备诸如照明、编队、防撞、航行等大量灯光设备,各种灯光的位置如图3-59、图3-60所示,其作用主要是使加、受油机间有较好的可见度,具体细节见ATP-56(B)。

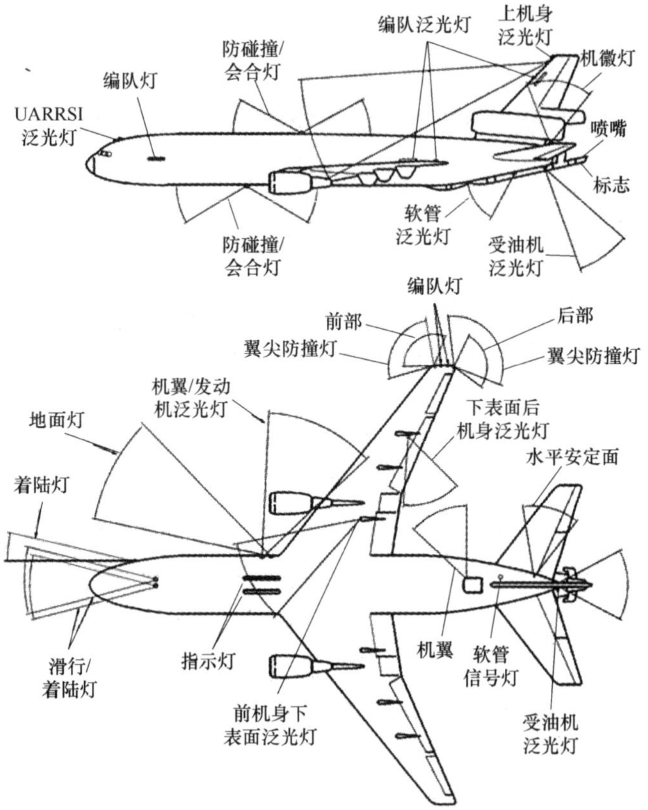


图3-59 KC-10加油机夜间灯光设置

图3-60 KC-10加油机夜间空中加油情景

作为受油机，为提高夜间空中加油的可见度，硬式受油口通常带有特定的灯光和发光引导标志等辅助措施，如图 3－61（左、中）所示。当配备硬管锥套适配器进行夜间加油时，受油机照明灯光如图 3－61（右）所示。

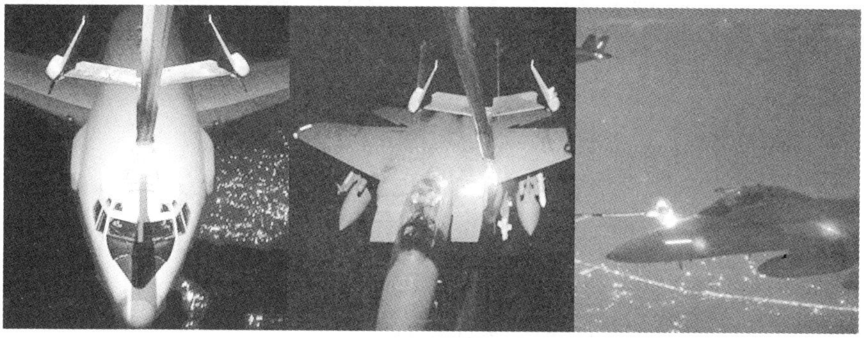

图 3－61　硬管夜间照明效果（左、中）和受油机软式加油夜间照明（右）实例

## 3.2.4　新型空中加油机的发展趋势

欧洲和美国近年来研发的 A310MRTT、A330MRTT、KC－46 和 KC－767 空中加油机代表了空中加油的最新最先进技术水平，充分体现了大型化、数字化、多功能化等发展趋势。这些新型加油机具有许多相似之处，下面通过图片的形式进行简要介绍。

（1）加油设备软硬兼备、多点组合，集加油、运输多功能于一身。

波音公司的 KC－46A 空中加油机采用“3 点 4 套”式空中加油配置，同时具备超强的运输能力，如图 3－62 所示。

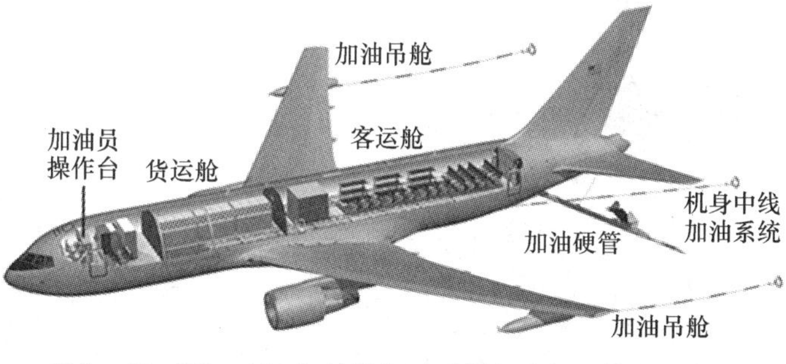


图 3－62　KC－46A 加油机加油系统组成与运输能力配置

KC－46A 硬式加油设备与 KC－10 基本相同，其软式加油设备选择了 Cobham 公司的加油平台，其中机身中心软式加油平台采用 FR－600－84MDR 加油平台，翼尖加油吊舱采用 RP－910E－75 型加油吊舱。KC－46A 的软式加油设备是 Cobham 公司的最新一代产品，是当今世界最为先进的软式加油设备，其所采用的可变阻力锥套能够同时适用于 V－22 倾斜旋翼机和高速喷气飞机的加油速度包线，免去了地面更换的麻烦。

A330MRTT 多用途加油机最大的特点是作为加油机的同时，还可以“兼职”运输机，这也是空客公司宣传该机时着重强调的特点。在飞机满油状态下，该机仍能携带 45t 的货物或 226 名士兵。在执行伤员后送任务时，A330MRTT 货舱和客舱可搭载医疗急救设备和数量约为 120 副的担架。该机在设计时充分考虑了装载北约标准运输集装箱的需求，飞机可携带32个463升北约标准运输集装箱。可以看出A330MRTT已经不是一般意义上的加油机，而是一型多用途飞机，可执行空中加油、战略运输等任务，如图3－63所示。和大多数加油机一样，A330MRTT也装备了较为完善的自卫系统，系统包括导弹逼近告警装置、红外干扰系统等，其座舱以及一些重要部位还有装甲保护，可抵御一些轻武器的攻击。

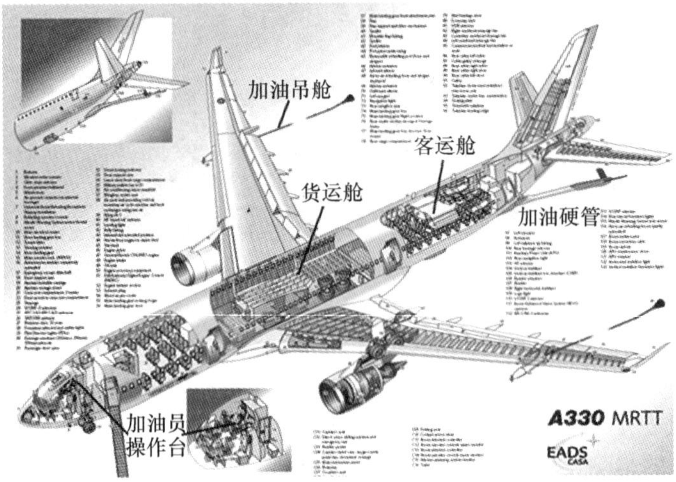


图3－63　A330MRTT加油机加油系统组成与运输能力配置

A330MRTT软式加油设备选择了Cobham公司的加油平台，其中机身中心软式加油平台采用805E机身加油平台，翼尖加油吊舱采用905E型加油吊舱。A330MRTT的软式加油设备是Cobham公司的第5代产品，是当今世界最为先进的软式加油设备，同样具备可变阻力锥套（见图3－64）。

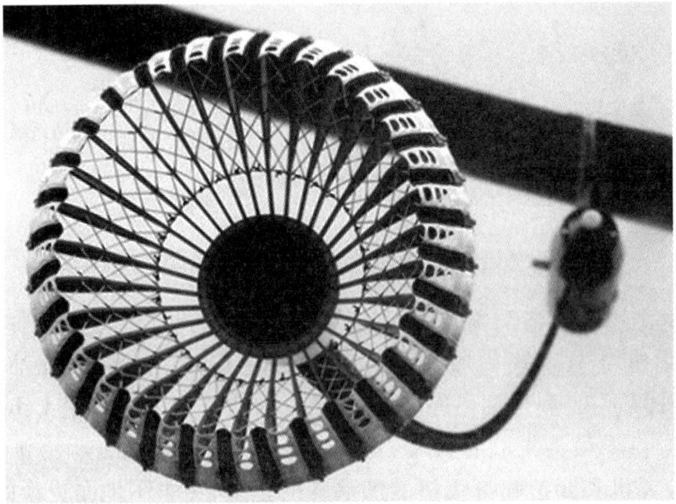

图3－64　A330MRTT加油机左机翼下的可变阻力锥套

（2）加油员操作舱移至机头驾驶室，普遍采用视频监控和三维立体成像技术，夜间则采用了红外成像技术，远程监视和操控加油设备（见图3－65～图3－67）。

如图3－68所示，A330MRTT多用途加油机装备了先进的空中加受油控制系统，系统

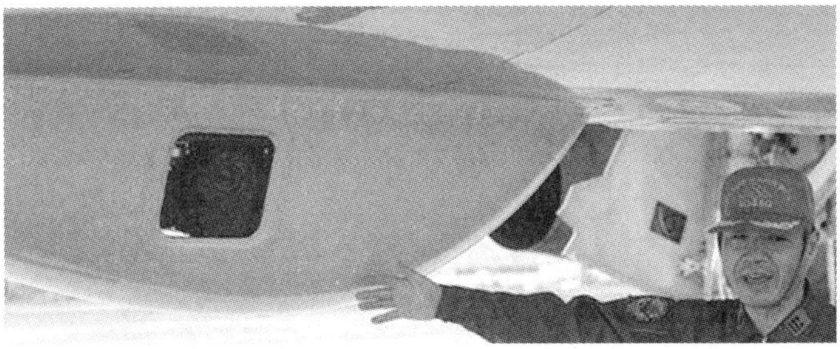

图 3－65　日本 KC－767J 加油机视频监控器

图 3－66　日本 KC－767J 加油机加油操作员的三维成像设备

图 3－67　KC－46 加油员操作台

图 3－68　A330MRTT 加油员操作台（左为软式加油，右为硬式加油）

包括加受油控制台、“视觉增强系统”及其他支援设备。“视觉增强系统”主要包括 2 部可旋转的高分辨率摄像机和机身尾部的监视盒。整个系统可帮助控制加油操作员实时监控飞机后方 180°范围内的情况。加受油控制台装有多个液晶显示屏，除了显示“视觉增强系统”所传回来的画面，还可以显示机载燃油总量，燃油分配、空中加油的流量、温度和输送燃油的总量等信息。这些系统自动化程度高,可更好地帮助空中加油操作员完成空中加油作业,同时也大大减轻空中加油操作员的负担。

(3)欧洲新型加油硬管性能更强,打破美国垄断(见图3－69～图3－71)。

图3－69　EADS集团的全尺寸伸缩管地面试验塔

图3－70　A310MRTT空中加油机的加油硬管

图3－71　A330MRTT空中加油机的加油硬管

（4）加油员地面模拟训练系统更为真实，数字化程度更高（见图3－72）。

图3－72　美国KC－46A加油机加油员地面模拟训练系统

## 3.3　软管锥套式空中加油系统

软管锥套式空中加油系统分为翼下软式加油吊舱和机身软式加油平台两类。

### 3.3.1　软式加油吊舱

软管锥套式空中加油吊舱是进行空中加油的专用设备。吊舱通常包括动力装置、传动装置、燃油系统、软管卷盘系统、控制系统和壳体组件等。其外形和尺寸类似飞机副油箱，使用时将吊舱悬挂在机翼、机身下，不用时可拆下，有的吊舱还可空中应急投放。有些吊舱本身可装载部分燃油，这种吊舱称为湿式吊舱。不可装载燃油的吊舱称为干式吊舱。

就吊舱的原理结构来说，可大致分为两类：一类为液压式吊舱，如美国的D－704、英国的MK－20、法国的P/N235102（见图3－73）。这些吊舱均以冲压空气涡轮为动力驱动液压泵，为软管卷盘、燃油泵的驱动装置提供高压工作液流，使软管卷盘、燃油泵按要求运转，以完成空中加油过程中，软管/锥套投放、加油、响应和软管/锥套回卷等项工作。液压式吊舱使用年代较早，技术较为成熟。另一类为数控式吊舱，以英国空中加油公司20世纪80年代研制的MK－32吊舱（见图3－74）为代表。该吊舱取消了高压液压系统，冲压空气涡轮直接驱动燃油泵，靠燃油压力和机械部件的共同作用完成空中加油过程中的各项工作。数控系统的功能除了在空中加油过程中对加油工作程序实施控制外，还对加油压力、冲压空气涡轮转速、软管/锥套投入和回卷速度进行连续调节；对重要参数越限进行

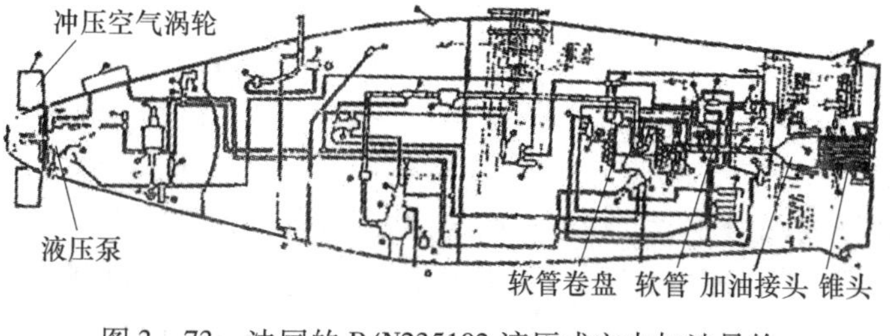


图3－73　法国的P/N235102液压式空中加油吊舱

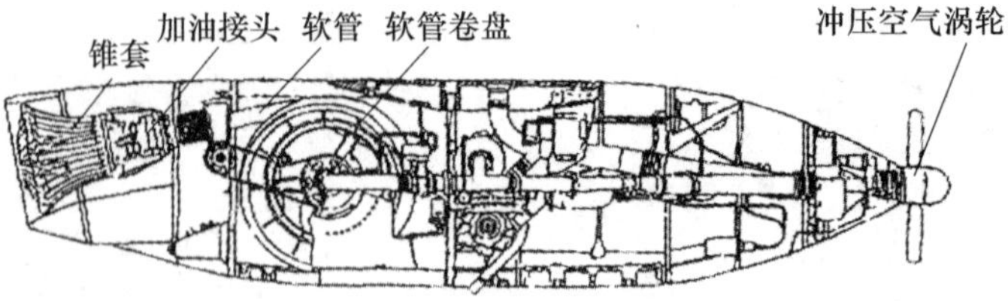


图 3-74　MK-32 数控式空中加油吊舱

报警和处理；对信号灯进行管理；应急操作以及飞行前、后的自检测等。

国外从事空中加油吊舱研究和生产的主要厂家有美国道格拉斯飞机公司、埃多公司、萨金特-弗莱彻公司、惠特克控制公司、罗杰森公司、航空联合公司、比奇公司；英国的空中加油公司（FRL）；法国的英特公司、达索公司；俄罗斯的“星星”科研生产联合体和以色列的飞机工业有限公司等。

纵观世界各国研制的吊舱，由于加油机机型的不同以及不同国家设计师设计思想的不同等因素，吊舱的原理结构有很大差异。现就主要方面概述如下。

**1. 动力装置**

空中加油吊舱的动力装置，各不相同，归纳起来，如图 3-75 所示。

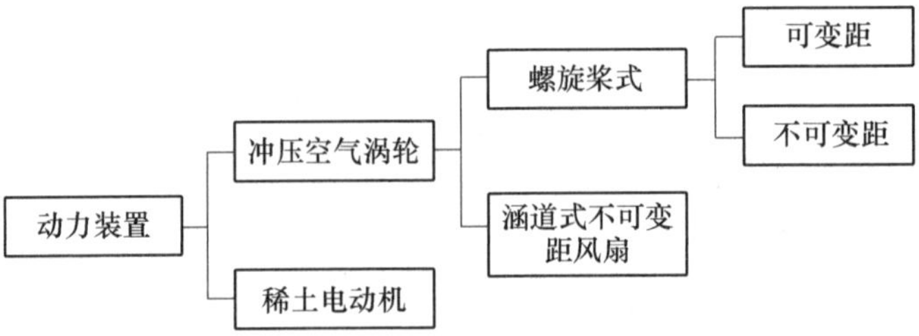


图 3-75　空中加油吊舱的动力装置类型

MK-32 吊舱采用可变距的两叶片的螺旋桨式冲压空气涡轮；俄罗斯的 UPZA 吊舱（见图 3-76）采用涵道式不可变距的多叶片的风扇，用调节排气门排气量的方法来控制风扇的转速，从而改变它的输出功率；美国惠特克控制公司则用稀土电动机取代冲压空气涡轮，避免了外物损坏叶片的问题，而且可以改善吊舱的空气动力特性。

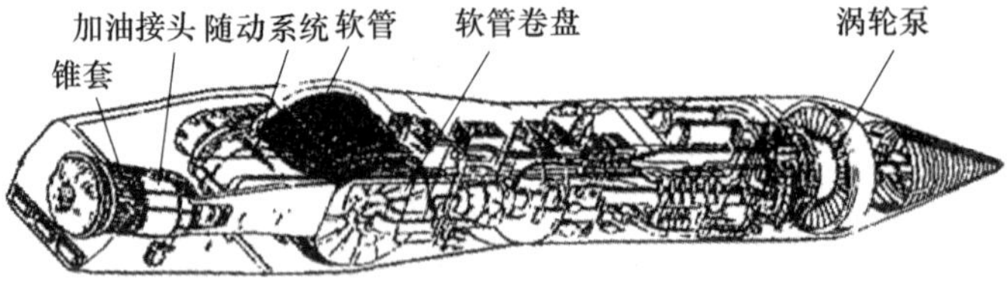


图 3-76　俄罗斯的 UPZA 空中加油吊舱

**2. 加油软管**

加油软管的特点，主要体现在材料、结构、性能和几何尺寸上。

UPZA 吊舱使用了一种很有特色的加油软管，它用非橡胶材料制成，软管夹层中没有钢丝绕制成的螺旋加强弹簧和钢丝编织网，其绕性好，弯曲半径小，弹性变形大。软管总长达 26m。

增加软管的长度，可使加、受油机空中超密集编队的间距扩大，两机的高度差增加，加油机尾流对受油机和加油软管锥套稳定性的影响减小，从而可减轻空中加油编队飞行的难度，减少飞行员飞行训练的次数，这对提高空中加油的安全性和经济性都是有利的。

但软管长度的增加，势必使吊舱的直径加大，而这往往是不允许的。由于采用了新的材料和结构，使软管变得易弯曲可压扁，因此，缠绕软管的卷盘直径就可以缩小。

软管弹性变形大，对于提高加、受油机在对接和加油过程中的安全性是极为有利的。因为两机靠近后，软管即快速缩短弹性形变部分的长度，避免松弛状态的软管在高速气流作用下发生抖动，致使受油插头和加油接头脱开而中断空中加油。

**3. 软管卷盘**

美国惠特克控制公司和罗杰森公司研制的吊舱对软管卷盘的结构和布置进行了改进，把垂直吊舱轴线放置的软管卷盘改为沿吊舱轴线放置（见图 3－77），使吊舱的直径大为减小，更便于在飞机机身下安装，进行同型飞机之间的空中加油。

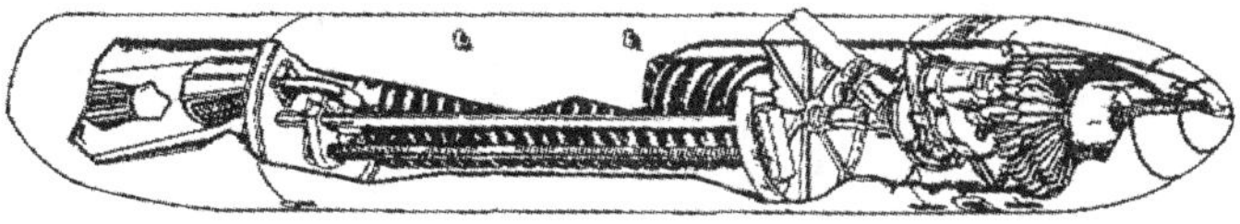

图 3－77　罗杰森公司的空中加油吊舱

**4. 软管卷盘自动响应装置**

受油机与加油机对接时，由于两机靠近，及加油过程中两机相对位置变化，都会使加油软管拉伸的松紧程度随之发生变化。过于松弛或过于张紧的软管，都有可能由于不同原因而使受油插头和加油接头脱开，造成空中加油中断。

为防止此类事故发生，空中加油吊舱都设置了专门的软管张力调节装置，使软管卷盘具有良好的动态响应能力，即当软管松弛时，卷盘自动回绕松弛部分的软管；而当软管张紧时，卷盘则自动放出部分软管，以维持张力的基本恒定。这种调节装置，有三种基本形式：

（1）采用液压传动系统，靠液压操纵接头和液压马达/泵的协同工作；

（2）采用一种特殊的机械装置——恒力弹簧组，这种恒力弹簧与钟表的发条相似；

（3）采用一种随动系统，其主要部件是一个可正反向运转的风洞涡轮组件。

需要特别说明的是，以上三种方式均是以吊舱出口位置的软管张力作为反馈和控制量。显而易见的是，不同高度、不同速度、不同软管拖曳长度等条件下，吊舱出口位置的软管张力是不同的。因此，当上述条件变化后，上述三种形式的软管张力调节装置都需要系统状态重置，以保持当前状态的软管拖曳张力稳定。

另外，恒力弹簧组形式的软管张力调节装置的响应能力是由软管长度限制的，如 ATP－56(B)中指出 KC－10 翼尖加油吊舱的响应能力（软管张力稳定能力）对应的软管长度范围为 14m 至全拖曳长度。

**5. 夜间加油**

除较早期的空中加油吊舱外，一般都可在夜间进行空中加油。为此，在吊舱的锥套（加油接头和稳定伞）上，增设有夜间照明装置，如图 3－78 所示。现在已知有两种形式。一种是采用多个无源发光灯。此灯使用一种自发光材料，它在受到振动、风吹时会发光。

这种灯安装在稳定伞的伞衣上。另一种是采用小型风力发电机，给安装在伞衣上或加油接头内的照明灯供电。发电机安装在加油接头的外罩内（见图3－79），也有安装在稳定伞的骨架上的。

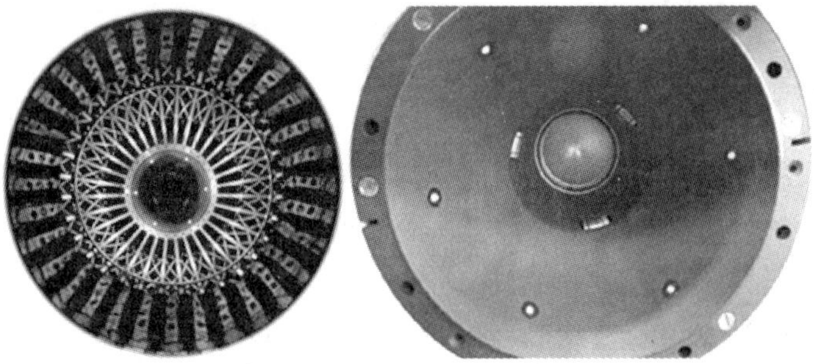

图3－78　A330MRTT加油机变阻力锥套加油接头上LED照明组件

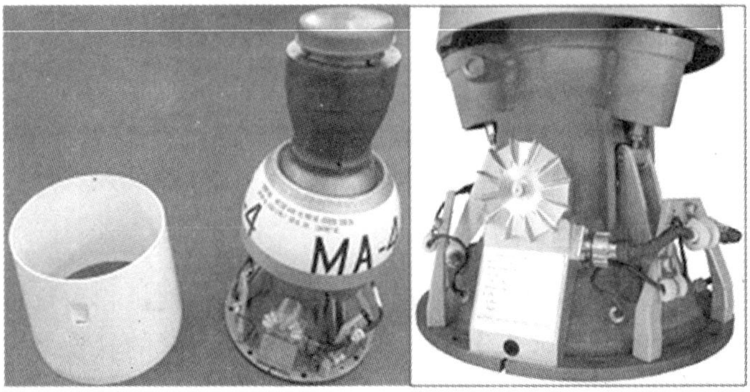

图3－79　A330MRTT加油机变阻力锥套加油接头上LED空气涡轮电源

**6. Cobham公司的软式加油吊舱**

英国Cobham公司研制的主要加油吊舱及其性能如表3－1所列。

表3－1　英国Cobham公司研制的主要加油吊舱及其性能

| 型号 | 图片 | 性能指标 |
| --- | --- | --- |
| 34<br>系列 | 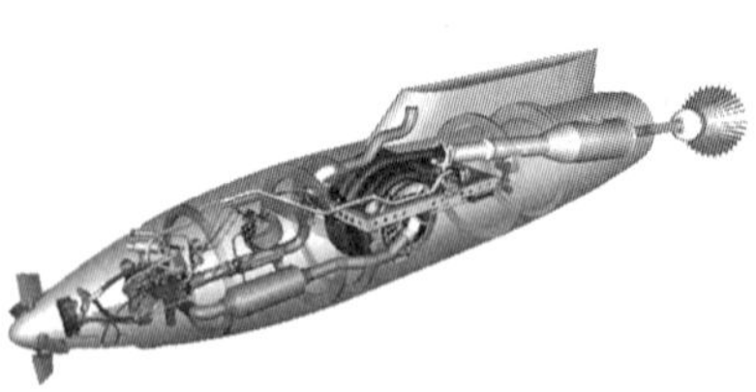 | 加油速度：1514L/min<br>重量：453.6kg<br>燃油压力：242～379kPa<br>工作范围：200～325kias<br>使用机型：B707T/T |
| 48<br>系列 | 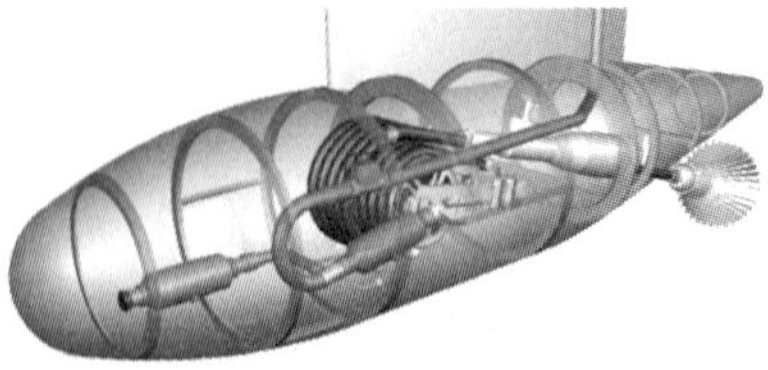 | 加油速度：568～1249L/min<br>重量：490kg<br>燃油压力：206.8～413.7kPa<br>工作范围：105～250kias<br>使用机型：KC－130、HC－130、MC－130 |

（续）

| 型号 | 图片 | 性能指标 |
|---|---|---|
| 900E<br>系列 |  | 加油速度:450 加仑/min<br>重量:612kg<br>燃油压力:50psi①<br>软管长度:27.5m(直径 5.6cm)<br>使用机型:902E:MC－130<br>904E:C－130,C130H<br>907E:A310MRTT<br>908E:A400M<br>909E:Omega KDC－10 |
| 28－300<br>伙伴型 | 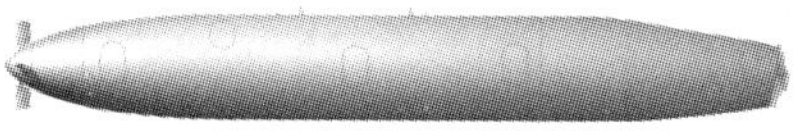 | 加油速度:220 加仑/min<br>重量:329kg<br>燃油压力:30～60psi<br>工作范围:200～325kias<br>使用机型:F/A－18,S－3 |
| 31－300<br>伙伴型 | 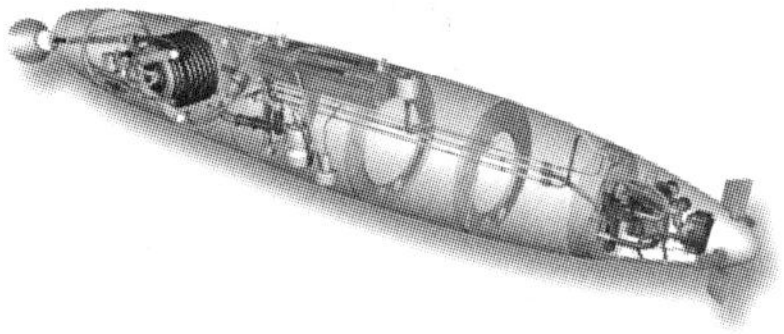 | 加油速度:200 加仑/min<br>重量:363kg<br>燃油压力:35～55psi<br>工作范围:最大 325kias<br>使用机型:A－4,A－6,A－7,S－3A,S－3B |
| 31－301<br>伙伴型 | 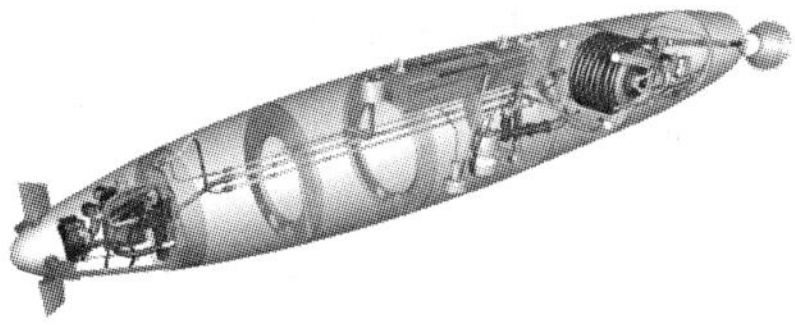 | 加油速度:220 加仑/min<br>重量:298.59kg<br>燃油压力:30～60psi<br>工作范围:175～325kias<br>使用机型:A－4,A－6,A－7,S－3A,S－3B,F/A－18E/F |
| 754<br>伙伴型 | 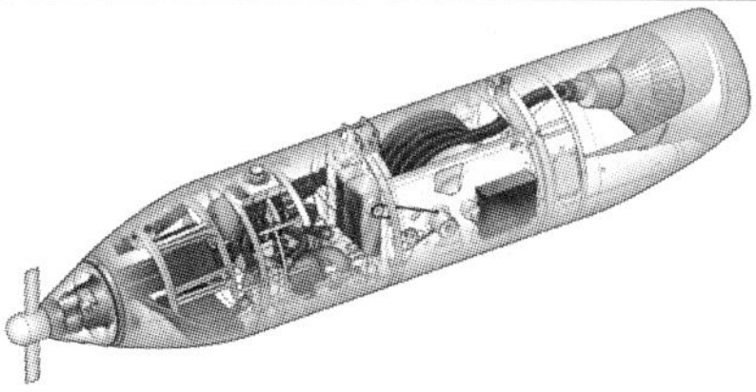 | 加油速度:1552L/min<br>重量:624kg<br>软管长度:75 英尺<br>燃油压力:345kPa<br>工作范围:230～325kias<br>使用机型:苏－30 |

①1psi＝6.894kPa

### 3.3.2 机身软式加油平台

机身软式空中加油平台是一种软管锥套式加油设备，安装在机身内部，软管从机身后下方弹射通道中拖出，综合利用飞机上的能源驱动燃油泵实现空中加油，其技术原理与空中加油吊舱相近。

与安装在机翼下的加油吊舱相比，机身软式空中加油平台因安装在机身内，受空间限制较小，最大加油流量能达到2200L/min 以上；结构相对独立，拆装容易，对加油机改装较小,可根据任务用途拆除后恢复飞机原状,非常适应大型加油机多用途化的发展趋势;受油机机型的可选择范围较宽,因平台位于机身内部,软管可较长,一般在 25 ~ 30m 范围内,加油机与受油机之间的相对安全距离较大,既能为预警机、电子干扰机、运输机、加油机等大中型飞机进行空中加油,也可用于歼击机、强击机等小型飞机的空中加油。目前,掌握加油平台研制技术的有英国 FRL 公司和美国 Sargent 公司等。

**1. 英国 FRL 公司的三代加油平台**

机身软式空中加油平台在英国已有 50 年的应用历史。其中英国 FRL 公司研制的 MK - 34,安装在波音 707 加油机上,是在 MK - 32 吊舱的基础上改装而来的,加油对象为 Shin Meiwa US - 1 飞机。该公司称 MK - 34 是对翼下加油吊舱空中加油方式转为机身空中加油方式的新发展。图 3 - 80 是 MK - 34 机身软式空中加油平台的结构图,其加油包线为 420 ~ 590km/h(表速),加油流量仅 1125L/min,加油压力 0.35MPa,软管长度 14 ~ 22m。

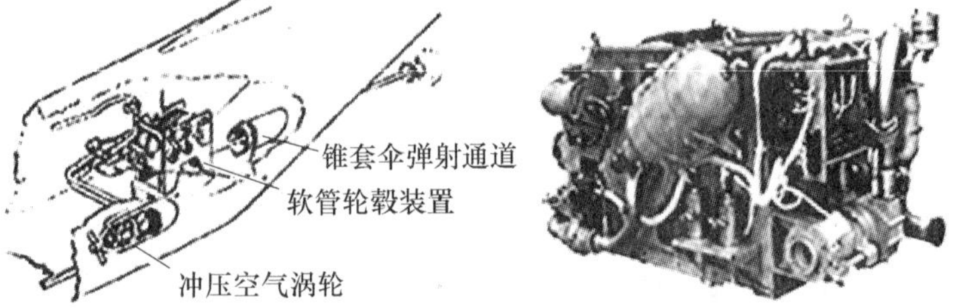


图 3 - 80　MK - 34 机身加油平台结构示意图

MK - 34 平台主要是由冲压空气涡轮/泵组件、软管鼓轮装置和锥套伞弹射通道组成,主要技术指标和操作控制方式都与 MK - 32 吊舱基本一致,实际上是将 MK - 32 吊舱去掉外壳体,将吊舱内部各系统的结构按照机身内部结构空间要求进行了重新布置,并根据锥套伞在机身的弹射要求,重新设计了弹射通道。

MK - 34 平台与机身内部结构结合较为松散,占用空间较大;燃油泵的驱动是冲压空气涡轮,采用机身外侧小吊舱形式安装,将影响飞机的气动外形;或者配置一套收放系统,用时推出机身外,不用时收入机身,无论采用哪种方式,对飞机进行的改动工作量都很大。

FRL 公司还先后发展了 MK - 17B、MK - 17T 两种型号的加油平台,装备于 VC - 10、C - 130、L1011、Victor 等加油机上。MK - 17T 是 MK - 17B 的发展型,其加油包线为 330 ~ 590km/h(表速),最大加油流量达到 2250L/min,加油压力 0.35MPa,软管长度 21m,如图 3 - 81 和图 3 - 82 所示。

图 3 - 81　C - 130 飞机上安装的 MK - 17B

图 3 - 82　MK - 17T 机身加油平台

与 MK－34 平台相比较而言，MK－17 系列平台在技术上跨越了一大步，已经将飞机能源与平台的需求进行了有效结合。该平台从飞机发动机引气，驱动涡轮带动燃油泵二次增压，再将燃油通过软管输送给受油机；采用交流电机连接液力耦合器驱动软管卷盘实现软管收放和响应。这种方案可靠性较高，控制简便可靠，但是涡轮引气需要增加排气系统，液力元件还需要一套油液循环系统，整个设备结构较大、重量较重，而且液力油和燃油共用一个设备舱，一旦泄漏容易造成油液的二次污染。

近年来，随着电驱动技术的发展，FRL 公司加油平台技术进入到第三代，以 80X 系列为代表的数字化电控式平台（见图 3－83），其最大加油流量 2625L/min，加油压力 0.35MPa，软管长度 25.5m，目前已装备在 A400M 和英国国防部未来战略加油机（FSTA）上。英国、澳大利亚、加拿大、沙特、阿联酋等选择的 KC－30 也选用了 805E 加油平台。

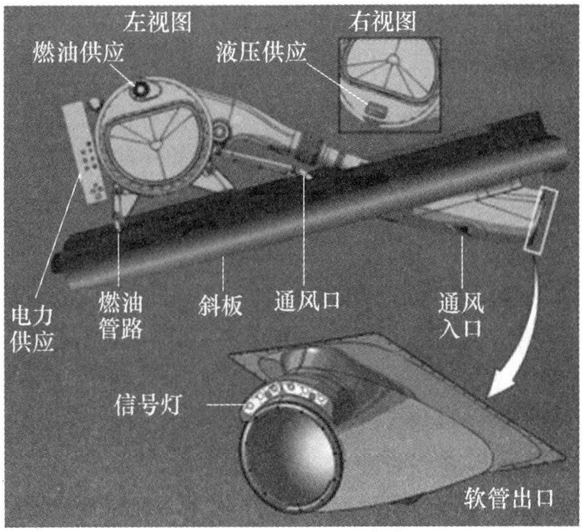


图 3－83　A400M 中心线加油平台

80X 系列与前两代加油平台相比具有以下技术特点：功能设备数量减少，安装简化；采用双余度软管卷盘电驱动技术，软管响应特性大为改进；电磁兼容性能增强；故障检测和隔离功能增强；采用变频交流电源；变速锥套满足特殊加油包线要求；适应于宽范围的受油机；符合最近的民用飞机可靠性和安全性设计标准。

**2. 美国 Sargent 公司液压方案的加油平台**

美国 Sargent 公司目前已经根据不同机型的加油需求，研制了四型加油平台。该公司加油平台研制技术跨度不大，主要是采用成熟的液压技术实现软管的收放和响应，与机上能源集成，由飞机加油系统提供一定压力和流量的燃油通过软管输送给受油机，系统工作中所需的流量测量、压力调节控制与告警、冲击压力抑制等功能均由飞机加油系统完成。

表 3－2 列出 FR600、FR480 和 FR300 典型的加油平台的参数。

表 3-2 美国 Sargent 公司典型加油平台参数

| 型号 | 示意图 | 主要性能参数 | 应用机型 |
| --- | --- | --- | --- |
| FR600 | 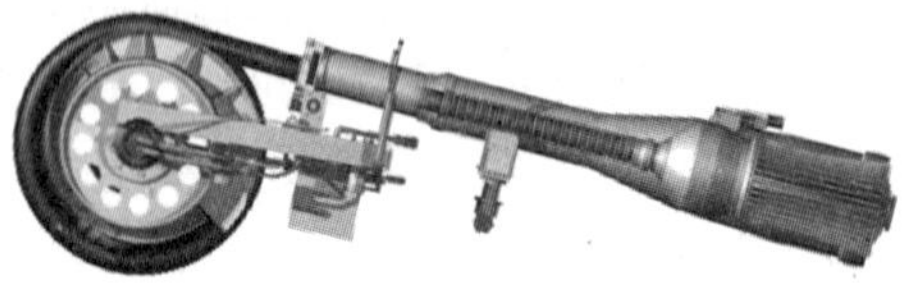 | 加油包线:370~640km/h(表速)<br>最大加油流量:2271L/min<br>接头压力:0.45MPa<br>软管全拖曳长度:24.38m | KC-10<br>IAI V-707 |
| FR480 |  | 加油包线:370~690km/h(表速)<br>最大加油流量:1817L/min<br>接头压力:0.45MPa<br>软管全拖曳长度:15.24m | B707T/T |
| FR300 | 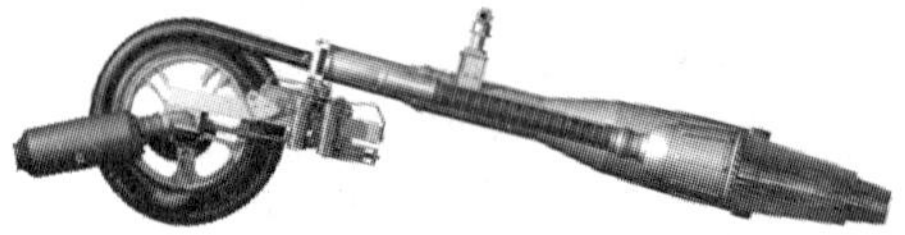 | 加油包线:190~460km/h(表速)<br>最大加油流量:1136L/min<br>接头压力:0.20~0.41MPa<br>软管全拖曳长度:24.99m | KC-130<br>B707T/T |

1994 年,英国的 Cobham 公司收购了美国的 Sargent 公司,和 FRL 公司一起归为任务设备部门,为此 Cobham 公司也成为世界上最大的加油设备公司。

**3. 美国 Smiths 公司跻身研制行列**

美国 Smiths 公司从事加油设备研制工作起步较晚,主要是通过购买专利并结合该公司先进的电子技术突破加油设备的关键技术。目前研制的机身加油平台(见图 3-84)应用于 KC-767,该设备主要技术参数鲜见介绍。

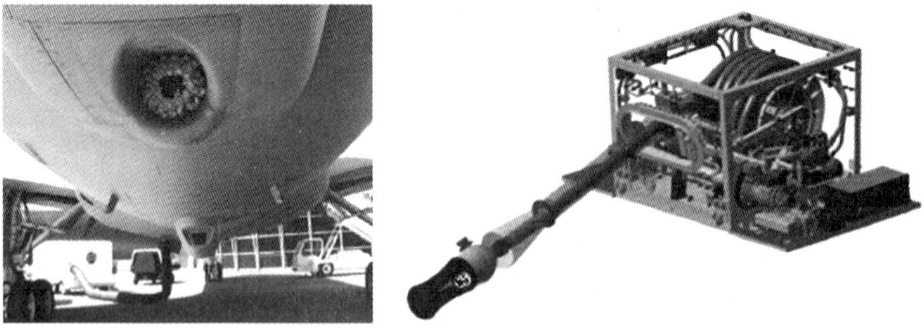

图 3-84 美国 Smiths 公司加油平台示意图

**4. 俄罗斯独辟蹊径**

俄罗斯早年曾经研制过从机尾炮塔拖出软管锥套的加油设备,采用液压机构实现收放,重量较大。后来在 UPZA-1 加油吊舱的基础上发展了型号为 UPZA-1M 的吊舱,通过挂梁悬挂于伊尔-78 加油机后机身左侧,实现大型飞机空中加油。其加油包线为 450~600km/h,最大加油流量为 2900L/min,软管长度约为 26m,如图 3-85 所示。

图 3－85　伊尔－78M 空中加油机机身挂载的 UPZA－1M 吊舱

### 3.3.3　受油插头与变阻力锥套

受油插头是软式加油时受油机完成对接、接受燃油的关键部件，其安装位置通常位于机身前上部便于飞行员观察的区域，大致可分为固定式、摇臂式和伸缩式三种。这里通过图片进行简单介绍(图 3－86～图 3－90)。

图 3－86　受油插头的典型机械结构

图 3－87　固定式受油插头

Cobham 公司在加油锥套的研制方面也是世界顶尖的，其锥套分为两类：

一类是固定几何外形锥套，如图 3－91 所示。固定几何外形锥套的特征阻力面积始终为常数，适合特定加油速度范围的空中加油。如美国 KC－130 加油机给固定翼飞机空中加油必须采用图 3－93 所示的高速加油锥套，而给旋翼飞机加油时则必须采用低速加

图 3－88　摇臂式受油插头

图 3－89　伸缩式受油插头

图 3－90　直升机受油插头

油锥套。因此，同一加油任务中固定几何外形锥套不能同时满足固定翼飞机和旋翼飞机的加油需要。为此，执行不同加油任务时，KC－130 必须降落更换不同类型加油锥套。因此，固定几何外形锥套通用性不强，使用很不方便。

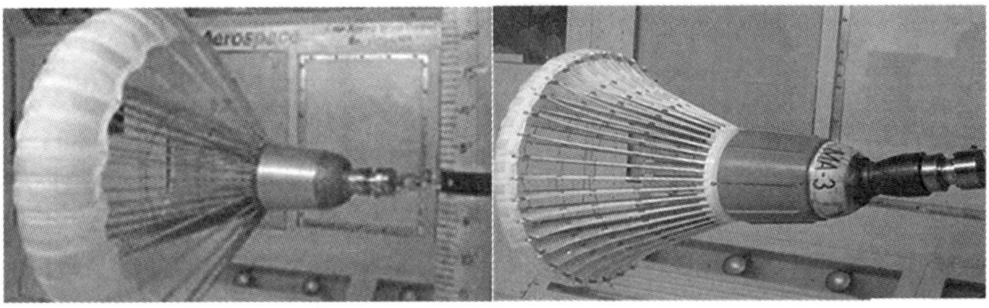

图 3－91　固定几何外形低速（左）和高速（右）加油锥套

另一类是变阻力锥套，研发这类锥套的目的就是使同一套锥套既适合固定翼高速飞机，又适合旋翼低速飞机，免去加油机落地更换的麻烦，扩大任务通用性。变阻力锥套能够保持锥套阻力和软管响应能力在较宽速度范围，能够为受油机提供一个稳定而鲁棒的对接条件。变阻力锥套又可细分为低速、高速、变速和全速等四型。低速型变阻力锥套有效工作范围为 100～180n mile/h。高速型变阻力锥套有效工作范围为 180～325n mile/h。变速型变阻力锥套已经应用于 KC－130 加油机，有效工作范围为 105～215n mile/h。全速型变阻力锥套将是下一代变阻力锥套的发展趋势，它将在 100～250n mile/h 范围内保持锥套相同的阻力特性。由 3.2.4 节可知，Cobham 公司为 KC－46A 和 A330MRTT 新型加油机均配备了可变阻力锥套。其中，A330MRTT 变阻力锥套的细节特征如图 3－92 和图 3－93 所示。

我国目前仅有固定几何外形锥套，变阻力锥套仍未见公开报道。

图 3－92　A330MRTT 加油机装备的变阻力锥套

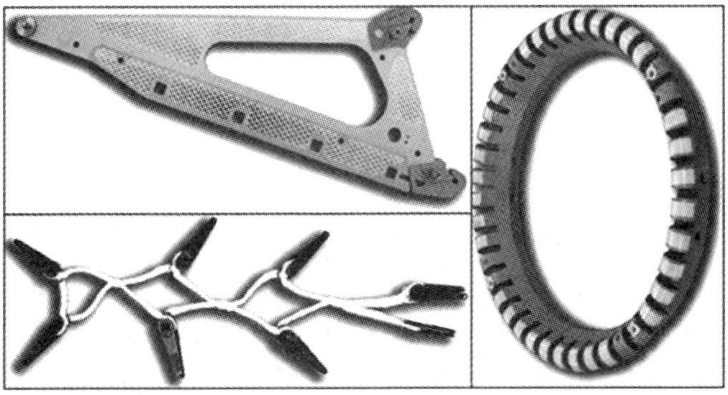

图 3－93　A330MRTT 加油机变阻力锥套的组成部件

# 第四章　常见空中加油事故分析

空中加油技术发展至今，安全性、可靠性已经大幅提高，但据相关文献统计，空中加油飞行的事故率仍高达 2.5%，远高于事故率最高的起飞着陆阶段。常见的空中加油飞行事故很多，总结起来事故诱因可归结为以下三类。

## 4.1　加、受油机近距气动耦合

### 4.1.1　加油机尾流影响

众所周知，大型飞机会对飞过的空域产生强烈的气流扰动，其流场成分中包含翼尖旋转尾涡、发动机喷流等多种强烈扰流，这种影响变幻莫测且有时会持续几十千米。图 4－1 所示为不同飞机飞行过后造成的强烈尾流影响。因此，机场对大型客机的起飞和着陆规定了严格的时间间隔限制。

图 4－1　大型飞机飞行过后造成的强烈尾流影响

作为受油机，特别是轻型飞机，通常相对大型加油机来说“小的可怜”。当受油机执行加油任务时，近距靠近加油机尾部，必然要进入加油机万分凶险的尾流区域。图 4－2 所示为图－95 进行空中加油时遭遇的前方加油机尾流。需要注意的是，当晴空无云时，加油机尾流通常是无法目视观察到的。因此，飞行员无法预判飞行路径上加油机尾流耦合影响的趋势，只能“摸着石头过河”。飞行员通常的感受是受油机不自主地时而抬头时而低头，时而左偏时而右偏，导致受油机飞行员必须时刻校正飞机姿态。近距飞行对接过程中，受油机飞行员稍不留神就可能导致剐蹭、相撞等严重飞行事故。

据报道，有时 A－10 会因 KC－135 的尾流影响而减速，如果飞行员没全神贯注的话，那么加油硬管在移动过程中导致的微小气流变化就足以影响飞机进入受油位置。A－10

图 4－2　图－95 进行空中加油时遭遇的前方加油机尾流

飞行员在描述对接成功时这样说:“那是我飞行生涯中最值得夸耀的时刻。最糟糕的事情已经过去,我终于可以放松一下了。”

加油机尾流会严重影响加油设备的气动稳定性,特别是对于软管锥套。当软管锥套安装位置不理想或某些条件下,锥套常常会产生无规则的位置飘摆,使加油对接过程充满不确定性。美国以 F/A－18 为试验平台所做的无人机自主空中加油对接试飞中,就因为锥套的飘摆导致 6 次对接试验仅成功了 2 次。这种锥套的无规则飘摆大大增加了锥套碰撞受油机机身的可能。

为搞清加油机尾流的影响规律,美国进行了如图 4－3 所示的大量风洞和试飞研究,而我国仅有少量的数值模拟研究,风洞和试飞研究未见公开报道。

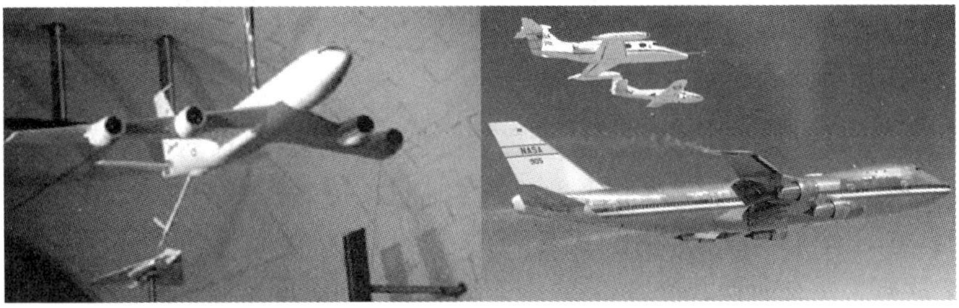

图 4－3　美国开展的加油尾流风洞和试飞研究

## 4.1.2　受油机头波影响

受油机头波对锥套位置稳定性的气动影响也是造成软式空中加油对接失败甚至事故的一个很重要的因素。当受油机靠近锥套时,某些型号的受油机机头可能产生反作用于锥套的局部气流干扰,进而使锥套的位置逐渐远离机头。受油机越是靠近,这种影响越是显著。

据报道,F/A－18 的机头头波对锥套的耦合影响较为剧烈。为此,美国在 F/A－18 自主空中加油研究中专门对 F/A－18 机头头波的影响进行了大量分析。我国 J－10 空中加油试飞员徐勇凌在总结第一次 J－10 空中加油试飞时也提到:“就在我的加油管即将进入加油伞套对接成功的那一瞬间,我发现加油伞套突然离我而去,然后迅速地回摆。”这一过程的示意图如图 4－4 所示。

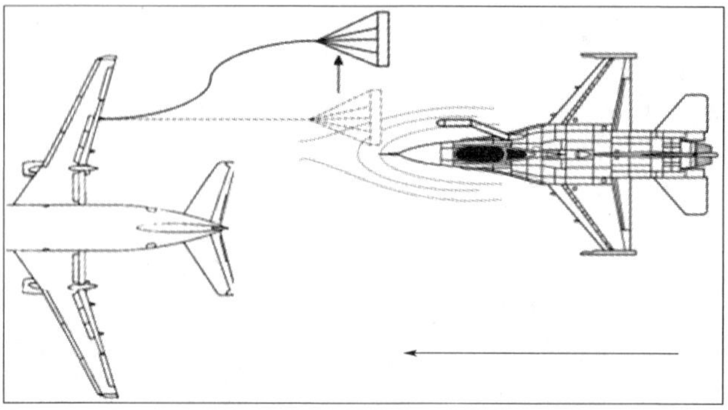

图 4-4　受油机头波对锥套扰动作用的示意图

因此，加油机尾流、受油机机头头波等造成的加、受油机及加油设备之间的强烈气动耦合影响是大多数空中加油飞行事故的主要诱因。当大气状况不佳时，这种不利影响便会更加显著。

加、受油机气动耦合影响造成的另一困难是受油机空中加油飞行难度随不同型号而显著不同，不同受油机定型试飞中空中加油项目都是必选的，以确定属于该型飞机的最匹配加油机和最佳操作流程。根据美国的经验，F-16 飞机是最容易进行空中加油的，而 A-10 则最难。最为极端的情况是某些受油机与某些加油机完全无法匹配。因此，北约 ATP-56(B)中遵循“不是一家人不进一家门”的原则，为每种受油机规定了最佳的空中加油机。

## 4.2　人为原因或飞控系统缺陷

### 4.2.1　飞行员紧张心理

坐过飞机的人都有深切体会，即使在平流层客机由于大气扰动造成的颠簸常常让人心惊胆战。而当受油机飞行员驾驶飞机承受加油机尾流的强烈干扰，时刻保持警惕操纵飞机逐渐靠近加油机时，驾驶负担已经很重。一旦到达对接位置，飞行员眼前完全是一个庞然大物，视野大部被遮挡，受油机自身姿态受扰抖动更为剧烈。此时，受油机飞行员的心理极度紧张，通常恨不得赶紧完成加油赶紧离开。对于软式加油，受油机飞行员必须完全自主地对准加油锥套完成锁定，操纵难度更大。而此时由于锥套的受扰无规则飘摆又常常使飞行员在“狗撵兔子的赛跑”中屡试屡败。这些情况的综合结果就是使飞行员本能地产生急躁心理，进而导致“暴力”操作。若恰逢一位空中加油飞行经验不足的新手，就可能酿成灾难性后果。我国 J-10 空中加油试飞员徐勇凌在第一次进行 J-10 空中加油试飞时，就遭遇了这一系列问题，导致受油插头折断，如图 4-5 所示。

### 4.2.2　飞行员操纵技术欠缺

飞行员空中加油飞行技术欠缺导致的飞行事故最典型的为美军直升机空中加油对接时直升机旋翼将自己的加油插头削断，如图 4-6 所示。加油开始时，由于锥套突然受到直升机旋翼的下洗气流影响导致锥套位置迅速下沉，此时直升机飞行员没有稳定飞机姿态等待锥套回摆稳定而是紧跟锥套向下低头。当锥套下沉至最低时，由于软管张力作用

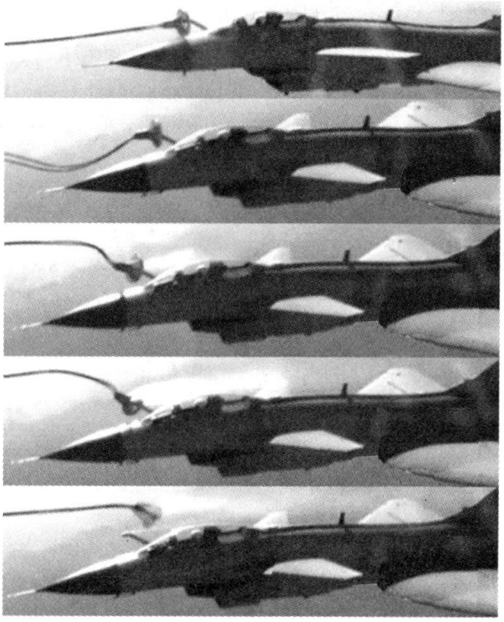

图 4-5　试飞员徐勇凌在第一次进行 J-10 空中加油试飞时导致受油插头折断

锥套开始向上回摆，此时直升机为使旋翼避开软管又迅速抬头。就在此刻，由于过猛的抬头操纵，直升机旋翼下垂过大，直接削断了自己的加油插头。

图 4-6　美军直升机空中加油对接时直升机旋翼将加油插头削断

### 4.2.3　受油机飞控系统设计缺陷

受油机飞行控制系统的设计缺陷也是造成空中加油事故的重要原因。美军预警机在一次硬式空中加油时就曾发生过惊险一幕：加油对接开始时，预警机缓慢升高高度以靠近加油硬管喷嘴。当加油硬管顺利对接锁定后，预警机却未能停止上升以稳定在合适高度。加油操作员立即断开喷嘴连接避免硬管受损。此时，受油机飞行员似乎才意识到自己仍在上升。为保持平稳加油高度继续加油对接，他立即压低机头以防止自己继续上升。然而，最为惊险的一幕出现了。预警机突然快速大幅的抬头，险些碰撞到加油机机尾。

笔者认为，可能是预警机的飞行控制系统阶次过高、滞后性过大导致了这一起飞行事故。原因可能是预警机飞控系统的滞后性在本次加油飞行中充分激励，使飞机响应大大滞后于飞行员操作。也就是，飞行员推杆时飞机未能及时停止，进而飞行员进一步加大推杆量。当飞机“反应过来”时，该推杆量明显过大，飞机便猛然低头；此时，飞行员为制止飞机快速下降，必然反向拉杆，同理又导致了飞机的猛烈抬头，如图 4－7 所示。

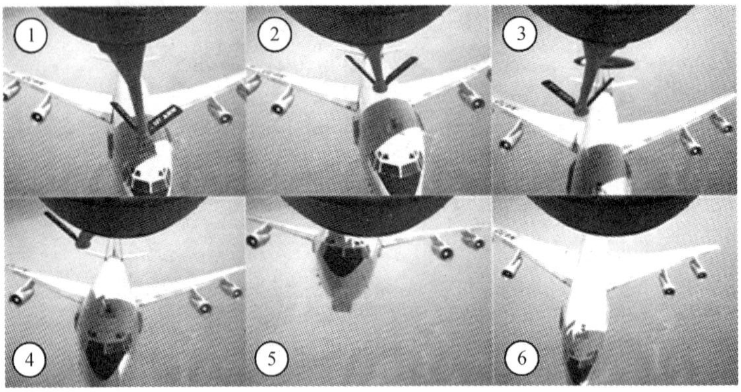


图 4－7　美军预警机由于飞控系统缺陷导致的空中加油过程中的大幅震荡

值得注意的是，飞行员心理状态、空中加油飞行技术欠缺和飞控系统设计缺陷往往是交织在一起的 3 个事故因素。要有效避免这类事故，在保证飞行员充分训练前提下，飞控系统设计阶段必须从整体上考虑人与飞控系统的协调匹配，使二者真正合二为一。

## 4.3　加受油设备安全性缺陷

### 4.3.1　燃油喷溅

无论硬式还是软式空中加油，最为常见的加、受油设备安全设计缺陷就是屡见不鲜的燃油喷溅。如 3.2.2 节和 3.2.3 节所述，软管加油方式防止燃油喷溅的措施是设置了可传输燃油的软管长度范围，软管在吊舱外过长或过短时燃油都无法传输。硬式加油方式也有相应的安全措施：当喷嘴锁定后，加油操作员会注入一小股燃油以确保油路的密闭性。

然而，实际情况是，当受油机加油完成脱离时，软硬式两种方式都常常会有图 4－8 和

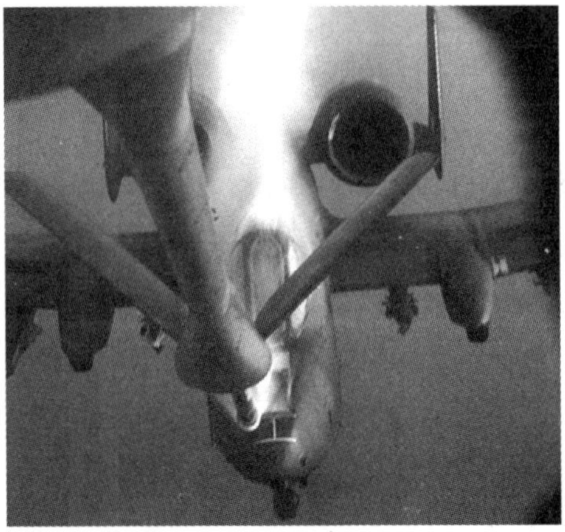

图 4－8　A－10 飞机加油退出时经常遭遇燃油喷溅

图4－9所示的燃油喷溅现象。喷溅而出的燃油会遮挡飞行员、加油操作员视线，也可能进入受油机进气道而引发事故。美国空军大多数战斗机的受油口都在座舱后的机背上，目的之一也是防止燃油喷溅。

图4－9　J－10飞机加油退出时遭遇的燃油喷溅

## 4.3.2　软管甩鞭现象

长期飞行实践表明，软管锥套组合体的柔性结构对大气紊流，加油机尾流、姿态变化、机体振动，受油机头波、加油对接操纵，软管柔性材料形变、燃油压力脉动等内外部干扰因素十分敏感，实际空中加油中始终不可避免地遭遇不同程度的软管甩鞭现象（Hose Whipping Phenomenon，HWP），极大地限制了空中加油任务的成功率和安全性。在航天领域，甩鞭现象也是大型回收降落伞的主要安全隐患。

软管甩鞭现象表现为受油机加油对接锁定过程中，软管过度松弛而诱发的剧烈甩动。某战斗机执行空中加油飞行任务时造成的严重软管甩鞭现象如图4－10所示。软管甩鞭现象的诱因主要是受油机对接速度过大，超出软管卷盘的响应能力（软管收紧速度）。ATP－56（B）明确指出，当受油机对接速度大于5ft/s时，KC－10中线加油软管就会产生正弦波形式的明显甩动。根本原因是软管锥套组合体刚—柔—液—气四种介质的耦

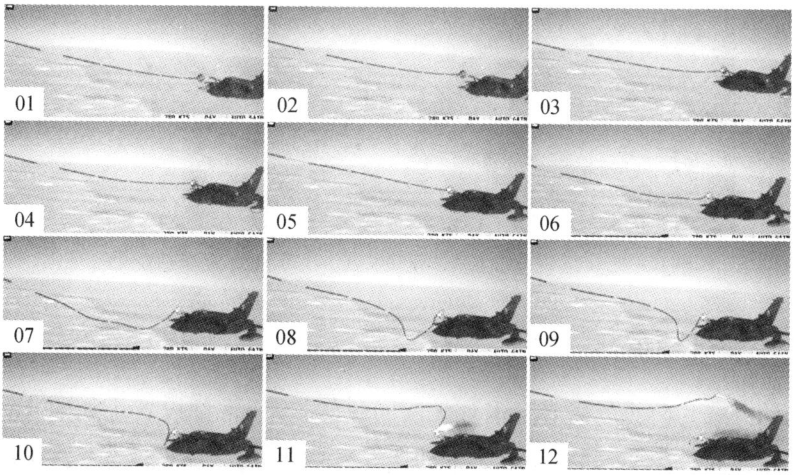


图4－10　由于对接速度过大某型战机遭遇的严重软管甩鞭现象

合特性。

由于软管甩鞭现象导致的锥套断裂如图 4 - 11 所示。因此，软管甩鞭现象的危害不言自明。

图 4 - 11　严重软管甩鞭现象导致的锥套连接处断裂

值得注意的是，KC - 135 搭接硬管锥套适配器后，受油机在完成对接后需要将软管弯曲成“U”形，如图 4 - 12 所示。而硬管锥套适配器的软管不具备自动回卷收紧功能，完全处于“随风飘摆”状态，产生软管甩鞭现象的可能性更大。因此，ATP - 56(B)明确指出，当受油机对接速度大于 2ft/s 时，硬管锥套适配器的软管就会产生明显甩动。

软管甩鞭现象的动力学过程、成因及抑制措施等后文还将详细讨论，这里不再赘述。

图 4 - 12　软管弯曲成“U”形的 KC - 135 硬管锥套适配器

### 4.3.3　软管意外脱落

软式加油方式为防止软管卷盘卡死无法回收软管，通常都设置了如图 4 - 13 所示的应急抛放软管功能。然而，软管连接不牢固或外放速度过大时，如图 4 - 14 所示的软管意外脱落的情况也可能发生。若软管脱落时恰巧受油机紧随其后，则后果不堪设想。

图 4－13　图－16 加油机应急抛放软管

图 4－14　加油软管外放过程中的意外脱落

# 第二篇　空中加油流场环境

空中加油飞行任务属于多架飞机的超密集编队飞行，因而加油编队内部存在显著的气动耦合影响。加油机的尾流环境极为复杂多变，是空中加油全过程中影响软、硬式加油设备以及受油机动力学特性的主要因素。受油机头波流场在近距对接阶段又会反过来对软、硬式加油设备动力学特性产生显著影响，大型受油机甚至会对加油机气动特性产生不可忽视的反作用。因此，相比单一飞机飞行流场环境而言，加、受油机间异常复杂的流场耦合很难再满足常规的定常流假设。

深入了解空中加油飞行外部流场环境特性，是开展加、受油机动力学建模、飞行控制系统设计等工作的基本前提，能够为提高空中加油对接成功率、安全性和自动化水平提供不可替代的第一手资料。因此，本篇首先回顾飞行大气环境的共性知识，然后分别采用理论分析和 CFD 数值模拟两种方法详细介绍空中加油飞行流场环境的个性特点，最后借鉴“线性叠加”思想，将多种流场影响的耦合作用近似综合为完整的空中加油流场环境。

## 第五章　空中加油流场分析

### 5.1　大气扰动

为了避免大强度的平均风、风切变、风速矢量切变和雨、雾、闪电等不利气候的影响，空中加油选择天气晴朗、高度高于 2km 的中高空进行。在 2km 以上的中高空，空中加油受到大气不利因素的影响可以减到最小，主要的大气扰动是紊流和阵风。紊流是一种高频干扰信号，它使受油机姿态产生无规则摆动，进一步引起受油机的位置变化。驾驶员对受油机的高频摆动不易修正，必须借助飞行控制系统抑制。阵风是一种瞬间大幅值干扰信号，能快速地改变受油机姿态和位置，也必须有效地加以抑制。紊流和阵风在飞机的整个飞行包线内都可能存在，强度随着高度的增加而减小。紊流和阵风模型在 MIL－F－8785B、MIL－F－8785C 和 MIL－STD－1797A 有人驾驶飞机飞行品质规范中都有详细描述。

#### 5.1.1　紊流

MIL－F－8785C 规定了两种形式的连续随机紊流模型，即 Dryden 形式和 Von Karman 形式。使用以上模型具有一定的原则：只要可行，就应使用 Von Karman 形式的连续紊流模型，以使飞行品质的分析和可供比较的结构分析相一致。当没有可供比较的结构分析或不能使用 Von Karman 形式时，允许使用 Dryden 形式的模型。采用 Dryden 模型，其速度模型如下：

$$\phi_u(\Omega) = \sigma_u^2 \frac{2L_u}{\pi} \frac{1}{1 + (L_u\Omega)^2} \tag{5.1}$$

$$\phi_v(\Omega) = \sigma_v^2 \frac{L_v}{\pi} \frac{1 + 3\,(L_v\Omega)^2}{[1 + (L_v\Omega)^2]^2} \tag{5.2}$$

$$\phi_w(\Omega) = \sigma_w^2 \frac{L_w}{\pi} \frac{1 + 3\,(L_w\Omega)^2}{[1 + (L_w\Omega)^2]^2} \tag{5.3}$$

式中　$\sigma_u$、$\sigma_v$、$\sigma_w$——紊流沿飞机机体系三轴方向的均方根值分量（m/s）；

$L_u$、$L_v$、$L_w$——三轴方向的特征尺度；

$\Omega$——空间频率（1/s）。

紊流在飞机上产生的风梯度等同于飞机的角速度，由下面三式确定。

$$\phi_{w_y}(\Omega) = \frac{\sigma_w^2}{L_w} \frac{0.8\left(\frac{\pi L_w}{4b}\right)^{1/3}}{1 + \left(\frac{4b}{\pi}\Omega\right)^2} \tag{5.4}$$

$$\phi_{w_x}(\Omega) = \frac{\Omega^2}{1 + \left(\frac{4b}{\pi}\Omega\right)^2}\phi_{ww}(\Omega) \tag{5.5}$$

$$\phi_{w_x}(\Omega) = \frac{\Omega^2}{1 + \left(\frac{3b}{\pi}\Omega\right)^2}\phi_{vv}(\Omega) \tag{5.6}$$

式中　$b$——飞机翼展（m）。

大气紊流的时间历程模拟经常可以采用将高斯“白色”噪声信号通过包括拉普拉斯变换变量 $s$ 的传递函数（成形滤波器）所表示的过程来获得，这些传递函数即可作为紊流在飞机上产生的风速度和风梯度模型。将 Dryden 形式的紊流功率谱密度作频谱分解和拉普拉斯变换，得到风速度和风梯度模型如下：

$$u_{\mathrm{T}}(s) = \sigma_u \sqrt{\frac{2L_u}{\pi V}} \frac{1}{1 + \frac{L_u}{V}s} \tag{5.7}$$

$$v_{\mathrm{T}}(s) = \sigma_v \sqrt{\frac{L_v}{\pi V}} \frac{1 + \frac{\sqrt{3}L_v}{V}s}{\left(1 + \frac{L_v}{V}s\right)^2} \tag{5.8}$$

$$w_{\mathrm{T}}(s) = \sigma_w \sqrt{\frac{L_w}{\pi V}} \frac{1 + \frac{\sqrt{3}L_w}{V}s}{\left(1 + \frac{L_w}{V}s\right)^2} \tag{5.9}$$

$$w_{T_y}(s) = \sigma_w \sqrt{\frac{1}{L_w V}} \frac{\sqrt{0.8\left(\frac{\pi L_w}{4b}\right)^{1/3}}}{1 + \frac{4b}{\pi V}s} \tag{5.10}$$

$$w_{T_x}(s) = \frac{\sigma_w}{V} \sqrt{\frac{L_w}{\pi V}} \frac{s\left(1 + \frac{\sqrt{3}L_w}{V}s\right)}{\left(1 + \frac{4b}{\pi V}s\right)\left(1 + \frac{L_w}{V}s\right)^2} \tag{5.11}$$

$$v_{T_x}(s) = -\frac{\sigma_v}{V} \sqrt{\frac{L_v}{\pi V}} \frac{s\left(1 + \frac{\sqrt{3}L_v}{V}s\right)}{\left(1 + \frac{3b}{\pi V}s\right)\left(1 + \frac{L_v}{V}s\right)^2} \tag{5.12}$$

### 5.1.2 阵风

MIL－F－8785B 和 MIL－F－8785C 给出了工程上常用的“1 － consine”离散阵风模型，如图 5－1 所示。

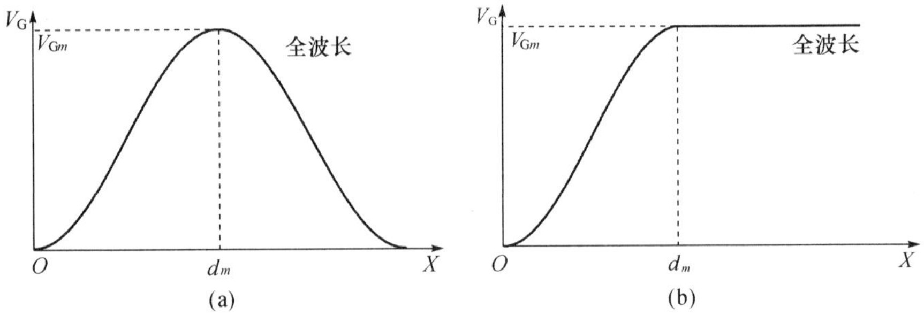


图 5－1　全波长和半波长“1 － cosine”离散阵风模型

20 世纪 80 年代以前，工程上较多采用的是全波长“1 － consine“离散阵风模型；80 年代以后，更倾向于使用半波长的“1 － consine”离散阵风模型。与全波长“1 － consine”离散阵风模型相比，半波长“1 － consine”离散阵风模型使用更为灵活方便，使用多个半波长“1 － consine”离散阵风模型顺序连接可构成一种新的阵风型式。

全波长和半波长“1 － consine”离散阵风模型的表达式为

$$V_G = \begin{cases} 0 & x < 0 \\ \frac{V_{Gm}}{2}\left(1 - \cos\frac{\pi x}{d_m}\right) & 0 \leqslant x \leqslant 2d_m \\ 0 & x > 2d_m \end{cases} \tag{5.13}$$

$$V_G = \begin{cases} 0 & x < 0 \\ \frac{V_{Gm}}{2}\left(1 - \cos\frac{\pi x}{d_m}\right) & 0 \leqslant x \leqslant d_m \\ V_{Gm} & x > d_m \end{cases} \tag{5.14}$$

式中　$x$——飞机的飞行距离（m）；

$V_G$——阵风的大小(m/s);

$d_m$——阵风的特征尺度(m);

$V_{Gm}$——阵风的特征峰值(m)。

在受油机三个机体轴方向分别应用阵风模型,可以得到三轴阵风速度 $u_G$、$v_G$ 和 $w_G$。

### 5.1.3 大气扰动对受油机的影响

风扰动的基本特征参数是空气团的运动速度——风速度$\boldsymbol{V}_w$。飞机质心的航迹速度(对地速度)$\boldsymbol{V}_k$、飞行速度(对空速度)$\boldsymbol{V}$与风速度$\boldsymbol{V}_w$三者组成了一个速度三角形,该速度三角形是大气扰动原理的最基本关系。

$$\boldsymbol{V}_k = \boldsymbol{V} + \boldsymbol{V}_w \tag{5.15}$$

定义$\boldsymbol{V}_k$、$\boldsymbol{V}$和$\boldsymbol{V}_w$在飞机机体坐标系中的三轴分量分别为 $u_k$、$v_k$、$w_k$,$u$、$v$、$w$ 和 $u_w$、$v_w$、$w_w$。

风扰动对飞机的作用形式可分为两个阶段。

**1. 第一阶段作用**

风扰动对飞机的第一阶段作用主要表现为对飞机飞行速度、迎角和侧滑角的影响。一般情况下,风速远小于飞机飞行速度,因此有以下表达式:

$$V = V_k - u_w \tag{5.16}$$

$$\alpha = \alpha_k - w_w/V \tag{5.17}$$

$$\beta = \beta_k - v_w/V \tag{5.18}$$

式中 $\alpha$——迎角(rad);

$\beta$——侧滑角(rad);

$\alpha_k$——航迹迎角(rad);

$\beta_k$——航迹侧滑角(rad)。

**2. 第二阶段作用**

风扰动对飞机的第二阶段作用是风速沿机体非均匀分布引起的飞机附加力矩,可归结为风梯度的影响。

《军用规范——有人驾驶飞机的飞行品质》MIL-F-8785C 和 MIL-F-8785B 都对风梯度的影响作了描述:风梯度的气动效果可以转化为相应的飞机角速度效果。因此,有如下表达式:

$$p_e = p - w_{wy} \tag{5.19}$$

$$q_e = q + w_{wx} \tag{5.20}$$

$$r_e = r - v_{wx} \tag{5.21}$$

$$\dot{\alpha}_e = \dot{\alpha}_k - w_{wk} \tag{5.22}$$

式中 $w_{wy}$、$w_{wx}$、$v_{wx}$——风速度 $V_w$ 和 $V_v$ 对飞机机体坐标系 $y$ 轴和 $x$ 轴的梯度(1/s);

$p$、$q$、$r$——飞机的滚转角速度、俯仰角速度、偏航角速度(rad/s);

$\dot{\alpha}$——迎角变化率(rad/s);

$p_e$、$q_e$、$r_e$——受风扰动后等效的飞机滚转角速度、俯仰角速度、偏航角速度(rad/s);

$\dot{\alpha}_e$——受风扰动后等效的迎角变化率(rad/s)。

# 5.2 空中加油机尾流概述

## 5.2.1 空中加油机尾流的组成

影响空中加油的另一个重要大气扰动形式就是加油机尾流。在飞行过程中,加油机飞过空间的空气将受到强烈扰动,进而在加油机后形成复杂的气流流场,这就是空中加油机的尾流,尾流也被称为尾涡。空中加油机的尾流不仅包含机翼的尾流,还包括平尾、垂尾、发动机等部件产生的尾流,它们具有不同的物理特性,根据扰动原因可以将尾流分为三部分:附面层紊流、发动机紊流和机翼尾涡。

**1. 附面层紊流**

附面层紊流基本是由飞机机翼对气流的阻挡和飞机表面的粗糙不平引起的,其强度与飞机阻力大小成正比。它的作用距离比发动机紊流近,而且对受油机的影响很小。如果受油机进入附面层紊流,由于附面层紊流强度不大,只会使受油机产生频率很高的颠簸和抖动,对飞机的状态和操作影响不大。

**2. 发动机紊流**

发动机紊流是飞机的发动机喷出的气流,即尾喷流,尾喷流的大小随着发动机推力和功率增大而变强。在喷口附近速度很大,但是随着离喷口距离增加,其速度幅值下降很快,在距离喷口50~80m时,速度就只有约2m/s了。根据飞行试验数据,尾喷流的影响距离一般不超过喷口直径的50倍,而且主要存在于发动机正后方,对空速与地速造成影响。由于发动机喷流中含有大量的燃烧排出废气,这就要求受油机不能距离加油机太近,特别是不能够进入喷流主要存在的发动机机后近距离区域,在这些区域受油机的发动机工作会受到严重影响,甚至造成飞行事故。

**3. 机翼尾涡**

飞行中的飞机在其机翼上下表面存在压力差,下机翼表面压力大,上机翼表面压力小。对于有限翼展机翼来讲,机翼下方的高压空气会在翼尖处向上方的低压空气翻过去,其结果是翼尖附近上表面处的压强趋向于和下表面的压强相等,这种趋势使得气流在上表面由翼尖向内流向翼根,而在下表面则由翼根向外流向翼尖。人们常用附着涡系代替机翼上的升力分布,此涡系的轴线垂直于机翼的对称面,并通过此升力面的气动中心(1/4弦线处)。

绕有限翼展机翼的合成流动是三维的,既有弦向分速,又有展向分速。由于展向风速的存在,在机翼后缘汇合处会卷起许多沿展向分布的流向涡,这些流向涡经发展形成了尾涡系,如图5-2所示。附着涡系的强度由翼尖向翼根逐渐增强,根据亥姆霍兹涡定理,涡线不可能在流体内终止,会有同样环量改变量的涡线离开附着涡向下游拖出去,因此尾涡系中的涡线强度是由翼根向翼尖逐渐增强。

机翼旋涡自机翼后缘向后拖出,与翼尖涡共同组成了机翼后的尾涡面。脱离机翼后,尾涡开始卷起来,形成机翼后的两根粗大的尾涡,如图5-3所示。

从上文的分析中可知,在尾流中,发动机紊流和附面层紊流只在很近的距离内对受油

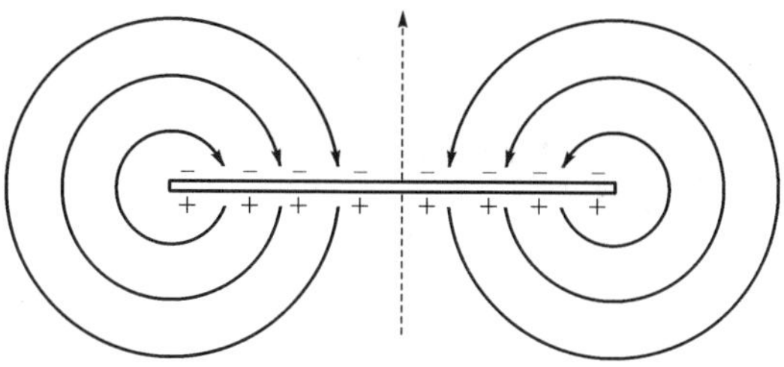

图 5-2　机翼尾涡的形成机理(机后视角)

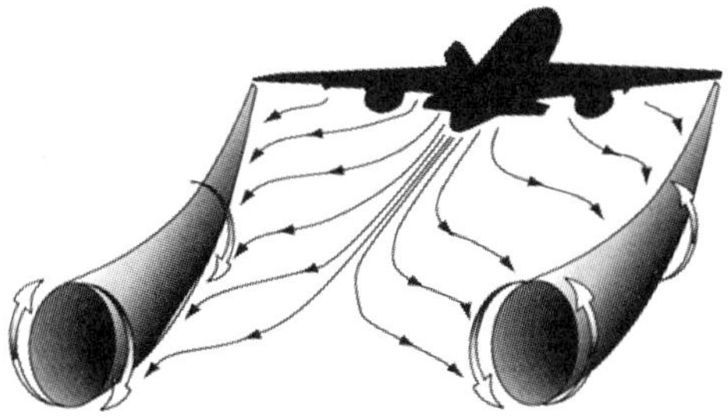

图 5-3　机翼尾涡的形成

机有干扰作用,在实际飞行中加油机与受油机之间的距离基本在二者的作用范围外。因此,在研究加油机尾流时,一般都着重研究对受油机影响最大的机翼尾涡。下面是机翼尾涡的基本的特性参数。

(1) 机翼尾涡的扰动范围。

无风情况下,尾流两个反向旋转的涡在其相互诱导作用下向下飘降,当下降到 150～270m 的距离后将不再下降。同时,加油机的机翼尾涡在飞机后面形成的涡索强度和下洗速度是逐渐减弱的,大量飞行试验数据表明,加油机尾涡的影响范围约为加油机后方 15km,超过此范围可忽略尾涡对受油机的影响。

(2) 机翼尾涡的几何特征。

机翼尾涡的厚度一般为加油机的 1 个机翼翼展长度,宽度一般为加油机 2 个翼展长度,两个涡索的中心距离一般小于加油机的 1 个翼展长度,约是翼展长度的 0.75～0.85。

(3) 机翼尾涡的下洗速度。

由于空气具有黏性,旋涡会带动周围空气一起旋转。在两条旋涡的内侧产生附加向下的速度,称为下洗速度;在左右两条旋涡的外侧则产生附加向上的速度,称为上洗速度,上洗速度与下洗速度会使气流产生相应的上洗角与下洗角。

(4) 机翼尾涡的演化特点。

飞机尾流的运动演化一般可分为三个阶段:近区尾流段(Near Wake)、中区尾流段(Intermediate Wake)和远区尾流段(Far Wake)。近区尾流段通常也可称为尾流的形成阶段,其分布区域从翼尖开始直至尾流卷起(机翼后方约 6.4 倍翼展处),如图 5-4 所示;中区尾流段又称尾流的稳定演化段,其分布从近区尾流段末端开始并存在相当长一段时间,中区尾流段尾流由两个稳定的、反对称旋转的类似水平龙卷风的涡组成,具有稳定的旋转速度;远区尾流段又称尾流的消散段,此阶段大气湍流作用占优,尾流在大气的长波交叉影响不稳定作用下消散成为大气中的湍流。尾流三个阶段的划分示意图如图 5-5 所示。

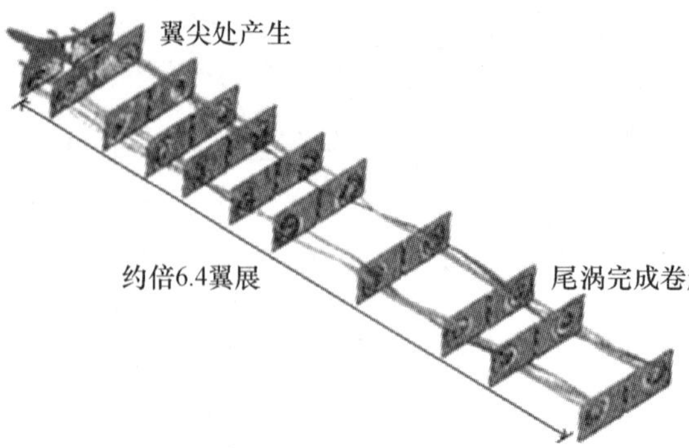


图 5 - 4　A - 340 飞机尾流的生成与演化示意图

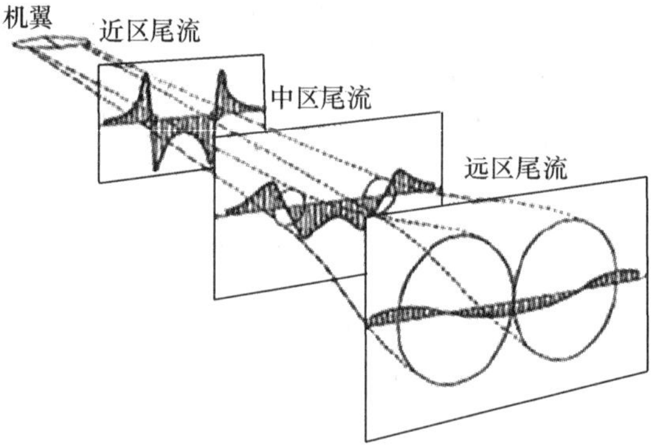


图 5 - 5　尾流分区示意图

在尾流的三个阶段中，近区尾流段是空中加/受油机编队飞行与对接实施的阶段，在此段对飞机进行建模与控制，必须考虑尾流的气动特性对飞机造成的影响，因此，这一阶段是以下介绍的重点。

## 5.2.2 尾流研究方法

国外对飞机的尾流研究已有很长历史，最早的研究可追溯到 20 世纪 20 年代 Lamb - Oseen 的尾流模型。总的来说，对于飞机尾流的研究方法可分为三类：试验测量、理论建模、计算流体力学（Computational Fluid Dynamics，CFD）。其中试验测量和理论建模是从 20 世纪以来的主要研究方法，而随着近年来计算机性能的提高，计算流体力学的方法也成为飞机尾流场特性研究的重要方法之一。现分别对这三种方法的研究情况做介绍。

**1. 试验测量方法**

试验测量一直以来是飞机尾流场研究与验证的重要手段之一，虽然在资金和时间上的消耗较大，但是试验测量是最直接、最有说服力的方法。试验测量可以分为两方面：一是实验室测量；二是现场测量。实验室测量关注于尾流流动的细节及其造成的影响，而现场测量注重于尾流宏观上的特性。

实验室测量主要工具包括风洞、水洞、拖曳箱等，而主要的方法可以分为直接观测、直接测量。从 1907 年 Lanchester 提出直接观测机翼尾涡的方法以来，直接观测法就成为了解类似流动现象规律的最基本方法。在风洞试验中，常常用烟、氢气泡、氦气泡来进行尾涡观测，用这些观测物质填充于尾涡经过的区域，就可以观测到尾涡的基本分布和形状，这种方法常常用于帮助确定测量尾流的插头的安装位置。Nikolic 在风洞试验中创造性地用一簇系于机翼后缘的细线测量到尾涡核心的位置以及不同位置处的尾涡的强度。而在水洞和拖曳箱中，一般用可溶性染料来进行观测，用荧光性染料来进行快速照相。通过直接观测，可以确定测量插头的最佳安装位置，从而帮助安装不同类型的插头，直接测量得到大量的尾流信息。空速管、五孔插头是最简单的测量工具，它们可以方便地观测到平均的气流速度大小与方向分布。涡量计也是一种用于点测量的直接测量工具，它通过旋转测量涡量，在水洞这种动压较低环境下能较好地运行。热膜/线风力测量仪是一种尾涡速度测量工具，它通过将风交叉、旋转转化为热敏膜、电阻的电阻值来测量流动速度，Chigier 和 Corsiglia 在 1972 年就通过热敏线风力测量仪成功测得了机翼尾涡的尺寸。另外，还有多普勒激光测量仪、粒子图像速度仪、粒子跟踪测量仪、旋转力矩测量仪等近年来出现的较为先进的测量方法。当然也有直接在风洞试验中测量尾流对受油机影响的风洞试验，如 Edward G. Dickes 等人于 2002 年和 2004 年分别进行了 KC－135 加油机和 ICE－101 受油机、三角翼无人机的风洞试验，分析了在加油机尾流特性以及受油机在加油机后不同位置的力和力矩响应。

在现场测量中，常用的方法有直接观测、飞越定点、飞行中测量、机场仪器测量等。直接观测和飞越定点都是利用烟、冷凝液等有色物质来进行观测，并且可配合热膜测量仪等来测量尾流数据。五孔插头也被应用于飞行过程中的测量，如 Panton 等人用滑翔机拖曳于飞机之后，测量到翼尖涡的重要特征。机场测量可分为两个类别，即远地面效应和近地面效应，这种方法借助于安装于机场的测量仪器，不仅能够获得飞机尾流的特性，而且对于飞机航班安排、安全起飞也有很大的作用。美国 NASA 飞行研究中心（NASA Dryden 飞行研究中心前身）在 1975—1978 年组织进行了波音 747 尾流的飞行试验测量，掌握了飞机尾涡的大量特性，在测量中用到了直接观测法、飞越定点、机场仪器测量等多种方法。而加拿大 NRC 飞行研究实验室为研究飞机尾涡特性，从 2004 年起进行了名为“enroute”的 CT－133 喷气飞机飞行试验，获得了大量的尾涡数据。

**2. 理论建模方法**

理论建模常用的方法有 Rankine 模型、Lamb－Oseen 模型、Hallock－Burnham 模型、自适应模型、平稳混合模型、多层级模型、D2P 模型和马蹄涡模型等。

Rankine 模型将尾涡的流动分为两部分，即涡核内和涡核外，涡核内以恒定的漩涡状态旋状传播，而涡核外则是无旋状态。Lamb－Oseen 模型（1923）和 Rankine 模型类似，区别在于将涡核内和涡核外两个区域进行混合处理，并且有一定的延迟参数。Hallock－Burnham 模型（1982）通过大量的飞行试验数据而来的，具有简单的形式和较高的精度，因此也得到了广泛的应用。Proctor 通过总结激光测量的尾涡数据，归纳出了自适应尾涡模型（1998）。Winckelmans 等对自适应模型进行了平稳的混合，并调整模型使其符合风洞试验和 CFD 结果，得到了平稳混合尾涡模型（2000）。多层级模型（2001）是在分析风洞试验数据时总结而来的。在进行 A300 运输机等比例缩放模型的风洞试验时，测量了不同翼展之后的尾流，并分析总结得到了该模型。该模型根据到尾涡核心的距离将尾涡的速度场分为了三个区域，最内部的区域速度逐渐上升，中间区域速度呈下降趋势，而在外部的一定区域内速度趋于恒定。P2P 模型（2003）是基于概率性来预测尾涡行为，它将尾涡模型分为两个预测阶段，D2P 模型是在 P2P 模型确定版中补充了一些简单的因素补偿、维数上的分析以及文献来源的支持，该模型能够以充分的精度要求预测尾涡的行为，并得到了大量的测量数据的验证。

总的来说，尾涡理论模型发展至今，已经具有很高的精度，它虽然与直接的飞行、风洞试验还有一定的差别，也比不上 CFD 计算精度，但是它在建模、仿真研究中表现出的快速、简单的特点使其受到空中加油领域研究人员的一致青睐。

**3. 计算流体力学方法**

随着计算机硬件的不断提升，近年来 CFD 在飞机尾流分析上得到了极大的应用。CFD 是一门用数值计算方法直接求解流动的主控方程（欧拉方程或 N－S 方程）以发现流体流动规律的学科，它可用于流体动力学的基础研究、复杂流动结构的设计和分析验证试验结果等，经过几十年来的发展，这门学科已日臻成熟，并与风洞试验、空间试飞一起构成了获得飞行器气动力数据的三种手段。

可查的关于飞机尾涡的数值模拟文献始于 1996 年，Proctor 用数值模拟的方法测量了飞机的尾涡特性。2000 年，Proctor 用大涡模拟法（Large Eddy Simulation，LES）进行了半飞机模型的数值模拟，研究了其尾涡的强度和位置分布，以解决日益增长的航班负荷问题。之后，Jeffrey 等人采用计算流体力学 OVERFLOW 软件进行了运输机的三维气动特性研究，并与 NASA 风洞数据进行对比验证了计算精度，最后进行了发动机边条效应评价和机翼尾涡预测。2004 年，Yoshihiro Yamaguchi 等人针对飞机起飞安全问题，进行了尾涡数值算法研究，在研究中将 N－S 方程划分为水平对流部分和传播部分，提出了改进的 N－S 数值算法，并通过对 NACA0012 矩形机翼并行计算，成功获得了其机翼尾流特性。2010 年，Frank Holzäpfel 等人用 LES 法着重研究了尾涡的拓扑结构、传播过程和消散现象，而 George F. Switzer 等人针对多架飞机间尾涡相互干扰和尾涡与地面相互作用给大涡模拟带来的困难，提出了通过定义“ROI”来分离各尾涡的大涡模拟后处理新方法。Takashi Misaka 等人于 2011 年和 2012 年针对飞机尾涡对随后的飞机产生的潜在危害，用 RANS 与 LES 结合的方法研究了尾涡从发展到消失整个过程，在计算时，用 RANS 的计算结果对流场进行初始化处理，然后用 LES 法计算 2～3min 的尾涡变化情况，对尾涡核心半径、尾涡分离、平均辐射流通量进行了评估。为了提高空中加油地面模拟器的精确性，Mark S. Jurkovich 用 CFD 方法研究了 KC－135R 加油机的尾流，探讨了模拟尾流时的网格要求，对比了黏性流和非黏性流计算的区别，并与风洞数据和理论结果进行对比，证明了所采用的方法的精确性。

相比于国外，国内对尾涡的研究相对落后，但是也进行了较广泛的研究。文献较多的集中在理论模型研究上，如 2008 年，李宏图等人为实现空中加油模拟器的尾流建模，根据飞行试验数据和理论推导，建立了空中加受油仿真的尾流扰动仿真模型，并给出了在实际工程应用中的调试方法。2010 年，李大伟等人针对自主空中加油时尾流对受油机的影响及受油机的建模需求，阐述了如何利用马蹄涡理论建立加油机尾流，并采用等效积分的方法，将非均匀加油机尾流平均化。对于受油机，将尾流对其影响等效进入受油机的全动量动力学方程中的等效系数里去，从而完成尾流建模以及受油机影响建模。

可见的用试验测量和 CFD 计算研究飞机尾流的文献报告较少。黄烁桥等人为了减小尾涡给其后的飞机带来的危害，进行了试验研究，探索如何利用飞机发动机产生的喷流加速尾流涡消亡的方法,分别研究了喷流对 4 涡尾流系统和 2 涡尾流系统的影响,以及喷流大小的影响效果。徐肖豪等人为有效地增大跑道容量,用 LES 法对三维机翼进行了尾流的数值模拟,验证了涡核的迸裂消散、涡对的连接消散和下沉现象,发现了涡对卷起之前的不对称性和交叉影响关联发生后涡对消散的不对称性。其他相关的用 CFD 方法的还有风力机远尾流研究、空中受油管绕流特性研究等。

由于试验测量法是最准确、最直接、最有说服力的尾流研究方法,但在成本和时间上的消耗巨大,加之试验的高风险性,对于普通研究人员通常难以付诸实践。相比之下,理论建模与 CFD 方法能够较好地折中准确性和研究成本的矛盾,对于普通研究人员不失为较好的两种研究飞机尾流的有效方法。

## 5.3　受油机机头头波概述

软式加油对接最后阶段,软管锥套组合体受到不同程度的加油机尾流、大气扰动和受油机前体作用(Bow Wave Effect,简称“头波”)等气动影响,产生不同程度的飘摆和偏离,严重制约着软式空中加油对接成功率的提高。如图 5 - 6 所示为巴基斯坦学者 O. Khan 和 J. Masud 针对某型战机机头头波流场静压进行的 CFD 数值模拟。

对接时,某些型号的受油机头波总是使锥套远离受油插头。因此,飞行员必须预测锥套的运动规律而不是简单地重新靠近锥套。这就使得加油任务的成功与否取决于飞行员对于锥套运动规律的判断、技术和经验。不同型号受油机的头波特性是不同的,对于锥套的影响还取决于受油插头的安装位置。飞行员空中加油对接训练中,大量的训练内容是在预对接位置观察和掌握头波影响下锥套的运动规律,目的是寻找相对当前锥套位置的某一偏差位置完成最终对接。这一偏移量也取决于头波动力学特性和受油插头的安装位置。

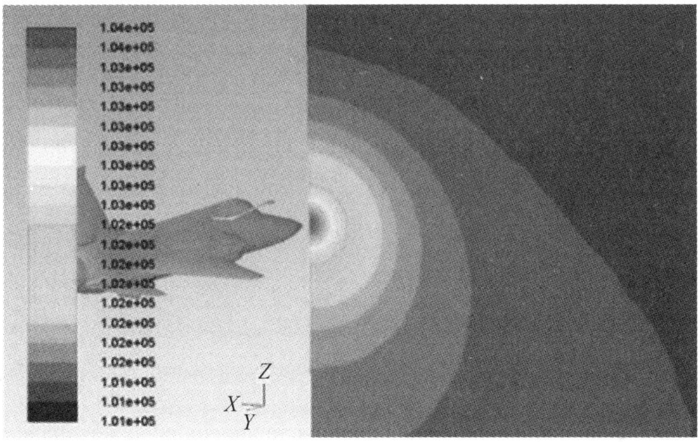


图 5 - 6　某型战机机头头波流场静压分布的 CFD 数值模拟

目前,国内对加油机尾流、大气扰动等方面的研究已相对成熟,而受油机头波影响规律研究相对较少。国外波音公司、NASA 等主要研究机构针对这一问题开展了一系列研究。波音公司的 John C. Vassberg 等人采用 DACVINE 线性面元法,研究了不稳定流场中软管在局部气动力和重力影响下的运动规律,针对受油机头波影响,分析了不同相对速度下的对接补偿策略，提出了受油机对准补偿点进行对接的思想；NASA 德莱顿飞行研究中心通过 F-18 双机自主空中加油飞行测试，研究了飞行条件、软管锥套模型、加油机类型和重量、受油机类型和机动等因素对软管锥套组合体飘摆特性的影响，并分析了头波影响范围和受油机动态对锥套运动影响规律；Kapseong Ro、James W. Kamman 等人根据集中参数法建立了一种多级串联“球杆”三维运动模型，利用 CFD 的方法计算了受油机机头速度场分布，并设计了主动增稳锥套抑制软管锥套飘摆现象；Atilla Dogan 等人采用涡格法和 Cart3D 代码组计算 C-141B 运输机头波影响下的 KC-135 加油机的气动力和力矩系数变化，研究了大型受油机头波对加油机气动特性影响机理。布里斯托尔大学与科巴姆公司参与英国 ASTRAEA 计划，利用兰金半体模型模拟头波影响，并设计了人工补偿器补偿受油机头波造成的锥套偏离。

随着国内空中加油技术的广泛研究和成熟应用，头波效应也得到了国内相关研究机构的重视。探究软式空中加油中受油机头波影响规律，对辅助飞行员加油、提高对接成功率和发展无人机自主空中加油关键技术有重要意义。

# 第六章　加油机尾流数学模型

## 6.1　发展之初的尾流速度模型

人们通常用马蹄涡系表示附着涡系和发展之初的尾涡系，涡线与自由气流平行，如图 6-1 所示，图中坐标系 $Oxyz$ 由气流坐标系经过适当平移得到，在匀速直线平飞时也可近似为由机体坐标系平移得到。在涡线的相互诱导作用下，翼根和翼尖的涡线逐渐靠近，由于尾涡系中的涡线强度是由翼根向翼尖逐渐增强的，翼尖涡线的诱导作用大于翼根涡线的诱导作用，因此尾涡系在向后延伸过程中逐渐发展成为翼尖的一对粗大尾涡对，尾涡对轴线与自由气流近似平行。

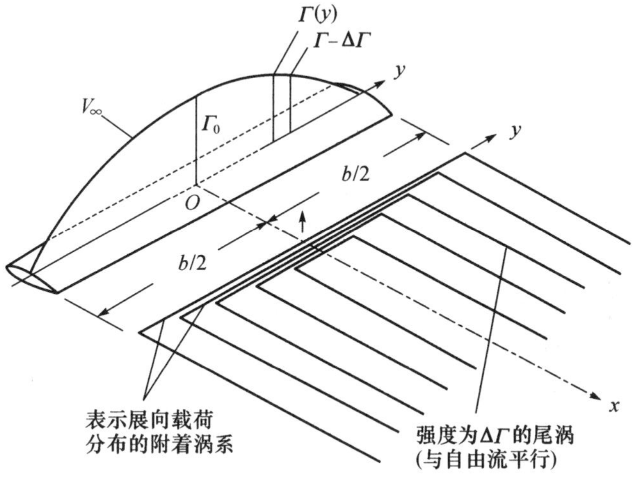


图 6-1　马蹄涡系

在尾流发展之初的飞机机翼近距场域（$x$ 向距离为 1 个翼展 $b$ 以内），一般采用马蹄涡模型来描述尾流特性。马蹄涡系由附着涡系和尾涡系组成，因此，任意位置的尾流速度可由附着涡系和尾涡系的诱导合成速度表示。

### 6.1.1　附着涡系产生的诱导速度

附着涡系诱导合成速度计算示意图如图 6-2 所示，$CD$ 是附着涡段；$\mathrm{d}\boldsymbol{l}$ 是附着涡微段，它在空间任意位置 $A(x_{\mathrm{rel}}, y_{\mathrm{rel}}, z_{\mathrm{rel}})$ 处产生的诱导速度为 $\mathrm{d}\boldsymbol{V}_{\mathrm{AV}}$；$\Gamma(y)$ 是 $\mathrm{d}\boldsymbol{l}$ 微段的涡强度；$\boldsymbol{r}$ 是 $\mathrm{d}\boldsymbol{l}$ 微段至 $A$ 点的矢量径。

$$\mathrm{d}\boldsymbol{V}_{\mathrm{AV}} = \frac{\Gamma(y)(\mathrm{d}\boldsymbol{l} \times \boldsymbol{r})}{4\pi r^3} \tag{6.1}$$

$\mathrm{d}\boldsymbol{l}$ 可表示为 $[0 \quad \mathrm{d}y \quad 0]^{\mathrm{T}}$，$\boldsymbol{r}$ 表示为 $[x_{\mathrm{rel}} \quad y_{\mathrm{rel}} - y \quad z_{\mathrm{rel}}]^{\mathrm{T}}$，因此 $\mathrm{d}\boldsymbol{V}_{\mathrm{AV}}$ 沿 $x$ 轴、$z$ 轴的分

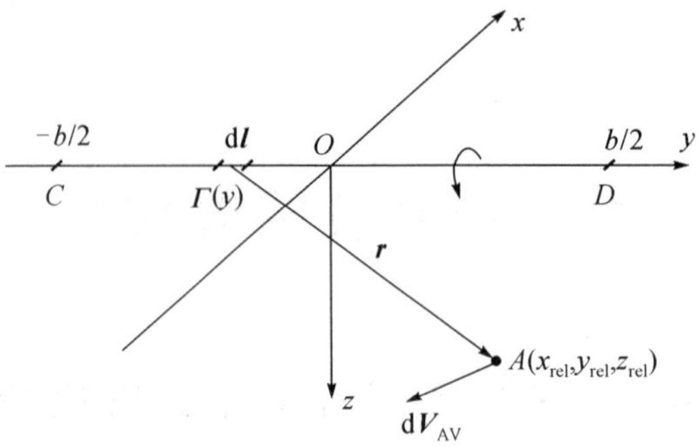


图 6-2 附着涡系诱导合成速度计算

速度$\mathrm{d}\boldsymbol{V}_{\mathrm{AV}x}$、$\mathrm{d}\boldsymbol{V}_{\mathrm{AV}z}$可表示为

$$\mathrm{d}\boldsymbol{V}_{\mathrm{AV}x} = \frac{z_{\mathrm{rel}}\Gamma(y)}{4\pi\left[x_{\mathrm{rel}}^2 + (y_{\mathrm{rel}} - y)^2 + z_{\mathrm{rel}}^2\right]^{\frac{3}{2}}}\mathrm{d}y \tag{6.2}$$

$$\mathrm{d}\boldsymbol{V}_{\mathrm{AV}z} = \frac{x_{\mathrm{rel}}\Gamma(y)}{4\pi\left[x_{\mathrm{rel}}^2 + (y - y_{\mathrm{rel}})^2 + z_{\mathrm{rel}}^2\right]^{\frac{3}{2}}}\mathrm{d}y \tag{6.3}$$

对于有限翼展的直机翼或小后掠角机翼飞机，认为$\Gamma(y)$沿翼展的分布规律是椭圆分布的，即

$$\Gamma(y) = \Gamma_0\sqrt{1 - (y/y_{\mathrm{s}})^2} \tag{6.4}$$

其中，$y_{\mathrm{s}} = b/2$。$\Gamma_0$为尾涡初始强度，表达式为

$$\Gamma_0 = \frac{2C_{\mathrm{L}}Vb}{\pi A_{\mathrm{R}}} \tag{6.5}$$

式中 $C_{\mathrm{L}}$——飞机的升力系数；

$S$——机翼参考面积($\mathrm{m}^2$)；

$A_{\mathrm{R}}$——展弦比，$A_{\mathrm{R}} = b^2/S$。

对于直线平飞的飞机，重力约等于升力，即

$$G = \rho V^2SC_{\mathrm{L}}/2 \tag{6.6}$$

式中 $\rho$——当地空气密度。

由式(6.5)和式(6.6)可知

$$\Gamma_0 = \frac{4G}{\pi\rho Vb} \tag{6.7}$$

由此得到附着涡段$CD$在$A$点产生的诱导速度$\boldsymbol{V}_{\mathrm{AV}}$沿$x$轴、$z$轴的分速度：

$$\boldsymbol{V}_{\mathrm{AV}x} = \frac{z_{\mathrm{rel}}\Gamma_0}{4\pi y_{\mathrm{s}}}\int_{-y_{\mathrm{s}}}^{y_{\mathrm{s}}}\frac{\sqrt{y_{\mathrm{s}}^2 + y^2}}{\left[x_{\mathrm{rel}}^2 + (y_{\mathrm{rel}} - y)^2 + z_{\mathrm{rel}}^2\right]^{\frac{3}{2}}}\mathrm{d}y \tag{6.8}$$

$$\boldsymbol{V}_{\mathrm{AV}z} = -\frac{x_{\mathrm{rel}}\Gamma_0}{4\pi y_{\mathrm{s}}}\int_{-y_{\mathrm{s}}}^{y_{\mathrm{s}}}\frac{\sqrt{y_{\mathrm{s}}^2 - y^2}}{\left[x_{\mathrm{rel}}^2 + (y - y_{\mathrm{rel}})^2 + z_{\mathrm{rel}}^2\right]^{\frac{3}{2}}}\mathrm{d}y \tag{6.9}$$

### 6.1.2 尾涡系产生的诱导速度

尾涡系诱导合成速度计算示意图如图6-3所示，$\boldsymbol{E}\infty$是对应$\mathrm{d}y$段的尾涡涡线，强度

为 $\Delta\Gamma(y)$；$h$ 为空间任意位置 $A(x_{\text{rel}},y_{\text{rel}},z_{\text{rel}})$ 到尾涡涡线的距离；$\mathrm{d}\boldsymbol{V}_{\text{WV}}$ 是尾涡涡线产生的诱导速度。

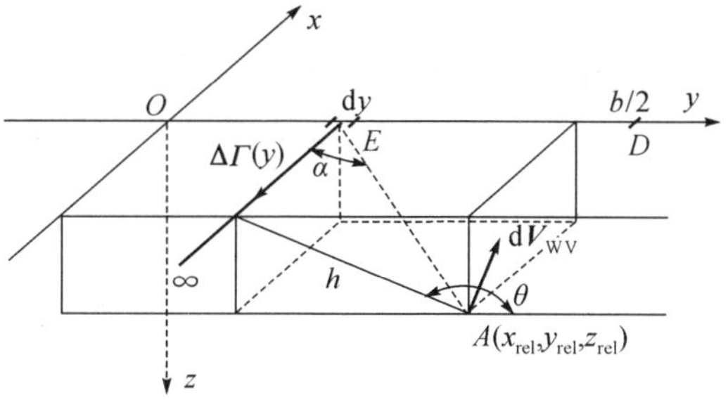


图 6－3　尾涡系诱导合成速度计算

$$\Delta\Gamma(y)=\mathrm{d}\Gamma(y)=\frac{\mathrm{d}\Gamma(y)}{\mathrm{d}y}\mathrm{d}y=-\frac{y\Gamma_0}{y_s\sqrt{y_s^2-y^2}}\mathrm{d}y \tag{6.10}$$

因此有

$$\mathrm{d}\boldsymbol{V}_{\text{WV}}=\begin{cases}\dfrac{\Delta\Gamma(y)}{4\pi h}(1+\cos\alpha) & y<0\\ -\dfrac{\Delta\Gamma(y)}{4\pi h}(1+\cos\alpha) & y\geqslant 0\end{cases} \tag{6.11}$$

$\mathrm{d}\boldsymbol{V}_{\text{WV}}$ 沿 $y$ 轴、$z$ 轴的分速度 $\mathrm{d}\boldsymbol{V}_{\text{WV}y}$、$\mathrm{d}\boldsymbol{V}_{\text{WV}z}$ 可表示为

$$\mathrm{d}\boldsymbol{V}_{\text{WV}y}=\begin{cases}-\mathrm{d}\boldsymbol{V}_{\text{WV}}\sin\theta & y<0\\ \mathrm{d}\boldsymbol{V}_{\text{WV}}\sin\theta & y\geqslant 0\end{cases} \tag{6.12}$$

$$\mathrm{d}\boldsymbol{V}_{\text{WV}z}=\begin{cases}-\mathrm{d}\boldsymbol{V}_{\text{WV}}\cos\theta & y(y-y_{\text{rel}})<0\\ \mathrm{d}\boldsymbol{V}_{\text{WV}}\cos\theta & y(y-y_{\text{rel}})\geqslant 0\end{cases} \tag{6.13}$$

因此，尾涡系在 $A$ 点产生的诱导速度 $\boldsymbol{V}_{\text{WV}}$ 沿 $y$ 轴、$z$ 轴的分速度 $\boldsymbol{V}_{\text{WV}y}$、$\boldsymbol{V}_{\text{WV}z}$ 为

$$\boldsymbol{V}_{\text{WV}y}=\frac{z_{\text{rel}}\Gamma_0}{4\pi y_s}\int_{-y_s}^{y_s}\left\{\left[1-\frac{x_{\text{rel}}}{\sqrt{x_{\text{rel}}^2+(y-y_{\text{rel}})^2+z_{\text{rel}}^2}}\right]\frac{y}{\sqrt{y_s^2-y^2}\,[(y-y_{\text{rel}})^2+z_{\text{rel}}^2]}\right\}\mathrm{d}y \tag{6.14}$$

$$\boldsymbol{V}_{\text{WV}z}=\frac{\Gamma_0}{4\pi y_s}\int_{-y_s}^{y_s}\left\{\left[1-\frac{x_{\text{rel}}}{\sqrt{x_{\text{rel}}^2+(y-y_{\text{rel}})^2+z_{\text{rel}}^2}}\right]\frac{y(y-y_{\text{rel}})}{\sqrt{y_s^2-y^2}\,[(y-y_{\text{rel}})^2+z_{\text{rel}}^2]}\right\}\mathrm{d}y \tag{6.15}$$

### 6.1.3 马蹄涡模型的尾流速度

马蹄涡模型的尾流速度 $\boldsymbol{V}_{\text{HS}}$ 沿 $Oxyz$ 坐标系三轴方向的分速度 $\boldsymbol{V}_{\text{HS}x}$、$\boldsymbol{V}_{\text{HS}y}$ 和 $\boldsymbol{V}_{\text{HS}z}$ 可表示为

$$\boldsymbol{V}_{\text{HS}x}=\boldsymbol{V}_{\text{AV}x} \tag{6.16}$$

$$\boldsymbol{V}_{\text{HS}y}=\boldsymbol{V}_{\text{AV}y} \tag{6.17}$$

$$\boldsymbol{V}_{\text{HS}z}=\boldsymbol{V}_{\text{AV}z}+\boldsymbol{V}_{\text{WV}z} \tag{6.18}$$

## 6.2 尾涡对形成后的尾流速度模型

随着尾流的发展,在飞机翼尖逐渐形成一对粗大的尾涡对。目前,国内外学者对尾涡对形成之后的尾流特性研究颇多,大多将尾流等效成为一对强度相等、旋转方向相反的尾涡对,如图 6 - 4 所示。图 6 - 5 是飞机左翼尾涡的示意图。

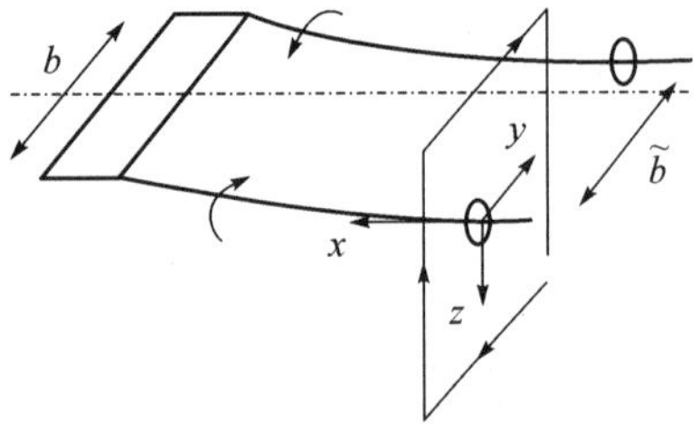


图 6 - 4　尾涡对

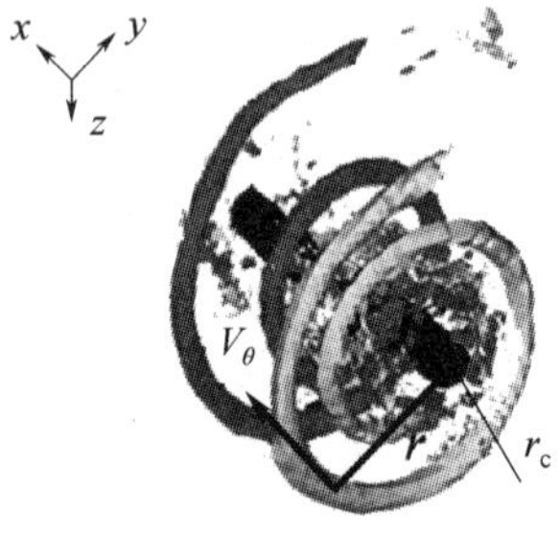


图 6 - 5　飞机左翼尾涡

常用的尾涡模型有 Rankine 模型、Lamb - Oseen 模型、Hallock - Burnham 模型、适应模型和多级模型等。这些模型适用于尾涡对形成之后的尾流。考虑工程上的简单实用性,本书采用 Hallock - Burnham 模型表达式如下:

$$V_\theta = \frac{\Gamma_0}{2\pi r}\frac{r^2}{r^2 + r_c^2} \tag{6.19}$$

式中　$r$——涡线垂直面内任意位置至尾涡中心的距离;

$V_\theta$——该位置的诱导速度;

$r_c$——涡核半径。

$r_c$ 表达式为

$$r_c = 0.5\sqrt{t} \tag{6.20}$$

式中　$t$——尾涡发展时间。

在图 6 - 4 中,$\tilde{b}$ 为两尾涡中心之间的距离,令 $\tilde{b}_0$ 为两尾涡中心间的初始距离,$\tilde{b}_0$ 为

$$\tilde{b}_0 = \pi b/4 \tag{6.21}$$

任一位置的尾流速度可以用两尾涡诱导速度的叠加合成速度等效,图 6 - 6 是尾涡诱导合成速度示意图。$V_{\theta 1}$、$V_{\theta 2}$ 和 $V_s$ 分别是左、右尾涡诱导速度和两尾涡的诱导合成速度,则 $V_s$ 的 $y$ 向和 $z$ 向分速度 $V_{sy}$ 和 $V_{sz}$ 分别为

$$V_{sy} = -V_{\theta 1}\sin\theta_1 + V_{\theta 2}\sin\theta_2 \tag{6.22}$$

$$V_{sz} = -V_{\theta 1}\cos\theta_1 + V_{\theta 2}\cos\theta_2 \tag{6.23}$$

由式(6.22)和式(6.23)可知在尾涡对下面位置具有侧洗速度 $V_{sy}$ 和下洗速度 $V_{sz}$。由于存在下洗作用,尾涡本身会向下移动。令式(6.19)Hallock - Burnham 尾涡速度模型中的 $r = \tilde{b}$,可以得到尾涡下移速度:

$$V_{mz} = \frac{\Gamma_0}{2\pi}\frac{\tilde{b}}{\tilde{b}^2 + r_c^2} \tag{6.24}$$

为了描述问题方便，定义坐标系 $Oxyz$ 如下：$x$ 轴为飞机直线平飞方向，$y$ 轴与两尾涡在机翼后缘的尾涡中心连线一致，$z$ 轴竖直向下，$Oxyz$ 坐标系符合右手定则。尾流场中任意位置 $A$ 的坐标为 $(x_{rel}, y_{rel}, z_{rel})$，则该位置的侧洗速度 $V_{sy}$ 和下洗速度 $V_{sz}$ 可以表示为

$$V_{sy} = \frac{\Gamma_0}{2\pi}\left[\frac{z_{rel}}{(y_{rel} - \pi b/8)^2 + r_c^2 + z_{rel}^2} - \frac{z_{rel}}{(y_{rel} + \pi b/8)^2 + r_c^2 + z_{rel}^2}\right] \tag{6.25}$$

$$V_{sz} = \frac{\Gamma_0}{2\pi}\left[\frac{y_{rel} + \pi b/8}{(y_{rel} + \pi b/8)^2 + r_c^2 + z_{rel}^2} - \frac{y_{rel} - \pi b/8}{(y_{rel} - \pi b/8)^2 + r_c^2 + z_{rel}^2}\right] \tag{6.26}$$

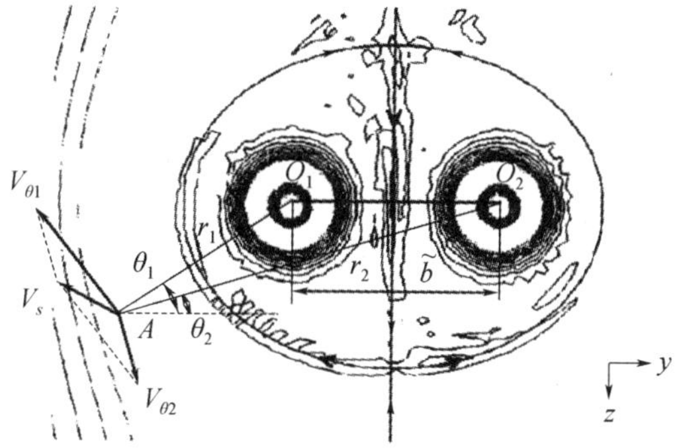


图 6-6 尾涡诱导合成速度

令加油机翼展为 39.88m，则由式(6.25)、式(6.26)仿真所得的加油机后部 10m 处的尾涡流场分布如图 6-7 所示。

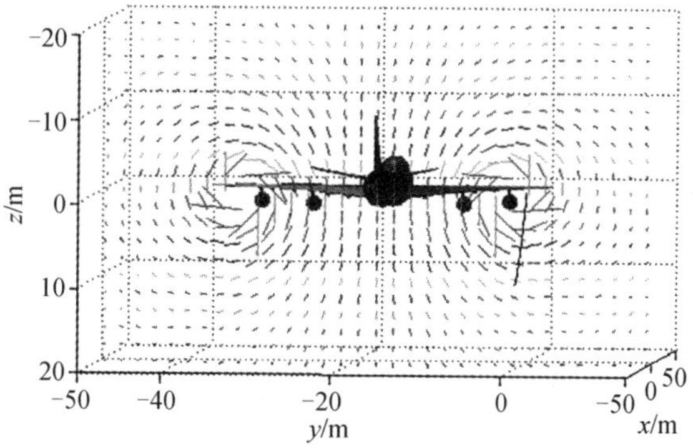


图 6-7 加油机后部 10m 处的尾涡流场

# 6.3 加油过程中的尾流速度模型

## 6.3.1 受油机飞行区域

空中加油时，受油机在加油机后的飞行区域受到一定限制，如图 6-8 所示，受油机飞行区域为立方区域及其向下、向后、向两侧延伸的空间。对于大型加油机，对接位置 $C$ 至翼尖的 $x$ 向距离 $X_w \approx 3/4b$，至机翼平面的距离 $Z_w \approx 1/5b$。

尾涡对的充分卷起时间与飞行条件密切相关，从尾涡发展之初至尾涡对形成时尾涡沿 $x$ 向的延伸距离的表达式为

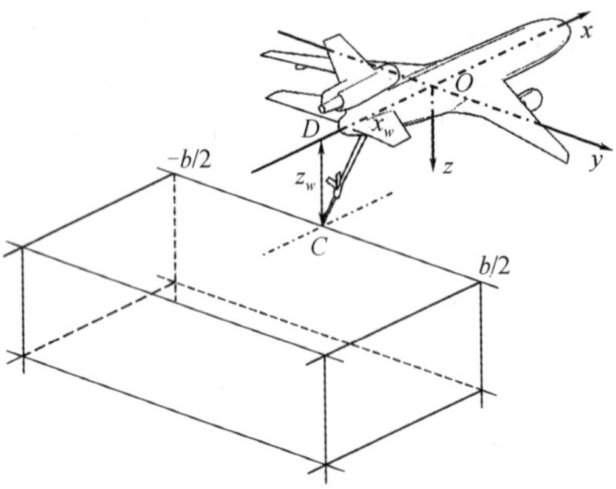


图 6-8　受油机的飞行区域

$$d = \frac{kA_R b}{C_L} \tag{6.27}$$

其中，$k$ 值取决于沿翼展涡强的分布情况，一般取 0.28。升力系数 $C_L$ 为

$$C_L = \frac{2G}{\rho V^2 S} \tag{6.28}$$

取飞机重量 $G = 1.86 \times 10^6$N，机翼面积 $S = 300\text{m}^2$，空中加油状态的动压 $1/2\rho V^2$ 范围为 8700 ~ 16700Pa，由式(6.28)可求解 $C_L$ 的范围为 0.37 ~ 0.71。取展弦比 8.5，由式(6.27)可知 $d$ 在 $3.4b$ ~ $6.4b$ 之间。

显然空中加油关注的飞行区域包括了马蹄涡模型区（$x$ 向距离小于 $b$ 范围内），Hallock－Burnham 模型区（$x$ 向距离大于 $3.4b$ ~ $6.4b$ 的范围）以及这两个模型的中间区域（$x$ 向距离 $b$ 至 $3.4b$ ~ $6.4b$ 的范围）。

中间区域是马蹄涡区域向 Hallock－Burnham 区域过渡的区域，对于该区域，目前的研究大多基于风洞试验和飞行试验。为了得到中间区域模型，首先对马蹄涡模型和 Hallock－Burnham 模型的速度特性进行数值仿真比较。

### 6.3.2　中间区域的尾流速度模型

利用式(6.16) ~ 式(6.18)、式(6.25)、式(6.26)可对马蹄涡模型和 Hallock－Burnham 模型在空间同一位置的速度特性进行比较，显然速度的相对值与涡的初始强度 $\Gamma_0$ 无关，而只与空间位置 $A(x_{ret}, y_{rel}, z_{rel})$ 相关。对具有质量 $m = 190000$kg，翼展 $b = 50.50$m 的飞机的尾流特性进行仿真，取垂直于 $x$ 轴的三个切面，$x_{rel}$ 分别为 $-3/4b$、$-4b$ 和 $-7b$，选取不同的相对高度，$z_{rel}$ 分别为 $b/10$、$b/5$ 和 $b$，绘出 $Ma = 0.674$，$H = 7$km 飞行状态下 $x_{rel}$ 和 $z_{rel}$ 不同组合时尾流沿翼展方向的速度特性，如图 6-9 ~ 图 6-17 所示。$V_x$、$V_y$ 和 $V_z$ 分别代表马蹄涡模型和 Hallock－Burnham 模型在 $x$、$y$ 和 $z$ 方向的分速度；$\Delta V_x$、$\Delta V_y$ 和 $\Delta V_z$ 分别是马蹄涡模型和 Hallock－Burnham 模型对应分速度的差值。从图中可以看出在 $x_{rel} \leqslant -3/4b$ 条件下，两个模型的分速度 $V_x$ 很小，可以不予考虑。$V_y$ 和 $V_z$ 在翼展方向上的分布基本不随纵向相对位置 $x_{rel}$ 的变化而改变，说明 $x_{rel}$ 是一个不敏感参数。当竖向位置 $z_{rel}$ 变化时，$V_y$ 和 $V_z$ 分布都发生显著变化；$z_{ret}$ 增加时，$V_y$ 和 $V_z$ 明显减小。当 $z_{rel} \geqslant b/5$ 时，两个

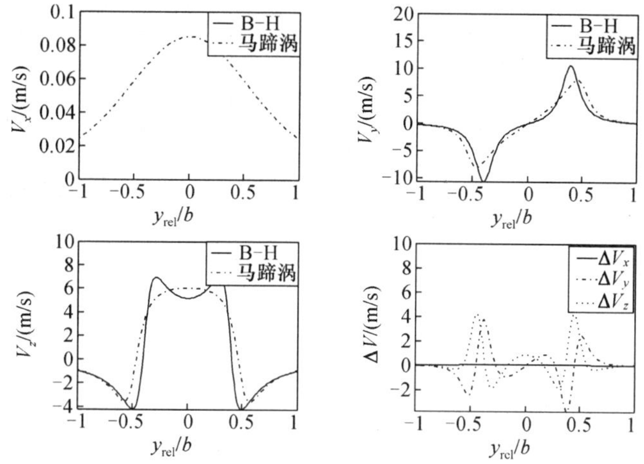


图 6 - 9　$x_{rel} = -3/4b, z_{rel} = b/10$ 时两模型比较

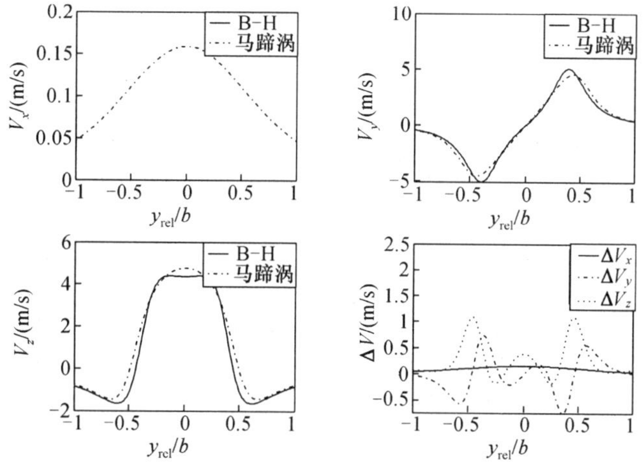


图 6 - 10　$x_{rel} = -3/4b, z_{rel} = b/5$ 时两模型比较

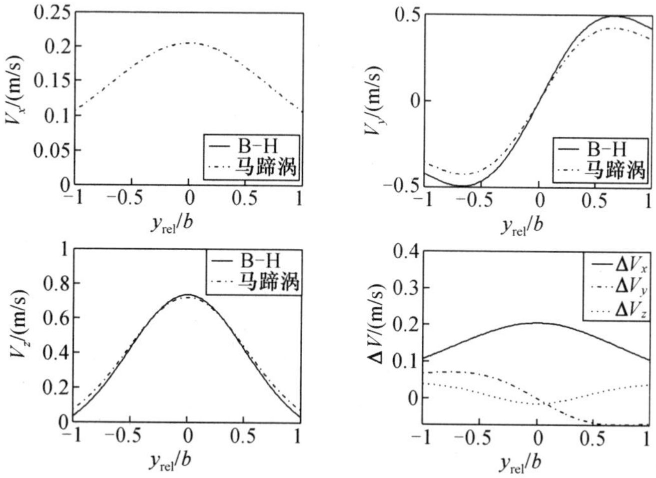


图 6 - 11　$x_{rel} = -3/4b, z_{rel} = b$ 时两模型比较

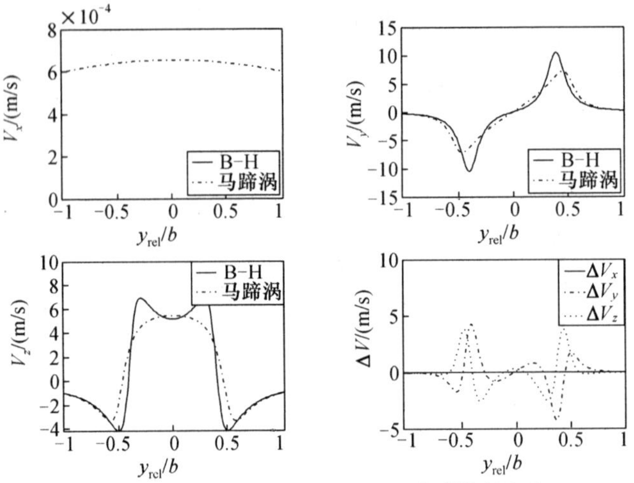


图 6－12　$x_{rel} = -4b, z_{rel} = b/10$ 时两模型比较

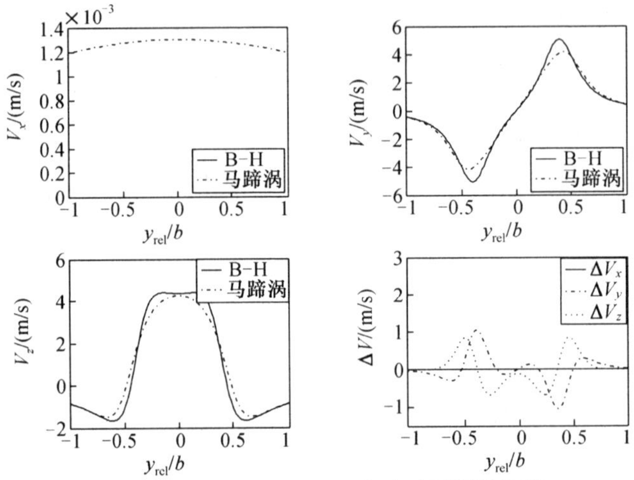


图 6－13　$x_{rel} = -4b, z_{rel} = b/5$ 时两模型比较

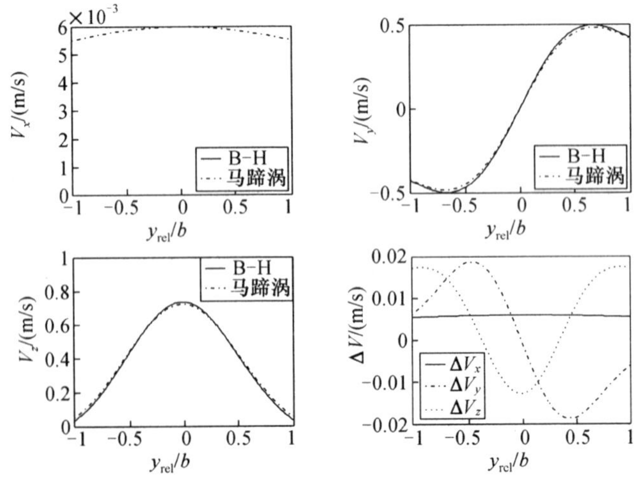


图 6－14　$x_{rel} = -4b, z_{rel} = b$ 时两模型比较

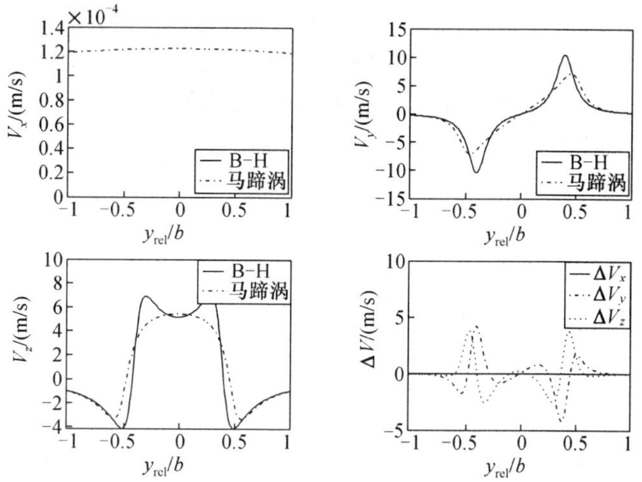


图 6－15　$x_{rel} = -7b, z_{rel} = b/10$ 时两模型比较

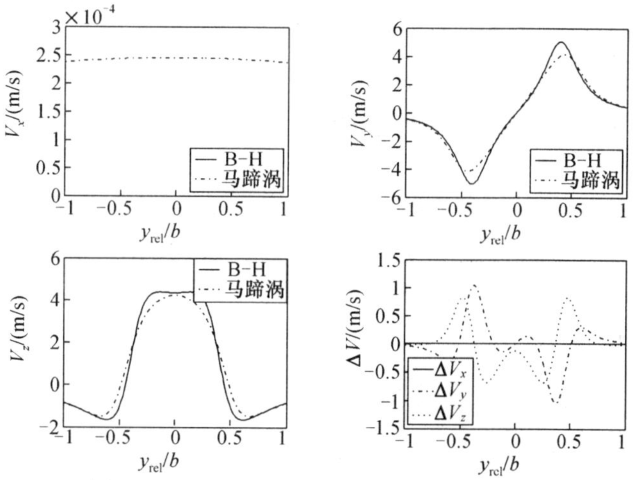


图 6－16　$x_{rel} = -7b, z_{rel} = b/5$ 时两模型比较

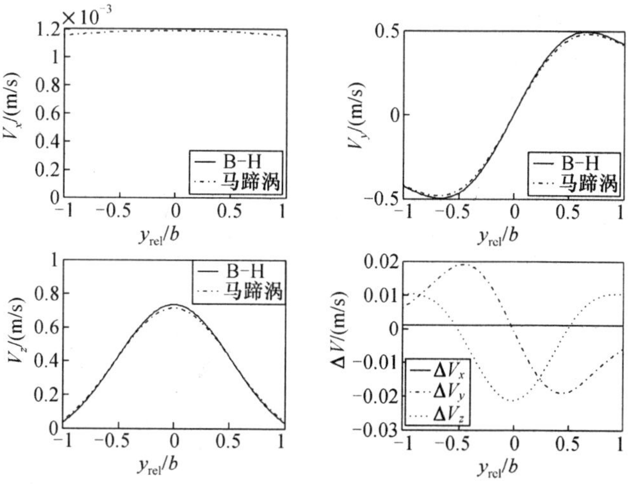


图 6－17　$x_{rel} = -7b, z_{rel} = b$ 时两模型比较

模型的分速度最大差值约为 1m/s，说明两个模型在 $z_{rel} \geq b/5$ 时是基本一致的；但 $z_{rel} < b/5$ 时两个模型的分速度差值随 $z_{rel}$ 减小时有快速增大趋势。对空中加油飞行包线内其他飞行状态的尾流速度分布特性进行数字仿真，结果是类似的。

空中加油时受油机的飞行区域主要在 $x_{rel} \leq -3/4b$ 和 $z_{rel} \geq b/5$ 范围内，马蹄涡模型和 Hallock – Burnham 模型在中间区域的速度分布特性具有一致性，因此中间区域可采用两个模型中的任何一个。

马蹄涡模型和 Hallock – Burnham 模型描述的都是平静大气中的尾流特性，而实际的尾流可能会受到诸如紊流等大气扰动的影响。国外有学者对在紊流中的尾流进行了风洞试验和理论仿真，文献[48]给出了波音 747 尾流在紊流和平静大气中时尾涡下移高度、尾涡中心间距离及尾涡强度的变化情况，经计算，在波音 747 后 5km 范围内，紊流对尾流的影响可以忽略。因此，在大型加油机后约 5km 范围内，可采用平静大气中的尾流模型来描述紊流等大气扰动中的尾流特性。

综上所述，从尾流模型的一致性及简洁性出发，考虑了紊流的影响之后，认为 Hallock – Burnham 模型可以作为受油机整个加油飞行区域的尾流模型。

## 6.4 尾流对受油机的等效气动作用

飞机运动方程中的风扰动要求速度作用于飞机重心，梯度沿飞机机体坐标系三轴线性分布。为了使尾流模型能够应用于飞机运动方程，必须求出尾流作用在受油机上的等效速度和等效梯度（等效梯度由等效角速度得到）。等效气动效应法用来求解尾流在受油机上的等效作用。

### 6.4.1 受油机上的尾流速度分布

如图 6 – 18 所示，受油机处于加油机的右后方，坐标系 $Oxyz$ 的含义同前文，$O_R x_R y_R z_R$ 是受油机的机体坐标系。受油机重心 $O_R$ 在加油机坐标系中的坐标为 $(x_{rel}, y_{rel}, z_{rel})$；点 1 和点 2 为尾涡中心，坐标分别为 $(x_{rel}, -\pi b_T/8, 0)$ 和 $(x_{rel}, \pi b_T/8, 0)$，$b_T$ 为加油机翼展。空间任意位置 $A$ 在受油机机体坐标系中的坐标为 $(x_R, y_R, z_R)$。

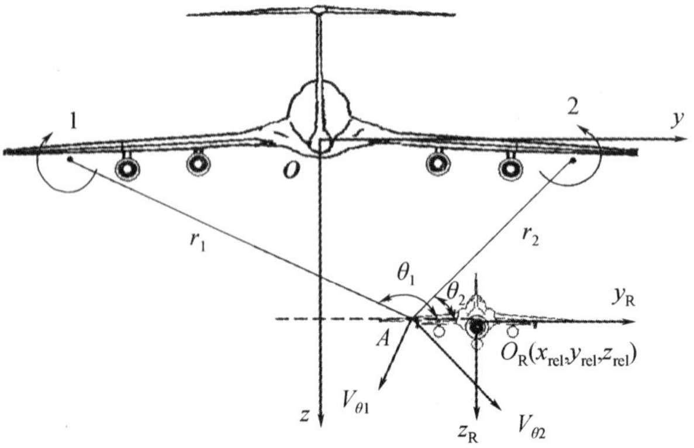


图 6 – 18 受油机上的尾流速度分布

由于空中加油时加油机和受油机处于直线平飞状态，它们的迎角都不大，因此可以忽略尾流速度在受油机机体坐标系纵轴方向的分量，而将其他两个方向的分量近似为尾流的下洗速度 $V_{sz}$ 和侧洗速度 $V_{sy}$。

对于一般的战斗机，机身长度在 10 ~ 30m 之内，流过飞机的扰动气流时间不大于 0.3s，根据式(6.20)、式(6.25)和式(6.26)，可知作用在受油机上的下洗速度和侧洗速度沿飞机机体纵轴 $x_R$ 方向基本不变，因此可以认为这两个速度只是 $y_R$ 和 $z_R$ 的二元函数，从而简化了尾流对受油机作用的模型。下洗速度的作用面主要是机翼和平尾，由于机翼和平尾沿 $z_R$ 向的高度都不大，沿 $O_Ry_R$ 轴的速度分布 $V_{sz}(y_R)$ 可代替全机的下洗速度分布。侧洗速度的作用面主要是垂尾，垂尾沿 $y_R$ 向的厚度也不大，因此可用沿 $O_Rz_R$ 轴的速度分布 $V_{sy}(z_R)$ 代替全机的侧洗速度分布。

由式(6.22)和式(6.23)得到

$$V_{sz}(y_R) = \frac{\Gamma_0}{2\pi}\left[\frac{y_R + y_{rel} + \pi b_T/8}{(y_R + y_{rel} + \pi b_T/8)^2 + r_c^2 + z_{rel}^2} - \frac{y_R + y_{rel} - \pi b_T/8}{(y_R + y_{rel} - \pi b_T/8)^2 + r_c^2 + z_{rel}^2}\right] \tag{6.29}$$

$$V_{sy}(z_R) = \frac{\Gamma_0}{2\pi}\left[\frac{z_R + z_{rel}}{(y_{rel} - \pi b_T/8)^2 + r_c^2 + (z_R + z_{rel})^2} - \frac{z_R + z_{rel}}{(y_{rel} + \pi b_T/8)^2 + r_c^2 + (z_R + z_{rel})^2}\right] \tag{6.30}$$

实际上，式(6.29)、式(6.30)应进行修正，因为尾涡间存在相互诱导作用，其中心处于不断下移的过程中。尾涡下移速度并不是不变的，但是对于空中加油最关注的范围(加油机后 6b 以内)可以认为恒定。以波音 747 为例，据式(6.24)，经计算在机翼后缘处尾涡下移速度为 1.914m/s，在飞机后约 6km 处尾涡下移速度为 1.909m/s。因此，可以采用尾涡的初始下移速度作为空中加油过程中尾涡的下移速度，即

$$V_{mz} = V_{mz0} = \frac{\Gamma_0}{2\pi\tilde{b}_0} = \frac{2\Gamma_0}{\pi^2 b_T} \tag{6.31}$$

将坐标系 $Oxyz$ 移至加油机重心处，各轴方向不变，前移、右移和下移距离分别为 $d_x$、0 和 $d_z$(假设前移、右移和下移距离为正)，这样得到修正后的 $V_{sz}(y_R)$ 和 $V_{sy}(z_R)$ 的表达式。

$$V_{sz}(y_R) = \frac{\Gamma_0}{2\pi}\left[\frac{y_R + y_{rel} + \pi b_T/8}{(y_R + y_{rel} + \pi b_T/8)^2 + r_c'^2 + z_{rel}'^2} - \frac{y_R + y_{rel} - \pi b_T/8}{(y_R + y_{rel} - \pi b_T/8)^2 + r_c'^2 + z_{rel}'^2}\right] \tag{6.32}$$

$$V_{sy}(z_R) = \frac{\Gamma_0}{2\pi}\left[\frac{z_R + z'_{rel}}{(y_{rel} - \pi b_T/8)^2 + r_c'^2 + (z_R + z'_{rel})^2} - \frac{z_R + z'_{rel}}{(y_{rel} + \pi b_T/8)^2 + r_c'^2 + (z_R + z'_{rel})^2}\right] \tag{6.33}$$

$$z'_{rel} = z_{rel} + d_z + V_{mz}(x_{rel} + d_x)/V \tag{6.34}$$

$$r'_c = 0.5\sqrt{\frac{-(x_{rel} + d_x)}{V}} \tag{6.35}$$

注意：$(x_{rel}, y_{rel}, z_{rel})$ 为 $O_R$ 在 $Oxyz$ 新坐标系下的坐标。

### 6.4.2 尾流等效气动效应计算

**1. 等效气动效应法的计算原则**

等效气动效应法的计算原则如下：

（1）合理选取作用面。

从计算简单方便的角度，将气动翼面（包含翼面在机身的延伸部分）作为尾流的主要作用面，机身的作用一般予以忽略。如在计算尾流对受油机的等效下洗速度时，认为机翼和平尾是主要作用面；在计算尾流的等效滚转效应时，把机翼、平尾和垂尾作为主要作用面。

（2）采用逐点积分方法和加权方法。

在计算全机等效下洗速度时，尾流的下洗速度效果相当于下洗力作用效果。采用逐点积分方法，在飞机翼面上选取一面积微元 $\mathrm{d}S$，该微元在平面 $x_R O_R y_R$ 和 $z_R O_R x_R$ 上的投影分别为 $\mathrm{d}S_{xy}$ 和 $\mathrm{d}S_{zx}$，则在翼面上的下洗速度效果为 $\int_{S_{xy}} V_{sz}(y_R)\mathrm{d}S_{xy}$。$S_{xy}$ 为翼面在 $x_R O_R y_R$ 平面上的投影面积，作为下洗速度加权值。

全机等效下洗速度为翼面下洗速度加权值除下洗速度效果总和。同样方法可以计算全机等效侧洗速度。

在计算全机等效滚转角速度时，实际的滚转力矩气动效果为在尾流速度下的滚转力矩气动效果，加权值为单位滚转角速度引起的滚转力矩气动效果。实际的滚转力矩气动效果由下洗速度 $V_{sz}(y_R)$ 和侧洗速度 $V_{sy}(z_R)$ 两部分引起，翼面上的微元 $\mathrm{d}S$ 到滚转轴 $x_R$ 的距离在 $x_R O_R y_R$ 平面上的投影长度为 $|y_R|$，到滚转轴 $x_R$ 的距离在 $z_R O_R x_R$ 平面上的投影长度为 $|z_R|$，因此，实际的滚转力矩气动效果为下洗速度引起的力矩气动效果 $\int_{S_{xy}} V_{sz}(y_R) y_R \mathrm{d}S_{xy}$ 和侧洗速度引起的力矩气动效果 $\int_{S_{zx}} V_{sy}(z_R) z_R \mathrm{d}S_{zx}$ 之和，$S_{zx}$ 为翼面在平面 $z_R O_R x_R$ 上的投影面积。加权值与滚转力矩气动效果计算方法类似，也采用逐点积分方法，唯一的差别在于采用的速度分布不同，前者采用单位滚转角速度分布，后者则采用尾流的非均匀速度分布。全机等效滚转角速度等于滚转加权值除实际滚转力矩气动效果。同样道理，可以求得全机等效俯仰角速度和偏航角速度。

逐点积分方法和加权方法看似复杂，但是根据受油机几何特征和尾流分布特点，忽略一些次要因素，如机翼上反角不大而忽略上反角影响，处于平飞状态迎角较小而忽略迎角影响，尾流速度沿飞行速度方向基本不变等，计算就容易得多。

**2. 尾流等效速度和等效梯度计算**

下面以等效下洗速度和等效滚转角速度的计算为例说明等效气动效应法的应用。

（1）等效下洗速度。

受油机俯视图如图 6-19 所示，其中，$\lambda_{w1}$ 和 $\lambda_{w2}$ 分别为机翼的前缘和后缘后掠角；$\lambda_{e1}$ 和 $\lambda_{e2}$ 分别为平尾的前缘和后缘后掠角；$b_R$ 和 $b_e$ 分别为机翼和平尾的翼展。

机翼的下洗力作用效果：

$$\mathrm{EL}_w = \int_0^{b_R/2} (l_{w0} - y_R \tan\lambda_{w1} + y_R \tan\lambda_{w2}) V_{sz}(y_R)\mathrm{d}y_R +$$

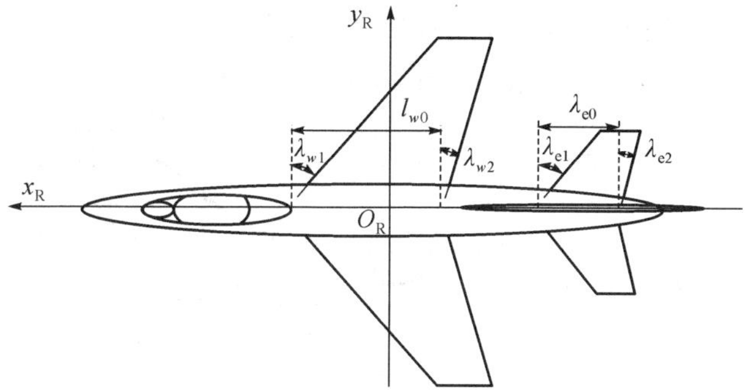


图 6-19　受油机俯视图

$$\int_{-b_R/2}^{0}(l_{w0}+y_R\tan\lambda_{w1}-y_R\tan\lambda_{w2})V_{sz}(y_R)\mathrm{d}y_R \tag{6.36}$$

平尾的下洗力作用效果：

$$\mathrm{EL_e}=\int_{0}^{b_e/2}(l_{e0}-y_R\tan\lambda_{e1}+y_R\tan\lambda_{e2})V_{sz}(y_R)\mathrm{d}y_R+\int_{-b_e/2}^{0}(l_{e0}+y_R\tan\lambda_{e1}-y_R\tan\lambda_{e2})V_{sz}(y_R)\mathrm{d}y_R \tag{6.37}$$

下洗力作用加权值为机翼和平尾的面积之和

$$\mathrm{WEL}=S_w+S_e \tag{6.38}$$

由式(6.36)、式(6.37)，等效下洗速度为

$$w_W=(\mathrm{EL}_w+\mathrm{EL_e})/\mathrm{WEL} \tag{6.39}$$

(2) 等效滚转角速度。

滚转力矩效果主要由下洗速度 $V_{sz}(y_c)$ 和侧洗速度 $V_{sy}(z_R)$ 两部分引起，下洗速度 $V_{sz}(y_R)$ 的作用面主要是机翼和平尾，侧洗速度 $V_{sy}(z_R)$ 的作用面主要是垂尾。

由图 6-18 可知，机翼的滚转作用效果为

$$\mathrm{ER}_w=\int_{0}^{b_R/2}y_R(l_{w0}-y_R\tan\lambda_{w1}+y_R\tan\lambda_{w2})V_{sz}(y_R)\mathrm{d}y_R+\int_{-b_R/2}^{0}y_R(l_{w0}+y_R\tan\lambda_{w1}-y_R\tan\lambda_{w2})V_{sz}(y_R)\mathrm{d}y_R \tag{6.40}$$

平尾的滚转作用效果为

$$\mathrm{ER_e}=\int_{0}^{b_e/2}y_R(l_{e0}-y_R\tan\lambda_{e1}+y_R\tan\lambda_{e2})V_{sz}(y_R)\mathrm{d}y_R+\int_{-b_e/2}^{0}y_R(l_{e0}+y_R\tan\lambda_{e1}-y_R\tan\lambda_{e2})V_{sz}(y_R)\mathrm{d}y_R \tag{6.41}$$

受油机侧视图如图 6-20 所示，其中 $\lambda_{r1}$ 和 $\lambda_{r2}$ 分别为垂尾的前缘和后缘后掠角，$h_r$ 为垂尾高度。

垂尾的滚转作用效果为

$$\mathrm{ER}_r=-\int_{-h_r}^{0}z_R(l_{r0}+z_R\tan\lambda_{r1}-z_R\tan\lambda_{r2})V_{sy}(z_R)\mathrm{d}z_R \tag{6.42}$$

全机的滚转作用效果为三部分作用效果之和，即

$$ER = ER_w + ER_e + ER_r \tag{6.43}$$

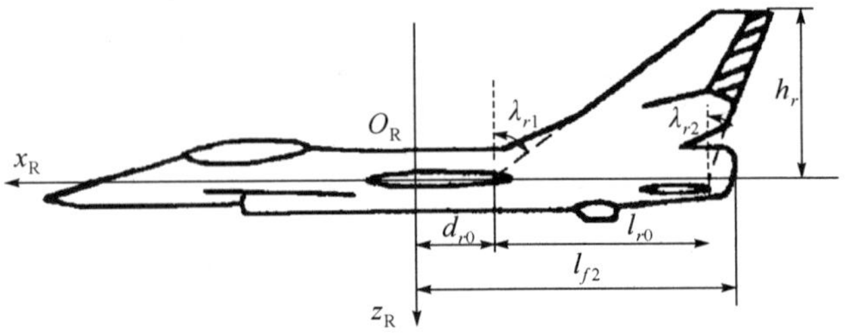


图 6－20　受油机侧视图

如图 6－21 所示，当受油机上的风梯度沿 $y_R$ 轴和 $z_R$ 轴分别为 －1 和 1 时，它具有单位滚转角速度效果，因此可以采用在图示风梯度下的力矩作用效果作为滚转角速度的加权值。

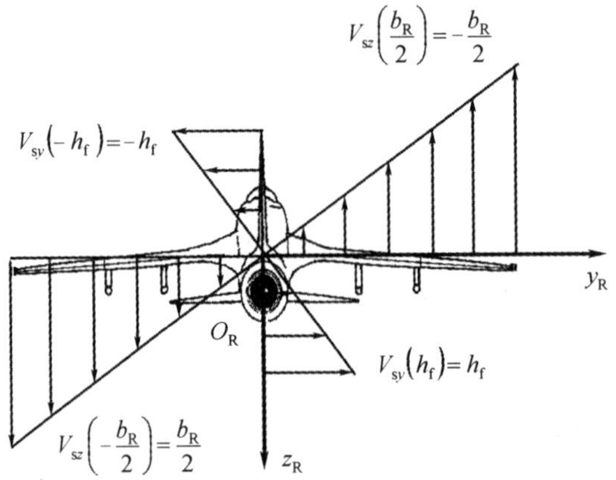


图 6－21　具有单位滚转角速度时的风梯度

机翼上风梯度引起的滚转加权值为

$$WER_w = -2\int_0^{b_R/2} y_R^2(l_{w0} - y_R\tan\lambda_{w1} + y_R\tan\lambda_{w2})\,dy_R \tag{6.44}$$

平尾上风梯度引起的滚转加权值为

$$WER_e = -2\int_0^{b_e/2} y_R^2(l_{e0} - y_R\tan\lambda_{e1} + y_R\tan\lambda_{e2})\,dy_R \tag{6.45}$$

方向舵上风梯度引起的滚转加权值为

$$WER_r = -\int_{-h_r}^{0} z_R^2(l_{r0} + z_R\tan\lambda_{r1} - z_R\tan\lambda_{r2})\,dz_R \tag{6.46}$$

全机的滚转加权值为上述三个加权值之和

$$WER = WER_w + WER_e + WER_r \tag{6.47}$$

由式(6.43)和式(6.47)可以得到等效滚转角速度

$$p_W = ER/WER \tag{6.48}$$

等效侧洗速度 $v_{Weff}$ 的作用面是垂尾，等效俯仰角速度 $q_{Weff}$ 的作用面是机翼和平尾，等

效偏航角速度 $r_{\text{Weff}}$的作用面是垂尾，由于篇幅所限，不再给出计算过程。

尾流等效梯度可由对应的等效角速度获得，分别可表示为 $w_{\text{W}y} = -p_{\text{W}}$，$w_{\text{W}x} = q_{\text{W}}$，$v_{\text{W}x} = -r_{\text{W}}$。

## 6.4.3 等效气动效应法原理证明

### 1. 等效速度原理证明

对于飞机来讲，飞机的气动力主要由翼面产生，翼面气动力表达式为

$$F = \frac{1}{2}\rho V^2 \int_S C_{L\alpha_S} \alpha_S \mathrm{d}S \tag{6.49}$$

式中 $C_{L\alpha_S}$——翼面微元 d$S$ 的局部迎角升力系数；

$\alpha_S$——翼面微元 d$S$ 的局部迎角(rad)；

$S$——翼面面积($\text{m}^2$)。

认为各翼面的平均迎角升力系数相等，为 $C_{L\alpha}$，由此得到翼面上某一特定气动合力作用(升力、阻力或侧力)：

$$F = \frac{1}{2}\rho V^2 C_{L\alpha} \int_S \alpha_S \mathrm{d}S \tag{6.50}$$

翼面微元上的扰动速度 $V_S$ 产生的局部附加迎角为

$$\Delta\alpha_S = \frac{V_S}{V} \tag{6.51}$$

扰动速度产生的附加作用力可表示为

$$\Delta F = \frac{1}{2}\rho V C_{L\alpha} \int_S V_S \mathrm{d}S \tag{6.52}$$

因此等效扰动速度产生的附加作用力为

$$\Delta F_{\text{eq}} = \frac{1}{2}\rho V C_{L\alpha} V_{\text{eq}} S \tag{6.53}$$

令 $\Delta F = \Delta F_{\text{eq}}$，可得等效扰动速度

$$V_{\text{eq}} = \frac{1}{S}\int_S V_S \mathrm{d}S \tag{6.54}$$

由式(6.54)可知等效速度为速度加权值除以速度效果总和。

### 2. 等效角速度原理证明

扰动速度在翼面微元上产生的某一特定力矩作用(滚转、俯仰或偏航力矩)可表示为

$$\mathrm{d}\Delta M = \frac{1}{2}\rho V^2 C_{L\alpha} \Delta\alpha_S L_S \mathrm{d}S \tag{6.55}$$

式中 $L_S$——扰动速度 $V_S$ 的作用力臂(N/m)。

因此扰动速度产生的合力矩为

$$\Delta M = \frac{1}{2}\rho V C_{L\alpha} \int_S V_S L_S \mathrm{d}S \tag{6.56}$$

具有单位角速度的飞机可以等效为单位风梯度分布的扰动速度作用下的飞机，令式

(3.80)中的 $V_S$ 为具有单位风梯度分布的扰动速度 $V_{UG}$，可得单位角速度时飞机所受的力矩

$$\Delta M_{UG} = \frac{1}{2}\rho V C_{L\alpha}\int_S V_{UG} L_S \mathrm{d}S \tag{6.57}$$

因此可以得到等效角速度

$$\omega_{eq} = \frac{\Delta M}{\Delta M_{UG}} = \frac{\int_S V_S L_S \mathrm{d}S}{\int_S V_{UG} L_S \mathrm{d}S} \tag{6.58}$$

由式(6.58)可知等效角速度等于角速度加权值除以实际力矩气动效果。

### 6.4.4 等效气动效应法有效性验证

Sriram Venkataramanan 提出了一种基于加权思想的尾流等效作用计算方法，计算了双机编队飞行中长机尾流对僚机气动系数的影响，并采用风洞试验数据对该方法进行了验证，得出了较好的结论。但是该方法最大的弊端是加权值按照直观的定性原则选取，具有很大的随意性，当飞机型别改变时，加权值必须重新调整。从本质上讲，该方法是一种试凑法。等效气动效应法也采用加权思想，但是加权值的选取是根据飞机的几何外形通过积分计算所得，并有理论依据可循。等效气动效应法只要知道飞机的几何尺寸即可计算尾流作用，克服了 Sriram 方法加权值选取的随意性，具有很强的通用性。

采用 ICE101 验证机双机编队模型，通过与 Sriram 方法、风洞试验的对比来验证等效气动效应法的有效性。ICE 101 验证机是 20 世纪 90 年代美国空军研究实验室和洛克希德·马丁公司设计的一种超机动、多任务、高隐身性的无尾三角翼飞机，其三视图如图 6－22所示。ICE 101 具有 65°后掠角，三角翼后缘具有 ±25°后掠角的锯齿形。风洞试验在 NASA 研究中心的30 英尺 ×60 英尺全尺寸风洞中进行，采用1/13 比例模型，具体几何尺寸及气动参数见文献[43]。

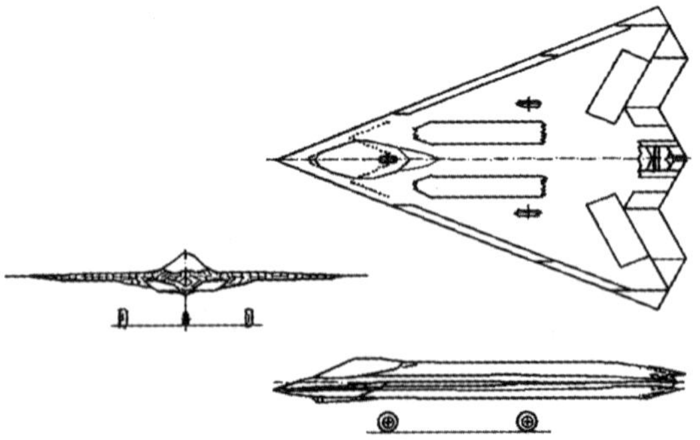

图 6－22　ICE 101 验证机三视图

尾流引起的飞机附加阻力系数 $\Delta C_D$、附加侧力系数 $\Delta C_Y$、附加升力系数 $\Delta C_L$、附加滚转力矩系数 $\Delta C_l$、附加俯仰力矩系数 $\Delta C_m$ 和附加偏航力矩系数 $\Delta C_n$ 的表达式为式(6.59)～式(6.64)

$$\Delta C_{\mathrm{D}} = -2\frac{\partial C_{\mathrm{D}}}{\partial \alpha^2}\alpha_0 w_{\mathrm{W}}/V \tag{6.59}$$

$$\Delta C_{\mathrm{Y}} = -C_{\mathrm{Y}\beta}v_{\mathrm{W}}/V - C_{\mathrm{Y}p}w_{\mathrm{W}y}b/(2V) - C_{\mathrm{Y}r}v_{\mathrm{W}x}b/(2V) \tag{6.60}$$

$$\Delta C_{\mathrm{L}} = -C_{\mathrm{Y}\alpha}w_{\mathrm{W}}/V + C_{\mathrm{L}q}w_{\mathrm{W}x}c/(2V) \tag{6.61}$$

$$\Delta C_{\mathrm{l}} = -\left(C_{\mathrm{l}\beta 0} + \frac{\partial C_{\mathrm{l}\beta}}{\partial \alpha}\alpha_0\right)v_{\mathrm{W}}/V - C_{\mathrm{l}p}w_{\mathrm{W}y}b/(2V) - \left(C_{\mathrm{l}r0} + \frac{\partial C_{\mathrm{l}r}}{\partial \alpha}\alpha_0\right)v_{\mathrm{W}x}b/(2V) \tag{6.62}$$

$$\Delta C_{\mathrm{m}} = -C_{\mathrm{m}\alpha}w_{\mathrm{W}}/V + C_{\mathrm{m}q}w_{\mathrm{W}x}c/(2V) \tag{6.63}$$

$$\Delta C_{\mathrm{n}} = -C_{\mathrm{n}\beta}v_{\mathrm{W}}/V - C_{\mathrm{n}p}w_{\mathrm{W}y}b/(2V) - C_{\mathrm{n}r}v_{\mathrm{W}x}b/(2V) \tag{6.64}$$

ICE 101 验证机是三角翼飞机，此时根梢比为无穷大，这增加了尾流场的复杂性，采用直机翼尾流模型可能会导致很大的误差。为了还能够使用直机翼尾流模型，可以将僚机的几何模型用后掠翼的等效模型替代，如图 6－23 虚线框所示，等效模型为前缘后掠角和后缘后掠角都为 30°的平直机翼。

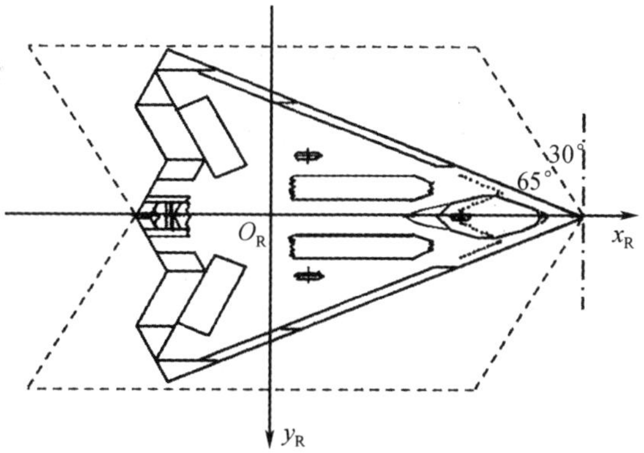


图 6－23　ICE 101 验证机等效模型

采用等效气动效应法、Sriram 方法和风洞试验得到的僚机附加阻力系数、附加侧力系数、附加升力系数、附加滚转力矩系数、附加俯仰力矩系数及附加偏航力矩系数如图 6－24 和图 6－25 所示。从仿真结果可以看出两种方法的计算数据与风洞试验数据基本吻合。图 6－24 所示是 $x_{\mathrm{rel}} = -2b, z_{\mathrm{rel}} = 0$，当 $y_{\mathrm{rel}}$ 发生变化时的气动系数，Sriram 方法得到的附加阻力系数和附加升力系数的结果稍优于等效气动效应法，而等效气动效应法在附加滚转力矩系数和附加俯仰力矩系数的结果上显得更好。图 6－25 所示是 $x_{\mathrm{rel}} = -2b, y_{\mathrm{rel}} = 0.75b$，当 $z_{\mathrm{rel}}$ 发生变化时的气动系数，可以看出运用等效气动效应法得出的附加阻力系数、附加升力系数、附加滚转力矩系数和附加俯仰力矩系数结果比 Sriram 方法更符合实际情况。

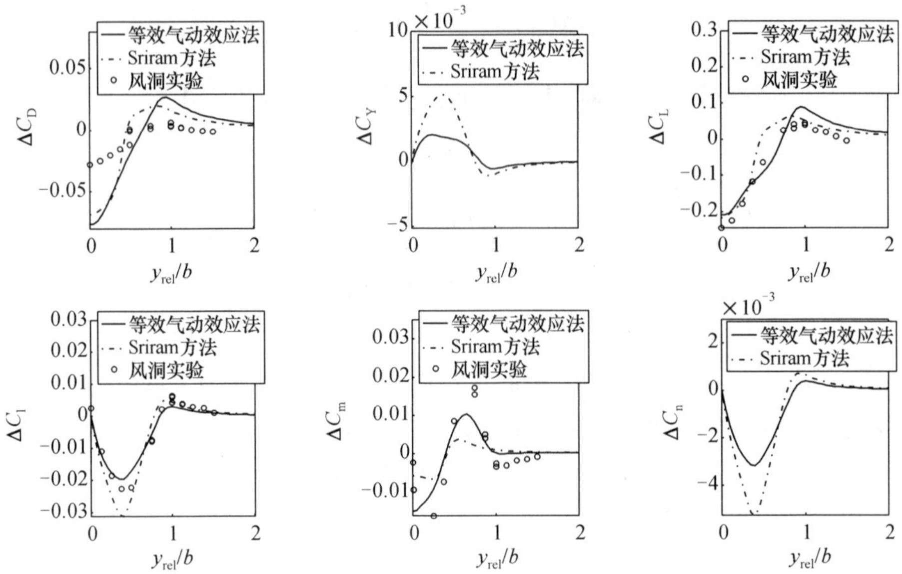


图 6－24　$x_{rel}=-2b, z_{rel}=0$ 时的附加气动系数

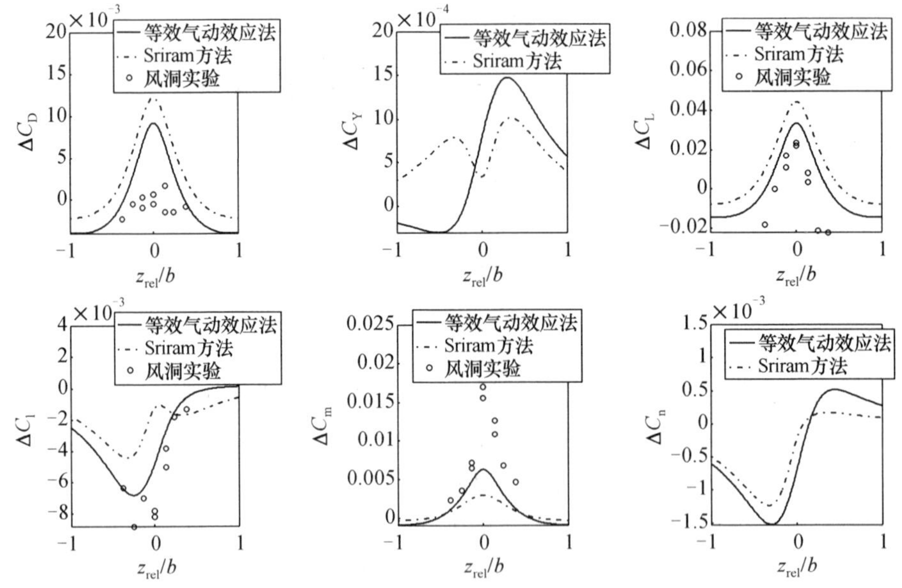


图 6－25　$x_{rel}=-2b, y_{rel}=0.75b$ 时的附加气动系数

# 第七章 加油机尾流 CFD 模拟

采用 CFD 研究飞机的尾流，是一种重要的尾流研究手段，它具有精度高、节约经费、节省时间和人力等优势，但是相关的研究在国内很少，这是值得研究人员重视的。用 CFD 研究飞机的尾流场，需要着重解决三个问题：一是如何划分高质量同时兼顾计算机硬件要求的网格，以适应尾流数值计算的需要；二是如何进行数值模拟的湍流模型，相关参数、计算条件的设置，以实现尾流的特性研究；三是如何进行尾流计算结果的后处理，从而得到尾流的各种特性，并用于空中加油的计算机仿真及飞行控制律设计。

用 CFD 技术进行空中加油机尾流研究，需要掌握计算流体力学的相关理论知识，并分析需采用的计算方法，以实现 CFD 的数值计算。因此，本节首先对计算流体力学的基本理论进行了介绍，对需要采用的湍流模型进行分析，为接下来的 CFD 计算提供了理论依据。

另外，进行加油机尾流的 CFD 计算与特性分析之前，需要完成飞机三维数字模型的建立。进行计算机三维数字模型的建立，一般有参数建模和逆向建模两种方法。在设计资料完整情况下，可根据模型尺寸、参数及各部件之间的空间位置关系直接建立实物的三维数字化模型，这样的过程可称为参数建模或“正向设计”。而在没有设计图纸时，可根据已有的样品或模型进行参数提取，进而建立三维模型，这样的方法可称为“逆向工程”。综合考虑所能收集到的美国 KC－135 空中加油机的飞机实际参数以及 FLIGHTGEAR 已有的三维艺术类模型，本节结合了逆向建模与参数建模两种方法，建立 KC－135 空中加油机的三维模型，为下一节 CFD 网格划分和数值计算奠定了基础。

参考加油机尾流的 CFD 模型方法，受油机头波效应的 CFD 模拟也在章末进行介绍。

## 7.1 计算流体力学基础

计算流体力学是流体力学的一个分支，它通过计算机数值计算和图像显示，对包含有流体流动和热传导等相关物理现象的系统进行分析。CFD 的基本思想可以归结为：把原来在时间域和空间域上连续的物理量的场，如速度场和压力场，用一系列有限个离散点上的变量值的集合来代替，通过一定的原则和方式建立起来关于这些离散点上场变量之间关系的代数方程组，然后求解代数方程组获得场变量的近似值。

CFD 可以看做是在流动基本方程（连续性方程、动量方程和能量方程）控制下对流动的数值模拟。通过这种数值模拟，可以得到极其复杂问题的流场内各个位置的基本物理量（如速度、压力、温度、浓度等）的分布，以及这些物理量随时间的变化情况，确定漩涡分布特性、变化特性及脱流区等。还可据此算出其他的物理量，如飞机的升力系数、阻力系数、力矩等。此外，与 CAD 联合，还可进行结构优化设计等。CFD 方法与传统的理论分析方法、试验测量方法组成了研究流体流动问题的完整体系，这三类方法各有优势，相辅相成、互相补充，同为研究流动问题服务。

### 7.1.1 纳维－斯托克斯(N－S)方程组

流体的运动遵循质量守恒、动量守恒和能量守恒定律三大物理学守恒定律，在流体力学中分别对应连续性方程、动量方程和能量方程，它们有相同的通用方程形式。

$$\frac{\partial \boldsymbol{U}}{\partial t}+\frac{\partial \boldsymbol{F}}{\partial t}+\frac{\partial \boldsymbol{G}}{\partial t}+\frac{\partial \boldsymbol{H}}{\partial t}=\boldsymbol{J} \tag{7.1}$$

将 $\boldsymbol{U}$、$\boldsymbol{F}$、$\boldsymbol{G}$、$\boldsymbol{H}$ 和 $\boldsymbol{J}$ 看成列矢量，方程(7.1)就可以代表整个守恒形式的控制方程组，这些列矢量为

$$\boldsymbol{U}=\left[\rho \quad \rho u \quad \rho v \quad \rho w \quad \rho\left(e+\frac{V^2}{2}\right)\right]^{\mathrm{T}} \tag{7.2}$$

$$\boldsymbol{F}=\begin{bmatrix} \rho u \\ \rho u^2+p-\tau_{xx} \\ \rho vu-\tau_{xy} \\ \rho wu-\tau_{xz} \\ \rho\left(e+\dfrac{V^2}{2}\right)u+\rho u-k\dfrac{\partial T}{\partial x}-u\tau_{xx}-v\tau_{xy}-w\tau_{xz} \end{bmatrix} \tag{7.3}$$

$$\boldsymbol{G}=\begin{bmatrix} \rho v \\ \rho uv-\tau_{yx} \\ \rho v^2+p-\tau_{yy} \\ \rho wv-\tau_{yz} \\ \rho\left(e+\dfrac{V^2}{2}\right)v+\rho v-k\dfrac{\partial T}{\partial y}-u\tau_{yx}-v\tau_{yy}-w\tau_{yz} \end{bmatrix} \tag{7.4}$$

$$\boldsymbol{H}=\begin{bmatrix} \rho w \\ \rho uw-\tau_{zx} \\ \rho vw-\tau_{zy} \\ \rho w^2+p-\tau_{zz} \\ \rho\left(e+\dfrac{V^2}{2}\right)w+\rho w-k\dfrac{\partial T}{\partial z}-u\tau_{zx}-v\tau_{zy}-w\tau_{zz} \end{bmatrix} \tag{7.5}$$

$$\boldsymbol{J}=\left[0 \quad \rho f_x \quad \rho f_y \quad \rho f_z \quad \rho(uf_x+vf_y+wf_z)+p\dot{q}\right]^{\mathrm{T}} \tag{7.6}$$

将方程(7.1)中列矢量 $\boldsymbol{F}$、$\boldsymbol{G}$ 和 $\boldsymbol{H}$ 称为通量项，$\boldsymbol{J}$ 代表源项，列矢量 $\boldsymbol{U}$ 被称为解矢量。这些列矢量按照每列相加可得到一般的通用形式，如矢量 $\boldsymbol{U}$、$\boldsymbol{F}$、$\boldsymbol{G}$、$\boldsymbol{H}$、$\boldsymbol{J}$ 中的第一个分量按方程(7.1)那样加到一起就得到连续性方程，而第二个分量按方程(7.1)那样加到一起可得到 $X$ 方向的动量方程，等等。因此，方程(7.1)代表了整个控制方程。

### 7.1.2 流体与流动的基本特性

流体是 CFD 的研究对象，流体的性质及流动状态决定着 CFD 的计算模型及计算方法的选择，决定着流场各物理量的最终分布结果。根据所研究的问题，本节主要介绍层流

和湍流两种流动形式。

自然界的流体流动状态主要有两种形式,即层流(laminar)和湍流(turbulence)。在许多中文文献中,湍流也被译为紊流。层流是指流体在流动过程中两层之间没有相互混掺,而湍流是指流体不是处于分层流动状态。一般来说,湍流是普遍的,而层流属于个别情况。

Reynolds 数(也称雷诺数):$Re=\rho vL/\mu$。其中:$\rho$、$\mu$ 为流体密度和黏度,$v$、$L$ 为流场的特征速度和特征长度。当 $Re\leqslant 2300$ 时,流动状态为层流;$Re\geqslant 8000\sim 12000$ 时,流动状态为湍流;$2300\leqslant Re\leqslant 8000$ 时,流动处于层流和湍流间的过渡区。具体到飞机的飞行中,特征速度为空速,特征长度为机翼弦长,雷诺数已经到达了 $10^7$ 量级,表明这里研究的流体流动属于湍流状态。

湍流是一种极不规则的流动现象,它具有不规则性和多尺度性。湍流的不规则性不仅表现在速度、压强等流动物理量在时空中的不规则分布,还表现在它的不重复性。以无限长圆管内的牛顿流体流动为例,在相同压强梯度、黏度和温度等条件下重复试验,如果流动的雷诺数很小,则流动是层流,不论圆管内的初始状态是什么状态,当流动达到稳定状态后,圆管内沿径向的速度分布一定是抛物线形状,管壁切应力恒定不变。这种层流运动状态完全由流体性质和边界条件确定。当流动的雷诺数超过临界值后,圆管内的流动发展为湍流。这时重复试验,同一空间点上测得的速度时间序列总是不同的,同样,速度在空间的分布也是不可重复的。

湍流带有旋转流动结构,这就是所谓的湍流涡,简称涡。从物理结构上看,可以把湍流看成是由不同尺度的涡叠加而成的流动,这些涡的大小及旋转轴的方向分布是随机的。大尺度的涡主要由流动边界条件所决定,其尺寸可以与流场的大小相比拟,它主要受惯性影响而存在,是引起速度低频脉动的原因;小尺度的涡主要由黏性力所决定,其尺寸可能只有流场尺度的千分之一的量级,是引起速度高频脉动的原因。大尺度的涡破裂后形成小尺度的涡,较小尺度的涡破裂后形成更小尺度的涡。在充分发展的湍流区域内,流体涡的尺寸可在相当宽的范围内连续变化。大尺度涡不断地从主流获得能量,通过涡间的相互作用,能量逐渐向小尺寸的涡传递。最后由于流体黏性的作用,小尺度的涡不断消失,机械能就转化(或称耗散)为流体的热能。同时,由于边界的作用、扰动及速度梯度的作用,新的漩涡又不断产生,这就构成了湍流运动。

### 7.1.3 湍流模拟方法

现有的湍流数值模拟方法有三种:直接数值模拟(DNS)、雷诺平均数值模拟(RANS)和大涡数值模拟(LES)。

**1. 湍流的直接数值模拟**

直接数值模拟不需要对湍流建立模型,采用数值计算直接求解流动的控制方程:

$$\frac{\partial u_i}{\partial t}+u_j\frac{\partial u_j}{\partial x_j}=-\frac{1}{\rho}\frac{\partial p}{\partial x_i}+v\frac{\partial^2 u_i}{\partial x_j\partial x_j}+f_i \tag{7.7}$$

$$\frac{\partial u_i}{\partial x_i}=0 \tag{7.8}$$

以上方程无量纲化后,$\rho=1$,$\mu=1/Re$,雷诺数 $Re=UL/v$;$U$ 是流动的特征速度;$L$ 是流动的特征长度。高雷诺数是指 $Re \gg 1$。

给定流动的边界条件和初始条件后，数值求解上述方程就得到一个样本流动。

初始条件：

$$u_i(\boldsymbol{x},0) = V_i(\boldsymbol{x}) \tag{7.9}$$

边界条件：

$$u_i|_{\Sigma} = U_i(\boldsymbol{x},t), p(\boldsymbol{x}_0) = p_0 \tag{7.10}$$

式中 $V_i(\boldsymbol{x})$、$U_i(\boldsymbol{x},t)$和 $p_0$——已知函数或常数；

$\boldsymbol{\Sigma}$——流动的已知边界；

$\boldsymbol{x}_0$——流场中给定点的坐标。

理论上，直接数值模拟可以获得湍流流场的全部信息，实际上，实现直接数值模拟需要规模巨大的计算机资源。由于湍流是多尺度不规则运动，精确计算湍流需要很小的空间网格长度和时间步长。对于最简单的湍流，可以在理论上估计，三维网格数正比于 $Re^{9/4}$，无量纲时间步长正比于$Re^{-3/4}$，要获得足够的时间序列信息，至少需要$Re^{3/4}$时间步，总的计算量正比于$Re^3$。因此，如果要计算 $Re = 10000$ 的湍流，需要 1GB 的内存的计算机，计算量达到 1012 次运算。由于计算机资源的限制，目前可以实现的湍流直接数值模拟的雷诺数较低，但直接数值模拟是研究低雷诺数湍流机理的有效工具。

**2. 雷诺平均 N－S 方程的数值模拟方法**

雷诺平均方法是在给定平均运动的边界条件和初始条件下数值求解雷诺方程：

$$\frac{\partial\langle u_i\rangle}{\partial t} + \langle u_j\rangle\frac{\partial\langle u_j\rangle}{\partial x_j} = -\frac{1}{\rho}\frac{\partial\langle p\rangle}{\partial x_i} + v\frac{\partial^2\langle u_i\rangle}{\partial x_j\partial x_j} - v\frac{\partial\langle u'_i u'_j\rangle}{\partial x_j\partial x_j} + \langle f_i\rangle \tag{7.11}$$

$$\frac{\partial\langle u_i\rangle}{\partial x_i} = 0 \tag{7.12}$$

初始条件：

$$\langle u_i\rangle(\boldsymbol{x},0) = V_i(\boldsymbol{x}) \tag{7.13}$$

边界条件：

$$\langle u_i\rangle|_{\Sigma} = U_i(\boldsymbol{x},t), \langle p\rangle(\boldsymbol{x}_0) = p_0 \tag{7.14}$$

雷诺方程中$\langle u'_i u'_j\rangle$是未知量，必须附加封闭方程才能数值求解雷诺方程。自从 20 世纪 20 年代 Prandtl(1925)提出混合长度模式以来，已经有许多雷诺应力的封闭模式，它们可以分为两类，代数方程形式的模式和微分方程形式的模式；微分方程形式的模式又可分为涡黏形式的微分方程模式和雷诺应力的微分方程模式。涡黏模式是将雷诺应力表示为类似牛顿流体的黏性应力形式，涡黏模式的具体表达式为

$$-\langle u'_i u'_j\rangle = 2v_t\langle S_{ij}\rangle - \frac{1}{3}\langle u'_k u'_k\rangle\delta_{ij} \tag{7.15}$$

式中 $v_t$——湍流涡黏系数，简称涡黏系数；

$\langle S_{ij}\rangle = \frac{1}{2}\left(\frac{\partial\langle u_i\rangle}{\partial x_j} + \frac{\partial\langle u_j\rangle}{\partial x_i}\right)\delta_{ij}$——平均运动的变形率。

雷诺应力的微分封闭模式是数值求解雷诺应力输运方程，对再分配项 $\phi_{ij}$、扩散项 $D_{ij}$

和耗散项 $E_{ij}$建立封闭模式。

RANS 方法的主要优点是计算量小，应用现有的计算机资源可以计算高雷诺数的复杂流动，如飞机的整机气动力计算。RANS 方法的主要缺点是：①它只能给出湍流的平均运动和平均物理量，而不能给出需要的脉动量；②有许许多多的雷诺平均的封闭模式，但是没有一个普适的湍流模式，因此 RANS 方法的准确性较差。

**3. 大涡数值模拟方法**

DNS 方法是精确的，但是缺少计算机资源来实现高雷诺数复杂流动的数值模拟；RANS 方法可以用现有计算机资源实现高雷诺数复杂流动的数值模拟，但它的计算准确性较差。在 20 世纪 70 年代，一种新型的湍流数值模拟方法开始问世，即大涡数值模拟（Deardoff，1973）。在过去 30 年中，大涡数值模拟的理论不断完善，并得到了广泛的应用。

湍动能传输链中大尺度脉动几乎包含所有湍动能，小尺度脉动主要是耗散湍动能。由此启发大涡模拟的思想：在湍流数值模拟中只计算大尺度的脉动，将小尺度脉动对大尺度运动的作用建立模型。由于放弃直接计算小尺度的脉动，数值模拟的时间和空间步长就可以放大，因而可以缓解对计算机资源的苛刻要求，同时减少了计算工作量。

大涡模拟采用过滤方法消除湍流中小尺度脉动，在物理空间中，过滤过程可以用积分运算来实现。例如，将脉动速度在边长为 $\Delta$ 的立方体中做体积平均，边长 $\Delta$ 称为过滤长度，经过体积平均后，小于尺度 $\Delta$ 以下的脉动速度被过滤掉。积分过滤过程可以用以下公式表示：

$$\bar{u}_i(\boldsymbol{x},t) = \frac{1}{\Delta^3}\int_{-\Delta/2}^{\Delta/2}\int_{-\Delta/2}^{\Delta/2}\int_{-\Delta/2}^{\Delta/2} u_i(\xi,t)G(x-\xi)\,\mathrm{d}\xi_1\xi_2\xi_3 \tag{7.16}$$

式中，$G(x-\xi)$是过滤函数，对于边长为 $\Delta$ 的立方体的积分过滤过程，可以写出如下的过滤函数 $G(\boldsymbol{x}-\xi)$的表达式：

$$G(\eta) = 1,\ |\eta| \leqslant \Delta/2 \tag{7.17}$$

$$G(\eta) = 0,\ |\eta| > \Delta/2 \tag{7.18}$$

湍流速度场或其他湍流量经过过滤后仍是不规则量，只是这些不规则量中小尺度脉动已经过滤掉了，只剩下大于尺度 $\Delta$ 的湍流脉动。可解尺度运动的控制方程可由过滤 N－S 方程来导出，给定的盒式过滤器计算式(7.17)、式(7.18)与时间导数、空间导数是可交换的，于是可得大涡数值模拟的控制方程如下：

$$\frac{\partial \bar{u}_i}{\partial t} + \frac{\partial\, \overline{u_i u_j}}{\partial x_j} = -\frac{1}{\rho}\frac{\partial \bar{p}}{\partial x_i} + v\frac{\partial^2 \bar{u}_i}{\partial x_j \partial x_j} + \bar{f}_i \tag{7.19}$$

$$\frac{\partial \bar{u}_i}{\partial x_i} = 0 \tag{7.20}$$

不可压缩牛顿流体湍流大涡模拟的未知量是 $\bar{u}$ 和 $\bar{p}$，而方程左边还有新的未知量 $\overline{u_i u_j}$，它是样本流动中单位质量流动动量通量的过滤值，由于大涡模拟不能获得全部样本流动，因此$\overline{u_i u_j}$是未知量，需要对$\overline{u_i u_j}$构造模型，以封闭大涡数值模拟方程。简单考虑一下大涡数值模拟待封闭量$\overline{u_i u_j}$的性质，就可以看到它们和过滤掉的小尺度脉动有关。利用过滤运算，可以将湍流样本流动分解为大尺度运动和小尺度运动如下：

$$u_i(x,t) = \bar{u}_i(x,t) + u''_i(x,t) \tag{7.21}$$

式中,$\bar{u}_i$ 已由式(7.16)定义,它是湍流样本流动中大尺度部分;$u''_i(x,t)$是样本流动中的小尺度脉动成分。由式(7.21)可得$\overline{u_i u_j}$的表达式为

$$\begin{aligned}\overline{u_i u_j} &= \overline{[\bar{u}_i(x,t) + u''_i(x,t)][\bar{u}_j(x,t) + u''_j(x,t)]} \\ &= \overline{\bar{u}_i(x,t)\bar{u}_j(x,t)} + \overline{\bar{u}_i(x,t)u''_j(x,t)} + \overline{\bar{u}_j(x,t)u''_i(x,t)} + \overline{u''_i(x,t)u''_j(x,t)}\end{aligned} \tag{7.22}$$

经过过滤器运算后,式(7.22)右端第一项可以由 $\bar{u}_i$ 计算,它不需要用模型封闭;右端第二、三、四项含有小尺度脉动 $u''_i(x,t)$,在大涡数值模拟方法中是不可分辨的,因此式(7.22)右端后 3 项都需要用模型封闭,具体的封闭方法和相应的模式可参见文献[58],这里不一一介绍。

根据以上简要的介绍,将 3 种湍流数值模拟方法的基本方程和基本特点归纳于表7-1。

表 7-1　3 种湍流数值模拟方法的基本方程和基本特点

| | 直接数值模拟 | 大涡数值模拟 | 雷诺平均模拟 |
|---|---|---|---|
| 运动方程 | $\frac{\partial u_i}{\partial t} + u_j\frac{\partial u_j}{\partial x_j} = -\frac{1}{\rho}\frac{\partial p}{\partial x_i} + v\frac{\partial^2 u_i}{\partial x_j \partial x_j} + f_i$ | $\frac{\partial \bar{u}_i}{\partial t} + \frac{\partial \overline{u_i u_j}}{\partial x_j} = -\frac{1}{\rho}\frac{\partial \bar{p}}{\partial x_i} + v\frac{\partial^2 \bar{u}_i}{\partial x_j \partial x_j} + \bar{f}_i$ | $\frac{\partial\langle u_i\rangle}{\partial t} + \langle u_j\rangle\frac{\partial\langle u_j\rangle}{\partial x_j} = -\frac{1}{\rho}\frac{\partial\langle p\rangle}{\partial x_i} + v\frac{\partial^2\langle u_i\rangle}{\partial x_j \partial x_j} - v\frac{\partial\langle u'_i u'_j\rangle}{\partial x_j \partial x_j} + \langle f_i\rangle$ |
| 连续方程 | $\frac{\partial u_i}{\partial x_i} = 0$ | $\frac{\partial \bar{u}_i}{\partial x_i} = 0$ | $\frac{\partial\langle u_i\rangle}{\partial x_i} = 0$ |
| 分辨率 | 完全分辨 | 只分辨大尺度脉动 | 只分辨平均运动 |
| 模型 | 不需要模型 | 小尺度脉动动量输运模式 | 所有尺度动量输运模式 |
| 存储量 | 巨大 | 大 | 小 |
| 计算量 | 巨大 | 大 | 小 |

## 7.2　KC-135 加油机三维模型建立

采用美国空军 KC-135 加油机作为三维建模对象。建立 KC-135 加油机的三维模型是进行尾流场研究的第一步,也是最重要的一步,所建模型的精确性将直接决定计算结果的精确性。因此,在建立模型时必须使模型参数尽可能接近实际参数。建立飞机三维模型时采用如下方法:利用视景仿真软件中提供的粗略的 KC-135 模型进行逆向建模,并充分利用已有的 KC-135 实际参数,得到工程建模软件精确的 KC-135 模型。

### 7.2.1　三维建模方法分析

三维模型的建立可以分为正向设计和逆向工程两大类。传统的三维模型建立一般都是"从无到有"的过程,设计人员根据模型的尺寸、参数及各部件之间的空间位置关系,利

用 CAD 建立实物的三维数字化模型,继而进行制造或者计算机数值模拟,这样的过程可称为“正向设计”。与传统的设计制造方法不同,逆向工程是在没有设计图纸或图纸不完整,而有样品或者艺术类三维模型(如 3DSMAX、AC3D 所设计的模型)的情况下,利用三维扫描、数码相片、模型参数提取等方法,准确快速地测量样品表面数据或轮廓外形,加以点数据处理、曲面创建,从而实现三维实体模型的重构。

进行 KC－135 加油机的三维模型的正向设计,需要获得飞机的全部几何参数。但是由于技术保密问题,不可能完全获得其几何参数,可搜集到的 KC－135 参数不能够直接完成其三维模型的建立。因此,仅通过正向设计无法实现 KC－135 模型重建,但是搜集到的如飞机翼型、几何尺寸等参数能够在建模中使用,以尽量提高模型的精确度。另外,一些艺术类软件(如视景仿真软件 FLIGHTGEAR)直接提供了 KC－135 模型,这种模型主要用于三维展示、视景仿真等,不具备工程类设计软件设计的模型的精度,因此不能直接用于 CFD 的网格划分与计算分析,但是这种模型记录了物体表面的几何位置信息,具有 KC－135 飞机的几何构型,能够从中分离出相应的尺寸参数,从而实现模型建立。综合所搜集到的 KC－135 模型的几何参数和 FLIGHTGEAR 提供的模型的几何构型进行三维模型重建。模型重建的流程如图 7－1 所示。

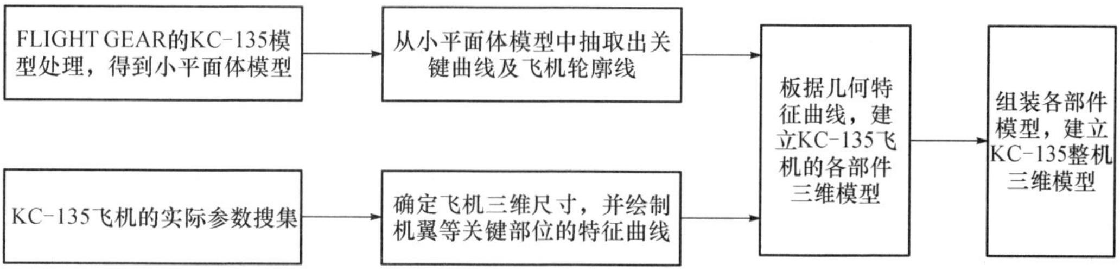


图 7－1　KC－135 三维模型建立流程

首先,将 FLIGHTGEAR 提供的 KC－135 三维模型用 AC3D 三维建模软件导出,得到能够为 UG 三维建模软件所识别的 STL 格式的小平面体三维模型,如图 7－2 所示。

图 7－2　KC－135 小平面体三维模型

小平面体模型不能直接处理成实体,但是可凭借其所记录的位置关系,划分出飞机轮廓线,构建相应的曲面,得到 KC－135 的基本轮廓,进而生成实体模型,轮廓线如图 7－3 所示。

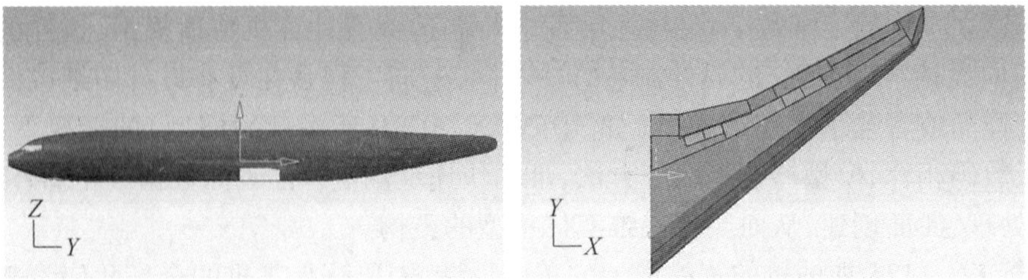


(a) (b)

图 7－3　由小平面体模型抽取 KC－135 飞机各部件特征曲线

（a）机身轮廓特征曲线；（b）机翼轮廓特征曲线。

其次，通过搜集到的 KC－135 实际设计参数，进行机翼等关键部位的特征曲线绘制，绘制时充分考虑机翼的安装角、上反角等几何位置关系，以使模型更加精确。通过实际参数设计机翼的示意图如图 7－4 所示。

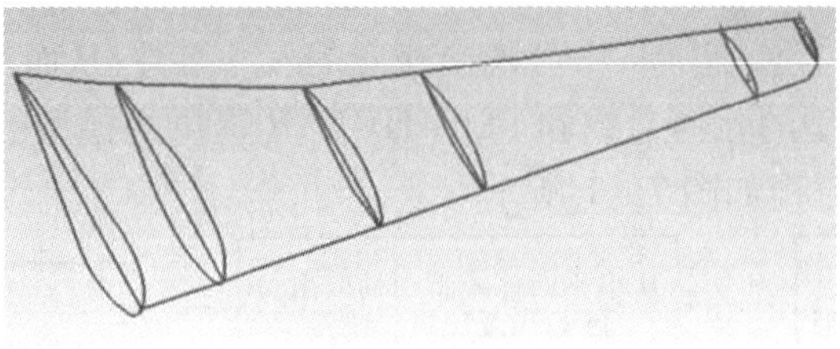

图 7－4　根据飞机实际参数重建机翼模型

最后，综合从小平面体所抽取的轮廓线和用实际参数绘制的特征曲线，进行飞机各部分的三维模型建立，之后将各部件进行组合，得到 KC－135 整机的三维模型。

## 7.2.2　KC－135 各部件的建模与组装

### 1. 机身三维重建

KC－135 的机长 41.5m，机身采用了由货舱地板分隔的倒八字形截面设计，这样的截面设计最大程度地平衡了阻力与内部空间的要求，机身下部中段位置安装有横向贯穿的带整体油箱的中央翼，机身尾部略有上翘。建立的机身三维模型如图 7－5 所示。

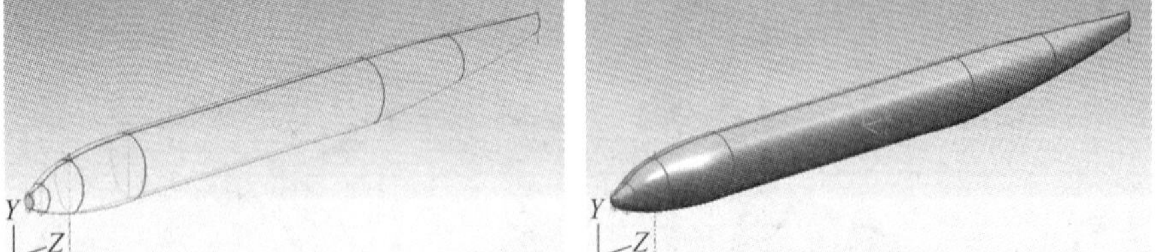


(a) (b)

图 7－5　KC－135 机身模型重建图

（a）KC－135 机身轮廓线；（b）KC－135 机身实体模型。

### 2. 机翼三维重建

机翼是飞机上产生升力的主要部件，同时也是产生尾涡流场的主要部件。机翼的平面几何形状，翼型的选取，机翼的安装角、后掠角、上反角等，对飞机的整体气动性能、机翼受载及结构重量都起着至关重要的作用，因此对于机翼的建模必须尽可能接近实际的飞机参数。根据提供的数据，KC－135 机翼翼展为 39.9m，机翼面积 $226m^2$，机翼为悬臂式下单翼，上反角 7°，机翼安装角 2°，1/4 弦线后掠角 35°。同时，PROFILI 软件提供了 KC－135 不同翼展处的翼型，如图 7－6 所示。再根据小平面体飞机模型中的翼展参数，建立了机翼的三维模型，如图 7－7 所示。

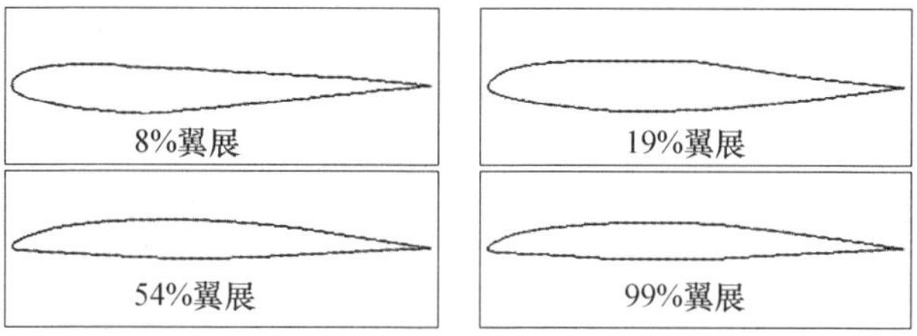


图 7－6　KC－135 机翼各翼展截面翼型

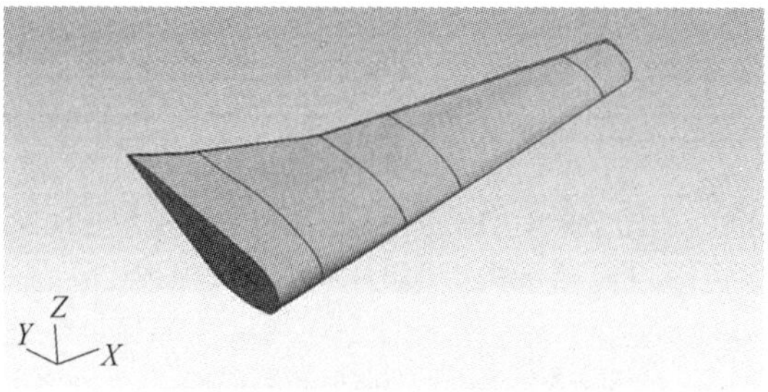


图 7－7　KC－135 机翼三维模型

**3. 平尾与垂尾三维重建**

根据文献[59]的资料，KC－135 平尾的翼展为 12m，翼根弦长为 5.3m，上反角为 7°，安装角为－8°，负的安装角会产生正的俯仰力矩，以平衡飞机的姿态。垂尾高度为 6.3m，翼根弦长为 6.15m，后掠角为 36.17°。在已有的参数基础上，采用小平面体模型提供的外形轮廓，建立的平尾和垂尾模型如图 7－8 和图 7－9 所示。

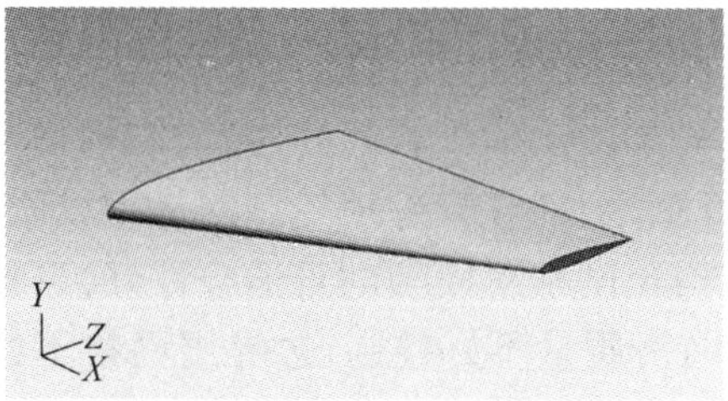


图 7－8　KC－135 平尾模型

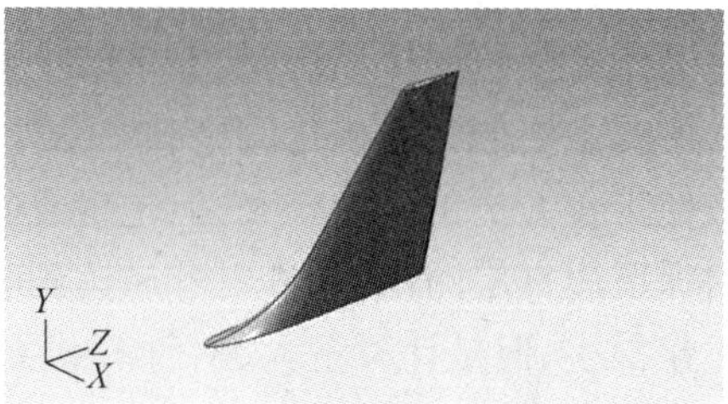


图 7－9　KC－135 垂尾模型

**4. 发动机三维重建**

当气流流经发动机时，会受到发动机外形影响，进而对随后的气流分布有轻微的影响（这里不考虑发动机的喷流作用）。为了在进一步研究过程中分析发动机对尾流的影响，根据小平面体中发动机在各个截面处的轮廓线，建立了发动机的三维模型如图 7－10 所示。

在完成了 KC－135 加油机各部件的三维重建之后，根据小平面体模型中各部件之间

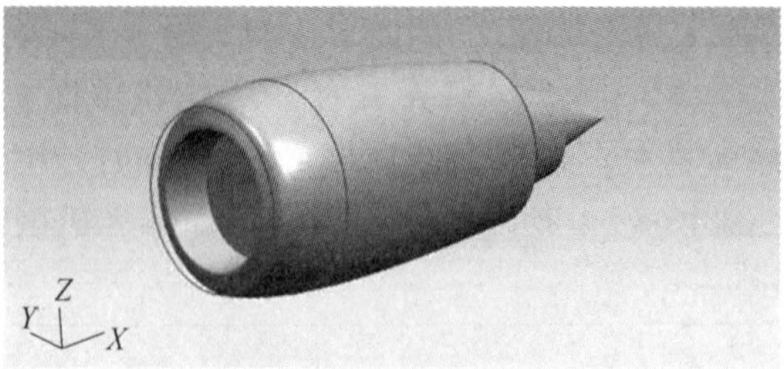


图 7 - 10 发动机三维模型

的相对几何位置,将各部件进行组装,得到 KC - 135 加油机的整机模型,如图 7 - 11 所示。

图 7 - 11 KC - 135 加油机三维模型
(a) 俯视图; (b) 正视图; (c) 侧视图。

# 7.3 加油机尾流数值模拟方法研究

## 7.3.1 尾流数值模拟预处理

### 1. 网格划分总体方案

网格,即在计算区域内一些离散的点。计算流体力学通过将控制方程离散,使用数值方法得到网格节点上的数据(如温度、速度、压力等),即数值解。控制方程的离散方法主要有有限控制体积法、有限差分方法和有限元方法。现在常用的商用计算流体力学求解器多采用有限控制体积法,如 FLUENT。

网格主要分为结构化网格和非结构化网格。对于复杂的工程问题而言,结构化网格生成使工程人员工作量较大,但是生成的网格计算量小,能够较好地控制网格生成质量,同时保证边界层网格,计算更容易达到收敛;非结构化网格对模型的自适应性好,工程人员工作量小,但是计算量大,对计算机要求较高,网格质量不好控制,边界层网格不好保证。综合考虑现有计算机条件与模型的复杂度,这里将采用非结构化网格,划分软件选择 ANSYS 的 ICEM CFD。

ICEM CFD 为用户提供了三种划分网格的方法,包括 Octree 算法、快速 Delaunay 阵面推进算法和 Advanced Front(前沿推进)光顺算法。

(1) Octree 算法。

Octree(八叉树)算法是 ICEM CFD 主要的生成四面体网格的算法。该方法的基本思想是先用一个较粗的立方体网格覆盖包含物体的整个计算域,然后按照网格尺度的要求不断细分立方体,即将一个立方体分为八个子立方体,最后将各立方体划分为四面体。该算法先生成独立的体网格，再将网格映射到面、线和点上，因此不需要单独去划分线、面网格，实施起来相对容易。并且，Octree 算法不涉及邻近点面的查寻，以及邻近单元间的相交性和相容性判断问题，所以网格生成速度很快。不足之处是网格质量较差，特别是在流场边界附近，被切割的立方体质量难以保证。

（2）快速 Delaunay 阵面推进算法。

Delaunay 法是由 Delaunay 准则而衍生出来的网格划分方法：给定一个人工构造的简单初始三角形网格系，引入一个新点，标记并删除初始网格系中不满足 Delaunay 准则的三角形单元，形成一个多边形空洞，连接新点与多边形的顶点构成新的 Delaunay 网格系。重复上述过程，直至达到预期的分布。Delaunay 方法的一个显著优点在于它能使给定点集构成的网格体系中每一个三角形单元的最小角尽可能大，得到较高质量的三角形单元。不足之处在于它不能保证流畅边界的完整性，为了实现任意形状的非结构网格的生成，必须对流场附近的操作做某些限制，这就可能导致 Delaunay 性质的丧失。并且该网格是从面网格开始划分的，需要先划分出质量较好的表面网格才能完成整个计算区域的网格划分。

（3）Advanced Front（前沿推进）光顺算法。

对边界进行离散化，这是最初的前沿。在区域内加入三角形或四边形，并且加入的三角形或四边形中至少有一条边与前沿重合。在每一步中需要更新前沿，当不再有新的前沿留下时，网格生成完毕。前沿推进方法思想很简单，但实现时细节很复杂，并且生成网格所花费时间较多且不稳定。

这里采用 Octree 法和 Delaunay 法分别进行了 KC－135 加油机的网格划分。采用 Octree 法时能够避免线、面网格的划分，在进行设置完毕后能够较为简便地实现整个计算区域网格的一次性划分，但是在进行机后尾流场空间加密处理后网格数量较大，这将导致计算量的增加。采用 Delaunay 法需要从线、面网格开始划分，比较复杂，但是所得的网格相比于 Octree 法的数量较小，具有一定的计算优势。图 7－12 是采用两种方法划分所得的网格示意图（加密区域为机后 50m），可以看到，划分的网格在所关心的尾流区域都能够有较高质量的网格，而 Octree 法划分的网格在其他非尾流区域的网格也较密，这就导致了网格数量的增加。

表 7－2 列出了机后加密不同区域时网格的数量，可见，在同样设置下，Delaunay 法划分的网格数量明显少于 Octree 法。

表 7－2　网格数量对比

| 算法 / 加密区间 | Delaunay 算法 | Octree 算法 |
| --- | --- | --- |
| 5m | 133 万 | 145 万 |
| 50m | 170 万 | 354 万 |
| 100m | 210 万 | 580 万 |

综合考虑 Octree 法和 Delaunay 法的特点，确定了将 Octree 法和 Delaunay 法相结合的方法来进行非结构网格划分的方法。该方法思路如图 7－13 所示。

首先用 Octree 法进行网格划分，得到包含面网格的整个计算域网格；然后采用相应

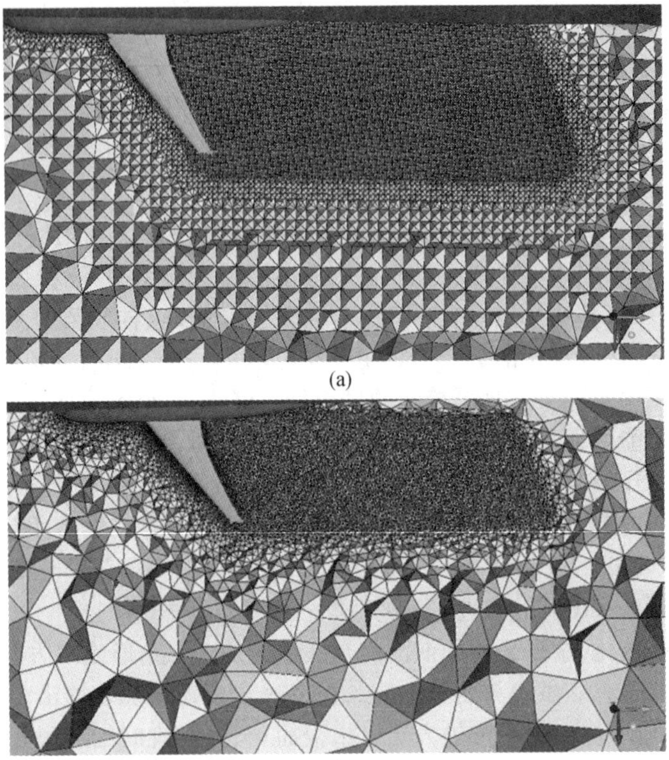

(a)

(b)

图 7 – 12　网格图形对比

（a）Octree 法划分的网格；（b）Delaunay 法划分的网格。

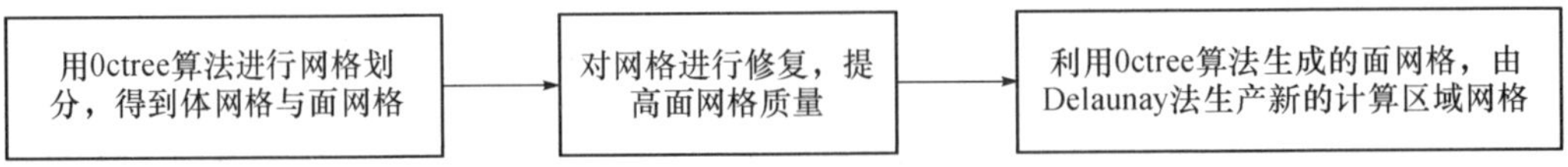


图 7 – 13　网格划分思路

的网格质量提升方法,提高面网格质量;在此基础上,采用 Delaunay 法再生成整个计算区域的网格。因为计算区域的网格质量较差的部分主要存在于机体附近,所以在 Octree 法生成高质量面网格后,采用 Delaunay 法网格划分时不会再影响到面网格的质量,整个计算区域的网格质量也基本不变,从而保证了网格的质量。该方法综合了 Octree 和 Delaunay 法的优点,即有如下优点:一是能够保证网格的质量;二是能够避免繁杂的面网格划分;三是划分的网格数量相对较少。在下文的研究中都将采用该方法进行网格划分。

为了侧重于探索 CFD 在进行加油机尾流数值模拟时的方法特点,节约计算时间,在本章的研究中,三维模型只包含 KC – 135 加油机的机身和机翼,如图 7 – 14 所示。

**2. 网格划分与计算条件设置**

采用 ICEM CFD 软件进行网格划分。因为飞机具有对称性,所以只对飞机的一半模型划分网格,以减少计算工作量,整个计算域长为 1500m,宽为 250m,高为 500m。采用非结构性的四面体网格和三棱柱网格,四面体网格划分快速高效,适合结构复杂的几何模型,三棱柱网格能更好地模拟边界层效应。遵循的基本原则是:机身和机翼周围的网格划

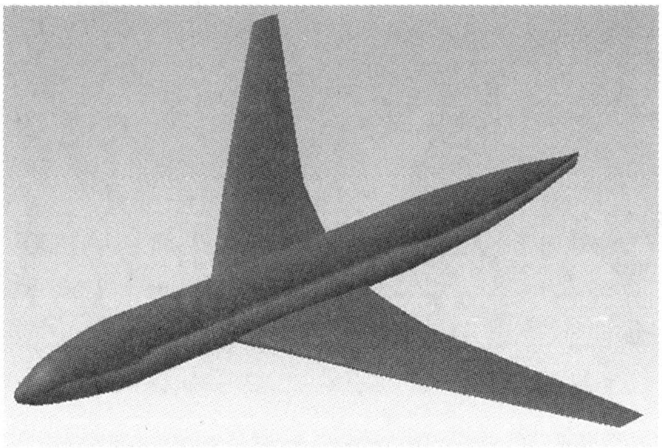

图 7 - 14　包括机翼与机身的 KC - 135 三维模型

分比较细密,以获得精确的飞机流场特性;而远离机身周围的网格划分尺寸较大,以减小计算的工作量。划分的网格如图 7 - 15 所示。

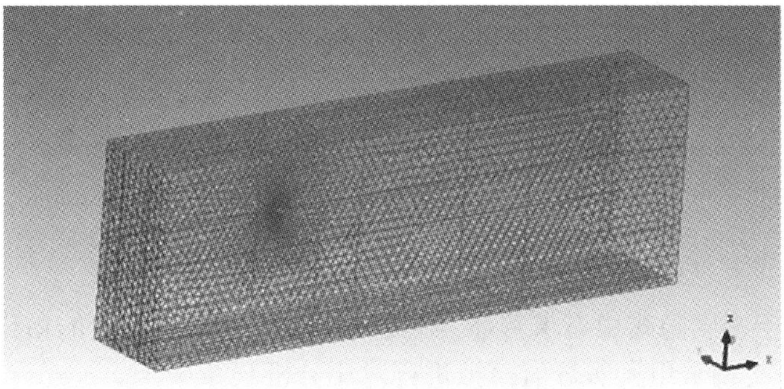

(a)

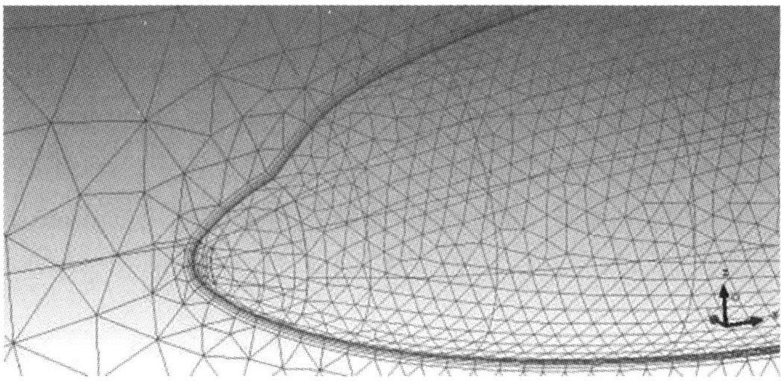

(b)

图 7 - 15　KC - 135 网格图

(a) 计算域网格图;(b) 机体表面三棱柱网格。

在划分网格时,对机翼后的区域进行了加密处理,以提高尾流空间网格质量,获得更加精确的尾流数值解。为了对比分析不同网格质量对尾流的数值模拟造成的影响,采用了两种网格处理方案:在保持飞机机体网格尺寸设置不变的前提下,分别对机翼后 5m 区域和机翼后 50m 区域两种范围进行了网格加密处理,加密区域的网格最大尺寸为 0.5m,两种方案的网格对比图如图 7 - 16 所示。在下文将对它们的计算结果进行具体分析。

网格划分完成后,需要进行数值模拟的计算条件设置,如下:

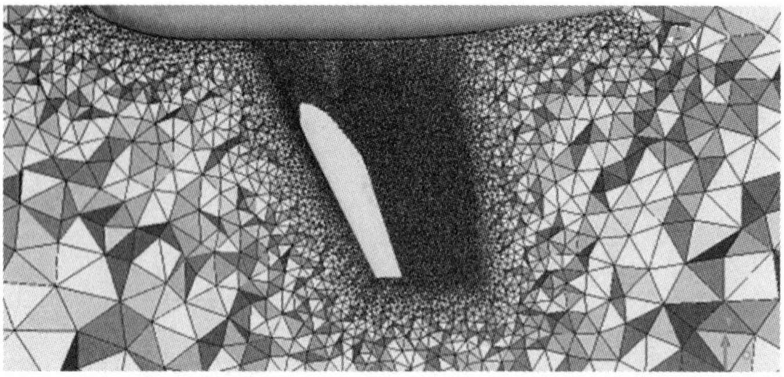

(a)

(b)

图 7-16　进行不同范围加密处理的网格

（a）网格加密至翼尖后 5m；（b）网格加密至翼尖后 50m。

（1）选择基于密度隐式稳态求解器，湍流模型选择外流场常用的雷诺平均 Spalart - Allmaras 模型（下文将采用大涡数值模拟进行对比分析）。

（2）定义流体域材料属性：材料为 air，密度为 ideal - gas，Viscosity 一项选择适用于高速可压缩流动的 Sutherland，其中 Sutherland 定律对话框中保留默认值。

（3）定义边界条件：机身和机翼定义为 wall，对称面定义为 symmetry，远场边界定义为 Pressure Far - Field，速度为 0.8$Ma$，迎角为 0°，其余保持默认设置。

（4）数值计算过程中差分格式的选择：①压力 - 速度耦合采用 SIMPLE；②压力插值选用默认的 standard 方法；③动量、湍流动能、湍流耗散率均选用 first order upwind，即一阶迎风格式。

### 7.3.2　不同 CFD 方案模拟结果对比分析

对机翼后加密 5m 处理的网格在上文设置的条件下进行计算，当升力系数和阻力系数达到稳定时，判定计算结果收敛。图 7-17 为飞机的压力云图。从图中可见，机翼下表面为正压力，而上表面为负压力。正如前文所述，机翼上下表面存在的压力差会导致机翼表面气流形成展向流动以及产生翼尖涡，从而在机翼后方形成尾涡流场。图 7-18 为距机翼后缘 5m 的平面上切向速度矢量图。

从图中可见，速度矢量形成了漩涡状流线，这表明机翼后缘气流旋转形成了尾涡。平面分界线为 $Z$ 向速度等于 0 的等值线，分界线左边 $Z$ 向速度为负，即下洗流，而右边为正，即上洗流。仿真结果与理论、经验相符，初步表明采用的加密 5m 范围的网格和 S - A 模型能求解出飞机的气动特性，并观测到机翼尾涡的形成。

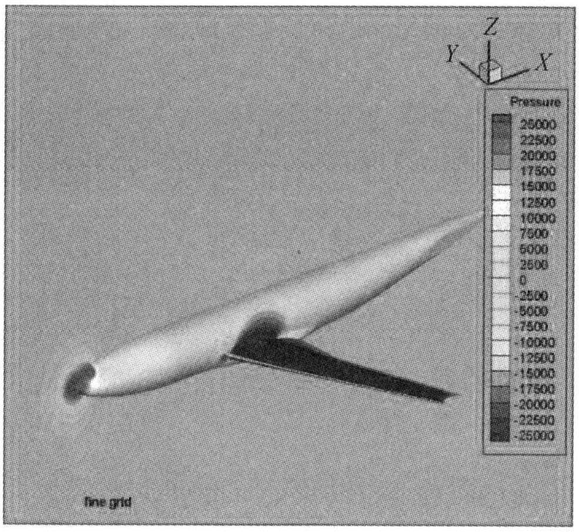


图 7-17　飞机的压力云图

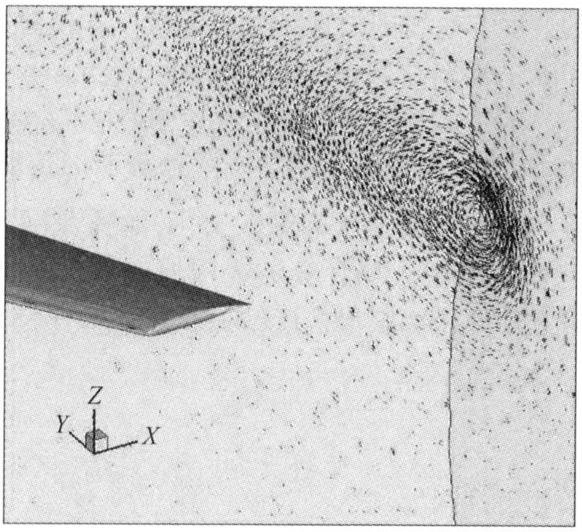


图 7-18　机翼后缘 5m 处切向速度矢量图

**1. 不同网格质量**

正如图 7-16 结果所示，用 CFD 计算飞机的气动特性时，一般只需要对机体及其附近空间的网格进行加密处理就能获得较好的数值解，而对远离飞机的网格质量要求不高。但是，主要目的是获得机翼后缘的尾涡流场的数值解，因此有必要对机翼后缘空间进行加密处理并分析由此带来的影响。另外，采用飞机机体附近不同截面速度等值线来分析尾流的分布特性简易直观，能够对比出不同的计算方案之间的结果差别，因此在结果对比分析中将采用这种分析方法。

对网格加密到机翼后缘 5m 和 50m 两种情况分别进行了计算，得到对比结果如图 7-19 ~ 图 7-21 所示。图 7-19 给出了两种情况下机翼 25% 翼展截面上的 $Z$ 向速度等值线图。从图中可以明显看出，只加密 5m 的网格（称其为稀疏网格方案）和加密 50m 的网格（称其为精细网格方案）计算出来的结果存在显著差别。两种网格计算的结果在近机身空间基本相同，但精细网格的速度等值线能延伸到机翼后更远的距离，而稀疏网格

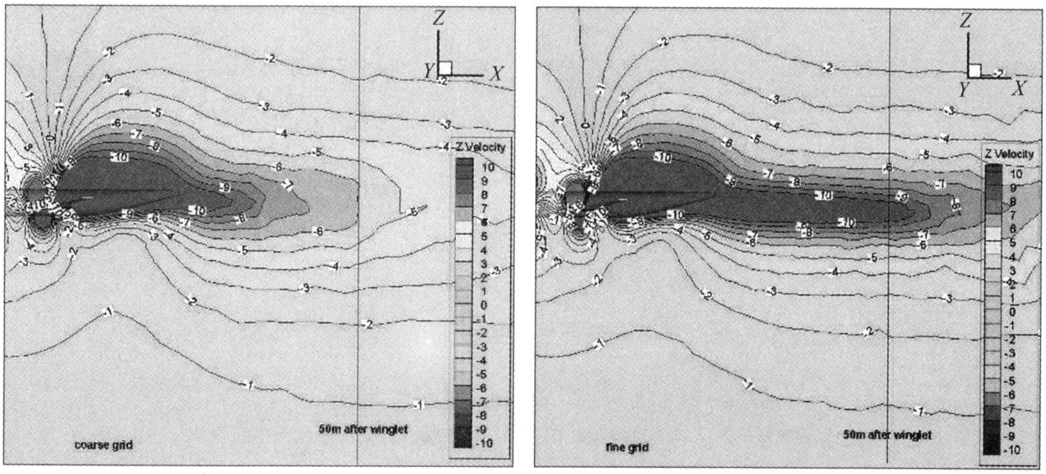


(a)　　(b)

图 7-19　25% 翼展平面 $Z$ 向速度等值线图

（a）稀疏网格的 $Z$ 向速度等值线图；（b）精细网格的 $Z$ 向速度等值线图。

的速度等值线则出现较快的消散。在机翼后缘 50m 处,精细网格计算的最大下洗速度为 10m/s,而稀疏网格的结果为 6m/s,两者差别约 40%。

图 7-20 和图 7-21 是机翼后 20m 和 50m 平面的 $Z$ 向速度等值线图。从图中可以明显看到,网格质量给计算结果带来很大影响。在机后 20m 处,精细网格能够捕获尾涡核心附近 $Z$ 向速度的细微变化,而稀疏网格却无法实现,并且在幅值上小很多。在机后 50m 处,稀疏网格计算的 $Z$ 向速度已出现了很大的消散,幅值已下降到 1m/s,这说明该网格方案是无法获得机后精确的尾涡特性的。

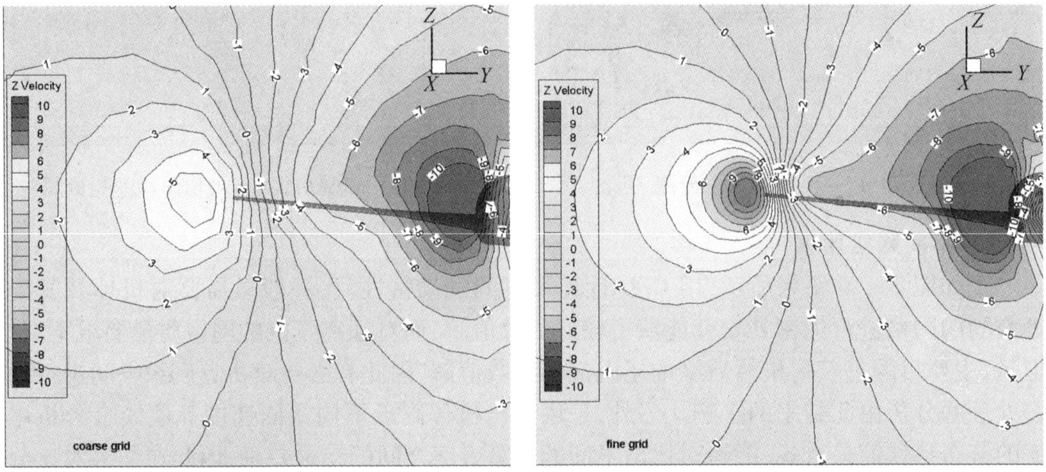


(a) (b)

图 7-20 机翼后缘 20m 处 $Z$ 向速度等值线图

(a) 稀疏网格的 $Z$ 向速度等值线图;(b) 精细网格的 $Z$ 向速度等值线图。

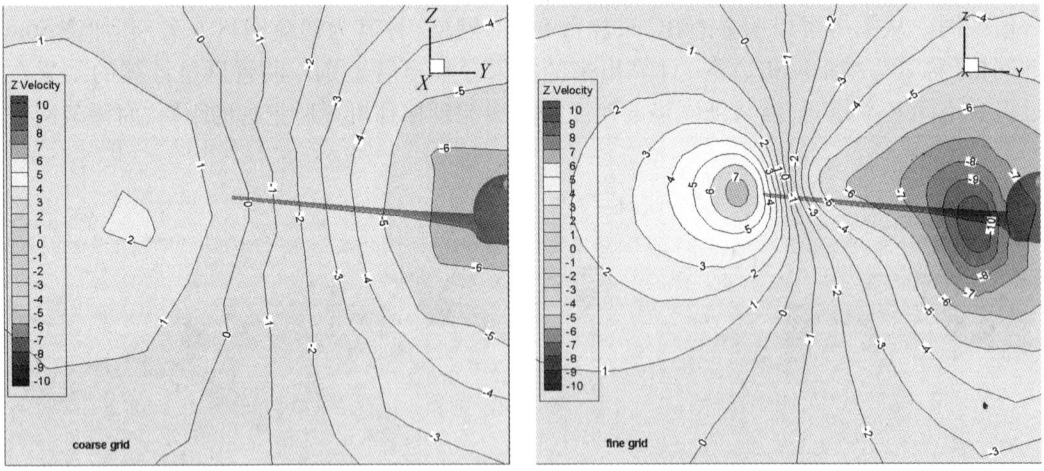


(a) (b)

图 7-21 机翼后缘 50m 处 $Z$ 向速度等值线图

(a) 稀疏网格的 $Z$ 向速度等值线图;(b) 精细网格的 $Z$ 向速度等值线图。

由图 7-19~图 7-20 的计算结果得到一个结论:分析飞机机翼尾流,必须对机翼后缘的空间进行网格加密,提高网格质量,才能获得精确的尾流特性,否则尾流会很快消散,使计算结果出现较大的误差。加密的网格区间的范围,将决定着能够获得尾流精确特性的范围。另外,加密的网格尺寸设置需要适中,一方面要考虑计算的精度,另一方面要考虑计算机的性能约束。经过对比分析,加密区间的网格最大尺寸设置为 0.5m,这已经能够获得精度较高的尾流数值解(将在下文的风洞试验数据对比中证明)。

由于空中加油过程中加油软管、硬管的长度限制,使得加油机和受油机相距不会太远,同时为了减少计算时间,侧重方法研究,本章在接下来的研究中全部采用加密到机后 50m 的网格进行计算和分析。

**2. 不同湍流模型**

数值仿真中采用的湍流模型为 Spalart – Allmaras(S – A)模型,该模型是只求解一个修正涡黏性输运方程的雷诺平均模型,主要在空气动力学和流体机械等含有中度分离现象的应用场合使用,如接近声速和超声速的机翼绕流以及边界层流动等,进行飞机的气动特性模拟时普遍采用该模型。而实际上,用大涡模拟法(LES)对涡运动进行模拟具有更大的优势。LES 法能够更好地模拟各种尺度的涡运动,具有较高的计算精度,但是 LES 法需要高质量的网格,并且对计算机性能要求较高。

考虑到 S – A 模型进行尾涡模拟时可能存在的不足以及 LES 法模拟涡的优势,在用 S – A模型进行研究的基础上,继续采用了 LES 法来对尾涡进行求解。由于 S – A 模型已求解出稳定的流场数值解,直接用其计算结果对流场进行初始化,然后用 LES 模型进行计算,LES 求解结果如图 7 – 22 所示。

对比图 7 – 22(a)与图 7 – 19(b)可以发现,在同样的网格条件下,大涡模拟法计算的下洗流等值线能够延伸到更远的距离,并且计算出的 $Z$ 向速度比 S – A 方法计算出来的更大。从图 7 – 22(b)可以看到,大涡模拟法能够更加精确地捕捉到机翼尾涡核心靠机身内侧的下洗速度的峰值,这是 S – A 法计算结果中从未出现的。如图 7 – 20(b)和图 7 – 21(b)中 S – A 法计算结果显示了机后 50m 的 $Z$ 向速度等值线图,都没有出现靠近涡核心的下洗速度峰值的圆形等值线。实际上,LES 方法在机后都能够获得类似图 7 – 22(b)的具有正负峰值的等值线结果,由于篇幅限制,这里不一一列出。

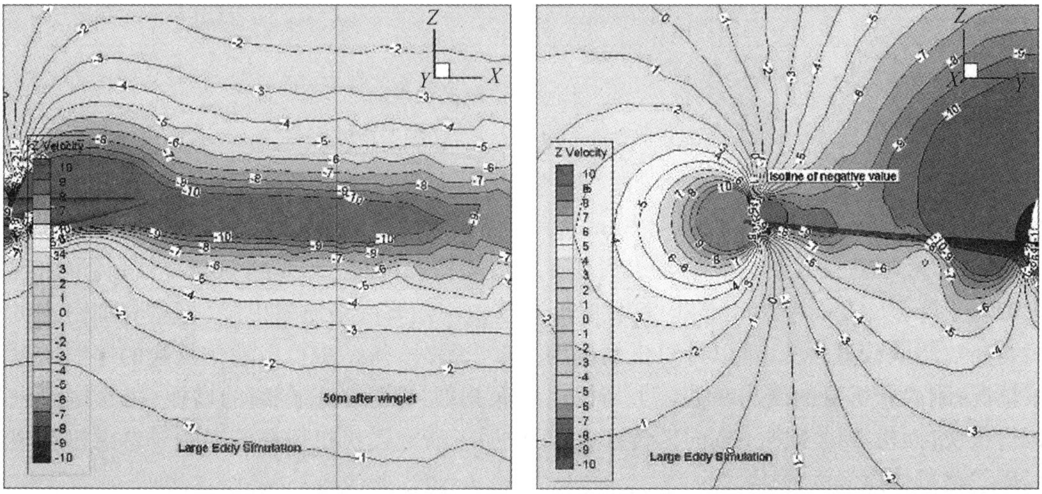


(a) (b)

图 7 – 22 LES 计算结果

(a) 25% 翼展处下洗速度分布;(b) 翼尖后 50m 下洗速度分布。

涡量(vorticity)是一个描述漩涡运动常用的物理量,用以度量涡旋的大小和方向。图7－23是在相同的网格质量下用LES法和S－A法计算出的尾涡涡量图。图中涡量等值线所处的平面间距为10m,从距机翼翼尖10m开始一直到机翼后缘70m,共给出了7个平面的尾涡涡量。

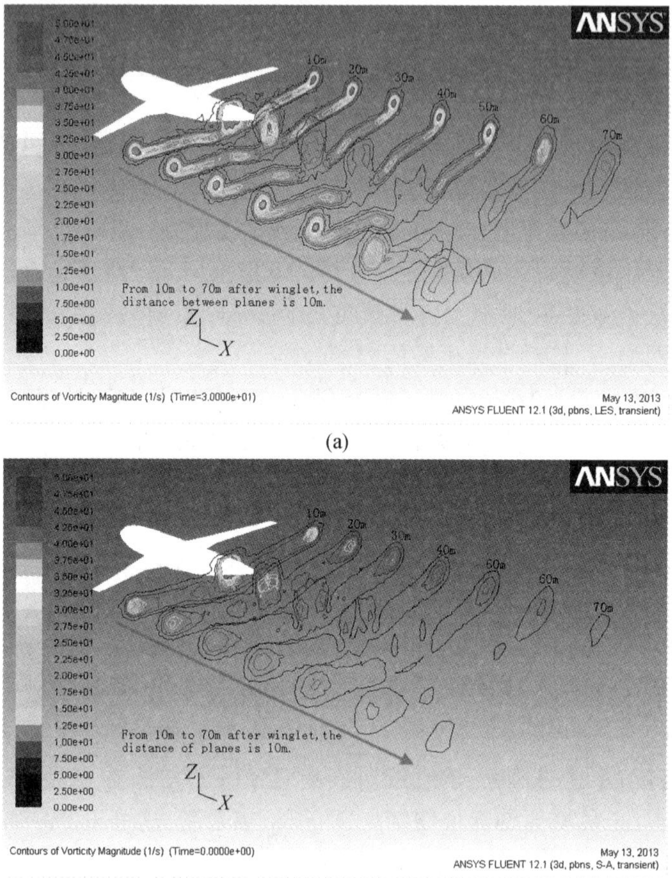


(a)

(b)

图7－23　机翼后缘尾涡涡量图

(a) LES法计算的尾涡涡量;(b) S－A法计算的尾涡涡量。

从图7－23(a)可以看出,尾涡核心涡量最大,而远离核心涡量逐渐减小。在机翼后缘10m处尾涡已基本形成;20m到50m的机翼尾涡无论是在数值上还是形状上都基本一样,说明机翼尾涡发展到这段距离达到基本稳定的状态;而从50m到60m,尾涡涡量出现大幅度下降,从60m到70m下降得更加剧烈,这说明随着网格质量下降(网格只加密到机后50m),尾涡信息丢失,难以计算出精确的涡量。另外,从图中可以看到机身的尾涡的发展情况:刚离开机身的尾涡在数值上与机翼尾涡相似,但是随着距离的增加,机身尾涡衰减得很快,而机翼尾涡则一直向后传播,这也说明了研究飞机机后尾流时主要考虑机翼尾涡而忽略机体尾涡的原因。

图7－23(b)为S－A法模拟的尾涡涡量等值线图。可以看出,S－A法基本能够模拟机翼的尾涡,但是随着离机翼的距离增加,尾涡涡量衰减很快。从机翼后缘10m到70m,每个平面的尾涡涡量都比LES法计算的结果小很多,到机翼后缘30m处,最大涡量仅为

12.5，到了机翼后缘50m处，最大涡量已减小为7，而LES计算结果都在50以上。该结果也进一步证明了用S-A法模拟机翼尾涡时的局限性。

由此得出结论：S-A模型在模拟机翼尾涡时精度不高，随着距离增加，尾涡计算结果出现了迅速的消散。相比于S-A模型，LES模型在同样网格质量情况下没有出现计算消散，用该模型能够更加有效地模拟机翼尾涡流场，得到精确的数值解。因此，在下文的与风洞试验数据对比和尾涡形成与发展分析中都将采用LES模型的结果。

本节采用不同网格质量方案和湍流模型方案进行CFD计算，得到了一种用于加油机尾流场计算的CFD方法，即用精细网格对加油机尾流场区域进行网格划分（0.5m以下），采用LES方法进行数值计算。通过对比分析，证明该方法能够得到更加精确的数值解，下文将用文献中的风洞试验结果对该方法的精确性进行进一步的验证。

### 7.3.3 方法精确性验证

本节的精确性验证将分为两个方面，首先是对所建立的加油机数字三维模型精度进行验证，然后对所提出的CFD数值模拟方法进行精确性验证。对加油机模型的精确性进行验证，不仅能够证明第二章模型建立方法的准确性和有效性，也能尽量排除在CFD计算中模型误差所带来的尾流模拟误差。对CFD数值模拟方法进行精确性验证，是为了证明提出的CFD方法能够有效地求解出加油机尾流场数值解，从而为下文的尾流场特性分析奠定基础。

**1. 机翼模型精确性验证**

由于机翼是产生升力和尾涡的主要部件，因此建立机翼模型的精确性是准确研究尾涡特性的前提。同时，为了能够将计算的结果与KC-135风洞试验数据进行对比，也需要验证所建的KC-135机翼模型的准确性。因此，本节对所建立的机翼在不同迎角下的升力系数进行了CFD数值计算，并和文献[59]的风洞结果进行对比。需要指出的是，在进行CFD计算时，只对单独的机翼进行了计算，而文献[59]是整机的升力系数数据，整机的升力系数包括平尾和机身的升力影响，这样的对比势必会出现一定的偏差。但是由于飞机产生升力主要是靠机翼产生的，因此这样的对比也是存在合理性和参考性的。

首先对KC-135机翼进行了网格划分，划分方法采用7.3.1节所提及的Octree + Delaunay法，划分的网格如图7-24所示。网格划分的原则是靠近机翼的网格稠密，而远离机翼的网格稀疏，这样能够使计算结果精确但又不会耗费过多的计算资源。图7-24(a)是机翼周围的非结构体网格，图7-24(b)是机翼表面的面网格示意。

通过CFD计算，得到机翼压力云图如图7-25所示。

在计算时采用的是进行飞机气动特性模拟时具有较高精度的雷诺平均S-A模型，飞行速度与飞行高度分别设置为与文献[59]相同的0.7$Ma$和7924m，飞行迎角为2°。计算结果显示，机翼上表面压力小，下表面压力大，上下翼面之间的压力之差为飞机提供了升力。

文献[59]的飞行试验中进行了在不同马赫数下的0°~6°迎角之间的升力系数计算，因此在CFD计算中也采用相同的迎角设置，分别在0.7$Ma$飞行速度条件下计算了0°、2°、4°、6°迎角时机翼的升力系数。CFD计算与文献中提供的飞行试验数据的对比如图7-26所示。

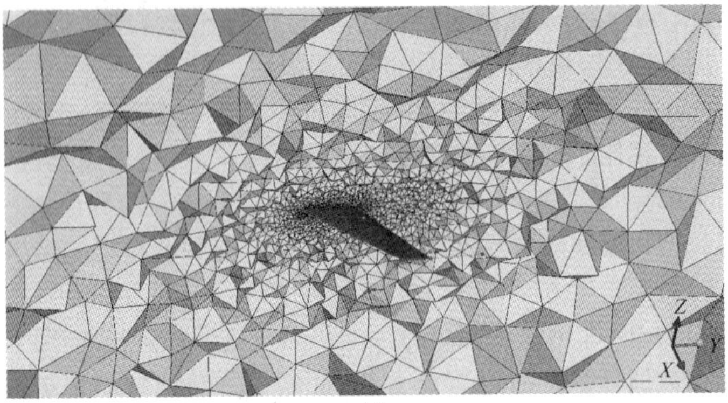


(a)

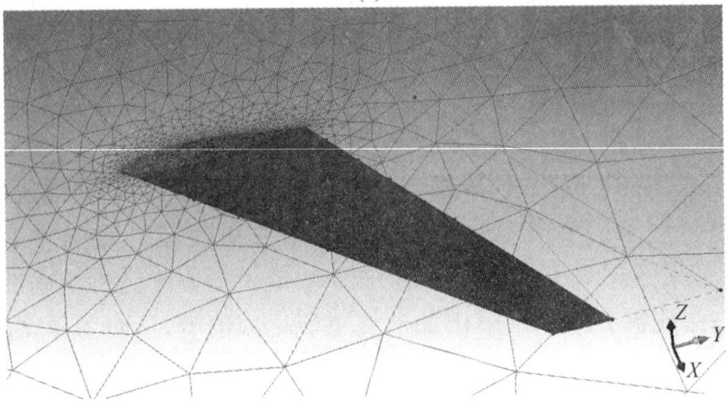


(b)

图 7 – 24　KC – 135 加油机机翼网格

（a）机翼周围的非结构体网格；（b）机翼表面的面网格。

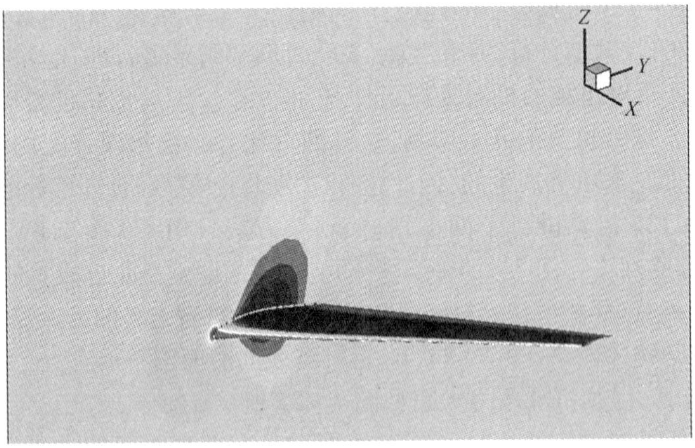


图 7 – 25　KC – 135 加油机机翼压力云图(2°迎角)

图 7 – 26 的对比表明,CFD 计算所得的机翼升力系数与飞行试验升力系数基本相同,在不同迎角下所得的升力系数均分布于飞行试验数据拟合曲线附近,这表明所建立的飞机机翼模型具有较高的精确度,用这样的机翼进行尾涡流场 CFD 计算分析,其所得的结果能够基本排除模型误差带来的计算误差,因此能更加凸显出数值模拟方法在尾流模拟中的精确性影响。

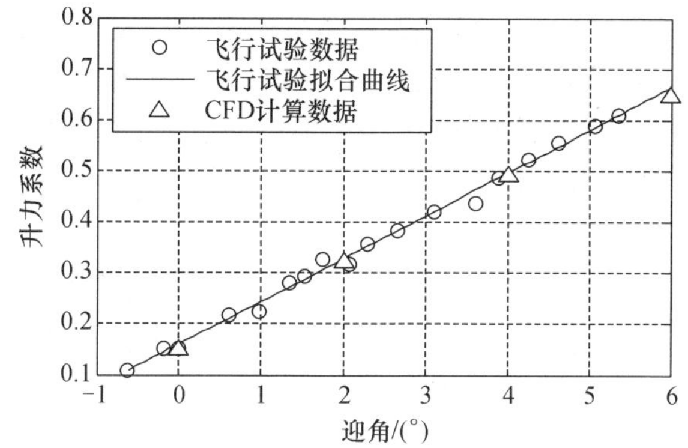


图 7-26 机翼升力系数 CFD 结果与飞行试验对比图

**2. CFD 尾流模拟方法精确性验证**

通过与文献[59]的风洞试验结果进行对比，对所提出的 CFD 数值模拟方法进行精确性验证。采用与风洞试验相同飞行条件设置，即飞行速度为 0.7*Ma*，飞机迎角为 2°，对比分析 CFD 计算与风洞试验在距机翼后缘 0.85 倍翼展(约 34m)平面处的下洗角分布，从而完成 CFD 计算方法验证。CFD 计算的尾流下洗角分布结果与风洞试验下洗角分布结果对比如图 7-27 所示。

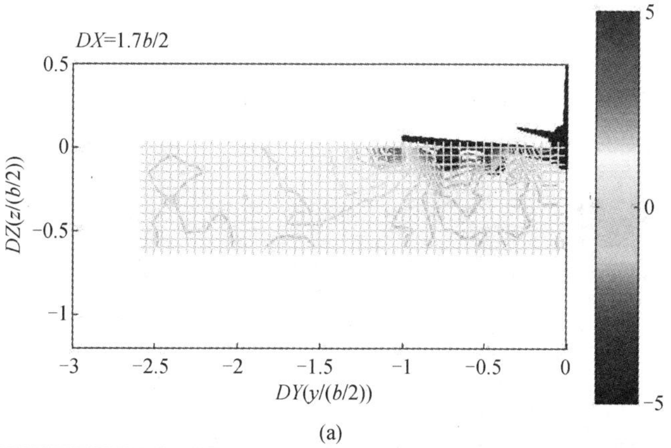


(a)

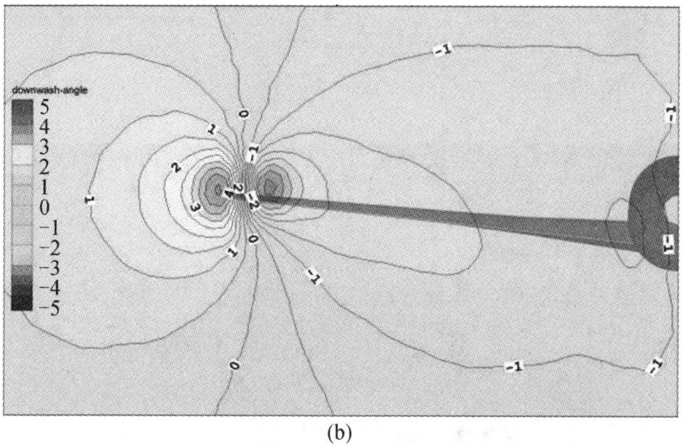


(b)

图 7-27 风洞与 CFD 的下洗角分布对比图

(a) 风洞试验尾流下洗角等值线；(b) CFD 计算尾流下洗角等值线。

图 7-27(a)是 KC-135 在 0.7$Ma$、2°迎角条件下进行风洞试验的结果,图中下洗角等值线图与机翼后缘距离为 0.85 倍翼展;图 7-27(b)是在相同条件下用 CFD 计算的下洗角等值线图。对比两图可以看出,CFD 计算结果和风洞数据在机翼尾涡核心及其附近空间吻合较好,下洗角等值线的幅值及空间分布基本一致,最大上/下洗角都约为 5°。然而计算所得结果是存在差距的,这具体体现在从加油机机身到翼尖之间的部分。分析其原因可以得到初步结论,即主要是因为风洞试验中的飞机模型含有发动机及负安装角的平尾,发动机和平尾对其后流场产生了影响,而为了简化建模分析,本章没有引入发动机和平尾模型,所以存在这样的差别是完全可以理解的(在第八章整机数值模拟中将进一步验证计算方法的精确性)。但是可以看出,在机翼尾涡上 CFD 计算结果与风洞试验结果表现出了较高的一致性,这足以证明本章提出的计算方法的有效性及计算结果的精确性。

## 7.4 加油机整机尾流场数值模拟及验证

### 7.4.1 整机尾流场数值模拟

网格划分方法与前文所述相同,计算域长 1500m,宽 250m,高 600m,网格划分时对平尾和垂尾后 200m 范围进行加密处理。全部网格数为 370 万,划分的网格如图 7-28 所示。

通过计算,得到加油机的尾流迹线如图 7-29 所示。从图中尾流迹线可以看出,机翼和平尾的迹线出现旋转,形成漩涡,而垂尾的迹线无任何旋转,这说明在加油机定长平飞

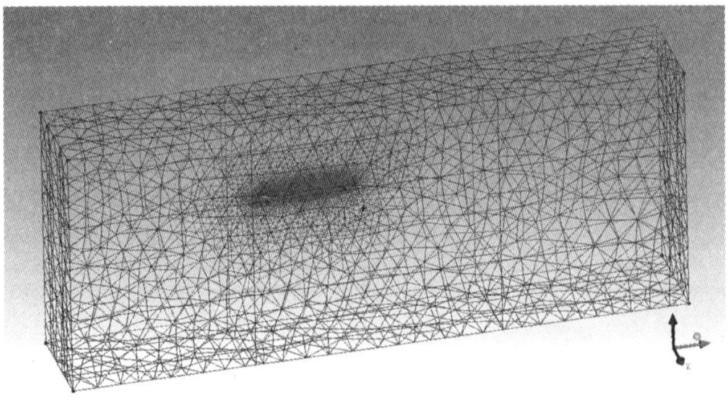

(a)

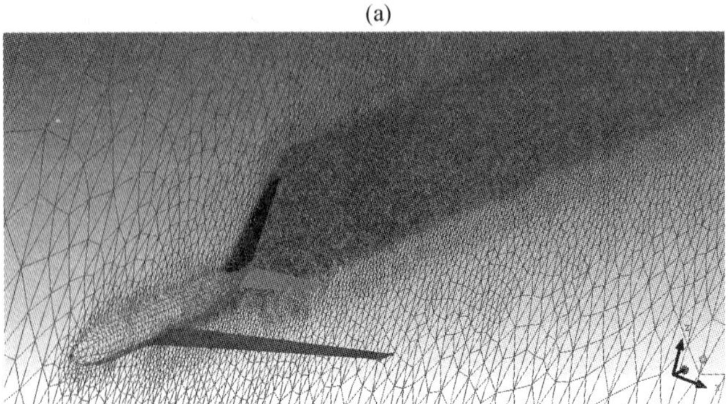

(b)

(c)

(d)

图 7－28　加油机整机网格图

(a) 整机计算域网格图；(b) 整机表面网格图；

(c) 整机加密区域网格图(俯视)；(d)机后 100m 网格图(后视)。

时，机后尾涡主要由机翼和平尾产生，垂尾对其后的下洗流和侧洗流基本上没有贡献。尾流迹线的分布证明了前文结论的正确性。

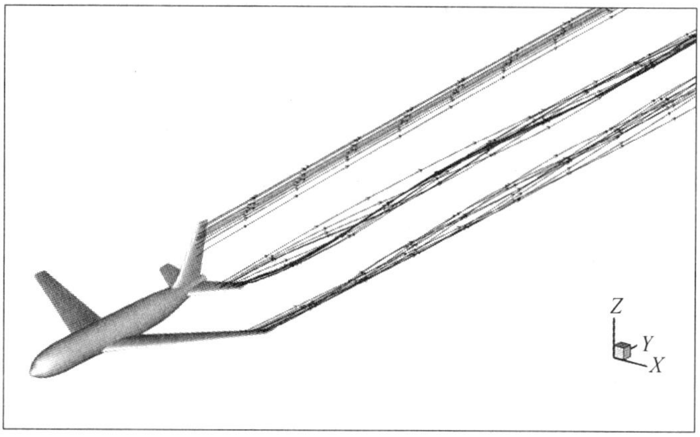


图 7－29　整机尾流迹线图

### 7.4.2　尾流场精确性验证

为了进一步验证以上结论，将计算结果与文献[59]中风洞试验结果进行对比，如图 7－30所示。

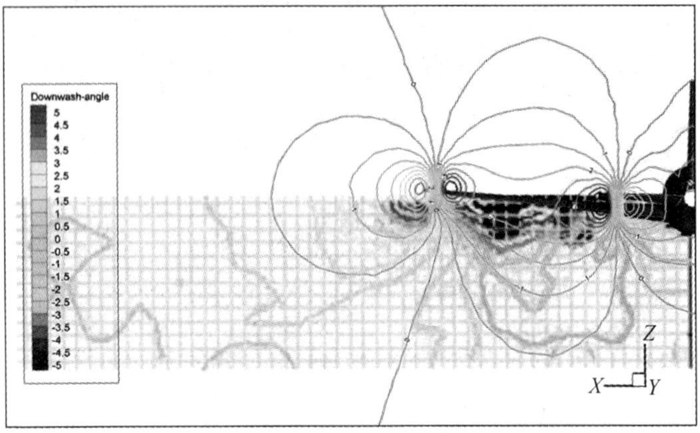


图 7－30　机翼后 0.85 倍翼展处 CFD 与风洞试验下洗角分布对比图

图 7－30 中显示的是在机翼后 0.85 倍翼展处的下洗角分布对比图，带格子背景分布线图是风洞试验结果，而完整的分布线图是本节所得的 CFD 结果。CFD 结果与风洞结果显示出了高度的吻合，首先可以看到在分布线上，在机翼的尾涡核心附近、平尾的尾涡核心附近以及机翼和平尾之间，下洗角等值线展示出了基本一致的分布。另外，从幅值上看，最大下洗角都接近－5°，上洗角接近＋5°。整机下洗角对比图充分证明了模型的准确性、CFD 模拟的方法有效性以及本节结论的正确性，增加了研究结果的可信度。

从本节的计算结果可知，在空中加油过程中，机翼和平尾的尾流对其后空间的速度分布造成了明显的影响，因此需要对机翼和平尾的尾涡流场特性进行研究，并分析速度场分布特性及影响因素等。

## 7.5　加油机整机尾流特性分析

描述飞机的尾流场主要有以下 8 个参数：切向速度、轴向漩涡、涡环量、尾涡核心位置、尾涡核心半径、传播半径、涡距、尾涡雷诺数。尾涡核心位置在 7.4 节平尾的尾涡特性中已进行了阐述，本节将根据空中加油的建模需求，对尾涡的切向速度、尾涡核心半径、涡距、涡索卷成距离进行分析，将这些性能指标分为两个方面，即整机尾流场的涡索卷成、涡距演化、涡核变化等几何宏观特性，以及尾涡核心速度分布、下洗速度、侧洗速度分布和空中加油区域速度场等速度微观特性。

### 7.5.1　尾流场几何特性

为了对空中加油区域的尾涡有一定的认识，对此区域内的尾涡基本特性进行分析，主要分析涡索卷成距离、涡距及涡核心的发展。

**1. 涡索卷成距离**

尾涡核心处压力为负，吸引着周围的空气绕其旋转，形成向后传播的涡索。在尾涡刚形成的卷起阶段，尾涡核心半径会不断地增大，然后趋于稳定。与此同时，尾涡的核心压力等值线也将对应于尾涡半径同时增大，当尾涡发展到稳定阶段时，压力等值线也会趋于稳定。以小于周围正常大气压 50Pa 的压力等值线为观测对象，KC－135 在 0.7*Ma*，2°迎角时机后压力分布变化如图 7－31 所示。

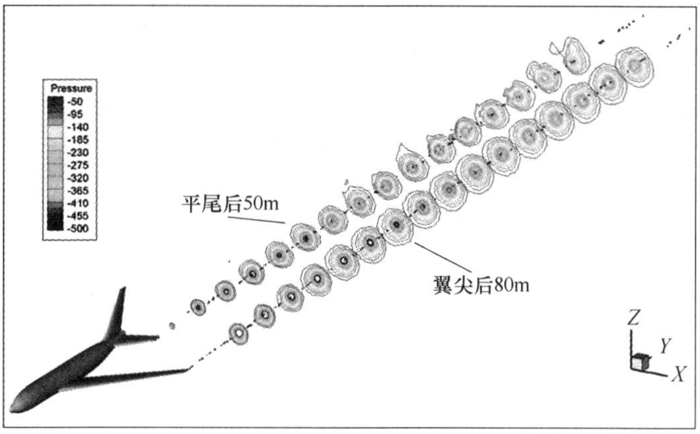


图 7－31　尾涡流场压力分布变化及尾涡核心分布

图中黑色点迹是尾涡的核心分布点，而绕核心点的圆形等值线是压力比周围空气压力（设定为 0Pa）小 50Pa 以上的压力等值线，等值线从翼尖后 20m 平面开始，平面之间相隔 10m。观测－50Pa 等值线，发现在翼尖后约 80m 处，平尾后约 50m 处，压力等值线不再扩大，在其后的空间都趋于稳定，由此可以判定机翼尾涡在其后约 80m 处卷成，而平尾尾涡在其后约 50m 处卷成。

**2. 尾涡距离及其演化特性**

根据尾涡的压力分布可以大致观测尾涡的形成过程，而根据尾涡的速度分布特性可以精确分析尾涡的核心大小和涡距等参数。尾涡如同一个旋转的空气圆锥，涡心处速度为 0，离涡心越远，速度越大，而尾涡外部是无旋流动，离涡心越远，诱导速度越小，如图 7－32所示。因此，两个机翼速度为 0 的分界线之间的距离即是涡距，而尾涡中心附近正负峰值的距离即是尾涡核心的大小，根据此原理即可测得尾涡的涡距特性和核心特性。

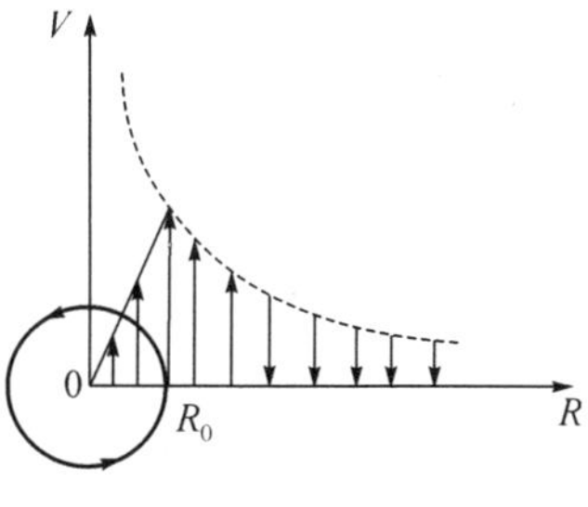


图 7－32　尾涡周围切面内速度分布

图 7－33 是机尾后 30m 处上洗流和侧洗流分布图。图中 DownVz 是机后下洗速度，正值代表上洗，负值代表下洗，颜色分界线代表上洗流和下洗流的分界线，即尾涡核心所在的线；而图中标有“0”的曲线是机后侧洗速度为 0 的线，也是尾涡核心所在的线。下洗速度和侧洗速度为 0 的交界线就是尾涡核心，而两尾涡核心即为尾涡之间的涡距。图中上部短划线是机翼尾涡涡距，涡距为 38.5m，下部点划线为平尾尾涡涡距，涡距为 11.2m。

在给出了机后 30m 处的机翼和平尾尾涡涡距后，对离加油机机尾不同位置处的机翼

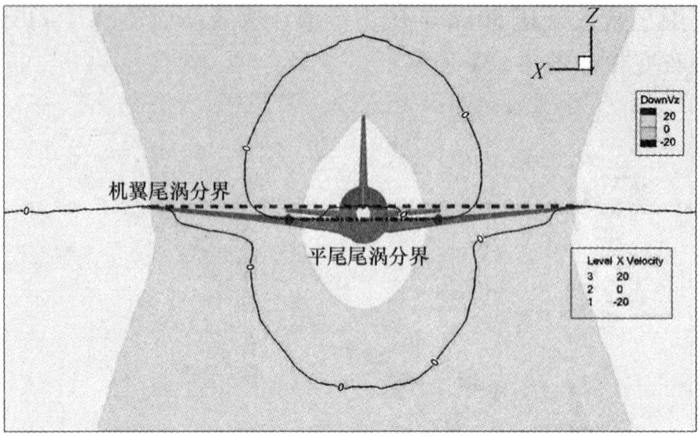


图 7－33　机后 30m 尾流分布及尾涡观测图

尾涡涡距和平尾尾涡涡距进行了测量，得到结果如图 7－34 和图 7－35 所示。机翼涡距和平尾涡距在机后都呈现缓慢下降的变化趋势，这说明在尾涡形成阶段，涡索由翼尖出发，逐渐向靠机身内侧卷起，由此表现出涡距小幅度的减小。尾涡卷起阶段的长短与翼展也有关系，如图 7－34 中机翼涡距在机后 130m 附近下降变得缓慢，而平尾涡距在机后 100m 附近基本稳定，这表明翼展小、升力小的机翼对应的尾涡规模也小，尾涡发展的各阶段也相应的小。可见，涡距的变化规律也可以反映出尾涡形成阶段的距离。

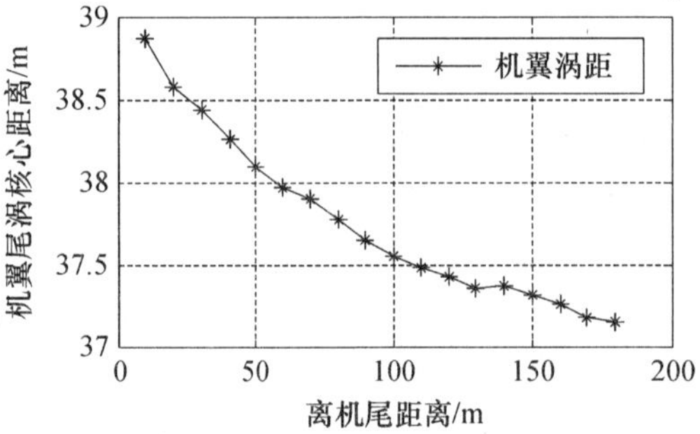


图 7－34　机翼涡距变化趋势

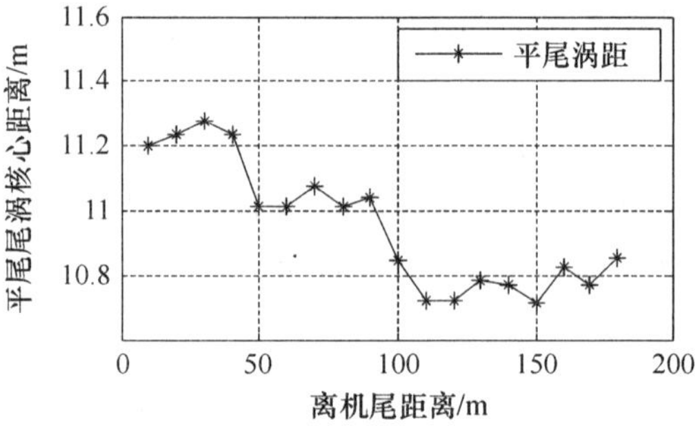


图 7－35　平尾涡距变化趋势

**3. 尾涡核心半径及其演化特性**

图 7－36 是机尾后 10m 处下洗流分布图。由上文分析可以知道，竖向速度的正负峰值之间的距离即为尾涡核心大小。图中短划线是机翼的尾涡半径，实线指示着平尾的尾涡半径。经测量，机翼尾涡半径为 1.9m，平尾尾涡半径为 2m。

为了进一步研究尾涡核心半径的变化趋势，测量了机后不同位置处的机翼和平尾的尾涡半径，如图 7－37 和图 7－38 所示。图中的结果表明机翼和平尾的尾涡在卷起过程中，其半径不断增大，这说明尾涡在最初的形成阶段中是不断成长的，其影响范围也逐渐在变大。机翼的核心半径在前约 130m 上升较快，这表明在此范围内是尾涡的主要卷起阶段，而在约 130m 翼后尾涡半径上升较平缓，这时可认为尾涡基本完成卷起过程。而从半径观测，平尾主要卷起阶段在 100m 附近，在其后基本稳定，这说明平尾的尾涡在经过一段距离发展后也趋于稳定。

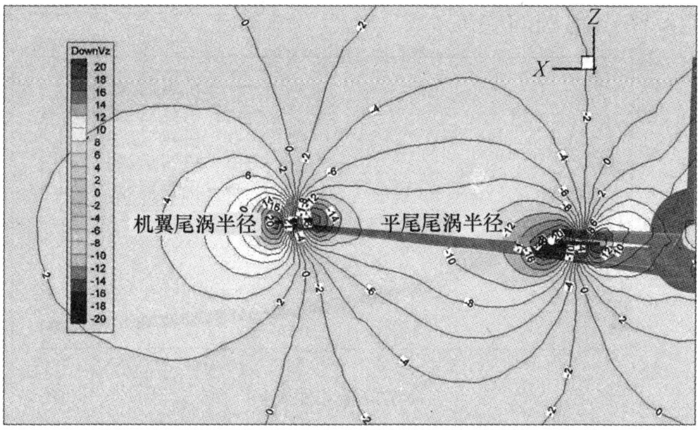


图 7－36　机后 10m 处尾涡半径及下洗速度分布

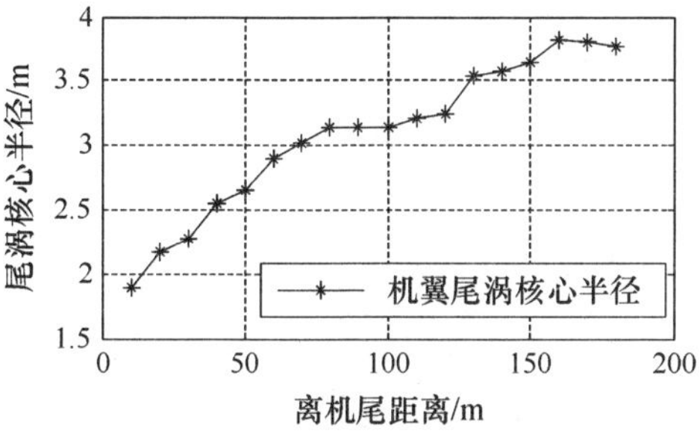


图 7－37　机翼尾涡核心半径变化趋势

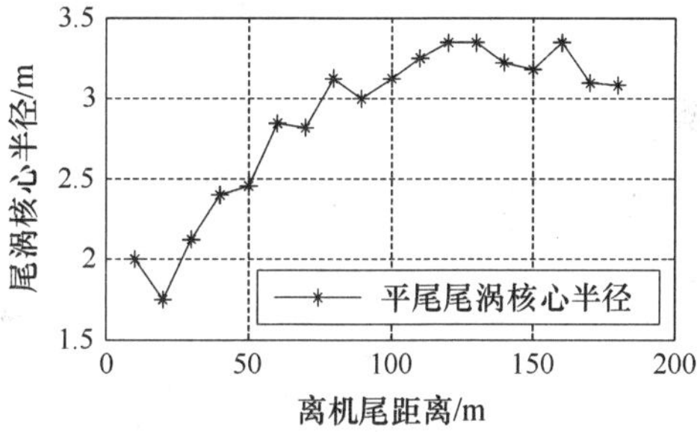


图 7－38　平尾尾涡核心半径变化趋势

从尾涡流场的几何特性研究中可以发现，在机后 200m 范围内，尾涡主要是处在卷起的阶段，尾涡的涡距、核心半径都处在不停的变化之中。处在这个尾流场不同位置，受油机将受到非线性、规律完全不同的尾流影响，而这些影响主要是指尾流场带来的下洗流和侧洗流。

## 7.5.2　尾流场速度特性

飞机尾涡对其后的飞机的影响主要是尾涡带来的下洗流和侧洗流影响，这些气流会使其后的飞机产生附加的俯仰、偏航、滚转力矩，影响其飞行的稳定性，进而影响空中加油对接的成功率。因此，对尾流场速度特性进行研究是进一步了解空中加油建模需求的前提和基础。

**1. 尾涡核心及附近速度分布特性**

研究尾涡流场的速度特性，首先需要研究尾涡核心及其附近的速度分布特性，下面将对数值模拟结果的尾涡核心附近速度进行研究。图 7－39 是机翼尾涡核心下洗速度分布图（正值代表上洗），图中给出了机翼后缘 10m、50m、100m、150m、200m 等平面处的下洗流分布。每个平面处的速度分布趋势与图 7－32 展示的尾涡流场附近速度的分布特性是一致的，即离开核心，下洗流先增大，后减小，峰值处是尾涡核心内外的分界线。不同平面之间的下洗速度在离尾涡核心约 3m 以外的分布基本相同，不同之处主要表现在离尾涡核心 3m 以内的范围。离机翼后缘越近，下洗速度峰值越大，随着离机翼后缘距离的增加，下洗速度峰值下降很快，在约 100m 附近下降趋势变得平缓而趋于稳定，从这种峰值速度的稳定也能反映出尾涡的卷成。

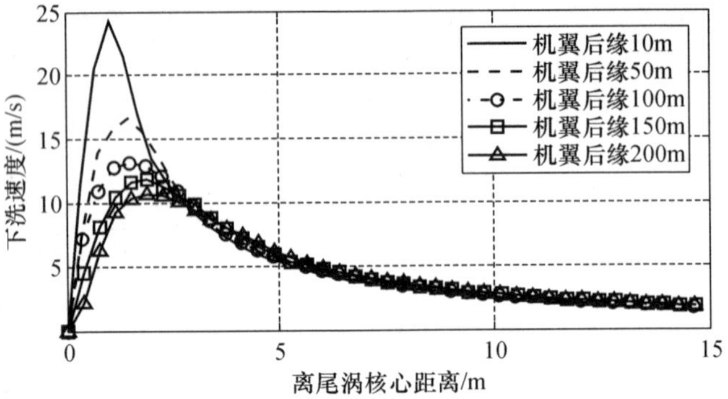


图 7－39　机后不同位置处机翼尾涡核心下洗速度分布

图 7－40 是平尾后缘不同平面处的平尾尾涡核心下洗速度分布，各平面处的速度分布趋势也与理论分布图 7－32 相同。相对于机翼核心处的峰值，平尾的峰值稍小。另外，各平面的下洗速度整体下降趋势较慢，这也说明尾涡的大小、影响范围和尾涡卷成距离会随着翼展和机翼面积的减小而减小。

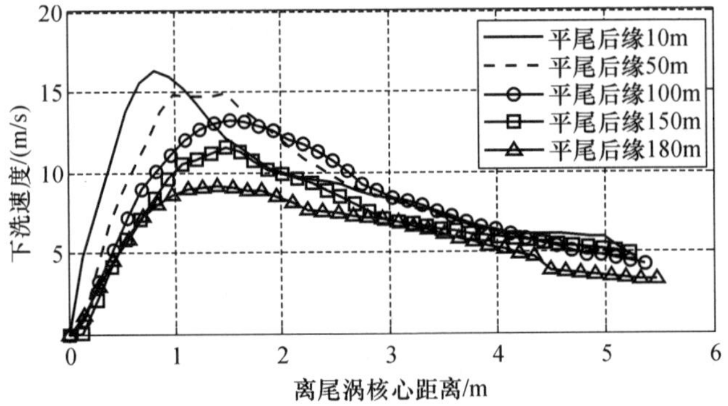


图 7－40　机后不同位置处平尾尾涡核心下洗速度分布

**2. 加油机后方下洗流与侧洗流分布特性**

KC－135 空中加油机的机翼和平尾在机后都会产生涡索，由于升力的不同，涡索的方向是相反的，这两组相反的尾涡流共同组成了机后的尾流分布。图 7－41 是机后 10m 处的下洗流分布图，图中上洗速度为正，下洗速度为负。可以看见在机翼外侧为上洗区域，在机翼内侧为下洗区域，而靠近机身的附近一部分空间为上洗区域。图 7－42 是机后 10m 在与机身同高度的水平线上的下洗流分布，飞行于上洗区域的受油机将受到向上的气流，而飞行于下洗区域时会受到向下气流的影响。

图 7－43 是采用 Hallock－Burnham 理论模型所得的机后不同位置处下洗速度分布，与图 7－42 相比，在机翼尾涡附近规律相同，而在机身附近表现出不同的规律。CFD 计算结果指出在机身附近由于平尾的作用会产生上洗的气流，而理论模型未考虑平尾的作用，所以只有机翼的涡流影响而呈现下洗的气流。通过与风洞结果对比表明 CFD 所得结果是准确的，而理论模型存在一定的误差。

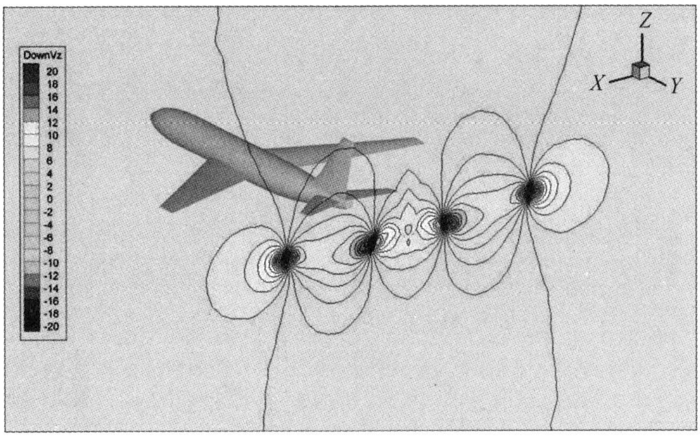


图 7-41　机后 10m 下洗流分布

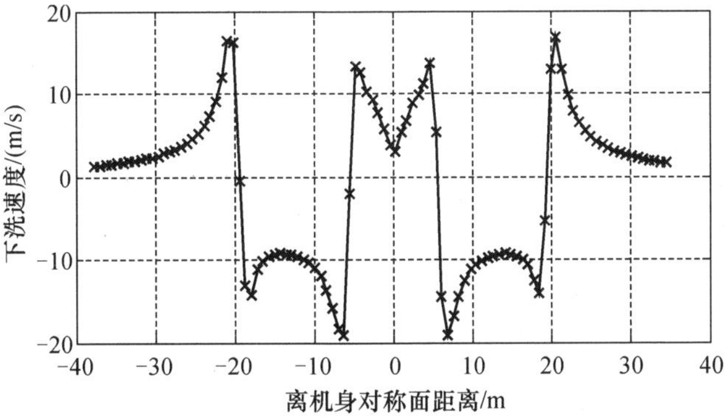


图 7-42　机后 10m 机身水平线处下洗流分布

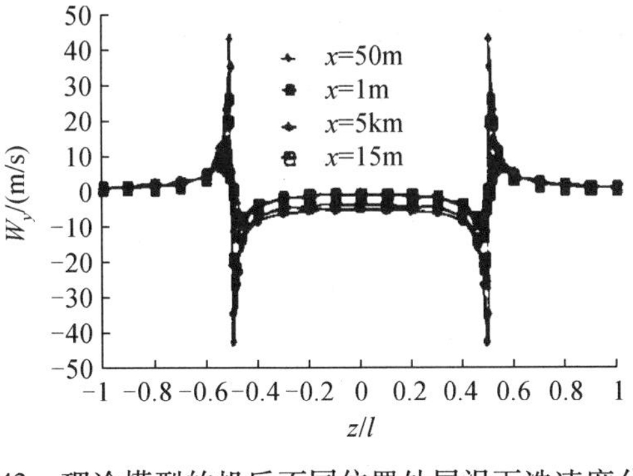


图 7-43　理论模型的机后不同位置处尾涡下洗速度分布图

图 7-44 是机后 10m 处的侧洗流分布，定义向左（X 轴正方向）的侧洗为正，向右的侧洗为负。从图中侧洗流的数值大小可见机后的气流有较大的侧向流动，如机翼核心附近的最大侧洗速度接近 20m/s，而平尾附近的最大侧洗速度约为 16m/s。在机身水平线以上，从左至右依次经历负、正、负、正的侧洗，而在机身水平线以下呈相反的规律。侧洗流在尾涡核心所在的竖直方向上的分布规律和图 7-39 所示规律相同，即离开机身水平线越远，侧洗流越小。图 7-45 是加油机后方 10m、机下 5m 处的侧洗速度分布，在此区域的受油机受到的侧洗气流影响已相对较小，最大的侧洗速度不超过 4m/s。

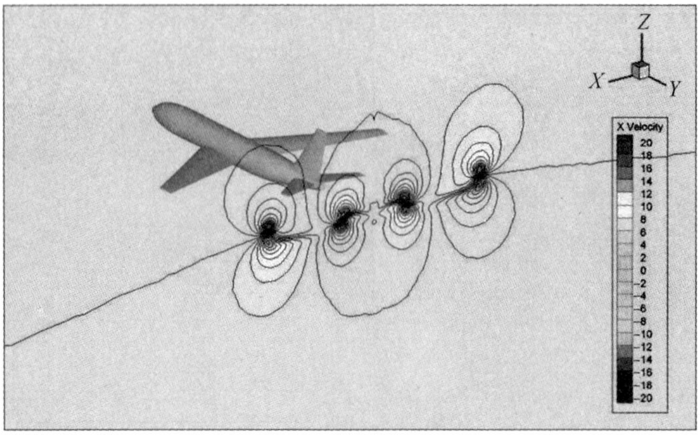


图 7-44　机后 10m 侧洗流分布

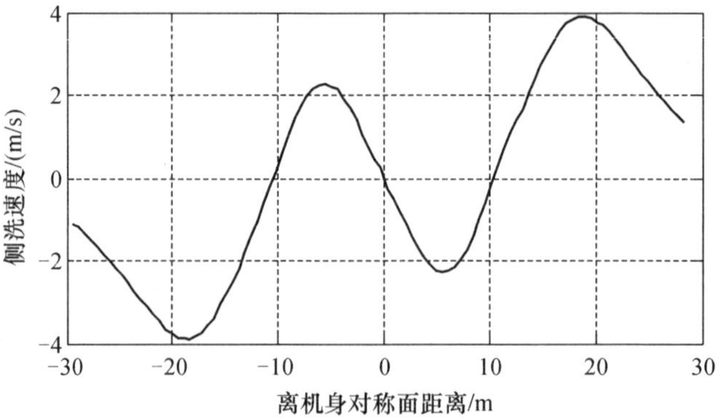


图 7-45　机后 10m 机下 5m 侧洗流分布

气流的下洗角是用来衡量下洗气流对机翼影响的一个重要参数,当远前方气流速度为 $V$,当地下洗速度 $W_t$,则气流会向下偏转一个角度,称为下洗角 $\varepsilon$,如图 7-46 所示。

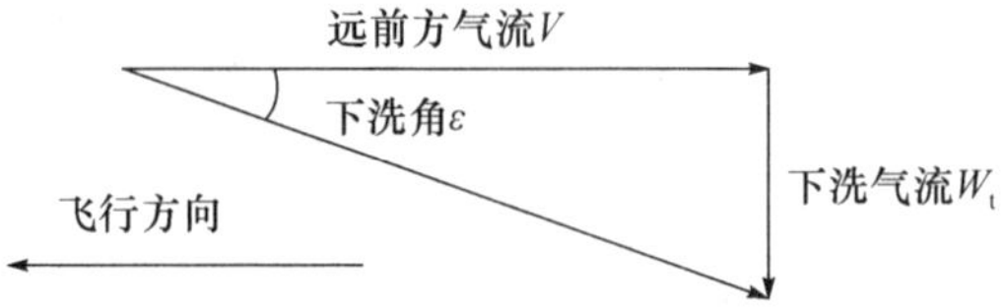


图 7-46　下洗角示意图

遭遇下洗气流的受油机的飞行迎角相当于原飞行迎角减去下洗角,从而升力会相应地降低。图 7-47 展示了机后不同平面处的下洗角分布图,分别距机后 10m、50m、100m、150m,可以发现机翼下洗流影响范围有较小幅度的增加,而机身附近的上洗区域有减小的趋势。另外,在机身 10m 以下区域受到的下洗角影响小于 0.5°,而进行空中加油对接的区域正处于 10m 以上的影响较大的区域。

对应于下洗角,图 7-48 给出了机后 10m、50m、100m、150m 处侧洗气流的速度分布。侧洗速度在近机身处(机后 10m)表现出较大的侧洗速度,而后出现衰减:平尾后的侧洗速度最大值从机后 10m 的 14m/s 减小到机后 150m 的 10m/s,而机翼的侧洗速度最大值从机后 10m 的 20m/s 减小到机后 150m 的 10m/s。另外,机身 10m 以下受到的侧洗速度

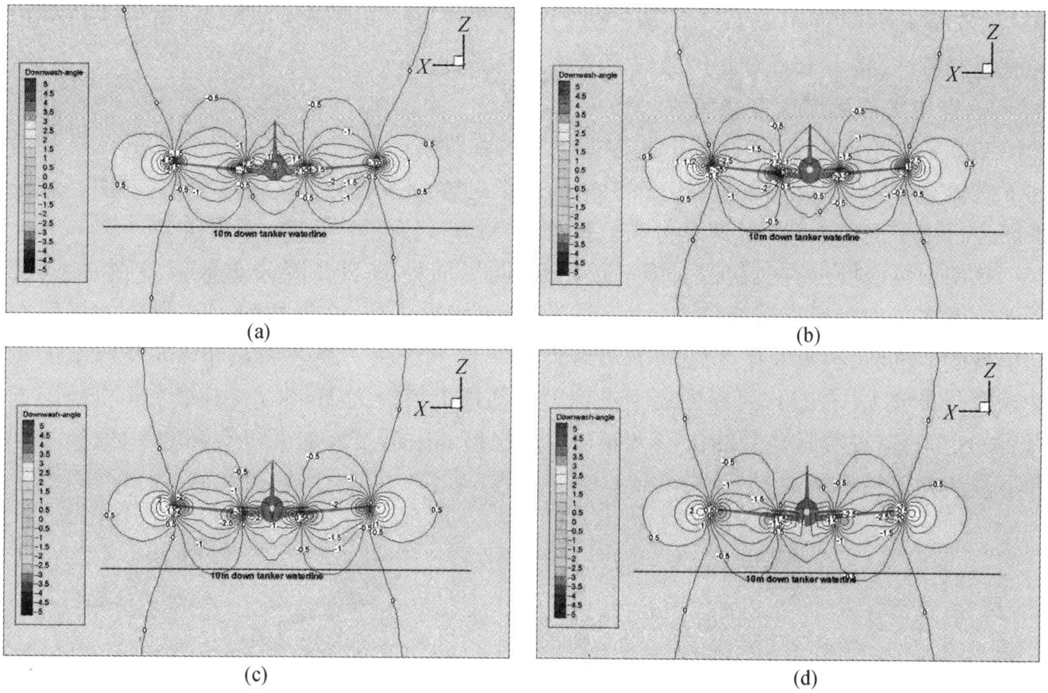


图 7-47 机后各平面处下洗角示意图

（a）机后 10m 下洗角分布；（b）机后 50m 下洗角分布；（c）机后 100m 下洗角分布；（d）机后 150m 下洗角分布。

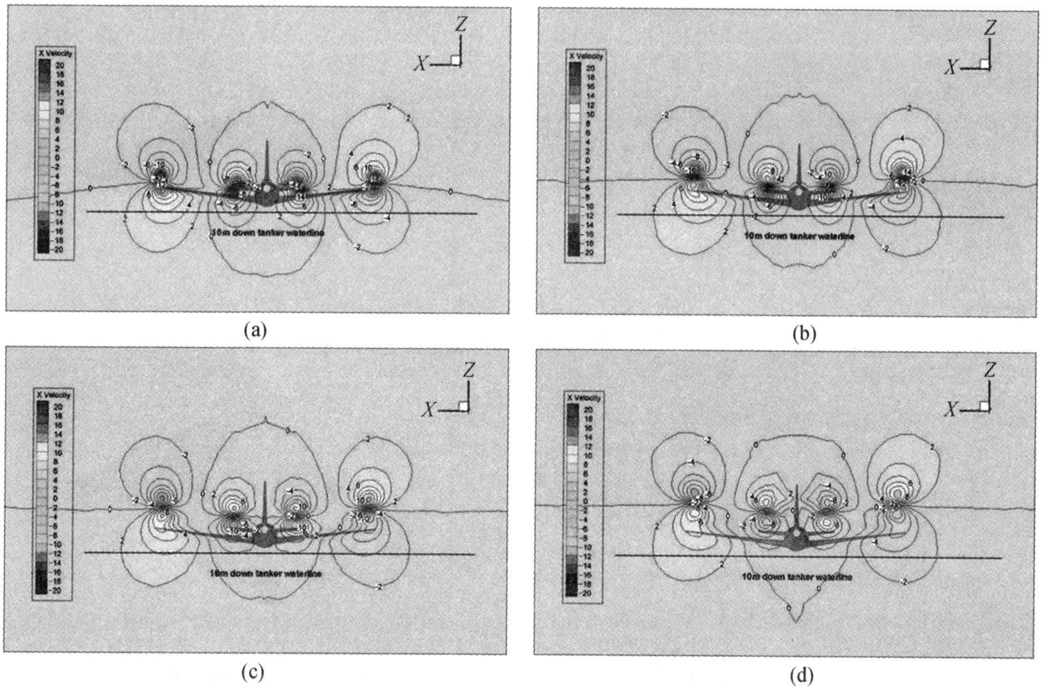


图 7-48 机后各平面处侧洗速度示意图

（a）机后 10m 侧洗速度分布；（b）机后 50m 侧洗速度分布；

（c）机后 100m 侧洗速度分布；（d）机后 150m 侧洗速度分布。

基本在 2m/s 以下，而 10m 以上区域气流则具有大于 2m/s 的侧洗速度，这与下洗角分布具有相同特性，接下来将对此区域气流特性进行具体分析。

**3. 空中加油区域速度场特性**

图 7－49 是通过 CFD 计算出的数据绘制的加油机机翼翼尖后 30m～100m 几个平面的下洗流分布图，每个平面速度分布图中的左图是整个平面的下洗速度分布，右图是对应平面在机体平面以下 8m 的速度分布。同样，气流向上为正，气流向下为负。

从图中可以看出，在翼尖后 30～100m 不同平面处的下洗流分布数值差别并不大。下洗速度在翼尖附近出现峰值，最大下洗速度约为 20m/s。在近机身及机翼外的机后空间呈现的上洗流，机翼及平尾之间的机后空间呈现下洗流。通过将机下 8m 及以下的下洗速度分布放大（右图），可以发现下洗速度幅值最大值仅为 2m/s 左右，集中于机身附近以后的空间，这说明只要受油机不飞入与两尾涡核心附近及与加油机等高的平面，所受到的下洗流是比较轻微的。

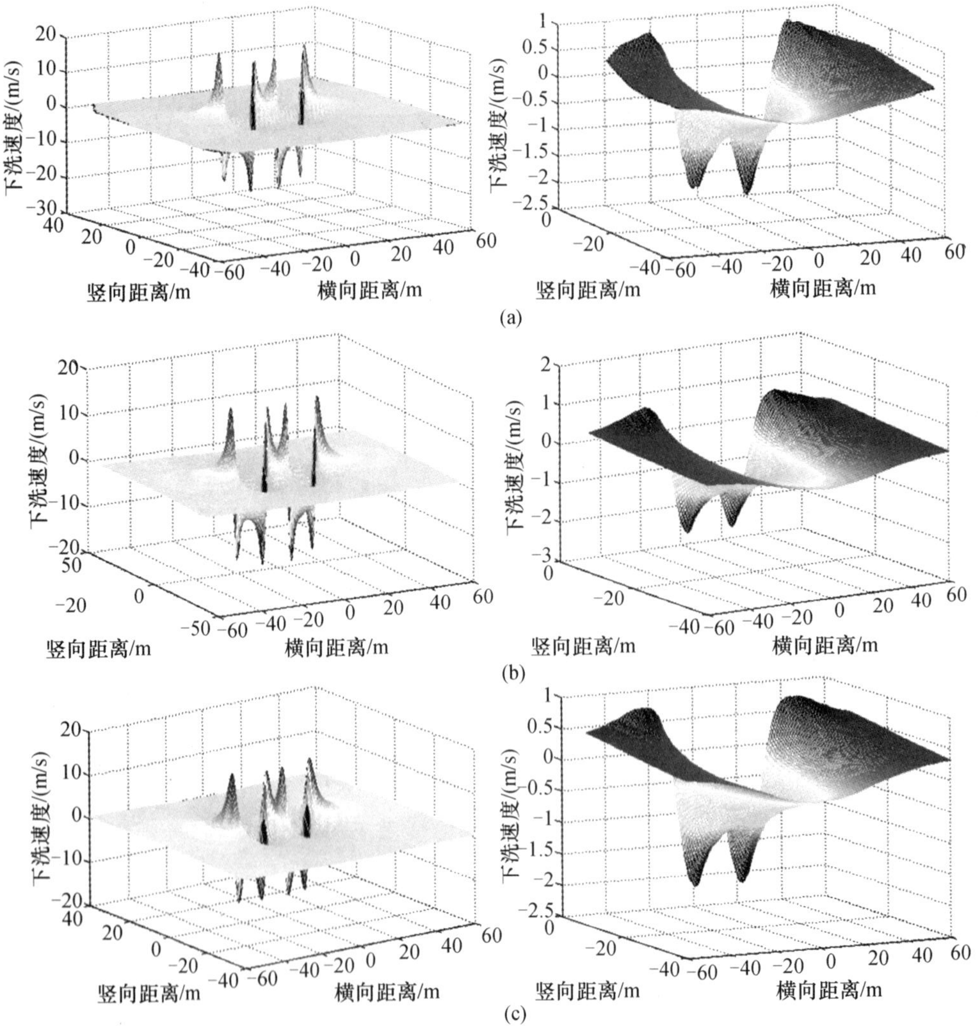


图 7－49　翼尖后不同平面处（左）及机翼平面下 8m 区域（右）下洗流分布

（a）机后 30m 平面；（b）机后 60m 平面；（c）机后 100m 平面。

图 7 - 50 是通过 CFD 计算出的数据绘制的加油机机翼翼尖后 30m ~ 100m 几个平面的侧洗流分布图。可以看出,侧洗流在机翼平面以上及以下分布是相反的,在机体以下,机后空间从左机翼到右机翼依次经历正、负、正、负的侧洗流分布(正方向为机身指向左机翼)。右图是机下 8m 及以下的侧洗速度分布,侧洗速度最大值约为 2m/s,幅值大小与下洗速度的接近。因此可以得出结论,在加油机后 8m 以下的空间飞行的受油机遭遇的下洗流和侧洗流较小,只要受油机不飞出图 6 - 8 所示的空间范围,受油机受到的尾涡气流影响是相对较小的。

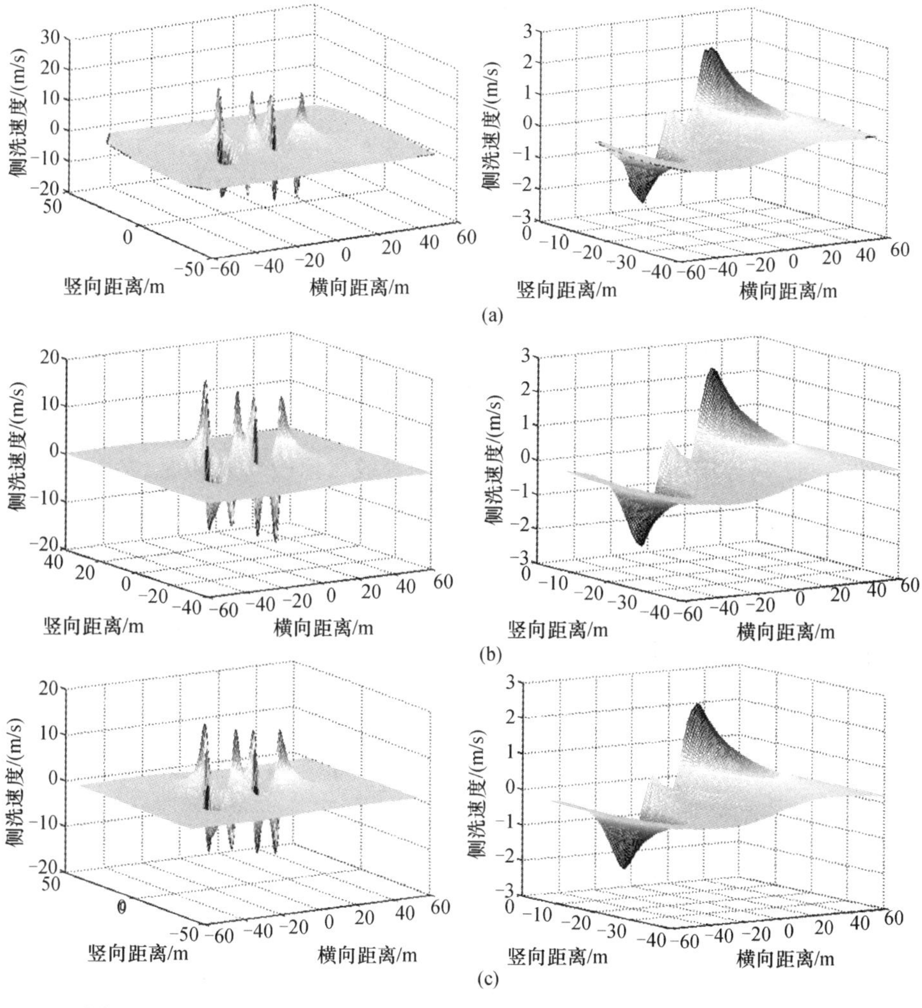


图 7 - 50　翼尖后不同平面处(左)及机翼平面下 8m 区域(右)侧洗流分布
(a) 机后 30m 平面;(b) 机后 60m 平面;(c) 机后 100m 平面。

## 7.6　基于尾流数值模拟的受油机气动影响建模

本节采用 6.4 节的等效气动效应法原理,阐述如何利用 CFD 计算结果建立受油机影响模型。在进行系数计算和受油机气动影响建模时,主要的工作集中于如何将 CFD 计算的数据转化为能够为受油机相关参数计算所用的数据格式。另外,需要用编程实现受油机诱导力系数和力矩系数的数据库建立，从而为空中加油控制律设计提供模型基础。采用 MATLAB 进行编程，程序流程如图 7－51 所示。

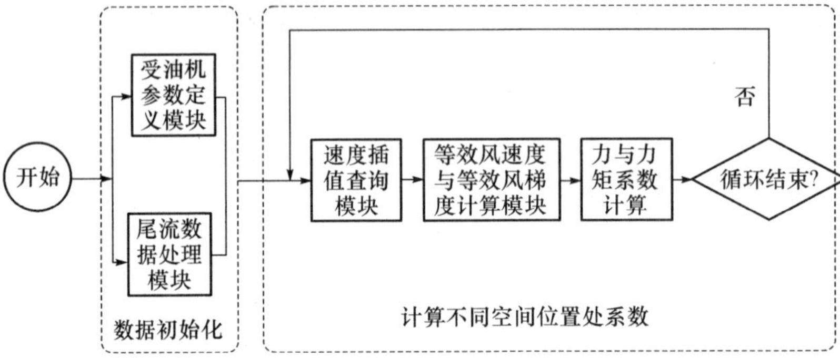


图 7－51　程序流程图

程序主要分为两个模块：一是数据初始化模块，主要进行 CFD 数据格式的格式标准化处理及受油机模型参数定义，以便于进行插值查询不同空间处的速度值；二是通过循环计算受油机处于加油机后不同空间位置的相关系数，主要实现计算功能的是“等效风速度与等效风梯度计算模块”，该模块通过速度插值查询，得到受油机所处空间的气流速度分布情况，然后再利用等效气动效应法计算受油机所受的等效风速度与风梯度，进而求得所受的尾流诱导力系数与力矩系数，完成诱导数据库建立。

仿真采用 ICE101 验证机双机编队模型，飞机的相关参数在第六章中有详细阐述，不再列出。图 7－52 是计算所得的翼尖后 35m 处的等效风速度与风梯度，参考坐标系是以

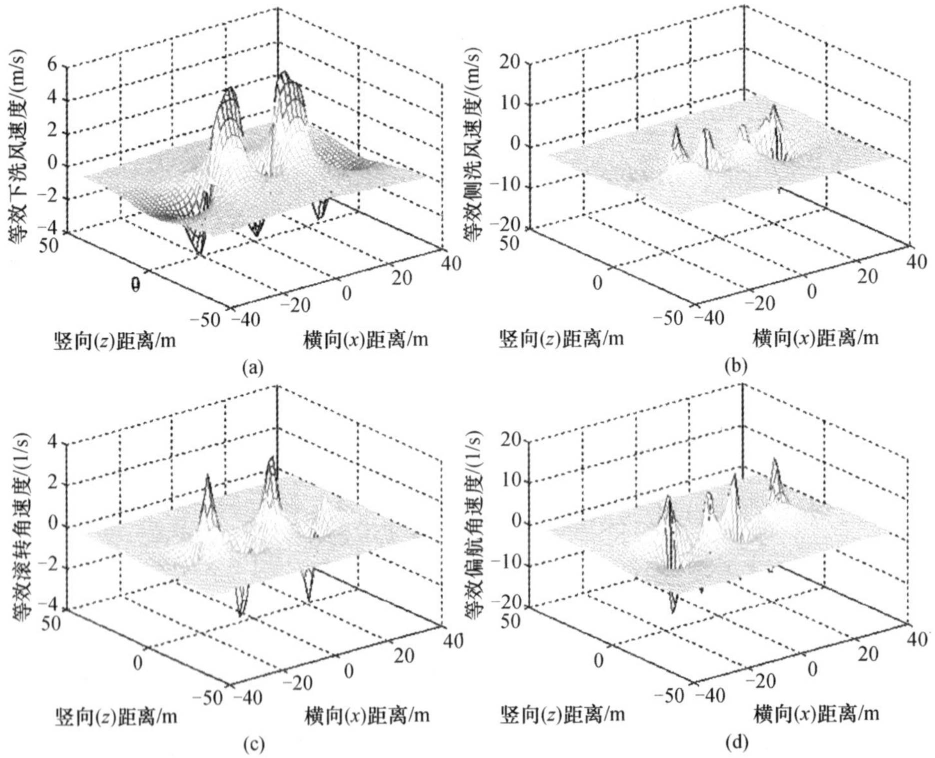


图 7－52　受油机在翼尖后 35m 平面不同位置所受的等效风速度与风梯度

（a）等效下洗风速度；（b）等效侧洗风速度；（c）等效滚转角速度；（d）等效偏航角速度。

加油机质心为原点的欧美坐标系。

图 7 - 52(a)显示,受油机所受的等效下洗风速度在机翼内侧 5 ~ 10m 处最大,约为 6m/s,上洗速度(下洗速度为负时)在 $y=0$,翼尖外 2 ~ 5m 附近出现最大值,约为 4m/s;从图 7 - 52(b)可以看出,侧洗速度在翼尖附近达到 10m/s 的最大值,并且在加油机以上和以下的空间分布特性相反;图 7 - 52(c)表示在翼尖内侧 0 ~ 10m 的受油机会受到向机身内侧滚转的角速度,而在机身附近则情况相反;图 7 - 52(d)显示在不同位置处受油机也将受到不同大小的偏航角速度的影响。

完成受油机所受到的等效风速度和风梯度计算之后,采用式(6.59) ~ 式(6.64)计算受油机受到的尾流诱导力系数和力矩系数,计算的结果如图 7 - 53 所示。

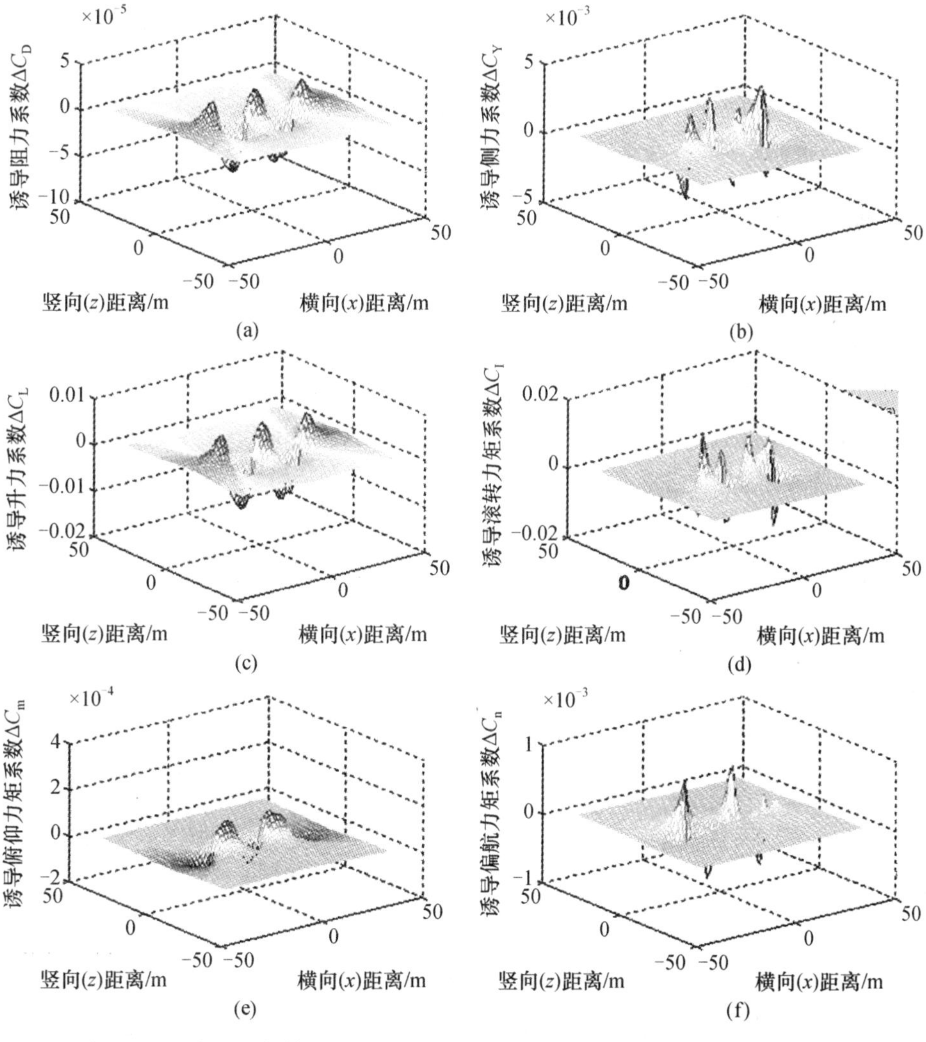


图 7 - 53　受油机在翼尖后 35m 平面不同位置所受的诱导力系数与力矩系数

(a) 诱导阻力系数;(b) 诱导侧力系数;(c) 诱导升力系数;

(d) 诱导滚转力矩系数;(e) 诱导俯仰力矩系数;(f) 诱导偏航力矩系数。

可见,受油机在加油机后不同位置会受到不同大小的诱导力系数和力矩系数,特别是诱导升力系数和诱导滚转力矩系数达到了较大的幅值(数量级达到 $10^{-2}$),表明受油机会受到较大的诱导升力影响和诱导滚转力矩影响。计算结果表明,飞行于加油机后的受油机所受到的气动影响呈现非线性特性,无法用简单的函数描述。因此可以在确定了加油机和受油机机型后进行 CFD 计算和程序仿真,得到尾流诱导系数,并建立系数数据库,在进行编队模型运动仿真时采用查表插值的方法直接获取受油机所处位置的气动影响。利用这种数据及建模方法,受油机的运动分析将更加精确,验证设计的受油机控制律会更加符合实际。

## 7.7 受油机头波效应 CFD 模拟

与加油机尾流的研究一样,风洞和试飞试验是最为准确的研究方法。但由于风洞、试飞试验往往受模型尺寸、流场扰动等影响,周期长、代价大、成本高,因此采用计算流体力学方法对受油机头波效应进行数值模拟,并以受油机迎角和马赫数为例,研究头波随飞行条件的变化规律。

### 7.7.1 受油机三维模型建立

受油机头波流场主要由受油机机头外形决定,同时随飞行状态变化的影响,即不同机型、不同飞行状态条件下,受油机头波流场可能完全不同。正因为如此,想要对所有机型全部飞行状态的头波流场给出统一的规律描述几乎是不现实的。因此,这里仅以 F－16 飞机三维模型进行头波影响的数值仿真研究,为简化问题,只保留与受油区域接近、对锥套影响大的机身、机头和机翼部位。其中 F－16 受油机的尺寸参数如表 7－3 所列,图 7－54给出了 F－16 受油机的标准三维模型和简化后的 F－16 受油机三视图。

表 7－3 受油机模型的几何数据

| 模型 | 翼展/m | 面积/$m^2$ | 弦长/m | 长度/m | 宽度/m | 高度/m |
|---|---|---|---|---|---|---|
| F－16 | 9.144 | 27.87 | 3.45 | 15.09 | 9.45 | 5.01 |

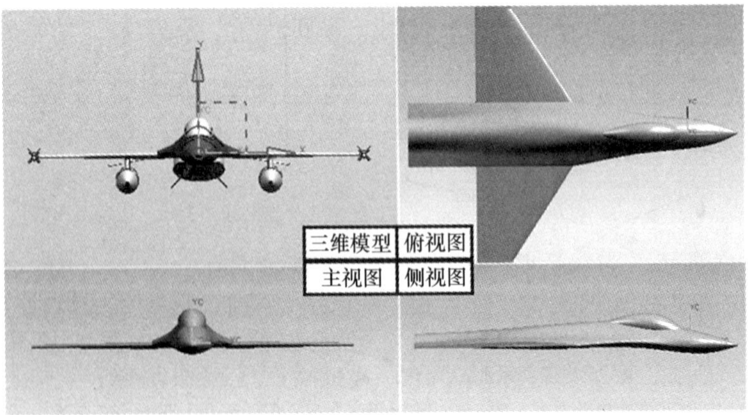


图 7－54 受油机的标准三维模型及简化后的三视图

### 7.7.2 数值计算及方法验证

**1. 网格生成**

为简化计算量，考虑到模型的面对称性，采用半模进行网格划分和计算。采用 Delaunay 方法自下至上生成非结构网格，在网格划分时采用 ICEM 生成远场的计算域，如图 7－55 所示，此计算域呈半圆柱体形状，直径为 100m，长 200m。受油机网格划分如图 7－56 所示，棱柱层数为 30，生成的网格数为 900 万，计算节点数为 400 万。

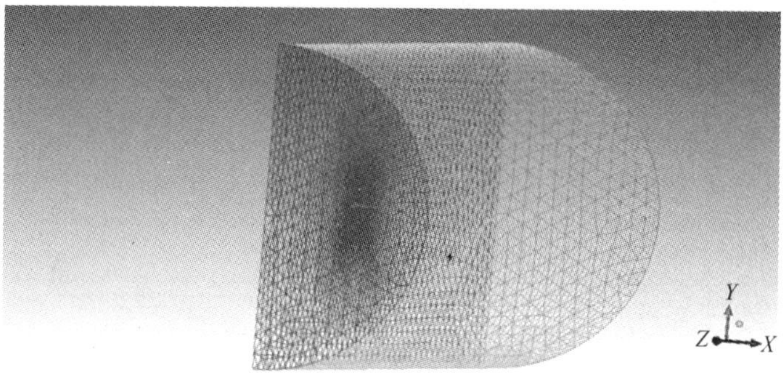


图 7－55 受油机模型的计算域

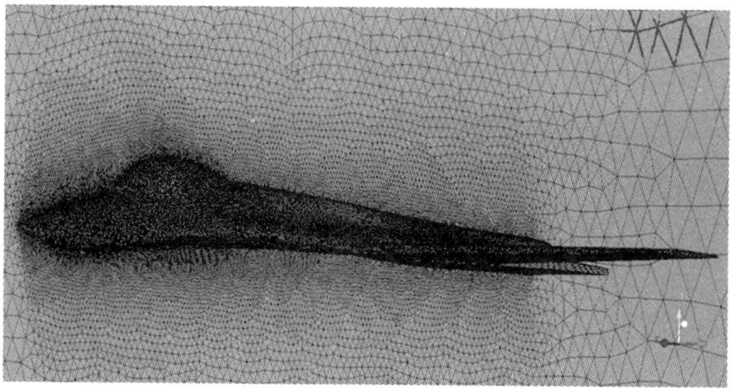

图 7－56 网格划分

**2. 计算方法**

根据空中加油时的实际飞行条件，假设空气是可压缩的、稳定的、三维黏性流体。计算选用基于密度的隐式求解器，湍流模型使用具有高精度和可信度的剪切压力传输 SST $k-\omega$湍流模型；材料设为 air，密度选项为默认密度 1.225kg/m$^3$，黏性选项为默认黏性 $1.7894\times10^{-5}$kg/m · s$^{-1}$，操作压力为 101325Pa；计算域入口、出口边界条件设为压力远场（pressure－farfeild）；松弛因子设为默认值；迭代计算收敛准则设置为残差小于 $10^{-4}$。

**3. 计算结果分析**

采用应用成熟的计算流体力学软件 FLUENT 对软式空中加油对接终端时刻受油机头波进行数值仿真，为验证计算模型和方法的精度，对 ONERA M6 三维翼型表面压力分布进行计算，采用以上网格划分方法和计算方法，生成数目为 300 万的非结构网格（见图 7－57），分别采用 SST k－ω 和 SA 湍流模型对马赫数为 0.8375 条件下进行计算，并与风洞试验数据进行比较。

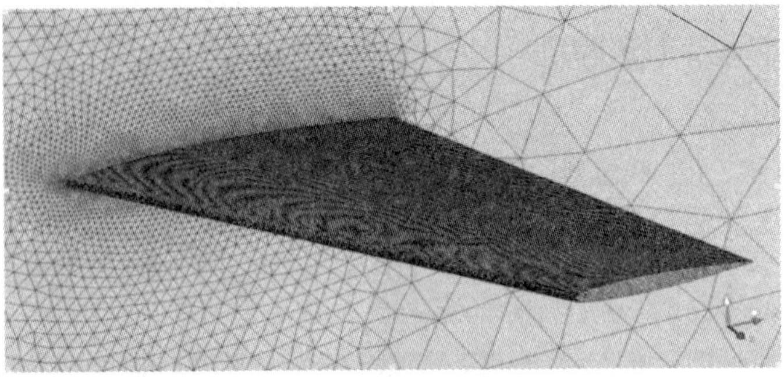

图 7-57 M6 翼型网格划分

如图 7-58 所示,用同样的方法计算 ONERA M6 三维翼型表面压力分布时,采用 SST $k-\omega$ 湍流模型计算的结果与风洞试验的数据符合度更高,同时可以说明计算模型和方法的精度满足研究的要求。

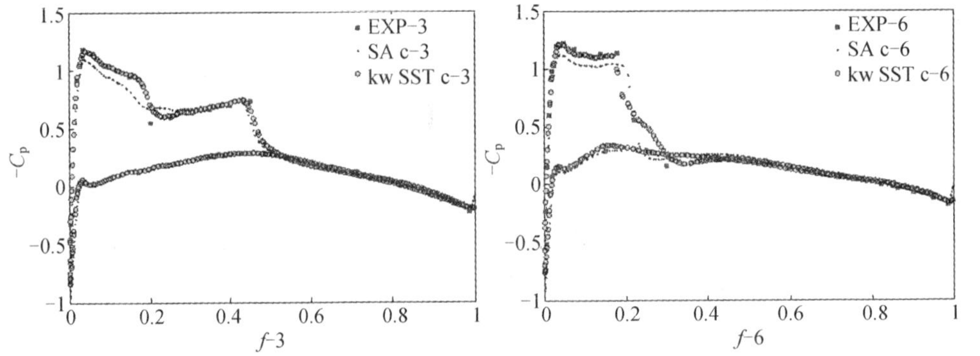


图 7-58 M6 翼型表面压力系数变化

### 7.7.3 受油机头波流场特性分析

软管锥套在飞行过程中通常受拉力、重力和空气动力等外力作用而保持在拖曳状态,而在空气动力中,阻力是主要部分。由文献[96,97]中软管锥套阻力的经验公式可知影响压差阻力和摩擦阻力的因素主要是软管锥套的几何形状和当地气流速度。随着受油机的接近,软管锥套所处气流场必然会发生变化,这种变化主要体现在压力场和速度场的变化。气流速度的变化会导致软管锥套的阻力变化,打破了原来的受力平衡,锥套的飘摆现象会恶化,影响对接成功率。

采用 7.7.2 节方法,对受油机头波进行静态 CFD 数值仿真,在加油包线内选择马赫数 0.4 ~0.6、迎角 -3° ~9°的飞行条件进行压力场和速度场变化规律研究,并利用 TECPLOT 对计算结果进行后处理。

**1. 压力场分析**

1)前向不同截面相对压力分布

图 7-59 给出了受油机在马赫数为 0.5、迎角为 3°的飞行条件下,受油机前向图 7-59(a)、(b)、(c)(截面间距为 1m)和飞机对称面四个截面上的相对压力分布。因为相对压力与参考压力之和为绝对压力,由伯努利定理可知压强大,流速小,所以当气流经过机

头附近时,速度的幅值会变小,越靠近机头,速度下降越明显。由图 7 -59(d)可以看出此飞行条件下受油机的头波影响范围大概为机头尖部前方 2m 左右。

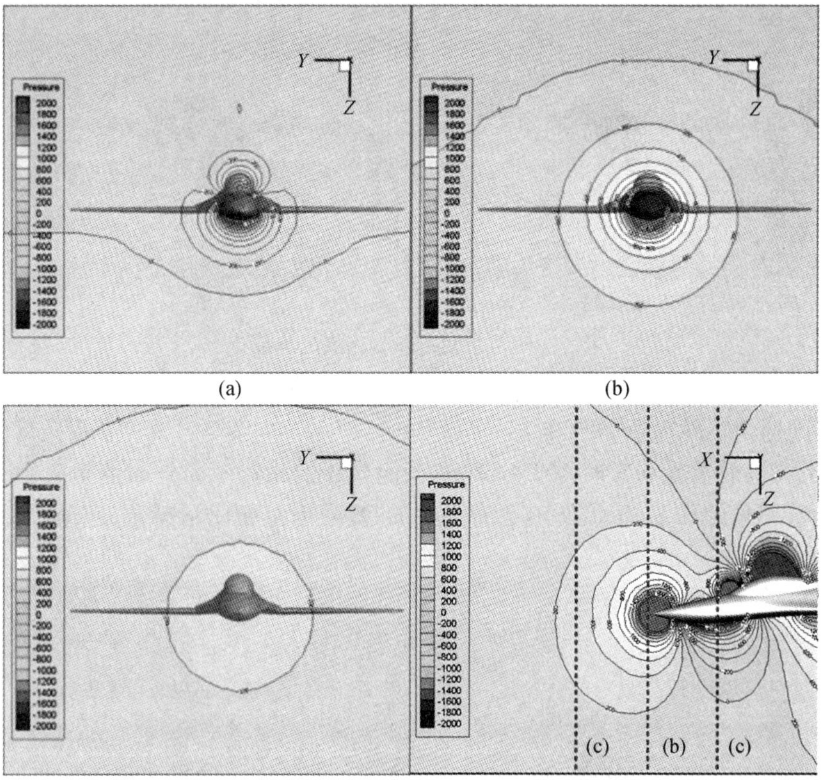


(a) (b) (c) (d)

图 7 -59　前向不同截面相对压力变化

(a) 截面 a; (b) 截面 b; (c) 截面 c; (d) 截面分布。

2) 不同马赫数下相对压力分布

如图 7 -60 所示为受油机在 3°平飞迎角下的图 7 -59(b)中截面(b)位置,不同马赫数时的相对压力分布。由图可知,随着马赫数增大,头波影响范围由中心向四周逐渐扩大。若以相对压力 400Pa 等值线为参考边界,则随马赫数由 0.45 到 0.6,该边界半径由 1.5m 增大到 2.4m。

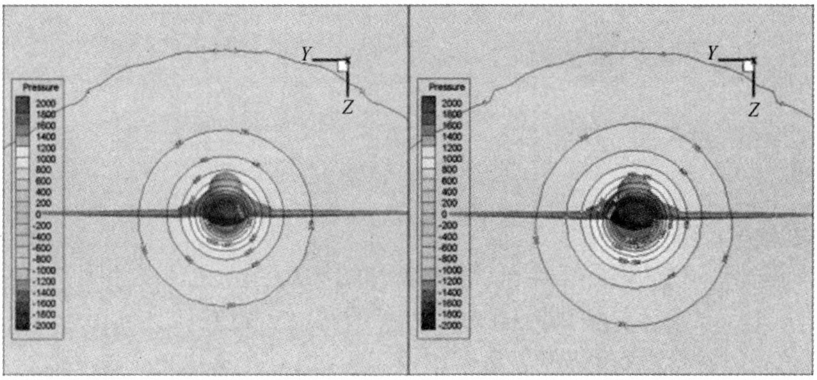


(a) (b)

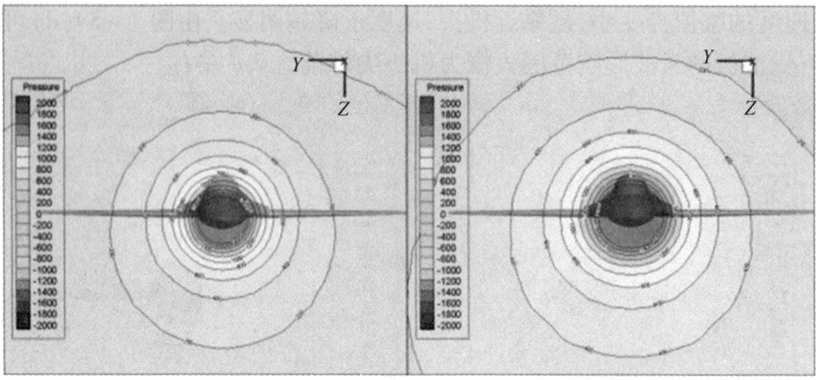


(c) (d)

图 7 - 60 不同马赫数相对压力变化

(a) $Ma=0.45$; (b) $Ma=0.50$; (c) $Ma=0.55$; (d) $Ma=0.60$。

3) 不同迎角下相对压力分布

受油机在马赫数为 0.8 时图 7 - 59(b)截面位置的相对压力分布由图 7 - 61 给出,可以看出,随着迎角的增大,头波影响会有下移的趋势,但是相比马赫数,迎角对头波范围的影响小。

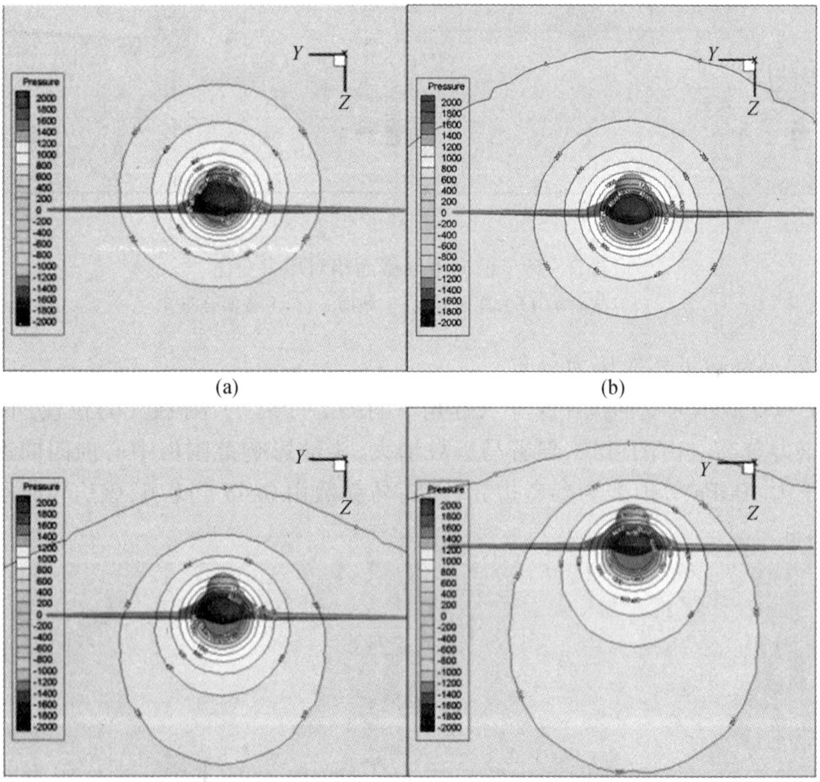


(a) (b)

(c) (d)

图 7 - 61 不同迎角相对压力变化

(a) $\alpha=0°$; (b) $\alpha=3°$; (c) $\alpha=6°$; (d) $\alpha=9°$。

**2. 速度场分析**

0.5$Ma$,3°迎角条件下,气流经过机头时的速度变化($\Delta V = V_{局部气流} - V_{初始气流}$)分布如图7-62所示。下文速度变化分析均相对于图7-62(d)中的$OXYZ$系。$OXYZ$系平行于机体系,原点前移到在机头顶点处。

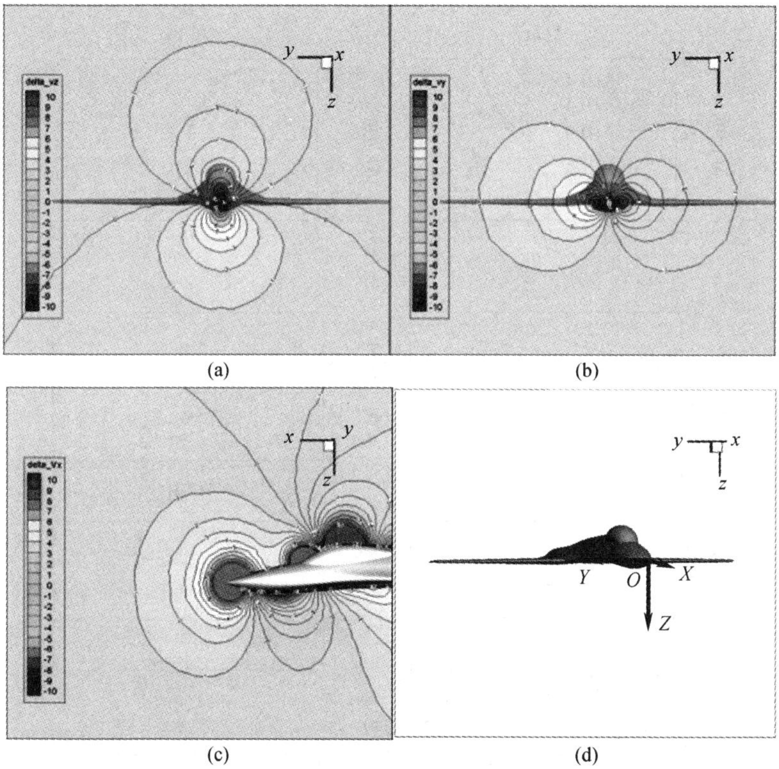


图7-62 坐标系定义及各轴上相对速度变化量

(a) $Z$轴分量;(b) $Y$轴分量;(c) $X$轴分量;(d) 坐标系定义。

对比上述仿真结果可知,由于受油机的对称性,忽略侧滑情况下相对压力分布与相对速度分布均呈对称圆形。由图7-59(d)、图7-62(c)可以看出,在加油过程中,机头顶点附近、座舱与机头交界处两个位置速度和压强变化较大,头波影响明显,沿$X$轴的速度变化幅度超过10m/s,这严重影响锥套位置稳定性。为进一步分析头波速度变化规律,在图7-62坐标系中取5个点:$P_1(2.5,1,-1)$,$P_2(-2.5,1,-1)$,$P_3(0,1,-1)$,$P_4(0,3.5,-1)$,$P_5(0,-1,-3.5)$。定义矢量为$\boldsymbol{A}=P_1P_2$、$\boldsymbol{B}=P_3P_4$、$\boldsymbol{C}=P_5P_3$。图7-63是分别沿矢量$\boldsymbol{A}$、$\boldsymbol{B}$、$\boldsymbol{C}$,局部气流速度幅值和$OXYZ$各轴速度投影变化量的数值曲线。

由图7-63(a)可知,当沿着矢量$\boldsymbol{A}$(与$X$轴相反方向)靠近飞机时,气流的速度幅值会先减小后增大,在$OYZ$平面处,达到最小;马赫数为0.5时,速度的幅值最大减少4~5m/s。沿$X$轴的速度变化规律相似。而当沿着$A$靠近飞机时,在$Y$、$Z$轴上的分量会逐渐增大,这与实际加油过程中,锥套的偏离方向一致;而$Y$轴的速度变化量要大于$Z$轴上,马赫数为0.5时,速度分量在$Y$轴变化约为10m/s,$Z$轴变化约为6m/s,这主要是由受油机机头的几何结构决定的。而且当马赫数增大时,速度变化量也会变大,头波作用影响增大;由图7-63(b)、(c)可知,当沿着$Y$轴、$Z$轴远离机头时,头波的影响会减弱。

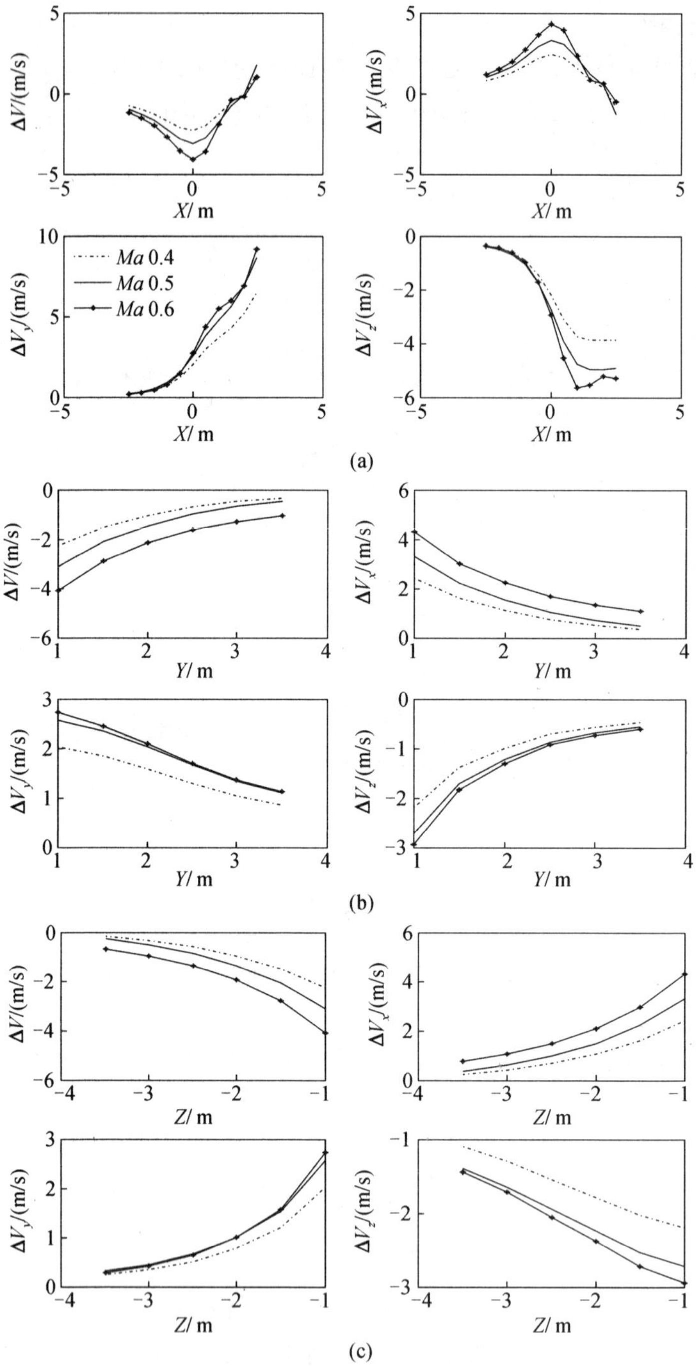


图 7-63　沿矢量 ***A***、***B***、***C*** 速度变化量

(a) 沿矢量 ***A***；(b) 沿矢量 ***B***；(c) 沿矢量 ***C***。

# 第三篇　空中加油系统动力学模型

大到天体运行，小到微观粒子，自然界中存在着大大小小各式各样的动力学系统。千百年来，人们从不同角度，使用不同方法，千方百计地建立各系统的数学模型，目的就是更加深入地了解各系统的内在运行规律，为利用自然改造自然提供理论支撑。航空航天领域中，准确的系统模型是分析系统动力学行为特性，进行控制器设计的必备基础。

空中加油系统包含加油机、受油机、加油设备以及相互气动耦合影响等多个因素，且系统内部刚—柔—液—气四种介质相互耦合。因此，空中加油系统是一个强耦合非定常非线性的复杂系统，现有的成熟数学模型通常难以准确反映其动力学行为。例如，受油机加油时的快速质量变化、柔性体的软管以及硬管的伸缩等都不符合航空航天领域通常建模采用的单体恒定质量假设。

因此，本篇分别针对加/受油机、软管锥套组合体和伸缩套管三个空中加油系统主要组成部分，探讨各自动力学建模方法。需要说明的是，完全准确地建立各自模型是不现实的。因此，各系统建模是在合理假设简化前提下，突出飞机质量变化、软管柔性运动和硬管伸缩转动等各自主要特征进行的。各系统间的气动耦合影响建模则在上一篇中进行了详细介绍。

# 第八章　变质量飞行器动力学模型

Roskam 指出，当 60s 内飞机质量变化超过 5% 时，常规恒定质量飞机方程已不能准确反映飞机动力学特性。空中加油过程中，受油机通常在近乎空重情况下进行燃油补充，短时间内质量变化大大超出 5% 的恒定质量飞机方程的适用前提。以空重约 10t 的 F－16 飞机为例，3～5min 内加入 6～8t 燃油导致的质量变化率远远超出 5% 的限制。由此可知，空中加油的特殊性大大超出了目前广泛采用的恒定质量假设前提下的飞机动力学方程的描述能力。因此，本章将在飞机质量变化的前提下探讨飞机动力学模型建立方法。

## 8.1　数学预备知识

### 8.1.1　矢量点乘与叉乘

**1. 矢量点乘**

定义矢量 v 在相应正交坐标系下可表示为

$$\boldsymbol{v} = \begin{bmatrix} x \\ y \\ z \end{bmatrix} = x\boldsymbol{i} + y\boldsymbol{j} + z\boldsymbol{k} \tag{8.1}$$

式中　$x$、$y$、$z$——$\boldsymbol{v}$ 的三个坐标分量；

$\boldsymbol{i}$、$\boldsymbol{j}$、$\boldsymbol{k}$——正交坐标系三个坐标轴方向的正向单位矢量。

任意两个矢量$\boldsymbol{v}_1$ 与$\boldsymbol{v}_2$ 的点乘定义为

$$\boldsymbol{v}_1 \cdot \boldsymbol{v}_2 = \| \boldsymbol{v}_1 \| \| \boldsymbol{v}_2 \| \cos\theta \tag{8.2}$$

式中　$\| \ \|$——矢量的模；

$\theta$——两矢量的夹角。

矢量点乘的坐标运算形式为

$$\boldsymbol{v}_1 \cdot \boldsymbol{v}_2 = \boldsymbol{v}_1^{\mathrm{T}} \boldsymbol{v}_2 = [x_1 \quad y_1 \quad z_1] \begin{bmatrix} x_2 \\ y_2 \\ z_2 \end{bmatrix} = x_1x_2 + y_1y_2 + z_1z_2 \tag{8.3}$$

**2. 矢量叉乘**

矢量叉乘的坐标运算形式为

$$\boldsymbol{u} \times \boldsymbol{v} = \begin{vmatrix} \boldsymbol{i} & \boldsymbol{j} & \boldsymbol{k} \\ x_1 & y_1 & z_1 \\ x_2 & y_2 & z_2 \end{vmatrix} = \boldsymbol{i} \begin{vmatrix} y_1 & z_1 \\ y_2 & z_2 \end{vmatrix} - \boldsymbol{j} \begin{vmatrix} x_1 & z_1 \\ x_2 & z_2 \end{vmatrix} + \boldsymbol{k} \begin{vmatrix} x_1 & y_1 \\ x_2 & y_2 \end{vmatrix} \tag{8.4}$$

矢量叉乘满足以下性质：

$$\begin{gathered} \boldsymbol{u} \times \boldsymbol{v} = -(\boldsymbol{v} \times \boldsymbol{u}) \\ a(\boldsymbol{u} \times \boldsymbol{v}) = (a\boldsymbol{u}) \times \boldsymbol{v} = \boldsymbol{u} \times (a\boldsymbol{v}) \\ \boldsymbol{u} \times (\boldsymbol{v} + \boldsymbol{w}) = (\boldsymbol{u} \times \boldsymbol{v}) + (\boldsymbol{u} \times \boldsymbol{w}) \\ \boldsymbol{u} \times (\boldsymbol{v} \times \boldsymbol{w}) = \boldsymbol{v} \cdot (\boldsymbol{w} \times \boldsymbol{u}) = \boldsymbol{w} \cdot (\boldsymbol{u} \times \boldsymbol{v}) \\ \boldsymbol{u} \times (\boldsymbol{v} \times \boldsymbol{w}) = \boldsymbol{v}(\boldsymbol{w} \cdot \boldsymbol{u}) - \boldsymbol{w}(\boldsymbol{u} \cdot \boldsymbol{v}) \end{gathered} \tag{8.5}$$

$$\begin{gathered} \boldsymbol{i} \times \boldsymbol{i} = \boldsymbol{j} \times \boldsymbol{j} = \boldsymbol{k} \times \boldsymbol{k} = 0 \\ \boldsymbol{i} \times \boldsymbol{j} = \boldsymbol{k} \\ \boldsymbol{j} \times \boldsymbol{k} = \boldsymbol{i} \\ \boldsymbol{k} \times \boldsymbol{i} = \boldsymbol{j} \end{gathered} \tag{8.6}$$

令矢量 $\boldsymbol{\omega}$ 的坐标表示为

$$\boldsymbol{\omega} = [p \quad q \quad r]^{\mathrm{T}}$$

则易知

$$\boldsymbol{\omega} \times \boldsymbol{v} = \begin{bmatrix} 0 & -r & q \\ r & 0 & -p \\ -q & p & 0 \end{bmatrix} \begin{bmatrix} x \\ y \\ z \end{bmatrix} \equiv \boldsymbol{\Omega v} \tag{8.7}$$

同理可知

$$\boldsymbol{\omega}\times(\boldsymbol{\omega}\times\boldsymbol{v}) = \begin{bmatrix} 0 & -r & q \\ r & 0 & -p \\ -q & p & 0 \end{bmatrix}^2 \begin{bmatrix} x \\ y \\ z \end{bmatrix} \equiv \boldsymbol{\Omega}^2\boldsymbol{v} \tag{8.8}$$

其中矩阵 $\boldsymbol{\Omega}$ 将在本章中指代叉乘运算($\boldsymbol{\omega}\times$),称为叉乘矩阵。易知叉乘矩阵为反对称矩阵,即满足

$$\boldsymbol{\Omega}^{\mathrm{T}} = -\boldsymbol{\Omega} \tag{8.9}$$

注意,叉乘运算可以表示多种物理量。如对于绕固定轴旋转的刚体,其旋转角速度为 $\boldsymbol{\omega}$,则相对转轴距离矢量 $\boldsymbol{p}$ 处的切向速度矢量 $\boldsymbol{v}$ 和向心加速度矢量 $\boldsymbol{a}$ 分别为

$$\boldsymbol{v} = \boldsymbol{\omega}\times\boldsymbol{p} \tag{8.10}$$

$$\boldsymbol{a} = \boldsymbol{\omega}\times\boldsymbol{v} = \boldsymbol{\omega}\times(\boldsymbol{\omega}\times\boldsymbol{p}) \tag{8.11}$$

另如,任意力矢量 $\boldsymbol{F}$ 作用于距原点为距离矢量 $\boldsymbol{r}$ 的某点的力矩矢量 $\boldsymbol{T}$ 可表示为

$$\boldsymbol{T} = \boldsymbol{r}\times\boldsymbol{F} \tag{8.12}$$

### 8.1.2 坐标旋转变换

矢量坐标旋转变换是航空航天领域常用的数学运算,它的作用是将表示在某一坐标系下的矢量表示在具有相同原点的另一坐标系中。令矢量 $\boldsymbol{v}$ 在坐标系“1”中可表示为 $\boldsymbol{v}_1$,在坐标系“2”中可表示为 $\boldsymbol{v}_2$,则二者的旋转变换关系可表示为

$$\boldsymbol{v}_2 = \boldsymbol{R}\,\boldsymbol{v}_1 \tag{8.13}$$

式中 $\boldsymbol{R}(3\times3)$——描述坐标系“2”相对坐标系“1”的朝向。

坐标旋转变换必须保持变换前后矢量的模(即长度)不变。

$$\boldsymbol{v}_2^{\mathrm{T}}\boldsymbol{v}_2 = (\boldsymbol{R}\,\boldsymbol{v}_1)^{\mathrm{T}}\boldsymbol{R}\,\boldsymbol{v}_1 = \boldsymbol{v}_1^{\mathrm{T}}\boldsymbol{R}^{\mathrm{T}}\boldsymbol{R}\,\boldsymbol{v}_1 \tag{8.14}$$

由式(8.14)可知,当下式成立时旋转变换前后矢量的模保持不变。

$$\boldsymbol{R}^{\mathrm{T}}\boldsymbol{R} = \boldsymbol{I} = \boldsymbol{R}\,\boldsymbol{R}^{\mathrm{T}} \tag{8.15}$$

因此可知,当式(8.15)成立时,$\boldsymbol{R}$ 为正交矩阵,其逆矩阵与转置矩阵相同,即

$$\boldsymbol{R}^{-1} = \boldsymbol{R}^{\mathrm{T}} \tag{8.16}$$

这也就是说旋转矩阵 $\boldsymbol{R}$ 的各列(或行)矢量组成了一组正交矢量,即

$$\boldsymbol{R} = [\boldsymbol{r}_1 \quad \boldsymbol{r}_2 \quad \boldsymbol{r}_3],\boldsymbol{r}_i^{\mathrm{T}}\boldsymbol{r}_j = \begin{cases} 0 & i\neq j \\ 1 & i=j \end{cases} \tag{8.17}$$

进而可知,单位矢量经旋转变换后在另一坐标系下将成为旋转矩阵 $\boldsymbol{R}$ 中的某一列矢量,如

$$\boldsymbol{r}_1 = \boldsymbol{R}\begin{bmatrix} 1 \\ 0 \\ 0 \end{bmatrix} \tag{8.18}$$

易知,旋转矩阵 $\boldsymbol{R}$ 的各列矢量满足如下叉乘关系:

$$\begin{aligned} \boldsymbol{r}_1\times\boldsymbol{r}_2 &= \boldsymbol{r}_3 \\ \boldsymbol{r}_2\times\boldsymbol{r}_3 &= \boldsymbol{r}_1 \\ \boldsymbol{r}_3\times\boldsymbol{r}_1 &= \boldsymbol{r}_2 \end{aligned} \tag{8.19}$$

应用这一特性,可知旋转矩阵 $\boldsymbol{R}$ 满足如下叉乘运算关系:

$$\boldsymbol{R}(\boldsymbol{u}\times\boldsymbol{v}) = (\boldsymbol{R}\boldsymbol{u})\times(\boldsymbol{R}\boldsymbol{v}) \tag{8.20}$$

即两个矢量叉乘后的旋转变换与两矢量旋转变换后再叉乘结果完全一致。

一个三维坐标系相对另一个坐标系的旋转矩阵 $\boldsymbol{R}$ 总是可以通过三次平面旋转获得,即每次绕某一坐标轴旋转。如图 8-1 所示,坐标系“2”相对坐标系“1”绕垂直于纸面向外的 $z$ 轴逆时针旋转角度 $\theta$,由几何关系可知,同一矢量旋转变换前后坐标关系为

$$\begin{bmatrix} x_2 \\ y_2 \\ z_2 \end{bmatrix} = \begin{bmatrix} \cos\theta & \sin\theta & 0 \\ -\sin\theta & \cos\theta & 0 \\ 0 & 0 & 1 \end{bmatrix}\begin{bmatrix} x_1 \\ y_1 \\ z_1 \end{bmatrix} \tag{8.21}$$

如果矢量$\boldsymbol{v}_1$ 经过如下一系列旋转变换为矢量$\boldsymbol{v}_2$:

$$\boldsymbol{v}_2 = \boldsymbol{R}_3\boldsymbol{R}_2\boldsymbol{R}_1\boldsymbol{v}_1 \tag{8.22}$$

则其逆变换为

$$\boldsymbol{v}_1 = (\boldsymbol{R}_3\boldsymbol{R}_2\boldsymbol{R}_1)^{-1}\boldsymbol{v}_2 = \boldsymbol{R}_1^{-1}\boldsymbol{R}_2^{-1}\boldsymbol{R}_3^{-1}\boldsymbol{v}_2 = \boldsymbol{R}_1^{\mathrm{T}}\boldsymbol{R}_2^{\mathrm{T}}\boldsymbol{R}_3^{\mathrm{T}}\boldsymbol{v}_2 \tag{8.23}$$

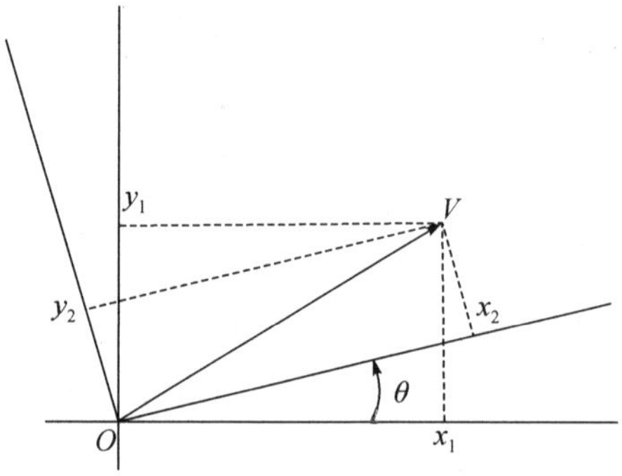


图 8-1 平面坐标旋转

### 8.1.3 矢量微分

对于式(8.1)所示的矢量 $\boldsymbol{v}$,其对时间的导数为

$$\frac{\mathrm{d}}{\mathrm{d}t}(\boldsymbol{v}) = \dot{\boldsymbol{v}} = \begin{bmatrix} \dot{x} \\ \dot{y} \\ \dot{z} \end{bmatrix} = \dot{x}\boldsymbol{i} + \dot{y}\boldsymbol{j} + \dot{z}\boldsymbol{k} \tag{8.24}$$

若坐标系 A 中矢量$\boldsymbol{v}_{\mathrm{A}}$ 经旋转变换后变为坐标系 B 中矢量$\boldsymbol{v}_{\mathrm{B}}$,即

$$\boldsymbol{v}_{\mathrm{B}} = \boldsymbol{R}\,\boldsymbol{v}_{\mathrm{A}} \tag{8.25}$$

则$\boldsymbol{v}_{\mathrm{B}}$ 相对于坐标系 A 的微分为

$$\frac{\mathrm{d}}{\mathrm{d}t_{\mathrm{A}}}(\boldsymbol{v}_{\mathrm{B}}) = \boldsymbol{R}\,\dot{\boldsymbol{v}}_{\mathrm{A}} \tag{8.26}$$

而$\boldsymbol{v}_{\mathrm{B}}$ 相对于坐标系 B 的微分为

$$\frac{\mathrm{d}}{\mathrm{d}t_{\mathrm{B}}}(\boldsymbol{v}_{\mathrm{B}}) = \dot{\boldsymbol{v}}_{\mathrm{B}} = \dot{\boldsymbol{R}}\,\boldsymbol{v}_{\mathrm{A}} + \boldsymbol{R}\,\dot{\boldsymbol{v}}_{\mathrm{A}} \tag{8.27}$$

其中若坐标系 B 相对坐标系 A 旋转，则 $\boldsymbol{R}(t)$ 为时间的变量。

将式(8.27)代入式(8.26)，可得

$$\frac{\mathrm{d}}{\mathrm{d}t_{\mathrm{A}}}(\boldsymbol{v}_{\mathrm{B}}) = \dot{\boldsymbol{v}}_{\mathrm{B}} - \dot{\boldsymbol{R}}\,\boldsymbol{v}_{\mathrm{A}} \tag{8.28}$$

式(8.28)表明，坐标系 B 中的矢量相对于坐标系 A 的微分由两项组成，第一项是相对坐标系 B 自身的微分。当坐标系 B 相对坐标系 $A$ 旋转时第二项不为 0。

根据 Coriolis 定理，式(8.28)通常表示为以下形式：

$$\frac{\mathrm{d}}{\mathrm{d}t_{\mathrm{A}}}(\boldsymbol{v}_{\mathrm{B}}) = \dot{\boldsymbol{v}}_{\mathrm{B}} + \boldsymbol{\omega}_{\mathrm{B}} \times \boldsymbol{v}_{\mathrm{B}} \tag{8.29}$$

其中，$\boldsymbol{\omega}_{\mathrm{B}}$ 表示坐标系 B 相对坐标系 A 的旋转角速度矢量。式(8.29)的优点是将所有矢量都统一表示在同一坐标系下。式(8.29)中($\boldsymbol{\omega}_{\mathrm{B}} \times \boldsymbol{v}_{\mathrm{B}}$)可认为是矢量$\boldsymbol{v}_{\mathrm{B}}$ 由于旋转导致的切向部分。

以叉乘矩阵 $\boldsymbol{\Omega}$ 代替式(8.29)中叉乘运算($\boldsymbol{\omega}_{\mathrm{B}} \times$)，并将式(8.25)代入式(8.29)与式(8.28)比较可得

$$\dot{\boldsymbol{R}} = -\boldsymbol{\Omega}\boldsymbol{R} \tag{8.30}$$

式(8.30)即为导航与制导计算中重要的捷联方程。捷联方程也可通过以下方式由式(8.33)直接获得。

根据式(8.25)，坐标系 A 中的单位矢量经旋转变换后在坐标系 B 下将是旋转矩阵 $\boldsymbol{R}$ 中的某一列矢量，即

$$\boldsymbol{r}_1 = \boldsymbol{R}\begin{bmatrix}1\\0\\0\end{bmatrix}_{\mathrm{A}} \tag{8.31}$$

由式(8.26)、式(8.29)可知

$$\frac{\mathrm{d}}{\mathrm{d}t_{\mathrm{A}}}(\boldsymbol{r}_1) = \dot{\boldsymbol{r}}_1 + \boldsymbol{\omega}_{\mathrm{B}} \times \boldsymbol{r}_1 = \boldsymbol{0} \tag{8.32}$$

对于旋转矩阵 $\boldsymbol{R}$ 中各列矢量重复上述分析可知

$$\dot{\boldsymbol{r}}_i = -\boldsymbol{\omega}_{\mathrm{B}} \times \boldsymbol{r}_i \tag{8.33}$$

其中，$i=1,2,3$。这就是列矢量形式的捷联方程。

叉乘运算的微分法则为

$$\frac{\mathrm{d}}{\mathrm{d}t}(\boldsymbol{u} \times \boldsymbol{v}) = \dot{\boldsymbol{u}} \times \boldsymbol{v} + \boldsymbol{u} \times \dot{\boldsymbol{v}} \tag{8.34}$$

## 8.2 受油机动力学建模

### 8.2.1 常用坐标系

定义坐标系的目的是为描述飞机的运动变量提供参考，方便建立飞机的运动方程，以分析飞机的运动规律。如图 8-2 所示，本章常用的坐标系有地面坐标系、机体坐标系和速度坐标系。

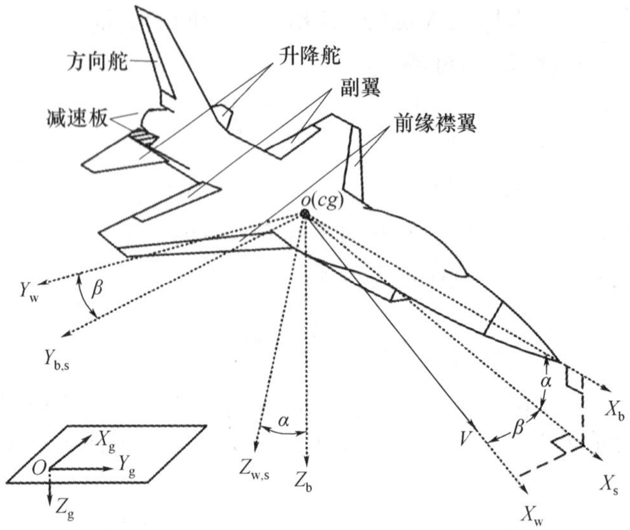


图 8-2　常用坐标系关系

**1. 地面坐标系 $OX_gY_gZ_g$**

地面坐标系的原点 $O$ 固连于地面上某一点，$OZ_g$ 轴铅垂向下，$OX_g$ 轴和 $OY_g$ 相互垂直，且在水平面内。当 $OX_g$ 轴指向真北，而 $OY_g$ 指向东时，该坐标称为东北下(NED)坐标系。

**2. 机体坐标系 $OX_bY_bZ_b$**

机体坐标系的原点 $O$ 固连于飞机质心处，$OX_b$ 轴位于飞机对称平面内平行于机身轴线，向前为正，称为纵轴；$OY_b$ 轴垂直于对称平面，向右为正，称为横轴；$OZ_b$ 在飞机对称平面内，向下为正，称为竖轴。发动机推力一般按机体坐标系给出。

**3. 速度坐标系 $OX_wY_wZ_w$**

速度坐标系的原点 $O$ 固连于飞机质心处，$OX_w$ 轴沿飞行速度方向，向前为正，称为阻力轴；$OZ_w$ 轴在飞机对称平面内，且垂直于 $OX_w$ 轴，指向机腹为正，称为升力轴；$OY_w$ 垂直于 $OX_wZ_w$ 平面，向右为正，称为侧力轴。作用在飞机上的空气动力一般按速度坐标系给出。

坐标系有两种体系，即俄罗斯体系坐标系和欧美体系坐标系。它们之间的区别是在竖轴的方向上，俄罗斯体系坐标系的竖轴向上，欧美体系坐标系的竖轴向下。由于竖轴的方向不同，又都符合右手定则，在坐标系中三个轴的符号就有所不同。在俄罗斯体系坐标系中，竖轴为 $OY$，横轴为 $OZ$。因此，在这两个坐标体系中所定义的飞机运动参数的符号和正负号也有所不同。本书使用的坐标系与欧美体系坐标系一致。

## 8.2.2　外力和外力矩

施加于物体的力和力矩是使物体产生运动的原因，飞机也不例外。因此，为分析飞机的运动规律，首先要搞清楚飞机的受力情况。常规固定翼飞机除自身重力外，还包括气动力、发动机推力等。由于这些力的等效作用点通常不与飞机质心重合，因此又相应地产生力矩作用。气动力主要是由飞机气动外形决定，随飞机运动状态改变而不断变化的；发动机推力则由发动机性能决定，同时受发动机工作状态和受油机运动状态影响。这里仅从动力学建模的角度，以 F-16 为例简单介绍飞机的受力情况。

**1. 气动力和气动力矩**

1）气动数据的查表调用

本章所用气动数据来自 NASA Langley and Ames 研究中心针对 F－16 战斗机亚声速空中飞行阶段的风洞试验。

由于飞机气动外形通常是不变的，气动力将随飞机运动状态的改变而变化。因此，当求取飞机瞬时状态的气动数据时，需要找出气动数据与多个飞机运动状态变量的对应值，这通常称为“表格查询”。这里主要使用一维、二维线性插值，以纵向气动力系数 $C_X$ 为例，借助 Simulink 的 Lookup table 工具实现查表调用，如图 8－3 所示。

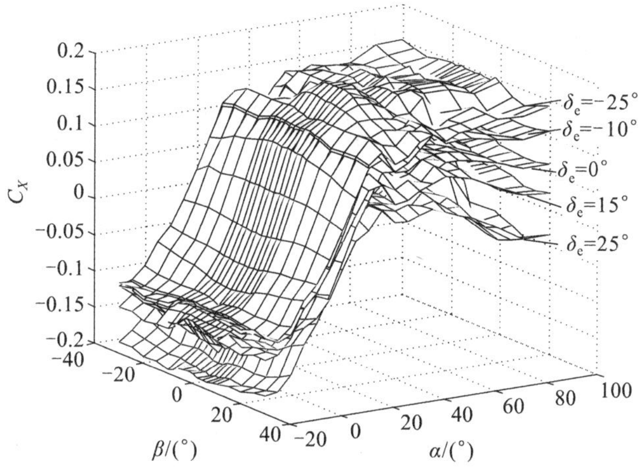


图 8－3　气动数据 $C_X$ 的查表调用

由图可知，根据飞机某一瞬时状态的迎角 $\alpha$、侧滑角 $\beta$、升降舵偏角 $\delta_e$ 三个量，便可唯一确定此时 $C_X$ 值。

2）气动力与气动力矩的一般形式

飞机各轴向的气动力作用包含多种气动因素，各种因素影响通常表现为非线性叠加的表现形式。以 F－16 为例，其各轴向气动系数具体形式如下：

（1）$X$ 轴力系数：

$$C_{X,t}=C_X(\alpha,\beta,\delta_e)+\Delta C_{X,\mathrm{lef}}\left(1-\frac{\delta_{\mathrm{lef}}}{25}\right)+\Delta C_{X,sb}(\alpha)\left(\frac{\delta_{\mathrm{sb}}}{60}\right)+$$
$$\frac{\bar{c}q}{2V}\left[C_{X_q}(\alpha)+\Delta C_{X_{q,\mathrm{lef}}}(\alpha)\left(1-\frac{\delta_{\mathrm{lef}}}{25}\right)\right] \tag{8.35}$$

（2）$Y$ 轴力系数：

$$C_{Y,t}=C_Y(\alpha,\beta)+\Delta C_{Y,\mathrm{lef}}\left(1-\frac{\delta_{\mathrm{lef}}}{25}\right)+$$
$$\left[\Delta C_{Y,\delta_{\alpha=20^\circ}}+\Delta C_{Y,\delta_{\alpha=20^\circ},\mathrm{lef}}\left(1-\frac{\delta_{\mathrm{lef}}}{25}\right)\right]\left(\frac{\delta_a}{21.5}\right)+\Delta C_{Y,\delta_{r=30^\circ}}\left(\frac{\delta_r}{30}\right)+$$
$$\frac{b}{2V}\left\{\left[C_{Y_r}(\alpha)+\Delta C_{Y_{r,\mathrm{lef}}}(\alpha)\left(1-\frac{\delta_{\mathrm{lef}}}{25}\right)\right]r+\left[C_{Y_p}(\alpha)+\Delta C_{Y_{p,\mathrm{lef}}}(\alpha)\left(1-\frac{\delta_{\mathrm{lef}}}{25}\right)\right]p\right\}$$
$$\tag{8.36}$$

(3) $Z$ 轴力系数：

$$C_{Z,t} = C_Z(\alpha,\beta,\delta_e) + \Delta C_{Z,\text{lef}}\left(1-\frac{\delta_{\text{lef}}}{25}\right) + \Delta C_{Z,sb}(\alpha)\left(\frac{\delta_{sb}}{60}\right) + \frac{\bar{c}q}{2V}\left[C_{Z_q}(\alpha) + \Delta C_{Z_q,\text{lef}}(\alpha)\left(1-\frac{\delta_{\text{lef}}}{25}\right)\right] \tag{8.37}$$

(4) 滚转力矩系数：

$$C_{l,t} = C_l(\alpha,\beta,\delta_e) + \Delta C_{l,\text{lef}}\left(1-\frac{\delta_{\text{lef}}}{25}\right) + \Delta C_{l_\beta}(\alpha)\beta + \left[\Delta C_{l,\delta_a=20°} + \Delta C_{l,\delta_a=20°,\text{lef}}\left(1-\frac{\delta_{\text{lef}}}{25}\right)\right]\left(\frac{\delta_a}{21.5}\right) + \Delta C_{l,\delta_r=30°}\left(\frac{\delta_r}{30}\right) + \frac{b}{2V}\left\{\left[C_{l_r}(\alpha) + \Delta C_{l_r,\text{lef}}(\alpha)\left(1-\frac{\delta_{\text{lef}}}{25}\right)\right]r + \left[C_{l_p}(\alpha) + \Delta C_{l_p,\text{lef}}(\alpha)\left(1-\frac{\delta_{\text{lef}}}{25}\right)\right]p\right\} \tag{8.38}$$

(5) 俯仰力矩系数：

$$C_{m,t} = C_m(\alpha,\beta,\delta_e)n_{\delta_e}(\delta_e) + C_{Z,t}(X_{cg,\text{lef}} - X_{cg}) + \Delta C_m(\alpha) + \frac{\bar{c}q}{2V}\left[C_{m_q}(\alpha) + \Delta C_{m_q,\text{lef}}(\alpha)\left(1-\frac{\delta_{\text{lef}}}{25}\right)\right] + \Delta C_{m,ds}(\alpha,\delta_e) + \Delta C_{m,\text{lef}}\left(1-\frac{\delta_{\text{lef}}}{25}\right) + \Delta C_{m,sb}(\alpha)\left(\frac{\delta_{sb}}{60}\right) \tag{8.39}$$

(6) 偏航力矩系数：

$$C_{n,t} = C_n(\alpha,\beta,\delta_e) + \Delta C_{n,\text{lef}}\left(1-\frac{\delta_{\text{lef}}}{25}\right) - C_{Y,t}(X_{cg,\text{lef}} - X_{cg})\frac{\bar{c}}{b} + \left[\Delta C_{n,\delta_\alpha=20°} + \Delta C_{n,\delta_a=20°,\text{lef}}\left(1-\frac{\delta_{\text{lef}}}{25}\right)\right]\left(\frac{\delta_a}{21.5}\right) + \Delta C_{n,\delta_r=30°}\left(\frac{\delta_r}{30}\right) + \Delta C_{n_\beta}(\alpha)\beta + \frac{b}{2V}\left\{\left[C_{n_r}(\alpha) + \Delta C_{n_r,\text{lef}}(\alpha)\left(1-\frac{\delta_{\text{lef}}}{25}\right)\right]r + \left[C_{n_p}(\alpha) + \Delta C_{n_p,\text{lef}}(\alpha)\left(1-\frac{\delta_{\text{lef}}}{25}\right)\right]p\right\} \tag{8.40}$$

气动力和气动力矩可表示为与以上总气动系数、动压 $q=\rho V^2/2$、机翼面积 $S$、机翼弦长 $\bar{c}$ 或翼展 $b$ 等因素相关的函数，分别如下式所示。

$$\boldsymbol{F}_a = \begin{bmatrix} F_X \\ F_Y \\ F_Z \end{bmatrix} = \begin{bmatrix} qSC_{X,t} \\ qSC_{Y,t} \\ qSC_{Z,t} \end{bmatrix} \tag{8.41}$$

$$\boldsymbol{Q}_a = \begin{bmatrix} \bar{L} \\ M \\ N \end{bmatrix} = \begin{bmatrix} qSbC_{l,t} \\ qS\bar{c}C_{m,t} \\ qSbC_{Z,t} \end{bmatrix} \tag{8.42}$$

**2. 发动机推力**

发动机是飞机飞行的直接动力来源，也是飞行控制的重要对象。以往飞行控制研究中常简单地将发动机推力建模为离散量或时间常数固定的一阶惯性环节，不能真实反映发动机操纵和响应特性，尤其在人工飞行控制中无法给飞行员提供真实的操纵感受。针对上述不足，这里分别对油门杆分段线性操纵和可变时间常数的推力响应进行建模与仿真。

1）发动机几何关系的简化

F－16 飞机装载一台涡扇喷气发动机，其简化几何关系如图 8－4 所示。

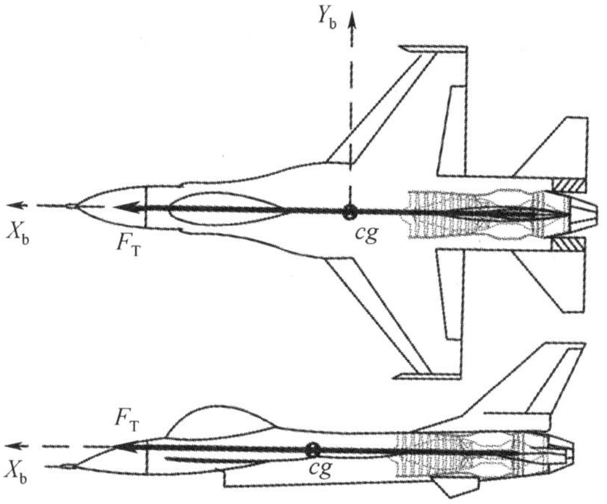


图 8－4　飞机与发动机位置简化几何关系

由图 8－4 可知，发动机对飞机横轴、立轴的推力分量以及对重心所产生的力矩均为 0，因此可大大简化发动机对飞机的影响，便于控制律分析与设计。

2）油门杆操纵建模

油门杆是发动机的直接操纵装置，主要功能是将油门杆位置转化为发动机推力指令，进而改变发动机的工作状态。通常，油门杆按照操纵行程，依次有不同挡位。这里设计的油门杆仅考虑慢车、空战（额定）、最大三个挡位。

发动机不同工作状态对推力指令的需求有所不同。通常小推力状态时，希望能够精确控制推力，这要求推力指令对油门杆行程变化的灵敏度较小；大推力状态时，往往需要推力指令快速建立，因而要求推力指令对油门杆行程变化的灵敏度较大。基于此，建立推力指令 $P_c$ 对油门杆行程 $\delta_{th}$ 的分段线性模型如下：

$$P_c(\delta_{th}) = \begin{cases} 64.94\delta_{th} & \delta_{th} \leqslant 0.77 \\ 217.38\delta_{th} - 117.38 & 0.77 < \delta_{th} \leqslant 1 \end{cases} \tag{8.43}$$

其中，推力指令 $P_c$ 以占最大推力的百分比表示，油门杆位置行程限制为 $0 \leqslant \delta_{th} \leqslant 1$。油门杆挡位、行程与推力指令的关系如图 8－5 所示。

3）推力响应建模

发动机推力数据与油门杆挡位对应，分慢车、空战和最大三个量级，并随高度和马赫数变化，其线性插值查表调用如图 8－6 所示，其高度范围为 $0 \leqslant h \leqslant 15240$（m），马赫数范围为 $0 \leqslant Ma \leqslant 1$。

飞行控制研究中，通常将推力对指令输入的响应建模为一阶惯性环节。实际的发动机工作状态不可能剧烈变化，同时推力响应的滞后时间也随工作状态改变而变化。因此，为较准确地描述发动机的推力响应特性应根据发动机当前推力状态 $P_n$ 和油门杆输入的

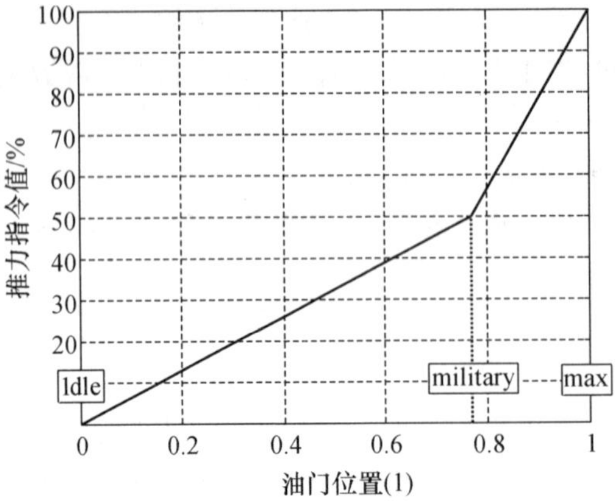


图 8-5 油门杆的操纵特性

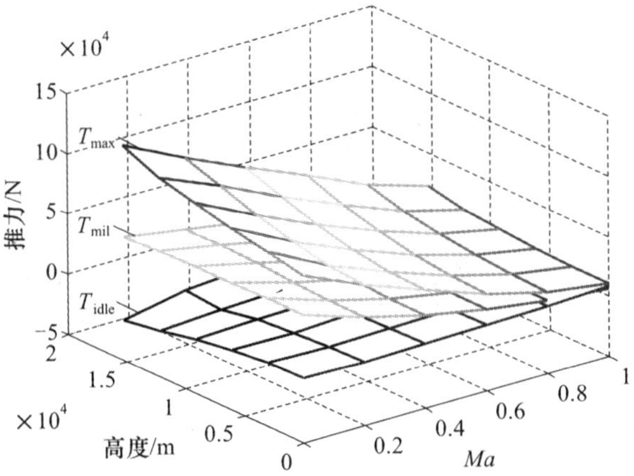


图 8-6 推力值的 Lookup table 查表调用

推力指令 $P_c$ 的实时关系,限制推力指令的大小并相应改变时间滞后常数 $\tau$。具体建模过程如下:

当前推力状态 $P_n$ 对推力指令 $P_c$(均以占最大推力的百分比表示)的一阶惯性传递函数模型为

$$\frac{P_n(s)}{P_c(s)} = \frac{1}{1+\tau s} \tag{8.44}$$

发动机推力指令限制策略、时间滞后常数 $\tau$ 判断逻辑及分段线性推力响应模型可表示为图 8-7。

其中,$$\tau^* = \frac{1}{f(P_c - P_n)} = \begin{cases} 1 & (P_c - P_n) \leqslant 25 \\ 10 & (P_c - P_n) \geqslant 50 \\ 0.36(P_c - P_n) - 8 & 25 < (P_c - P_n) < 50 \end{cases}$$

当假定飞机处于马赫数数为 0.6,高度 6000m 巡航状态,发动机初始推力为最大值的 20%,即 $P_{n,t=0} = 20$ 时,对于一组离散的推力指令 $P_c$,可得如图 8-8 所示的发动机状态变化曲线和图 8-9 所示的发动机实际输出的推力值变化曲线。

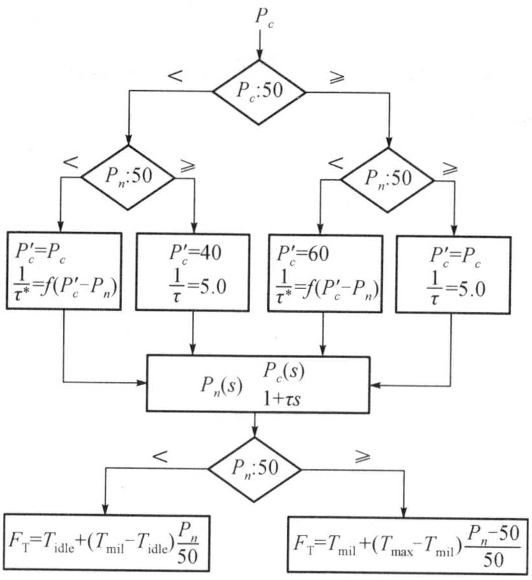


图 8－7　发动机推力响应模型实现原理

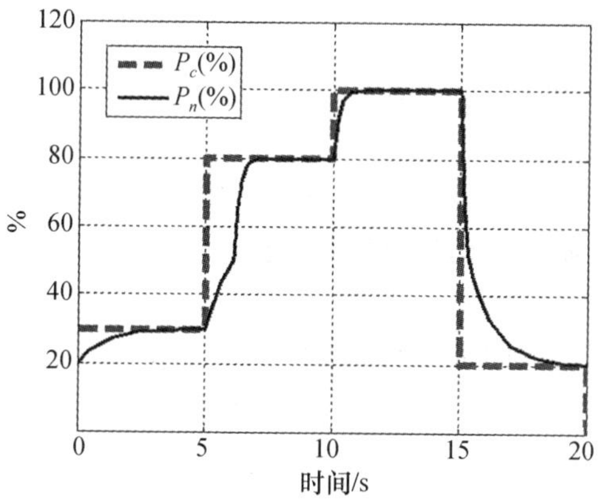


图 8－8　发动机状态变化

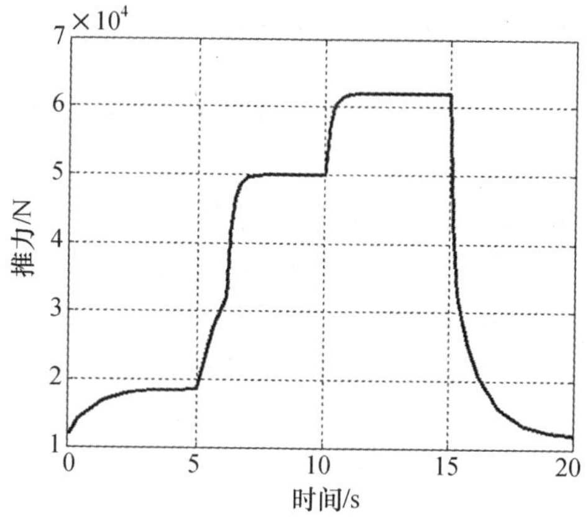


图 8－9　发动机实际输出推力

由此可知，所设计的发动推力响应模型较好地模拟了发动机实际推力响应特性，能够满足战斗机发动机操纵的需要。

**3. 发动机的陀螺力矩**

对于单发飞机，当飞机在水平面内转弯时，会出现机头上仰或下俯现象，即发动机转子的陀螺效应。当单发飞机大迎角快速滚转时，发动机的陀螺效应影响将显著增加，可能对飞行品质产生重要影响，因而在设计中不应忽视。

陀螺力矩的本质是由于飞机存在垂直于发动机轴线的角速率而在高速旋转的转子上产生的哥氏力矩。发动机的陀螺力矩可表示为

$$\boldsymbol{Q}_T = I_T\boldsymbol{\omega}\boldsymbol{\Omega} \tag{8.45}$$

式中　$I_T$——转子转动惯量；

$\omega$——绕垂直于发动机轴线的飞机角速率；

$\boldsymbol{\Omega}$——发动机转子角速率。

当假设发动机转子转速恒定时,陀螺力矩的大小就只取决于飞机角速率,则发动机作用于飞机的陀螺力矩简化为

$$\boldsymbol{Q}_{\mathrm{T}} = I_{\mathrm{T}}\boldsymbol{\Omega}\begin{bmatrix} q \\ -r \\ q \end{bmatrix} \tag{8.46}$$

**4. 力与力矩的综合**

飞机所受的合外力和合外力矩除上述因素外,还应包括飞机自身重力。综上所述,飞机所受力与力矩的综合可表示为

$$\begin{aligned} \boldsymbol{F} &= \boldsymbol{F}_{\mathrm{a}} + \boldsymbol{F}_{\mathrm{T}} + \boldsymbol{G} \\ \boldsymbol{Q} &= \boldsymbol{Q}_{\mathrm{a}} + \boldsymbol{Q}_{\mathrm{T}} \end{aligned} \tag{8.47}$$

式中 $\boldsymbol{F}_{\mathrm{a}}$、$\boldsymbol{G}$、$\boldsymbol{F}_{\mathrm{T}}$——空气动力、重力和推力矢量(N);

$\boldsymbol{Q}_{\mathrm{a}}$、$\boldsymbol{Q}_{\mathrm{T}}$——气动力矩和发动机陀螺力矩(N/m)。

式(8.47)构成了下文飞机六自由度运动方程组的输入。

## 8.2.3 变质量运动方程

建立飞机的一般运动方程的目的是,研究飞机在外力作用下的运动和状态参数(飞机速度、高度、姿态角等)随时间的变化规律,以便确定飞机的基本飞行性能,从而为改善飞机的稳定性、提高飞行品质及实现自动飞行控制奠定基础。飞机的一般运动方程通常以微分方程的形式来描述,一般由动力学方程和质心运动学方程两部分组成。

**1. 建模假设**

飞行器是一个非常复杂的动力学系统,飞行过程中不仅其质量随时间变化,结构具有弹性形变,而且地球是一个旋转体,存在着离心加速度、哥氏速度,重力加速度还随高度的变化而变化。考虑空中加油飞行条件的特殊性并不失一般性,在建立变质量飞行器一般运动方程时需要略去一些次要因素,做如下假设。

(1) 执行空中加油飞行任务时,加/受油机时常要进行长距离甚至横跨全球的飞行,此时,地球的形状和自转的影响不应忽略。因此,为不失一般性,以如图 8-10 所示的 ECI 系为惯性参考系推导变质量飞行器的一般运动方程。

(2) 飞机—燃油组合体假设由机械固体和油箱燃油两部分组成,忽略管道中的燃油。

(3) 假设飞机机械固体部分为质量恒定的刚体,不考虑机翼、机身和机尾的弹性自由度。飞机机体系坐标原点与固定质量飞行器的定义一致,仍然定义在飞机机械固体部分的质心位置处。这样处理的好处是,原有标准气动力变量、气动力稳定导数等可以直接应用于变质量飞行器一般运动方程的推导,而不需任何修正。

(4) 油箱中的燃油被视为 $h$ 个可变的质量块,其中第 $j$ 个油箱中燃油质量 $M_j$ 的质心到飞机机体系原点的位置矢量 $\boldsymbol{r}_j$ 假设为常值。

(5) 由机翼、尾翼和机身绕流产生的空气动力均可视为准定常的,不考虑其非定常效应。只要非均匀来流的波长大于机翼弦长 8 倍,这个假设是有效的。

(6) 不计飞机绕流和发动机喷流的相互作用。但这个假设对小型螺旋桨飞机会造成

误差。

(7) 假设地球大气随地球等速旋转。

以上建模假设和坐标系关系可表示为图 8-10。

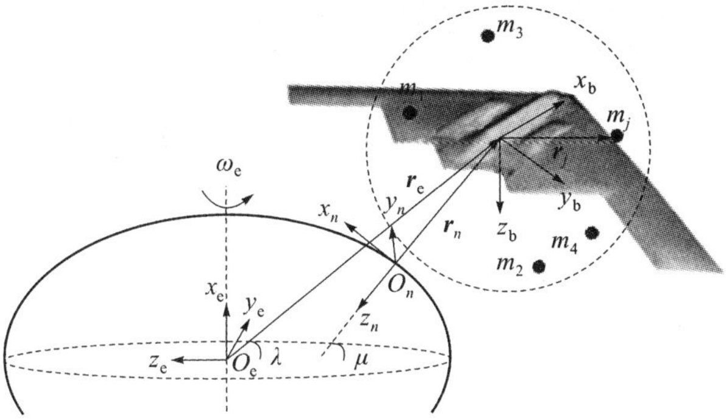


图 8-10 建模假设与坐标定义

**2. 平移运动学方程**

建立飞机平移运动学方程的目的是确定飞机在惯性空间的位置。

由图 8-10 可知，若以地心系(ECI)为建模惯性参考系，令飞机质心在 ECI 系中的位置矢量为$\boldsymbol{r}_e$，对$\boldsymbol{r}_e$ 求导可得飞机相对 ECI 系的平动运动学方程为

$$\dot{\boldsymbol{r}}_e = \boldsymbol{B}^T \boldsymbol{V}_b^e = \boldsymbol{B}^T \boldsymbol{V}_b + \boldsymbol{\omega}_e \times \boldsymbol{r}_e \tag{8.48}$$

式中 $\boldsymbol{V}_b^e$——飞机机体系下测量的相对于 ECI 系的飞机质心绝对速度矢量(m/s)；

$\boldsymbol{B}$——ECI 系到机体系的方向余弦阵；

$\boldsymbol{V}_b$——飞机机体系下表示的相对于周围大气的飞机质心速度矢量(m/s)；

$\boldsymbol{\omega}_e$——地球自转角速度矢量(rad/s)。

由式(8.48)可知：

$$\boldsymbol{V}_b^e = \boldsymbol{V}_b + \boldsymbol{B}(\boldsymbol{\omega}_e \times \boldsymbol{r}_e) \tag{8.49}$$

若飞行速度在机体坐标系上的分量为 $u$、$v$、$w$，则飞机相对 ECI 系的平移运动学方程的矩阵形式为

$$\begin{bmatrix} \dot{x} \\ \dot{y} \\ \dot{z} \end{bmatrix}_{ECI} = \boldsymbol{B}^T \begin{bmatrix} u \\ v \\ w \end{bmatrix}_{ABC} = \boldsymbol{B}_G^T \boldsymbol{B}_B^T \begin{bmatrix} u \\ v \\ w \end{bmatrix}_{ABC} \tag{8.50}$$

**3. 平移动力学方程**

对于总质量为 $M$ 的飞机，令$\boldsymbol{F}_b$ 为飞机所受空气动力和发动机推力的矢量和，由牛顿第二定律可知，飞机平动动量的变化率等于飞机所受合外力，即

$$\boldsymbol{F}_b + \boldsymbol{B}M\boldsymbol{g} = \frac{d}{dt_I}(M\boldsymbol{V}_b^e) \tag{8.51}$$

式中 $I$——表示相对惯性系求导；

b——表示该矢量在飞机机体系下表示。

由于地球自转角速度可视为常值，即$\dot{\boldsymbol{\omega}}_e = \boldsymbol{0}$，将式(8.49)代入式(8.51)，并由 Coriolis 定理，可得

$$\boldsymbol{F}_{\mathrm{b}}+\boldsymbol{BM}\boldsymbol{g}=\dot{M}\boldsymbol{V}_{\mathrm{b}}^{\mathrm{e}}+M\dot{\boldsymbol{V}}_{\mathrm{b}}^{\mathrm{e}}=\dot{M}[\boldsymbol{V}_{\mathrm{b}}+\boldsymbol{B}(\boldsymbol{\omega}_{\mathrm{e}}\times\boldsymbol{r}_{\mathrm{e}})]+M[(\dot{\boldsymbol{V}}_{\mathrm{b}}+\boldsymbol{\omega}_{\mathrm{b}}\times\boldsymbol{V}_{\mathrm{b}})+\boldsymbol{B}(\boldsymbol{\omega}_{\mathrm{e}}\times\dot{\boldsymbol{r}}_{\mathrm{e}})] \tag{8.52}$$

式中　$\boldsymbol{\omega}_{\mathrm{b}}$——机体系的绝对角速度矢量(rad/s)。

将式(8.48)代入式(8.52),可得

$$\begin{aligned}\boldsymbol{F}_{\mathrm{b}}+\boldsymbol{BM}\boldsymbol{g}=\dot{M}[\boldsymbol{V}_{\mathrm{b}}+\boldsymbol{B}(\boldsymbol{\omega}_{\mathrm{e}}\times\boldsymbol{r}_{\mathrm{e}})]+M\{(\dot{\boldsymbol{V}}_{\mathrm{b}}+\boldsymbol{\omega}_{\mathrm{b}}\times\boldsymbol{V}_{\mathrm{b}})+\\ \boldsymbol{B}[\boldsymbol{\omega}_{\mathrm{e}}\times(\boldsymbol{B}^{\mathrm{T}}\boldsymbol{V}_{\mathrm{b}}+\boldsymbol{\omega}_{\mathrm{e}}\times\boldsymbol{r}_{\mathrm{e}})]\}\end{aligned} \tag{8.53}$$

经整理可得

$$\boldsymbol{F}_{\mathrm{b}}=\dot{\boldsymbol{M}}[\boldsymbol{V}_{\mathrm{b}}+\boldsymbol{B}(\boldsymbol{\omega}_{\mathrm{e}}\times\boldsymbol{r}_{\mathrm{e}})]+M\dot{\boldsymbol{V}}_{\mathrm{b}}+M(\boldsymbol{\omega}_{\mathrm{b}}+\boldsymbol{B}\boldsymbol{\omega}_{\mathrm{e}})\times\boldsymbol{V}_{\mathrm{b}}-\boldsymbol{B}M[\boldsymbol{g}-\boldsymbol{\omega}_{\mathrm{e}}\times(\boldsymbol{\omega}_{\mathrm{e}}\times\boldsymbol{r}_{\mathrm{e}})] \tag{8.54}$$

其中,飞机总重量 $M$ 由飞机刚体结构重量 $M_{\mathrm{s}}$ 和各油箱中油量重量和两部分组成,即

$$M=M_{\mathrm{s}}+\sum_{j=1}^{h}M_{j} \tag{8.55}$$

除飞机投弹、抛副油箱等操作外,飞机刚体结构重量通常是恒定不变的,因此对式(8.55)求导,可得

$$\dot{M}=\dot{M}_{\mathrm{s}}+\sum_{j=1}^{h}\dot{M}_{j}=\sum_{j=1}^{h}\dot{M}_{j} \tag{8.56}$$

由式(8.55)和式(8.56)可知,飞机质量变化规律完全由机体内部油量变化决定。而通常条件下,只有飞机发动机耗油和空中加油操纵能够引起飞机油量的变化。

由式(8.54)和式(8.56)可知,在机体系下表示的变质量飞行器相对于 ECI 系的平移动力学方程为

$$\begin{aligned}\dot{\boldsymbol{V}}_{\mathrm{b}}=\frac{\boldsymbol{F}_{\mathrm{b}}}{M_{\mathrm{s}}+\sum_{j=1}^{h}M_{j}}-\frac{\sum_{j=1}^{h}\dot{M}_{j}}{M_{\mathrm{s}}+\sum_{j=1}^{h}M_{j}}[\boldsymbol{V}_{\mathrm{b}}+\boldsymbol{B}(\boldsymbol{\omega}_{\mathrm{e}}\times\boldsymbol{r}_{\mathrm{e}})]-\\ (\boldsymbol{\omega}_{\mathrm{b}}+\boldsymbol{B}\boldsymbol{\omega}_{\mathrm{e}})\times\boldsymbol{V}_{\mathrm{b}}+\boldsymbol{B}[g_{\mathrm{e}}-\boldsymbol{\omega}_{\mathrm{e}}\times(\boldsymbol{\omega}_{\mathrm{e}}\times\boldsymbol{r}_{\mathrm{e}})]\end{aligned} \tag{8.57}$$

**4. 旋转运动学方程**

将式(8.30)所示的捷联方程应用到 ECI 系到机体系的方向余弦阵可得如下的 Poisson 方程:

$$\dot{\boldsymbol{B}}=-\boldsymbol{\Omega}\boldsymbol{B} \tag{8.58}$$

由 ECI 系、NED 系和 ABC 系的旋转变化关系可知:

$$\boldsymbol{B}=\boldsymbol{B}_{\mathrm{B}}\boldsymbol{B}_{\mathrm{G}} \tag{8.59}$$

$$\boldsymbol{B}_{\mathrm{G}}=\begin{bmatrix}\cos\mu & -\sin\mu\sin l & \sin\mu\cos l\\ 0 & \cos l & \sin l\\ -\sin\mu & -\cos\mu\sin l & \cos\mu\cos l\end{bmatrix} \tag{8.60}$$

$$
\boldsymbol{B}_{\mathrm{B}}=\begin{bmatrix}\cos\psi\cos\theta & \sin\psi\cos\theta & -\sin\theta\\ \cos\psi\sin\theta\sin\phi-\sin\psi\cos\phi & \sin\psi\sin\theta\sin\phi+\cos\psi\cos\phi & \cos\theta\sin\phi\\ \cos\psi\sin\theta\cos\phi+\sin\psi\sin\phi & \sin\psi\sin\theta\cos\phi-\cos\psi\sin\phi & \cos\theta\cos\phi\end{bmatrix} \quad (8.61)
$$

$$
\boldsymbol{\Omega}=\begin{bmatrix}0 & -\boldsymbol{r} & \boldsymbol{q}\\ \boldsymbol{r} & 0 & -\boldsymbol{p}\\ -\boldsymbol{q} & \boldsymbol{p} & 0\end{bmatrix} \quad (8.62)
$$

式中 $\boldsymbol{p}$——飞机滚转角速度矢量(rad/s)；

$\boldsymbol{q}$——飞机俯仰角速度矢量(rad/s)；

$\boldsymbol{r}$——飞机偏航角速度矢量(rad/s)；

$\mu$——大地纬度(°)；

$l$——大地经度(°)；

$\phi$——飞机滚转角(rad)；

$\theta$——飞机俯仰角(rad)；

$\psi$——飞机偏航角(rad)。

**5. 旋转动力学方程**

飞机内部各油箱油量的变化，必然引起飞机整体质心位置的改变。由于各种气动力取决于飞机外形与飞机相对周围空气的运动，而与飞机质量分布无关，飞机发动机推力矢量假设始终经过飞机刚体结构质心，又因为飞机刚体结构重力矢量始终经过其质心，因此，发动机推力、飞机刚体结构重力对于飞机刚体结构质心的力矩均为零。而飞机各油箱燃油质心位置不与飞机刚体结构质心重合，导致各油箱燃油重力相对飞机刚体结构质心产生力矩作用，则作用于飞机刚体结构质心的合力矩可表示为

$$
\boldsymbol{T}=\boldsymbol{T}_{\mathrm{a}}+\sum_{j=1}^{h}\boldsymbol{r}_j\times\boldsymbol{B}M_j\boldsymbol{g} \quad (8.63)
$$

式中 $T_{\mathrm{a}}$——各气动力作用于飞机刚体结构质心的合力矩(N·m)；

$\boldsymbol{r}_j$——油箱 $j$ 中燃油质心相对于飞机刚体结构质心的位置矢量(m)。

令飞机的角动量矢量为 $\boldsymbol{H}$，由牛顿第二定律可知，飞机角动量的变化率等于和外力矩，即

$$
\boldsymbol{T}=\frac{\mathrm{d}}{\mathrm{d}t_{\mathrm{I}}}(\boldsymbol{H}) \quad (8.64)
$$

为确定飞机角动量矢量，考虑如图 8-11 所示的机体质量微元 d$m$ 以角速度$\boldsymbol{\omega}_{\mathrm{b}}$ 转动

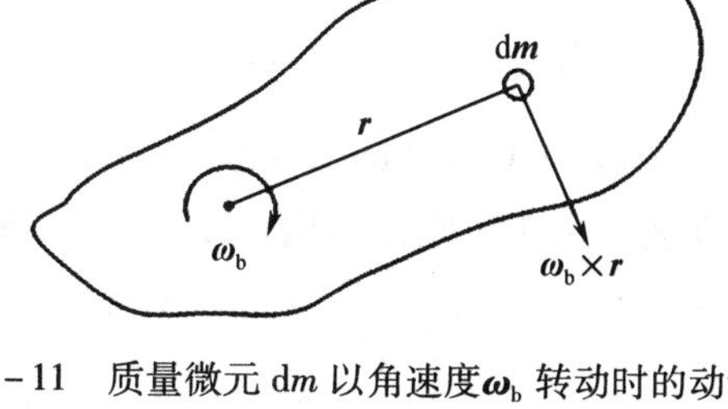


图 8-11 质量微元 d$m$ 以角速度$\boldsymbol{\omega}_{\mathrm{b}}$ 转动时的动量矩

时，其动量矩可表示为

$$\mathrm{d}\boldsymbol{H} = \boldsymbol{r} \times (\boldsymbol{\omega}_{\mathrm{b}} \times \boldsymbol{r})\mathrm{d}m \tag{8.65}$$

若$\boldsymbol{\omega}_{\mathrm{b}}$ 和 $\boldsymbol{r}$ 坐标形式分别可表示为

$$\boldsymbol{\omega}_{\mathrm{b}} = p\boldsymbol{i} + q\boldsymbol{j} + r\boldsymbol{k} \tag{8.66}$$

$$\boldsymbol{r} = x\boldsymbol{i} + y\boldsymbol{j} + z\boldsymbol{k} \tag{8.67}$$

将式(8.66)、式(8.67)代入式(8.65)，可得

$$\mathrm{d}\boldsymbol{H} = \begin{bmatrix} p \\ q \\ r \end{bmatrix}(x^2 + y^2 + z^2)\mathrm{d}m - \begin{bmatrix} x \\ y \\ z \end{bmatrix}(px + qy + rz)\mathrm{d}m \tag{8.68}$$

飞机的角动量 $\boldsymbol{H}$ 理论上可通过对 $\mathrm{d}\boldsymbol{H}$ 在整个飞机质量上积分求得，即

$$\boldsymbol{H} = \begin{bmatrix} p\int(y^2 + z^2)\mathrm{d}m - q\int xy\mathrm{d}m - r\int xz\mathrm{d}m \\ q\int(x^2 + z^2)\mathrm{d}m - r\int yz\mathrm{d}m - p\int yx\mathrm{d}m \\ r\int(x^2 + y^2)\mathrm{d}m - p\int zx\mathrm{d}m - q\int zy\mathrm{d}m \end{bmatrix} \tag{8.69}$$

将式(8.69)中不定积分定义为以下惯性矩和惯性积：

$$\begin{aligned} I_{\mathrm{xx}} &= \int(y^2 + z^2)\mathrm{d}m \\ I_{\mathrm{yy}} &= \int(x^2 + z^2)\mathrm{d}m \\ I_{\mathrm{zz}} &= \int(x^2 + y^2)\mathrm{d}m \\ I_{xy} &= I_{\mathrm{yx}} = \int xy\mathrm{d}m \\ I_{\mathrm{xz}} &= I_{zx} = \int xz\mathrm{d}m \\ I_{\mathrm{yz}} &= I_{\mathrm{zy}} = \int yz\mathrm{d}m \end{aligned} \tag{8.70}$$

将式(8.70)代入式(8.69)，可得

$$\boldsymbol{H} = \begin{bmatrix} I_{\mathrm{xx}} & -I_{xy} & -I_{\mathrm{xz}} \\ -I_{\mathrm{yx}} & I_{\mathrm{yy}} & -I_{\mathrm{yz}} \\ -I_{zx} & -I_{\mathrm{zy}} & I_{\mathrm{zz}} \end{bmatrix}\begin{bmatrix} p \\ q \\ r \end{bmatrix} = \boldsymbol{I}\,\boldsymbol{\omega}_{\mathrm{b}} \tag{8.71}$$

将式(8.71)代入式(8.64)，由 Coriolis 定理，可得

$$\boldsymbol{T} = \dot{\boldsymbol{H}} + \boldsymbol{\omega}_{\mathrm{b}} \times \boldsymbol{H} = \dot{\boldsymbol{I}}\,\boldsymbol{\omega}_{\mathrm{b}} + \boldsymbol{I}\,\dot{\boldsymbol{\omega}}_{\mathrm{b}} + \boldsymbol{\omega}_{\mathrm{b}} \times (\boldsymbol{I}\,\boldsymbol{\omega}_{\mathrm{b}}) \tag{8.72}$$

其中飞机总转动惯量矩阵 $\boldsymbol{I}$ 由飞机刚体结构转动惯量矩阵$\boldsymbol{I}_{\mathrm{s}}$ 和各油箱中油量转动惯量矩阵和两部分组成，即

$$\boldsymbol{I} = \boldsymbol{I}_{\mathrm{s}} + \sum_{j=1}^{h} \boldsymbol{I}_j \tag{8.73}$$

式中　$\boldsymbol{I}_j$——油箱 $j$ 中燃油的转动惯量矩阵($\mathrm{m}^2\cdot\mathrm{kg}$)。

根据平移轴定理,对于具有一定几何形状的油箱,$\boldsymbol{I}_j$ 可表示为

$$\boldsymbol{I}_j = (\boldsymbol{r}_j^{\mathrm{T}}\boldsymbol{r}_j\boldsymbol{E} - \boldsymbol{r}_j\boldsymbol{r}_j^{\mathrm{T}})M_j + \boldsymbol{I}_{0j} \tag{8.74}$$

式中　$\boldsymbol{E}$——单位阵;

$\boldsymbol{I}_{0j}$——油箱 $j$ 中燃油自身的转动惯量($\mathrm{m}^2\cdot\mathrm{kg}$)。

$\boldsymbol{I}_{0j}$由油箱外形决定。对于如图 8-12 所示的长方体油箱而言,$\boldsymbol{I}_{0j}$可表示为

$$\boldsymbol{I}_{0j} = \frac{M_j}{12}\begin{bmatrix} b_y^2 + c_z^2 & 0 & 0 \\ 0 & a_x^2 + c_z^2 & 0 \\ 0 & 0 & a_x^2 + b_y^2 \end{bmatrix} \tag{8.75}$$

式中　$a_x$、$b_y$、$c_z$——平行于机体系坐标轴的油箱长度、宽度和燃油液面高度(m)。

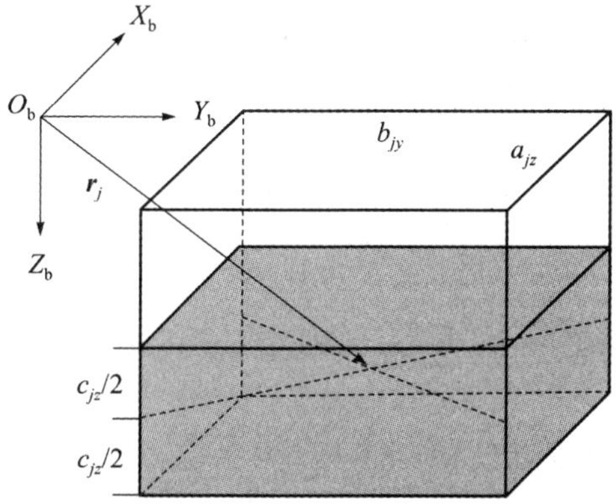


图 8-12　长方体油箱及其内部燃油

油箱 $j$ 的燃油液面高度 $c_z$ 必然随油量变化而升降,因此可表示为

$$c_z = M_j/\rho a_x b_y \tag{8.76}$$

式中　$\rho$——燃油密度($\mathrm{kg/m}^3$)。

假设各油箱燃油质心位置始终不变,即$\dot{\boldsymbol{r}}_j = \boldsymbol{0}$,将式(8.74)、式(8.75)、式(8.76)代入式(8.73),并求导,可得

$$\dot{\boldsymbol{I}} = \sum_{j=1}^{h}(\boldsymbol{r}_j^{\mathrm{T}}\boldsymbol{r}_j\boldsymbol{E} - \boldsymbol{r}_j\boldsymbol{r}_j^{\mathrm{T}})\dot{M}_j + \sum_{j=1}^{h}\frac{\dot{M}_j}{12}\begin{bmatrix} b_y^2 + 3M_j^2/(\rho^2 a_x^2 b_y^2) & 0 & 0 \\ 0 & a_x^2 + 3M_j^2/(\rho^2 a_x^2 b_y^2) & 0 \\ 0 & 0 & a_x^2 + b_y^2 \end{bmatrix} \tag{8.77}$$

由式(8.63)、式(8.72)和式(8.74)可知,具有 $h$ 个任意外形油箱的变质量飞行器转动动力学方程为

$$\begin{aligned}\dot{\boldsymbol{\omega}}_{\mathrm{b}} = {} & \boldsymbol{I}^{-1}\boldsymbol{T}_{\mathrm{a}} + \boldsymbol{I}^{-1}\sum_{j=1}^{h}\boldsymbol{r}_j \times \boldsymbol{B}M_j\boldsymbol{g} - \boldsymbol{I}^{-1}[\boldsymbol{\omega}_{\mathrm{b}} \times (\boldsymbol{I}\boldsymbol{\omega}_{\mathrm{b}})] - \\ & \boldsymbol{I}^{-1}\Big[\sum_{j=1}^{h}(\boldsymbol{r}_j^{\mathrm{T}}\boldsymbol{r}_jE - \boldsymbol{r}_j\boldsymbol{r}_j^{\mathrm{T}})\dot{M}_j + \sum_{j=1}^{h}\dot{\boldsymbol{I}}_{0\mathrm{j}}\Big]\boldsymbol{\omega}_{\mathrm{b}}\end{aligned} \tag{8.78}$$

**6. NED 系下的运动方程**

对于大多数距离较短、高度变化范围较小的飞行而言，可以忽略地球形状与自转的影响，相对于 NED 系推导所得的飞机一般运动方程已经完全可以满足分析、仿真等应用的精度要求。因此，令$\boldsymbol{\omega}_e=0, \boldsymbol{B}_G=\boldsymbol{E}$（$\boldsymbol{E}$ 为单位阵），将上述相对 ECI 系推导获得变质量飞行器一般运动方程组列写如下：

平移运动学方程：

$$\dot{\boldsymbol{r}}_n = \boldsymbol{B}_B^T \boldsymbol{V}_b \tag{8.79}$$

平移动力学方程：

$$\dot{\boldsymbol{V}}_b = \frac{\boldsymbol{F}_b}{m_b + \sum_{j=1}^{k} m_j} - \frac{\sum_{j=1}^{k} \dot{m}_j}{m_b + \sum_{j=1}^{k} m_j} \boldsymbol{V}_b - \boldsymbol{\omega}_b \times \boldsymbol{V}_b + \boldsymbol{B}_B \boldsymbol{g} \tag{8.80}$$

旋转运动学方程：

$$\dot{\boldsymbol{B}}_B = -\boldsymbol{\Omega} \boldsymbol{B}_B \tag{8.81}$$

旋转动力学方程：

$$\begin{aligned}\dot{\boldsymbol{\omega}}_b = {} & \boldsymbol{I}^{-1} \boldsymbol{T}_a + \boldsymbol{I}^{-1} \sum_{j=1}^{h} \boldsymbol{r}_j \times \boldsymbol{B} M_j \boldsymbol{g} - \boldsymbol{I}^{-1} [\boldsymbol{\omega}_b \times (\boldsymbol{I} \boldsymbol{\omega}_b)] - \\ & \boldsymbol{I}^{-1} [\sum_{j=1}^{h} (\boldsymbol{r}_j^T \boldsymbol{r}_j \boldsymbol{E} - \boldsymbol{r}_j \boldsymbol{r}_j^T) \dot{M}_j + \sum_{j=1}^{h} \dot{\boldsymbol{I}}_{0j}] \boldsymbol{\omega}_b \end{aligned} \tag{8.82}$$

当忽略飞机油箱质量变化，且以标量形式表示的飞机非线性运动方程为：

平移运动学方程：

$$\begin{cases} \dot{x}_n = u\cos\theta\cos\psi + v(-\cos\phi\sin\psi + \sin\phi\sin\theta\cos\psi) + w(\sin\phi\sin\psi + \cos\phi\sin\theta\cos\psi) \\ \dot{y}_n = u\cos\theta\sin\psi + v(\cos\phi\cos\psi + \sin\phi\sin\theta\sin\psi) + w(-\sin\phi\cos\psi + \cos\phi\sin\theta\sin\psi) \\ \dot{z}_n = u\sin\theta - v\sin\phi\cos\theta - w\cos\phi\cos\theta \end{cases} \tag{8.83}$$

平移动力学方程：

$$\begin{cases} \dot{u} = rv - qw - g\sin\theta + F_x/M \\ \dot{v} = -ru + pw + g\sin\phi\cos\theta + F_y/M \\ \dot{w} = qu - pv + g\cos\phi\cos\theta + F_z/M \end{cases} \tag{8.84}$$

旋转运动学方程：

$$\begin{cases} \dot{\phi} = p + \tan\theta(q\sin\phi + r\cos\phi) \\ \dot{\theta} = q\cos\phi - r\sin\phi \\ \dot{\psi} = q\sin\phi + r\cos\phi/\cos\theta \end{cases} \tag{8.85}$$

旋转动力学方程：

$$\begin{cases} \dot{p} = (c_1 r + c_2 p)q + c_3 L + c_4 N \\ \dot{q} = c_5 pr - c_6(p^2 - r^2) + c_7 M \\ \dot{r} = (c_8 p - c_2 r)q + c_4 L + c_9 N \end{cases} \tag{8.86}$$

式中 $c_1 \sim c_9$ 具体表达式见文献[67]。

由定义可导出飞机空速和气流角方程为

$$\begin{cases} V = \sqrt{u^2 + v^2 + w^2} \\ \alpha = \arctan(w/u) \\ \beta = \arcsin(v/V) \end{cases} \tag{8.87}$$

式(8.84)~式(8.86)所示的飞机非线性运动方程可表示为如图 8-13 所示的状态关系图。从图中状态量的流向可明显看出所谓长短周期变量的数学本质。

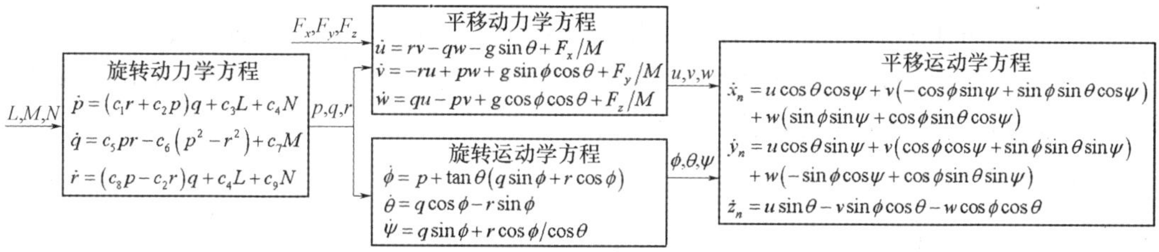


图 8-13　飞机非线性运动方程状态关系图

**7. 三元数与四元数法**

式(8.81)可以用于描述飞机旋转运动。但式(8.81)包含了 9 个耦合的微分方程,因此这种表示方式是高度冗余的。式(8.81)可通过两种常用方法加以简化,一是采用三个欧拉角表示的三元数法;二是四元数法。

1) 三元数法

由式(8.33)所示的叉乘关系可以表示为关于 $\boldsymbol{B}_{\mathrm{B}}$ 阵列矢量的形式:

$$\dot{\boldsymbol{b}}_i = -\boldsymbol{\omega} \times \boldsymbol{b}_i \tag{8.88}$$

式(8.88)是一个关于旋转矩阵列向量的通用表达式。

利用式(8.88)分别求得 $\dot{\boldsymbol{b}}_3$ 的第一、二个元素,$\dot{\boldsymbol{b}}_2$ 的第一个元素,可以得到如下的关于欧拉角的微分方程:

$$\begin{bmatrix} \dot{\phi} \\ \dot{\theta} \\ \dot{\psi} \end{bmatrix} = \begin{bmatrix} 1 & \tan\theta\sin\phi & \tan\theta\cos\phi \\ 0 & \cos\phi & -\sin\phi \\ 0 & \sin\phi/\cos\theta & \cos\phi/\cos\theta \end{bmatrix} \begin{bmatrix} p \\ q \\ r \end{bmatrix} \tag{8.89}$$

式(8.89)即为采用三个欧拉角表示的相对 NED 系的飞机旋转运动方程。

2) 四元数法

方程(8.89)的优点是使用具有明显物理意义的状态变量且方程组数量是相互独立的最小值。但该方程也具有一些突出的不足:一是当俯仰角 $\theta$ 达到 90°时,$\cos\theta = 0$,方程将出现奇异现象,导致无法进行数值仿真;二是欧拉角可能会超出正常的俯仰角 ±90°、滚

转角和偏航角 ±180°的定义范围，这将难以唯一的确定飞机姿态；三是注意到该方程对于 $p$、$q$、$r$ 是线性的，而对于 $\phi$、$\theta$、$\psi$ 却是非线性的。因此，方程(8.89)不适合全球飞行、全姿态飞行、旋转体飞行等情况。

目前，除方程(8.89)采用的欧拉角法以外，还有许多方法用以表示旋转坐标系的朝向。这些方法采用四、五甚至六个变量代替三个欧拉角，其目的均是避免欧拉角表示方法中存在的数学奇异现象、提高计算机导航计算仿真的速度。其中，在各类航天器、导弹和飞机中应用最为广泛的是所谓的四元数法。

由 8.1.2 节可知，任一旋转矩阵相似于一个关于欧拉轴旋转的唯一平面旋转矩阵。按照这一思想，假设旋转矩阵 $\boldsymbol{B}$ 相似于一个平面旋转矩阵$\boldsymbol{B}_p$，则存在一个旋转矩阵 $T$ 使下式成立：

$$\boldsymbol{B} = \boldsymbol{T}\boldsymbol{B}_p\boldsymbol{T} \tag{8.90}$$

这一关系可用来采用四个变量表示旋转矩阵 $\boldsymbol{B}$。首先，假设欧拉轴通过相对于参考坐标轴的三个气流角 $\alpha$、$\beta$ 和 $\gamma$ 进行表示。然后，假设旋转矩阵 $\boldsymbol{T}$ 产生一个新坐标系，使得旋转矩阵$\boldsymbol{B}_p$ 关于新 $x$ 轴旋转且 $y$ 轴保持在原 $x-y$ 平面内。令旋转矩阵$\boldsymbol{B}_p$ 旋转一个角度 $\delta$，则旋转矩阵 $\boldsymbol{B}$ 可表示为

$$\boldsymbol{B} = \begin{bmatrix} \cos\alpha & d_{21} & d_{31} \\ \cos\beta & d_{22} & d_{32} \\ \cos\gamma & 0 & d_{33} \end{bmatrix} \begin{bmatrix} 1 & 0 & 0 \\ 0 & \cos\delta & \sin\delta \\ 0 & -\sin\delta & \cos\delta \end{bmatrix} \begin{bmatrix} \cos\alpha & \cos\beta & \cos\gamma \\ d_{21} & d_{22} & 0 \\ d_{31} & d_{32} & d_{33} \end{bmatrix} \tag{8.91}$$

其中元素 $d_{ij}$将在下文确定。由旋转矩阵 $\boldsymbol{B}$ 的正交性可知：

$$\cos^2\alpha + \cos^2\beta + \cos^2\gamma = 1 \tag{8.92}$$

未知元素 $d_{ij}$可以根据旋转矩阵 $\boldsymbol{T}$ 的正交性，通过联立求解方程求得。旋转矩阵 $\boldsymbol{T}$ 为

$$\boldsymbol{T} = \begin{bmatrix} \cos\alpha & \cos\beta & \cos\gamma \\ -\cos\beta/\sin\gamma & \cos\alpha/\sin\gamma & 0 \\ -\cos\alpha/\tan\gamma & -\cos\beta/\tan\gamma & \sin\gamma \end{bmatrix} \tag{8.93}$$

做如下代换：

$$\begin{cases} q_0 = \cos\dfrac{\delta}{2} \\ q_1 = \cos\alpha\sin\dfrac{\delta}{2} \\ q_2 = \cos\beta\sin\dfrac{\delta}{2} \\ q_3 = \cos\gamma\sin\dfrac{\delta}{2} \end{cases} \tag{8.94}$$

则旋转矩阵 $\boldsymbol{B}$ 可表示为

$$\boldsymbol{B} = \begin{bmatrix} q_0^2 + q_1^2 - q_2^2 - q_3^2 & 2(q_1q_2 + q_0q_3) & 2(q_1q_3 - q_0q_2) \\ 2(q_1q_2 - q_0q_3) & q_0^2 - q_1^2 + q_2^2 - q_3^2 & 2(q_2q_3 + q_0q_1) \\ 2(q_1q_3 + q_0q_2) & 2(q_2q_3 - q_0q_1) & q_0^2 - q_1^2 - q_2^2 + q_3^2 \end{bmatrix} \tag{8.95}$$

根据旋转矩阵 $\boldsymbol{T}$ 的正交性和式(8.94)可知：

$$q_0^2 + q_1^2 + q_2^2 + q_3^2 = 1 \tag{8.96}$$

四元数参数 $q_i$ 与欧拉角的关系可表示为

$$\begin{cases} q_0 = \pm[\cos(\phi/2)\cos(\theta/2)\cos(\psi/2) + \sin(\phi/2)\sin(\theta/2)\sin(\psi/2)] \\ q_1 = \pm[\sin(\phi/2)\cos(\theta/2)\cos(\psi/2) - \cos(\phi/2)\sin(\theta/2)\sin(\psi/2)] \\ q_2 = \pm[\cos(\phi/2)\sin(\theta/2)\cos(\psi/2) + \sin(\phi/2)\cos(\theta/2)\sin(\psi/2)] \\ q_3 = \pm[\cos(\phi/2)\cos(\theta/2)\sin(\psi/2) - \sin(\phi/2)\sin(\theta/2)\cos(\psi/2)] \end{cases} \tag{8.97}$$

式(8.97)中正负符号选择必须一致。式(8.97)通常用以通过给定的欧拉角计算四元数参数 $q_i$ 的初始值。

对式(8.89)求逆，并将式(8.97)代入可得四元数参数 $q_i$ 与飞机转动角速率的关系为

$$\begin{cases} p = 2(q_0\dot{q}_1 + q_3\dot{q}_2 - q_2\dot{q}_3 - q_1\dot{q}_0) \\ q = 2(-q_3\dot{q}_1 + q_0\dot{q}_2 + q_1\dot{q}_3 - q_2\dot{q}_0) \\ r = 2(q_2\dot{q}_1 - q_1\dot{q}_2 + q_0\dot{q}_3 - q_3\dot{q}_0) \end{cases} \tag{8.98}$$

式(8.98)对于四元数参数 $q_i$ 是双线性的，因此可表示为

$$\begin{bmatrix} p \\ q \\ r \end{bmatrix} = 2\begin{bmatrix} -q_1 & q_0 & q_3 & -q_2 \\ -q_2 & -q_3 & q_0 & q_1 \\ -q_3 & q_2 & -q_1 & q_0 \end{bmatrix}\begin{bmatrix} \dot{q}_0 \\ \dot{q}_1 \\ \dot{q}_2 \\ \dot{q}_3 \end{bmatrix} \tag{8.99}$$

若对式(8.96)求导，并将其增广至式(8.99)，进而求逆可得关于四元数参数 $q_i$ 的微分方程为

$$\begin{bmatrix} \dot{q}_0 \\ \dot{q}_1 \\ \dot{q}_2 \\ \dot{q}_3 \end{bmatrix} = -\frac{1}{2}\begin{bmatrix} 0 & p & q & r \\ -p & 0 & -r & q \\ -q & r & 0 & -p \\ -r & -q & p & 0 \end{bmatrix}\begin{bmatrix} q_0 \\ q_1 \\ q_2 \\ q_3 \end{bmatrix} = -\frac{1}{2}\boldsymbol{\Omega}_q\boldsymbol{q} \tag{8.100}$$

易知，$\boldsymbol{\Omega}_q$ 满足以下幂等性质：

$$\boldsymbol{\Omega}_q^2 = -(p^2 + q^2 + r^2)\boldsymbol{E} = -\|\omega_{\mathrm{b}}\|^2\boldsymbol{E} \tag{8.101}$$

$$\boldsymbol{\Omega}_q^{2n} = -\|\omega_{\mathrm{b}}\|^{2n}\boldsymbol{E} \tag{8.102}$$

$$\boldsymbol{\Omega}_q^{2n+1} = -\|\omega_{\mathrm{b}}\|^{2n}\boldsymbol{\Omega}_q \tag{8.103}$$

式(8.100)即为四元数法微分方程，可以用以代替式(8.89)描述飞机的旋转运动。该方程组完全避免了式(8.89)存在的奇异问题，且通过飞机旋转角速率变量 $p$、$q$、$r$ 与其他状态方程实现交联。当需要作为飞机反馈变量或姿态可视化显示时，欧拉角才需要通过式(8.96)和式(8.97)加以求解。

**8. 典型飞机仿真模型**

综上，当采用 Matlab/Simulink 作为开发工具时，典型飞机本体仿真模型的组成如图 8－14所示。

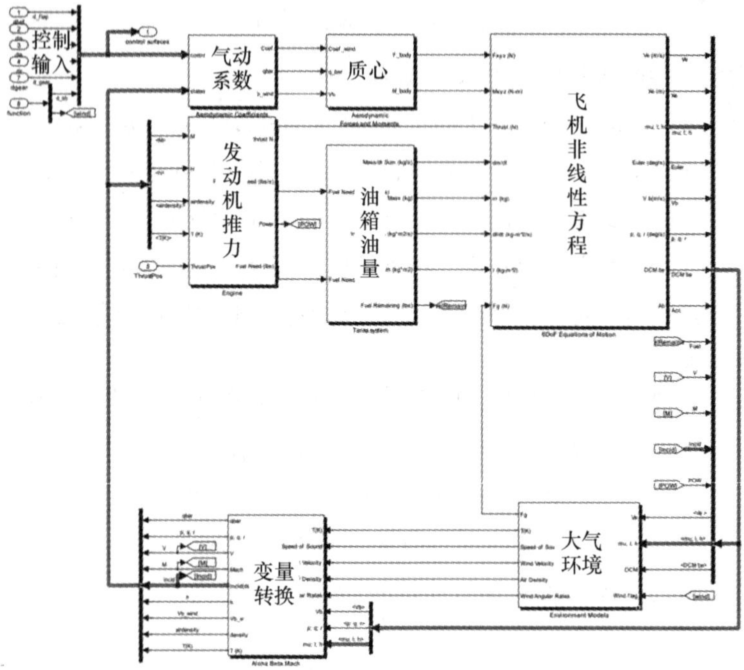


图 8－14　典型飞机本体仿真模型

## 8.2.4　运动方程的线性化

飞机非线性运动模型,适用于数值仿真,一般难以解析求解。为进行控制器设计,工程中常常需要对上述非线性模型进行简化处理。一般的处理方法是在飞行包线内选取若干状态点,依据小扰动原理进行配平和线性化。其实质是将非线性系统近似转化为若干定常工作状态下的线性系统描述。

**1. 飞行包线区域划分与状态点选取**

1）飞行包线的区域划分

按照 GJB185－86 的规定,完整飞行包线按不同的限制条件可划分为使用包线、可用包线和允许包线三个区域,其范围依次增大。这三个区域所适用的飞行品质标准差别较大,因而准确确定上述三个区域对下文状态点的选取以及控制律的设计至关重要。由于文献[117]中 F－16 气动数据的高度和马赫数上限已知,只需确定各区域的速度下限即可。

(1) 允许包线的速度下限。

允许包线的速度下限是最小平飞速度,也即失速速度 $V_s$,其值可表示为

$$V_{\min} = V_s = \sqrt{\frac{2G}{\rho S C_{L,\max}}} \tag{8.104}$$

(2) 可用包线的速度下限。

可用包线的速度下限为 $1.1V_s$ 或 $V_s + 20\text{km/h}$ 的较大者,此处为 $1.1V_s$。

(3) 使用包线的速度下限。

GJB185－86 对使用包线的速度下限规定为 $1.4V_s$，与当 $n=2$ 时，按下式确定的飞机最小机动飞行速度基本相等，因而将 $n=2$ 时的最小机动速度作为使用包线的速度下限。这种近似的好处将体现在控制律飞行品质的评价中。

$$V_{jd,min}=\sqrt{\frac{2nG}{\rho SC_{L,max}}}=V_{min}\sqrt{n}=V_s\sqrt{n} \tag{8.105}$$

由此可得上述三个区域的速度下界，如图 8－15 所示。图中，曲线 $V_s$ 表示失速速度曲线，即允许包线的下限；曲线 $1.1V_s$ 表示可用包线的下限；曲线 $V_{jd,min}$ 表示使用包线的下限；曲线 $1.5V_{jd,min}$ 对应纵向过载时间响应准则的评判分界线，下文具体介绍。

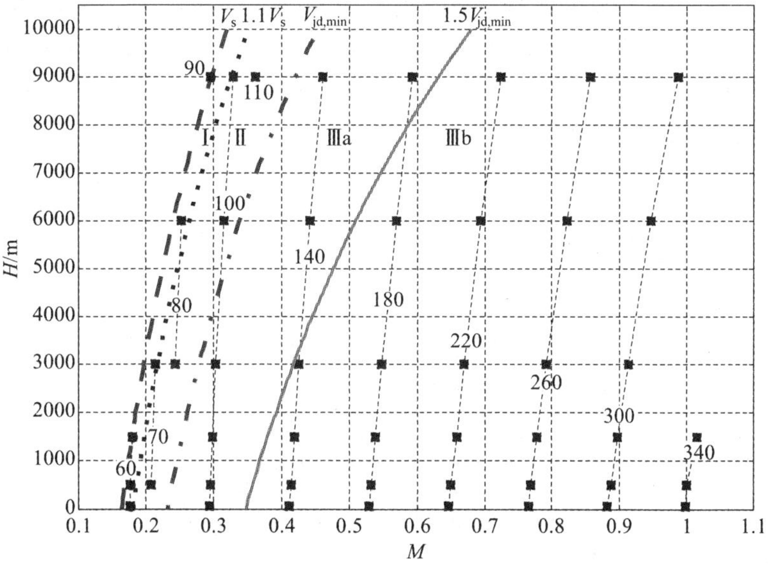


图 8－15　飞行包线内区域划分及状态点的选取

如图 8－15 所示，以上曲线将整个飞行包线分为Ⅰ、Ⅱ、Ⅲa 和Ⅲb 四个区域，当飞机处于上述区域时各自特点及飞行品质要求为：①区域Ⅰ，低速大迎角，毗邻失速、尾旋等极限状态，对飞行品质的要求最低。②区域Ⅱ，较区域Ⅰ，迎角减小、空速增大，但仍不满足最佳飞行要求，飞行品质标准可以放宽，避免在设计上付出较大代价。③区域Ⅲa、Ⅲb，完成各种战术任务的最佳飞行范围，飞行品质的要求最高。

根据上述不同区域的特性，国军标对飞行品质标准的应用具体要求如下：

(1) 对飞机正常状态的要求。

对飞机正常状态的飞行品质最低要求如表 8－1 所列。

表 8－1　飞机正常状态的飞行品质标准

| 在使用飞行包线内(区域Ⅲ) | 在可用飞行包线内(区域Ⅱ) |
|---|---|
| 标准 1 | 标准 2 |

(2) 对可用飞行包线以外的飞行品质要求。

在可用飞行包线以外允许飞行包线以内(区域Ⅰ)飞行时，飞行品质特性应能使飞机容易并且又安全地回到可用飞行包线内飞行，而不需要特别的驾驶技术。

2）配平状态点的选取

飞行包线内状态点的选取目前尚无统一完善的理论，但状态点的选取和处理直接影响增益调度控制效果的优劣。一般选取原则有：①应尽可能均匀充满整个飞行包线；②为减少工作量，状态点选取的不能太多；③针对特定问题，可以选择特定的状态点。

依据上述原则，选择48个状态点如图8－15所示，图中虚线表示等空速线，其空速值见数值标记。

**2. 非线性模型的配平**

配平的作用是求取定常平衡状态作为仿真的起始条件，同时也是非线性方程线性化的出发点。定常平衡状态，即非加速飞行状态，其实质是飞机的移动加速度和转动加速度皆为零，一般可用使下式成立的一组飞机操纵量和状态量描述。配平即求解飞机六自由度运动方程，确定该组操纵量和状态量的过程。

$$\dot{p},\dot{q},\dot{r},\dot{u},\dot{v},\dot{w}(\dot{V},\dot{\alpha},\dot{\beta}) = 0 \tag{8.106}$$

对于控制律设计一般要以定直平飞为基准状态，其定义是在式(8.106)基础上附加条件：$\phi,\dot{\phi},\dot{\theta},\dot{\psi}\equiv 0$。

配平的方法通常有图解法和数值迭代法，本节采用数值迭代法。大多数值迭代法进行非线性系统配平的原理如图8－16所示。

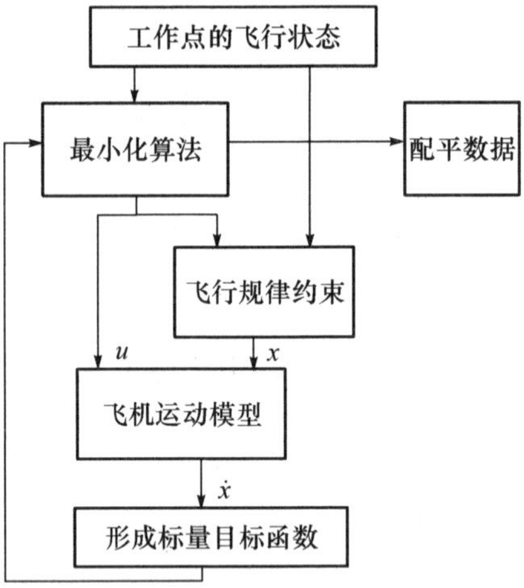


图8－16　配平算法原理图

对非线性系统进行配平的算法很多，如梯度下降法及其扩展方法、单纯形法、非线性最小二乘法等，其中以非线性最小二乘法最为高效。由图8－16可知，应用非线性最小二乘法对非线性系统进行配平，关键是构造合理的目标函数。此处确定的目标函数为各状态量导数的加权和最小：

$$\begin{aligned}\min f = \min(&a_1\dot{\phi}^2 + a_2\dot{\theta}^2 + a_3\dot{\psi}^2 + a_4\dot{p}^2 + a_5\dot{q}^2 + a_6\dot{r}^2 + \\ &a_7\dot{u}^2 + a_8\dot{v}^2 + a_9\dot{w}^2 + a_{10}\dot{h}^2 + a_{11}\dot{T}^2)\end{aligned} \tag{8.107}$$

其中，$a_i$ 为加权系数。因此，非线性最小二乘法配平实质是求解带约束的函数极值问题。以所选状态点(0.658,1500)为例,应用如图8-17所示的Matlab/Simulink环境下的Control and Estimation Tools Manager工具,选择优化算法为非线性最小二乘法,对式(8.79)~式(8.82)所示的飞机六自由度运动方程进行配平的相应结果如表8-2~表8-4所列。利用Matlab/Simulink环境下的Control and Estimation Tools Manager工具还可通过编程实现所有状态点的自动配平,大大提高控制律开发效率。

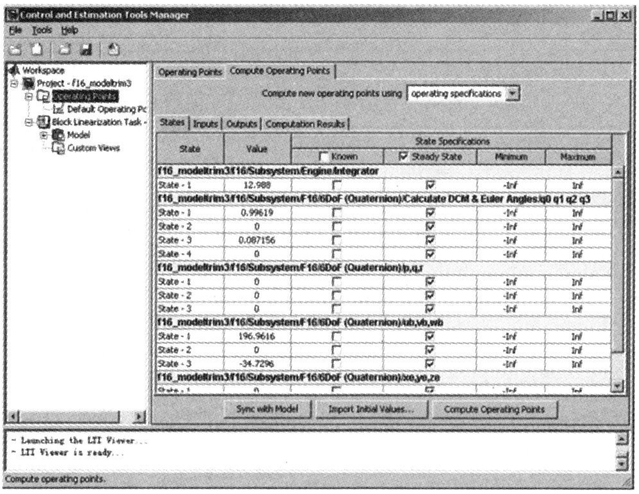

图8-17 Control and Estimation Tools Manager 工具

表8-2 状态量配平信息

| 状态名称 | 初始值 | 是否已知 | 状态值 | | 状态导数值 | |
|---|---|---|---|---|---|---|
| | | | 期望值 | 配平值 | 期望值 | 配平值 |
| $\phi$ | 0 | 是 | 0 | 0 | 0 | 0 |
| $\theta$ | 0.17 | 否 | — | 0.018 | 0 | 0 |
| $\psi$ | 0 | 是 | 0 | 0 | 0 | 0 |
| $p$ | 0 | 是 | 0 | 0 | 0 | 0 |
| $q$ | 0 | 是 | 0 | 0 | 0 | $-3.77\times10^{-8}$ |
| $r$ | 0 | 是 | 0 | 0 | 0 | 0 |
| $u$ | 216.66 | 否 | — | 219.97 | 0 | $2.73\times10^{-9}$ |
| $v$ | 0 | 是 | 0 | 0 | 0 | 0 |
| $w$ | -38.20 | 否 | — | 3.87 | 0 | $-8.26\times10^{-10}$ |
| $X_e$ | 0 | 是 | 0 | 0 | — | 220 |
| $Y_e$ | 0 | 是 | 0 | 0 | — | 0 |
| $Z_e$ | -1500 | 是 | -1500 | -1500 | 0 | $-1.16\times10^{-11}$ |
| POW | 12.99 | 否 | [0,100] | 23.20 | 0 | $-1.30\times10^{-12}$ |

表 8-3　操纵量配平信息

| 操纵名称 | 初始值 | 是否已知 | 期望值 | 配平值 |
|---|---|---|---|---|
| $\delta_{\mathrm{lef}}$ | 12.60 | 否 | [0,25] | 7.15 |
| $\delta_{\mathrm{a}}$ | 0 | 否 | [-21.5,21.5] | 0 |
| $\delta_{\mathrm{e}}$ | 0 | 否 | [-25,25] | -2.05 |
| $\delta_{\mathrm{r}}$ | 0 | 否 | [-30,30] | 0 |
| $\delta_{\mathrm{th}}$ | 0.2 | 否 | [0,1] | 0.36 |

表 8-4　输出量配平信息

| 状态名称 | 初始值 | 是否已知 | 期望值 | 配平值 |
|---|---|---|---|---|
| $\phi$ | 0 | 是 | 0 | 0 |
| $\theta$ | — | 否 | — | 1.01 |
| $\psi$ | 0 | 是 | 0 | 0 |
| $p$ | 0 | 是 | 0 | 0 |
| $q$ | 0 | 是 | 0 | 0 |
| $r$ | 0 | 是 | 0 | 0 |
| $V$ | 220 | 是 | 220 | 220 |
| $\alpha$ | — | 否 | — | 1.01 |
| $\beta$ | 0 | 是 | 0 | 0 |
| $X_{\mathrm{e}}$ | 0 | 是 | 0 | 0 |
| $Y_{\mathrm{e}}$ | 0 | 是 | 0 | 0 |
| $Z_{\mathrm{e}}$ | -1500 | 是 | -1500 | -1500 |
| $a_x$ | 0 | 是 | 0 | $2.73\times10^{-9}$ |
| $a_y$ | 0 | 是 | 0 | 0 |
| $a_z$ | 0 | 是 | 0 | $-8.26\times10^{-10}$ |
| POW | — | 否 | [0,100] | 23.20 |

**3. 非线性模型的线性化**

飞行控制律的初步设计通常是以飞机的线性化模型为对象。对飞机六自由度非线性运动方程的线性化过程简要描述如下：

令飞机运动的非线性微分方程组的一般形式为

$$f_i \frac{\mathrm{d}x_i}{\mathrm{d}t} = F_i \tag{8.108}$$

式中　$f_i$、$F_i$——状态变量 $x_i$ 的非线性函数。

上述微分方程组的一个特解 $x_i = x_{i0}$ 就是上文确定的某一状态点的定常平衡状态，进而可得特解对应的 $f_{i0}$ 和 $F_{i0}$。当按照小扰动原理仅考虑飞机相对定常平衡状态 $x_{i0}$ 的扰动运动时，从式(8.108)中减去平衡状态，即可得到增量形式的微分方程组：

$$f_i \frac{\mathrm{d}x_i}{\mathrm{d}t} - f_{i0}\frac{\mathrm{d}x_{i0}}{\mathrm{d}t} = F_i - F_{i0} \tag{8.109}$$

式(8.109)按泰勒级数展开省略高阶项,可得飞机线性小扰动运动方程组为

$$f_{i0}\frac{\mathrm{d}\Delta x_i}{\mathrm{d}t}=\left[\left(\frac{\partial F_i}{\partial x_1}\right)_0-\frac{\mathrm{d}x_{i0}}{\mathrm{d}t}\left(\frac{\partial f_i}{\partial x_1}\right)_0\right]\Delta x_i+\cdots+\left[\left(\frac{\partial F_i}{\partial x_n}\right)_0-\frac{\mathrm{d}x_{i0}}{\mathrm{d}t}\left(\frac{\partial f_i}{\partial x_n}\right)_0\right]\Delta x_n \tag{8.110}$$

按照上述思路,同样在 Matlab/Simulink 环境下,通过编程实现飞行包线内所有状态点的自动线性化。

常规飞机定直平飞状态下纵向和侧向的相互影响很小,因而得到飞机线性小扰动方程后,还应对“对称”和“非对称”状态变量进行分组,即纵向和侧向的解耦,以便独立的设计各通道控制律。

# 8.3 数值仿真

## 8.3.1 LQR 航迹控制器设计

以文献[77]中 ICE 101 验证机为例,油箱数量和分布设置如图 8-18 所示。发动机耗油率模型为

$$\dot{m}_{\mathrm{E}}=\begin{cases}\dot{m}_{\mathrm{E}}+\int a_{\mathrm{m}}\mathrm{d}t & \dot{m}_{\mathrm{E}}\leqslant \eta T\\ \dot{m}_{\mathrm{E}}-\int a_{\mathrm{m}}\mathrm{d}t & \dot{m}_{\mathrm{E}}>\eta T\end{cases} \tag{8.111}$$

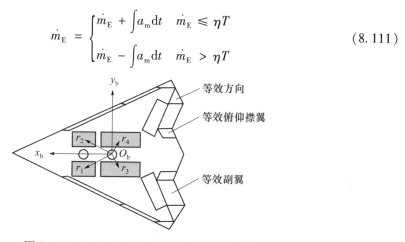

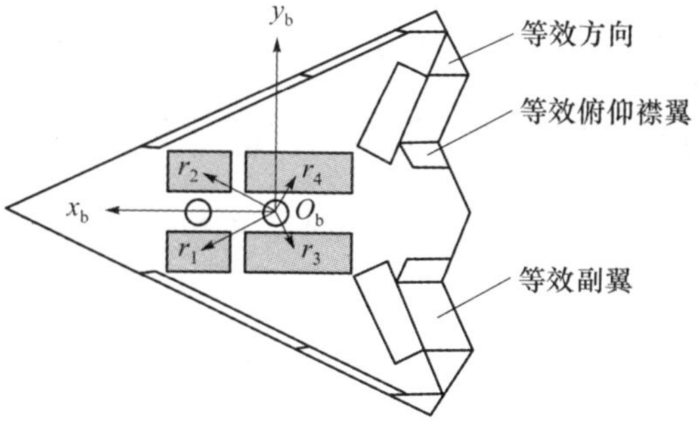


图 8-18 ICE 101 验证机的油箱分布示意图

如图 8-19 所示,ICE 101 经过编队位置(FP)、拐点位置(TP)、预对接位置(PP)和对接位置(DP)实现加油对接。这里仅验证飞机变质量特性,假设锥套相对加油机静止,因此各位置可由三次多项式规划的固定航迹连接。

通过将式(8.79)~式(8.82)所示的变质量飞机方程在上述初始条件下进行线性化可得飞机如下的线性方程:

$$\dot{\underline{\boldsymbol{x}}}=\boldsymbol{A}_0\underline{\boldsymbol{x}}+\boldsymbol{B}_0\underline{\boldsymbol{u}} \tag{8.112}$$

式中 $\underline{\boldsymbol{x}}=\boldsymbol{x}-\boldsymbol{x}^0$, $\boldsymbol{x}=[V,\alpha,\beta,p,q,r,\psi,\theta,\phi,x_{\mathrm{U}},y_{\mathrm{U}},z_{\mathrm{U}}]^{\mathrm{T}}$, $\boldsymbol{x}^0$ 为飞机配平状态;

$\underline{\boldsymbol{u}}=\boldsymbol{u}-\boldsymbol{u}^0$, $\boldsymbol{u}=[\delta_{\mathrm{p}},\delta_{\mathrm{e}},\delta_{\mathrm{c}},T]$, $\boldsymbol{u}^0$ 为配平状态的输入;

$\boldsymbol{A}_0$、$\boldsymbol{B}_0$——系统矩阵和控制矩阵。

为确保稳定状态时的零跟踪误差,加入飞机三轴位置误差的积分将系统状态量扩展为

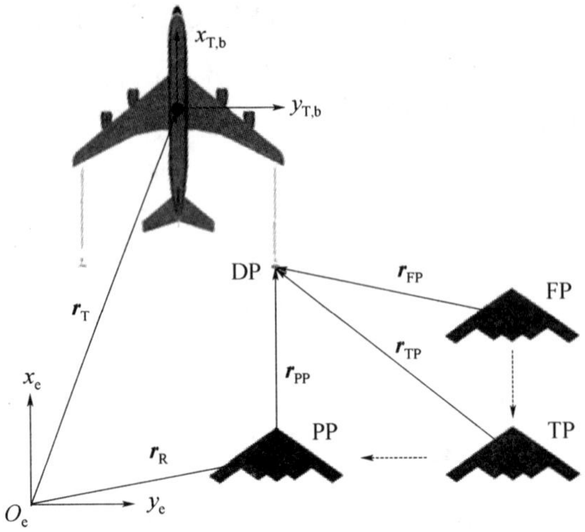


图 8 - 19　ICE 101 从编队到对接的位置转换

$$X = \left[\underline{x}^{T} \mid \int\Delta x_U, \int\Delta y_U, \int\Delta z_U\right]^{T} \tag{8.113}$$

因此,扩展系统方程变化为

$$\dot{X} = AX + B\underline{u} \tag{8.114}$$

其中,$A = \begin{bmatrix} A_0 & 0 \\ C & 0 \end{bmatrix}$,$B = \begin{bmatrix} B_0 \\ 0 \end{bmatrix}$,$C = [0, I]$。

对于式(8.114)采用 LQR 控制器设计方法,则最小化代价函数定义为

$$J = \frac{1}{2}\int_0^{\infty}(X^{T}QX + \underline{u}^{T}R\underline{u})\mathrm{d}t \tag{8.115}$$

式中　$Q$——对称半正定阵;

$R$——对称正定阵。由此可得控制输入为

$$\underline{u} = -KX = -R^{-1}B^{T}PX \tag{8.116}$$

式(8.116)表示的控制器虽然是在某一配平状态点设计获得的,但仍可用于该配平点附件状态的非线性仿真。

### 8.3.2　仿真分析

前、后部油箱质心在 ICE101 机体系下的位置分别为(4, ±4,0.2)m,( -4, ±4,0.2),尺寸为 $a_{3x} = a_{4x} = 4$, $a_{1x} = a_{2x} = b_{1y} = b_{2y} = b_{3y} = b_{4y} = 2$。各油箱初始油量均为总油量的10%,即前部 1、2 号油箱均为 214.8kg,后部 3、4 号油箱均为 389.8kg。$a_m = 0.12\mathrm{kg/s^2}$。其他气动、质量等数据参见文献[77]。

令加油机始终以 200m/s 做定直平飞,受油机近距对接各位置在加油机机体系下的坐标为 FP:( -31,34,2),TP:( -52.8,34,12)和 PP:( -52.8,18.2,12)。DP 由锥套位置决定。LQR 控制器参数为 $Q = 10^{-2} \times \mathrm{diag}(1,1,1,1,1,1,1,1,1,2,0.01,2,2,0.01,2)$,$R = 10^{-3} \times \mathrm{diag}(0.00001,1,1,1)$,则控制增益 $K$ 维数为 5×15,为排版方便仅列出部分列如

下:

$$K = \begin{bmatrix} 1.3\times10^{4} & -2.1\times10^{4} & 5.1\times10^{-8} & 3.8\times10^{-12} & 998.7 & \cdots & 255.5 \\ 2.5 & 287.6 & -3.8\times10^{-10} & -2.6\times10^{-14} & -8.1 & \cdots & -4.4 \\ -4.1\times10^{-11} & 1.4\times10^{-10} & -235.0 & -3.2 & -4.3\times10^{-12} & \cdots & -2.6\times10^{-12} \\ -1.4\times10^{-11} & 5.1\times10^{-11} & -73.7 & 0.01 & -1.5\times10^{-12} & \cdots & -9.8\times10^{-13} \\ 0 & 0 & 0 & 0 & 0 & \cdots & 0 \end{bmatrix}_{5\times15}$$

**1. 近距对接阶段**

图 8-20 所示为加油机机体系表示的 ICE 101 实际对接轨迹和参考对接轨迹。图 8-21所示为飞机油箱油量动态过程。图 8-22 所示为飞机惯性特性动态过程。图 8-23 所示为飞机空速和气流角动态过程。图 8-24 所示为飞机姿态角动态过程。图 8-25 所示为飞机控制输入。

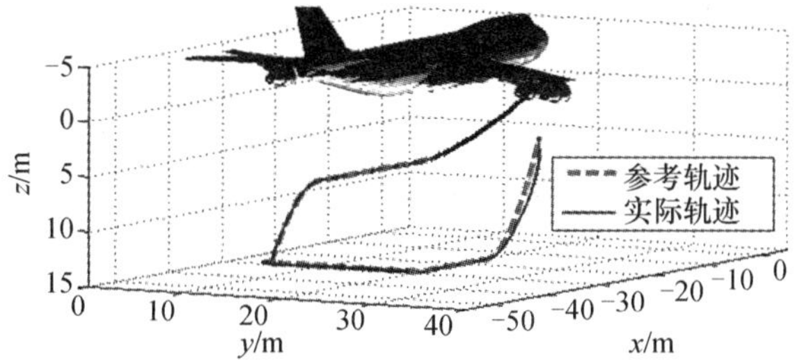


图 8-20　实际对接轨迹和参考对接轨迹

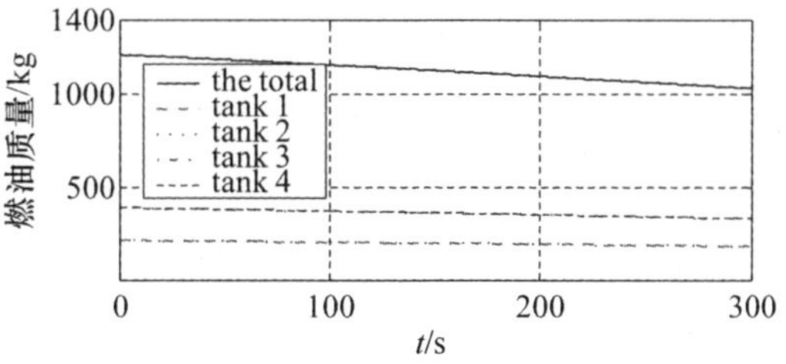


图 8-21　飞机油箱油量动态过程

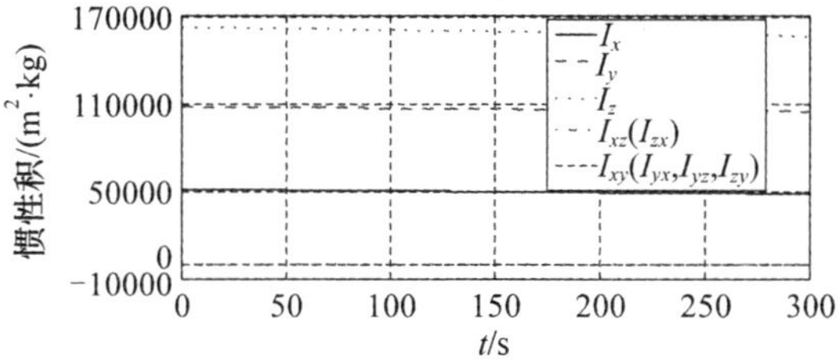


图 8-22　飞机惯性特性动态过程

如图 8-20 所示,所设计的 LQR 控制器能够精确跟踪参考轨迹。但由控制增益 $\boldsymbol{K}$ 可知,控制增益最大已达$10^4$ 量级。因此,这里 LQR 控制器的实质是以高增益换取高精度。但如此高的增益值在实际中是难以承受的。后文将要介绍的一种新型非线性控制方法将很好地克服这一缺点。

如图 8-21 和图 8-22 所示,对接飞行过程中,飞机质量和惯性随发动机燃油消耗而

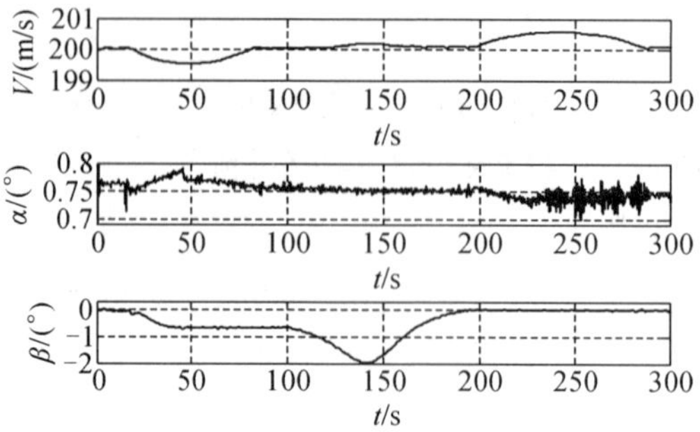


图 8 - 23　飞机空速和气流角动态过程

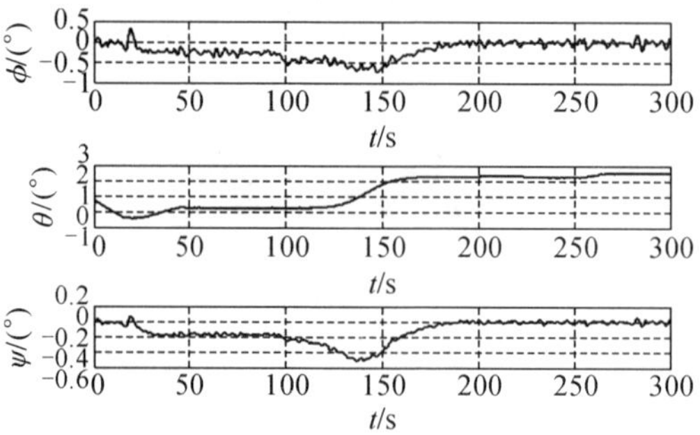


图 8 - 24　飞机姿态角动态过程

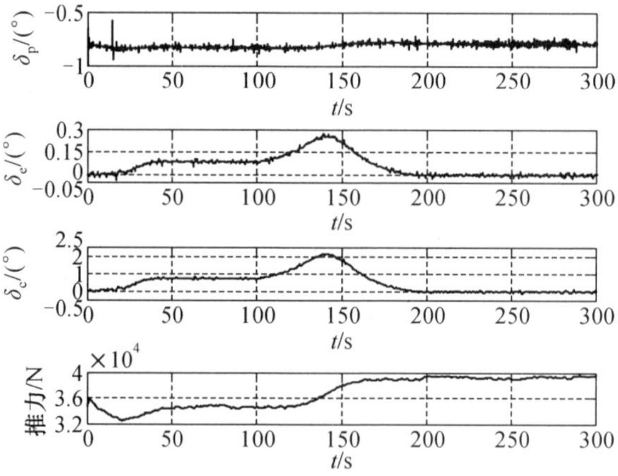


图 8 - 25　飞机控制输入

逐渐减小。由于油箱关于飞机对称面的对称性，$I_{xy}$、$I_{yx}$、$I_{yz}$ 和 $I_{zy}$ 总是保持为 0。由式(8.111)可知，发动机燃油消耗速率取决于推力变化。因此，随推力由减小逐渐转换为增加，燃油消耗速率同步逐渐开始增大。

如图 8 - 23 ~ 图 8 - 25 所示，加油机机翼外侧的尾流局部气流方向向上。若控制器不工作，迎角 $\alpha$ 将增大，空速 $V$ 在 $x$ 轴向的分量将减小，则飞机将难以精确跟踪参考航迹。因此，从 FP 到 TP（约 0 ~ 150s 期间），控制器负向增大 $\delta_p$ 以减小俯仰角 $\theta$ 防止迎角 $\alpha$ 持续增大。除减速影响外，俯仰角 $\theta$ 减小使 $-x$ 轴向的重力分量增大，均导致了推力的减小。此时，燃油消耗比定直平飞时小。但加油机机翼内侧飞行期间（约 150 ~ 300s），情况恰好相反。

**2. 燃油传输阶段**

燃油传输开始后，为方便比较，假设 $t=300\text{s}$ 开始采用三种加油方案：方案 1：两前部油箱首先同时开始等量加油，但最多只加满半箱。然后后部两油箱同时等量加油，也各自只加满半箱。方案 2：1 号油箱首先加满，3 号油箱再加满，2、4 号油箱均不加油。方案 3：1 号油箱首先加满，4 号油箱再加满，2、3 号油箱均不加油。

图 8－26 所示为燃油传输中飞机油箱油量和惯性变化。图 8－27 所示为燃油传输中飞机空速和气流角动态过程。图 8－28 所示为燃油传输中飞机姿态角动态过程。图 8－29所示为燃油传输中飞机控制输入动态过程。

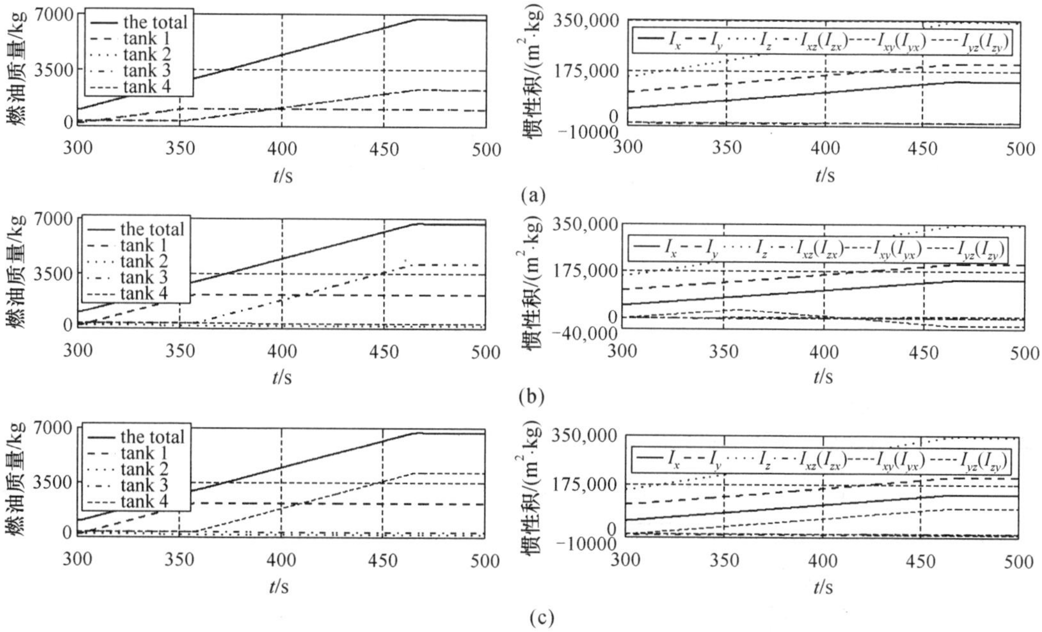


图 8－26　燃油传输中飞机油箱油量和惯性变化

(a) 方案 1；(b) 方案 2；(c) 方案 3。

如图 8－26 所示，燃油如前所述三种加油方式加满相应油箱。到加油结束时（约 467s 时），加入飞机的全部燃油总量（不含发动机已消耗部分）为 5670.5kg，约占飞机加油前质量的 46.06%，充分证明了空中加油阶段变质量飞机模型的必要性。由于油箱分布的对称性，对于三种加油方案，$I_x$、$I_y$、$I_z$、$I_{xz}$和 $I_{zx}$ 均有相同的变化规律。而惯性计算中含有 $y_jz_j$ 和 $y_jx_j$ 的量将因加油方案不同而出现不同量值。因此，图 8－26 中 $I_{xy}$、$I_{yx}$、$I_{yz}$和 $I_{zy}$对于三种不同加油方案的值有所不同。

如图 8－27、图 8－28 所示，对于三种加油方案，飞机纵向状态量均有相同的变化趋势。前部油箱加油过程中，控制器增大迎角 $\alpha$ 和俯仰角 $\theta$ 以增大飞机抬头力矩，补偿前部油箱质量增大导致的低头力矩。此时，侧向状态量的区别仍然较小，因此三种方案中迎角 $\alpha$、俯仰角 $\theta$ 均呈现了完全相同的变化规律。后部油箱加油过程中，后部油箱重力逐渐增大使得飞机纵向状态量较之前逐渐减小。对于方案 2 和方案 3，由于关于 $x-z$ 平面的对称性，燃油传输对于飞机纵向状态量的影响可视为完全相同。但是侧向非对称的加油产生了一个非对称的侧向力矩。为保持侧向位置稳定，控制器使得飞机在相应方向上滚转

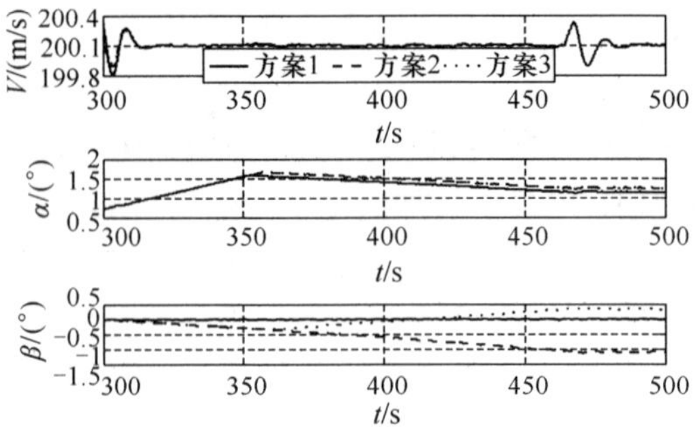


图 8－27　燃油传输中飞机空速和气流角

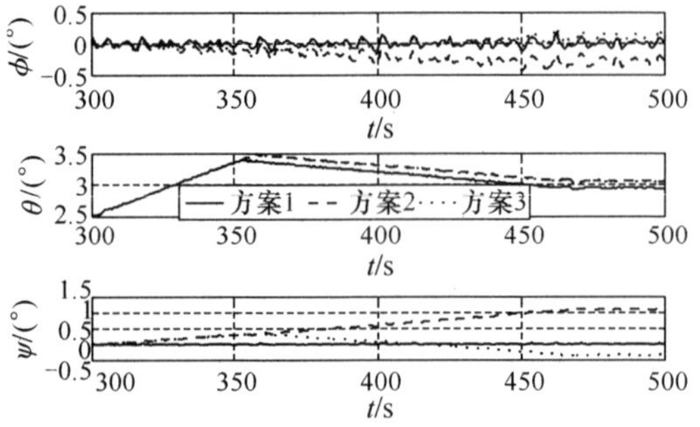


图 8－28　燃油传输中飞机姿态角

或偏航一个小角度以补偿相反方向的油箱加油。结果使得升力在重力方向的分量减小，相比方案 1 必须增大纵向状态量（迎角 $\alpha$ 和俯仰角 $\theta$）以补偿升力的不足。对比方案 2，方案 3 中燃油从前部油箱切换到后部油箱的瞬间，侧滑角、滚转角和偏航角立刻转向相反方向，以补偿另一侧加油的影响，维持定直平飞状态。加油完成后，纵向状态量比其加油前幅值稍大以产生足够升力。对于方案 1，由于对称性，滚转角和偏航角几乎保持为 0。而对于方案 2 和方案 3，滚转角和偏航角则完全不同。这充分说明了非对称质量分布对稳定配平状态的影响。

图 8－29 可与图 8－28 对比分析，以揭示这些控制输入如何对于三种加油方案做出

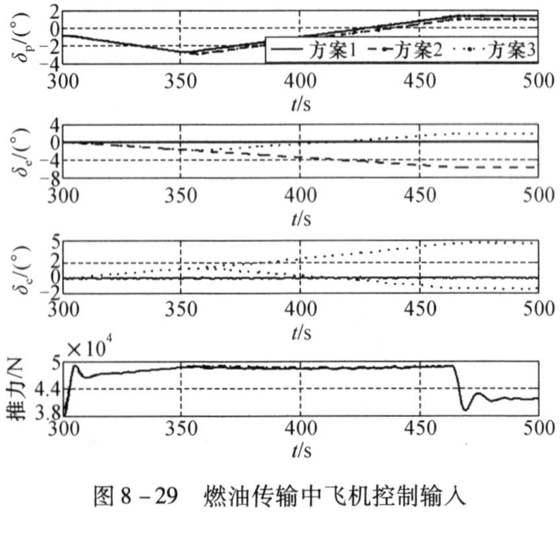


图 8－29　燃油传输中飞机控制输入

反应和如何相应于飞机稳态姿态角产生相应偏转动作。纵向控制量 $\delta_p$ 和推力 $T$ 始终能够匹配飞机纵向状态量的变化。但方案 3 中加油从前部转向后部的瞬间,$\delta_e$、$\delta_c$ 均立即开始向反向偏转以补偿对侧加油。舵面偏转幅值随着燃油稳定速率增长而平稳变化。对于三种方案,推力变化几乎完全一致。加油过程中推力幅值的明显整体增大主要是燃油传输速率导致的附加力的作用。这也充分说明了质量分布和变化速率对控制输入产生的影响,控制器设计时要充分考虑控制输入对质量分布和变化的补偿作用。

# 第九章　软式加油设备动力学建模与控制

从本质上看,软管锥套组合体是一类刚—柔—液—气耦合介质,完全准确地建立其动力学模型几乎是不可能的。因此,可行的方法是通过必要简化抓住主要特征建立较为准确的数学模型。软管锥套组合体的柔性运动和长度收放是软式加油设备区别于其他众多刚性航空器的最大特点,既是动力学建模的关键,也是目前建模方法的难点。

目前,针对软管锥套组合体的动力学建模,主要方法有三类:一是偏微分方程法;二是基于材料力学的有限元法;三是基于集中参数原理的多刚体动力学法。偏微分方程法和基于材料力学的有限元法推导极为复杂,计算量极大,目前仅能模拟软管锥套组合体的柔性运动,未能实现长度收放,所建模型也难以用于视景开发。因此,下文介绍基于集中参数原理的多刚体动力学法。

## 9.1　软管锥套组合体动力学建模

### 9.1.1　建模假设与坐标定义

软管锥套式空中加油系统主要有机械卷盘、加油软管和锥套三部分组成。如图 9－1 所示,软管锥套组合体可抽象为通过无摩擦万向铰链逐级串联的若干长度可变的刚性连杆。假设各段软管与相应摆杆长度相同,各级连杆质量、受力均假设集中于各铰链处,锥套视为固连于软管末端的质点。根据加油软管的材料和结构特性,这里忽略软管材料的伸缩性、阻尼以及软管绕自身中轴线的扭转运动。

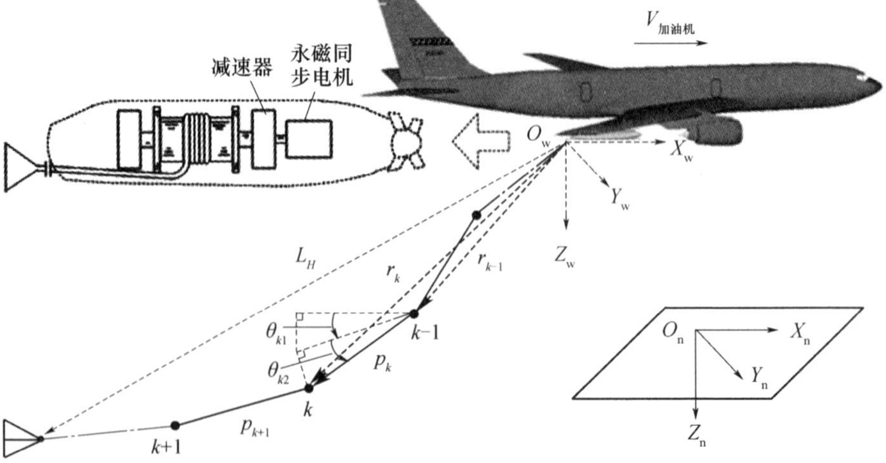


图 9－1　建模假设与坐标关系示意图

如图 9－1 所示，令地平系 $O_nX_nY_nZ_n$ 为惯性系。将拖曳点系 $O_wX_wY_wZ_w$ 作为建模参考系，其坐标轴指向与加油机航迹系平行。第 $k$ 级摆杆相对 $O_wX_wY_wZ_w$ 系的偏转可通过摆杆相对 $O_wX_wY_w$ 和 $O_wX_wZ_w$ 平面的偏转角 $\theta_{k1}$ 和 $\theta_{k2}$ 加以描述。$L_H$ 为锥套与吊舱出口的距离。

为建立长度可变的 HDA 动力学模型，美国学者 Kamman 等仅令第 1 级连杆长度可变，且其长度比其他连杆更长，这将使模型形态与真实软管产生较大误差，并且无法实现软管完全收起。若采用依次逐级收放的建模方式，固然更符合实际，但由 9.1.3 节中的式(9.18)可知，当软管回收时，该模型将逐级降维；当软管放出时，则逐级升维。另外，这会使弯曲恢复力没有统一形式。因此，这种建模方式将导致数学推导和仿真算法的复杂度大幅增加。这里综合考虑以上两种建模思路，假设各级连杆等长且长度同步变化。尽管该模型在理论上无法实现软管完全收起（当各级连杆长度为零时，式(9.18)将无解或无限多解），但仍可模拟不为零的任意长度软管。因此，该建模方式较好地折中了模型准确性和算法复杂度之间的矛盾，能够模拟工程中软管收放的全过程，便于进行 HWP 动力学特性与控制机理的分析研究。

### 9.1.2 运动学分析

如图 9－1 所示，铰链 $k$ 的空间位置矢量 $\boldsymbol{r}_k$ 在 $O_wX_wY_wZ_w$ 系中可表示为

$$\boldsymbol{r}_k = \boldsymbol{r}_{k-1} + \boldsymbol{p}_k \tag{9.1}$$

式中 $\boldsymbol{p}_k$——由铰链 $k-1$ 指向铰链 $k$ 的距离矢量(m)。

$\boldsymbol{p}_k$ 在 $O_wX_wY_wZ_w$ 系中坐标为

$$\boldsymbol{p}_k = -l_k[C_1C_2 \quad S_2 \quad -S_1C_2]^{\mathrm{T}} \tag{9.2}$$

其中

$$C_i = \cos\theta_{ki} \tag{9.3}$$

$$S_i = \sin\theta_{ki} \tag{9.4}$$

式中 $l_k$——第 $k$ 级摆杆长度(m)。

$l_k$ 为关于时间的变量，用以描述软管收放引起的软管长度变化。

对式(9.1)求一、二次导数，可得铰链 $k$ 相对 $O_wX_wY_wZ_w$ 系的运动速度 $\boldsymbol{v}_k$ 和加速度 $\boldsymbol{a}_k$ 分别为

$$\begin{cases}\boldsymbol{v}_k = \boldsymbol{v}_{k-1} + \dot{\boldsymbol{p}}_k \\ \boldsymbol{a}_k = \boldsymbol{a}_{k-1} + \ddot{\boldsymbol{p}}_k\end{cases} \tag{9.5}$$

当考虑加油机姿态变化影响，即拖曳点系相对地平系转动时，对式(9.5)求一、二次导数可得

$$\dot{\boldsymbol{p}}_k = \sum_{i=1}^{2}(\boldsymbol{p}_{k,\theta_{ki}}\dot{\theta}_{ki}) + \boldsymbol{p}_{k,l_k}\dot{l}_k + (\boldsymbol{\omega}_w \times \boldsymbol{p}_k) \tag{9.6}$$

$$\ddot{\boldsymbol{p}}_k = \sum_{i=1}^{2}(\boldsymbol{p}_{k,\theta_{ki}}\ddot{\theta}_{ki} + \dot{\boldsymbol{p}}_{k,\theta_{ki}}\dot{\theta}_{ki}) + \boldsymbol{p}_{k,l_k}\ddot{l}_k + \dot{\boldsymbol{p}}_{k,l_k}\dot{l}_k + (\boldsymbol{a}_w \times \boldsymbol{p}_k) + (\boldsymbol{\omega}_w \times \dot{\boldsymbol{p}}_k) \tag{9.7}$$

其中

$$\begin{cases} \boldsymbol{p}_{k,\theta_{ki}} = \partial \boldsymbol{p}_k / \partial \theta_{ki} \\ \boldsymbol{p}_{k,l_k} = \partial \boldsymbol{p}_k / \partial l_k \end{cases} \tag{9.8}$$

式中 $\boldsymbol{\omega}_w$——拖曳点系相对地平系的牵连角速度(rad/s);

$\boldsymbol{\alpha}_w$——拖曳点系相对地平系的牵连角加速度($rad/s^2$);

$(\boldsymbol{\omega}_w \times \boldsymbol{p}_k)$——拖曳点系相对地平系的牵连速度(m/s);

$(\boldsymbol{\alpha}_w \times \boldsymbol{p}_k)$——拖曳点系相对地平系的牵连加速度($m/s^2$);

$(\boldsymbol{\omega}_w \times \dot{\boldsymbol{p}}_k)$——拖曳点系相对地平系的哥氏加速度($m/s^2$)。

由于各段软管质量小、变化慢,式(9.7)略去了质量变化引起的附加相对加速度。

由定义易知

$$\begin{cases} \boldsymbol{p}_{k,\theta_{k1}} \cdot \boldsymbol{p}_{k,\theta_{k2}} = 0 \\ \boldsymbol{p}_{k,\theta_{k1}} \cdot \boldsymbol{p}_{k,\theta_{k1}} = l_k^2 \cos^2\theta_{k2} \\ \boldsymbol{p}_{k,\theta_{k2}} \cdot \boldsymbol{p}_{k,\theta_{k2}} = l_k^2 \end{cases} \tag{9.9}$$

则式(9.7)两端点乘$\boldsymbol{p}_{k,\theta_{ki}}$并将式(9.5)代入,可得

$$\ddot{\theta}_{ki} = \frac{\boldsymbol{p}_{k,\theta_{ki}} \cdot \left( \left( \boldsymbol{a}_k - \boldsymbol{a}_{k-1} - \sum_{j=1}^{2} (\dot{\boldsymbol{p}}_{k,\theta_{kj}} \dot{\theta}_{kj} \right) - \boldsymbol{p}_{k,l_k} \ddot{l}_k - \dot{\boldsymbol{p}}_{k,l_k} \dot{l}_k - (\boldsymbol{\alpha}_w \times \boldsymbol{p}_k) - (\boldsymbol{\omega}_w \times \dot{\boldsymbol{p}}_k) \right)}{\boldsymbol{p}_{k,\theta_{ki}} \cdot \boldsymbol{p}_{k,\theta_{ki}}} \tag{9.10}$$

由于$\boldsymbol{p}_{k,\theta_{k1}} \cdot \boldsymbol{p}_{k,\theta_{k1}} = l_k^2 C_2^2$ 且$\boldsymbol{p}_{k,\theta_{k2}} \cdot \boldsymbol{p}_{k,\theta_{k2}} = l_k^2$,则当 $\theta_{k2} = \pm\pi/2$ 或 $l_k = 0$ 时,式(9.10)分母$\boldsymbol{p}_{k,\theta_{ki}} \cdot \boldsymbol{p}_{k,\theta_{ki}}$将为0。但正常空中加油飞行条件下,角 $\theta_{k2}$不可能达到 $\pm\pi/2$,且为 $l_k$ 可在建模过程中认为避免取为0,所以式(9.10)始终可以确保其物理意义。

即式(9.10)即为第 $k$ 段软管的一般运动方程,经逐级迭代,该模型即可描述加油机状态变化影响下的软管长度变化和偏转弯曲。

### 9.1.3 动力学分析

由牛顿第二定律知,铰链 $k$ 的加速度$\boldsymbol{a}_k$ 为

$$\boldsymbol{a}_k = (\boldsymbol{Q}_k + \boldsymbol{t}_k - \boldsymbol{t}_{k+1})/m_k = (\boldsymbol{Q}_k + \boldsymbol{t}_k - \boldsymbol{t}_{k+1})/(l_k\mu) \tag{9.11}$$

式中 $\mu$——单位长度软管质量(kg/m);

$\boldsymbol{t}_k$——第 $k$ 级摆杆拉力(N);

$m_k$——单位长度软管质量,$m_k = l_k\mu$(kg);

$\boldsymbol{Q}_k$——为铰链 $k$ 所受外力,包括定常流、加油机尾流、大气扰动等形成的气动阻力和重力两部分(N)。

因摆杆拉力$\boldsymbol{t}_k$ 是无法直接获得的系统内力,需引入额外约束条件解算。由定义可知$\boldsymbol{p}_k$ 满足如下几何长度约束:

$$\boldsymbol{p}_k \cdot \boldsymbol{p}_k = l_k^2 \tag{9.12}$$

当软管长度可变,对式(9.12)求二次导数,可得

$$\dot{\boldsymbol{p}}_k \cdot \dot{\boldsymbol{p}}_k + \boldsymbol{p}_k \cdot \ddot{\boldsymbol{p}}_k = \dot{l}_k^2 + l_k \ddot{l}_k \tag{9.13}$$

令单位矢量$\boldsymbol{n}_k = \boldsymbol{t}_k / \|\boldsymbol{t}_k\|$,则$\boldsymbol{p}_k$ 及其一阶微分表示为

$$\begin{cases} \boldsymbol{p}_k = -l_k \boldsymbol{n}_k \\ \dot{\boldsymbol{p}}_k = -\dot{l}_k \boldsymbol{n}_k - l_k \dot{\boldsymbol{n}}_k \end{cases} \tag{9.14}$$

将式(9.5)、式(9.14)代入式(9.13)可得相邻铰链的加速度关系为

$$(\boldsymbol{a}_k - \boldsymbol{a}_{k-1}) \cdot \boldsymbol{n}_k = l_k \dot{\boldsymbol{n}}_k \cdot \dot{\boldsymbol{n}}_k - \ddot{l}_k \tag{9.15}$$

令 $t_k = \|\boldsymbol{t}_k\|$,将式(9.11)代入式(9.15)可得关于摆杆拉力的代数线性方程组:

$$\frac{\boldsymbol{n}_k \cdot \boldsymbol{n}_{k-1}}{m_{k-1}} t_{k-1} - \left(\frac{1}{m_{k-1}} + \frac{1}{m_k}\right) t_k + \frac{\boldsymbol{n}_k \cdot \boldsymbol{n}_{k+1}}{m_k} t_{k+1} = \ddot{l}_k - l_k \dot{\boldsymbol{n}}_k \cdot \dot{\boldsymbol{n}}_k - \left(\frac{\boldsymbol{Q}_{k-1}}{m_{k-1}} - \frac{\boldsymbol{Q}_k}{m_k}\right) \cdot \boldsymbol{n}_k \tag{9.16}$$

如果软管由 $N$ 级完全等长连杆组成,即 $l_1 = \cdots = l_N = l$ 和 $m_1 = \cdots = m_N = m$,则式(9.16)可简化为

$$(\boldsymbol{n}_k \cdot \boldsymbol{n}_{k-1}) t_{k-1} - 2t_k + (\boldsymbol{n}_k \cdot \boldsymbol{n}_{k+1}) t_{k+1} = m(\ddot{l} - l \dot{\boldsymbol{n}}_k \cdot \dot{\boldsymbol{n}}_k) - (\boldsymbol{Q}_{k-1} - \boldsymbol{Q}_k) \cdot \boldsymbol{n}_k \tag{9.17}$$

将式(9.17)迭代列写成 $\boldsymbol{A} \cdot \boldsymbol{t} = \boldsymbol{q}$ 的矩阵形式为

$$\begin{bmatrix} -1 & \boldsymbol{n}_1 \cdot \boldsymbol{n}_2 & 0 & \cdots & 0 \\ \boldsymbol{n}_2 \cdot \boldsymbol{n}_1 & -2 & \boldsymbol{n}_2 \cdot \boldsymbol{n}_3 & \ddots & \vdots \\ 0 & \ddots & \ddots & \ddots & 0 \\ \vdots & \ddots & \boldsymbol{n}_{N-1} \cdot \boldsymbol{n}_{N-2} & -2 & \boldsymbol{n}_{N-1} \cdot \boldsymbol{n}_N \\ 0 & \cdots & 0 & \boldsymbol{n}_N \cdot \boldsymbol{n}_{N-1} & -2 \end{bmatrix} \begin{bmatrix} t_1 \\ t_2 \\ t_3 \\ \vdots \\ t_N \end{bmatrix}$$

$$= \begin{bmatrix} m(\ddot{l} - l\dot{\boldsymbol{n}}_1 \cdot \dot{\boldsymbol{n}}_1) - (a_0 m - \boldsymbol{Q}_1) \cdot \boldsymbol{n}_1 \\ m(\ddot{l} - l\dot{\boldsymbol{n}}_2 \cdot \dot{\boldsymbol{n}}_2) - (\boldsymbol{Q}_1 - \boldsymbol{Q}_2) \cdot \boldsymbol{n}_2 \\ \vdots \\ \vdots \\ m(\ddot{l} - l\dot{\boldsymbol{n}}_N \cdot \dot{\boldsymbol{n}}_N) - (\boldsymbol{Q}_{N-1} - \boldsymbol{Q}_N) \cdot \boldsymbol{n}_N \end{bmatrix} \tag{9.18}$$

式中　$\boldsymbol{a}_0$——拖曳点相对地平系的平动加速度($m/s^2$)。

$\boldsymbol{a}_0$ 与式(9.10)中$\boldsymbol{\alpha}_w$、$\boldsymbol{\omega}_w$ 等牵连转动量使该模型完整地体现了加油机牵连运动对软管锥套运动的影响。

### 9.1.4 外力分析

由受力分析知,式(9.18)中铰链 $k$ 所受外力$\boldsymbol{Q}_k$ 包括第 $k$ 段软管重力、软管弯曲恢复力矩$\boldsymbol{R}_k$ 和空气阻力$\boldsymbol{D}_k$ 三部分:

$$\boldsymbol{Q}_k = m\boldsymbol{g} + \boldsymbol{R}_k + (\boldsymbol{D}_{k-1} + \boldsymbol{D}_k)/2 \tag{9.19}$$

当软管受力弯曲时,软管将产生一个是软管恢复笔直的恢复力。为表示方便,将弯曲

软管视为如图 9-2 所示的两端铰链连杆，则软管弯曲恢复力可视为一个等效的外力 $\boldsymbol{R}_k$。

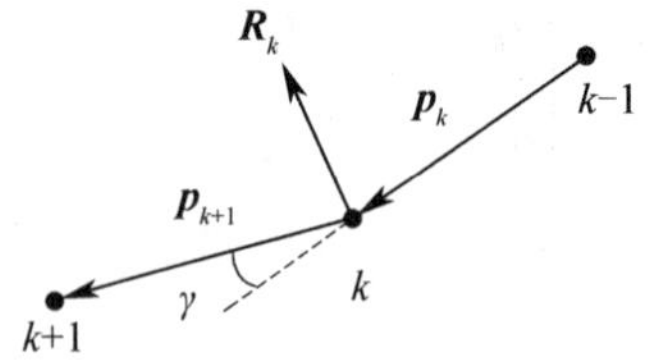


图 9-2 等效软管弯曲恢复力

由文献[86]可知，作用于铰链 $k$ 的力$\boldsymbol{R}_k$ 的幅值可表示为

$$R_k = 8EI\gamma/l^2 \tag{9.20}$$

式中 $I$——截面惯性矩($m^4$)；

$E$——软管弹性模量(psi)。

$I$ 可表示为

$$I = \pi(d_o^4 - d_i^4)/64 \tag{9.21}$$

相邻两连杆的夹角 $\gamma$ 可表示为

$$\gamma = \arccos\left(\frac{\boldsymbol{p}_k \cdot \boldsymbol{p}_{k-1}}{\|\boldsymbol{p}_k\|\|\boldsymbol{p}_{k-1}\|}\right) \tag{9.22}$$

力$\boldsymbol{R}_k$ 的作用方向为相邻连杆的角平分方向，即与如下矢量方向相同：

$$\boldsymbol{e}_{R_k} = \boldsymbol{p}_k/\|\boldsymbol{p}_k\| - \boldsymbol{p}_{k-1}/\|\boldsymbol{p}_{k-1}\| \tag{9.23}$$

空气阻力$\boldsymbol{D}_k$ 包括表面摩擦力和压差阻力，可表示为

$$\begin{aligned}\boldsymbol{D}_k = &\left\{-\frac{1}{2}\rho_\infty [\boldsymbol{V}_{k/\mathrm{air}} \cdot \boldsymbol{n}_k]^2 \pi d_o l c_{t,k}\right\}\boldsymbol{n}_k \\ &+ \left\{-\frac{1}{2}\rho_\infty \|\boldsymbol{V}_{k/\mathrm{air}} - (\boldsymbol{V}_{k/\mathrm{air}} \cdot \boldsymbol{n}_k)\boldsymbol{n}_k\| d_o l c_{n,k}\right\} \times [\boldsymbol{V}_{k/\mathrm{air}} - (\boldsymbol{V}_{k/\mathrm{air}} \cdot \boldsymbol{n}_k)\boldsymbol{n}_k]\end{aligned} \tag{9.24}$$

其中

$$\boldsymbol{V}_{k/\mathrm{air}} = \boldsymbol{v}_k - \boldsymbol{u}_k \tag{9.25}$$

式中 $\boldsymbol{u}_k$——铰链 $k$ 处定常流、加油机尾流、大气扰流等的矢量和(m/s)；

$\rho_\infty$——空气密度($kg/m^3$)；

$d_o$——软管外径(m)；

$c_{t,k}$——摆杆 $k$ 切向动阻力系数；

$c_{n,k}$——摆杆 $k$ 法向气动阻力系数。

同理，作用于末级铰链 $N$ 的合外力$\boldsymbol{Q}_N$ 为

$$\boldsymbol{Q}_N = (m + m_{\mathrm{drogue}})\boldsymbol{g} + \boldsymbol{D}_N/2 + \boldsymbol{D}_{\mathrm{drogue}} \tag{9.26}$$

式中 $m_{\mathrm{drogue}}$——锥套质量(kg)。

其中$\boldsymbol{D}_{\mathrm{drogue}}$为锥套气动阻力，可表示为

$$\boldsymbol{D}_{\mathrm{drogue}} = -\frac{1}{2}\rho_\infty \|\boldsymbol{V}_{N/\mathrm{air}}\|\left(\frac{\pi d_{\mathrm{drogue}}^2}{4}\right)c_{\mathrm{drogue}}\boldsymbol{V}_{N/\mathrm{air}} \tag{9.27}$$

式中　$d_{\text{drogue}}$——锥套直径(m)；

$c_{\text{drogue}}$——锥套空气阻力系数。

对接过程中,式(9.26)还应包括锥套所受插头的约束力$\boldsymbol{S}_{\text{drogue}}$:

$$\boldsymbol{S}_{\text{drogue}} = -\kappa\begin{bmatrix} x_{\text{drogue}} - x_{\text{probe}} \\ y_{\text{drogue}} - y_{\text{probe}} \\ z_{\text{drogue}} - z_{\text{probe}} \end{bmatrix} \tag{9.28}$$

式中　$\kappa$——约束力系数;

$x_{\text{drogue}}$、$y_{\text{drogue}}$、$z_{\text{drogue}}$——锥套空间位置坐标(m);

$x_{\text{probe}}$、$y_{\text{probe}}$、$z_{\text{probe}}$——插头空间位置坐标(m)。

综上可知,第 $k$ 级单摆运动的总体运行机理可概括为图 9-3 所示的变量关系。

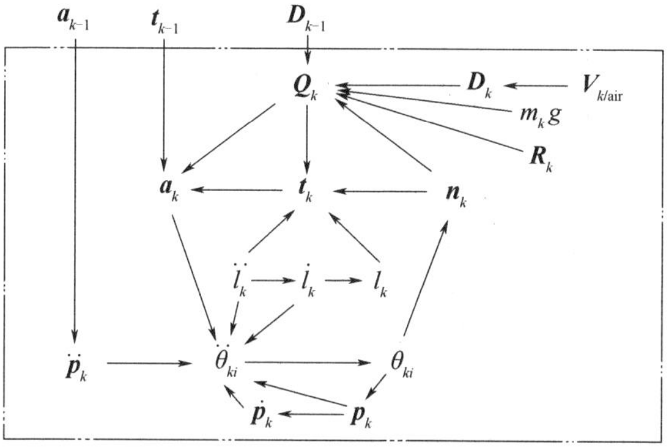


图 9-3　第 $k$ 级单摆的总体运行机理

# 9.2　软管卷盘响应控制原理

无论翼尖加油吊舱还是机身加油平台,软管均由软管卷盘回卷和放出。由前文可知,卷盘动力来源主要有液压式、数控式以及机身动力等三类。卷盘保持软管张力稳定的响应控制方式主要有恒力弹簧和电机驱动两种,以下将简要介绍各自控制原理。

## 9.2.1　恒力弹簧响应控制原理与缺陷分析

恒力弹簧产生回卷拉力$\boldsymbol{T}_{\text{reel}}$用以实时收紧软管,抑制甩鞭现象,其控制原理为

$$\boldsymbol{T}_{\text{reel}} = \boldsymbol{T}_{\text{static}}[1 - (L_0 - L)/L_1] \tag{9.29}$$

式中　$\boldsymbol{T}_{\text{static}}$——稳态时软管始端拉力(N);

$L_0$、$L$、$L_1$——软管初始长度、软管全长和弹簧可控长度(m)。

在恒力弹簧控制下,软管收放加速度为

$$\ddot{L} = (\boldsymbol{T}_{\text{reel}} - \boldsymbol{T}_{\text{hose}})/M \tag{9.30}$$

式中　$\boldsymbol{T}_{\text{hose}}$——软管始端拉力,$\boldsymbol{T}_{\text{hose}} = t_1$(N);

$M$——卷盘和已卷入卷盘软管的质量和(kg)。

由式(9.29)、式(9.30)可知，由于 $T_{hose}$ 容易受外力干扰，使软管长度极易诱发震荡，难以快速准确控制软管长度；$L_1$ 通常较小，一旦软管松弛，富余长度超出 $L_1$ 可控范围，恒力弹簧将失效；$\ddot{L}$ 随着软管回卷而逐渐减小，控制滞后性逐渐突出，使软管收放速度无法与受油机对接速度完全匹配。

### 9.2.2 电机驱动与控制目标转换

这里采用永磁同步电机(PMSM)作为卷盘驱动装置。假设 PMSM 经减速器传动后驱动软管卷盘进行软管响应控制，其电机空间磁场呈正弦分布，铁心不饱和，不记涡流、磁滞损耗和减速器摩擦，隐极式 PMSM 基于 d－q 轴坐标系的数学模型可以表示为

$$\begin{cases} \dfrac{\mathrm{d}\vartheta}{\mathrm{d}t} = \omega \\ \dfrac{\mathrm{d}\omega}{\mathrm{d}t} = \dfrac{3P\psi_{\mathrm{f}}}{2J}i_{\mathrm{q}} - \dfrac{B}{J}\omega - \dfrac{T_{\mathrm{L}}}{J} \\ \dfrac{\mathrm{d}i_{\mathrm{q}}}{\mathrm{d}t} = -\dfrac{R}{L_{\mathrm{s}}}i_{\mathrm{q}} - P\omega i_{\mathrm{d}} - \dfrac{P\psi_{\mathrm{f}}}{L_{\mathrm{s}}}\omega + \dfrac{1}{L_{\mathrm{s}}}u_{\mathrm{q}} \\ \dfrac{\mathrm{d}i_{\mathrm{d}}}{\mathrm{d}t} = -\dfrac{R}{L_{\mathrm{s}}}i_{\mathrm{d}} + P\omega i_{\mathrm{q}} + \dfrac{1}{L_{\mathrm{s}}}u_{\mathrm{d}} \end{cases} \tag{9.31}$$

式中 $\omega$——机械转速(rad/s)；

$\vartheta$——机械转角(rad)；

$R$——定子电阻(Ω)；

$L_s$——定子电感(H)；

$P$——极对数；

$\psi_f$——永磁体磁链(Wb)；

$J$——转动惯量(kg·m²)；

$B$——黏性摩擦系数(N·m·s)；

$T_L$——负载转矩(N·m)；

$i_d$、$i_q$——d、q 轴的电流(A)；

$u_d$、$u_q$——d、q 轴的电压(V)。

根据加/受油机相对位置实时控制软管收放保持软管拉力稳定是抑制甩鞭现象最有效的方法。有运动学可知，软管长度 $L$ 可以表示为电机转角 $\vartheta$ 的如下函数：

$$L = \vartheta r/i \tag{9.32}$$

式中 $r$——卷盘半径(m)；

$i$——减速器的减速比。

软管长度 $L$ 与受油插头到吊舱距离的关系为

$$L = \eta\sqrt{\Delta x^2 + \Delta y^2 + \Delta z^2} - L_0 \tag{9.33}$$

由图 9－1 可知，式中，$\eta = L_0/L_H$，$\eta$ 反映了软管松弛程度；$\Delta x$、$\Delta y$、$\Delta z$ 分别为受油插头与吊舱出口的相对距离分量，通过在加/受油机、锥套三者安装相对位置传感器可以实现对 $\Delta x$、$\Delta y$、$\Delta z$ 精确测量；$L_0$ 为对接前软管长度。

由式(9.32)、式(9.33)可知,软管长度控制可转化为 PMSM 转角位置控制,进而实现保持软管拉力稳定,抑制甩鞭现象的作用。控制目标的转换原理可表示为图 9-4。

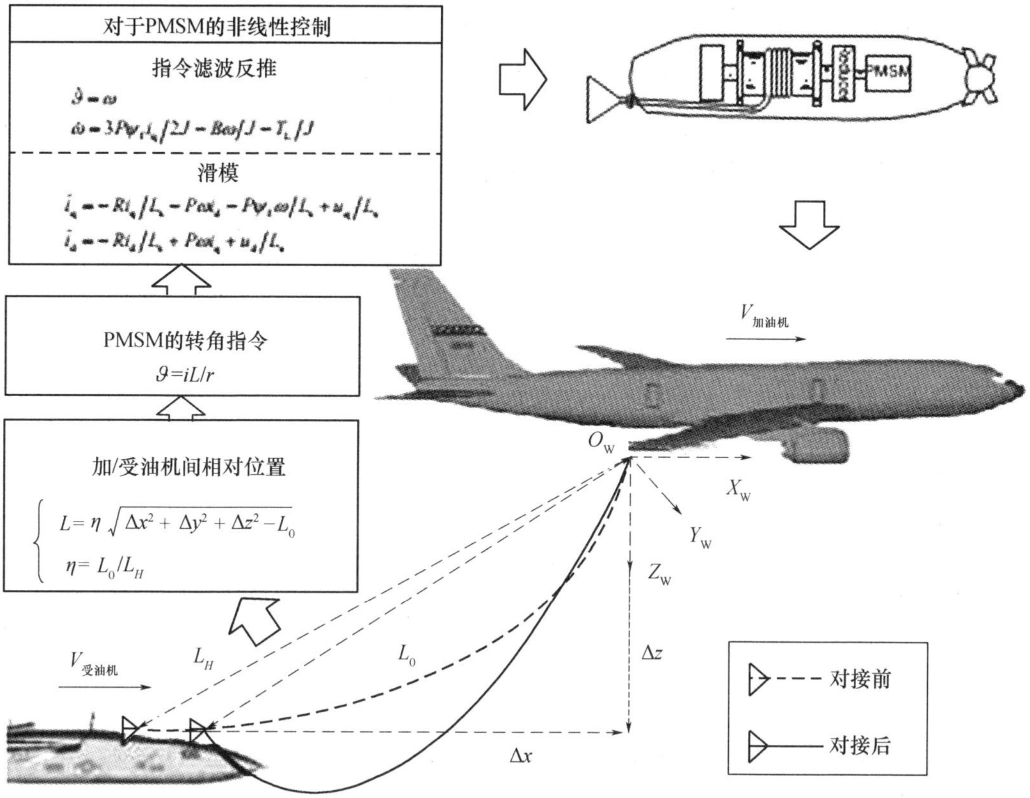


图 9-4 控制目标的转换原理

综上可知,$\vartheta$ 完全包含了受油机对接前移轨迹的全部信息,使所设计的控制律能够完全匹配受油机对接前移轨迹。

## 9.3 基于指令滤波反推—滑模的甩鞭抑制方法

### 9.3.1 PMSM 指令滤波反推—滑模转角控制律设计

通过 9.2.2 节的控制目标的转换,收放软管长度来抑制甩鞭现象的控制目标可表示为如下的 PMSM 转角控制目标:

$$\lim_{t \to \infty}(\vartheta - \vartheta_c) = 0 \tag{9.34}$$

式中 $\vartheta_c$——PMSM 机械转角指令(rad)。

由式(9.31)可知,PMSM 的结构可视为两个子系统:子系统 1 包含前两个方程,可视为一个二阶单输入单输出严反馈系统,其输入为 $i_q$。指令滤波反推控制方法将用在该子系统控制中,以避免常规反推控制中控制指令导数的解析求解。子系统 2 包含后两个方程,一种指数型滑模趋近律将用于该子系统,以构成 d/q 轴电流误差确保控制律收敛速度和鲁棒性。

为了最大化输出转矩，对于 PMSM 空间矢量调制技术是最为常用的方法。其中，最为简单有效的方式是令 d 轴电流指令为 0：

$$i_{d,c} = 0 \tag{9.35}$$

在这种条件下，PMSM 电磁转矩 $T_e$ 可表示为

$$T_e = 3p\psi_f i_q/2 \tag{9.36}$$

对于 PMSM 各子系统定义跟踪误差如下：

$$\begin{cases} \tilde{\vartheta} = \vartheta - \vartheta_c, \bar{\vartheta} = \tilde{\vartheta} - \xi_1 \\ \tilde{\omega} = \omega - \omega_c, \bar{\omega} = \tilde{\omega} - \xi_2 \\ \tilde{i}_q = i_q - i_{q,c} \\ \tilde{i}_d = i_d - i_{d,c} \end{cases} \tag{9.37}$$

式中　$\tilde{\vartheta}$——$\vartheta$ 的跟踪误差(rad)；

$\bar{\vartheta}$——$\tilde{\vartheta}$ 的补偿跟踪误差(rad)；

$\tilde{\omega}$——$\omega$ 的跟踪误差(rad/s)；

$\bar{\omega}$——$\tilde{\omega}$ 的补偿跟踪误差(rad/s)；

$\tilde{i}_q$——$i_q$ 的跟踪误差(A)；

$\tilde{i}_d$——$i_d$ 的跟踪误差(A)；

$\bar{\omega}$——$\tilde{\omega}$ 的补偿跟踪误差(rad/s)；

$\tilde{i}_q$——$i_q$ 的跟踪误差(A)。

其中，$\xi_1$ 与 $\xi_2$ 将在下文定义。

对于子系统 1，根据指令滤波反推控制方法，假设转角位置指令 $\vartheta_c$ 及其一阶导数 $\dot{\vartheta}_c$ 均存在，那么定义虚拟控制信号 $\alpha$ 和 $i^0_{q,c}$ 如下：

$$\alpha = -k_1\tilde{\vartheta} + \dot{\vartheta}_c \tag{9.38}$$

$$i^0_{q,c} = \frac{2J}{3P\psi_f}\left[\frac{B}{J}\omega + \frac{T_L}{J} - k_2\tilde{\omega} + \dot{\omega}_c - \bar{\vartheta}\right] \tag{9.39}$$

其中，控制增益 $k_1>0, k_2>0$，均为控制器设计者指定的常数。

$\xi_1$ 与 $\xi_2$ 定义如下

$$\dot{\xi}_1 = -k_1\xi_1 + (\omega_c - \omega^0_c) \tag{9.40}$$

$$\dot{\xi}_2 = -k_2\xi_2 + \frac{3P\psi_f}{2J}(i_{q,c} - i^0_{q,c}) \tag{9.41}$$

初始条件为 $\xi_1(0) = \xi_2(0) = 0$。

定义虚拟控制信号 $\omega^0_c$ 为

$$\omega^0_c = \alpha - \xi_2 \tag{9.42}$$

将信号 $\omega^0_c$ 和 $i^0_{q,c}$ 经过如图 9－5 所示的二阶滤波器滤波以获得虚拟控制指令及其导

数：$\dot{\omega}_c$、$\omega_c$、$i_{q,c}$和 $\dot{i}_{q,c}$。

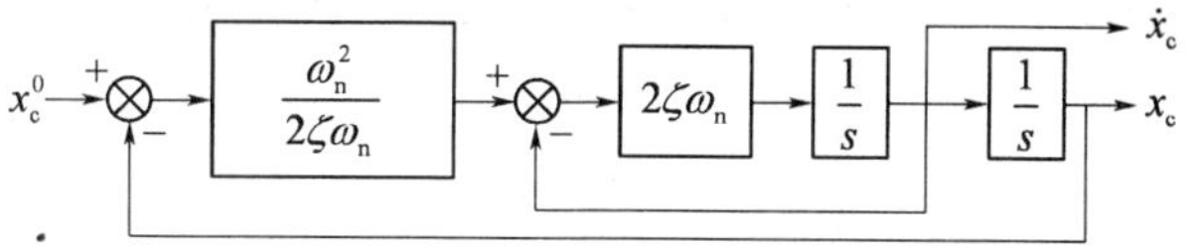


图 9－5　二阶滤波器

考虑系统机械惯性影响，由吊舱出口处软管张力 $t_1$ 到 PMSM 负载转矩 $T_L$ 的传递函数可表示为

$$T_L = \frac{r}{i}\frac{1}{s+1}t_1 \tag{9.43}$$

由于定子电流响应速度比转角转速 $\omega$ 快很多。对于子系统 2，为了确保存在负载转矩和参数扰动条件下系统收敛速度和鲁棒性，一种指数型滑模趋近律被用来构成如下的 q 轴电流误差滑模面方程：

$$\dot{s}_1 = -a_1 s_1 - \rho_1 \mathrm{sgn}(s_1) \tag{9.44}$$

式中　$s_1 = c_1 \tilde{i}_q$；

$c_1 > 0, a_1 > 0, \rho_1 > 0$——设计参数；

sgn( * )——符号函数。

由式(9.37)和式(9.44)可得，$\dot{i}_q$ 可表示为

$$\dot{i}_q = \dot{\tilde{i}}_q + \dot{i}_{q,c} = \dot{s}_1/c_1 + \dot{i}_{q,c} \tag{9.45}$$

将式(9.45)代入式(9.31)，可得 q 轴电压输入为

$$u_q = Ri_q + PL_s\omega i_d + P\psi_f\omega + L_s(\dot{s}_1/c_1 + \dot{i}_{q,c}) \tag{9.46}$$

相似地，利用指数型趋近律设计 d 轴电流误差的滑模面方程为

$$\dot{s}_2 = -a_2 s_2 - \rho_2 \mathrm{sgn}(s_2) \tag{9.47}$$

式中　$s_2 = c_2 \tilde{i}_d$；

$c_2 > 0, a_2 > 0, \rho_2 > 0$——设计参数。

由式(9.37)和式(9.47)可得，$\dot{i}_d$ 可表示为

$$\dot{i}_d = \dot{\tilde{i}}_d + \dot{i}_{d,c} = \dot{s}_2/c_2 \tag{9.48}$$

将式(9.48)代入式(9.31)，可得 d 轴电压输入为

$$u_d = Ri_d - PL_s\omega i_q + L_s\dot{s}_2/c_2 \tag{9.49}$$

为消除滑模控制的抖振现象，采用如下的非线性函数代替符号函数 sgn( * )：

$$s_i/(|s_i| + \sigma_i) \tag{9.50}$$

相比于文献[104]中作者设计的积分反推滑模控制器来说，这里的控制器设计不需

要 PMSM 转角指令的二阶和三阶导数 $\ddot{\vartheta}_c$、$\dddot{\vartheta}_c$，控制系统结构也更为简洁紧凑。因此，该控制器在实际控制系统物理实现中也更为容易。图 9－6 所示为控制系统的信号流图形式的控制系统结构。

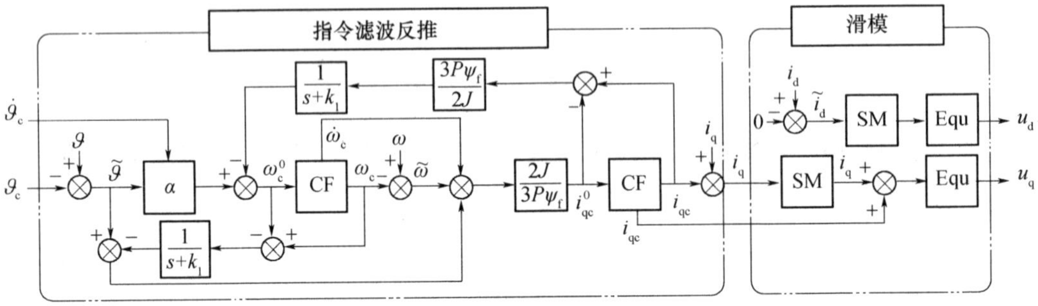


图 9－6　信号流图形式的控制系统结构

### 9.3.2　工作域的稳定性证明

对于式(9.31)所示的系统，使用控制律式(9.46)和式(9.49)能够确保整个控制系统在工作域内的全局一致渐进稳定。稳定性分析将用到跟踪误差 $\tilde{\vartheta}$ 和 $\tilde{\omega}$ 的动态和补偿跟踪误差 $\bar{\vartheta}$ 和 $\bar{\omega}$ 的动态，推导如下。

根据式(9.31)、式(9.37)和式(9.38)，$\tilde{\vartheta}$ 和 $\tilde{\omega}$ 的微分方程为

$$\dot{\tilde{\vartheta}} = \dot{\vartheta} - \dot{\vartheta}_c = -k_1\tilde{\vartheta} + (\omega - \alpha) \tag{9.51}$$

$$\dot{\tilde{\omega}} = \dot{\omega} - \dot{\omega}_c = -k_2\tilde{\omega} - \bar{\vartheta} + \frac{3P\psi_f}{2J}(i_q - i_{q,c}^0) \tag{9.52}$$

根据式(9.37)、式(9.40)、式(9.41)、式(9.51)和式(9.52)，$\bar{\vartheta}$ 和 $\bar{\omega}$ 的微分方程为

$$\dot{\bar{\vartheta}} = \dot{\tilde{\vartheta}} - \dot{\xi}_1 = -k_1\bar{\vartheta} + \bar{\omega} \tag{9.53}$$

$$\dot{\bar{\omega}} = \dot{\tilde{\omega}} - \dot{\xi}_2 = -k_2\bar{\omega} - \bar{\vartheta} \tag{9.54}$$

所设计的控制系统稳定性分析将使用如下的李雅普诺夫函数：

$$V = \frac{1}{2}\bar{\vartheta}^2 + \frac{1}{2}\bar{\omega}^2 + \frac{1}{2}s_1^2 + \frac{1}{2}s_2^2 \tag{9.55}$$

由式(9.44)、式(9.47)、式(9.53)和式(9.54)可得 $V$ 的导数为

$$\begin{aligned}\dot{V} &= \bar{\vartheta}\dot{\bar{\vartheta}} + \bar{\omega}\dot{\bar{\omega}} + s_1\dot{s}_1 + s_2\dot{s}_2 \\ &= \bar{\vartheta}(-k_1\bar{\vartheta} + \bar{\omega}) + \bar{\omega}(-k_2\bar{\omega} - \bar{\vartheta}) - a_1 s_1^2 \\ &\quad - \rho_1 s_1 \mathrm{sgn}(s_1) - a_2 s_2^2 - \rho_2 s_2 \mathrm{sgn}(s_2) \\ &= -k_1\bar{\vartheta}^2 - k_2\bar{\omega}^2 - a_1 s_1^2 - \rho_1|s_1| - a_2 s_2^2 - \rho_2|s_2| \leqslant 0\end{aligned} \tag{9.56}$$

由式(9.56)的非正定性可知,所设计的控制律能够确保整个系统的工作域内的全局稳定性。

## 9.4 数值仿真

模型级数 $N$ 应权衡建模准确性、计算量和软管长度确定,仿真中取 $N=24$,其他参数设定如下:

(1) 大气环境采用标准大气和 Dryden 紊流模型,加油机平飞高度为 7620m,空速 500km/h。

(2) 软管锥套组合体物理参数:$\mu=4.11\text{kg/m}$,$d_k=0.067\text{m}$,$c_{t,k}=0.0052$,$c_{n,k}=0.218$,$m_{\text{drogue}}=29.5\text{kg}$,$d_{\text{drogue}}=0.61\text{m}$,$c_{\text{drogue}}=0.831$,$E=2000\text{psi}$。

(3) PMSM、减速器与恒力弹簧参数:$R=1.65\Omega$,$L_s=0.0092\text{H}$,$P=4$,$\psi_f=0.175\text{Wb}$,$J=0.001\text{kg}\cdot\text{m}^2$,$B=4.831\times10^{-5}\text{N}\cdot\text{m}\cdot\text{s}$;$i=10$,$r=0.06\text{m}$;$L_1=6.5\text{m}$,$\kappa=10000\text{N/m}$。

(4) 控制律参数:$k_1=10$,$k_2=25$,$c_1=c_2=0.1$,$a_1=a_2=5$,$\rho_1=\rho_2=8.5$,$\sigma_i=0.1$,$\xi_1=0.9$,$\xi_2=0.8$,$\omega_{n1}=40$,$\omega_{n2}=180$。

仿真采用 Hallock - Burnham 机翼涡流模型近似模拟加油机尾流。设定加油机翼展 39.88m,HPARS 距右翼尖 2.85m,则加油吊舱后方 10m 处的尾涡流场仿真结果如图 6-7 所示。

### 9.4.1 静态特性仿真

**1. 模型准确性**

锥套的稳态阻力和软管的稳态拉力特性直接反映了所建模型的准确性。对比 NASA 试飞试验、Kamman 研究结果,平稳大气中锥套气动阻力和软管最大拉力特性仿真结果分别如图 9-7 和图 9-8 所示。

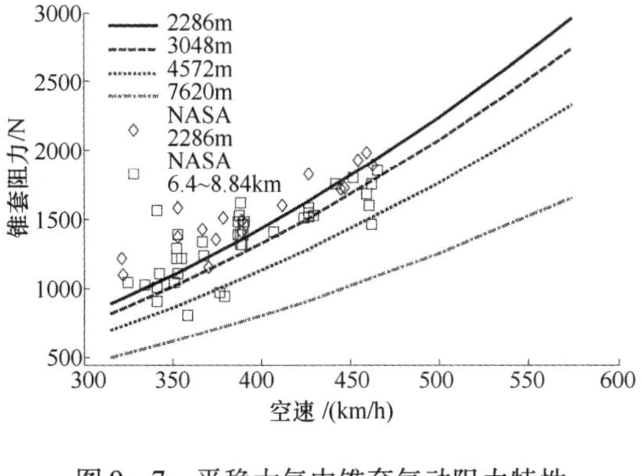


图 9-7 平稳大气中锥套气动阻力特性

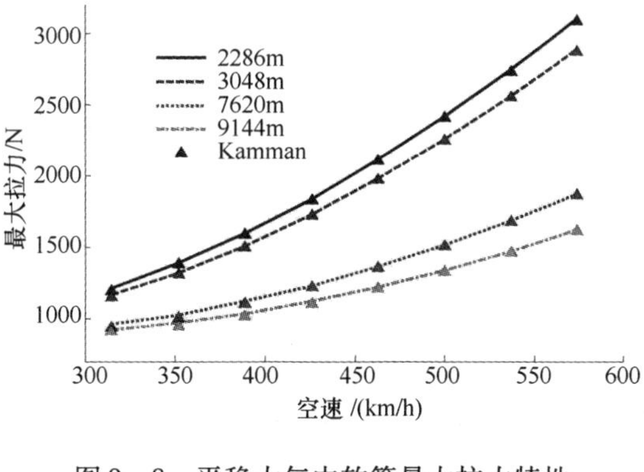


图 9-8 平稳大气中软管最大拉力特性

由图 9-7 和图 9-8 可知,所建模型锥套阻力与软管拉力特性与 NASA、Kamman 研究结果基本吻合,误差主要是试飞时大气条件与仿真采用的标准大气的差异所致。

**2. 软管外放特性**

HPARS 软管收放能力是控制锥套位置,保持软管拉力防止甩鞭现象的最有效方法,也是开展软式 AAR 研究的必要前提。

假设平稳大气中，加油机以空速500km/h 定直平飞，$t=10$s 时软管按图9-9(b)中加速度逐渐放出10m。外放过程中软管形态和锥套位置变化分别如图9-9(a)和图9-9(c)所示。第1、13、24段软管空气阻力和拉力变化分别如图9-10(a)~(c)和图9-10(d)~(f)所示。

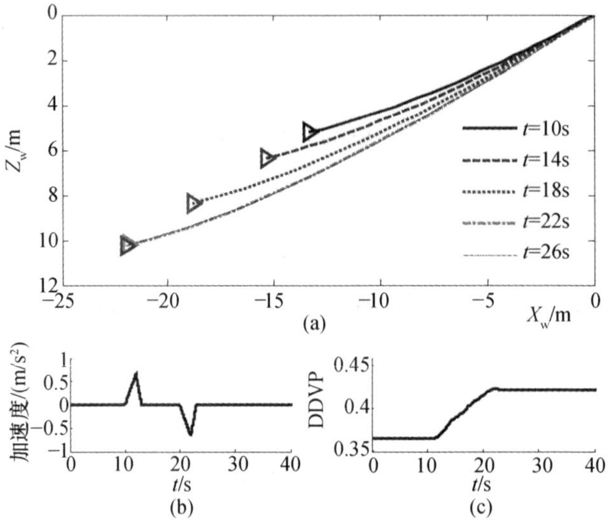


图9-9 软管外放加速度与软管形态变化

(a) 软管形态变化；(b) 软管放出加速度；(c) DDVP 变化。

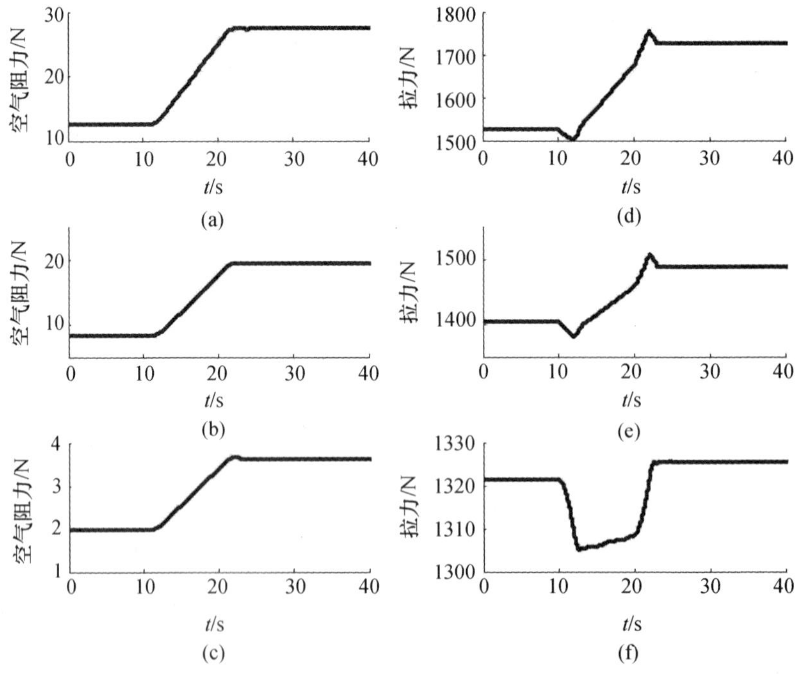


图9-10 软管外放时软管空气阻力与拉力响应

(a) 第1段软管阻力；(b) 第13段软管阻力；(c) 第24段软管阻力；

(d) 第1段软管阻力；(e) 第13段软管阻力；(f) 第24段软管阻力。

仿真结果表明，外放初期（10 ~ 12.8s），软管拉力对长度变化更敏感，使各段拉力短暂下降；外放中（12.8 ~ 23s），各段软管长度和质量逐渐增加，进而空气阻力和拉力随之增大；稳态时（0 ~ 10s 与 23s ~ ∞），沿管身向下软管逐渐趋向水平，其空气阻力逐渐减小。由于质量和外力的累加效应，拉力沿管身向上逐渐增大。因此，该模型能够准确描述软管收放过程的柔性形态变化和力学特性。

**3. 外部扰动特性**

深入掌握外部干扰作用下 HPARS 动态特性可有效提高软式 AAR 对接成功率。此类特性研究风险高难度大，CFD、风洞、试飞等方法往往难以胜任。因此，针对加油机滚转运动和尾流干扰作用的影响仿真研究如下。

1）加油机滚转运动影响

假设 $t = 30s$ 时加油机按图 9 - 11（a）~（c）中规律滚转至 $\phi = 9°$。该过程中第 1、13、24 段软管拉力响应和锥套飘摆轨迹如图 9 - 11（d）~（f）、图 9 - 12 所示。

由图 9 - 11、图 9 - 12 可知，加油机滚转运动将使锥套围绕平衡位置旋转飘摆，其水平摆幅明显大于铅垂方向。若加油机存在频繁滚转扰动，这种旋转飘摆会持续存在且摆幅不断加大，将严重影响受油机对接操纵。旋转飘摆过程中软管拉力扰动的幅值和持续时间与加油机状态变化直接相关，当加油机稳定后，拉力扰动也将逐渐消失。

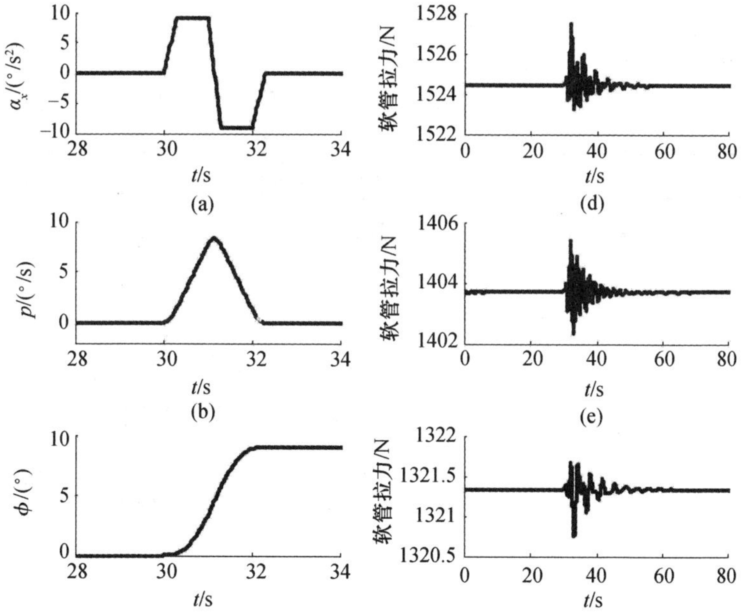


图 9 - 11　加油机滚转规律与软管拉力响应

(a) 滚转角加速度；(b) 滚转角速度；(c) 滚转角；(d) 第 1 段软管；(e) 第 13 段软管；(f) 第 24 段软管。

2）加油机尾流影响

加油机尾流由机翼和尾翼的翼尖涡流、机身紊流、大气扰流等组成，机翼涡流是其最主要成分。仿真采用 Hallock - Burnham 机翼涡流模型近似模拟加油机尾流。

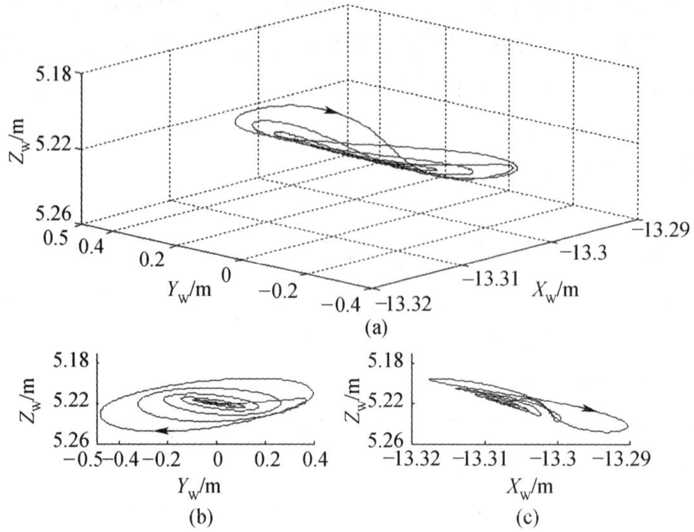


图 9 – 12　加油机滚转影响下的锥套飘摆轨迹

（a）锥套三维运动轨迹；（b）$Y_W - Z_W$ 平面投影；（c）$X_W - Z_W$ 平面投影。

当 $t=30$s 时软管按图 9 – 9（b）中加速度放出 10m。加油机尾流影响下，软管锥套运动过渡过程及形态变化如图 9 – 13 所示，第 1、13、24 段软管阻力和拉力分别如图 9 – 14（a）～（c）和图 9 – 14（d）～（f）所示。

对比图 9 – 9 可知，0～30s 时，软管锥套受加油机尾流影响逐渐偏移至新平衡位置。软管空气阻力和拉力震荡是由 $\theta_{ki}$的初值与稳态值的差异所致；30～60s 时，软管在新平衡位置逐渐放出，锥套右偏达 1.43m。此时软管阻力和拉力变化规律与图 9 – 10 所示定常流中软管放出情况基本一致。加油机尾流影响下的软管完全稳定时向外侧的偏移情况如图 9 – 15 所示。

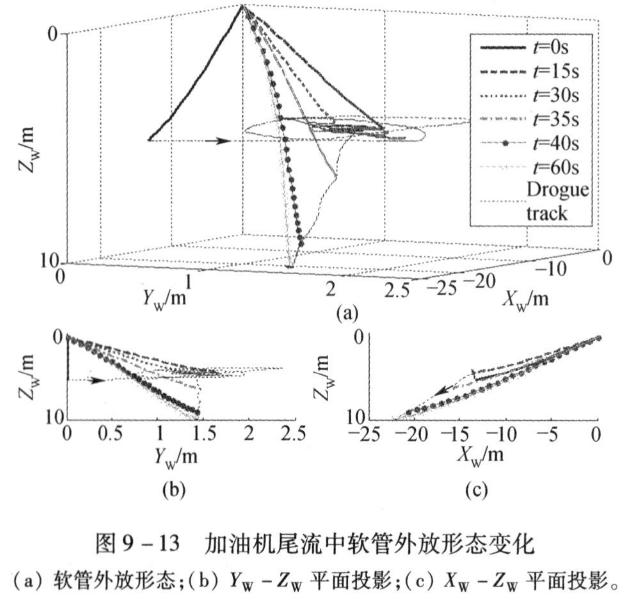


图 9 – 13　加油机尾流中软管外放形态变化

（a）软管外放形态；（b）$Y_W - Z_W$ 平面投影；（c）$X_W - Z_W$ 平面投影。

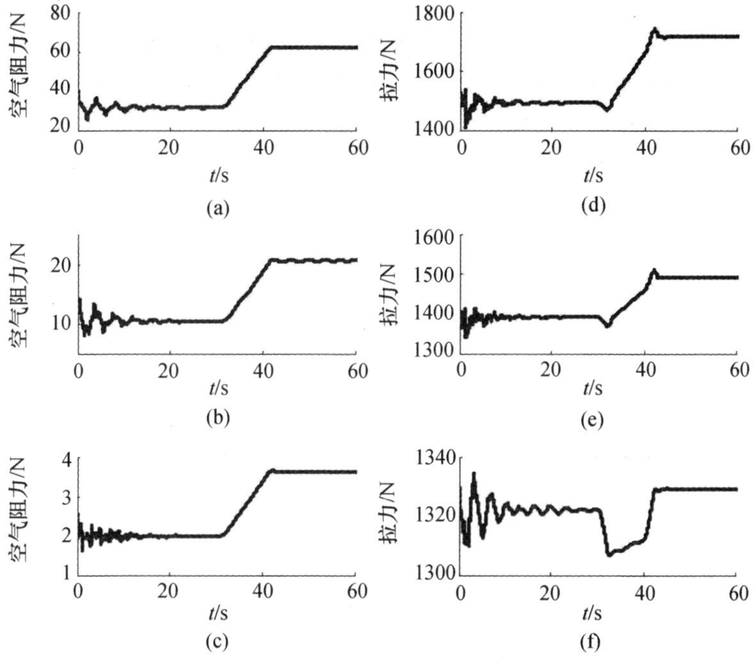


图 9 – 14　加油机尾流中软管外放时的阻力与拉力

（a）第 1 段软管阻力；（b）第 13 段软管阻力；（c）第 24 段软管阻力；

（d）第 1 段软管阻力；（e）第 13 段软管阻力；（f）第 24 段软管阻力。

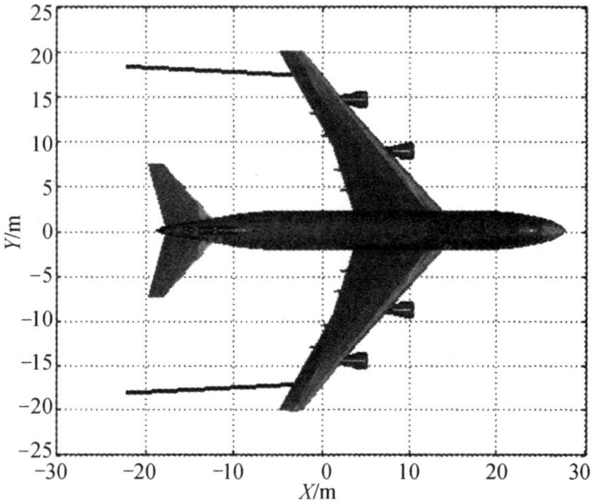


图 9 – 15　加油机尾流影响下的软管稳态外侧偏移

实际加油机尾流包含大量非稳定风干扰，软管锥套会持续飘摆。而 Hallock – Burnham 模型是针对尾流主要成分的简化模拟，本质上是稳定的有旋风场，因此仿真结果最终趋于稳定。

## 9.4.2 头波影响下的锥套运动规律

为研究头波影响下的锥套运动规律,令受油插头在水平和铅垂方向始终对准锥套,按图 2-22 所示的对接成功准则在前向方向反复靠近锥套直到对接成功,分别以无紊流、轻度紊流、中度紊流和重度紊流四种情况为前提,在加油机机体系下对头波影响下的锥套运动规律进行仿真。其中,空速为 200m/s,高度为 7200m。加油机尾流模型如式(6.25)和式(6.26)。令插头在 7.7.3 节中所述的 F-16 飞机机体系中的坐标为(4,1.5,-1.5)m。软管锥套组合体位于加油机右机翼。图 9-16 和图 9-17 为无紊流情况,图 9-18 和图 9-19 为轻度紊流情况,图 9-20 和图 9-21 为中度紊流情况,图 9-22 和图 9-23 为重度紊流情况。图中锥套水平方向轨迹均相对吊舱出口位置测出。

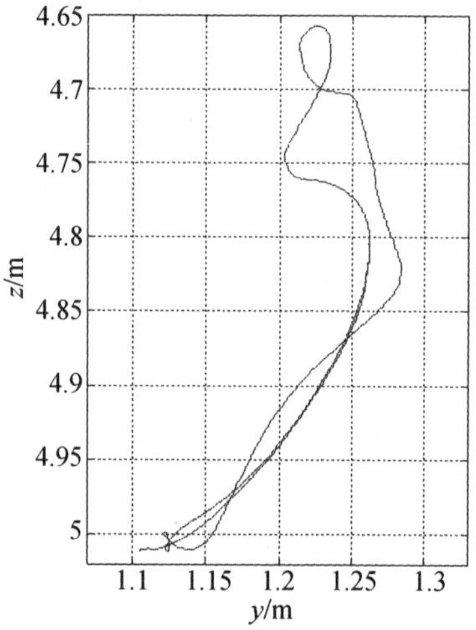


图 9-16 $y-z$ 平面的锥套轨迹投影

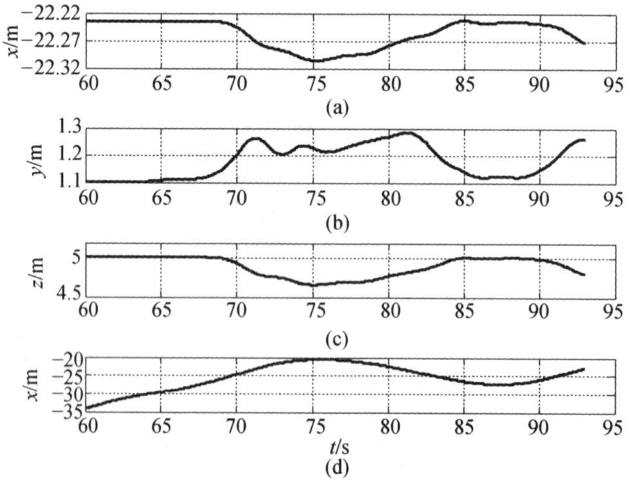


图 9-17 锥套位置与插头前向位置

(a) 锥套 $x$ 偏移量;(b) 锥套 $y$ 偏移量;(c) 锥套 $z$ 偏移量;(d) 插头前进位置。

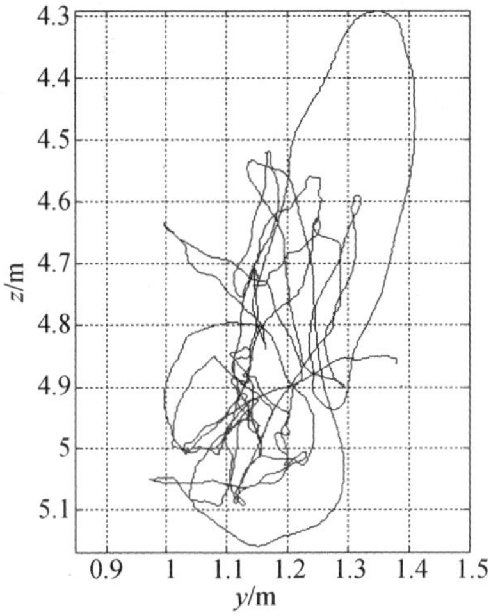


图 9－18　$y-z$ 平面的锥套轨迹投影

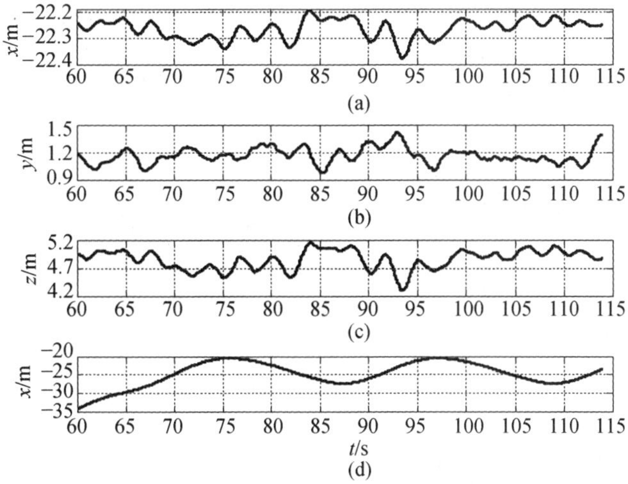


图 9－19　锥套位置与插头前向位置

(a) 锥套 $x$ 偏移量；(b) 锥套 $y$ 偏移量；(c) 锥套 $z$ 偏移量；(d) 插头前进位置。

由图 9－16 和图 9－17 可知，无紊流情况下，随着插头靠近锥套，机头头波使得锥套逐渐向右上方偏移，且插头两次靠近时，锥套向右上方的偏移运动表现出较为明显的周期性规律。锥套这种运动规律与 7.7.3 节中所述的机头头波流场压力和速度分布特性完全吻合。图中锥套水平方向轨迹整体几何中心偏离原点向右偏移，主要是加油机尾流造成的。

由图 9－16～图 9－23 可知，由于锥套质量相对较轻，随紊流强度的增强，当插头重复靠近锥套的过程中，机头头波作用几乎完全被紊流的高频扰动所淹没，锥套运动轨迹无法再像无紊流条件时表现出明显的周期性规律，而是各方向上均表现出无规则的高频抖动，且随紊流强度的增强，高频随机抖动的幅值明显增大。

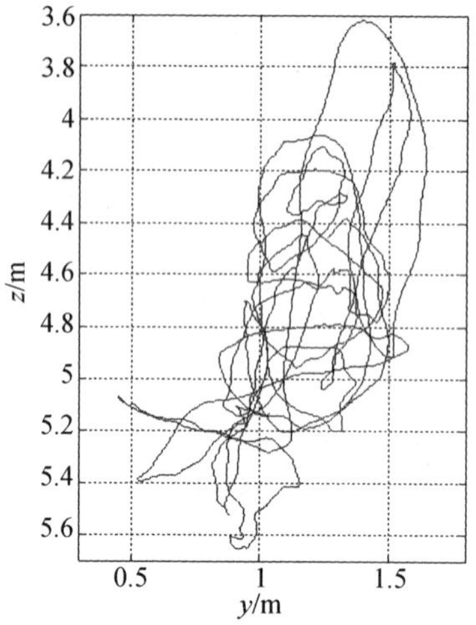


图 9-20 $y-z$ 平面的锥套轨迹投影

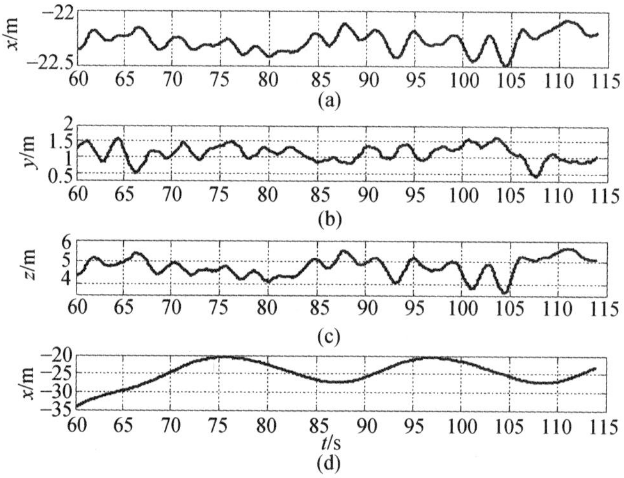


图 9-21 锥套位置与插头前向位置

(a) 锥套 $x$ 偏移量;(b) 锥套 $y$ 偏移量;(c) 锥套 $z$ 偏移量;(d) 插头前进位置。

由综述可知,目前国内外众多学者试图通过以相对位置、对接速度等为查询量,将锥套在头波影响下的偏移量制成实时的数据表格,并根据查询结果为无人机自主对接控制实时提前预置一定的跟踪偏移量,从而克服机头头波影响,提高对接成功率。但这种做法只有在如图 9-16 和图 9-17 时的无大气扰动的理想条件下可能才具有可行性。当存在大气扰动,特别是大气扰动幅值明显大于头波流场速度幅值后,头波对锥套运动规律的影响将完全淹没在大气扰动的影响中,几乎呈现出如图 9-18 ~ 图 9-23 所示的完全的高频随机性,这将使得制作数据查询表格的工作量异常巨大,几乎不可能实现。特别是这里由式(6.25)和式(6.26)仿真所得的加油机尾流仍是简化的,本质上仍可视为恒定不变的,缺乏实际飞行中发动机喷流、附面层紊流等复杂不确定气动因素的影响,即使平稳大气条件下,锥套在头波影响下的运动规律可能也不会像仿真中这样具有如此完美的周期性规律。因此,将头波对锥套运动规律影响制成数据表格提前预置跟踪偏移量的做法在平稳

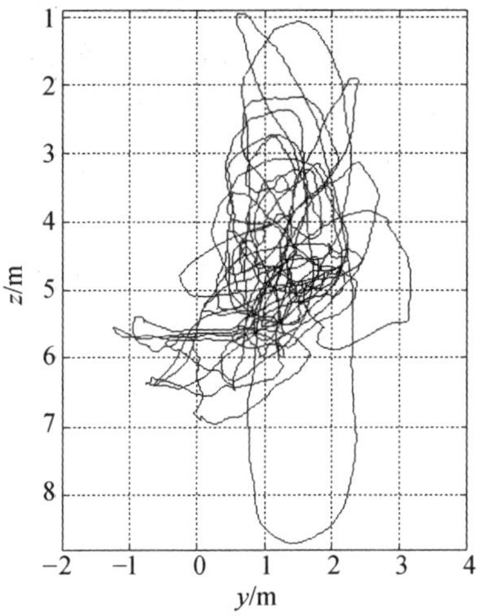


图 9－22　$y-z$ 平面的锥套轨迹投影

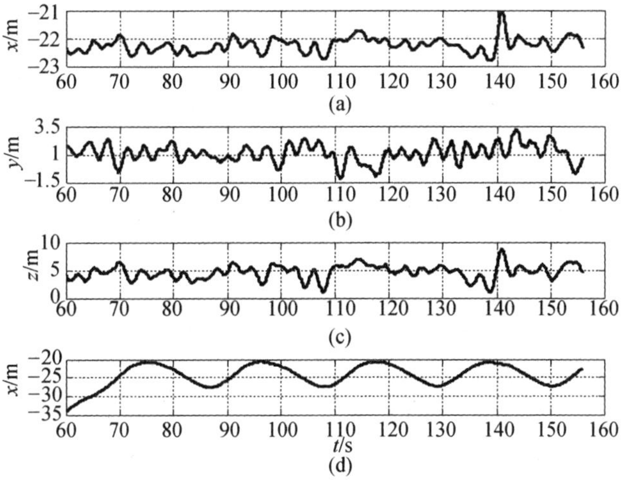


图 9－23　锥套位置与插头前向位置

(a) 锥套 $x$ 偏移量；(b) 锥套 $y$ 偏移量；(c) 锥套 $z$ 偏移量；(d) 插头前进位置。

大气条件下具有一定意义，但在存在明显大气扰动情况下将很难发挥作用。

幸运的是，由图 9－18～图 9－23 可知，随着紊流强度的增强，为实现成功对接并锁定，插头对接次数明显增加，分别为 2 次、3 次、3 次和 5 次。随着紊流强度的增强，紊流的随机性影响逐渐淹没了头波的确定性影响，但插头在采用相同对接策略的前提下，仍然能够成功实现对接锁定，只是对接尝试次数明显增加。由此可以推断，通过增加对接尝试次数，能够提高加油对接任务整体成功率。这种策略从本质上理解为，对于非合作的随机运动目标，在单次对接成功率一定的情况下，通过增加对接次数提高整体任务成功率。

另外，由上可知，紊流的数学本质是非零均值的高频噪声，由图中锥套轨迹的几何分布情况也能反映出这一特点。因此，空中加油自主对接控制系统若能够大致预测锥套运动轨迹的几何中心，则将有助于对接成功率的提高。

因此，后文空中加油自主对接控制系统设计中，采用提前计算锥套运动轨迹平均位置、反复对接尝试的控制策略，目的是克服大气环境的随机性，提高对接任务整体成功率。

需要特别说明的是，本章仿真中空中加油流场环境是将大气扰动、加油机尾流和受油机头波等三部分进行“线性叠加”而成的。“线性叠加”的本质是承认三部分因素的独立性，三者的产生不具有相关性。但在实际中，受油机机头头波不可能是在如7.7.3节中所述的定常流条件下产生，而必然要受到加油机尾流环境的影响。当来流条件变化后，受油机头波必然也会发生变化，甚至可能不再产生。由此可知，这种“线性叠加”后的空中加油流场环境看似将多因素综合到一起，但其准确性是需要更为深入研究的。本书以这种“线性叠加”后的空中加油流场环境为前提开展的仿真研究本质上仍是按照相似性原理进行的简化抽象，所得结论可能与实际飞行条件有所差异。

### 9.4.3 软管甩鞭现象

为分析软管甩鞭现象的影响因素，假设卷盘未工作，对不同对接速度和不同软管长度条件下的软管甩鞭现象进行仿真研究。

**1. 不同对接剖面的影响**

假设恒力弹簧不工作，软管长度为22.86m，受油插头 $t=80s$ 时开始接触锥套，$t=80.25s$时完成锁定，之后推动锥套沿如图9-24所示的两种相对对接剖面前进，图中 $a$、$V$、$X$ 分别是 $O_wX_wY_wZ_w$ 下表示的受油机插头相对锥套的对接加速度、速度和位移。

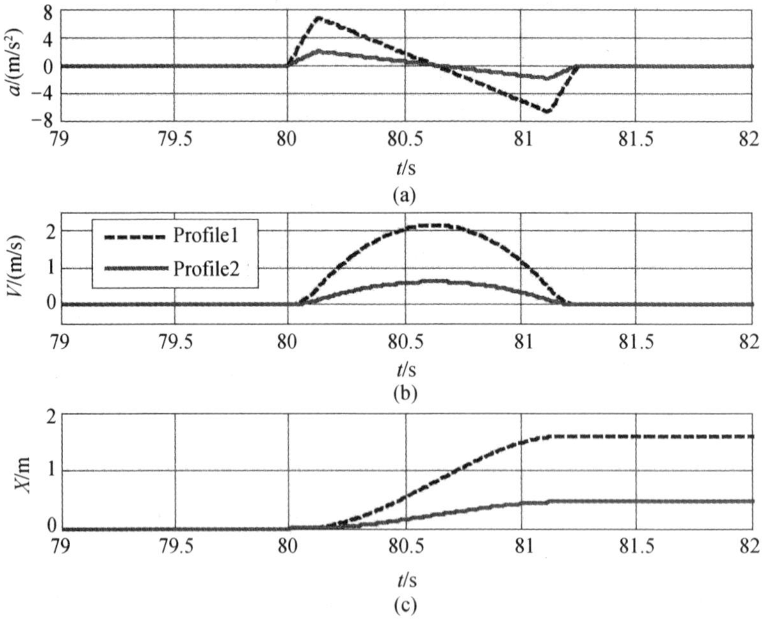


图9-24　两种相对对接剖面

(a) 相对加速度；(b) 相对速度；(c) 相对位移。

在沿两种相对对接剖面对接过程中，软管的形态变化如图9-25所示。从软管甩动程度分析，沿相对对接剖面2进行对接时，受油插头相对对接的前移距离较短，导致软管的松弛程度较低，因而诱发的软管甩鞭现象并不显著。沿相对对接剖面1对接时，情况则恰好相反。

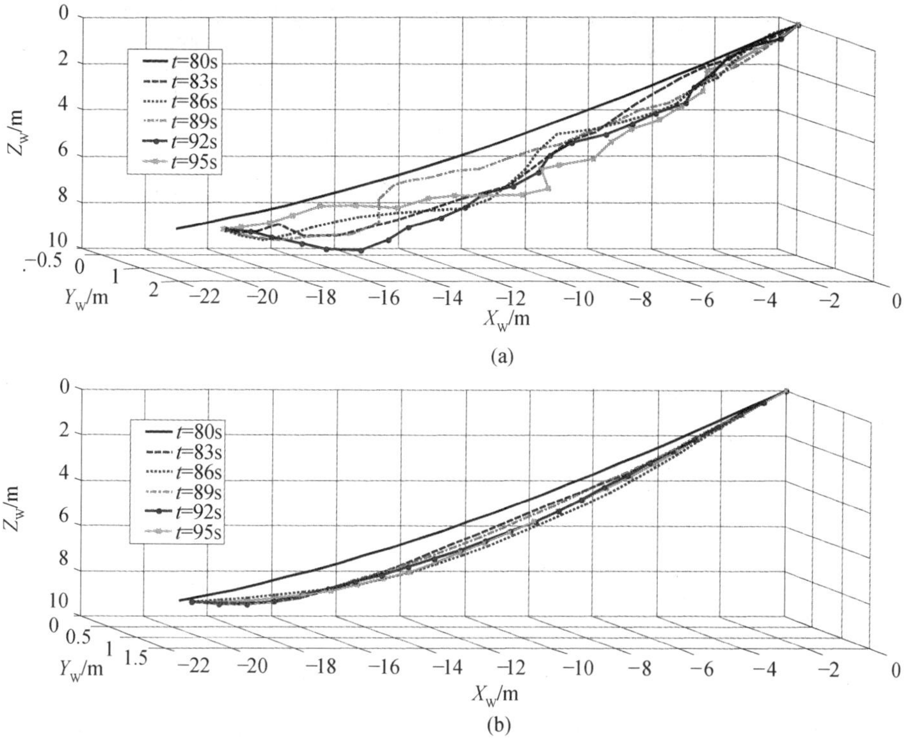


图 9 - 25　沿两种对接剖面对接时的软管(22.86m)形态变化

(a) 剖面 1;(b) 剖面 2。

第 1、13 和 24 段软管的气动阻力、张力以及第 1、13 和 23 级铰链处的弯曲恢复力如图 9 - 26 所示,锥套施加于插头的外部载荷 $F$ 如图 9 - 27 所示。

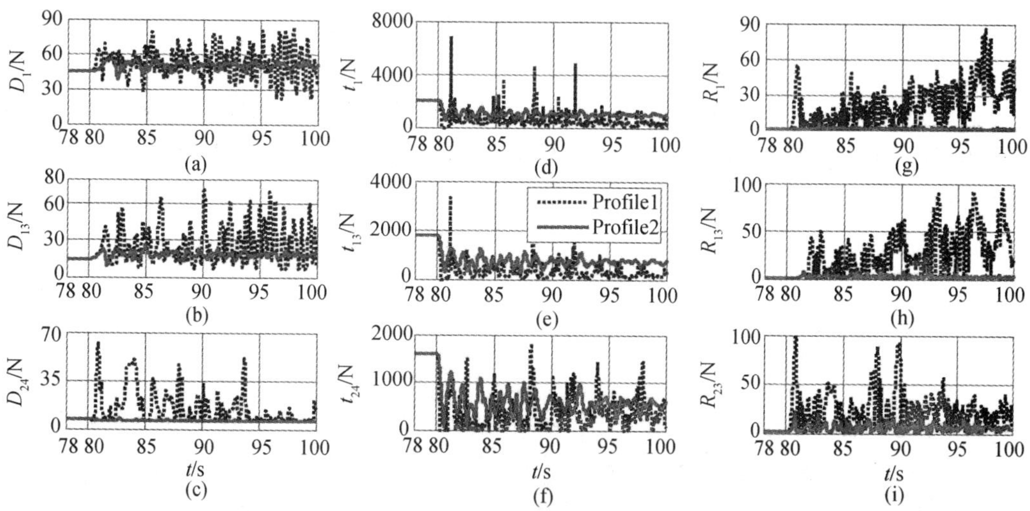


图 9 - 26　沿两种对接剖面对接时的软管气动阻力、张力和铰链弯曲恢复力

(a) 连杆 1 阻力;(b) 连杆 13 阻力;(c) 连杆 24 阻力;(d) 连杆 1 拉力;(e) 连杆 13 拉力;(f) 连杆 24 拉力;(g) 铰链 1 恢复力;(h) 铰链 13 恢复力;(i) 铰链 23 恢复力。

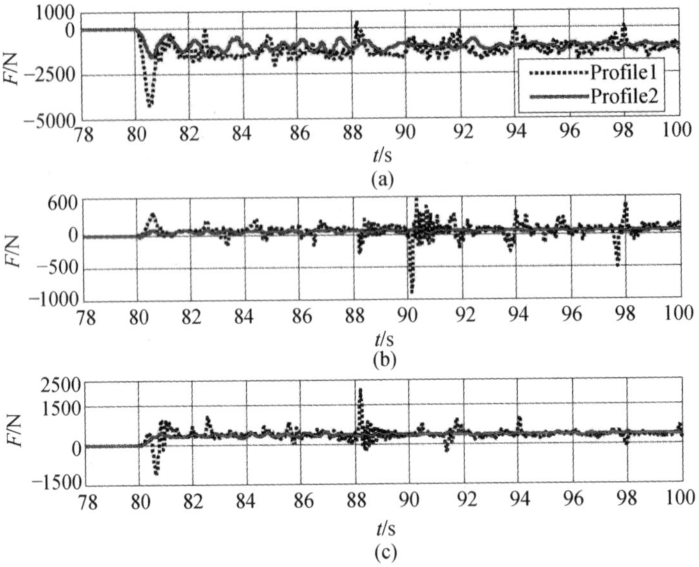


图 9－27　沿两种对接剖面对接时的插头载荷

(a) $X_W$ 轴向的力;(b) $Y_W$ 轴向的力;(c) $Z_W$ 轴向的力。

由图 9－25～图 9－27 可知,锥套上的气动阻力在锁定瞬间被受油插头完全“吸收”,使原本保持软管拖曳状态稳定的软管张力瞬时大幅下降,而气动阻力的变化滞后于软管张力。随着插头携锥套继续前移,软管趋于松弛,并因自身重力而下坠。管身甩动首先出现于锥套周围软管,在自身重力、气动阻力和弯曲恢复力交替作用下,逐渐向加油机方向传播;继而,在强烈迎面气流作用下,任何软管形态的甩动被迅速吹向锥套方向,且甩动幅值逐渐增大,逐渐传遍整条软管,最终诱发强烈的甩鞭现象。

在此过程中,插头受力也随之急剧增加,非轴向力剧烈震荡,极易造成软管或受油插头断裂,导致飞行事故。强烈的加油机尾流、大气扰流等干扰作用将进一步恶化甩鞭现象。

**2. 不同软管长度的影响**

假设恒力弹簧不工作,软管长度为 14.33m,插头沿相对对接剖面 1 完成对接。对接过程中,软管形态变化如图 9－28 所示。软管长度分别为 14.33m 和 22.86m 时,第 1、13 和 24 段软管的气动阻力、张力以及第 1、13 和 23 级铰链处的弯曲恢复力对比如图 9－29 所示,锥套施加于插头的外部载荷对比如图 9－30 所示。

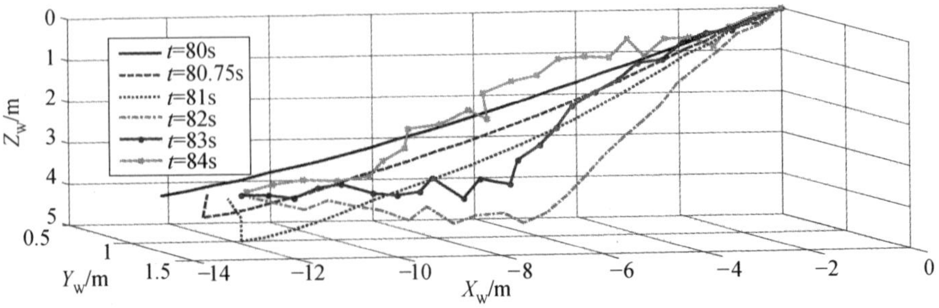


图 9－28　沿对接剖面 1 对接时的软管(14.33m)形态变化

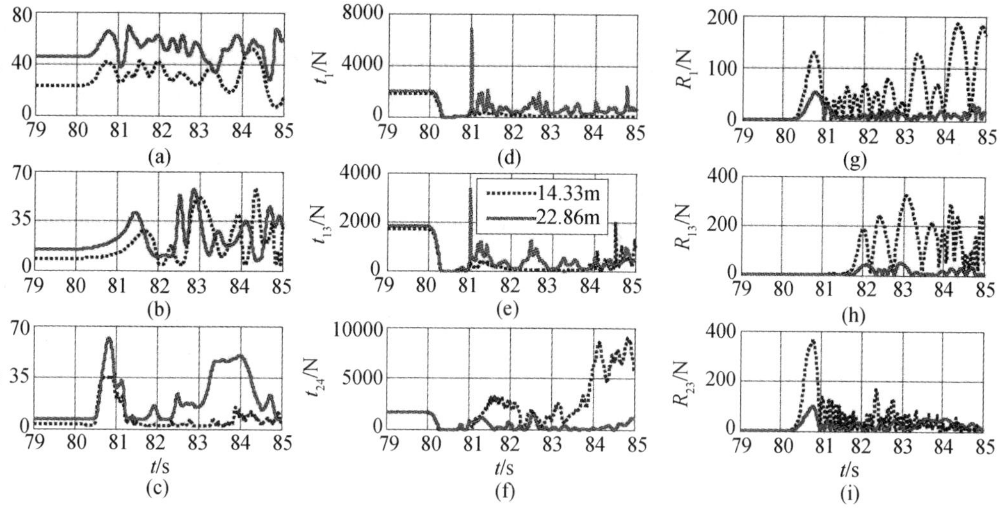


图 9-29 沿对接速度剖面 1 对接时的软管气动阻力、张力和弯曲恢复力

(a) 连杆 1 阻力;(b) 连杆 13 阻力;(c) 连杆 24 阻力;(d) 连杆 1 拉力;(e) 连杆 13 拉力;(f) 连杆 24 拉力;(g) 铰链 1 恢复力;(h) 铰链 13 恢复力;(i) 铰链 23 恢复力。

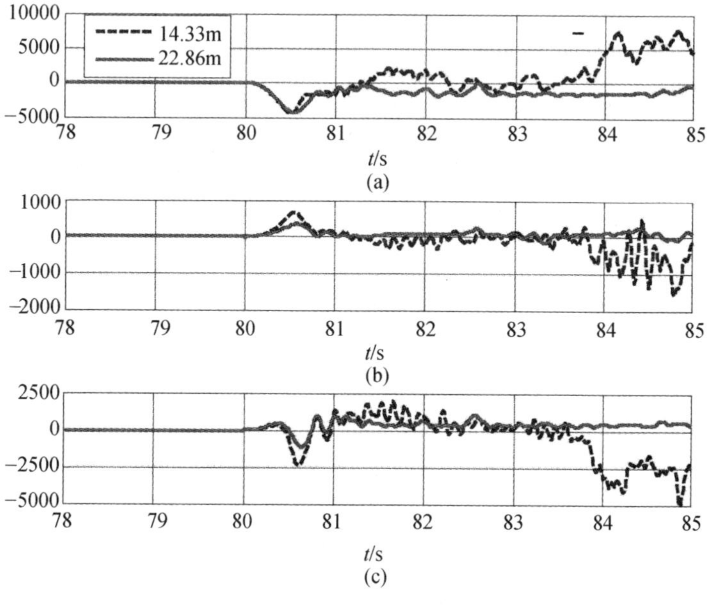


图 9-30 沿对接剖面 1 对接时的插头载荷

(a) $X_W$ 轴向的力;(b) $Y_W$ 轴向的力;(c) $Z_W$ 轴向的力。

分别对比图 9-25(a)、图 9-26 和图 9-27,以及图 9-28、图 9-29 和图 9-30,执行相同的对接过程(对接剖面 1)中,当软管长度为 14.33m 时,吊舱外软管质量更轻、弯曲恢复力更大,软管更接近加油机尾涡中心,由对接诱发的软管松弛程度更高,因此甩鞭现象也更为显著。末端软管张力和插头载荷等状态量在 4s 内就迅速增长以致失控,最终导致软管迅速失去稳定性而进入一种极度混沌的甩鞭运动状态。

综上可知,当受油插头对接前移距离大且软管较短时,软管甩鞭现象更为严重。此时,快速有效的软管甩鞭抑制策略对于提高无人机自主空中加油成功率,确保飞行安全至关重要。

**3. 恒力弹簧控制方式的影响**

令 $L_0 = 14.33\text{m}$,受油插头沿相对对接剖面 1 完成对接,因为此时的甩鞭现象更为显著。当考虑施加恒力弹簧控制时,软管形态变化如图 9 - 31 所示,第 1、13 和 24 段软管的气动阻力、张力以及第 1、13 和 23 级铰链处的弯曲恢复力如图 9 - 32 所示,软管收放的速度和长度变化如图 9 - 33 所示,锥套施加于插头的外部载荷如图 9 - 34 所示。

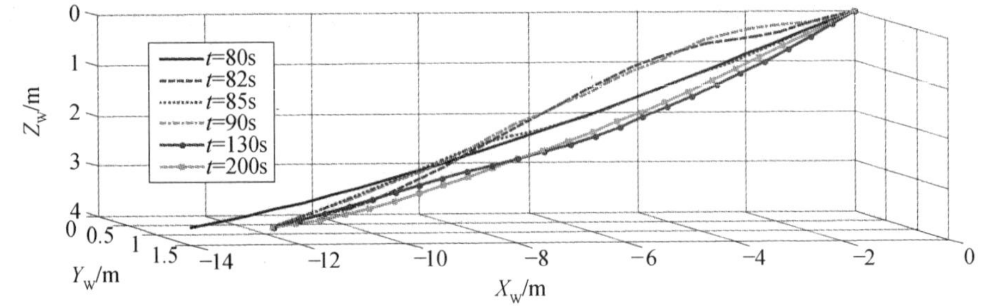


图 9 - 31　沿对接剖面 1 对接时的软管(14.33m)形态变化

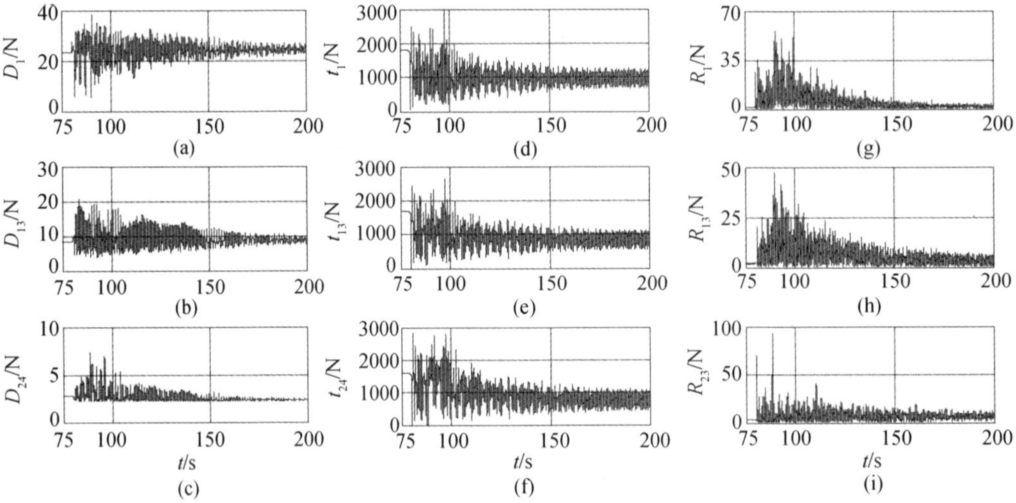


图 9 - 32　沿对接剖面 1 对接时的软管气动阻力、张力和弯曲恢复力

(a) 连杆 1 阻力;(b) 连杆 13 阻力;(c) 连杆 24 阻力;(d) 连杆 1 拉力;(e) 连杆 13 拉力;(f) 连杆 24 拉力;(g) 铰链 1 恢复力;(h) 铰链 13 恢复力;(i) 铰链 23 恢复力。

从图 9 - 31 ~ 图 9 - 34 中可以看出,在对接过程中,尽管恒力弹簧能够快速而准确地回卷软管富裕长度,但弹簧本身存在的类似简谐振动的固有属性被激发出来。这种固有属性与管身弯曲恢复力共同作用,迫使软管诱发持续甩动。图 9 - 31 中,软管始终存在围

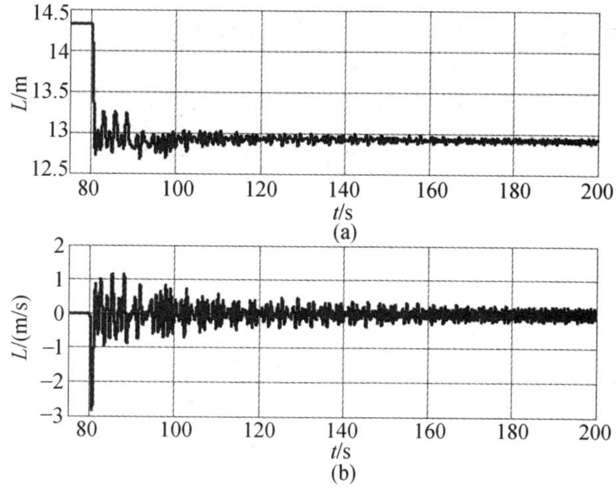


图 9－33　软管收放的速度和长度变化

（a）软管长度；（b）软管速度。

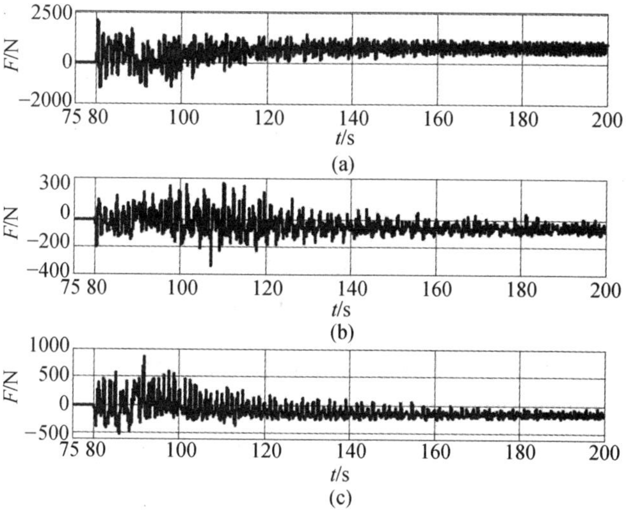


图 9－34　沿对接剖面 1 对接时的插头载荷

（a）$X_W$ 轴向的力；（b）$Y_W$ 轴向的力；（c）$Z_W$ 轴向的力。

绕平衡位置的持续甩动现象，且其幅值下降缓慢。软管收放速度和长度、气动阻力、软管张力和弯曲恢复力也同时进入相似状态。这种类似简谐振动的甩动现象，本质上也是一种甩鞭现象，同样会导致空中加油对接失败甚至事故。

考虑弹簧的固有属性并结合式（9.29）和式（9.30）推测恒力弹簧稳定软管张力抑制甩鞭现象仍存在缺陷的原因为：恒力弹簧控制本质上是一种被动控制方式。一旦软管产生过量松弛，软管的冗余长度可能会超出恒力弹簧的可控软管长度 $L_1$，从而导致恒力弹簧丧失期望的收紧能力。另外，$\ddot{L}$ 随着软管的逐渐收紧而降低，使恒力弹簧控制的滞后性逐渐显现，最终导致软管收放控制速度难以匹配受油机的对接前进速度。

### 9.4.4 PMSM 指令滤波反推—滑模甩鞭现象抑制

令 $L_0 = 14.33\text{m}$，选择图 9－24 中对接剖面 1 进行加油对接。实际对接飞行中，受油机几乎不可能完全精确地跟踪图 9－24 所示的对接剖面，其姿态和位置必然要受到加油机尾流和大气扰动的干扰。因此，假设受油插头铅垂方向位置从 $t = 90\text{s}$ 开始受到 $0.1\sin(\pi t/5)$ 的正弦波扰动，基于 PMSM 指令滤波反推—滑模转角控制的甩鞭现象抑制效果分析如下。

假设对接锁定后所设计的控制系统即可开始工作，PMSM 指令滤波反推—滑模转角控制下，软管形态变化如图 9－35 所示，第 1、13 和 24 段软管的气动阻力、张力以及第 1、13 和 23 级铰链处的弯曲恢复力如图 9－36 所示，软管收放的速度和长度变化如图 9－37 所示，锥套施加于插头的外部载荷如图 9－38 所示。PMSM 控制系统状态和控制输入分别如图 9－39、图 9－40 所示。

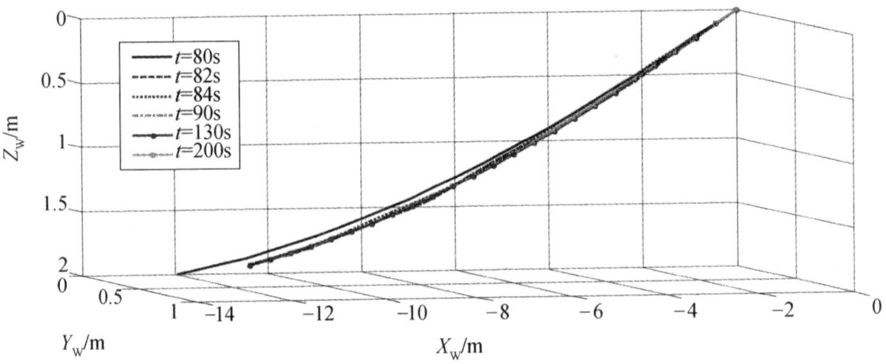


图 9－35 PMSM 控制下沿对接剖面 1 对接时的软管(14.33m)形态变化

由图 9－35 可知，随着受油插头对接前移，所设计的控制律能够及时准确地回卷软管，使对接过程中软管形态保持平稳，松弛度维持在对接前水平，完全抑制了软管甩鞭现象。管身轻微的甩动是加油机尾流和大气紊流干扰所造成的不可避免的结果。$t = 90\text{s}$ 以后，受油插头就像一个振动源，迫使锥套围绕其初始高度位置上下周期性摆动。如果不加控制，正弦波在加油机尾流和大气扰动影响下将沿软管向吊舱方向快速传播，从而形成正弦波形式的甩鞭现象。由于所设计的控制律的补偿作用，软管形态能够始终保持平稳，正弦波扰动没有在管身传播诱发甩鞭。

由图 9－36 和图 9－37 可知，对接锁定的 80～80.25s 期间，软管张力瞬间下降，同时插头轴向载荷瞬时增大，随后锥套上的气动阻力完全被受油机吸收，紧接着软管过量松弛产生。由图 9－38 可知，由于软管对接瞬时的过量松弛，软管长度和速度的初始跟踪误差较大。$t = 80.25\text{s}$ 时，控制律开始收紧软管。由于所设计的控制律能够完全匹配对接剖面 1，软管张力迅速得以恢复并趋于稳定。$t = 90\text{s}$ 以后，软管阻力、张力，受油插头外部载荷完全进入一种围绕某平衡点的正弦跟踪状态以补偿受油插头位置正弦扰动的影响。最终，甩鞭现象被所设计的控制律完全有效地抑制。

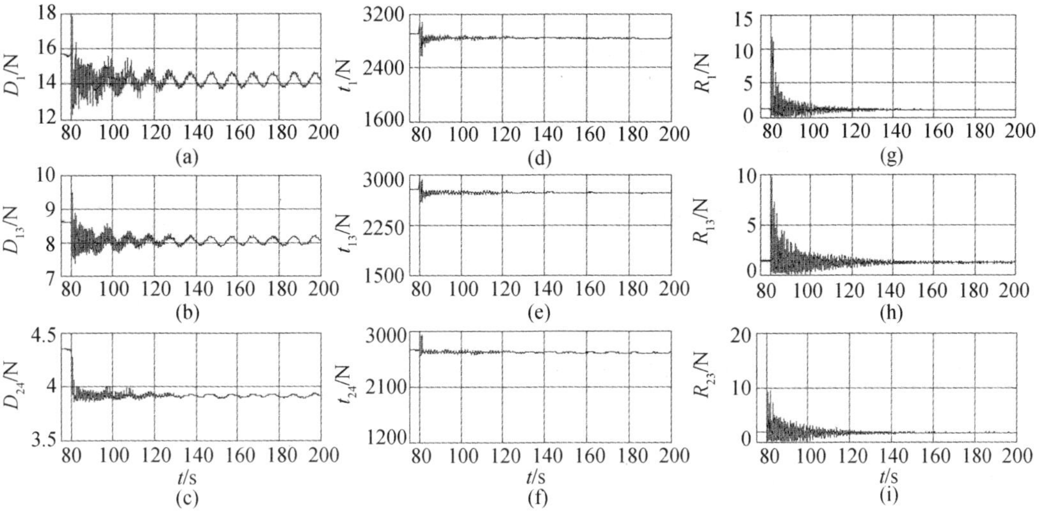


图 9－36　PMSM 控制下沿对接剖面 1 对接时的软管气动阻力、张力和弯曲恢复力

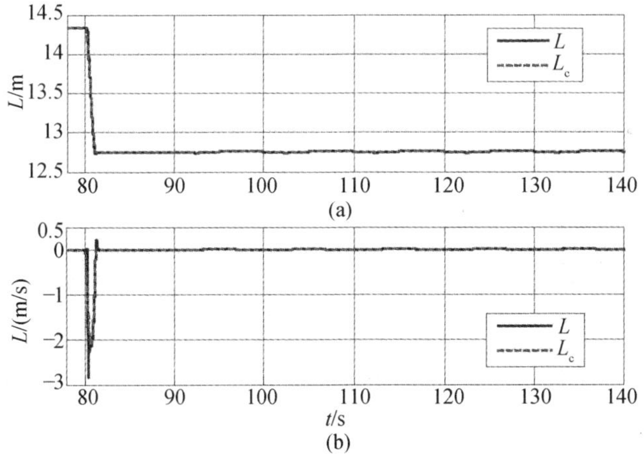


图 9－37　软管收放的速度和长度变化

控制律接通时($t=80.25$s)，软管已经存在富余长度，导致 PMSM 各子系统状态量产生如图 9－39 所示的较大初始跟踪误差。另外，软管回收、加油机尾流和大气紊流等影响，对 PMSM 负载转矩 $T_L$ 产生了强烈干扰。尽管存在上述不利影响，由于所设计的 d、q 轴电流指数滑模趋近律兼顾了鲁棒性和快速性要求，d、q 轴电流迅速而准确地跟踪虚拟指令。$t=90$s 以后，所设计的控制律也能够完全匹配受油机的扰动运动，驱动各系统变量进入动态跟踪状态有效补偿受油插头位置的正弦扰动影响。

完美的 d、q 轴电流跟踪性能使得 PMSM 能够产生期望的电磁转矩以确保整个系统的动态性能。如图 9－39 所示，80.25～81.26s 期间，随着电磁转矩 $T_e$ 驱动 PMSM 精确快速旋转，$\omega$ 和 $\vartheta$ 的初始跟踪误差被迅速消除，系统在 0.4s 内就实现了对虚拟控制指令地精确跟踪。之后，软管实时收放改变长度实现了对受油插头正弦位置扰动的有效补偿，电磁转矩 $T_e$ 也完全抵消了负载转矩 $T_L$ 的影响，开始进入稳定的正弦跟踪状态。

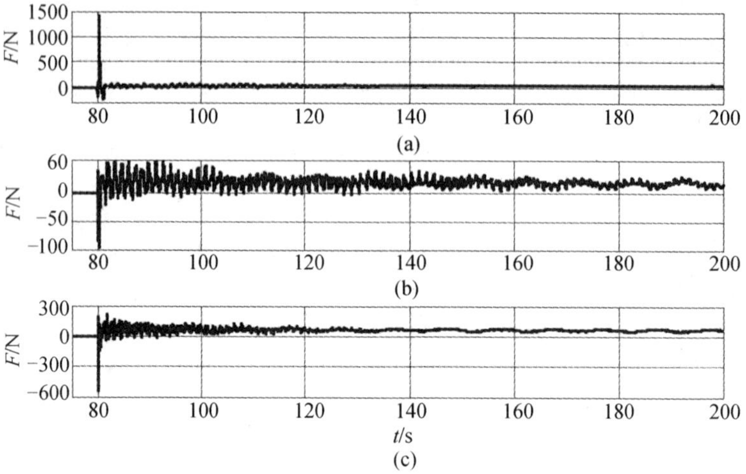


图 9－38 沿对接剖面 1 对接时的插头载荷

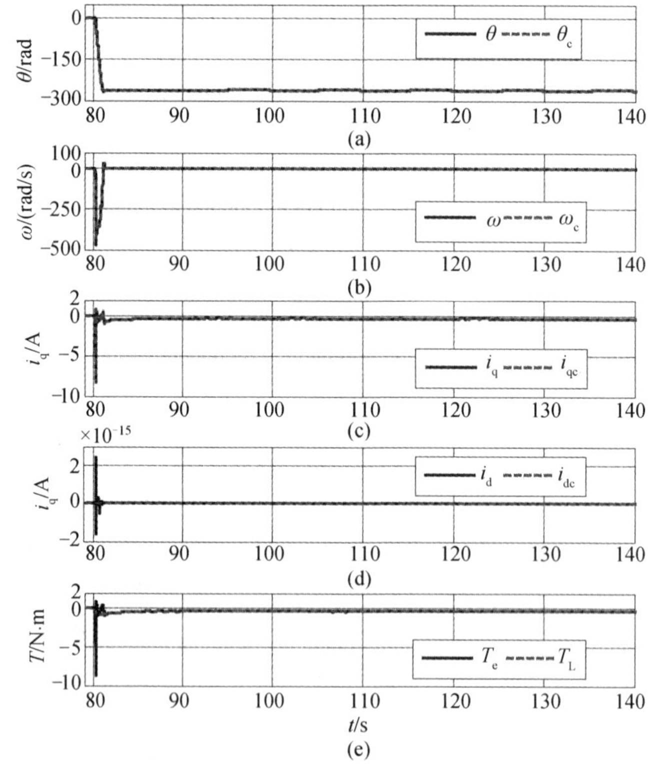


图 9－39 PMSM 各子系统状态量

由图 9－40 可知，所设计的控制律能够确保实际控制输入稳定而有界，更重要的是滑模控制的抖振现象即使存在正弦扰动条件下也能够有效消除。

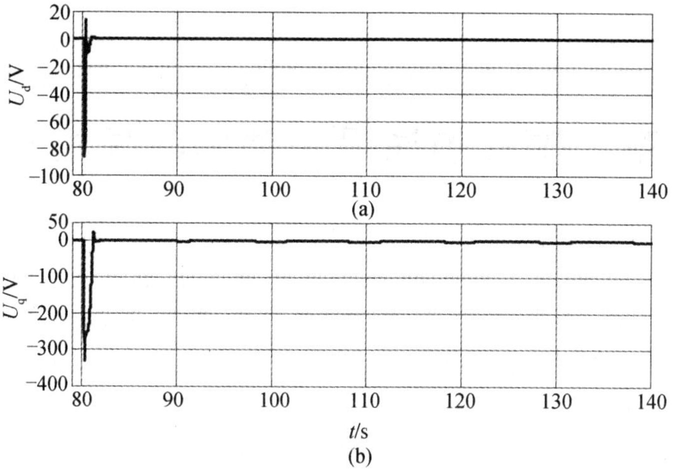


图 9 - 40　PMSM 实际 d - q 轴电压输入

相比恒力弹簧控制方式，这里提出的甩鞭现象控制方法能够确保系统全局稳定性，完全匹配受油机的对接剖面。因此，甩鞭现象能够被有效而快速地抑制。相比作者在文献[104]中提出的控制方法，在不需要虚拟指令高阶导数 $\ddot{\vartheta}_c$、$\dddot{\vartheta}_c$ 和较小的控制增益 $k_1$、$k_2$ 条件下，$i_d$、$i_q$、$\omega$ 等跟踪精度却有大幅提高。

# 第十章　硬式加油设备动力学建模与控制

伸缩套管加油设备是两大空中加油设备之一，它以加油速度快、稳定性高和受油机驾驶员操纵负荷小的优点而著称。目前，世界各国都在积极发展伸缩套管加油设备，如美国空军装备了大量的伸缩套管加油设备，数量上已占据了主体优势。国内尚未研制出伸缩套管加油设备，研究工作处于起步阶段。

性能良好的伸缩套管控制系统非常重要，它确保伸缩套管在复杂的大气扰动环境中能够与受油机正确对接并连续加油。阵风和紊流是影响伸缩套管系统的主要扰动因素，本章尝试采用气流扰动方法建立大气扰动中的滚转"U"形伸缩套管数学模型，使大气扰动的影响在伸缩套管模型中得以体现，并进一步采用 $H_\infty$ 方法设计伸缩套管控制律，使大气扰动作用得到有效抑制。

## 10.1　伸缩套管建模

滚转"U"形伸缩套管如图 10－1 所示，它可以绕俯仰轴 $PP'$ 和滚转轴 $RR'$（图中垂直于纸面）转动，分别由两套操纵舵面——升降舵和方向舵（形似字母"U"）操纵。同时，延伸管还可以沿 $EE'$ 相对结构管进行伸缩运动，由铰链控制。

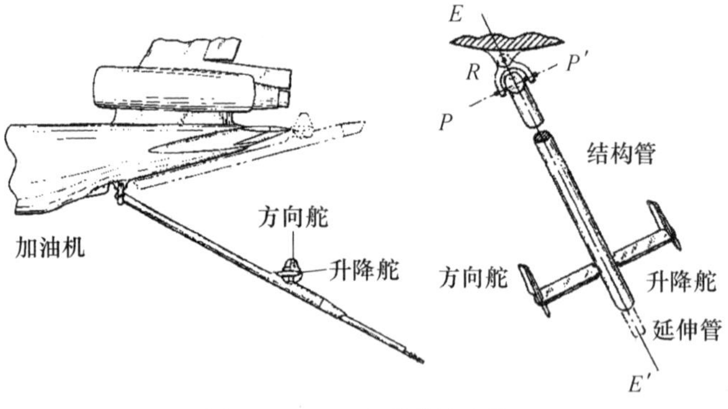


图 10－1　"U"形伸缩套管

表 10－1 给出了伸缩套管在标称状态、对接包线以及连续加油包线的俯仰角 $\Delta t_{\phi=30°}$，方位角 $k_{\delta_e}>0$，管全长 $L_B$ 的参数值。

表 10－1　伸缩套管参数

| 伸缩套管参数 | $F/(°)$ | $\psi_B/(°)$ | $L_B/\mathrm{m}$ |
|---|---|---|---|
| 标称状态 | 30 | 0 | 12.13 |
| 对接包线 | 25～35 | －10～10 | 11.80～12.47 |
| 连续加油包线 | 20～40 | －15～15 | 10.27～13.99 |

### 10.1.1 扰动分析

空中加油时伸缩套管处在复杂的工作环境中，受到伸缩套管重心和惯性矩变化、加油机尾流、紊流以及阵风等扰动作用。

伸缩套管的重心和惯性矩变化是对接过程中延伸管的运动造成的，经计算，重心位置变化为0.7%，惯性矩变化为1.83%，因此它们的影响可以忽略。

由尾流速度模型可知，在某一特定飞行状态下进行对接操作时，尾流在升降舵上产生的下洗速度和在方向舵上产生的侧洗速度基本不变，而且侧洗速度很小，如 $Ma=0.674$，$H=7$km 时，下洗速度变化范围为6.90～7.12m/s，侧洗速度变化范围为 $-0.19$～0.19m/s，因此加油机尾流对伸缩套管的影响主要体现为伸缩套管俯仰方向的平衡静特性，在求解升降舵初始平衡偏角时需考虑尾流影响。

对伸缩套管影响最大的大气扰动是紊流和阵风，超越概率为0.001的紊流强度可达3m/s，阵风强度则更大。由于较高的频率，紊流和阵风容易引起伸缩套管高频的俯仰和滚转摆动，给对接和连续加油造成较大影响。

### 10.1.2 大气扰动下的数学模型

文献[71]采用气流扰动方法建立了大气扰动中的飞机数学模型，该方法同样可以用于大气扰动中的伸缩套管数学建模。气流扰动方法的实质是利用气流速度三角形，将大气扰动的影响转化为飞行器气流角的摄动，从而使大气扰动直接体现在飞行器模型中。

**1. 基本假设及坐标系定义**

对空中加油过程可以作如下两个基本假设：

(1) 加油机匀速直线平飞。

(2) 不同位置处的大气扰动速度都相同，从而忽略干扰风梯度对伸缩套管的影响。作此假设的理由是伸缩套管的直径远小于管长及升降舵、方向舵尺寸，同时由于舵面展长和弦长相比于舵面气动中心至伸缩套管安装轴的距离也不大（比值约0.15），扰动作用主要体现在舵面上。

各坐标系定义如表10－2所列，各坐标系遵循右手原则。表中及下文使用的 $\boldsymbol{T}_x(\cdot)$、$\boldsymbol{T}_y(\cdot)$ 和 $\boldsymbol{T}_z(\cdot)$ 分别称为绕轴 $x$、$y$ 和 $z$ 的基元变换矩阵，其表达式如下：

$$\boldsymbol{T}_x(\alpha)=\begin{bmatrix}1 & 0 & 0\\ 0 & \cos\alpha & \sin\alpha\\ 0 & -\sin\alpha & \cos\alpha\end{bmatrix} \tag{10.1}$$

$$\boldsymbol{T}_y(\beta)=\begin{bmatrix}1 & 0 & 0\\ 0 & \cos\beta & \sin\beta\\ 0 & -\sin\beta & \cos\beta\end{bmatrix} \tag{10.2}$$

$$\boldsymbol{T}_z(\gamma)=\begin{bmatrix}1 & 0 & 0\\ 0 & \cos\gamma & \sin\gamma\\ 0 & -\sin\gamma & \cos\gamma\end{bmatrix} \tag{10.3}$$

表 10-2 各坐标系定义

| 名 称 | 定 义 | 符 号 |
|---|---|---|
| 加油机稳定坐标系 | 原点 $O_s$ 固定在伸缩套管轴心位置，轴 $x_s$ 沿加油机稳定飞行速度方向，轴 $z_s$ 在加油机对称面内垂直于 $x_s$ 轴并指向下方，轴 $y_s$ 垂直于 $x_s$ 轴和 $z_s$ 轴 | $O_s x_s y_s z_s$ |
| 伸缩套管体坐标系 | 原点 $O_B$ 与 $O_s$ 重合，轴 $x_B$ 沿伸缩套管并指向前方，轴 $z_B$ 在伸缩套管对称面内垂直于 $x_B$ 轴并指向下方，轴 $y_B$ 垂直于 $x_B$ 轴和 $z_B$ 轴 | $O_B x_B y_B z_B$ |
| 伸缩套管牵连体坐标系 | 由伸缩套管体坐标系 $O_B x_B y_B z_B$ 沿 $x_B$ 轴平移至升降舵安装轴与伸缩套管中轴线交点处 | $O_{B1} x_{B1} y_{B1} z_{B1}$ |
| 升降舵体坐标系 | $O_{B1} x_{B1} y_{B1} z_{B1} \xrightarrow{T_y(\delta_{mB})} O_E(O_{B1}) x_E y_E z_E$，$\delta_{mB}$ 为升降舵偏角，后缘下偏时为正 | $O_E x_E y_E z_E$ |
| 方向舵体坐标系 | $O_E x_E y_E z_E \xrightarrow{T_z(\delta_{nB})} O_R(O_E) x_R y_R z_R$，$\delta_{nB}$ 为方向舵偏角，后缘左偏时为正 | $O_R x_R y_R z_R$ |
| 升降舵力坐标系 | $O_s x_s y_s z_s \xrightarrow{T_y(-\alpha_w)} O_{F_E}(O_s) x_{F_E} y_{F_E} z_{F_E}$ | $O_{F_E} x_{F_E} y_{F_E} z_{F_E}$ |
| 方向舵力坐标系 | $O_s x_s y_s z_s \xrightarrow{T_z(\beta_w)} O_{F_R}(O_s) x_{F_R} y_{F_R} z_{F_R}$ | $O_{F_R} x_{F_R} y_{F_R} z_{F_R}$ |

**2. 运动学和动力学方程**

加油机稳定坐标系与伸缩套管体坐标系的转换关系如图 10-2 所示，$\theta_B$ 是伸缩套管俯仰角，$\gamma_B$ 是伸缩套管滚转角。

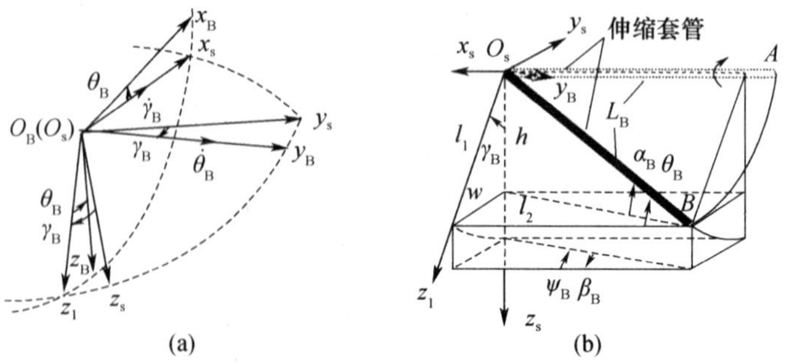


图 10-2 加油机稳定坐标系与伸缩套管体坐标系

(a) 稳定坐标系；(b) 伸缩套管体坐标系。

由 $O_s x_s y_s z_s \xrightarrow{T_z(\gamma_B)} O_s x_s y_B z_1 \xrightarrow{T_y(\theta_B)} O_B(O_s) x_B y_B z_B$ 坐标系转换关系可求得 $\boldsymbol{T}_{Bs} = \boldsymbol{T}_y(\theta_B)\boldsymbol{T}_z(\gamma_B)$，因此绕伸缩套管体坐标系三轴的角速度可表示为

$$\begin{bmatrix} \omega_{xB} \\ \omega_{yB} \\ \omega_{zB} \end{bmatrix} = \boldsymbol{T}_{Bs} \begin{bmatrix} \dot{\gamma}_B \\ 0 \\ 0 \end{bmatrix} + \begin{bmatrix} 0 \\ \dot{\theta}_B \\ 0 \end{bmatrix} = \begin{bmatrix} \dot{\gamma}_B \cos\theta_B \\ \dot{\theta}_B \\ \dot{\gamma}_B \sin\theta_B \end{bmatrix} \tag{10.4}$$

由于绕 $x_B$ 轴的滚转运动受到铰链约束，因此 $\omega_{xB} = 0$，角位置运动学方程组应为

$$\begin{bmatrix} \omega_{xB} \\ \omega_{yB} \\ \omega_{zB} \end{bmatrix} = \begin{bmatrix} 0 \\ \dot{\theta}_B \\ \dot{\gamma}_B \sin\theta_B \end{bmatrix} \tag{10.5}$$

由动量矩定律 $\mathrm{d}\boldsymbol{H}/\mathrm{d}t = \boldsymbol{M}$，$\boldsymbol{H}$、$\boldsymbol{M}$ 分别是伸缩套管关于 $O_B$ 的动量矩和外力矩，方程式两边在 $O_B x_B y_B z_B$ 中的投影为

$$\begin{cases} \mathrm{d}H_{xB}/\mathrm{d}t + \omega_{xB} H_{zB} - \omega_{zB} H_{yB} = M_{xB} \\ \mathrm{d}H_{yB}/\mathrm{d}t + \omega_{zB} H_{xB} - \omega_{xB} H_{zB} = M_{yB} \\ \mathrm{d}H_{zB}/\mathrm{d}t + \omega_{xB} H_{yB} - \omega_{yB} H_{xB} = M_{zB} \end{cases} \tag{10.6}$$

$$\begin{cases} H_{xB} = I_{xB}\omega_{xB} - I_{xyB}\omega_{yB} - I_{zxB}\omega_{zB} \\ H_{yB} = -I_{xyB}\omega_{xB} + I_{yB}\omega_{yB} - I_{yzB}\omega_{zB} \\ H_{zB} = -I_{zxB}\omega_{xB} - I_{yzB}\omega_{yB} + I_{zB}\omega_{zB} \end{cases} \tag{10.7}$$

其中，$I_{xB}$、$I_{yB}$、$I_{zB}$、$I_{xyB}$、$I_{yzB}$ 和 $I_{zxB}$ 是伸缩套管关于 $O_B$ 的惯性矩和惯性积。由于伸缩套管关于 $x_B O_B z_B$ 面对称，故 $I_{xyB} = I_{yzB} = 0$。由此，式(10.7)转化为

$$\begin{cases} H_{xB} = I_{xB}\omega_{xB} - I_{zxB}\omega_{zB} \\ H_{yB} = I_{yB}\omega_{yB} \\ H_{zB} = -I_{zxB}\omega_{xB} + I_{zB}\omega_{zB} \end{cases} \tag{10.8}$$

$\dot{\omega}_{xB} = 0$，$\omega_{xB} = 0$，并忽略 $\omega_{yB}$ 和 $\omega_{zB}$ 的乘积项及二次项，由式(10.5)、式(10.6)和式(10.8)得到伸缩套管模型为

$$\begin{cases} \dot{q}_B = M_{yB}/I_{yB} \\ \dot{r}_B = M_{zB}/I_{zB} \\ q_B = \dot{\theta}_B \\ r_B = \dot{\gamma}_B \sin\theta_B \end{cases} \tag{10.9}$$

其中，$\omega_{yB} = q_B$，$\omega_{zB} = r_B$。

图 10-2(b)表示无大气扰动时伸缩套管姿态角和气流角间的关系，伸缩套管由收起状态 $O_sA$ 绕轴运动到 $O_sB$。其中，$\alpha_B$ 为伸缩套管迎角，$\beta_B$ 为侧滑角。由图 10-2(b)可知

$$\sin\alpha_B = h/L_B = \sin\theta_B \cos\gamma_B \tag{10.10}$$

$$\tan\psi_{B} = \frac{w}{l_2} = \frac{l_1\sin\gamma_B}{l_2} = \frac{L_B\sin\theta_B\cos\gamma_B}{L_B\cos\theta_B} = \tan\theta_B\sin\gamma_B \tag{10.11}$$

$$\beta_B = -\psi_B \tag{10.12}$$

伸缩套杆末端在加油机稳定坐标系 $O_s x_s y_s z_s$ 中的矢量位置可表示为

$$\boldsymbol{L}_B = \boldsymbol{T}_{BS}^{T}\begin{bmatrix} -L_B \\ 0 \\ 0 \end{bmatrix} = \begin{bmatrix} -L\cos\theta_B \\ -L_B\sin\theta_B\sin\gamma_B \\ L_B\sin\theta_B\cos\gamma_B \end{bmatrix} \tag{10.13}$$

由式(10.11)可知，当 $\theta_B = \theta_{0B} = 30°$时，对接包线的 $\gamma_B$ 范围为 $-17.78° \sim 17.78°$，连续加油的 $\gamma_B$ 范围为 $-27.65° \sim 27.65°$。在对接包线内，$(\gamma_B/\sin\gamma_B)_{max} = 1.016$，$(\cos\gamma_B/1)_{max} = 0.952$，因此用 $\gamma_B$ 替代 $\sin\gamma_B$，1 替代 $\cos\gamma_B$ 时引起的误差较小。在连续加油包线内，$(\gamma_B/\sin\gamma_B)_{max} = 1.040$，$(\cos\gamma_B/1)_{max} = 0.886$，因此用 $\gamma_B$ 替代 $\sin\gamma_B$，1 替代 $\cos\gamma_B$ 时引起的误差稍大。由于空中加油操作的精度要求主要是针对对接操作提出的，因此可以作 $\sin\gamma_B = \gamma_B$，$\cos\gamma_B = 1$，$\gamma_B$ 为小量的近似。当伸缩套管长度 $L_B = L_{0B}$时，由式(10.13)可知伸缩套管末端的竖向偏距 $\Delta z_B$ 和侧向偏距 $\Delta y_B$ 为

$$\Delta z_B = L_{0B}\cos\theta_{0B}\Delta\theta_B \tag{10.14}$$

$$\Delta y_B = -L_{0B}\sin\theta_{0B}\Delta\gamma_B \tag{10.15}$$

因此，竖向对接范围为 $-0.92 \sim 0.92$m，侧向对接范围为 $-1.82 \sim 1.82$m。

**3. 外力矩$\boldsymbol{M}_{yB}$和$\boldsymbol{M}_{zB}$**

升降舵与伸缩套管的相对位置如图 10-3 所示，$O_{B1}(O_E)$为升降舵安装轴线中点，$F_{O_E}$为双升降舵的气动中心，$l_{F_{O_E}}$为 $F_{O_E}$至 $O_{B1}(O_E)$的距离，$X_{shaft}$是 $O_{B1}(O_E)$至伸缩套管轴心 $O_B$ 的距离。方向舵与伸缩套管的相对位置如图 10-4 所示，$F_{O_R}$为双方向舵的气动中心。

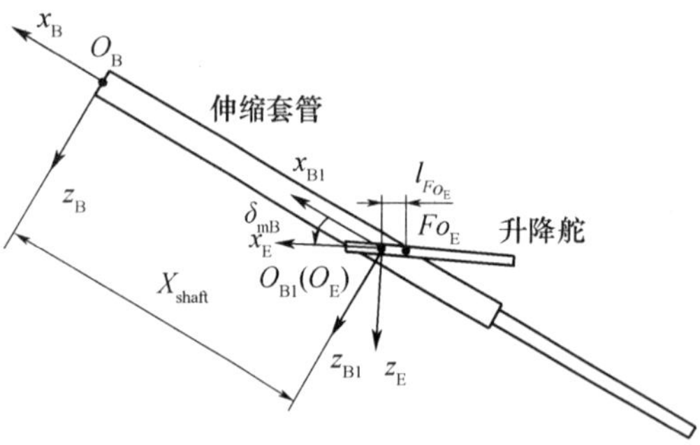


图 10-3　升降舵与伸缩套管的相对位置

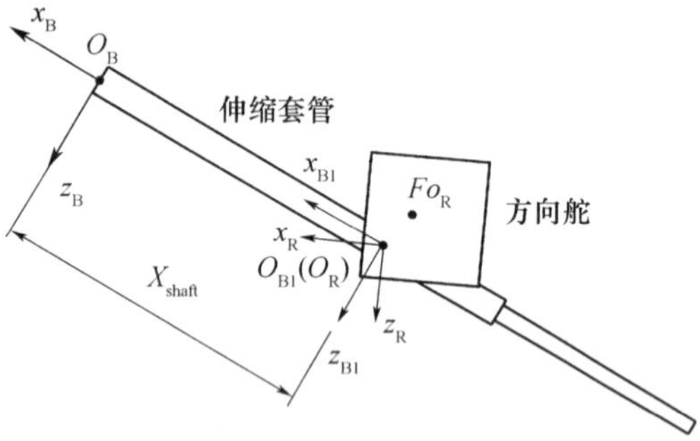


图 10-4　方向舵与伸缩套管的相对位置

由 $O_{B1}x_{B1}y_{B1}z_{B1} \xrightarrow{T_y(\delta_{mB})} O_E(O_{B1})x_E y_E z_E$（$\delta_{mB}$ 为升降舵偏角，后缘下偏时为正）和 $O_E x_E y_E z_E \xrightarrow{T_z(\delta_{nB})} O_R(O_E)x_R y_R z_R$（$\delta_{nB}$为方向舵偏角，后缘左偏时为正）可得$\boldsymbol{T}_{EB} = \boldsymbol{T}_y(\delta_{mB})$和 $\boldsymbol{T}_{RE} = \boldsymbol{T}_z(\delta_{nB})$。

假定自由气流 $\boldsymbol{V}$ 受到干扰后变为 $\boldsymbol{V}_S = \boldsymbol{V} + \boldsymbol{V}_{wB}$，它在加油机稳定坐标系中的分量为 $[-V + u_{wB} \quad v_{wB} \quad w_{wB}]^T$，$V$ 为加油机匀速直线平飞速度，$u_{wB}$、$v_{wB}$和 $w_{wB}$为扰动气流在加油机稳定坐标系中的分量。$V_S$ 在 $O_E x_E y_E z_E$ 中的表达式为

$$\boldsymbol{V}_{S_E} = \boldsymbol{T}_{ES}\boldsymbol{V}_S = \boldsymbol{T}_{EB}\boldsymbol{T}_{BS}\boldsymbol{V}_S \tag{10.16}$$

$\theta_B+\delta_{mB}$为小量，$\gamma_B$ 为小量，因此

$$\boldsymbol{V}_{S_E} = \begin{bmatrix} (-V+u_{wB})+v_{wB}(\theta_B+\delta_{nB})-w_{wB}(\theta_B+\delta_{mB}) \\ w_{wB}+w_w\gamma_B \\ (-V+u_{wB})(\theta_B+\delta_{mB})-v_{wB}\gamma_B+w_{wB} \end{bmatrix} \tag{10.17}$$

这样得到升降舵的迎角

$$\alpha_E = \frac{(-V+u_{wB})(\theta_B+\delta_{mB})-v_{wB}\gamma_B+w_{wB}}{(-V+u_{wB})+v_{wB}(\theta_B+\delta_{mB})-w_{wB}(\theta_B+\delta_{mB})} \tag{10.18}$$

$u_{wB}$、$v_{wB}$和 $w_{wB}$相对 $V$ 为小量，$\gamma_B$ 为小量，因此

$$\alpha_E \approx \theta_B+\delta_{mB}+\alpha_w \tag{10.19}$$

其中，$\alpha_w=-w_{wB}/V$。

$\boldsymbol{V}_S$ 在方向舵体坐标系 $O_Rx_Ry_Rz_R$ 中的表达式为

$$\boldsymbol{V}_{S_R} = \boldsymbol{T}_{RS}\boldsymbol{V}_S = \boldsymbol{T}_{RE}\boldsymbol{T}_{ER}\boldsymbol{T}_{BS}\boldsymbol{V}_S \tag{10.20}$$

$\theta_B+\delta_{mB}$、$\delta_{nB}$和 $\gamma_B$ 为小量，可得到方向舵侧滑角

$$\beta_R = \frac{(V-u_{wB})\delta_{nB}+v_{wB}+w_{wB}\gamma_B}{-V+u_{wB}+v_{wB}\delta_{nB}-w_{wB}\delta_{mB}} \approx -\delta_{nB}+\beta_w \tag{10.21}$$

其中，$\beta_w=-v_{wB}/V$。

由 $O_sx_sy_sz_s \xrightarrow{T_y(-\alpha_w)} O_{F_E}(O_s)x_{F_E}y_{F_E}z_{F_E}$，$\boldsymbol{T}_{BF_E}=\boldsymbol{T}_{BS}\boldsymbol{T}_{F_ES}^{\mathrm{T}}$，$\alpha_w$ 和 $\gamma_B$ 为小量，得到

$$\boldsymbol{T}_{BF_E} \approx \begin{bmatrix} \cos\theta_B-\alpha_w\sin\theta_B & \gamma_B\sin\theta_B & -\alpha_w\cos\theta_B+\sin\theta_B \\ 0 & 1 & \gamma_B \\ \sin\theta_B+\alpha_w\cos\theta_B & -\gamma_B\cos\theta_B & -\alpha_w\sin\theta_B+\cos\theta_B \end{bmatrix} \tag{10.22}$$

由 $O_sx_sy_sz_s \xrightarrow{T_z(\beta_w)} O_{F_R}(O_s)x_{F_R}y_{F_R}z_{F_R}$，$\boldsymbol{T}_{BF_R}=\boldsymbol{T}_{BS}\boldsymbol{T}_{F_RS}^{\mathrm{T}}$，$\beta_w$ 和 $\gamma_B$ 为小量，得到

$$\boldsymbol{T}_{BF_R} \approx \begin{bmatrix} \cos\theta_B & -\beta_w\cos\theta_B+\gamma_B\sin\theta_B & -\sin\theta_B \\ \beta_w & 1 & \gamma_B \\ \sin\theta_B & -\beta_w\sin\theta_B-\gamma_B\cos\theta_B & \cos\theta_B \end{bmatrix} \tag{10.23}$$

升降舵受到的升力 $L_E$ 和阻力 $D_E$ 在升降舵力坐标系中给出。升降舵受力在伸缩套管体坐标系中的表达式为

$$\boldsymbol{F}_{E_B} = \begin{bmatrix} F_{xE_B} \\ F_{yE_B} \\ F_{zE_B} \end{bmatrix} = \boldsymbol{T}_{BF_R}\begin{bmatrix} -D_E \\ 0 \\ -L_E \end{bmatrix} \tag{10.24}$$

$F_{O_E}$在 $O_Bx_By_Bz_B$ 的坐标表达式为

$$S_{F_{O_E}B} = \begin{bmatrix} x_{F_{O_E}B} \\ y_{F_{O_E}B} \\ z_{F_{O_E}B} \end{bmatrix} = \begin{bmatrix} -X_{\mathrm{shaft}} \\ 0 \\ 0 \end{bmatrix} + \boldsymbol{T}_{EB}^{\mathrm{T}}\begin{bmatrix} -l_{F_{O_E}} \\ 0 \\ 0 \end{bmatrix} \tag{10.25}$$

因此升降舵受力对伸缩套管轴心 $O_B$ 的力矩$\boldsymbol{M}_{E_B}$为

$$\boldsymbol{M}_{E_B}=\begin{bmatrix}M_{xE_B}\\M_{yE_B}\\M_{zE_B}\end{bmatrix}=\boldsymbol{S}_{F_{O_E}B}\times\boldsymbol{F}_{E_B}=\begin{bmatrix}y_{F_{O_E}B}\boldsymbol{F}_{zE_B}-z_{F_{O_E}B}\boldsymbol{F}_{yE_B}\\z_{F_{O_E}B}\boldsymbol{F}_{xE_B}-x_{F_{O_E}B}\boldsymbol{F}_{zE_B}\\x_{F_{O_E}B}\boldsymbol{F}_{yE_B}-y_{F_{O_E}B}\boldsymbol{F}_{xE_B}\end{bmatrix}\tag{10.26}$$

方向舵受到的侧力 $C_R$ 和阻力 $D_R$ 在方向舵力坐标系中给出。方向舵受力在伸缩套管体坐标系中的表达式为

$$\boldsymbol{F}_{R_B}=\begin{bmatrix}F_{xE_B}\\F_{yE_B}\\F_{zE_B}\end{bmatrix}=\boldsymbol{T}_{BF_R}\begin{bmatrix}-D_R\\C_R\\0\end{bmatrix}\tag{10.27}$$

若 $F_{O_R}$ 在伸缩套管方向舵坐标系 $O_Rx_Ry_Rz_R$ 中的坐标为$[x_{F_{O_R}}\quad 0\quad z_{F_{O_R}}]^T$，则在 $O_Bx_By_Bz_B$ 的坐标表达式为

$$\boldsymbol{S}_{F_{O_E}B}=\begin{bmatrix}x_{F_{O_R}B}\\y_{F_{O_R}B}\\z_{F_{O_R}B}\end{bmatrix}=\begin{bmatrix}-X_{\text{shaft}}\\0\\0\end{bmatrix}+\boldsymbol{T}_{EB}^T\boldsymbol{T}_{RE}^T\begin{bmatrix}x_{F_{O_R}}\\0\\z_{F_{O_R}}\end{bmatrix}\tag{10.28}$$

因此，方向舵受力对伸缩套管轴心 $O_B$ 的力矩$\boldsymbol{M}_{R_B}$为

$$\boldsymbol{M}_{R_B}=\begin{bmatrix}M_{xR_B}\\M_{yR_B}\\M_{zR_B}\end{bmatrix}=\boldsymbol{S}_{F_{O_R}B}\times\boldsymbol{F}_{R_B}=\begin{bmatrix}y_{F_{O_R}B}\boldsymbol{F}_{zR_B}-z_{F_{O_R}B}\boldsymbol{F}_{yR_B}\\z_{F_{O_R}B}\boldsymbol{F}_{xR_B}-x_{F_{O_R}B}\boldsymbol{F}_{zR_B}\\x_{F_{O_R}B}\boldsymbol{F}_{yR_B}-y_{F_{O_R}B}\boldsymbol{F}_{xR_B}\end{bmatrix}\tag{10.29}$$

伸缩套管重心在 $O_Bx_By_Bz_B$ 中的坐标为$[-X_G\quad 0\quad 0]^T$，重力 $\boldsymbol{G}$ 对 $O_B$ 产生的力矩在 $O_Bx_By_Bz_B$ 中的表达式为

$$\boldsymbol{M}_G=\begin{bmatrix}M_{xG_B}\\M_{yG_B}\\M_{zG_B}\end{bmatrix}=\begin{bmatrix}-X_G\\0\\0\end{bmatrix}\times\left(\boldsymbol{T}_{BS}\begin{bmatrix}0\\0\\m_Bg\end{bmatrix}\right)\tag{10.30}$$

由式(10.10)~式(10.12)及 $\beta_B$ 和 $\gamma_B$ 为小量，得到 $\alpha_B\approx\theta_B$，$\beta_B\approx-\gamma_B\tan\theta_B$。由于 $\gamma_B$ 较小，因此可以近似认为伸缩套管管体受到的气流法向力和侧向力在伸缩套管体坐标系 $O_Bx_By_Bz_B$ 中给出。自由气流受到扰动后，伸缩套管的迎角和侧滑角可分别表示为 $\alpha_B\approx\theta_B+\alpha_w$，$\beta_B\approx-\gamma_B\tan\theta_B+\beta_w$。因此，伸缩套管管体受到的外力矩表示为

$$\begin{cases}M_{yB_B}=qcC_{m\alpha_B B}(\theta_B+\alpha_w)+qc^2/(2V)C_{mq_B B}q_B\\M_{zB_B}=qbC_{n\beta_B B}(-\gamma_B\tan\theta_B+\beta_w)+qb^2/(2V)C_{nr_B B}r_B\end{cases}\tag{10.31}$$

由此，外力矩可表示为

$$\begin{cases}M_{yB}=M_{yE_B}+M_{yR_B}+M_{yG_B}+M_{yB_B}\\M_{zB}=M_{zE_B}+M_{zR_B}+M_{zG_B}+M_{zB_B}\end{cases}\tag{10.32}$$

升降舵和方向舵的气动力分别表示为 $L_E = q[C_{L\alpha_E}\alpha_E + c/(2V)C_{Lq_BE}q_B]$，$D_E = q(C_{D_{0E}} + C_{D\alpha_E^2}\alpha_E^2)$，$C_R = q[C_{Y\beta_R}\beta_R + b/(2V)C_{Yr_BR}r_B]$，$D_R = q(C_{D_{0R}} + C_{D\beta_R^2}\beta_R^2)$。

式中 $q = \rho V^2 S/2$，$\rho$ 是空气密度，$V$ 是加油机飞行速度，$S$ 是升降舵面积；

$b$、$c$——升降舵展长和弦长；

$m_B$——伸缩套管质量。

表 10-3 给出了上述表达式中伸缩套管气动系数的含义。

表 10-3　伸缩套管气动系数含义

| 符号 | 含　义 |
|---|---|
| $C_{D_{0E}}$ | 升降舵零升阻力系数 |
| $C_{L\alpha E}$ | 升降舵升力线斜率 |
| $C_{D\alpha_E^2}$ | 升降舵诱导阻力系数 |
| $C_{Lq_BE}$ | 升降舵升力系数对无量纲伸缩套管俯仰角速度 $\bar{q}_B$ 的导数，即 $\partial C_{L_E}/\partial \bar{q}_B = \partial C_{L_E}/\partial[q_B c/(2V)]$ |
| $C_{D_{0R}}$ | 方向舵零升阻力系数 |
| $C_{Y\beta R}$ | 方向舵侧向力系数对方向舵侧滑角的导数 |
| $C_{D\beta_R^2}$ | 方向舵诱导阻力系数 |
| $C_{Yr_BR}$ | 方向舵侧力系数对无量纲伸缩套管偏航角速度 $\bar{r}_B$ 的导数，即 $\partial C_{Y_R}/\partial \bar{r}_B = \partial C_{Y_R}/\partial[\bar{r}_B b/(2V)]$ |
| $C_{m\alpha_BB}$ | 伸缩套管管体俯仰力矩系数对伸缩套管迎角的导数 |
| $C_{mq_BB}$ | 伸缩套管管体俯仰力矩系数对无量纲伸缩套管俯仰角速度 $\bar{q}_B$ 的导数，即 $\partial C_{mB}/\partial \bar{q}_B = \partial C_{mB}/\partial[q_B c/(2V)]$ |
| $C_{n\beta_BB}$ | 伸缩套管管体偏航力矩系数对伸缩套管侧滑角的导数 |
| $C_{nr_BB}$ | 伸缩套管管体偏航力矩系数对无量纲伸缩套管偏航角速度 $\bar{r}_B$ 的导数，即 $\partial C_{nB}/\partial \bar{r}_B = \partial C_{nB}/\partial[r_B b/(2V)]$ |

**4. 模型线性化**

对伸缩套管在标称位置进行线性化，得到伸缩套管线性模型为

$$\dot{\boldsymbol{x}}_{pB} = \boldsymbol{A}_{pB}\boldsymbol{x}_{pB} + \boldsymbol{B}_{1pB}\boldsymbol{d}_{pB} + \boldsymbol{B}_{2pB}\boldsymbol{u}_{pB} \tag{10.33}$$

$$\dot{\boldsymbol{x}}_{rB} = \boldsymbol{A}_{rB}\boldsymbol{x}_{rB} + \boldsymbol{B}_{1rB}\boldsymbol{d}_{rB} + \boldsymbol{B}_{2rB}\boldsymbol{u}_{rB} \tag{10.34}$$

其中，$\boldsymbol{x}_{pB} = [\Delta q_B \quad \Delta\theta_B]^T$，$\boldsymbol{d}_{pB} = w_{wB}$，$\boldsymbol{u}_{pB} = \Delta\delta_{mB}$，$\boldsymbol{A}_{pB} = \begin{bmatrix} M_1 & M_2 \\ 1 & 0 \end{bmatrix}$，$\boldsymbol{B}_{1pB} = [M_3 \quad 0]^T$，$\boldsymbol{B}_{2pB} = [M_4 \quad 0]^T$，$\boldsymbol{x}_{rB} = [\Delta r_B \quad \Delta\gamma_B]^T$，$\boldsymbol{d}_{rB} = \boldsymbol{v}_{wB}$，$\boldsymbol{u}_{rB} = \Delta\delta_{nB}$，$\boldsymbol{A}_{pB} = \begin{bmatrix} N_1 & N_2 \\ 1/\sin\theta_{0B} & 0 \end{bmatrix}$，$\boldsymbol{B}_{1rB} = [N_3 \quad 0]^T$，$\boldsymbol{B}_{2rB} = [N_4 \quad 0]^T$。

上述系数矩阵中各参数的表达式如表 10-4 所列。

表 10-4 伸缩套管模型各参数的表达式

| | |
|---|---|
| $M_1=(K_2+k_{25})/I_{yB}$ | $M_2=(K_1+K_4+k_{22}+k_{24})/I_{yB}$ |
| $M_3=-(K_3+k_{28})/V/I_{yB}$ | $M_4=(K_3+k_{11})/I_{yB}$ |
| $N_1=(K_5+k_{27})/I_{zB}$ | $N_2=(k_9+k_{23}+k_{26})/I_{zB}$ |
| $N_3=-(K_7+k_{29})/V/I_{zB}$ | $N_4=K_6/I_{zB}$ |
| $K_1=k_1+k_2+k_3+k_4+k_6+k_7$ | $K_2=k_5+k_8$ |
| $K_3=k_2+k_4+k_6+k_7$ | $K_4=k_{10}+k_{11}$ |
| $K_5=k_{13}+k_{17}+k_{19}$ | $K_6=-k_{14}-k_{18}-k_{20}+k_{21}$ |
| $K_7=k_{12}+k_{14}+k_{15}+k_{16}+k_{18}+k_{20}$ | $k_1=-X_{\mathrm{shaft}}q(C_{D0\mathrm{E}}+C_{D\alpha_{\mathrm{E}}^2}\alpha_{\mathrm{E}}^2)\cos\theta_{0\mathrm{B}}$ |
| $k_2=-2X_{\mathrm{shaft}}qC_{D\alpha_{\mathrm{E}}^2}\alpha_{0\mathrm{E}}\sin\theta_{0\mathrm{B}}$ | $k_3=X_{\mathrm{shaft}}qC_{L\alpha_{\mathrm{E}}}\alpha_{0E}\sin\theta_{0\mathrm{B}}$ |
| $k_4=-X_{\mathrm{shaft}}qC_{L\alpha_{\mathrm{E}}}\cos\theta_{0\mathrm{B}}$ | $k_5=-X_{\mathrm{shaft}}qc/(2V)C_{Lq_{\mathrm{B}}E}\cos\theta_{0\mathrm{B}}$ |
| $k_6=-l_{F0E}q(C_{D0\mathrm{E}}+3C_{D\alpha_{\mathrm{E}}^2}\alpha_{0\mathrm{E}}^2)$ | $k_7=-l_{F0\mathrm{E}}qC_{L_{\alpha\mathrm{E}}}$ |
| $k_8=-l_{F0\mathrm{E}}qc/(2V)C_{Lq_{\mathrm{B}}E}$ | $k_8=(X_{\mathrm{shaft}}+l_{F0\mathrm{E}}\cos\delta_{m0\mathrm{B}})qC_{L\alpha_{\mathrm{E}}}\alpha_{0\mathrm{E}}$ |
| $k_{10}=-X_{\mathrm{shaft}}qC_{D0\mathrm{R}}\cos\theta_{0\mathrm{B}}$ | $k_{11}=x_{F0\mathrm{R}}qC_{D0\mathrm{R}}$ |
| $k_{12}=X_{\mathrm{shaft}}qC_{D0\mathrm{R}}$ | $k_{13}=-X_{\mathrm{shaft}}qb/(2V)C_{Yr_{\mathrm{R}}R}$ |
| $k_{14}=-X_{\mathrm{shaft}}qC_{Y\beta_{\mathrm{R}}}$ | $k_{15}=-x_{F0\mathrm{R}}qC_{D0\mathrm{R}}\cos\delta_{m0\mathrm{B}}$ |
| $k_{16}=-z_{F0\mathrm{R}}qC_{D0\mathrm{R}}\sin\delta_{m0\mathrm{B}}$ | $k_{17}=x_{F0\mathrm{R}}qb/(2V)C_{Yr\mathrm{B}}\cos\delta_{m0\mathrm{B}}$ |
| $k_{18}=x_{F0\mathrm{R}}qC_{Y\beta_{\mathrm{R}}}\cos\delta_{m0\mathrm{B}}$ | $k_{19}=z_{F0\mathrm{R}}qb/(2V)C_{Yr\mathrm{R}}\sin\delta_{m0\mathrm{B}}$ |
| $k_{20}=z_{F0\mathrm{R}}qC_{Y\beta_{\mathrm{R}}}\sin\delta_{m0\mathrm{B}}$ | $k_{21}=x_{F0\mathrm{R}}qC_{D0\mathrm{R}}\cos\theta_{0\mathrm{B}}$ |
| $k_{22}=-X_{\mathrm{G}}m_{\mathrm{B}}g\sin\theta_{0\mathrm{B}}$ | $k_{23}=-X_{\mathrm{G}}m_{\mathrm{B}}g$ |
| $k_{24}=qcC_{m\alpha_{\mathrm{B}}B}$ | $k_{25}=qc^2/(2V)C_{mq_{\mathrm{B}}B}$ |
| $k_{26}=-qbC_{n\beta_{\mathrm{B}}B}\tan\theta_{0\mathrm{B}}$ | $k_{27}=qb^2/(2V)C_{nr_{\mathrm{B}}B}$ |
| $k_{28}=qcC_{m\alpha_{\mathrm{B}}B}$ | $k_{29}=qbC_{n\beta_{\mathrm{B}}B}$ |

由式(10.33)和式(10.34)可以得知,经过线性化后的伸缩套管模型可转换化为绕 $y_{\mathrm{B}}$ 轴运动的俯仰模型和绕 $x_{\mathrm{s}}$ 轴运动的滚转模型,并且俯仰运动和滚转运动是解耦的。

**5. 大气扰动的限制要求**

大气扰动对伸缩套管系统性能的影响在对接阶段和连续加油(保持)阶段有着不同的表现形式,因此对大气扰动在两个阶段有着不同的限制要求:①在对接阶段要求伸缩套管末端的竖向摆动和侧向摆动在 10cm 以内。竖向摆动和侧向摆动的计算公式见式(10.14)和式(10.15)。②在连续加油阶段要求伸缩套管在加油喷嘴处的附加压力满足一定的限制条件,以防损坏加油喷嘴。根据伸缩套管的结构特性,沿 $x_{\mathrm{B}}$ 轴的纵向压力 $\Delta F_{x\mathrm{B}}$ 因延伸管延伸运动而影响较小,因此附加压力主要表现为沿 $z_{\mathrm{B}}$ 轴方向的纵向压力

$\Delta F_{zB}$和沿 $y_B$ 轴方向的侧向压力 $\Delta F_{yB}$。$\Delta F_{zB}$应限制在 1000N 以内,$\Delta F_{yB}$限制在 600N 以内,超过此极限时伸缩套管的加油喷嘴与受油机受油口自动脱离。由动量定理可知

$$\Delta F_{zB} = -m_B \Delta q_B L_{0B}/t_{bfz} \tag{10.35}$$

$$\Delta F_{yB} = m_B \Delta r_B L_{0B}/t_{bfy} \tag{10.36}$$

式中 $t_{bfz}$、$t_{bfy}$——伸缩套管加油喷嘴处的力缓冲时间常数,为 0.2s。

## 10.2 伸缩套管 $H_\infty$ 控制律

### 10.2.1 控制律设计原理

伸缩套管加油操作控制伸缩套管在对接包线内与受油机进行对接并保证在连续加油包线内连续加油。伸缩套管对接操作是空中加油任务中最关键、最困难的一步,控制律也主要是针对该操作设计的。从本质上讲,对接操作属于位置操作,因此控制律可以设计成控制伸缩套管末端位置的直接方式,也可以设计成控制伸缩套管姿态的间接方式。这里采用控制伸缩套管姿态方式,通过控制伸缩套管的俯仰角 $\Delta\theta_B$ 和滚转角 $\Delta\gamma_B$ 间接实现控制伸缩套管末端位置的目的。

### 10.2.2 不确定性建模

选取伸缩套管的标称飞行状态为 $Ma=0.674$,$H=7$km,考虑受油机加油全包线内的伸缩套管不确定因素模型。

**1. 紊流和阵风**

根据 10.1.2 基本假设(2),伸缩套管与受油机具有相同的紊流速度模型,分别为

$$v_{TB} = 2.7/(s+1) \tag{10.37}$$

$$w_{TB} = 2.7/(s+1) \tag{10.38}$$

阵风的模型也与受油机阵风模型类似,选取超越概率 0.001,分别在伸缩套管的俯仰频率和滚转频率处考虑阵风的影响,得到阵风模型为

$$v_{GB} = 5.5/(0.2s+1)^4 \tag{10.39}$$

$$w_{GB} = 3.0/(0.1s+1)^4 \tag{10.40}$$

**2. 其他扰动形式的模型**

伸缩套管其他扰动形式主要是未建模动态、风洞试验误差及飞行状态变化造成的模型摄动。考虑了上述不确定性因素影响的伸缩套管乘性俯仰模型摄动和乘性滚转模型摄动分别为

$$\boldsymbol{W}_{mppB} = \frac{0.5(s^2+5s+7.5)(s+8)}{(s^2+4s+40)(s+1.5)} \tag{10.41}$$

$$\boldsymbol{W}_{mprB} = \frac{0.5(s^2+1.9s+2.25)(s+4)}{(s^2+1.9s+4.5)(s+2)} \tag{10.42}$$

式(10.41)和式(10.42)都给出了 50% 的低频模型摄动和 50% 的高频模型摄动,式(10.41)在中频段的摄动峰值可达 134%,式(10.42)在中频段的摄动峰值可达 87%。

## 10.2.3 $H_\infty$ 俯仰控制律

伸缩套管 $H_\infty$ 俯仰控制律综合框图如图 10-5 所示。$\boldsymbol{A}_{\mathrm{pB}}$、$\boldsymbol{B}_{1\mathrm{pB}}$、$\boldsymbol{B}_{2\mathrm{pB}}$和$\boldsymbol{C}_{\mathrm{pB}}$是伸缩套管俯仰模型的系数矩阵,$\boldsymbol{C}_{\mathrm{pB}}=[0\quad 1]$;$\boldsymbol{W}_{\mathrm{mppB}}$是乘性模型摄动矩阵;$\boldsymbol{W}_{\theta\mathrm{B}}$表示参考信号 $\Delta\theta_{\mathrm{rB}}$的幅频特性;$\boldsymbol{W}_{\mathrm{dpB}}$是大气扰动的加权矩阵,表示大气扰动的幅频特性;$\boldsymbol{W}_{\delta\mathrm{mB}}$表示控制输入 $\Delta\delta_{\mathrm{mB}}$的评价加权矩阵;$\boldsymbol{W}_{\mathrm{epB}}$表示跟踪性能加权矩阵;$\boldsymbol{K}_{\mathrm{pB}}$是 $H_\infty$ 控制律;$\boldsymbol{F}_{\mathrm{qB}}$用于调节输出信号 $\Delta\theta_{\mathrm{B}}$ 的动态特性;$\Delta\theta_{\mathrm{cB}}$表示俯仰角指令信号;$w_{\mathrm{mppB}}$和 $w_{\mathrm{dpB}}$表示模型摄动和大气扰动的白噪声输入信号;$z_{\mathrm{mppB}}$、$z_{\mathrm{epB}}$和 $z_{\delta\mathrm{mB}}$分别表示模型摄动、跟踪性能和控制输入的输出评价信号。

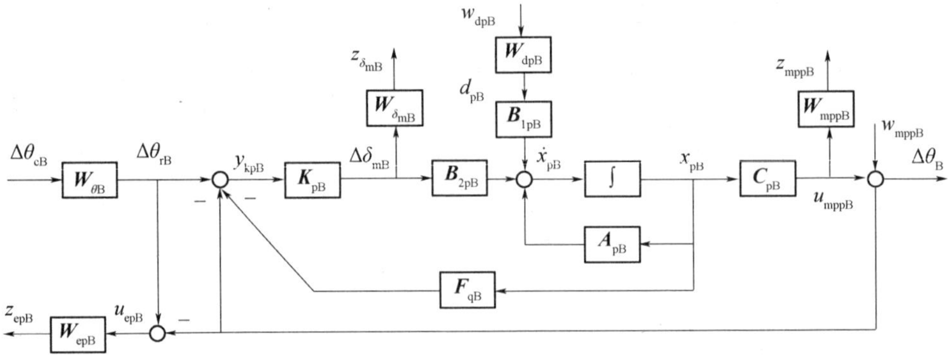


图 10-5 $H_\infty$ 俯仰控制律综合框图

由图 10-5 可知

$$y_{\mathrm{kpB}}=\Delta\theta_{\mathrm{rB}}-\Delta\theta_{\mathrm{B}}-\boldsymbol{F}_{\mathrm{qB}}\boldsymbol{x}_{\mathrm{pB}} \tag{10.43}$$

$$u_{\mathrm{epB}}=\Delta\theta_{\mathrm{rB}}-\Delta\theta_{\mathrm{B}} \tag{10.44}$$

$$\Delta\theta_{\mathrm{B}}=u_{\mathrm{mppB}}+w_{\mathrm{mppB}} \tag{10.45}$$

$$u_{\mathrm{mppB}}=\boldsymbol{C}_{\mathrm{pB}}\boldsymbol{x}_{\mathrm{pB}} \tag{10.46}$$

若$\boldsymbol{W}_{\mathrm{mppB}}$、$\boldsymbol{W}_{\mathrm{dpB}}$、$\boldsymbol{W}_{\theta\mathrm{B}}$、$\boldsymbol{W}_{\delta\mathrm{mB}}$和$\boldsymbol{W}_{\mathrm{epB}}$的状态空间描述分别为

$$\begin{cases}\dot{\boldsymbol{x}}_{\mathrm{mppB}}=\boldsymbol{A}_{\mathrm{mppB}}\boldsymbol{x}_{\mathrm{mppB}}+\boldsymbol{B}_{\mathrm{mppB}}\boldsymbol{u}_{\mathrm{mppB}}\\ \boldsymbol{z}_{\mathrm{mppB}}=\boldsymbol{C}_{\mathrm{mppB}}\boldsymbol{x}_{\mathrm{mppB}}+\boldsymbol{D}_{\mathrm{mppB}}\boldsymbol{u}_{\mathrm{mppB}}\end{cases} \tag{10.47}$$

$$\begin{cases}\dot{\boldsymbol{x}}_{\mathrm{dpB}}=\boldsymbol{A}_{\mathrm{dpB}}\boldsymbol{x}_{\mathrm{dpB}}+\boldsymbol{B}_{\mathrm{dpB}}\boldsymbol{w}_{\mathrm{dpB}}\\ \boldsymbol{d}_{\mathrm{pB}}=\boldsymbol{C}_{\mathrm{dpB}}\boldsymbol{x}_{\mathrm{dpB}}+\boldsymbol{D}_{\mathrm{dpB}}\boldsymbol{w}_{\mathrm{dpB}}\end{cases} \tag{10.48}$$

$$\begin{cases}\dot{\boldsymbol{x}}_{\theta\mathrm{B}}=\boldsymbol{A}_{\theta B}\boldsymbol{x}_{\theta B}+\boldsymbol{B}_{\theta B}\Delta\theta_{\mathrm{cB}}\\ \Delta\theta_{\mathrm{rB}}=\boldsymbol{C}_{\theta B}\boldsymbol{x}_{\theta B}+\boldsymbol{D}_{\theta B}\Delta\theta_{\mathrm{cB}}\end{cases} \tag{10.49}$$

$$\begin{cases}\dot{x}_{\delta\mathrm{mB}}=\boldsymbol{A}_{\delta\mathrm{mB}}\boldsymbol{x}_{\delta\mathrm{mB}}+\boldsymbol{B}_{\delta\mathrm{mB}}\Delta\delta_{\mathrm{mB}}\\ \boldsymbol{z}_{\delta\mathrm{mB}}=\boldsymbol{C}_{\delta\mathrm{mB}}\boldsymbol{x}_{\delta\mathrm{mB}}+\boldsymbol{D}_{\delta\mathrm{mB}}\Delta\delta_{\mathrm{mB}}\end{cases} \tag{10.50}$$

$$\begin{cases}\dot{x}_{\mathrm{epB}}=\boldsymbol{A}_{\mathrm{epB}}\boldsymbol{x}_{\mathrm{epB}}+\boldsymbol{B}_{\mathrm{epB}}\boldsymbol{u}_{\mathrm{epB}}\\ \boldsymbol{z}_{\mathrm{epB}}=\boldsymbol{C}_{\mathrm{epB}}\boldsymbol{x}_{\mathrm{epB}}+\boldsymbol{D}_{\mathrm{epB}}\boldsymbol{u}_{\mathrm{epB}}\end{cases} \tag{10.51}$$

则由式(10.43)~式(10.51)及式(10.33),推导出广义俯仰系统

$$\begin{cases}\dot{\boldsymbol{x}}_{\mathrm{gpB}} = \boldsymbol{A}_{\mathrm{gpB}}\boldsymbol{x}_{\mathrm{gpB}} + \boldsymbol{B}_{1\mathrm{gpB}}w_{\mathrm{gpB}} + \boldsymbol{B}_{2\mathrm{gpB}}\Delta\delta_{\mathrm{mB}} \\ z_{\mathrm{pB}} = \boldsymbol{C}_{1\mathrm{gpB}}\boldsymbol{x}_{\mathrm{gpB}} + \boldsymbol{D}_{11\mathrm{gpB}}\boldsymbol{w}_{\mathrm{gpB}} + \boldsymbol{D}_{12\mathrm{gpB}}\Delta\delta_{\mathrm{mB}} \\ \boldsymbol{y}_{\mathrm{kpB}} = \boldsymbol{C}_{2\mathrm{gpB}}\boldsymbol{x}_{\mathrm{gpB}} + \boldsymbol{D}_{21\mathrm{gpB}}w_{\mathrm{gpB}}\end{cases} \tag{10.52}$$

其中，$\boldsymbol{x}_{\mathrm{gpB}} = [\boldsymbol{x}_{\mathrm{pB}}^{\mathrm{T}} \quad \boldsymbol{x}_{\mathrm{mppB}}^{\mathrm{T}} \quad \boldsymbol{x}_{\mathrm{dpB}}^{\mathrm{T}} \quad \boldsymbol{x}_{\theta\mathrm{pB}}^{\mathrm{T}} \quad \boldsymbol{x}_{\delta_{\mathrm{mB}}}^{\mathrm{T}} \quad \boldsymbol{x}_{\mathrm{epB}}^{\mathrm{T}}]^{\mathrm{T}}$，$z_{\mathrm{pB}} = [z_{\mathrm{mppB}} \quad z_{\mathrm{epB}} \quad z_{\delta_{\mathrm{mB}}}]^{\mathrm{T}}$，$\boldsymbol{w}_{\mathrm{dpB}} = [w_{\mathrm{mppB}} \quad w_{\mathrm{dpB}} \quad \Delta\theta_{\mathrm{cB}}]^{\mathrm{T}}$，$\boldsymbol{A}_{\mathrm{dpB}} = \begin{bmatrix} \boldsymbol{A}_{\mathrm{pB}} & \boldsymbol{0} & \boldsymbol{B}_{1\mathrm{pB}}\boldsymbol{C}_{\mathrm{dpB}} & \boldsymbol{0} & \boldsymbol{0} & \boldsymbol{0} \\ \boldsymbol{B}_{\mathrm{mppB}}\boldsymbol{C}_{\mathrm{pB}} & \boldsymbol{A}_{\mathrm{mppB}} & \boldsymbol{0} & \boldsymbol{0} & \boldsymbol{0} & \boldsymbol{0} \\ \boldsymbol{0} & \boldsymbol{0} & \boldsymbol{A}_{\mathrm{dpB}} & \boldsymbol{0} & \boldsymbol{0} & \boldsymbol{0} \\ \boldsymbol{0} & \boldsymbol{0} & \boldsymbol{0} & \boldsymbol{A}_{\theta\mathrm{B}} & \boldsymbol{0} & \boldsymbol{0} \\ \boldsymbol{0} & \boldsymbol{0} & \boldsymbol{0} & \boldsymbol{0} & \boldsymbol{A}_{\delta_{\mathrm{mB}}} & \boldsymbol{0} \\ -\boldsymbol{B}_{\mathrm{epB}}\boldsymbol{C}_{\mathrm{pB}} & \boldsymbol{0} & \boldsymbol{0} & \boldsymbol{B}_{\mathrm{epB}}\boldsymbol{C}_{\theta\mathrm{B}} & \boldsymbol{0} & \boldsymbol{A}_{\mathrm{epb}} \end{bmatrix}$，

$$\boldsymbol{B}_{1\mathrm{gpB}} = \begin{bmatrix} \boldsymbol{0} & \boldsymbol{B}_{1\mathrm{pB}}\boldsymbol{D}_{\mathrm{dpB}} & \boldsymbol{0} \\ \boldsymbol{0} & \boldsymbol{0} & \boldsymbol{0} \\ \boldsymbol{0} & \boldsymbol{B}_{\mathrm{dpB}} & \boldsymbol{0} \\ \boldsymbol{0} & \boldsymbol{0} & \boldsymbol{B}_{\theta\mathrm{B}} \\ \boldsymbol{0} & \boldsymbol{0} & \boldsymbol{0} \\ -\boldsymbol{B}_{\mathrm{epB}} & \boldsymbol{0} & \boldsymbol{B}_{\mathrm{epB}} \end{bmatrix}, \boldsymbol{B}_{2\mathrm{gpB}} = \begin{bmatrix} \boldsymbol{B}_{2\mathrm{pB}} \\ \boldsymbol{0} \\ \boldsymbol{0} \\ \boldsymbol{0} \\ \boldsymbol{B}_{\delta_{\mathrm{mB}}} \\ \boldsymbol{0} \end{bmatrix},$$

$$\boldsymbol{C}_{1\mathrm{gpB}} = \begin{bmatrix} \boldsymbol{D}_{\mathrm{mppB}}\boldsymbol{C}_{\mathrm{pB}} & \boldsymbol{C}_{\mathrm{mppB}} & \boldsymbol{0} & \boldsymbol{0} & \boldsymbol{0} & \boldsymbol{0} \\ -\boldsymbol{D}_{\mathrm{epB}}\boldsymbol{C}_{\mathrm{pB}} & \boldsymbol{0} & \boldsymbol{0} & \boldsymbol{D}_{\mathrm{epB}}\boldsymbol{C}_{\theta\mathrm{B}} & \boldsymbol{0} & \boldsymbol{C}_{\mathrm{epB}} \\ \boldsymbol{0} & \boldsymbol{0} & \boldsymbol{0} & \boldsymbol{0} & \boldsymbol{C}_{\delta_{\mathrm{mB}}} & \boldsymbol{0} \end{bmatrix}, \boldsymbol{D}_{21\mathrm{gpB}} = [-1 \quad \boldsymbol{0} \quad \boldsymbol{D}_{\theta\mathrm{B}}],$$

$$\boldsymbol{C}_{2\mathrm{gpB}} = [-(\boldsymbol{C}_{\mathrm{pB}} + \boldsymbol{F}_{\mathrm{qB}}) \quad \boldsymbol{0} \quad \boldsymbol{0} \quad \boldsymbol{C}_{\theta\mathrm{B}} \quad \boldsymbol{0} \quad \boldsymbol{0}], \boldsymbol{D}_{11\mathrm{gpB}} = \begin{bmatrix} \boldsymbol{0} & \boldsymbol{0} & \boldsymbol{0} \\ -\boldsymbol{D}_{\mathrm{epB}} & \boldsymbol{0} & \boldsymbol{D}_{\mathrm{epB}}\boldsymbol{D}_{\theta\mathrm{B}} \\ \boldsymbol{0} & \boldsymbol{0} & \boldsymbol{0} \end{bmatrix}, \boldsymbol{D}_{12\mathrm{gpB}} = \begin{bmatrix} \boldsymbol{0} \\ \boldsymbol{0} \\ \boldsymbol{D}_{\delta_{\mathrm{mB}}} \end{bmatrix}。$$

选取参考信号加权矩阵$\boldsymbol{W}_{\theta\mathrm{B}} = 16/(s^2 + 12s + 16)$，动态调整矩阵$\boldsymbol{F}_{\mathrm{qB}} = [0.15 \quad 0]$，扰动加权矩阵$\boldsymbol{W}_{\mathrm{dpB}} = 6\,(0.06s + 1)^2/(0.2s + 1)^3$，跟踪性能加权矩阵$\boldsymbol{W}_{\mathrm{epB}} = 0.45(s + 7.5)/(s + 1)$，控制输入评价加权矩阵$\boldsymbol{W}_{\delta_{\mathrm{mB}}} = 0.08$，由广义系统，采用$H_\infty$优化方法即可求解$H_\infty$控制律$\boldsymbol{K}_{\mathrm{pB}}$。

降阶之后的伸缩套管$H_\infty$俯仰控制律的状态空间描述如下：

$$\begin{cases}\dot{x}_{\mathrm{cpB}} = \boldsymbol{A}_{\mathrm{cpB}}\boldsymbol{x}_{\mathrm{cpB}} + \boldsymbol{B}_{\mathrm{cpB}}(\Delta\theta_{\mathrm{rB}} - \Delta\theta_{\mathrm{B}} - 0.15\Delta q_{\mathrm{B}}) \\ \Delta\delta_{\mathrm{mB}} = \boldsymbol{C}_{\mathrm{cpB}}\boldsymbol{x}_{\mathrm{cpB}}\end{cases} \tag{10.53}$$

其中，$\boldsymbol{A}_{\mathrm{cpB}} = \begin{bmatrix} -0.56 & -0.61 \\ -0.61 & -152.27 \end{bmatrix}$，$\boldsymbol{B}_{\mathrm{cpB}} = \begin{bmatrix} 5.45 \\ 39.80 \end{bmatrix}$，$\boldsymbol{C}_{\mathrm{cpB}} = [-5.45 \quad -39.80]$，$\boldsymbol{x}_{\mathrm{cpB}}$为状态量。

### 10.2.4 $H_\infty$滚转控制律

伸缩套管$H_\infty$滚转控制律的设计过程与$H_\infty$俯仰控制律类似，滚转控制律综合框图如图10-6所示，图中各参数含义与俯仰系统类似，不再详述。

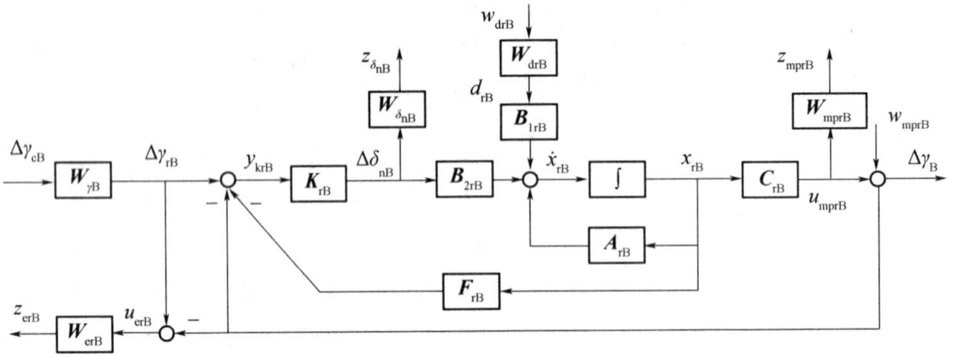


图 10－6　$H_\infty$ 滚转控制律综合框图

选取系统输出矩阵$C_{rB}=[0\quad 1]$，参考信号加权矩阵 $W_{\gamma B}=16/(s^2+12s+16)$，扰动加权矩阵$W_{drB}=8\ (0.1s+1)^2/(0.3s+1)^3$，动态调整矩阵$F_{rB}=[0.3\quad 0]$，跟踪性能加权矩阵$W_{erB}=0.5(s+5)/(s+0.5)$，控制输入评价加权矩阵$W_{\delta_{nB}}=0.075$。

降阶之后的伸缩套管 $H_\infty$ 滚转控制律$K_{rB}$的状态空间描述如下：

$$\begin{cases}\dot{x}_{crB}=A_{crB}\,x_{crB}+B_{crB}(\Delta\gamma_{rB}-\Delta\gamma_B-0.30\Delta r_B)\\ \Delta\delta_{nB}=C_{crB}\,x_{crB}\end{cases}\tag{10.54}$$

其中，$A_{crB}=\begin{bmatrix}-0.29 & -3.68\\ -3.68 & -141.64\end{bmatrix}$，$B_{cpB}=\begin{bmatrix}6.20\\ 38.53\end{bmatrix}$，$C_{cpB}=[-6.20\quad -38.53]$，$x_{crB}$为状态量。

## 10.3　数值仿真

### 10.3.1　鲁棒稳定性分析

采用$\mu$ 分析方法验证伸缩套管闭环系统的鲁棒稳定性。图 10－7 和图 10－8 所示是在模型摄动情况下的伸缩套管俯仰系统和滚转系统的$\mu$ 值，可知在所有频段内系统有 $\mu<1$，因此系统是闭环鲁棒稳定的。

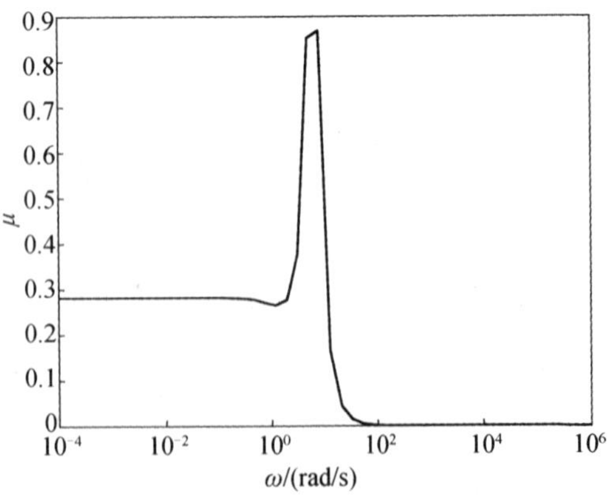


图 10－7　俯仰系统鲁棒稳定性分析

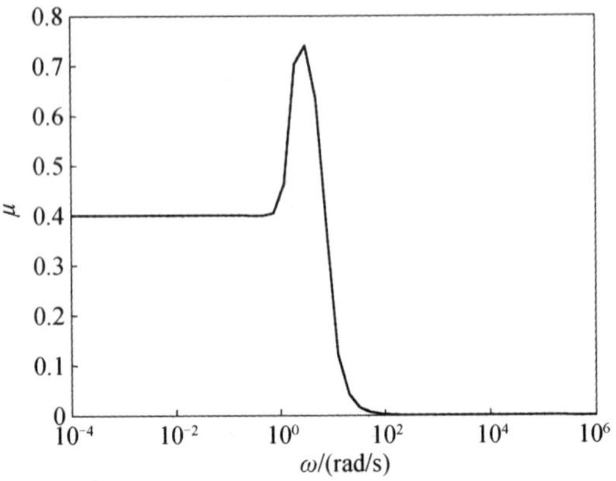


图 10－8　滚转系统鲁棒稳定性分析

## 10.3.2 鲁棒性能分析

为了验证飞行控制律的性能，选取 $Ma=0.674$，$H=7\text{km}$ 的标称飞行状态 $s$，对不存在不确定因素和存在不确定因素时的伸缩套管俯仰角 $\Delta\theta_B$、升降舵偏角 $\Delta\delta_{mB}$ 及角速率 $r_{\delta_{mB}}$、竖向摆动 $\Delta z_B$、纵向压力 $\Delta F_{z_B}$、滚转角 $\Delta\gamma_B$、方向舵偏角 $\Delta\delta_{nB}$ 及角速率 $r_{\delta_{nB}}$、侧向摆动 $\Delta y_B$ 和侧向压力 $\Delta F_{y_B}$ 进行了仿真，如图 10-9 ~ 图 10-18 所示。由于模型摄动中包含了飞行状态变化的影响，因此存在模型摄动时的系统性能反映了加油飞行包线内所有飞行状态下的系统性能。仿真时加入了具有舵偏角和角速率饱和限制的舵机模块。紊流在仿真 0s 时加入，阵风在第 10s 加入。

图 10-9 和图 10-10 所示是在 5°俯仰指令下，分别在无扰动和所有扰动共同作用环境中的俯仰角、升降舵偏角及角速率的响应情况，可以得知系统较好地跟踪了参考信号，并且升降舵偏角和角速率满足限制要求（$|\Delta\delta_{mB}|_{max}<20°$，$|r_{\delta_{mB}}|_{max}<80°/s$）。

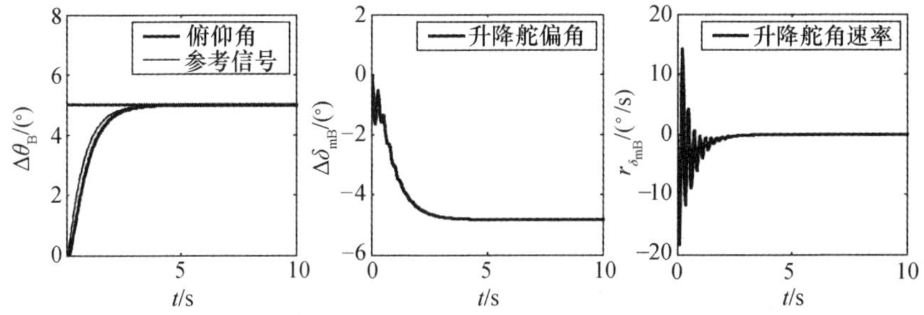


图 10-9 无扰动时的俯仰系统输出

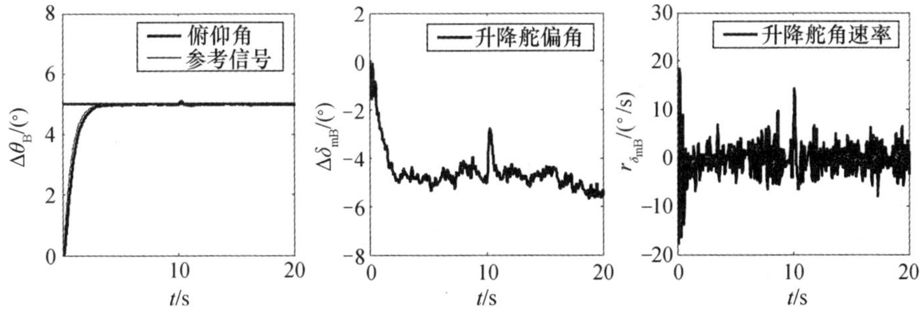


图 10-10 所有扰动共同作用时的俯仰系统输出

图 10-11 所示是模型摄动对俯仰角输出的影响，可知模型摄动对系统性能的影响较小，因此伸缩套管俯仰系统具有良好的鲁棒性。

紊流和阵风对伸缩套管俯仰系统的影响如图 10-12 和图 10-13 所示。可知在紊流作用下，俯仰角在 0.036°以内摆动，由此造成的竖向摆动在 0.66cm 以内，纵向压力在 330N 以内。在阵风作用下，俯仰角最大摆动不超过 0.077°，最大竖向摆动约为 1.41cm，最大纵向压力为 590N。根据对接阶段和连续加油阶段对伸缩套管竖向摆动和纵向压力的要求，可知系统既可以进行对接操作，也可以进行连续加油操作。

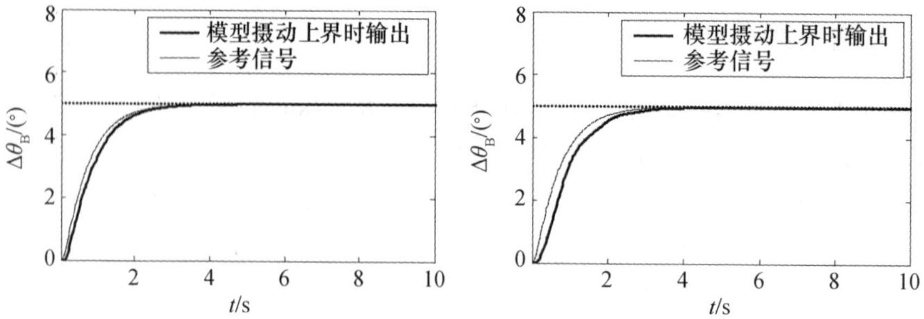


图 10－11　模型摄动对俯仰角的影响

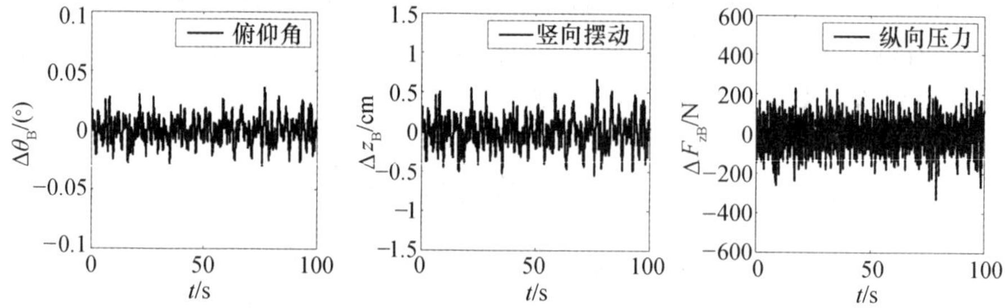


图 10－12　紊流对俯仰系统的影响

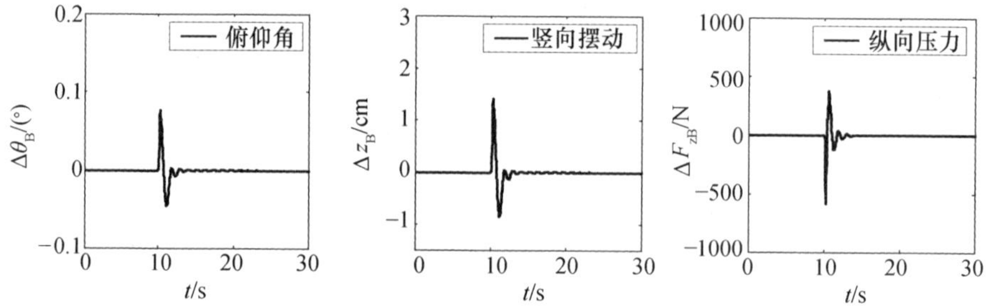


图 10－13　阵风对俯仰系统的影响

图 10－14 和图 10－15 所示是在 18°滚转指令下，分别在无扰动和所有扰动共同作用环境中的滚转角、方向舵偏角及角速率的响应情况，可知滚转系统较好地跟踪了参考信号，并且满足方向舵偏角及角速率的限制要求（$|\Delta\delta_{nB}|_{max}<20°$，$|r_{\delta_{nB}}|_{max}<60°/s$）。

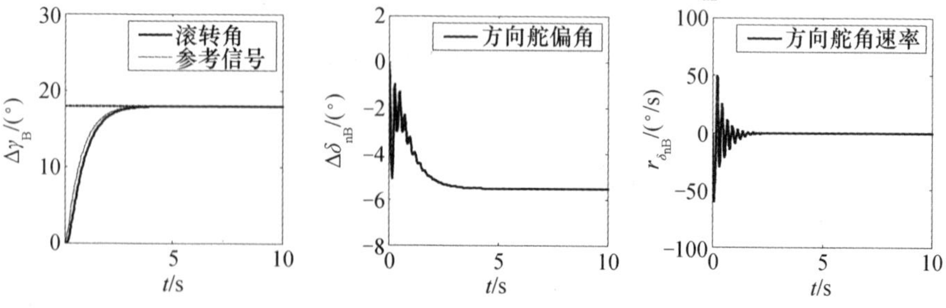


图 10－14　无扰动时的滚转系统输出

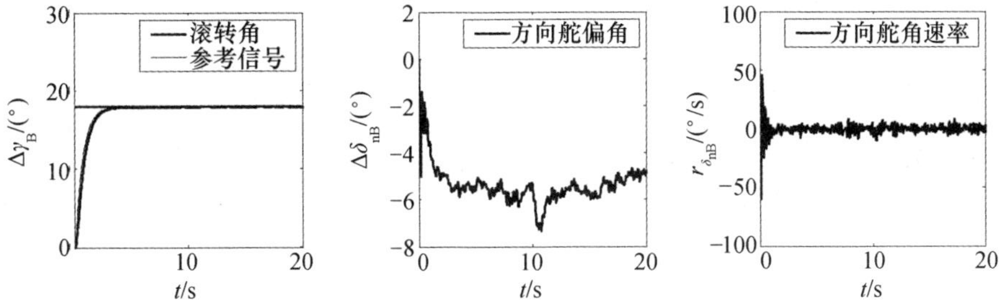


图 10－15　所有扰动共同作用时的滚转系统输出

图 10－16 所示是模型摄动对滚转角输出的影响,可知模型摄动对系统性能的影响较小,因此伸缩套管滚转系统具有良好的鲁棒性。

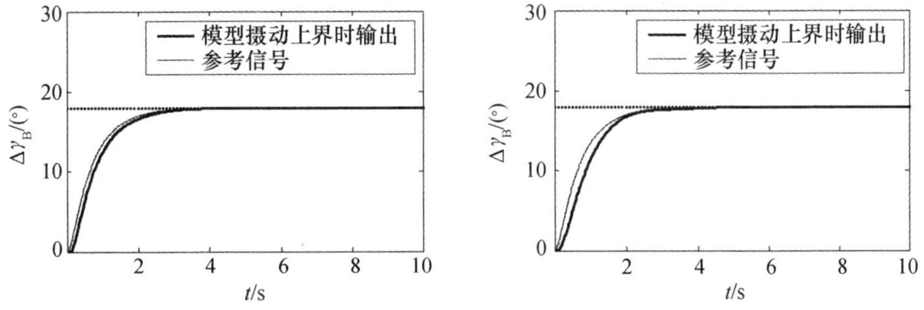


图 10－16　模型摄动对滚转角的影响

紊流和阵风对伸缩套管滚转系统的影响如图 10－17 和图 10－18 所示,可知紊流引起的滚转角在 0.05°以内,侧向摆动在 0.52cm 以内,侧向压力在 165N 以内,阵风引起的最大滚转角约为 0.085°,最大侧向摆动约为 0.88cm,最大侧向压力约为 106N,因此在紊流和阵风环境中,滚转系统既能对接,也能连续加油。

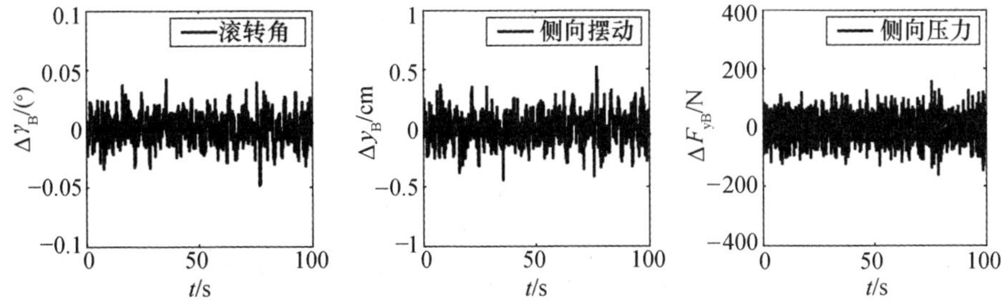


图 10－17　紊流对滚转系统的影响

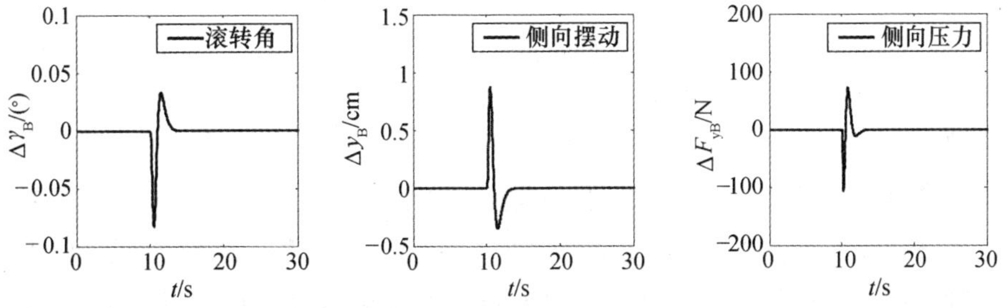


图 10－18　阵风对滚转系统的影响

# 第四篇　人工空中加油飞行控制

人工空中加油飞行控制系统严格来讲是不单独存在的，对于现代电传飞机，准确来讲它通常只是飞机电传飞行控制系统的一个模态；对于老式机械飞控飞机，它甚至完全没有单独进行专门设计。这就是说，所谓的人工空中加油飞行控制系统必须借助飞机飞行控制系统才能发挥作用。对于电传飞机，如果空中加油模态是齿轮上的一个齿，那它必须靠电传飞控系统这个轮盘基座才能发挥作用。空中加油模态控制律的设计也必须是以整个电传飞控系统为前提的。甚至目前大量飞机并没有对空中加油模态进行专门设计，特别是前向支路具备"比例＋积分"控制结构的飞机，完全由电传系统的控制增稳模态承担空中加油对接飞行控制任务。

人工空中加油对接飞行任务对电传飞控系统的一般要求应是：电传系统应使飞行员较为容易的操纵飞机姿态角，进而便于飞机高度、位置的操控，以降低对接飞行困难，提高对接成功率。对于需要进行空中加油模态专门设计的情况，本篇以第八章建立的 F－16 飞机非线性和线性模型为被控对象，首先采用工程中常用的线性 PID 增益调度控制方法，介绍电传飞控系统常规控制增稳模态控制律的设计过程，然后再进行低速大迎角和空中加油模态的控制律改进设计，最后通过地面飞行模拟进行飞行品质的简单验证。

需要说明的是，飞机空速的控制是由飞行员操纵 8.2.2 节所述的发动机油门通道完成的，这里不再赘述。

## 第十一章　气动特性分析与控制结构规划

飞机飞行性能取决于飞机本体气动布局和飞行控制系统两个方面。飞控系统是根据飞机气动特性设计的，并可大大改善其不足。准确的气动特性分析是电传飞行控制系统设计的关键之一。

本章首先对 F－16 飞机非线性模型的典型气动特性进行分析，并采用工程中常用的线性 PID 增益调度控制方法，针对气动特性的不足给出相应的控制律设计思路；进而参考各型战斗机电传飞行控制系统的功能结构完成电传控制律的功能结构总体规划；最后确定增益调度策略。

## 11.1 气动特性分析

### 11.1.1 纵向气动特性

**1. 升力、阻力特性**

将机体固连系上表示的三轴力系数 $C_{X,t}$、$C_{Y,t}$和 $C_{Z,t}$转换到空气动力坐标系，对于所有操纵面中立的飞机构型，可得如图 11 - 1 所示的升力系数 $C_L$、阻力系数 $C_D$ 曲线和如图 11 - 2所示的升阻比 $C_L/C_D$ 曲线。

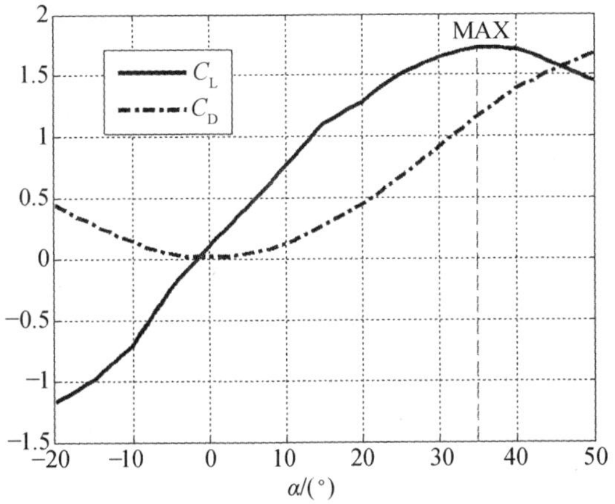


图 11 - 1　无侧滑时的升力、阻力系数

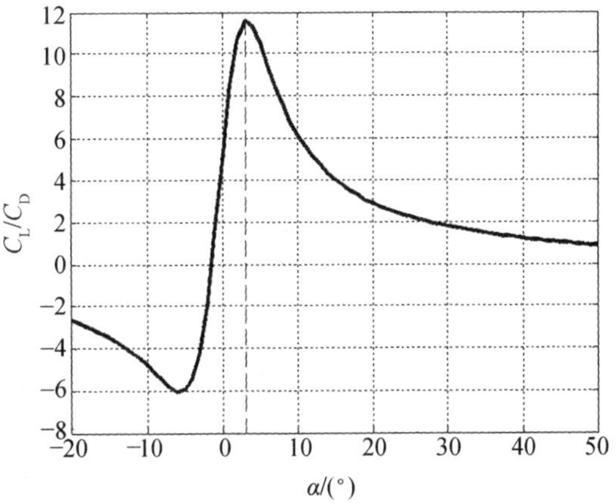


图 11 - 2　无侧滑时的升阻比

由图 11 - 1、图 11 - 2 可知，迎角为 35°时升力系数达最大值，但随着迎角的增大，升力系数增大的同时阻力系数也明显增大。升阻比在迎角为 3°时达最大值。

过低的升阻比将降低飞机的机动性，增加燃油消耗，甚至导致失速，因而应使电传控制系统纵向通道具备迎角限制能力，以保持合理的升阻比。

**2. 静稳定性**

纵向静稳定性对俯仰力矩系数 $C_m$ 的要求为

$$\begin{cases} C_{m(L=0)} > 0 \\ C_{m\alpha} = \partial C_m/\partial\alpha < 0 \end{cases} \tag{11.1}$$

当升降舵分别为正/负向满偏和中立时，可得如图 11 - 3 所示的俯仰力矩系数随迎角的变化曲线。其中，$C_{m(L=0)}$ 表示升力为零时的俯仰力矩系数。

由图 11 - 3 可知，对升降舵中立构型，显然有 $C_{m(L=0)}<0$ 且 $\alpha<20°$范围内 $C_{m\alpha}>0$，即飞机纵向轻度的静不稳定。这种静不稳定性主要是由于该型飞机采用了纵向放宽静稳定性的气动布局造成的，为此电传控制系统纵向通道应提供人工阻尼，保证飞机的静稳定性。

图 11 - 3 中值得注意的是当升降舵负向满偏时可使飞机纵向力矩在迎角为 57°状态下稳定配平，但将导致升阻比过低而失速。这再次说明了纵向通道进行迎角限制的必要性。

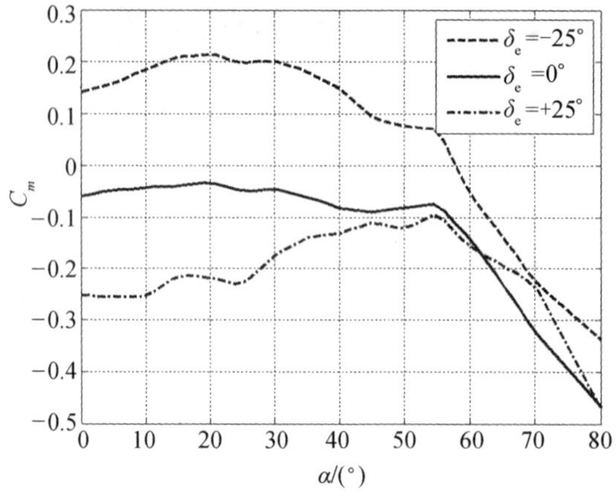


图 11－3　无侧滑时的俯仰力矩系数

**3. 升降舵控制效率**

由图 11－3 可知，当迎角大于 25°后，由于升降舵表面的气流分离逐渐加剧，使俯仰力矩系数 $C_m$ 幅值迅速减小，即升降舵偏转产生俯仰力矩的效率明显下降。

迎角限制功能的实现主要依赖升降舵所能获得的俯仰控制力矩，因此保持该控制效率十分关键。合理的做法是将 25°作为迎角限制的上限，这样既保证了迎角限制功能的可靠高效，又可限制合理的升阻比范围，最大限度地兼顾机动性。

**4. 大迎角下侧滑角对升降舵控制效率的影响**

迎角为 25°时，俯仰力矩系数随侧滑角的变化曲线如图 11－4 所示。

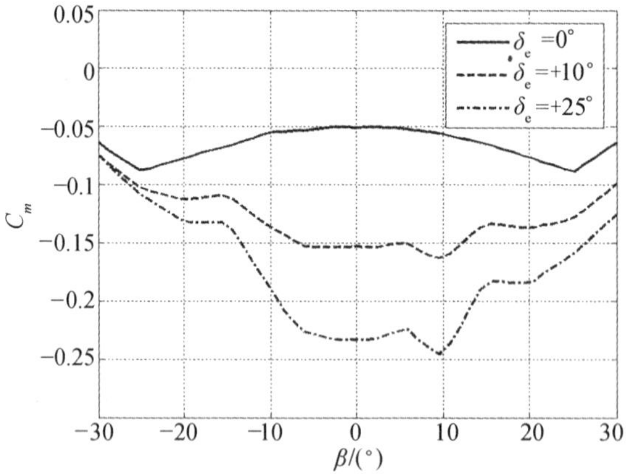


图 11－4　大迎角时俯仰力矩系数随侧滑角的变化

由此可知，升降舵中立时，侧滑角对俯仰力矩系数影响较小。但是当侧滑角大于 10°后，升降舵正偏产生的低头控制效率将迅速下降。一旦大侧滑下发生气流分离，可获得的俯仰控制力矩将急剧减小，也使迎角限制控制效率大幅减弱。因此，电传控制系统必须限制侧滑幅值。

### 11.1.2 侧向气动特性

**1. 静稳定性**

横向静稳定性对滚转力矩系数 $C_l$ 的要求为

$$C_{l\beta} = \partial C_l/\partial\beta < 0 \tag{11.2}$$

航向静稳定性对偏航力矩系数 $C_n$ 的要求为

$$\begin{cases} C_{n(\beta=0)} = 0 \\ C_{n\beta} = \partial C_n/\partial\beta > 0 \end{cases} \tag{11.3}$$

对于所有操纵面中立的构型,侧滑角为5°时,侧向静稳定特性如图11－5所示。由图11－5可知,横向稳定性导数始终满足 $C_{l\beta}<0$,即横向具有全迎角范围的静稳定性;而航向静稳定性导数 $C_{n\beta}$ 在迎角为28°时由正值变为负值,即航向的静稳定性仅限于迎角小于28°的范围内。

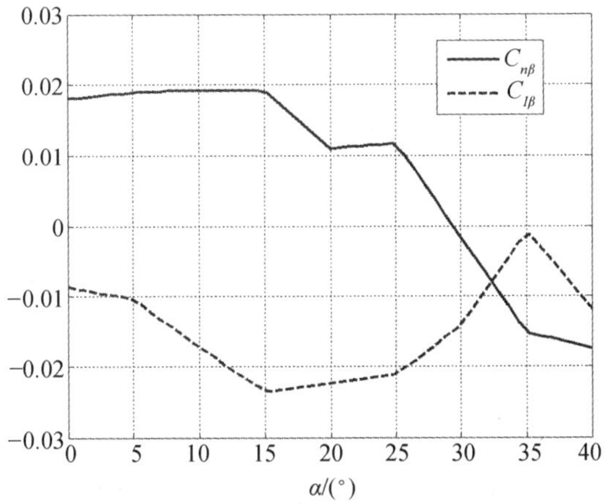


图11－5　侧向静稳定特性

图11－5还可看出,当迎角大于25°后,侧向静稳定性的裕度将迅速减小,这就从侧向角度再次证明了纵向通道迎角限幅确定的合理性。

**2. 副翼、方向舵的控制效率**

无侧滑时的侧向操纵面控制效率以舵面满偏引起的力矩系数增量形式示于图11－6和图11－7。

由此可知,当迎角小于35°时,方向舵的偏航控制效率始终较高且近似为常值;副翼的滚转控制效率始终保持较好。迎角大于25°时,副翼所产生的有害偏航力矩与方向舵相比较小,仅当迎角大于35°后,有害偏航力矩才变得显著。

因此,该构型直到迎角限制值应该均具有良好的侧向控制性能,引入恰当的滚转—偏航协调控制可以抑制滚转控制产生的有害偏航并使侧滑最小。

**3. 大迎角下侧向失速偏离特性**

飞机在大迎角时三轴方向均有失速偏离的可能,而侧向偏离是其中主要的情况,表现为突然急剧滚转和偏航。对大迎角偏离的预测主要有两种准则:航向动稳定性导数

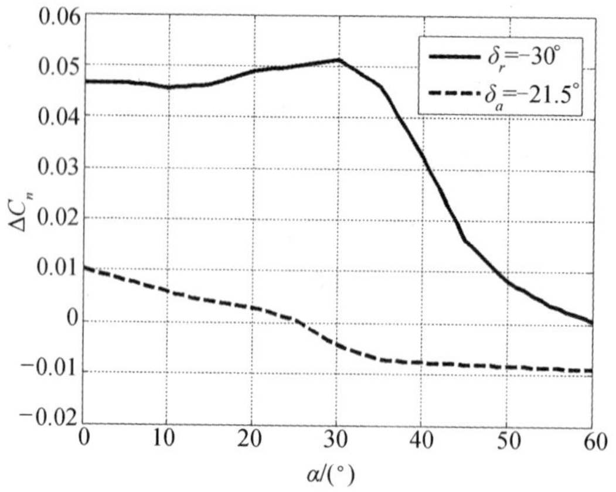


图 11－6　舵面全偏时偏航力矩系数增量

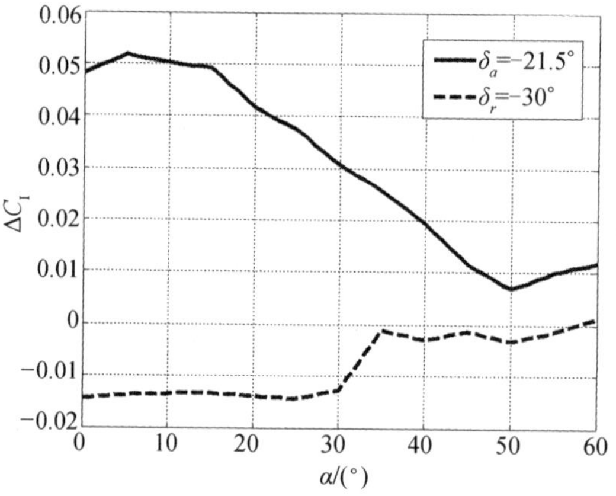


图 11－7　舵面全偏时滚转力矩系数增量

$C_{n\beta,dyn}$和横向操纵偏离参数 LCDP，其具体表达式为

$$C_{n\beta,dyn} = C_{n\beta}\cos\alpha - (I_z/I_x)C_{l\beta}\sin\alpha \tag{11.4}$$

$$\text{LCDP} = C_{n\beta} - C_{l\beta}(C_{n\delta_a}/C_{l\delta_a}) \tag{11.5}$$

其中，$C_{n\delta_a} = \partial C_n/\partial\delta_a$，$C_{l\delta_a} = \partial C_l/\partial\delta_a$。对于侧滑角为 5°、副翼偏转为 $\delta_a = 20°$时，$C_{n\beta,dyn}$和 LCDP 随迎角的变化曲线如图 11－8 所示。

随着迎角的增大，$C_{n\beta,dyn}$由正值变为负值时，表示飞机从此迎角开始出现航向偏离。由图 11－8 中 $C_{n\beta,dyn}$曲线可知，飞机在迎角为 34°时将出现航向偏离。

LCDP 主要体现了大迎角飞行时为消除侧滑而单独偏转副翼所引起的航向偏离，正值代表正常滚转，单独偏转副翼不会导致航向偏离；负值代表出现副翼反效而存在航向偏离可能。由图 11－8 中 LCDP 曲线可知，当迎角大于 28°后若滚转操纵中只单独使用副翼，将会出现副翼反效而导致航向偏离。

因此为防止偏离，一方面要靠纵向迎角限制，另一方面侧向控制中应引入副翼—方向舵交联控制以改善大迎角下航向稳定性和单独操纵副翼引起的航向偏离。

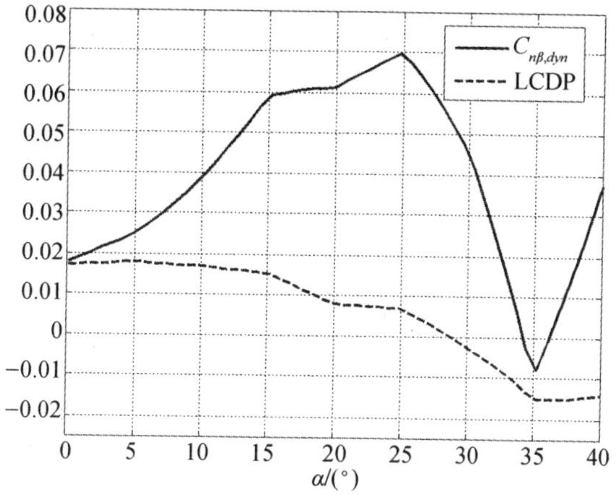


图 11－8　大迎角时侧向失速偏离特性

### 11.1.3　惯性交感现象

飞机惯性交感现象表现为飞机快速滚转时迎角和侧滑角迅速增大，导致载荷过大以致飞机结构损坏而失事。惯性交感现象，可分解为运动耦合和惯性力矩两个过程加以理解，其示意图如图 11－9 所示。

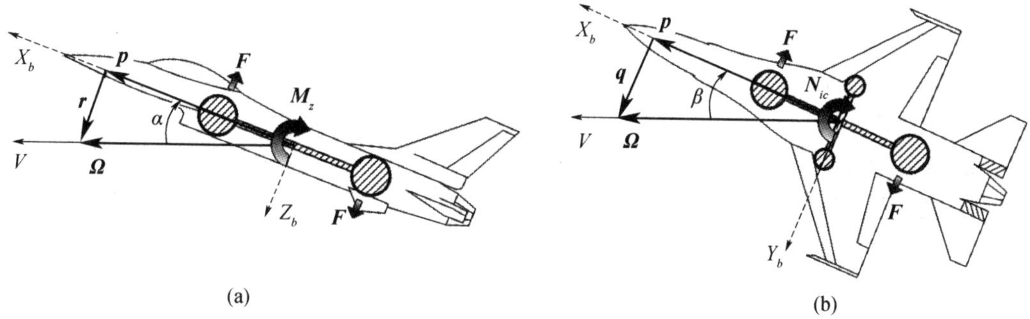


图 11－9　大迎角滚转中的惯性交感特性

（a）滚转角为 0°；（b）滚转角为 90°。

**1. 运动耦合**

11.1.1 节和 11.1.2 节对飞机本体气动特性的分析，都是把纵向和侧向分开进行，而实际飞行往往存在三轴运动的耦合，对于现代战机大迎角飞行时这种耦合尤为突出。

传统滚转控制策略，一般是使飞机绕机体纵轴 $X_b$ 滚转。此时，若飞机平飞时迎角较大（见图 11－9(a)），当飞机绕其纵轴正向滚转至 90°的过程中（见图 11－9(b)），迎角将逐渐转换为侧滑角。同理，继续滚转后迎角与侧滑角将周期性互相转换，从而导致升力、侧力等关键参量的剧烈周期变化，这显然是不希望的。

针对上述问题，现代战机的滚转控制策略一般设计成绕飞行速度方向（即稳定系纵轴）滚转。为此，如图 11－9(a)所示几何关系，飞机滚转过程中应满足以下基本条件：

$$r = p\tan\alpha \tag{11.6}$$

这种绕速度轴滚转的控制策略，较好地解决了迎角与侧滑角的运动耦合，但又会出现惯性力矩现象。

**2. 惯性力矩**

现代高性能战机气动布局的特点是机身细长、展弦比小、机翼轻薄，因此导致俯仰和偏航惯性矩比滚转惯性矩大得多，这里的研究对象也是如此，其俯仰、偏航与滚转惯性矩比值为 $I_y, I_z/I_x \approx 6$。为分析方便，将飞机的质量分布简化为一对垂直放置的哑铃，如图 11－9所示，其中大哑铃表示纵轴惯性矩（对应 $I_y$、$I_z$），小哑铃表示横轴惯性矩（对应 $I_x$）。

如图 11－9(a)所示，当飞机无侧滑绕其飞行速度轴 $V$ 以 $\boldsymbol{\Omega}$ 的角速率滚转时，机体旋转轨迹大致成圆锥形。由于惯性矩与旋转方向存在夹角 $\alpha$，必然产生如图 11－9(a)所示的离心力 $\boldsymbol{F}$，进而产生惯性俯仰力矩$\boldsymbol{M}_{ic}$，其值可表示为

$$\boldsymbol{M}_{ic} = (I_z - I_x)pr \tag{11.7}$$

其中，由图 11－9(a)可得，$p = \boldsymbol{\Omega}\cos\alpha$，$r = \boldsymbol{\Omega}\sin\alpha$，代入式(11.7)可得

$$\boldsymbol{M}_{ic} = \frac{1}{2}(I_z - I_x)\boldsymbol{\Omega}^2\sin2\alpha \tag{11.8}$$

同理，可得如图 11－9(b)所示的飞机带侧滑绕速度轴滚转的惯性偏航力矩$\boldsymbol{N}_{ic}$：

$$\boldsymbol{N}_{ic} = (I_x - I_y)pq = \frac{1}{2}(I_x - I_y)\boldsymbol{\Omega}^2\sin2\beta \tag{11.9}$$

由式(11.8)、式(11.9)明显可知，现代战机较小的滚转惯性矩 $I_x$ 虽然大幅提高了滚转能力，但却使俯仰和偏航惯性力矩加剧，正因该力矩的存在，使绕速度轴滚转中可能出现迎角和侧滑角发散。

**3. 惯性力矩的抑制**

迎角和侧滑角是否发散，不仅受上述惯性力矩的影响，还要取决于俯仰和偏航稳定力矩。正是这两个稳定力矩的存在，为惯性力矩的抑制提供了可能。

通常，飞机航向是静稳定的（这里 $\alpha < 28°$时静稳定），即 $C_{n\beta} > 0$。当 $\beta > 0$ 时，偏航静稳定力矩使侧滑角减小。因而当偏航静稳定力矩与偏航惯性力矩平衡时，飞机侧滑角将保持稳定。此时对应的绕速度轴的滚转角速率可从下式求得：

$$qSbC_{n\beta}\beta + \frac{1}{2}(I_x - I_y)\boldsymbol{\Omega}^2\sin2\beta = 0 \tag{11.10}$$

当 $\beta$ 为小角度时，由式(11.10)可求得偏航临界滚转角速率 $\boldsymbol{\Omega}_\beta$ 为

$$\boldsymbol{\Omega}_\beta = \sqrt{-\frac{qSbC_{n\beta}}{I_x - I_y}} \tag{11.11}$$

当俯仰静稳定性经人工改善后，同理可求得俯仰临界滚转角速率 $\boldsymbol{\Omega}_\alpha$ 为

$$\boldsymbol{\Omega}_\alpha = \sqrt{-\frac{qS\bar{c}C_{m\alpha}}{I_z - I_x}} \tag{11.12}$$

由上述分析可知，抑制惯性力矩的最佳途径是限制飞机绕速度轴滚转时的角速率，以保证惯性力矩不超出飞机所能提供的稳定力矩范围。

# 11.2 控制律结构总体规划

飞行控制系统控制律的设计是为了控制和稳定飞机，使飞机在整个飞行包线范围内具有满意的飞行品质。反馈控制律设计的基本问题是反馈、控制和滤波三个方面。以下重点对反馈和控制两个方面进行设计，而滤波文中不做详细说明，参考文献[117,119]等设计经验直接给出。

## 11.2.1 控制律功能结构总体设计

对于控制增稳模态，其控制律结构通常是固定的，通过增益调度形式使其适应整个飞行包线的控制要求。因而，科学合理地确定控制律功能结构和增益调度策略，对控制律设计至关重要。

根据电传飞行控制系统主控模态的一般功能要求，结合气动特性分析结果，控制增稳模态控制律功能主要包括以下四点：

(1) 控制增稳功能。控制增稳控制律是电传飞行控制系统最基本的组成部分，并将纵向通道控制增稳控制律设计成具备中性速度稳定，以实现自动配平功能减轻飞行员的操纵负担、简化操纵程序。

(2) 纵向放宽静稳定性。针对 11.1 节指出的纵向静不稳定特性，必须提供人工阻尼，改善静不稳定性。同时，配合机翼自动弯度调节以改善升阻特性。

(3) 飞行参数边界限制。由于飞行员生理极限限制，任何飞机的飞行均被限制在某一特定的飞行包线内，否则极易导致飞行事故。同时由 11.1 节可知，合理的飞行参数边界限制，对保证升阻比、气动舵面控制效率、防止失速偏离等意义重大。因此，有必要对飞行参数边界进行自动限制，以实现“无忧操纵”。

(4) 自动防止偏离和尾旋。大迎角飞行已成为现代飞机发展的必然趋势。而大迎角飞行常常会出现失速、偏离和尾旋等模态，使飞机失控。因此有必要通过控制律的设计，自动抑制大迎角飞行时的偏离和尾旋。

电传控制系统控制律总体结构框图如图 11－10 所示，其中未包括前缘襟翼自动偏转。

上图中三个控制通道都包含指令支路、反馈支路和前向支路三部分，其各自作用为：

(1) 指令支路设计，是对飞行员指令梯度和响应模型的选择与确定，其作用是将飞行员的驾驶杆纵向操纵转换为纵向通道的指令输入。

(2) 反馈支路设计，主要是根据飞行控制系统的功能选择相应的运动参量作为反馈，从而实现增稳、静稳定性补偿、飞行参数边界限制和自动防止偏离尾旋等功能。同时，也包括各种校正和补偿环节的设计。

(3) 前向支路设计，主要完成飞机对飞行员操纵指令的运动响应。中性速度稳定功能主要在前向支路实现。

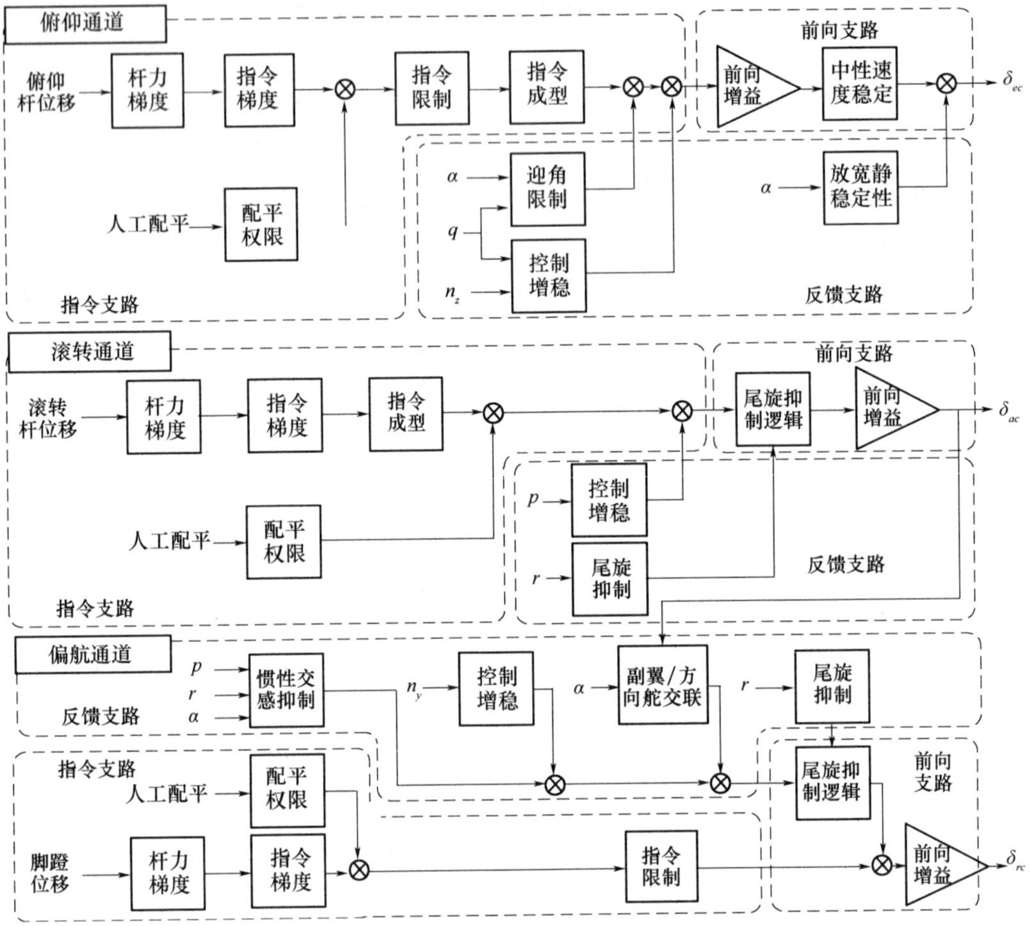


图 11－10　电传控制系统控制律总体结构框图

### 11.2.2　基于动压的增益调度策略

增益调度控制律是目前应用最广、最成功的飞行控制律。控制律结构确定后，全包线增益调度控制律设计的难点是选择合适的调参规律曲线。科学合理地确定所选状态点的使用原则，是增益调度的关键之一。

工程实用的控制律设计，为降低增益调度的复杂度，通常使控制器参数仅按照某一关键调度变量进行实时调参。该调度变量的选取有两个基本原则：一要充分反应飞机在全包线飞行时的非线性特征；二要变化尽量缓慢。动压是影响飞机外力及气动舵面控制效率的最本质因素。目前，苏－27、苏－30、F－16 等现代高性能战机近乎一致地选择了动压作为调度变量。

将图 8－13 中所有状态点按动压由小到大排列，并根据 8.2.4 节中飞行包线的区域划分对状态点进行分组，如图 11－11 所示。控制律结构确定后，按照动压增长顺序进行参数整定和调度，并对不同分组采用不同的飞行品质标准。

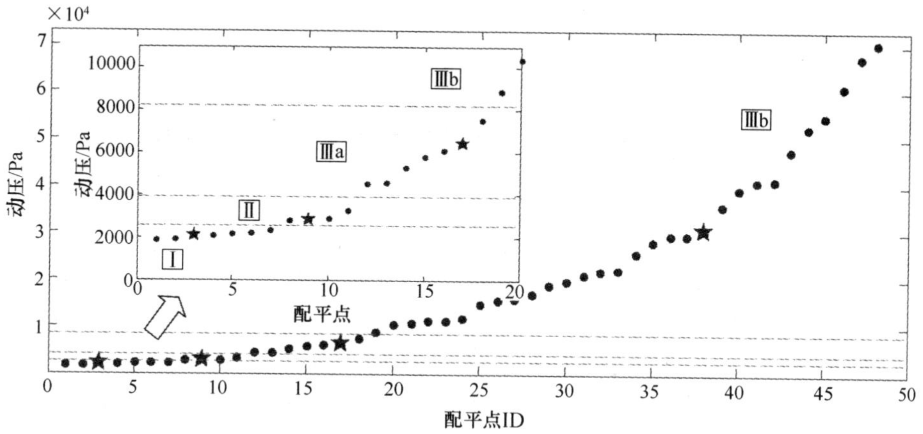


图 11-11　所选状态点按动压分组图

# 第十二章　纵向通道控制律设计

本章以纵向线性化小扰动模型为被控对象，按照指令支路、反馈支路和前向支路的结构顺序进行控制律的线性初步设计。首先，通过对比分析，确定纵向通道采用指令法向过载的控制律构型；然后，设计指令支路各控制环节，重点对反馈和前向支路的控制增稳控制律结构和迎角/过载限制器进行分析、设计和仿真实现，并从稳定性和法向过载时间响应两方面对控制增稳控制律性能进行飞行品质评价；最后，对所有状态点的控制器参数按照动压进行增益调度规律设计，为控制律非线性验证改进做好准备。

## 12.1　纵向控制增稳指令构型

俯仰轴控制增稳控制律构型，取决于飞行员控制指令与飞机俯仰运动参数之间的相互关系，它直接决定了控制律各回路的基本结构。

常用的俯仰控制律构型有指令 $C^*$ 构型、指令法向过载构型、指令迎角构型和指令俯仰角速率构型四种。指令 $C^*$ 构型通常用于低速飞行状态；指令迎角构型不作为独立构型使用；指令俯仰角速率构型一般用于精确跟踪任务或其他特殊要求。针对空中飞行阶段，纵向控制增稳采用指令法向过载构型。这种构型的优点是有利于保持俯仰杆力梯度为常值，充分发挥操纵性和机动性。

## 12.2　纵向指令支路设计

如图 11－10 所示，俯仰指令支路，主要是对杆力杆位移特性、指令梯度、过载指令限制、指令响应模型和人工配平等的设计。

### 12.2.1　杆力杆位移特性设计

电传飞行控制系统中，飞行员对杆力的感觉是通过人工载荷机构提供的，其杆力大小可以灵活地配置。杆力杆位移特性直接影响到飞机的操纵性和飞行员的操纵感受。因而，合理配置杆力梯度和最大杆力，是杆力杆位移具备良好特性的关键。本节设计的杆力杆位移特性曲线图 12－1 所示，图中杆位移采用量程为[－1,1]的等效杆位移。

由图 12－1 可知，杆力杆位移特性采用工程常用的 3 折线段式，具体设计思路如下：

(1) 中立位置段：该段杆力梯度为零，从而有效减少了飞行员由于自身或机体振动造成的误操纵，同时兼顾了实际驾驶杆存在的死区特性，避免了杆力的突然变化。加之纵向通道具备中性速度稳定性(即自动配平)，从而不需要飞行员在驾驶杆中立位置附近的小幅值高频率的配平操纵，另外小幅值操纵可由人工配平完成。因此，这种设计是合理可行的。

(2) 大杆位移段:随杆位移增大,杆力梯度逐渐增大,杆力梯度在杆位移半程处转换。这种杆力变化可使飞行员明显感受到操纵幅度的大小,有利于操纵性的发挥。由文献[120]可知,最大杆力符合通常飞行员的生理限制。

### 12.2.2 指令梯度设计

指令梯度的作用是把飞行员杆力转化为被控参数(这里是法向过载),其设计思路与杆力杆位移相似。俯仰指令梯度如图12-2所示。

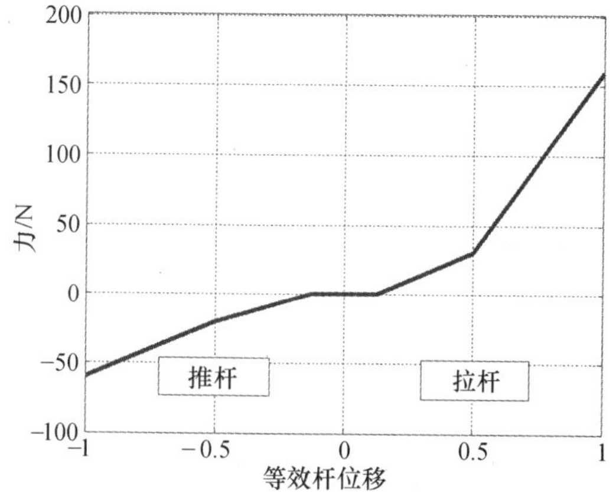


图12-1 杆力与等效杆位移关系

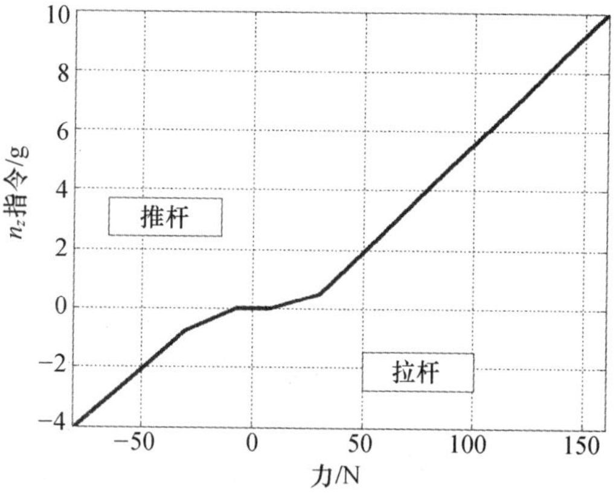


图12-2 俯仰指令梯度

杆力杆位移特性和指令梯度组合在一起完成了飞行员杆位移输入到控制系统指令生成的转换过程,使杆位移、杆力、过载指令三者一一对应,做到了小幅操纵时灵敏度低,利于精确控制;大幅操纵时灵敏度高,便于快速响应。

需要说明的是,杆力杆位移特性和指令梯度等的性能是纵向操纵性的重要内容,需要专业的操纵载荷系统进行评价,由于试验条件的限制,本书只给出设计结果,不进行性能评价。

### 12.2.3 指令限制器设计

指令限制是从飞行安全角度出发,对飞行员的指令幅值进行限制,从而避免剧烈的操纵指令输入,也是飞行参数限制的一种实现形式。这里设计的过载指令限制器的正向过载限制为$8g$,负向限制随动压的增大而增大,如图12-3所示。

由图12-3可知,低动压时允许的负向过载较小,主要是防止低速飞行时剧烈的低头操纵使飞机迎角急剧减小而失速。当动压大于1.75kN/m$^2$(对应失速速度,约为60m/s)后,负向指令允许值逐渐增大。

### 12.2.4 指令响应模型与人工配平设计

指令响应模型的作用:①在飞行员操纵过程中起增控作用,并完成操纵指令成型;②缓和来自飞行员的小而快的操纵动作并抑制来自指令回路的高频干扰信号,即起平滑滤波作用;③降低飞行员的操纵信号的变化强度,防止升降舵进入最大的偏转速度。

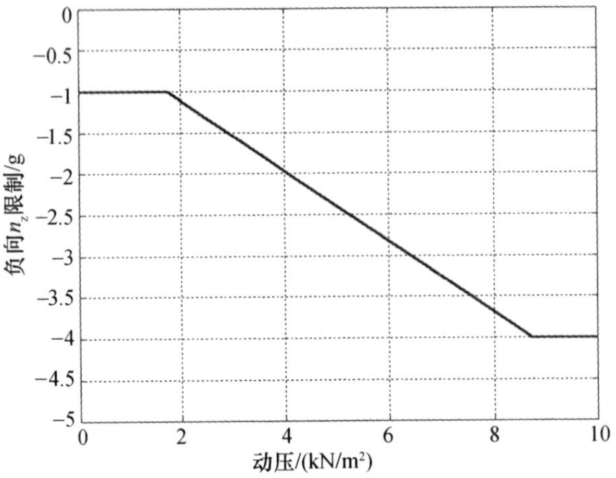


图 12－3　法向过载的负向幅值限制

目前，电传操纵系统均采用低通滤波器形式的指令响应模型，通常时间常数为 $\tau = 0.1 \sim 1\text{s}$。这里使用的低通滤波器为 $8.3/(s+8.3)$，其优点是可在整个操纵过程中起增控作用。

人工配平功能的实现较为简单，只需将一小权限的过载指令与指令梯度的输出综合即可。

综上可得如图 12－4 所示的纵向通道指令支路仿真模型。

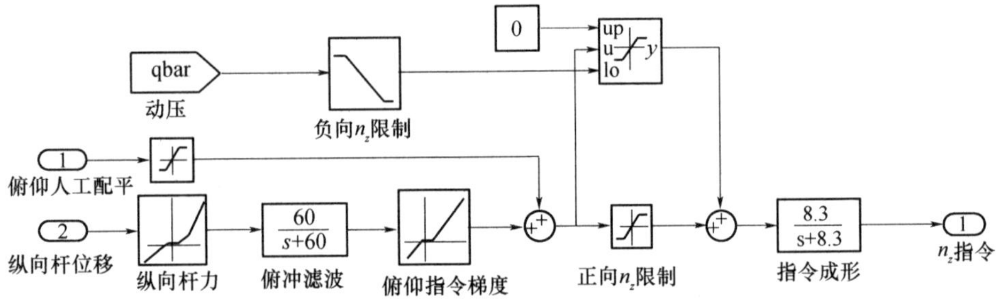


图 12－4　纵向通道指令支路仿真模型

## 12.3　纵向反馈支路和前向支路设计

如图 11－10 所示，反馈支路和前向支路，主要是对控制增稳、放宽静稳定性、中性速度稳定性和迎角/过载限制器等的设计。其中，前三项内容将合并为纵向控制增稳控制律的设计。

### 12.3.1　控制增稳控制律设计

**1. 控制增稳控制律构型**

指令法向过载构型采用法向过载与经由高通滤波的俯仰角速率综合而实现。通过高通环节的俯仰角速率反馈能够改善动稳定性而稳态时不起作用，从而实现了指令法向过载。

**2. 放宽静稳定性控制律设计**

静稳定性补偿的方法通常有三种，分别是在升降舵输入端引入延迟的俯仰角速率反馈、迎角反馈和法向过载反馈。其中，以迎角反馈的静稳定性补偿效果最佳。这里采用经低通滤波器输出的迎角反馈进行纵向静稳定性补偿，这样既保证了静稳定性，又不影响动态响应性能。

**3. 自动配平控制律设计**

自动配平控制律，即中性速度稳定性控制律，通过在前向支路过载指令与反馈信号综合处的下游加入比例积分控制律来实现。

综上所述，当假定油门杆固持于配平位置，可得纵向通道控制增稳控制律为

$$\delta_{e,c} = k\left(\frac{a}{s} + 1\right)\left(n_z + k_q \frac{s}{s+b}q - n_{z,c}\right) - k_\alpha \frac{c}{s+c}\alpha \tag{12.1}$$

**4. 机翼自动弯度调节**

文献[69]指出，迎角为0时，弧形板机翼仍可产生升力，其大小与弯度 $t/c$ 成正比，其值可用下式表示。

$$C_{L(\alpha=0)} = 4\pi t/c \tag{12.2}$$

由式(12.2)可知，增大机翼弯度可有效增大升力。但增大机翼弯度的一般途径是偏转相应气动舵面，这导致配平阻力的增加。同时，随空速的增大，飞机焦点会发生后移，使得静稳定性增强，配平阻力也随之增大。因此合理的做法是使机翼弯度随迎角变化而自动调整，以提供最佳的升阻比，且空速增大时，要减小机翼弯度，避免配平阻力过大。

以前缘襟翼为机翼自动弯度调节的控制对象，按照上述原理设计的前缘襟翼自动偏转控制律为

$$\delta_{\text{lef},c} = k_1\left(1 + \frac{s}{s+a}\right)\alpha - k_2 \frac{q}{p_s} + \delta_{\text{lef},0} \tag{12.3}$$

式中，第一项的作用是使前缘襟翼跟随迎角自动偏转，改善升阻比；第二项的作用是高空高速飞行时降低机翼弯度，减小配平阻力，其调节规律可表示为下式；第三项作为初值修正。

$$\begin{cases} V\uparrow \Rightarrow q\uparrow \Rightarrow \delta_{\text{lef}}\downarrow \\ H\uparrow \Rightarrow p_s\downarrow \Rightarrow \delta_{\text{lef}}\downarrow \end{cases} \tag{12.4}$$

综上所述，以第八章获得的飞机纵向线性小扰动仿真模型为被控对象，并加入各种滤波器时，可得如图12－5所示的纵向通道控制增稳控制律仿真模型。

## 12.3.2 迎角/过载限制器设计

纵向通道的飞行参数边界限制主要考虑迎角和法向过载的边界限制。指令支路中的过载指令限制已经从限制飞行员指令的角度对法向过载进行了一定的限制，但这种限制策略无法根据飞机实时飞行状态自动的调整限制幅值，最大缺陷是只实现过载限制还不能实现对迎角的限制。

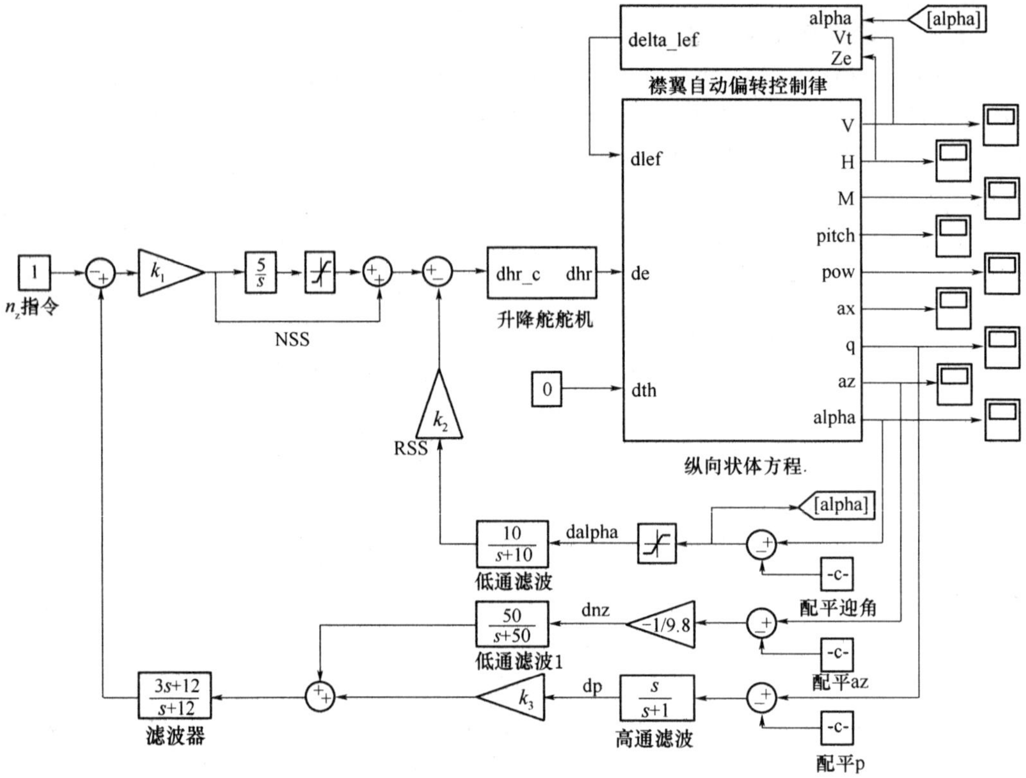


图 12-5 纵向通道控制增稳控制律仿真模型

为弥补上述不足，在反馈支路中设计的迎角/过载限制器基本原理框图如图 12-6 所示，其中 $\alpha_1 < \alpha_2, k_1 < k_2$。由图可知，其基本原理是通过非线性逻辑判断当前迎角与阈值的关系，并输出相应幅值指令 $n_{z,\alpha}$ 以抵消飞行员的过载指令 $n_{z,c}$，使输入到前向支路的过载指令 $n_{z,in}$ 减小，起到抑制迎角增长的作用。

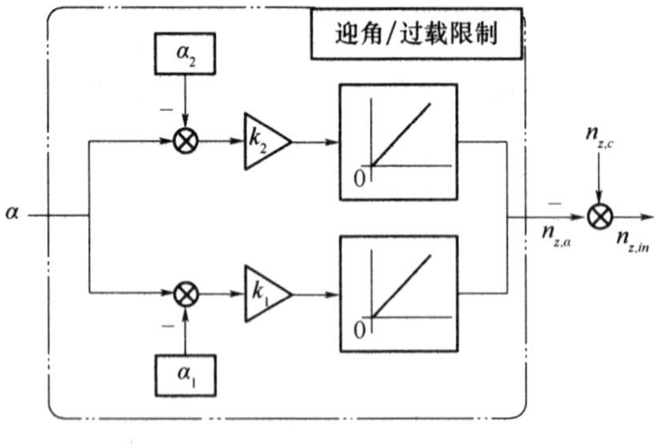


图 12-6 迎角/过载限制基本原理框图

其具体原理可用以下分段线性函数表示：

$$n_{z,in} = \begin{cases} n_{z,c} & \alpha < \alpha_1 \\ n_{z,c} - k_1(\alpha - \alpha_1) & \alpha_1 \leqslant \alpha < \alpha_2 \\ n_{z,c} - k_1(\alpha - \alpha_1) - k_2(\alpha - \alpha_2) & \alpha \geqslant \alpha_2 \end{cases} \tag{12.5}$$

当给定飞行员最大过载指令 $n_{z,c}$ 时，最大平飞迎角可近似表示为下式：

$$\alpha_{\max} = \frac{n_{z,c} - 1 + k_1\alpha_1 + k_2\alpha_2}{k_1 + k_2} \tag{12.6}$$

值得注意的是，当该限制器工作时，相当于附加了一个迎角反馈，尤其是迎角超过限制值 $\alpha_1$ 和 $\alpha_2$ 时，该限制器使得开环增益增大，系统稳定性变差。引入一个包含高通滤波器并按动压自动调参的俯仰角速率反馈可有效提高稳定性又不影响稳态限制幅值。再考虑实际系统应配备的滤波与非线性环节，可得如图 12－7 所示的迎角/过载限制器仿真模型。

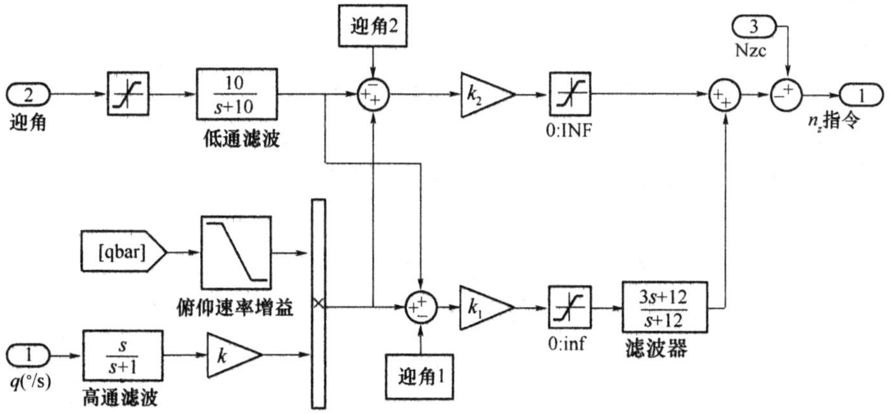


图 12－7　迎角/过载限制器仿真模型

11.1 节已确定最大迎角为 25°，对于给定的最大过载指令 $n_{z,c}=8$ 时，选取 $\alpha_1=15°$，$\alpha_2=20.4°$，$k_1=0.322$，$k_2=1$，且不考虑俯仰角速率反馈，则迎角/过载限制器对迎角和过载的最大限制边界如图 12－8 所示。由图可知，该迎角/过载限制器的迎角限制上界为 25°，同时可根据迎角幅值限制输入前向支路的过载指令，限制效果较好。

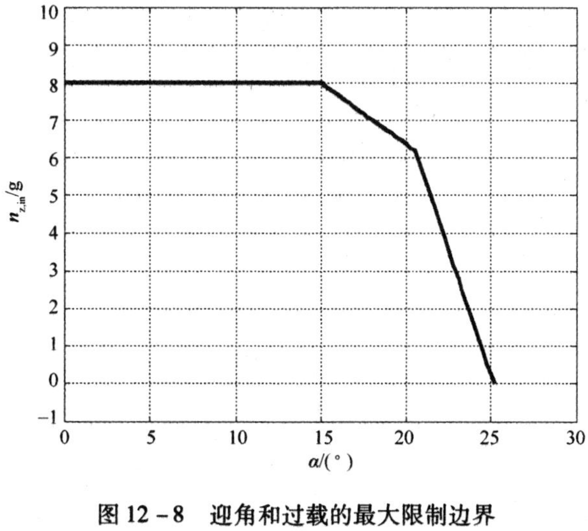


图 12－8　迎角和过载的最大限制边界

## 12.4　纵向飞行品质评价

### 12.4.1　纵向飞行品质要求

纵向飞行品质评价的准则很多，通常综合多种评价准则进行评价所得的结果才是令人满意的。飞机纵向控制中，长周期响应往往变化缓慢，飞行员容易进行操纵控制；而短周期响应一般时间短变化快，飞行员难以有效操纵。因此，大多数纵向飞行品质准则是针对短周期响应进行的。因此，由于篇幅限制仅从稳定性和法向过载短周期时间响应两方面对纵向控制律进行飞行品质评价。

**1. 稳定性要求**

稳定性是控制系统设计的首要问题。GJB2191－94 规定，所有采用反馈控制的飞行控制系统，都应提供表 12－1 所规定的稳定裕量。设计经验表明，在线性设计阶段，应力求留出足够的幅值裕量和相位裕量，从而使非线性设计和实际系统满足稳定裕量的指标要求。

表 12－1　GJB2191－94 的稳定性要求

| 空速范围 | 区域Ⅰ、Ⅱ | 区域Ⅲ |
|---|---|---|
| 稳定性要求 | 幅值裕度:6dB<br>相位裕度:无要求 | 幅值裕度:6dB<br>相位裕度:45° |

**2. 法向过载时间响应准则**

法向过载时间响应准则与纵向指令法向过载构型完全对应，是控制效果的直接体现。该准则是依据法向过载阶跃时间响应曲线进行飞行品质评价的，从而避免了对飞机—控制系统进行等效系统拟配带来的繁琐计算和信息丢失，其具体要求见文献[120]。由于该准则未对飞行包线中区域Ⅰ、Ⅱ提出要求，因而根据 8.2.4 节对飞行包线内不同区域飞行品质标准的应用原则，可根据该标准分别对区域Ⅰ、Ⅱ适当放宽。由此可得，对于飞行包线内Ⅰ、Ⅱ、Ⅲa、Ⅲb 四个区域，采用的法向过载时间响应准则的具体要求如表 12－2 所列。

表 12－2　飞行包线内不同区域的飞行品质要求

| 包线区域 | 飞行品质级别 | 过载指令 | 具体要求 |
|---|---|---|---|
| Ⅰ | 适度放宽 | $\Delta n_{z,c}=0.1$ | 稳态误差≤20%<br>上升时间≤3s<br>超调量≤20% |
| Ⅱ | 2 级 | $\Delta n_{z,c}=0.5$ | 稳态误差≤5%<br>上升时间≤3s<br>超调量≤10% |
| Ⅲa | 1 级 | $\Delta n_{z,c}=1$ | 稳态误差≤5%<br>上升时间≤2s<br>超调量≤10% |

（续）

| 包线区域 | 飞行品质级别 | 过载指令 | 具体要求 |
|---|---|---|---|
| Ⅲb | 1级 | $\Delta n_{z,c}=1$ | 稳态误差≤5%<br>上升时间≤1.5s<br>超调量≤10% |

注意：表中规定过载指令的目的是避免飞机纵向线性化小扰动仿真模型响应过快，超出模型本身所描述的线性范围。下文对过载指令的幅值限制原因相同。

采用表12-2规定的飞行品质准则，利用梯度下降法实现了所有状态点的自动参数整定。以图11-11中"★"标注的状态点为例，其参数整定结果如表12-3所列。

表12-3 典型状态点的控制器参数整定结果

| 包线区域 | 状态点状态 | 控制器参数 |
|---|---|---|
| Ⅰ | $H=500, M=0.177$ | $k=2.651, k_\alpha=0.479, k_q=0.075$ |
| Ⅱ | $H=500, M=0.207$ | $k=2.163, k_\alpha=-0.479, k_q=0.112$ |
| Ⅲa | $H=9000, M=0.593$ | $k=1.630, k_\alpha=0.138, k_q=0.136$ |
| Ⅲb | $H=3000, M=0.791$ | $k=1.5, k_\alpha=0.5, k_q=0.167$ |

## 12.4.2 仿真分析

### 1. 稳定性

对图12-5所示的纵向通道控制回路进行频域分析，可得如图12-9所示的各状态点的稳定裕度。

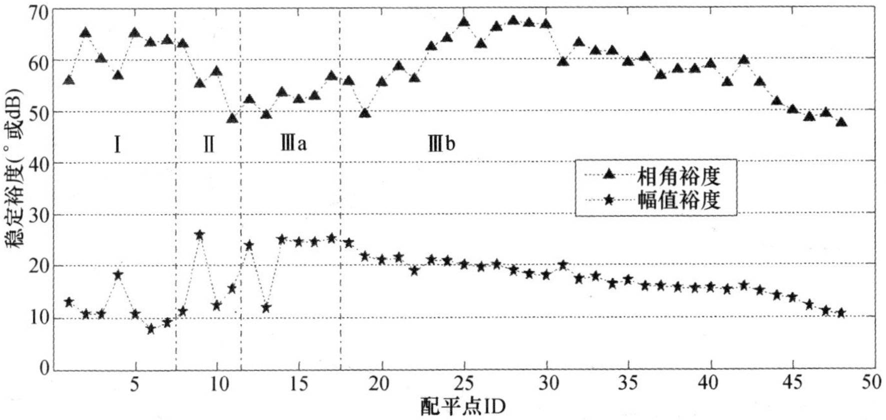


图12-9 纵向通道所选状态点的稳定裕度

由图12-9可知，纵向控制增稳控制律幅值裕度和相角裕度均优于国军标要求。

### 2. 控制增稳性能

以图11-11中"★"标注的状态点为例，采用表12-2中的飞行品质准则，则各状态点纵向控制增稳控制律的仿真结果如下。图中虚线、实线分别表示前缘襟翼固定和自动偏转两种工作模式。

区域Ⅰ:对于 $\Delta n_{z,c}=0.1$ 的法向过载增量指令,飞机各状态变量的短周期响应过程如图 12-10 所示。

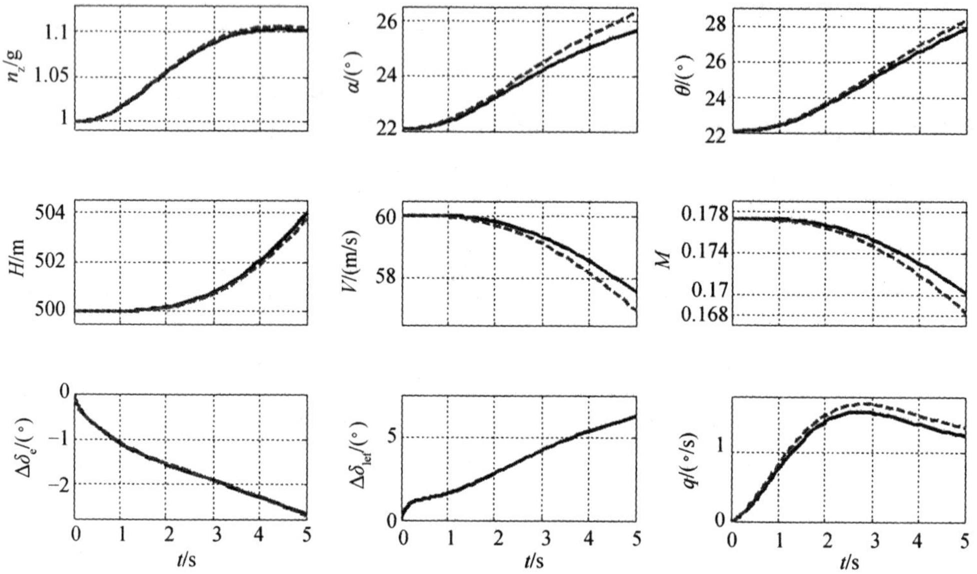


图 12-10 区域Ⅰ中典型状态点的法向过载阶跃响应

区域Ⅱ:对于 $\Delta n_{z,c}=0.5$ 的法向过载增量指令,飞机各状态变量的短周期响应过程如图 12-11 所示。

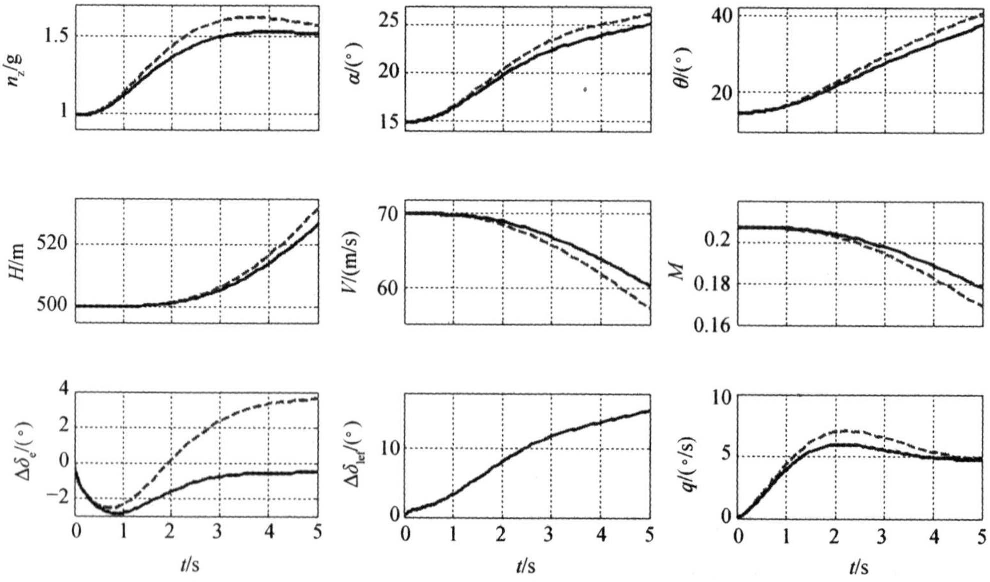


图 12-11 区域Ⅱ中典型状态点的法向过载阶跃响应

区域Ⅲa：对于 $\Delta n_{z,c}=1$ 的法向过载增量指令，飞机各状态变量的短周期响应过程如图 12－12 所示。

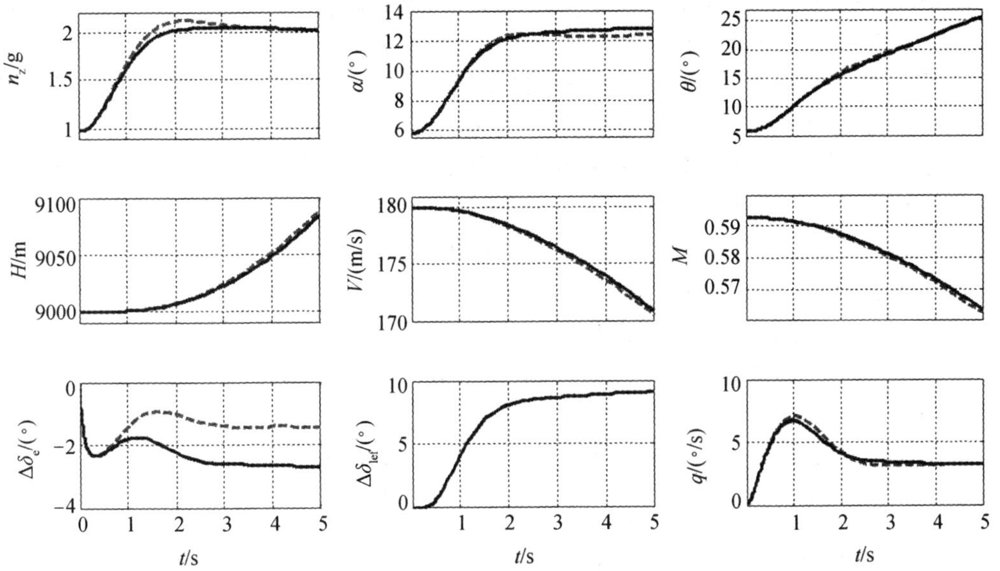


图 12－12　区域Ⅲa 中典型状态点的法向过载阶跃响应

区域Ⅲb：对于 $\Delta n_{z,c}=1$ 的法向过载增量指令，飞机各状态变量的短周期响应过程如图 12－13 所示（图中虚线与实线完全相同）。

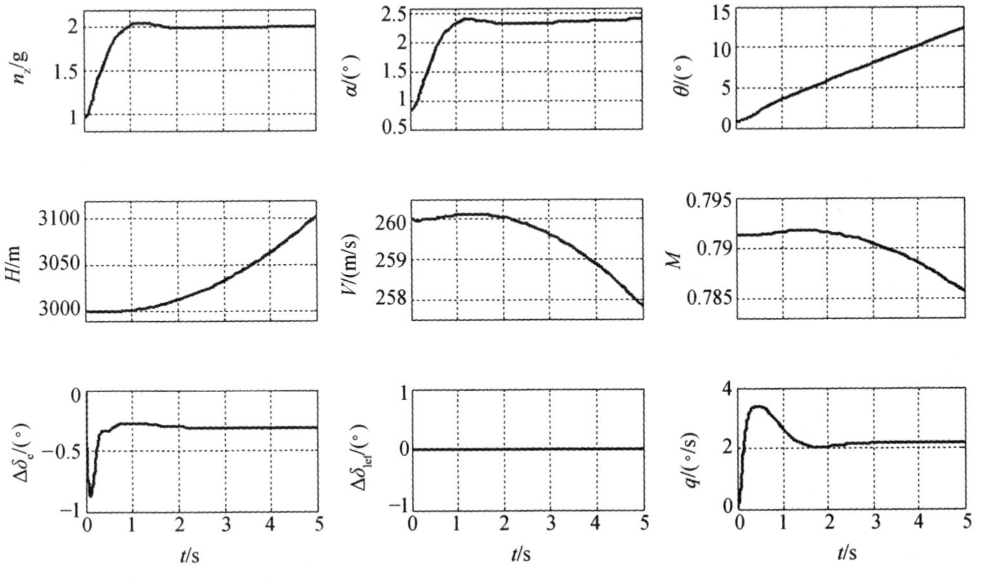


图 12－13　区域Ⅲb 中典型状态点的法向过载阶跃响应

由以上仿真结果可得如下结论：

（1）控制增稳性能：

① 从法向过载短周期响应可知，所设计的纵向控制增稳控制律对于规定的法向过载

增量指令 $\Delta n_{z,c}$ 的控制精度较高，全包线内均优于法向过载时间响应准则的要求。其他各状态变量的响应迅速而柔和，因而具有较好的短周期特性。

② 舵面偏转增量较小，能够满足实际系统对用舵量的限制。

（2）前缘襟翼控制性能：

① 从迎角短周期响应可知，前缘襟翼自动偏转，使低速大迎角（区域Ⅰ、Ⅱ）飞行时，迎角明显较小，以增大升力；高速小迎角（区域Ⅲb）飞行时，前缘襟翼自动保持中立位置，以减小阻力。由图 11－2 可知，这些特性使飞机总是趋向升阻比最大化。因而所设计的前缘襟翼自动偏转控制律显著改善了飞机的升阻特性。

② 从俯仰角、俯仰角速率和高度的短周期响应可知，前缘襟翼自动偏转对飞机姿态和飞行轨迹的影响较小，且随动压的增大，这种影响近似可以忽略，这是因为前缘襟翼的自动偏转规律较好的限制了配平阻力的大小，使能量损失较小。

③ 由于前缘襟翼的偏转，使飞机俯仰力矩增大，进而使升降舵稳态偏转量有所增大，但其幅值仍然较小，满足实际系统对用舵量的限制。

以上两方面评价结果均说明所设计的纵向控制增稳控制律具有良好的控制性能，为非线性设计阶段奠定了基础。

### 12.4.3 控制参数增益调度曲线设计

按照 11.2.2 节所确定的增益调度策略，以式（12.1）中控制器参数 $k$ 为例，可得如图 12－14所示的各状态点的控制器参数随动压的分布。进而采用多项式拟合算法可得图中增益调度曲线，该曲线将用于全飞行包线内的非线性控制律验证与改进。

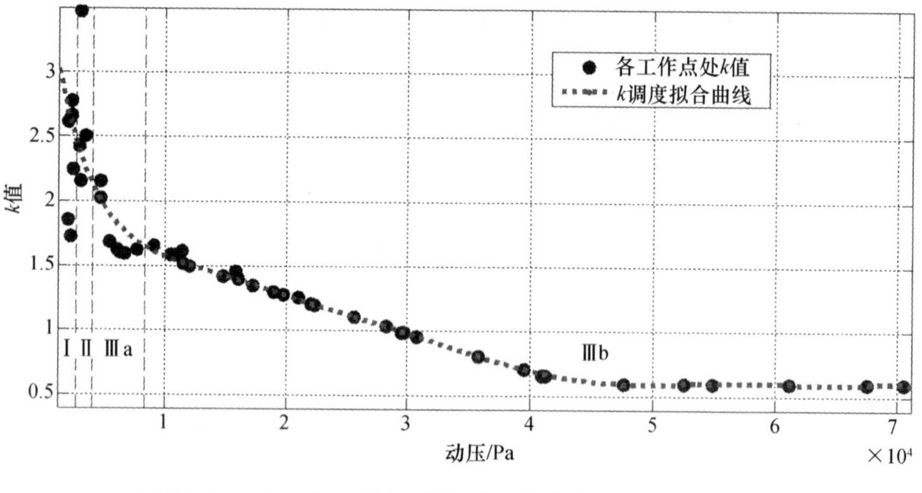


图 12－14　各状态点处控制器参数 $k$ 值分布及其调度拟合曲线

# 第十三章　侧向通道控制律设计

本章以侧向线性化小扰动模型为被控对象，按照指令支路、反馈支路和前向支路的结构顺序进行控制律的线性初步设计。首先，通过分析滚转和偏航操纵作用，横向和航向控制律构型分别确定为指令滚转角速率和指令侧向过载；然后，对指令支路各控制环节进行设计，重点对反馈和前向支路的控制增稳控制律结构进行分析、设计和仿真实现；最后，从稳定性、滚转性能和侧滑限制能力三个方面对控制增稳性能进行飞行品质评价。

需要说明的是，这里被控对象的侧向性能较好，采用固定参数的控制器即可满足全包线飞行的性能要求，不必进行增益调度控制的设计。因而侧向控制律设计的关键是科学合理的设计反馈和交联解耦回路。

## 13.1　侧向控制增稳控制律构型

飞机的滚转操纵运动响应主要是滚转角速率和稳态倾斜角，所以滚转通道控制律构型选为指令滚转角速率。

飞机航向操纵使飞机产生偏航响应，主要体现在侧向过载、侧滑角和偏航角速率等运动参数的响应，由于侧滑角的测量误差较大，实际飞控系统通常采用偏航角速率和侧向过载反馈，因而航向通道控制律构型选为指令侧向过载。需要说明的是，空中飞行阶段航向通道主要是通过控制律的设计使其自动协调配合滚转操纵，以改善飞机的荷兰滚特性，减小有害侧滑，因而直接的脚蹬操纵输入很少使用。

## 13.2　侧向指令支路设计

如图 11－10 所示，滚转、航向通道的指令支路与俯仰通道结构相似，同样是对杆力杆位移特性、指令梯度、过载指令限制、指令响应模型和人工配平等的设计。设计思路也基本相同。因而，本节直接给出设计结果。

### 13.2.1　滚转通道指令支路设计

这里设计的滚转通道指令支路的杆力杆位移特性和指令梯度分别如图 13－1 和图 13－2所示。

滚转通道指令响应模型使用的低通滤波器模型为 $10/(s+10)$。由 11.1.3 节可知，俯仰和偏航惯性矩比滚转惯性矩大得多，因此相比俯仰操纵响应，滚转操纵响应变化更为剧烈，更易受到高频振动的影响，导致操纵困难。为此设计如图 13－3 所示的高频衰减回路，以提高指令模型的抗高频干扰能力。

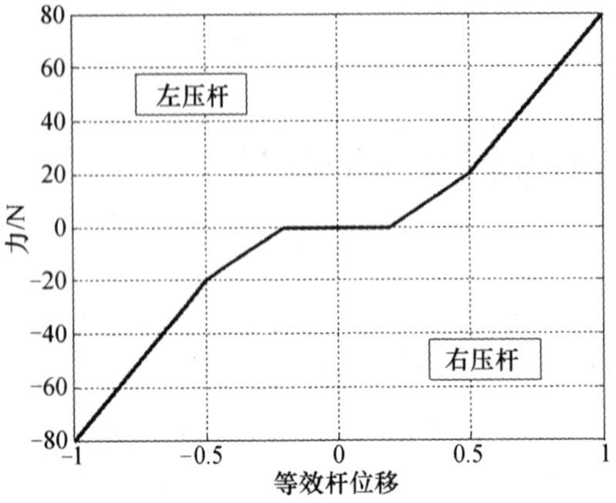


图 13－1　杆力与等效杆位移关系

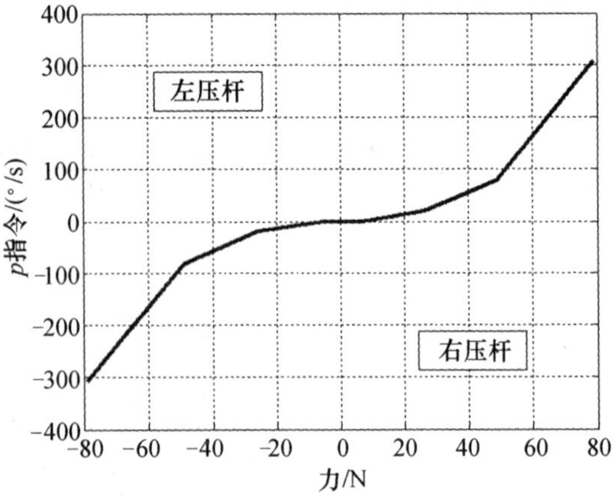


图 13－2　滚转指令梯度

由图 13－3 可知，带有高频扰动的指令梯度信号进入高频衰减回路后，其中的高频分量经正负两个高通负反馈回路反馈至输入端，从而抵消高频分量。

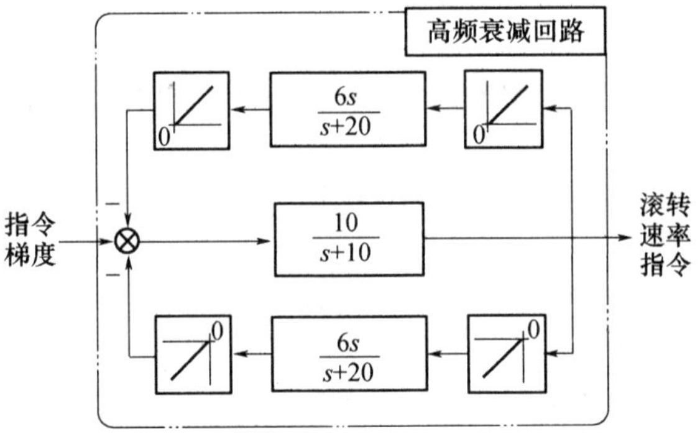


图 13－3　带高频衰减的滚转指令模型

滚转通道人工配平的实现与俯仰通道一样，将一小权限的滚转角速率指令与指令梯度的输出综合即可。

综上可得如图 13－4 所示的滚转通道指令支路仿真模型。

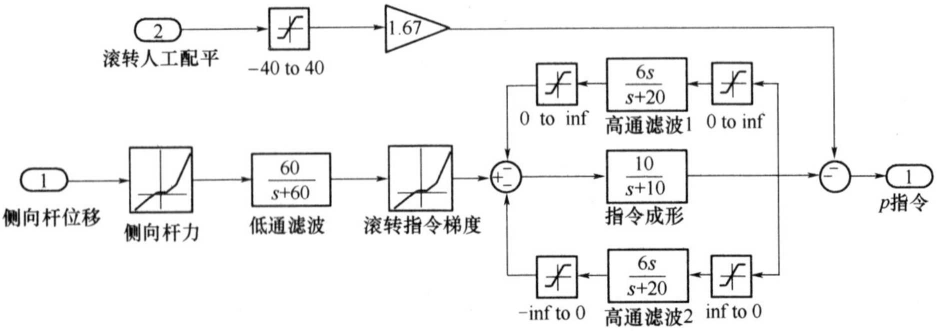


图 13－4　滚转通道指令支路仿真模型

## 13.2.2 航向通道指令支路设计

这里设计的航向通道指令支路的杆力杆位移特性和指令梯度分别如图 13 - 5 和图 13 - 6所示。

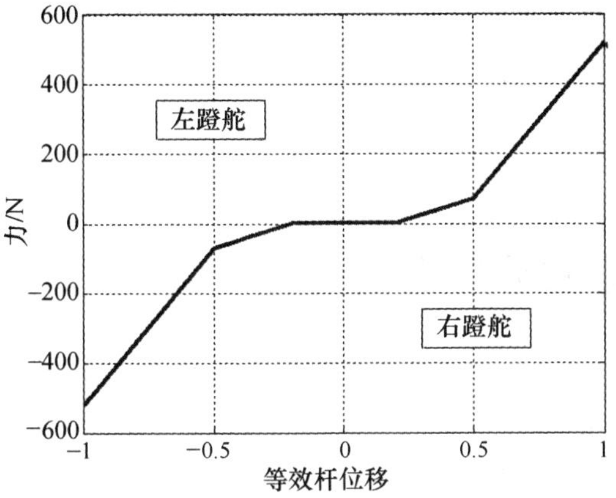


图 13 - 5　杆力等效杆位移曲线

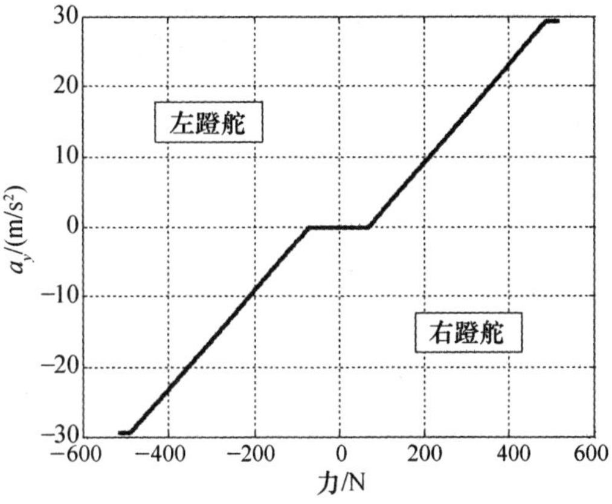


图 13 - 6　偏航指令梯度

航向通道人工配平与俯仰、滚转通道的实现形式一致。

由于大迎角飞行时不当的方向舵操纵极易造成偏离、尾旋等失控现象,因而侧向过载指令应随迎角的增大而进行限制,依据 11.1.2 节对大迎角时侧向失速偏离特性的分析结果,侧向过载指令限制策略如图 13 - 7 所示。

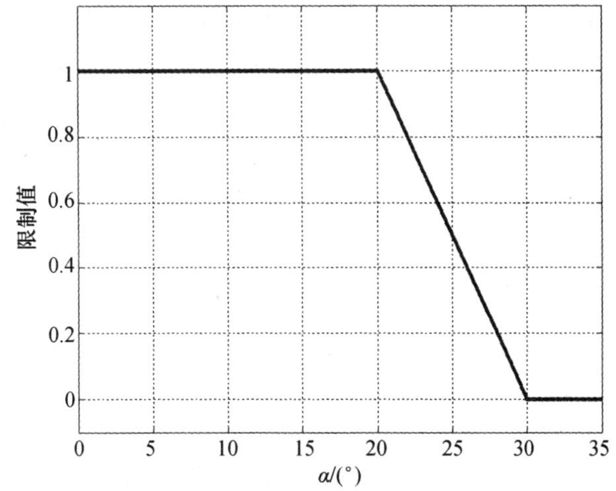


图 13 - 7　侧向过载指令限制策略

综上可得如图 13 - 8 所示的航向通道指令支路的仿真模型。

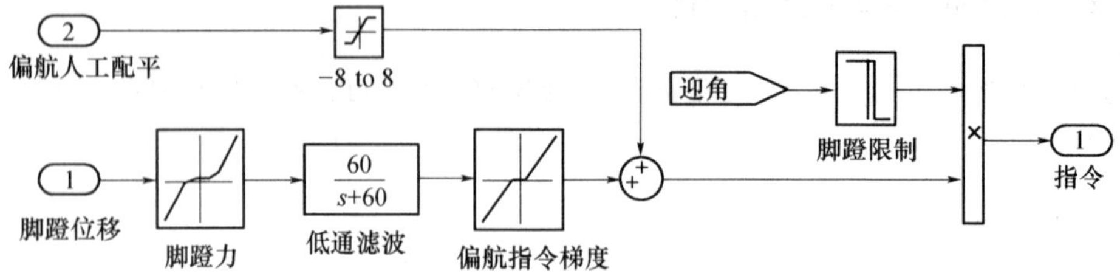


图 13－8　航向通道指令支路

# 13.3　侧向反馈支路和前向支路设计

如图 11－10 所示，侧向通道反馈支路和前向支路，主要是对控制增稳和大迎角飞行时自动防止偏离两种控制律及其自动切换逻辑的设计。虽然飞机横向和航向运动是相互耦合的，为了描述清楚，本节首先分别对横向和航向进行设计，然后引入二者的交联解耦。

## 13.3.1　滚转通道反馈支路和前向支路设计

### 1. 控制增稳控制律设计

指令滚转角速率构型是典型的反馈控制，可通过引入滚转角速率反馈与滚转角速率指令进行综合来实现。由于滚转角速率容易受到高频干扰，因而需要经低通滤波洗出，滤除高频干扰。

### 2. 大迎角防偏离控制律设计

飞机大迎角飞行时常常会出现失速、偏离，进而进入尾旋，使飞机失控。迎角/过载限制器对失速具有很强的抑制作用。但当飞机由于某些极限飞行条件或扰动影响使瞬时迎角超过限制幅值时，仍然有出现偏离或尾旋的危险。考虑到偏离、尾旋均是持续的偏航发散运动，其抑制措施可在迎角超出某一阈值（根据 11.1.2 节对大迎角时侧向失速偏离特性的分析结果确定该阈值为 29°）后，将原控制增稳控制律自动断开切换为单纯的偏航角速率反馈，使副翼偏转以阻尼偏航角速率的增长。

综上所述，滚转通道控制律及转换逻辑可表示为下式：

$$\delta_{a,c} = \begin{cases} k_p\left(\dfrac{50}{s+50}p - p_c\right) & \alpha_f < 29^\circ \\ k_{a,r}r_f & \alpha_f \geqslant 29^\circ \end{cases} \tag{13.1}$$

式中　$\alpha_f<29°$时表示滚转通道控制增稳控制律，$\alpha_f \geqslant 29°$时表示自动防止偏离控制律；

$\delta_{a,c}$——副翼偏转指令；

$p$、$p_c$——滚转角速率反馈值和指令值；

$k_p=0.12$、$k_{a,r}=1.01$——各反馈回路增益；

$\alpha_f$——纵向通道中经低通滤波的迎角反馈；

$r_f$——航向通道经低通滤波的偏航角速率反馈。

### 13.3.2 航向通道反馈支路和前向支路设计

**1. 控制增稳控制律设计**

指令侧向过载构型控制律结构类似于纵向指令法向过载构型，采用侧向过载与经由高通滤波的偏航角速率相综合实现。通过高通滤波的偏航角速率反馈能够改善动稳定性而稳态时不起作用，从而实现了指令侧向过载。与滚转角速率一样，偏航角速率同样容易受到高频干扰，因而可在其反馈信号的引入端先经低通滤波洗出，滤除高频干扰。

**2. 大迎角防偏离控制律设计**

与滚转通道一样，当迎角超出某一阈值时，航向通道将原控制增稳控制律自动断开切换为单纯的偏航角速率反馈，使方向舵偏转以阻尼偏航角速率增长。

综上所述，航向通道控制律及转换逻辑可表示为下式：

$$\delta_{r,c} = \begin{cases} \dfrac{1}{2}\left(19.6n_y + \dfrac{1.5s}{s+1}r_f\right) - \alpha_{y,c} & \alpha_f < 29^\circ \\ k_{r,r}r_f & \alpha_f \geqslant 29^\circ \end{cases} \tag{13.2}$$

式中 $\alpha_f<29^\circ$时表示航向通道控制增稳控制律，$\alpha_f\geqslant 29^\circ$时表示自动防止偏离控制律。

$\delta_{r,c}$——方向舵偏转指令；

$n_y$——侧向过载；

$\alpha_{y,c}$——侧向加速度指令；

$k_{r,r}=0.75$——偏航角速率反馈回路增益；

$\alpha_f$——纵向通道中经低通滤波的迎角反馈；

$r_f$——航向通道经低通滤波的偏航角速率反馈，其表达式为

$$r_f = \frac{50}{s+50}r \tag{13.3}$$

### 13.3.3 滚转、偏航交联解耦

电传飞行控制律设计的交联控制信号适用于飞机的大机动操纵运动，利用交联信号达到解耦控制，改善系统性能和飞行品质。这里采用的主要交联信号有以下几种。

**1. 迎角与滚转速率的乘积与方向舵的交联**

该交联信号与偏航角速率相减后引入航向通道控制增稳控制律，目的是形成式(13.4)表示的飞机绕速度轴的偏转角速率反馈。

$$r_{f,in} = r_f - p\alpha_f \tag{13.4}$$

由11.1.3节绕速度轴滚转条件，即式(11.6)可知，滚转过程中，当飞机航向通道处于稳态后，有$r_{f,in}=0$，即满足$r_f=p\alpha_f$。当迎角为小量时，该式近似满足式(11.6)，即该交联信号将使飞机实现绕速度轴滚转，克服迎角与侧滑角的运动耦合。

大迎角飞行时利用该交联信号可提高飞机荷兰滚阻尼，抑制滚转操纵时的偏航速率反馈引起的不利偏航力矩，减小滚转速率响应中的荷兰滚分量和侧滑响应幅值。

**2. 副翼与方向舵的交联**

该交联信号与式(13.2)表示的方向舵偏角相加后引入航向通道控制增稳控制律，可

减小“滚转—侧滑”耦合,使操纵副翼产生滚转运动的同时而产生的侧滑运动得到抑制,从而改善滚转操纵特性。

由 11.1.2 中 LCDP 曲线可知,随迎角的增大,将出现副翼反效,因而副翼交联反馈的增益应是迎角的函数,即随迎角的增加,其值由负到正变化。因此,副翼到方向舵的交联增益如图 13-9 所示,其中副翼交联增益的仿真结果如图 13-10 所示。

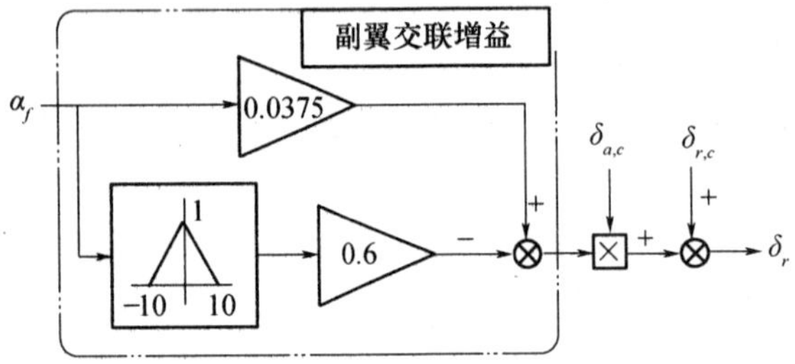


图 13-9 副翼到方向舵的交联示意图

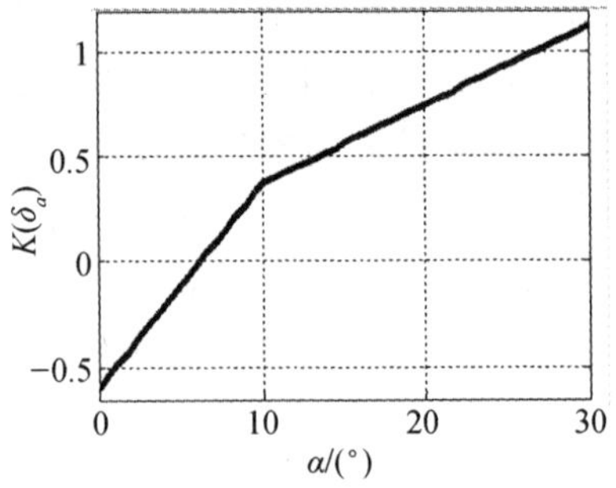


图 13-10 副翼交联增益

综上所述,以第八章获得的飞机侧向线性小扰动仿真模型为被控对象,可得如图 13-11所示的侧向控制增稳控制律仿真模型。由于侧向控制律线性设计阶段仅针对控制增稳控制律进行飞行品质评价,因而图 13-11 仅示出 $\alpha_f < 29°$时的控制律结构。

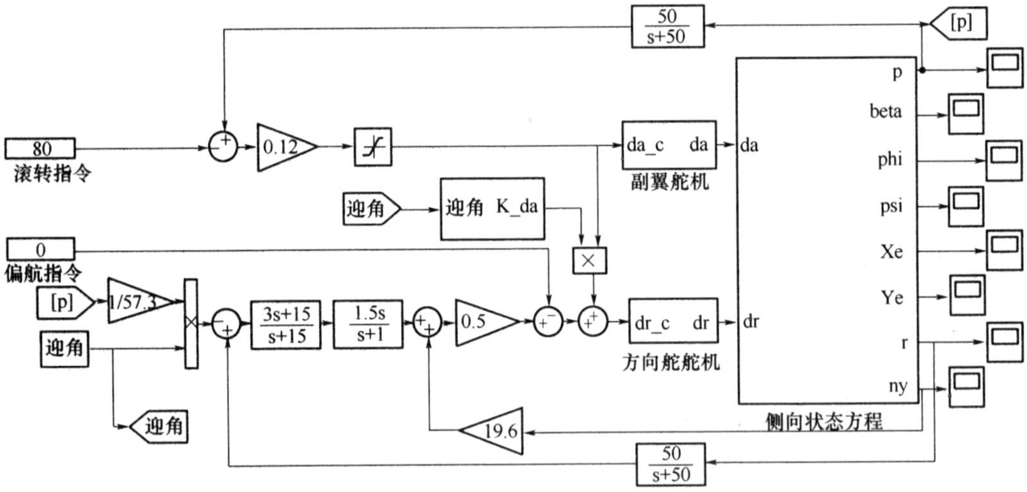


图 13-11 侧向控制增稳控制律仿真模型

# 13.4 侧向飞行品质评价

## 13.4.1 侧向飞行品质要求

与纵向飞行品质要求类似,国军标对侧向飞行品质的要求也是多方面的,通常也应综合多种飞行品质准则给出令人满意的评价结果。副翼操纵引起的滚转运动是实现侧向各种运动的主要方式，因此滚转操纵响应的动态特性是滚转轴飞行品质最重要的方面。空中飞行阶段，航向操纵主要是协调滚转运动以减小滚转响应产生的有害侧滑，因而航向轴最重要的飞行品质是对滚转运动的协调能力和对侧滑的限制能力。因此，由于篇幅限制仅从稳定性、滚转性能和侧滑限制幅值三个方面对侧向控制增稳控制律的飞行品质进行评价。

**1. 稳定性要求**

见 12.4.1 节，与对纵向稳定性要求相同。

**2. 滚转性能要求**

国军标对歼强类飞机滚转性能的一级飞行品质要求如表 13－1 所列。

表 13－1　歼强类飞机的滚转性能

| 标准 | 速度范围 | A 种飞行阶段(最大滚转时间) | | |
|---|---|---|---|---|
| | | 30° | 50° | 90° |
| 1 | VL(Ⅰ) | 1.1s | — | — |
| | L(Ⅱ) | 1.1s | — | — |
| | M(Ⅲa) | — | — | 1.3s |
| | H(Ⅲb) | — | 1.1s | — |

**3. 侧滑幅值要求**

国军标对侧滑幅值的要求为：在方向操纵松浮，由阶跃滚转操纵指令产生的侧滑变化量 $\Delta\beta$ 与参数 $k$ 之比应小于表 13－2 规定的值。滚转操纵指令应保持不变直到滚转角变化至少 60°。参数 $\Delta\beta$ 与 $k$ 的计算详见文献[121,122]。

表 13－2　国军标对侧滑幅值的要求

| 标准 | 飞行阶段种类 | 不利侧滑(右滚转指令引起右侧滑) | 有利侧滑(右滚转指令引起左侧滑) |
|---|---|---|---|
| 1 | A | 6° | 2° |
| | B 和 C | 10° | 3° |
| 2 | 全部 | 15° | 4° |

## 13.4.2　仿真分析

**1. 稳定性**

对图 13－11 所示的侧向控制增稳控制回路进行频域分析，可得如图 13－12 所示的各状态点的稳定裕度。

由图 13－12 可得如下结论：

(1) 区域Ⅰ中各状态点的稳定裕度略低于国军标要求，这是由于该包线区域飞机空速接近失速，舵面控制能力较低。同时由 11.1.3 节知，侧向惯性矩相对较小，极易受扰动影响，导致稳定性较低。因而，该区域将在后文重点进行改进。

(2) 区域Ⅱ、Ⅲa、Ⅲb 中各状态点的稳定裕度均优于国军标要求。

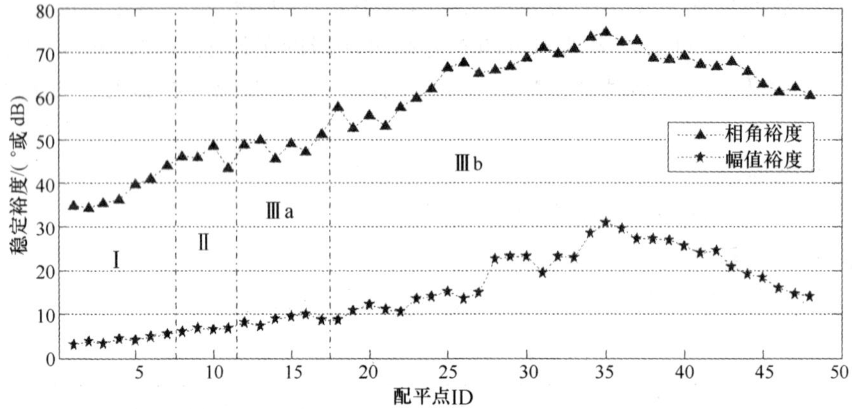


图 13-12　侧向控制增稳控制律各状态点处稳定裕度

总体上看,所设计的侧向控制增稳控制律稳定裕度基本满足国军标要求。

**2. 滚转性能**

以图 11-11 中“★”标注的状态点为例,采用表 13-1 中的飞行品质准则,则各状态点侧向控制增稳控制律的仿真结果如下。

区域Ⅰ:对于单独的最大右压杆输入,飞机侧向各变量动态响应如图 13-13 所示。

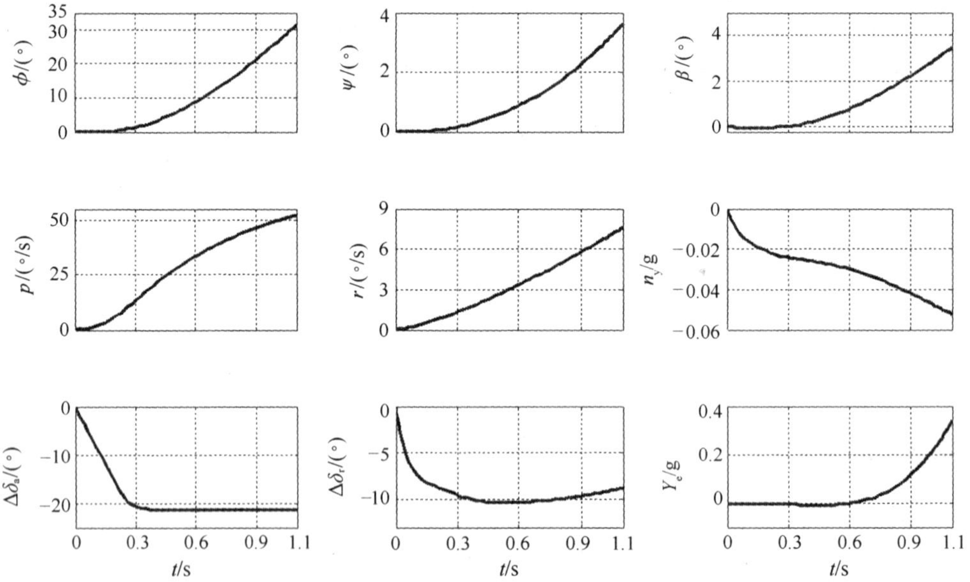


图 13-13　区域Ⅰ中典型状态点的滚转响应

区域Ⅱ:对于单独的最大右压杆输入,飞机侧向各变量动态响应如图 13-14 所示。

区域Ⅲa:对于单独的最大右压杆输入,飞机侧向各变量动态响应如图 13-15 所示。

区域Ⅲb:对于单独的最大右压杆输入,飞机侧向各变量动态响应如图 13-16 所示。

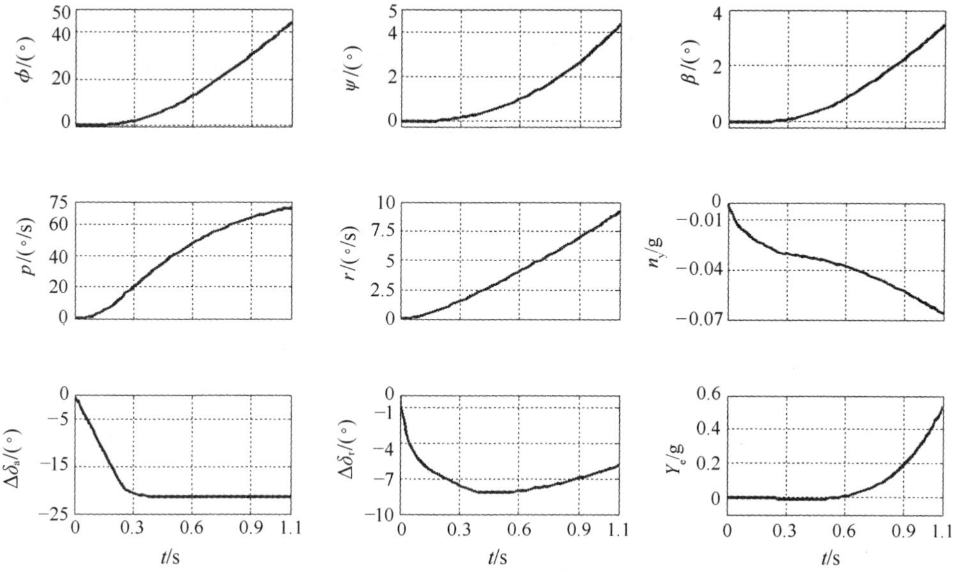


图 13－14　区域Ⅱ中典型状态点的滚转响应

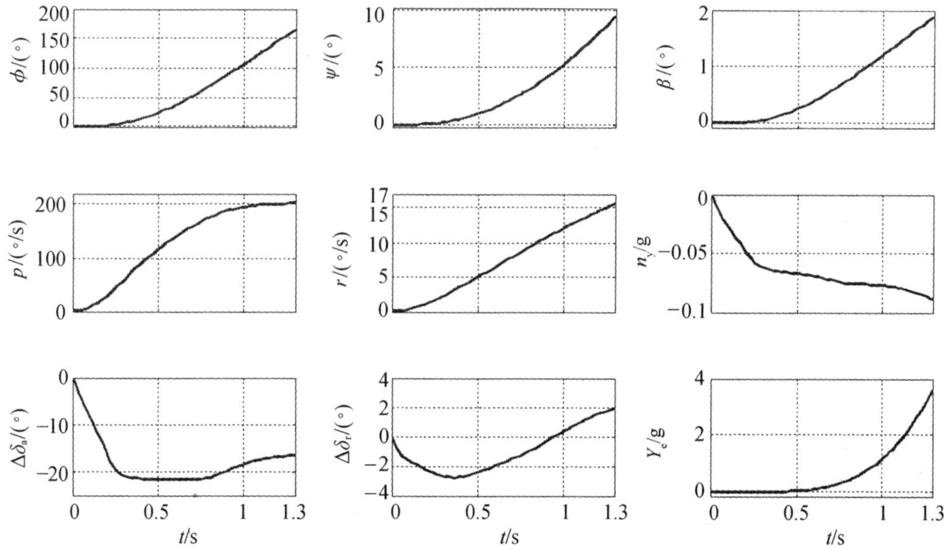


图 13－15　区域Ⅲa 中典型状态点的滚转响应

由以上仿真结果可得如下结论：

（1）所选状态点的飞机滚转性能均优于国军标要求，且随动压的增大，滚转性能逐渐增强。同时，滚转响应快速无振荡，具有较好的动态过程。因而，侧向控制增稳控制律能够满足滚转性能的要求。

（2）滚转操纵过程中产生的偏航、侧滑和侧向过载均很小，说明所设计的航向控制律具有较好的协调能力。

（3）副翼和方向舵的偏转量较小，能够满足实际系统对用舵量的限制。

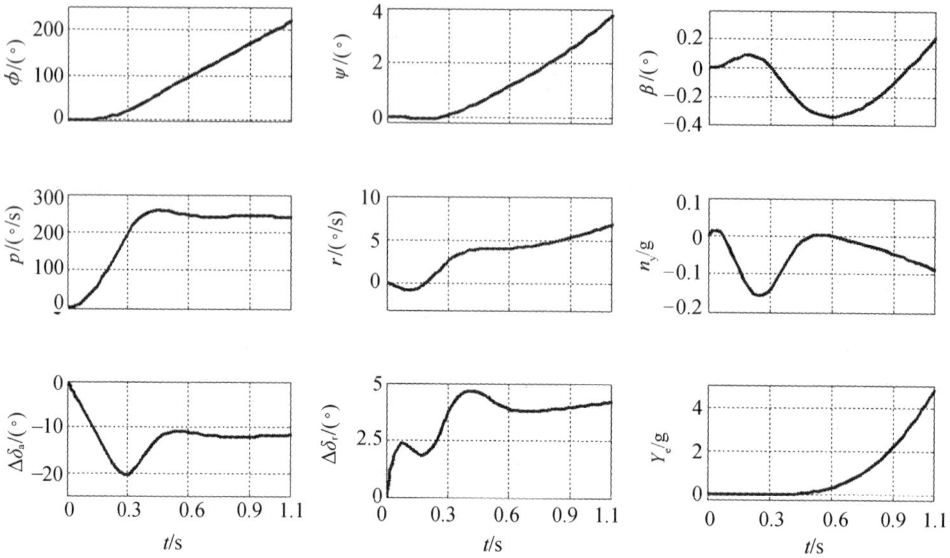


图 13－16　区域Ⅲb 中典型状态点的滚转响应

**3. 侧滑幅值限制性能**

在滚转性能仿真基础上，按表 13－2 中侧滑幅值限制要求，计算所有状态点的侧滑幅值可得各状态点滚转操纵产生的侧滑幅值随动压的分布图，如图 13－17 所示。

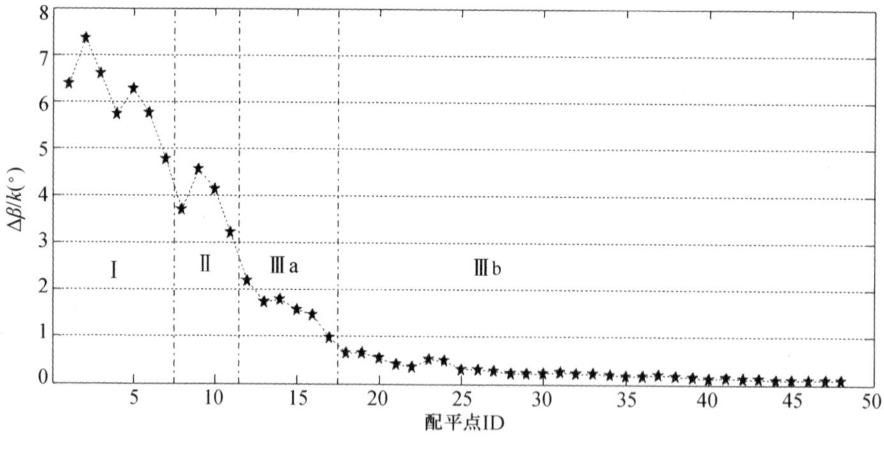


图 13－17　所有状态点的侧向滚转操纵产生的侧滑幅值

由滚转响应可知，这里属于表 13－2 中不利侧滑的情况。由图 13－17 可知，区域Ⅰ中个别状态点的侧滑幅值超出一级品质要求，但仍优于二级标准，符合该区域飞行品质可适当降级的要求。随动压增大，侧滑幅值迅速减小，侧滑限制能力大大优于国军标一级标准要求。因而，本节设计的侧向控制增稳控制律具有较好的抑制侧滑性能。

以上三方面评价结果均说明所设计的侧向控制增稳控制律具有良好的控制性能，为侧向控制律的非线性验证与改进奠定了基础。

# 第十四章 控制律验证与加油模态改进

本章以F－16非线性六自由度运动模型为被控对象，考虑飞机三轴运动的耦合，对线性设计阶段获得的控制律进行验证与改进，并通过人在回路的飞行仿真试飞试验进行综合性能测试。

首先，从低速大迎角飞行状态（包线区域Ⅰ、Ⅱ）和正常飞行状态（包线区域Ⅲa、Ⅲb）两方面对第十二章和第十三章设计的控制律进行全面的验证与改进。其中，低速大迎角飞行状态主要验证稳定性和惯性交感抑制性能，并在保证滚转性能基础上设计惯性交感抑制控制律。正常飞行状态由于线性设计阶段的性能均优于国军标要求，仅进行典型操纵输入下的性能验证。然后，借鉴飞行模拟器设计思路，以FlightGear和Matlab为软件核心，构建实时可视化飞行仿真系统，辅助控制律的验证与改进，并为人在回路的综合飞行仿真试验提供试验平台。最后，对改进后的控制律进行人在回路的飞行仿真试飞试验，并给出全面的性能评价。

由控制律线性初步设计可知，性能相对较低的是失速/过失速飞行状态（包线区域Ⅰ、Ⅱ）中各状态点，其性能大都按国军标规定进行了合理降级。这一包线区域气动特性复杂，特别是低速大迎角时的滚转操纵极易产生惯性交感现象而导致飞机失控。因此，有必要针对低速大迎角滚转时的稳定性和惯性交感抑制性能进行详细验证与控制律改进。而正常飞行状态（包线区域Ⅲa、Ⅲb）中各状态点控制律性能均优于国军标要求，仅进行综合验证即可。

人工空中加油对接飞行任务对电传飞控系统的一般要求是，电传系统应使飞行员较为容易的操纵飞机姿态角，进而便于飞机高度、位置的操控，以降低对接飞行困难，提高对接成功率。最后根据上述原则，借鉴某型飞机空中加油模态控制律设计思想，以F－16电传控制增稳控制律改进为例介绍空中加油模态的设计思路，其中对接速度由飞行员通过油门通道的精微操纵完成，不再赘述。

## 14.1 控制增稳模态验证与改进

### 14.1.1 使用、可用包线内控制律验证

控制律线性初步设计中，使用、可用包线（即如图8－13所示的飞行包线区域Ⅱ、Ⅲ）各设计状态点控制性能均优于国军标要求，因而仅进行如下综合验证。

假定飞机初始状态为高度3000m，马赫数0.67的高速平飞，则改进后的系统C在典型操纵输入下的飞机动态响应如图14－1所示。

由图14－1中三轴操纵输入$F_{lat}$、$F_{long}$和$F_{ped}$可知，该测试输入主体为纵向斤斗机动操纵。同时，为验证系统C在不同飞行状态下的稳定性，分别于5s、12s时施加持续时间为

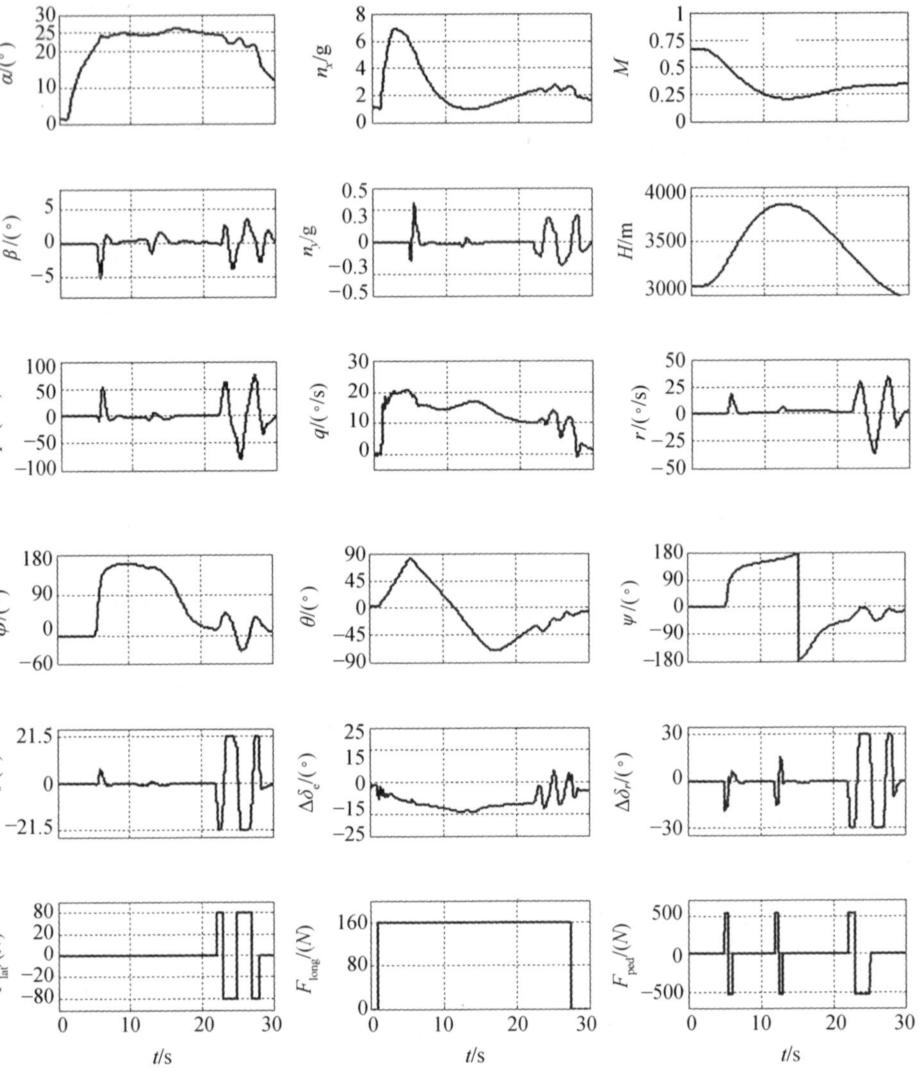

图 14－1　正常飞行状态下飞行测试动态响应

1s 的脚蹬操纵扰动；为验证滚转性能，于 22～28s 施加往复式压杆操纵，其中 22～25s 为副翼—方向舵协调操纵。

由图 14－1 可知，对于三轴大幅剧烈操纵，飞机响应灵活迅速，具有较高的机动性。同时，速度、高度均大幅变化的整个过程始终保持了稳定可控，即所设计的控制律具有良好的稳定性。具体分析如下：

（1）迎角最大值为 26°，证明所设计的纵向通道迎角/过载限制器性能优异。

（2）侧滑角最大振幅仅为 5.5°，证明所设计的侧向通道控制律具有较强的抑制侧滑能力。

（3）从图中 25～28s 可知，虽仅有滚转操纵，但方向舵偏角同样达到最大，使侧滑角始终小于 5°，说明所设计的副翼—方向舵交联控制律控制性能较好。

## 14.1.2 失速/过失速控制律验证与改进

控制律线性设计中，纵向通道功能结构和交联关系较为简单，因而其飞行品质评价结果较为准确。而侧向通道功能结构和交联关系则相对复杂，解耦后的侧向飞行品质评价难以得出准确结果。同时，飞机绕速度轴滚转时的惯性交感抑制控制律涉及横纵向的交联控制无法在线性设计阶段进行设计验证。因此，本节将低速大迎角滚转飞行作为极限飞行状态控制律验证与改进的核心内容，重点对稳定性和保证滚转性能的惯性交感抑制控制律两方面进行性能验证与改进设计。

**1. 低速大迎角滚转性能的验证分析**

假定飞机初始状态为高度9150m，马赫数0.3，迎角25°的低速大迎角平飞。将第十二、十三章设计的控制律简记为系统A，并应用于图8-14所示的F-16非线性六自由度运动模型，可得如图14-2所示的飞机低速大迎角飞行时滚转动态响应。图中，$F_{lat}$、$F_{long}$和$F_{ped}$分别为滚转、俯仰和脚蹬的操纵力。

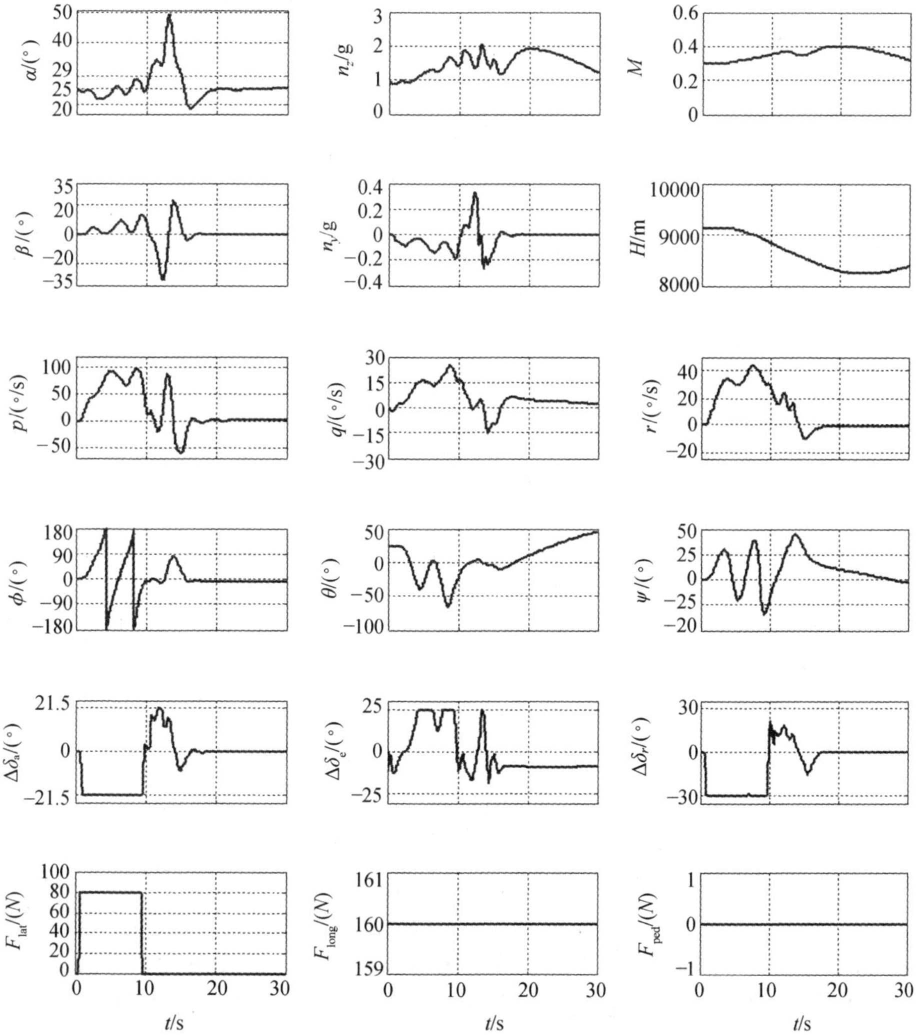


图14-2 系统A大迎角滚转性能

由图 14－2 可知，大迎角快速滚转操纵的整个过程虽然存在较大振荡，但最终保证了飞行稳定，说明系统 A 在极限飞行状态下仍具有较好的稳定性。具体分析响应过程，可得以下结论。

（1）初始响应段（0～5.1s）：由式（11.7）可知，随滚转角速率 $p$ 和偏航角速率 $r$ 的快速增长，上仰惯性交感力矩逐渐增大，但幅值仍在俯仰控制力矩范围内，系统 A 具有较好的控制性能：

① 迎角限制器使升降舵正向满偏较好地限制了迎角幅值。

② 尽管没有脚蹬操纵输入，但侧杆指令通过副翼—方向舵交联控制律同样使方向舵协调全偏，较好地起到了抑制有害侧滑的作用。

③ 滚转 30°时间 $\Delta t_{\phi=30°}=1.05\text{s}$，侧滑最大值为 4.98°，均满足表 13－1 要求。

（2）中间响应段（5.1～15.1s）：主要存在以下两方面不足。

① 由于滚转角速率 $p$ 和偏航角速率 $r$ 的继续增长，使绕速度轴的滚转角速率 $\Omega_\alpha$ 超过式（11.12）所规定的俯仰临界滚转角速率，俯仰稳定和控制力矩无法克服上仰惯性交感力矩，导致迎角超出限制范围（最大值达 49°），即产生俯仰分离。

② 由图中可知，10.5s 时，由于俯仰分离导致迎角超过 29°，使自动防止尾旋控制律接通，进而使偏航角速率 $r$ 迅速减小，避免了俯仰分离进一步发展为尾旋，即自动防止尾旋控制律性能良好。但由式（11.6）可知，偏航角速率 $r$ 的减小使飞机更贴近机体纵轴滚转，从而加剧了迎角与侧滑角的运动耦合，导致侧滑角剧烈振荡，使滚转指令结束后，9.7～15.1s出现了短暂的失控现象。

出现上述不足主要是控制律线性设计阶段，被控对象横纵向线性解耦，无法按照 11.1.3节确定的控制策略对惯性交感现象进行控制律设计造成的。

**2. 惯性交感抑制控制律改进**

1）反馈变量的选择

11.1.3 节已得出抑制惯性交感力矩最直接的方法是限制绕速度轴滚转的角速率，而选取何种反馈变量构成自动限制控制律便成为设计关键。选取迎角、动压和升降舵偏角三个变量，其理由分别如下：

（1）选取迎角是因为由式（11.8）可知，俯仰惯性交感力矩是迎角的函数。同时，由图 11－4 可知，俯仰控制力矩随迎角增大而减小。

（2）选取动压的原因是式（11.12）可表示为图 14－3 所示的不同动压下俯仰控制力矩与最大允许滚转角速率的关系图，由图可知最大俯仰控制力矩随动压增大而增大。

（3）选取升降舵偏角是由于它是俯仰控制力矩裕量的直接体现。

2）惯性交感抑制控制律

限制滚转角速率最简单的方法是在滚转指令梯度的输出端加入指令限幅环节。由上述反馈变量与俯仰控制力矩的关系可知，飞机低速大迎角快速滚转过程中，为降低滚转角速率并保持足够的俯仰控制力矩，惯性交感抑制策略应为：当迎角和升降舵偏角大于各自阈值（分别选定为 15°和 5°）后，逐渐降低滚转角速率上限；当动压小于其阈值（选定为 10500N/m$^2$，对应约 120m/s）后，也逐渐降低滚转角速率上限。在滚转通道综合上述三种反馈限制策略，设计的滚转角速率指令的限幅环节如图 14－4 所示，图中 $|p_{\text{com}}|_{\max}$ 直接作为滚转指令梯度的输出限幅，$k_q<0$，$k_{\alpha_i}$，$k_{\delta_e}>0$。

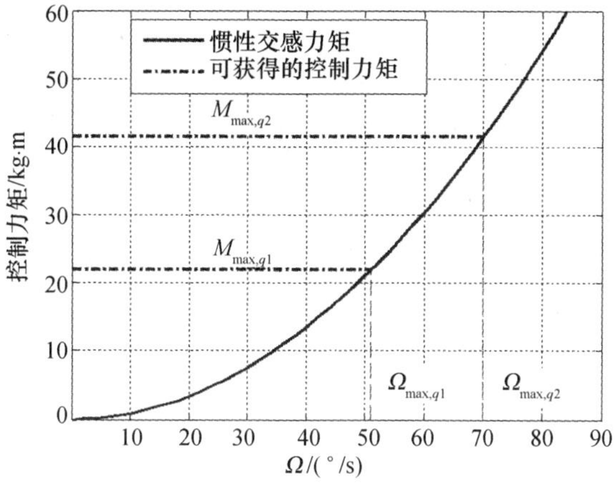


图 14-3　俯仰控制力矩与最大允许滚转角速率的关系示意图

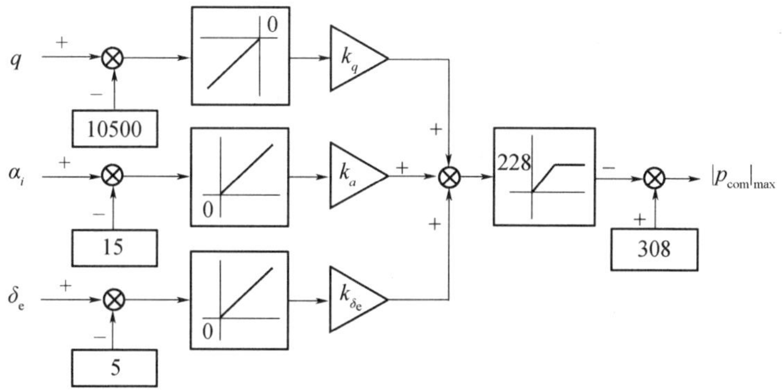


图 14-4　滚转通道惯性交感抑制控制律

惯性交感抑制的本质是使升降舵产生足够的俯仰控制力矩，因而飞机大迎角滚转过程中，在限制滚转角速率基础上，还应根据瞬时滚转角速率协调偏转升降舵以提供更大的俯仰控制力矩。升降舵基本偏转规律应为：小滚转角速率时不偏转，大滚转角速率时适当协调偏转以抵消惯性上仰力矩。因此，俯仰通道惯性交感抑制控制律如图 14-5 所示。

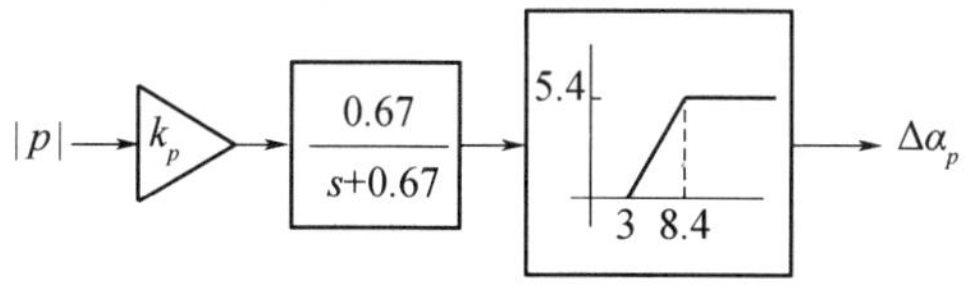


图 14-5　俯仰通道惯性交感抑制控制律

如图 14-5 所示，该控制律通过实时检测飞机瞬时滚转角速率 $p$，并将其转换为等效迎角增量 $\Delta\alpha_p$ 叠加到纵向迎角限制器输入端，使升降舵协调偏转。滚转角速率 $p$ 与等效迎角增量 $\Delta\alpha_p$ 的转换关系如图 14-6 所示。

将添加图 14-5 和图 14-6 所示惯性交感抑制控制律后的电传控制律简记为系统 B，当采用与系统 A 相同的初始条件和操纵时，可得如图 14-7 所示的飞机低速大迎角滚转动态响应。

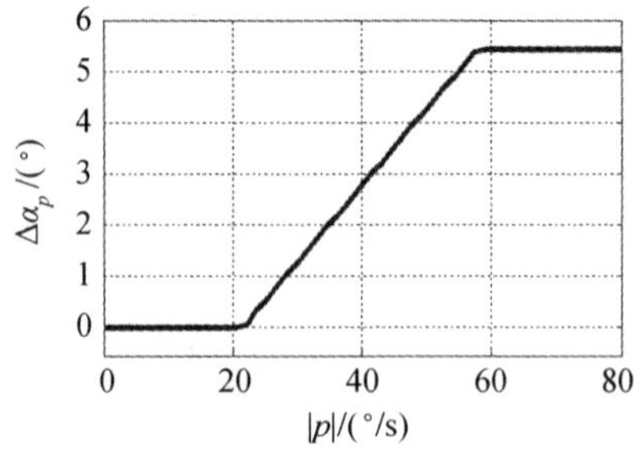


图 14－6　$p$ 与 $\Delta\alpha_p$ 的关系

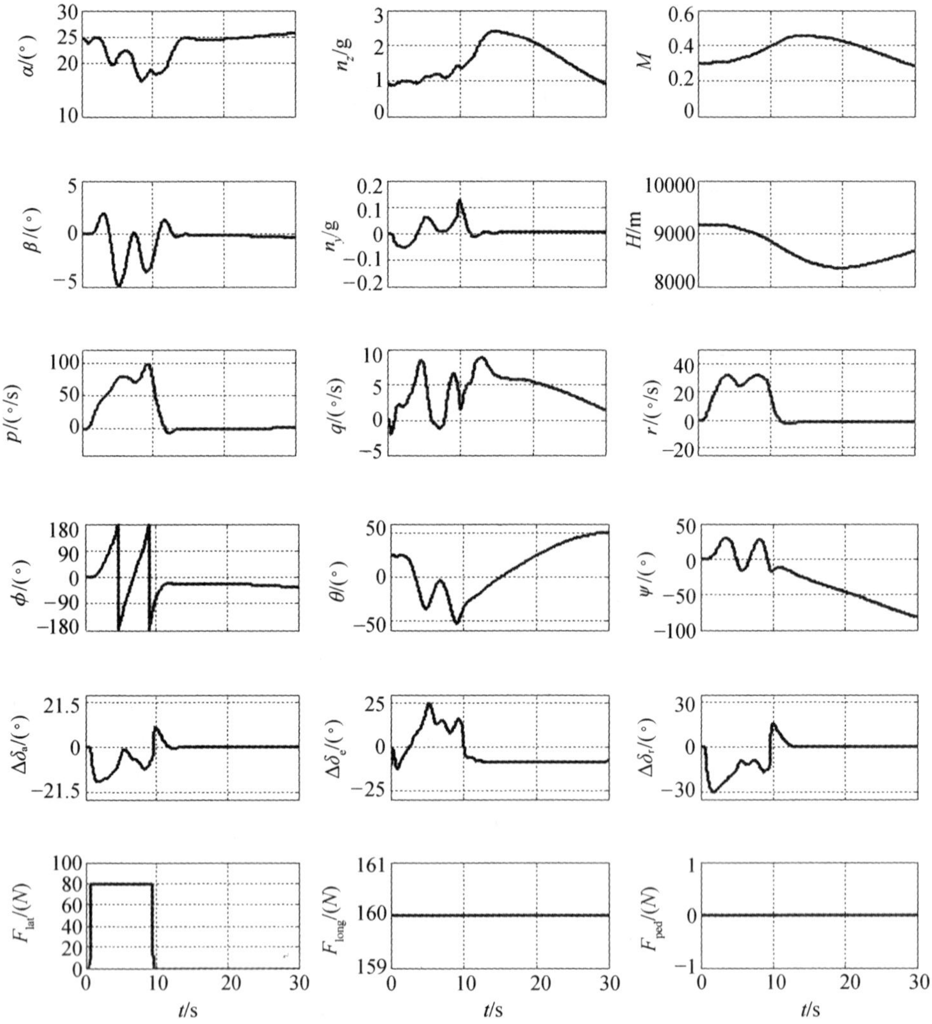


图 14－7　系统 B 大迎角滚转性能

对比图 14－7 和图 14－2 可知，由于系统 B 加入了惯性交感抑制控制律，通过降低滚转角速率指令，使惯性上仰力矩大大减小，克服了惯性交感现象。系统 B 具体优点表现为：

（1）完全克服了系统 A 存在的俯仰分离和侧滑角剧烈振荡两大不足。滚转过程中，迎角始终被限制在 25°以内，侧滑角最大振幅为 5°，均在最佳范围内，能够保证各气动舵面的控制效率。

（2）各控制舵面偏转量均大幅下降，使系统 B 具有更多控制裕量，进而使其机动性潜力更大，安全性更好。

（3）惯性交感力矩的减小对机体结构强度的要求降低，可减轻机体重量。

系统 B 通过降低滚转角速率来抑制惯性交感现象取得以上收益的同时，也使其滚转性能降低，尤其初始滚转性能下降较大，滚转至 30°的时间增大为 $\Delta t_{\phi=30°}=1.94$s。实际飞行中，驾驶员为提高滚转速度，往往会通过在滚转操纵的同时协调脚蹬输入。因此，在系统 B 中协调施加滚转和脚蹬输入可得如图 14－8 所示的飞机低速大迎角滚转动态响应。

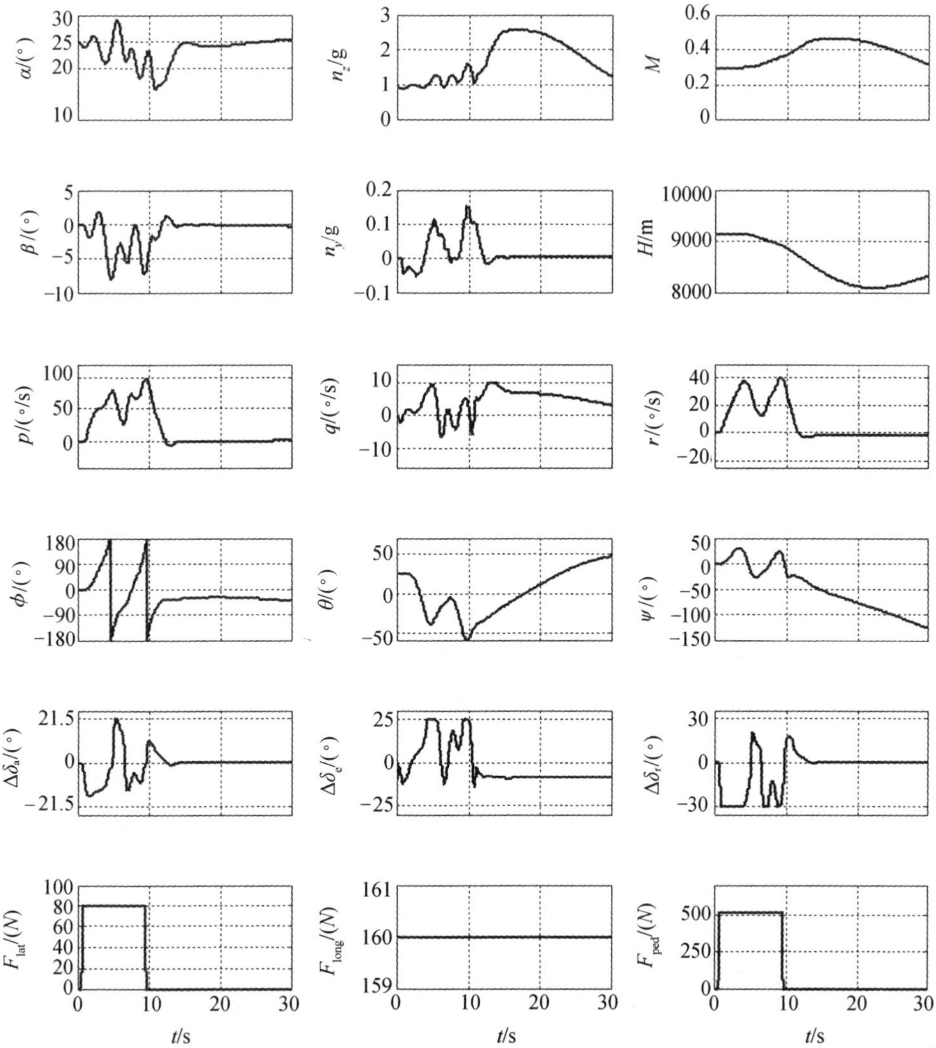


图 14－8　系统 B 大迎角滚转时的协调操纵响应

对比图 14－8 与图 14－7 可知，当协调加入脚蹬输入后，不但滚转角速率增大不明显，反而使迎角、侧滑角振荡加剧，又出现了明显的惯性交感现象。

为改进系统 B 出现的初始滚转性能下降和协调操纵造成的惯性交感现象，简单可行的方法是设法解除小滚转速度时的惯性交感抑制控制律同时限制大滚转速率时脚蹬输入。为此在系统 B 基础上，对如图 14－4 所示的滚转通道惯性交感抑制控制律和脚蹬输入支路所做改进分别如图 14－9、图 14－10 所示，并简记为系统 C。

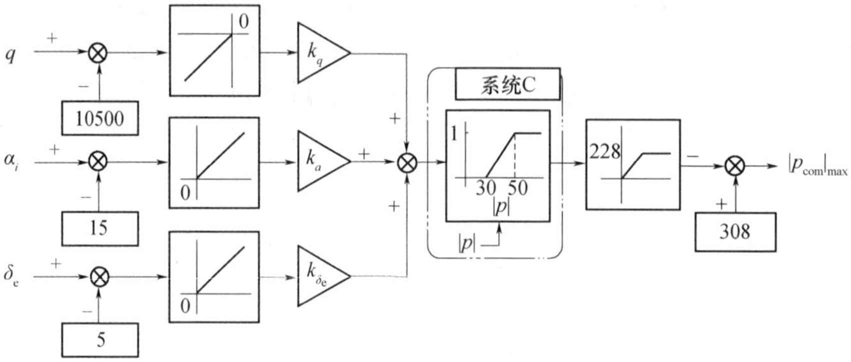


图 14－9　系统 C 对惯性交感抑制控制律的改进

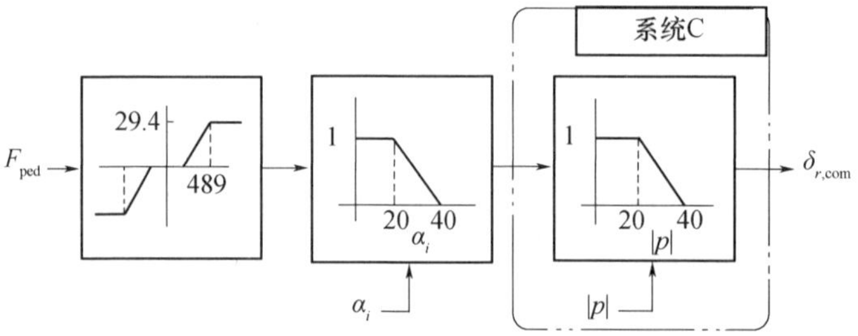


图 14－10　系统 C 对脚蹬输入支路的改进

改进前后飞机滚转性能的比较如表 14－1 所列，由此可知，系统 C 滚转性能满足国军标要求，较系统 B 有较大提高，与系统 A 基本相当。

表 14－1　改进前后大迎角下滚转性能比较

| 控制系统 | $\delta_{a,max}$ | $\Delta t_{\phi=30°}$ | $\Delta t_{\phi=90°}$ | $\Delta t_{\phi=180°}$ |
|---|---|---|---|---|
| A | －21.5° | 1.05s | 2.35s | 3.57s |
| B | －16.5° | 1.94s | 2.66s | 4.00s |
| C | －21.5° | 1.07s | 2.37s | 3.72s |

在相同初始条件下，协调施加滚转和脚蹬输入可得如图 14－11 所示的系统 C 控制下的飞机低速大迎角滚转动态响应。由图可知，系统 C 克服了系统 B 存在的初始滚转性能下降和协调操纵造成惯性交感两个主要不足。

通过对比上述仿真结果可知，经一系列改进后的系统 C 兼具系统 A 的快速滚转能力和系统 B 的惯性交感抑制能力，完全满足国军标要求，具有良好控制性能。

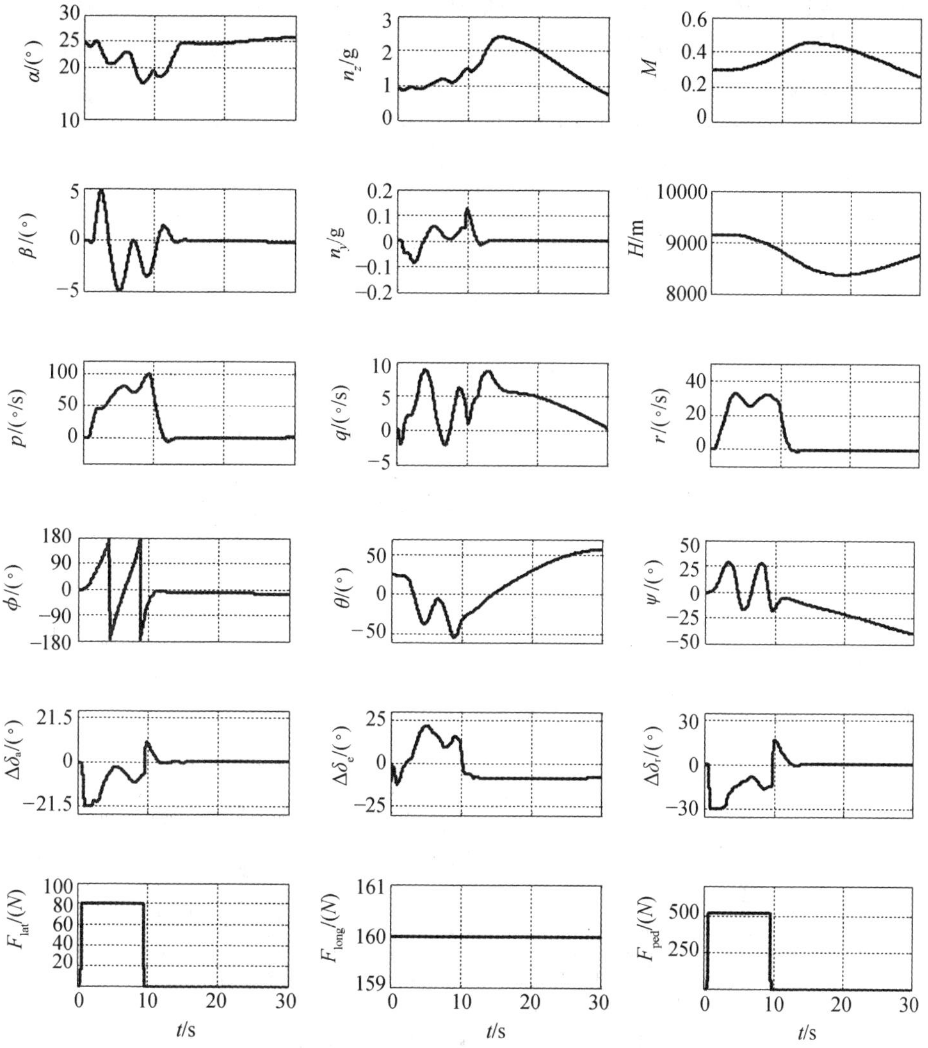


图 14－11　系统 C 大迎角滚转时的协调操纵响应

### 14.1.3　基于 FlightGear 的仿真试飞试验

David Murr 于 1997 年 7 月发布了第一个跨平台版本。之后，FlightGear 从最初粗糙的空气动力学模型开始，逐渐引入了自然特性、平显仪表、电子导航系统、机场与跑道以及网络互联操作等众多特性。FlightGear 不但拥有强大真实的飞行模拟功能，而且其开放式的程序构架和预留的外部数据输入/输出接口，赢得了专业用户的青睐，成为众多科研部门的飞行仿真可视化引擎。时至今日，FlightGear 已成为最著名的跨平台开源飞行模拟软件之一。FlightGear 集成了全球的地形、地貌、众多机场和飞机 3D 模型，与利用视景建模工具重新开发飞行视景系统相比，利用飞行仿真数据驱动 FlightGear 可视化引擎，具有跨平台、多场景、多机型、可交互和开放性等优点。

借鉴飞行模拟器的结构框架，基于 FlightGear 的飞行仿真系统的总体结构如图 14－12 所示。由图可知，该系统主要由操纵输入设备、飞行仿真及虚拟仪表系统、通信网络和视景显示系统四部分组成，其硬件均采用常规商业产品，具有成本低廉、结构简单、构建方便、移植性强等优点，最重要的是它突出了飞行控制研究最关心的高效的飞行仿真和逼真的视景显示这两个关键性能。

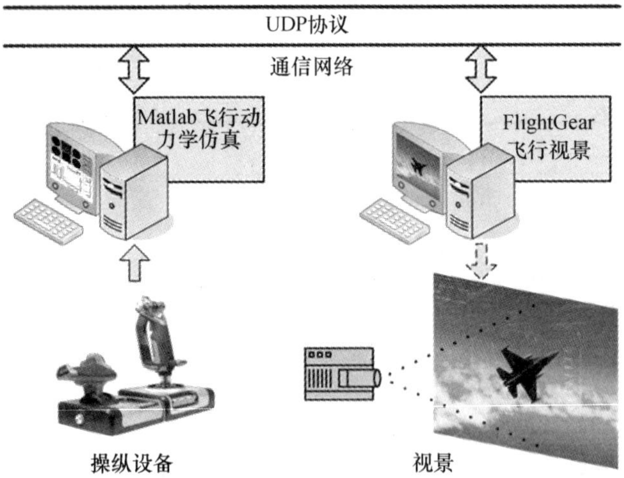

图 14-12　基于 FlightGear 的飞行仿真系统的总体结构

自行构建的基于 FlightGear 的飞行仿真系统实物如图 14-13 所示。其中，视景界面如图 14-14 所示，采用液晶显示器，，根据需要可扩展为投影显示系统。

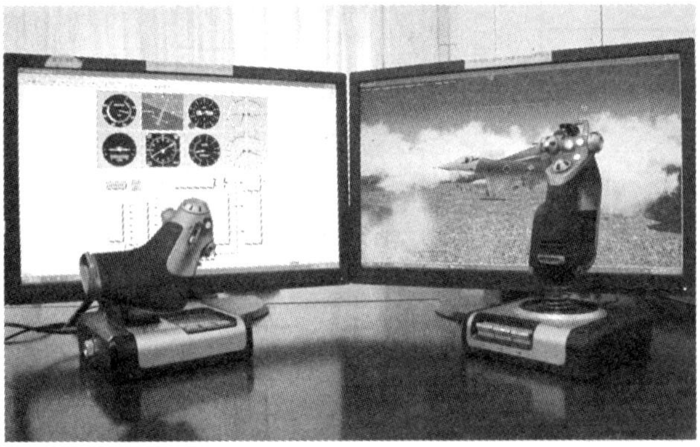
图 14-13　飞行仿真系统实物图

图 14-14　基于 Flightgear 的空中加油视景界面

此外，在 Matlab/Simulink 环境中设计了如图 14－15 所示的飞机虚拟仪表，用以辅助飞行员操纵。

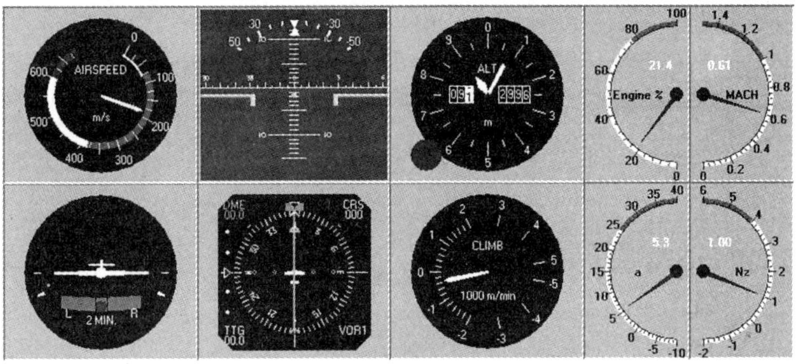


图 14－15　基于 Simulink 的飞机虚拟仪表系统

以图 14－12 和图 14－13 所示的基于 FlightGear 的飞行仿真系统为仿真试飞平台，对完整电传控制律进行全包线六自由度试飞试验，目的是通过一系列连续大机动飞行科目，综合验证所设计控制律的稳定性和控制性能，给出可信的飞行员试飞评价。

试飞初始条件为：平飞、高度 6000m，速度 100m/s，轻度紊流。仿真试飞试验航迹如图 14－16 所示，试飞过程中的飞机各状态参数的动态响应如图 14－17 所示。具体试飞科目和 Cooper－Harper 评价结果如表 14－2 所列。

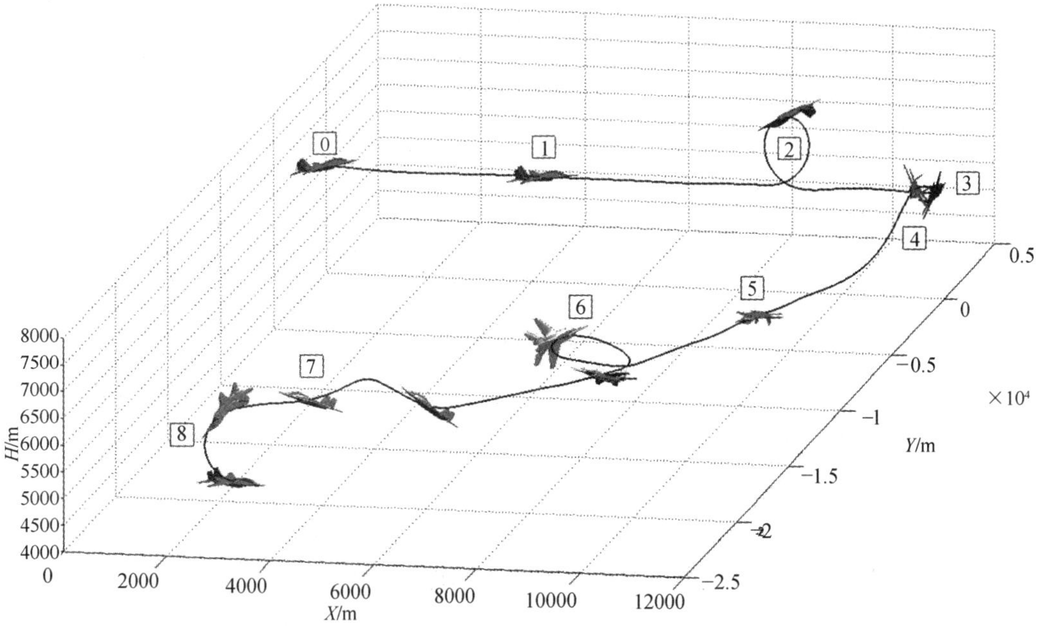


图 14－16　试飞试验航迹仿真图

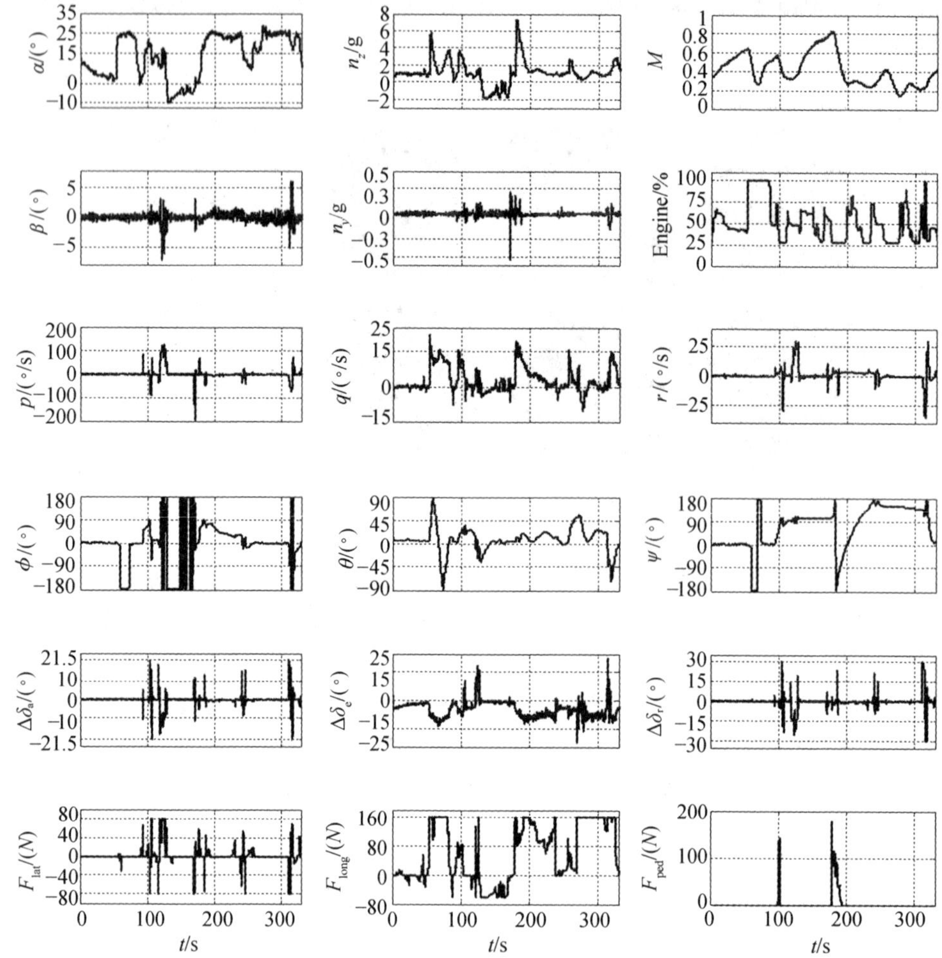

图 14－17　飞行仿真试飞试验参数动态响应

表 14－2　试飞科目及飞行员评价结果

| 序号 | 试飞科目 | 图 14－22 中航迹位置 | Cooper－Harper 评价结果 | | |
|---|---|---|---|---|---|
| | | | 操纵性 | 工作负担 | C－H 评级 |
| 1 | 平飞加速 | 1 | 良 | 仅需极少补偿 | 3 |
| 2 | 斤斗 | 2 | 良 | 仅需极少补偿 | 3 |
| 3 | 90°快速转向 | 3 | 良 | 仅需极少补偿 | 3 |
| 4 | 快速滚转 | 4 | 良 | 仅需极少补偿 | 3 |
| 5 | 倒飞及改平 | 5 | 良 | 仅需极少补偿 | 3 |
| 6 | 协调转弯 | 6 | 良 | 仅需极少补偿 | 3 |
| 7 | 大迎角平飞 | 7 | 良 | 仅需极少补偿 | 3 |
| 8 | 半滚倒转 | 8 | 良 | 仅需极少补偿 | 3 |

# 14.2 空中加油模态控制律设计

## 14.2.1 “比例”式和“比例＋积分”式控制思路的区别

如第12章所述，本书介绍的F－16电传控制系统纵向通道的前向支路采用了“比例＋积分”的控制结构，这种控制结构被欧美战机广泛采用。与之对应，也有大量飞机（如苏式飞机）采用的是单纯“比例”式（也称为“杆舵对应”式）前向支路。人工空中加油模态控制律的设计首先将从这二者的区别说起。

首先，介绍一下速度稳定性的概念。操纵力 $F$ 对速度 $V$（马赫数）的梯度 $F^V$，称为操纵力速度梯度，它是飞机静操纵性的一个重要指标。它与飞机速度静稳定性有如下关系：对于具有速度静稳定性的飞机，$F^V>0$，即要求增加速度时需要向前推驾驶杆，这和飞行员的生理习惯一致；对于速度静不稳定的飞机，$F^V<0$，即要求增加速度时需要向后拉驾驶杆，出现反操纵现象；对于速度中立稳定的飞机，$F^V=0$，即速度的改变与驾驶杆的操纵无关。这样，可定义 $F^V>0$ 为正速度稳定性（Positive Speed Stability，PSS），简称速度稳定性；$F^V<0$ 为负速度稳定性；$F^V=0$ 为中立速度稳定性（Neutral Speed Stability，NSS）。

在F－16电传控制系统的前向支路中引入“比例＋积分”环节的目的是使系统既有中立速度稳定性控制律的特点。积分环节的作用是：在操纵状态下，使操纵力指令信号与俯仰角速度、法向过载反馈信号综合后的误差保持为零；在扰动状态下，使任何非指令信号的反馈信号（或俯仰角速度或法向过载信号）能自动地减小到零。由于前向支路中积分环节的存在，使得纵向操纵力与平尾偏角失去了比例关系，从而使飞机的速度或迎角或过载与纵向操纵力失去了比例关系，飞机的这种特性通常称为中性速度稳定性。在这种情况下，系统呈现比例积分控制律的特点，其相应的传递函数为

$$F(s)=1+\frac{k}{s}$$

由上式可知：在高频区域内，此环节近似地等效一个比例环节，使这个系统具有快速响应的特点；在低频区域，此环节近似地起积分作用，使系统具有一阶无静差的特点，即呈现中立速度稳定性控制律特点。例如，飞机在飞行员无操纵输入的情况下做等速直线水平飞行，如果飞机受到某个不平衡力矩的作用使得俯仰角速度不等于零，那么系统会自动偏转舵面，直至不平衡力矩消失为止，从而实现自动配平的目的。

过去，我国大量装备苏式飞机，这些飞机采用的是“杆舵对应”式飞控设计思路，当欧美“比例＋积分”式设计思路出现时，飞控设计师和飞行员普遍形成了如下的第一印象：“比例＋积分”式控制规律在飞机的起飞着陆过程中会给飞行员对飞机的操纵带来困难。因为在起飞着陆过程中，飞行员要根据起飞着陆的进程，操纵驾驶杆，偏转平尾来改变迎角，控制飞机的速度和航迹俯仰角。而积分作用的存在会使驾驶杆的位置与舵面偏角之间失去比例关系，这使得飞行员不容易掌握所需的驾驶杆操纵量。以着陆拉平阶段的操纵为例，在正常情况（比例式操纵）下，飞行员为增大迎角，会逐渐地向后拉驾驶杆使平尾前缘逐渐下偏，以达到拉平飞机的目的。在比例加积分控制的情况下，由于积分作用会不断地配平飞行员对平尾的操纵，因此当飞行员按照习惯拉杆时，会感觉操纵量不足，从而

增大操纵量。这很有可能会使得飞机反应过分猛烈，甚至可能会造成事故。为此，在起飞或着陆飞行中，当飞机起落架放下时，系统中计算机输出一个电信号，自动将积分器切除。此时系统呈现比例控制特性，要求飞行员进行人工配平。

以上表述可总结为如表 14－3 所列的"比例"式和"比例＋积分"式飞控设计思路的优缺点比较。

表 14－3 "比例"式和"比例＋积分"式飞控设计思路的优缺点

| | | "比例"式 | "比例＋积分"式 |
|---|---|---|---|
| 操纵习惯 | 相对优点 | √ | |
| | 理由 | 飞机速度、迎角、姿态等运动变量与驾驶杆存在比例关系。<br>符合飞行员的操纵习惯 | 飞机速度、迎角、姿态等运动变量与驾驶杆不存在比例关系<br>不符合飞行员的操纵习惯 |
| 操纵负担 | 相对优点 | | √ |
| | 理由 | 前向支路的"比例"控制器无法自动消除操纵误差，飞控系统不具备自动配平能力，飞行员必须始终"握杆"以达到操纵目的，然后频繁调整调效机构以实现人工配平。飞行员忙于应付定高平飞等基本飞行操纵<br>飞行操纵负担较重 | 前向支路的"比例＋积分"控制器能自动消除操纵误差，飞控系统具备自动配平能力，飞行员达到操纵目的后即可使驾驶杆恢复中立，不需频繁调整调效机构以实现人工配平。飞行员无须应付基本飞行中的频繁配平操纵<br>飞行操纵负担较轻 |
| 机动能力 | 相对优点 | √ | |
| | 理由 | 飞机响应速度快，机动性好，有利于快速大范围机动操纵（如近距格斗、攻击站位）时发挥飞行员的主观能力 | 飞机响应速度较慢，机动性相对较低，不利于快速大范围机动操纵（如近距格斗、攻击站位）时发挥飞行员的主观能力 |
| 操纵精确性 | 相对优点 | √ | |
| | 理由 | 有利于精确性操纵（如起飞、着落） | 不利于精确性操纵（如起飞、着落） |
| 边界限制 | 相对优点 | √ | |
| | 理由 | 飞行员实时感受飞机运动变量的变化，有利于飞行员对迎角等变量超限的预警与反应 | 控制器自动缓慢配平飞机，飞行员无法实时感受飞机运动变量的变化，不利于飞行员对迎角等变量超限的预警与反应。必须特别注意边界保护设计 |

表 14－3 给人的第一印象是"比例＋积分"式飞控系统除操纵负担小以外一无是处。然而，电传系统毕竟是人工飞行控制系统，最终的优劣应该由飞行员的适应程度进行评

判。在国内飞控系统设计思想从苏联式向欧美式的漫长转变过程中，飞行员逐渐适应了这一变化。

近年来，国内多家科研院所设计的新型飞机，普遍采用了“比例 + 积分”式设计思想，甚至三个控制通道均采用了这一设计理念（注意，本书介绍的 F－16 电传控制系统还仅是纵向通道采用了“比例 + 积分”式控制结构）。飞行员对这些新式飞机的控制特性均未提出异议。对于当初最为担心的起飞、着落等精确控制阶段，现在飞行员完全可以不断开积分环节而实现完美的操控。由于“比例 + 积分”式飞控系统具备自动配平能力，大大简化了飞行员操纵流程，飞行员对其在飞机精确性操纵阶段表现反而更为满意。这在空中加油控制系统设计中还将进一步讨论。

经过长期的实践经验验证，“比例”式和“比例 + 积分”式设计思路的根本区别主要表现在表 14－3 中的操纵负担、机动能力和边界限制三个方面。

“比例”式和“比例 + 积分”式两种控制律给飞行员的操纵方式带来很大不同。以从平飞状态抬头并保持 5°俯仰角的操作为例，当使用“比例”式控制律时，飞行员会逐渐向后拉杆以获得抬头的俯仰角速率，在飞机俯仰角快到 5°时，飞行员必须提前缓慢向前回杆以降低抬头的俯仰角速率，使飞机抬头至 5°时俯仰角速率能够基本降低为 0。之后飞行员需要在此时的杆位移附近小范围的前后不断调整飞机驾驶杆，以确保飞机俯仰角保持在 5°。当使用“比例 + 积分”式控制律时，飞行员同样会逐渐向后拉杆以获得抬头的俯仰角速率，这时操作基本一致。但在飞机俯仰角快到 5°时，飞行员将相对较快的向前回杆至中立位置，此时飞机俯仰角将自动保持在 5°位置，不需要飞行员进行人工微调的配平操作。

电传飞行系统直接控制对象为角速率等飞机短周期状态量，飞行高度、位置等长周期状态量必须靠飞行员的操纵而间接完成。另外，飞机空速的操纵则是飞行员通过油门的精微操纵完成的。因此，人工空中加油对接飞行任务对电传飞控系统的一般要求是，电传系统应使飞行员较为容易地操纵飞机姿态角，进而便于飞机高度、位置的操控，以降低对接飞行困难，提高对接成功率。

综上可知，“比例 + 积分”式控制结构比“比例”式控制结构操纵负担大幅降低，特别是能够较为准确方便地控制飞机姿态角，这种姿态角操纵优势正符合受油机空中加油对接飞行的需求。因此，具备“比例 + 积分”式控制结构的受油机通常不需要特别设计空中加油模态也能较为方便地完成空中加油对接飞行任务。这种情况下空中加油模态控制律功能完全由所设计的电传控制增稳模态控制律承担，对接速度则由飞行员通过油门的精微操纵完成。

当飞行员对具备“比例 + 积分”式控制结构受油机的控制增稳模态控制律对接飞行控制品质不满意或其他原因需要对空中加油模态进行专门设计时，也应遵循人工空中加油对接飞行任务对电传飞控系统的一般要求。以下借鉴某型飞机空中加油模态控制律设计思想，以 F－16 电传控制增稳控制律改进为例介绍空中加油模态的设计思路，其中对接速度由飞行员通过油门通道的精微操纵完成。

### 14.2.2 纵向空中加油模态控制律设计

借鉴某型飞机空中加油模态控制律设计思想，在以上获得的 F－16 完整电传控制律结构基础上进行的纵向通道空中加油模态改进如图 14－18 所示，其中虚线部分为空中加油模态的改进。下面分别介绍各部分功能。

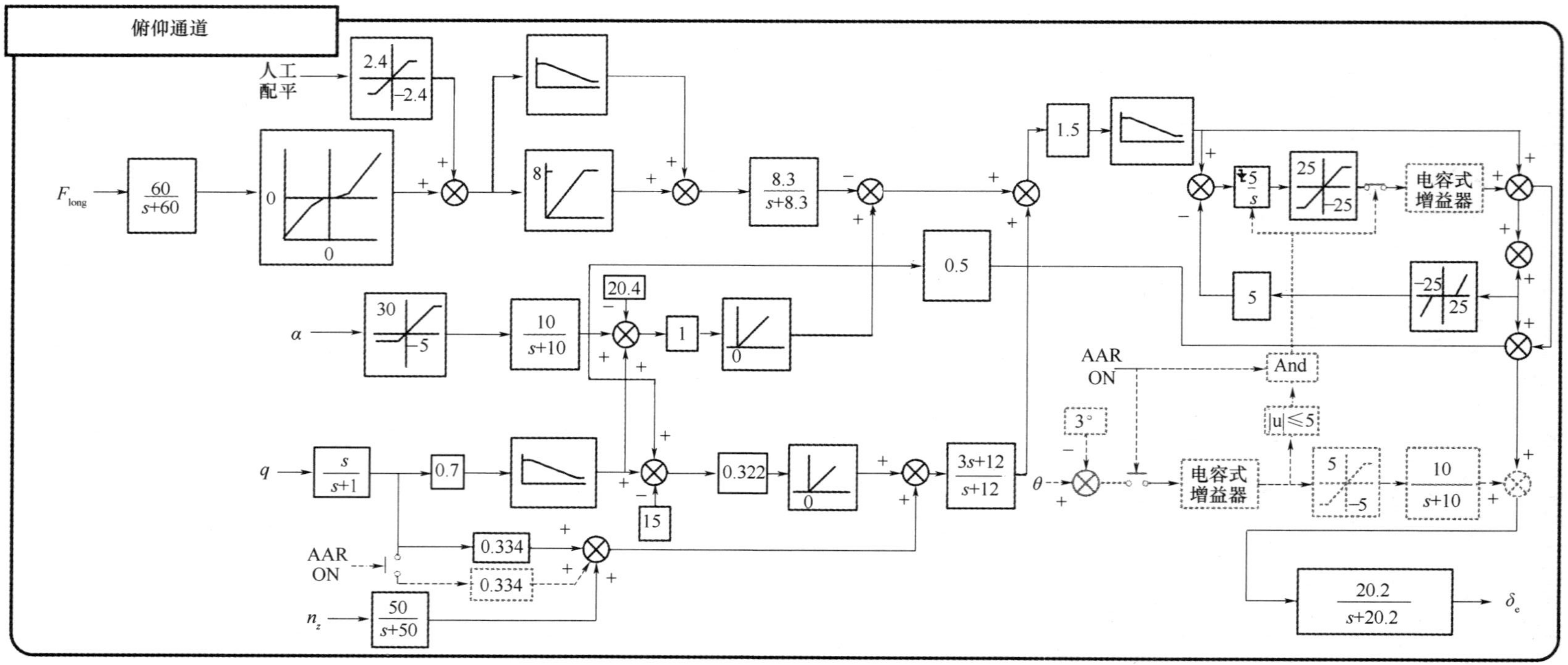


图14-18 F-16俯仰通道控制增稳及空中加油模态结构框图

**1. 引入俯仰角反馈改变指令构型**

鲁道夫指出,飞机俯仰短周期运动可近似表示为

$$\begin{bmatrix} \dot{q} \\ \dot{\alpha} \end{bmatrix} = \begin{bmatrix} M_q & M_\alpha \\ 1 & Z_\alpha \end{bmatrix}\begin{bmatrix} q \\ \alpha \end{bmatrix} + \begin{bmatrix} M_{\delta_e} \\ Z_{\delta_e} \end{bmatrix}\delta_e \tag{14.1}$$

法向过载 $n_z$ 与俯仰角速率 $q$ 的关系近似为

$$q = \begin{bmatrix} 0 & -\frac{V_0}{g}Z_\alpha \end{bmatrix}\begin{bmatrix} q \\ \alpha \end{bmatrix} \tag{14.2}$$

由此可推出

$$n_z = -\frac{V_0}{g}Z_\alpha \frac{Z_{\delta_e}s^2 + (M_{\delta_e} - M_q Z_{\delta_e} - Z_{\delta_e}Z_\alpha)s - M_{\delta_e}Z_\alpha + M_q Z_{\delta_e}Z_\alpha}{(s - Z_\alpha)[s^2 - (M_q + Z_\alpha)s + M_q Z_\alpha - M_\alpha]}\delta_e \tag{14.3}$$

$$q = -\frac{g}{V_0 Z_\alpha}\frac{(s - Z_\alpha)(M_{\delta_e}s - M_{\delta_e}Z_\alpha + M_\alpha Z_{\delta_e})}{Z_{\delta_e}s^2 + (M_{\delta_e} - M_q Z_{\delta_e} - Z_{\delta_e}Z_\alpha)s - M_{\delta_e}Z_\alpha + M_q Z_{\delta_e}Z_\alpha}n_z \tag{14.4}$$

即

$$q = \frac{M_{\delta_e}s - M_{\delta_e}Z_\alpha + M_\alpha Z_{\delta_e}}{s^2 - (M_q + Z_\alpha)s + M_q Z_\alpha - M_\alpha}\delta_e \tag{14.5}$$

当应用终值定理忽略上式中的动态环节时,可简化为

$$n_z = -\frac{V_0}{g}\frac{M_{\delta_e}Z_\alpha - M_q Z_{\delta_e}Z_\alpha}{M_q Z_\alpha - M_\alpha}\delta_e = K_{\delta_e n_z}\delta_e \tag{14.6}$$

$$q = -\frac{g}{V_0}\frac{M_{\delta_e}Z_\alpha - M_\alpha Z_{\delta_e}}{M_q Z_{\delta_e}Z_\alpha - M_{\delta_e}Z_\alpha}n_z = K_{n_z q}n_z \tag{14.7}$$

$$q = \frac{M_\alpha Z_{\delta_e} - M_{\delta_e}Z_\alpha}{M_q Z_\alpha - M_\alpha}\delta_e = K_{\delta_e q}\delta_e \tag{14.8}$$

由第十二章可知,本书介绍的 F－16 电传控制系统纵向通道飞行状态指令构型为指令法向过载 $n_z$,其控制律如式(12.3),重新列写如下:

$$\delta_{e,c} = k\left(\frac{a}{s} + 1\right)\left(n_z + k_q\frac{s}{s + b}q - n_{z,c}\right) - k_\alpha\frac{c}{s + c}\alpha \tag{14.9}$$

由于俯仰角速率 $q$ 和迎角 $\alpha$ 反馈分别用于改善动稳定性和静稳定性,不影响飞机操纵关系,为便于分析忽略二者影响。则由式(14.9)可知,当且仅当 $n_z - n_{z,c} = 0$ 时,纵向控制通道输出才有 $\delta_{e,c} = 0$。又由图 12－1 和图 12－2 可知,纵向杆位移到杆力再到驾驶杆过载指令 $n_z$ 均为一一对应关系。再结合式(14.6)～式(14.8),可认为 F－16 电传控制系统纵向通道飞行状态的控制实质是纵向杆位移与法向过载/俯仰角速率一一对应,即每固定一个纵向杆位移飞机将响应一个固定的法向过载/俯仰角速率。以上操纵关系可近似简化表示为图 14－19。

按照图 14－18 所示的控制律,当空中加油模态接通(AAR ON)时,引入俯仰角 $\theta$ 反馈构成关于俯仰角 $\theta$ 闭环,同时断开积分环节,这就实现了指令俯仰角 $\theta$ 的指令构型,如图 14－20 所示。

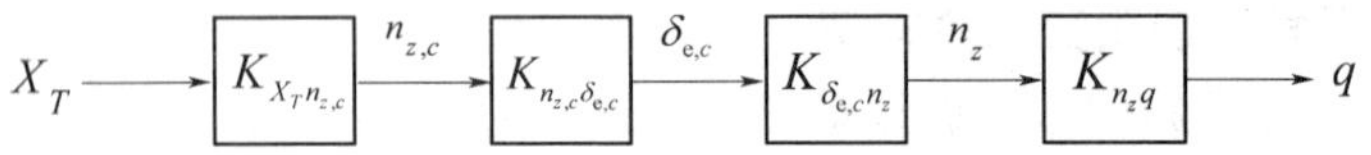


图 14-19 F-16 纵向通道控制增稳控制律的稳态控制原理

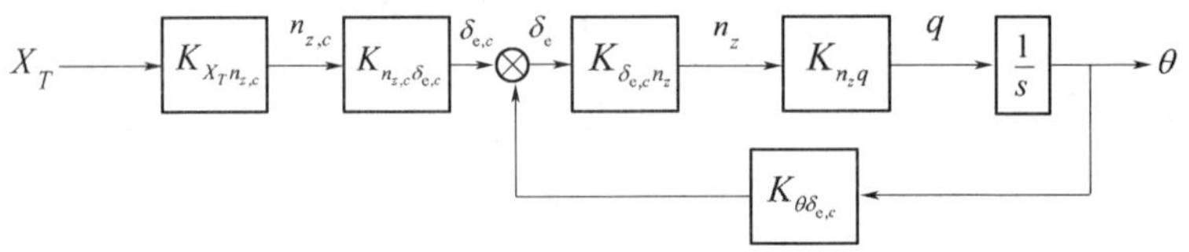


图 14-20 引入俯仰角反馈后的 F-16 纵向通道稳态控制原理

可见,图 14-20 为典型的一阶惯性环节,其传递函数可表示为

$$\theta = \frac{K_{X_T n_{z,c}} K_{n_{z,c}\delta_{e,c}} K_{\delta_{e,c}n_z} K_{n_z q}}{s + K_{\theta\delta_{e,c}} K_{\delta_{e,c}n_z} K_{n_z q}} X_T \tag{14.10}$$

忽略式(14.10)中的过渡过程,则纵向杆位移和俯仰角的关系可近似表示为

$$\theta = \frac{K_{X_T n_{z,c}} K_{n_{z,c}\delta_{e,c}}}{K_{\theta\delta_{e,c}}} X_T \tag{14.11}$$

由此可知,引入俯仰角 $\theta$ 反馈后,使 F-16 控制实质变为:纵向杆位移与俯仰角一一对应,即每固定一个纵向杆位移飞机将响应一个固定的俯仰角。这样有利于受油机跟踪俯仰角姿态变化,有效减轻飞行员空中加油飞行操纵负担。

**2. 引入限幅环节实现快速断开**

俯仰角 $\theta$ 反馈回路引入限幅环节后,图 14-20 变换为图 14-21。

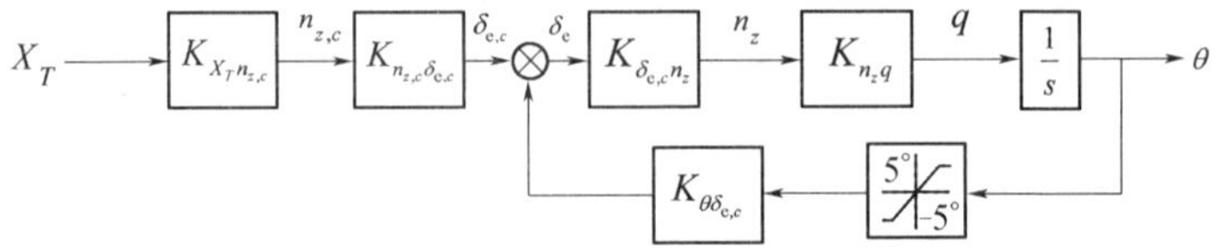


图 14-21 引入限幅环节后的 F-16 纵向通道稳态控制原理

引入图 14-21 所示的限幅环节的作用为:

(1) 当 $|\theta| \leqslant 5°$ 时,限幅环节工作在线性区域,系统工作原理与图 14-20 相同。

(2) 当 $|\theta| \geqslant 5°$,限幅环节工作在饱和区域,同时前向支路积分环节再次接通(见图 14-18),此时相当于俯仰角反馈回路被断开,系统又恢复正常飞行状态。这样设计的理由:一是空中加油飞行时,飞机一般不做大的机动,将俯仰角相对变化限定在 ±5°内已经足够;二是在突然遭遇敌情情况下,万一飞行员来不及断开空中加油模态开关,可以下意识地增大操作量,恢复飞机的正常操纵,实现快速断开、迅速机动脱离敌情。

**3. 引入平飞俯仰角**

F-16 空中加油平飞时的俯仰角约为 3°。因此俯仰角 $\theta$ 反馈回路引入 3°平飞俯仰角后,图 14-21 变换为图 14-22。

由图 14-22 可知,俯仰角 $\theta$ 反馈回路引入 3°平飞俯仰角后,控制系统工作状态变化为:

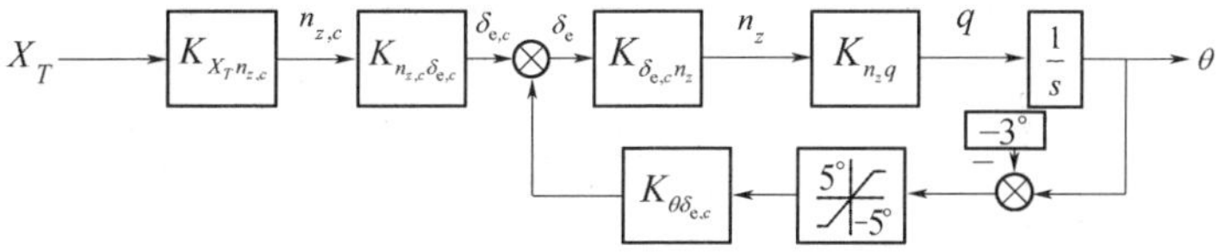


图 14－22　引入平飞俯仰角后的 F－16 纵向通道稳态控制原理

（1）当 $|\theta-3|\leqslant 5°$，即飞机俯仰角在 $2°\leqslant\theta\leqslant 8°$ 范围之内时，限幅环节工作在线性区域，系统工作原理与图 14－18 相同。

（2）当 $|\theta-3|\geqslant 5°$，即飞机俯仰角在 $2°\leqslant\theta\leqslant 8°$ 范围之内时，限幅环节工作在饱和区域，同时前向支路积分环节再次接通（见图 14－18），此时相当于俯仰角反馈回路被断开，系统又恢复正常飞行状态。

**4. 适当增大俯仰阻尼**

由于飞行状态的控制系统采用“比例＋积分”式控制器，当空中加油模态接通后，积分环节被断开，系统阻尼会明显减小。而空中加油飞行时，飞行员通常希望飞机俯仰运动相对“迟钝”，以便于俯仰姿态的精确操控。

因此，如图 14－18 所示，空中加油模态接通（AAR ON）时，通过并行引入俯仰角速率 $q$ 的反馈回路，适当增大俯仰阻尼的作用主要就是人为增大系统阻尼，使空中加油模态下飞机俯仰运动适当减慢，杆力增大，以满足飞行员需要。

**5. 转换瞬态的淡化**

首先考虑没有电容式增益器的情况。若空中加油模态接通和断开瞬间，当前俯仰角与平飞俯仰角的偏差很大，或者前向支路积分环节由于误差积分积累导致的积分器输出很大（这种情况几乎是必然存在的），都将导致输入的控制系统的状态信号大幅突变，这必然诱发舵机带动平尾产生瞬时大幅抖动，进而引起飞机俯仰姿态的短时大幅震荡。这种突然的姿态震荡在空中加油阶段是非常危险的。

如图 14－18 所示，电容式增益器的工作原理是：在空中加油模态接通瞬间后的固定时间段内（如设置为 2s）限制所在通路的增益值从 0 到 1 线性增加；在空中加油模态断开瞬间记录其输入幅值，并在之后的固定时间段内（如设置为 2s）限制所在通路的增益值从 1 到 0 线性减小；其余时间段内电容式增益器的增益均为 1。

由上可知，电容式增益器的作用是在空中加油模态接通瞬间和断开瞬间后有效降低所在通路的信号幅值突变，而在空中加油模态工作中则不影响所在通路的信号传输，从而起到转换瞬态淡化的作用。

## 14.2.3　侧向空中加油模态控制律设计

由第十三章可知，飞行状态时 F－16 横滚通道指令构型是指令滚转角速率。为便于空中加油阶段的飞行员操纵，空中加油模态引入了当前滚转角的反馈回路，构成了指令滚转角的指令构型。同时，为增加空中加油模态阻尼，引入了滚转角速率并行反馈回路。横滚通道控制律结构如图 14－23 所示，其中虚线部位为空中加油模态的改进。横滚通道的设计原理与俯仰通道基本一致，这里不再赘述。

由第十三章可知，飞行状态中，偏航通道一般配合横滚通道协调控制而不单独使用。与之相同，空中加油飞行过程偏航通道也一般不需飞行员进行单独操纵，因此不需进行专门的空中加油模态设计。这里给出偏航通道的控制律结构如图 14－24 所示。

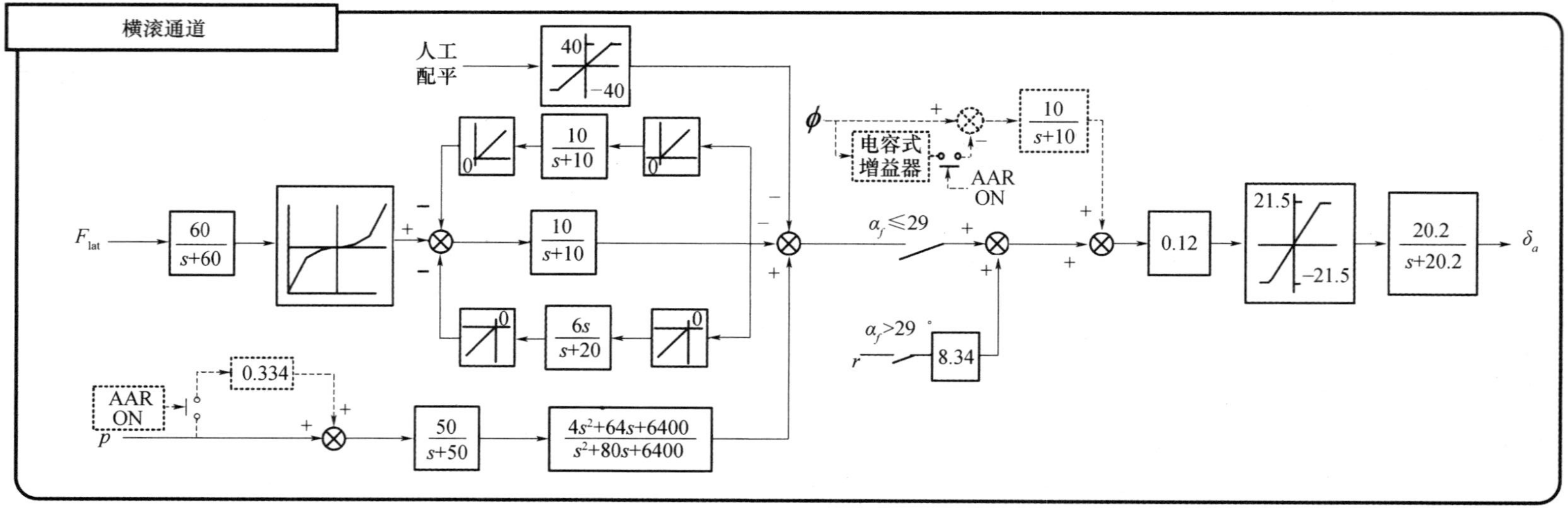


图14-23　F-16滚转通道控制增稳及空中加油模态结构框图

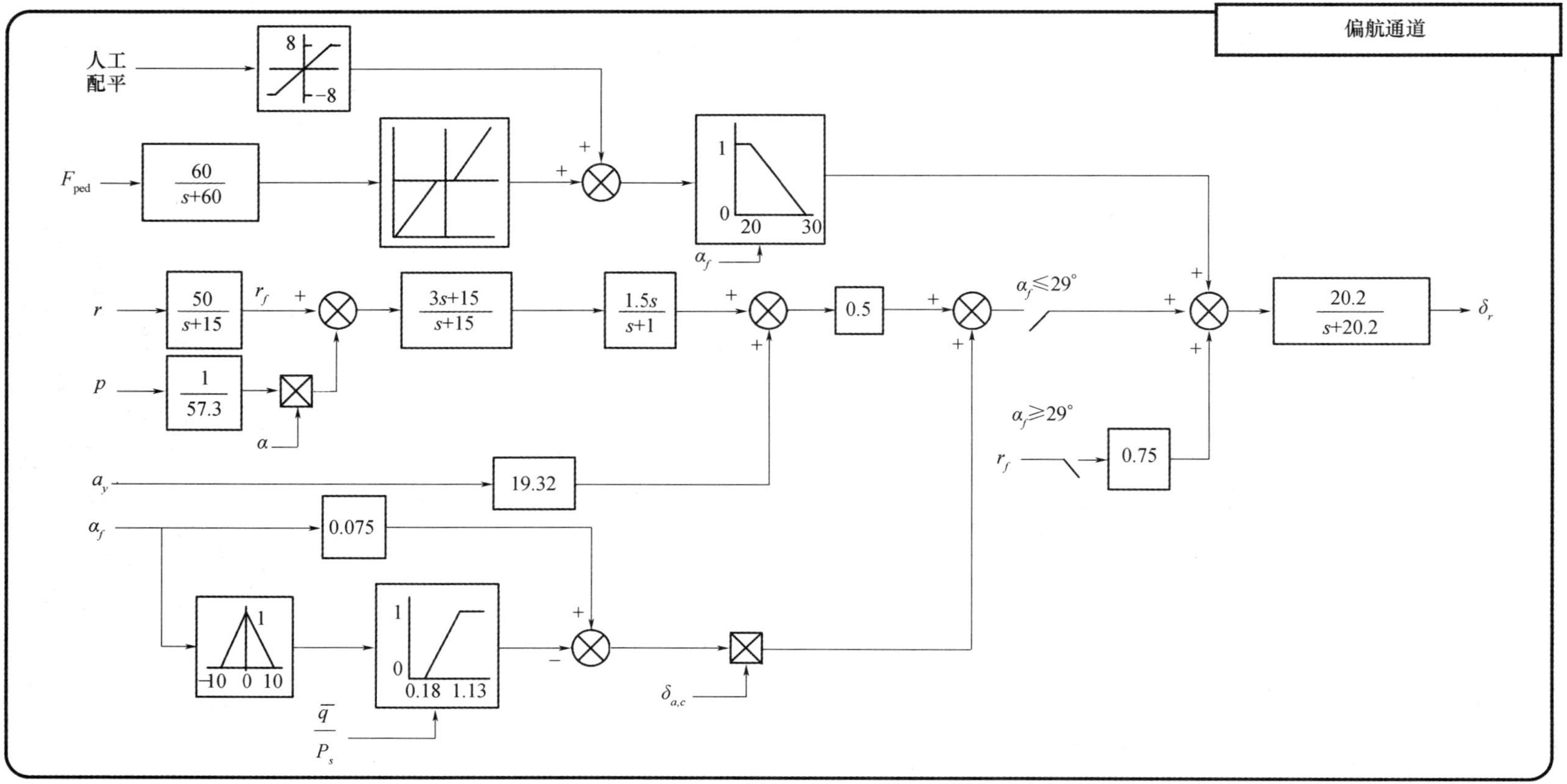

图14-24　F-16偏航通道控制增稳模态结构框图

# 第五篇　自主空中加油飞行控制

自主空中加油飞行控制系统的目的是实现加、受油机之间特殊的编队相对航迹转换控制。从实际飞控系统结构的角度看，该系统必须符合鲁道夫所提出的层级结构，即系统内回路为电传飞控系统控制飞机本体实现飞机姿态控制，中间回路通过指令转换控制内回路电传系统实现飞机航迹控制，外回路根据加、受油机状态，外部环境和战场态势等信息“自主”给出航迹指令。从系统改装角度看，该系统应以人工电传系统为基础，对电传系统的改装应该遵循最小甚至零改装的原则，以最大限度地降低改装工作量。

由于国内对于无人机自主空中加油飞行控制的研究正处于起步阶段，真正装机实用的控制系统仍未出现。因此，本篇根据作者对美国 NASA 开展的 F/A－18 软式自主空中加油研究相关技术报道，突出自主空中加油过程特点和飞行控制理论创新，采用非线性控制方法介绍无人机自主空中加油飞行控制律的设计过程。尽管控制方法不同，但是受油机加油对接飞行过程中所有状态量、输入量的变化规律与实际飞控系统控制下的变化规律是一致的。

首先，介绍作者针对一类高阶多输入、多输出（MIMO）仿射非线性系统提出的一种在线自组织近似指令滤波反推控制方法；然后，采用该控制方法设计受油机自主对接航迹控制系统；最后，采用有限状态机方法设计受油机自主航迹指令生成器。

## 第十五章　自组织近似指令滤波反推控制

基于模型的非线性控制方法常常采用李亚普诺夫稳定性原则进行控制律设计，这些控制方法追求的控制目标大多是使得系统跟踪误差为零。然而，从理论上讲，李亚普诺夫稳定性原则只能保证时间趋于无限长时才能确保系统跟踪误差为零，控制器设计者只能适当增大控制增益在快速性和精确性间进行取舍；从工程实际需要来说，大多数控制系统的设计都会允许一定的误差范围。因此，盲目追求系统跟踪误差为零的设计思想，可能是不可取的，某些极端情况下可能是不现实的。

鉴于此，本书提出的非线性控制方法不追求系统跟踪误差为零，其基本原理是：①承认控制器设计时被控对象已知模型相比实际系统必然存在的差异；②对系统跟踪性能设定期望的误差允许上限；③只有当系统模型差异的影响使跟踪精度超过设置的误差上限时才对系统未知差异部分进行在线自组织近似，以降低系统模型差异影响使跟踪误差满足要求；④采用类似滑模的处理方式消除在线自组织近似必然存在的固有近似误差对控制精度的影响。从控制器结构上看,该方法主要包括指令滤波反推和在线自组织近似两部分。其中,指令滤波反推目的是克服常规反推控制对虚拟控制指令的解析求解,使高阶级联结构的被控对象可以相对解耦处理。在线自组织近似目的是根据系统误差不断增加在线近似器数量,降低系统模型差异对系统跟踪性能的不利影响。

由第八章可知,飞机模型从数学角度可视为一种高阶多输入、多输出系统,其中阶次为4,各阶次方程均为3输入、3输出。因此,为循序渐进便于读者理解,首先以一类形式相对简单的高阶单输入、单输出系统为被控对象,介绍该方法的具体设计过程;然后将该方法拓展到高阶多输入、多输出系统,并在第十六章应用于受油机对接飞行航迹控制。

## 15.1 高阶单输入、单输出系统

### 15.1.1 预备知识

$\|\ \|$ 表示矩阵的 Frobenius 范数和矢量的 Euclidean 范数。

标量函数 $-1\leqslant\omega(z)\leqslant 1$,对于任意 $0<\varepsilon<\infty$,满足

$$0\leqslant |z|-z\omega(z/\varepsilon)\leqslant \eta\varepsilon \tag{15.1}$$

其中,$\omega(z)$ 可以是双曲正切函数 $\tanh(z)$,对应常数 $\eta=0.2785$,也可以是饱和函数 $\mathrm{sat}(z)$:

$$\mathrm{sat}(z)=\begin{cases}1 & z>1\\ z & |z|\leqslant 1\\ -1 & z<-1\end{cases} \tag{15.2}$$

此时对应常数 $\eta=0.25$。

### 15.1.2 问题描述

对于如下的 $n$ 阶单输入、单输出系统:

$$\begin{cases}\dot{x}_i=[f_i^0(\boldsymbol{x})+f_i(\boldsymbol{x})]+[g_i^0(\boldsymbol{x})+g_i(\boldsymbol{x})]x_{i+1} & 1\leqslant i\leqslant n-1\\ \dot{x}_n=[f_n^0(\boldsymbol{x})+f_n(\boldsymbol{x})]+[g_n^0(\boldsymbol{x})+g_n(\boldsymbol{x})]u\end{cases} \tag{15.3}$$

其中,$\boldsymbol{x}=[x_1,\cdots,x_n]^{\mathrm{T}}\in D^n$ 为状态矢量。$D^n$ 表示该物理系统的整个工作域,即可已知,也可未知。$x_1$ 是系统输出。$u$ 是控制输入信号。函数 $f_i^0(\boldsymbol{x})$ 和 $g_i^0(\boldsymbol{x})$ 表示控制器设计时被控对象的已知模型。未知函数 $f_i(\boldsymbol{x})$ 和 $g_i(\boldsymbol{x})$ 表示被控对象的未知部分,即被控对象真实模型与控制器设计模型之间的误差。令 $f_i^0(\boldsymbol{x})$、$g_i^0(\boldsymbol{x})$、$f_i(\boldsymbol{x})$ 和 $g_i(\boldsymbol{x})$ 均为连续函数。

这里控制目的是设计控制输入信号 $u$ 以驱动 $x_1$ 跟踪指令信号 $x_{1c}$,并且保证所有状态量 $x_i$ 有界。对于系统状态空间的某些区域,模型误差 $f_i(\boldsymbol{x})$ 和 $g_i(\boldsymbol{x})$ 对系统控制精度的影响可能会过大,致使控制器无法达到期望的跟踪精度。本章将采用一种在线近似的控制器结构,全状态空间内补偿模型误差以确保达到期望的跟踪精度。

为确保可控性,假设 $g_i^0(\boldsymbol{x})+g_i(\boldsymbol{x})$ 符号已知,有界且不为零。因此,不失一般性,引入如下假设:

假设:函数 $g_i^0(\boldsymbol{x})+g_i(\boldsymbol{x})$ 有下界使得 $g_i^0(\boldsymbol{x})+g_i(\boldsymbol{x})\geqslant g_l(\boldsymbol{x})\geqslant g_l\geqslant 0(\ \forall \boldsymbol{x}\in\mathbf{R}^n)$ 成立,其中 $g_l(\boldsymbol{x})$ 是一个已知函数,$g_l$ 是一个已知常数。

### 15.1.3 局部权重学习算法

本章将介绍一种基于局部权重学习的在线自组织近似和指令滤波反推相结合的控制方法。该方法中，在某一状态点 $\boldsymbol{x}$，未知函数 $f_i(\boldsymbol{x})$ 的近似值可通过如下的局部近似器 $\hat{f}_{ik}(\boldsymbol{x})$ 归一化权重平均值表示：

$$\hat{f}_i(\boldsymbol{x}) = \frac{\sum_k w_{ik}(\boldsymbol{x})\hat{f}_{ik}(\boldsymbol{x})}{\sum_k w_{ik}(\boldsymbol{x})} \tag{15.4}$$

其中，$\hat{f}_{ik}(\boldsymbol{x})$ 为未知函数 $f_i(\boldsymbol{x})$ 的第 $k$ 个局部近似函数。$w_{ik}(\boldsymbol{x})$ 仅在局部集 $S_k$（见后文定义）内非 0。在集 $S_k$ 内，$\hat{f}_{ik}(\boldsymbol{x})$ 将被用来改善 $f_i(\boldsymbol{x})$ 的近似精度。以下，将以 $f_i(\boldsymbol{x})$ 为例，给出局部权重学习算法的相关定义，未知函数 $g_i(\boldsymbol{x})$ 的相关定义也相似，不再赘述。

**1. 权重函数**

对于第 $k$ 个局部近似器 $\hat{f}_{ik}(\boldsymbol{x})$，定义如下的一个连续非负且局部支撑的权重函数 $w_{ik}(\boldsymbol{x})$。首先定义 $w_{ik}(\boldsymbol{x})$ 的支撑集（以下也称为近似域）为

$$S_k = \{\boldsymbol{x} \in D^n \mid w_{ik}(\boldsymbol{x}) \neq 0\} \tag{15.5}$$

若集 $S_k$ 的尺寸定义为 $\rho(S) = \max_{\boldsymbol{x},\boldsymbol{y} \in S}(\|\boldsymbol{x}-\boldsymbol{y}\|)$，则局部支撑指的是 $\rho(S_k)$ 相对 $\rho(D^n)$ 为小量。令 $\bar{S}_k$ 为集 $S_k$ 的闭包。注意，$\bar{S}_k$ 为紧集。满足以上条件的权重函数的例子之一是如下的四次幂内核函数：

$$w_{ik}(\boldsymbol{x}) = \begin{cases} [1-(\|\boldsymbol{x}-\boldsymbol{c}_k\|/\mu_k)^2]^2 & \|\boldsymbol{x}-c_k\| < \mu_k \\ 0 & \text{其他} \end{cases} \tag{15.6}$$

其中，$\boldsymbol{c}_k$ 为第 $k$ 个权重函数的中心矢量；$\mu_k$ 为一常数，表示支撑集 $S_k$ 的半径。与式(15.6)对应的支撑集为

$$S_k = \{\boldsymbol{x} \in D^n \mid \|\boldsymbol{x}-\boldsymbol{c}_k\| < \mu_k\} \tag{15.7}$$

由于近似器是在线自组织的，则局部近似器 $\hat{f}_{ik}(\boldsymbol{x})$ 的总数 $N(t)$ 不是常数，而是随时间增加的变量。$N(t)$ 在离散时刻的增加条件将在后文介绍。既然 $N(t)$ 是变量，则式(15.4)所对应的近似域也是随时间变化的，其定义为

$$A^{N(t)} = \bigcup_{1 \leqslant k \leqslant N(t)} S_k \tag{15.8}$$

当 $\boldsymbol{x}(t) \in A^{N(t)}$ 时，至少存在一个 $k$ 使得 $w_{ik}(\boldsymbol{x}) \neq 0$。归一化的权重函数定义为

$$\bar{w}_{ik}(\boldsymbol{x}) = \frac{w_{ik}(\boldsymbol{x})}{\sum_{k=1}^{N(t)} w_{ik}(\boldsymbol{x})} \tag{15.9}$$

易知，非负函数集 $\{\bar{w}_{ik}(\boldsymbol{x})\}_{k=1}^{N(t)}$ 在 $A^{N(t)}$ 上可构成一个单位划分，即

$$\sum_{k=1}^{N(t)} \bar{w}_{ik}(\boldsymbol{x}) = 1 \quad \boldsymbol{x} \in A^{N(t)} \tag{15.10}$$

$w_{ik}(\boldsymbol{x})$ 的支撑集与 $\bar{w}_{ik}(\boldsymbol{x})$ 的支撑集完全一致。

当 $\boldsymbol{x} \notin A^{N(t)}$ 时，$w_{ik}(\boldsymbol{x}) = 0, 1 \leqslant k \leqslant N(t)$。因此，为使式(15.4)表示的近似器 $\hat{f}_i(\boldsymbol{x})$ 对所有 $\boldsymbol{x} \in D^n$ 均有定义，则 $\hat{f}_i(\boldsymbol{x})$ 完整定义为

$$\hat{f}_i(\boldsymbol{x}) = \begin{cases} \sum_{k=1}^{N(t)} \bar{w}_{ik}(\boldsymbol{x}) \hat{f}_{ik}(\boldsymbol{x}) & \boldsymbol{x} \in A^{N(t)} \\ 0 & \boldsymbol{x} \in D^n - A^{N(t)} \end{cases} \tag{15.11}$$

以下将给出 $\boldsymbol{x} \in A^{N(t)}$ 时的局部权重学习算法相关定义。

**2. 局部近似器**

当 $\boldsymbol{x} \in A^{N(t)}$ 时，令 $f_i(\boldsymbol{x})$ 的第 $k$ 个局部最优近似器定义为

$$f_{ik}^*(\boldsymbol{x}) = \boldsymbol{\phi}_{f_{ik}}^{\mathrm{T}} \boldsymbol{\theta}_{f_{ik}}^* \tag{15.12}$$

其中，$\boldsymbol{\phi}_{f_{ik}}$ 是设计者指定的连续基函数矢量。矢量 $\boldsymbol{\theta}_{f_{ik}}^*$ 指的是未知最优参数估计矢量（对于 $\boldsymbol{x} \in \bar{S}_k$），即

$$\boldsymbol{\theta}_{f_{ik}}^* = \arg\min_{\boldsymbol{\theta}_{f_{ik}}} \left( \int_{\bar{S}_k} w_{ik}(\boldsymbol{x}) \left| f_i(\boldsymbol{x}) - \hat{f}_{ik}(\boldsymbol{x}) \right|^2 \mathrm{d}x \right) \tag{15.13}$$

$$\hat{f}_{ik}(\boldsymbol{x}) = \boldsymbol{\phi}_{f_{ik}}^{\mathrm{T}} \boldsymbol{\theta}_{f_{ik}} \tag{15.14}$$

其中，$\boldsymbol{\theta}_{f_{ik}}$ 指的是在线更新的未知参数估计矢量（对于 $\boldsymbol{x} \in \bar{S}_k$）。

需要说明的是，$\boldsymbol{\theta}_{f_{ik}}^*$ 对于每个 $k$ 均有定义，因为 $f_i(\boldsymbol{x})$ 和 $f_{ik}^*(\boldsymbol{x})$ 在 $\bar{S}_k$ 上均为平滑函数。因此，$f_{ik}^*(\boldsymbol{x})$ 将作为 $f_i(\boldsymbol{x})$ 在 $\bar{S}_k$ 上的最优局部近似器。

令 $D^n$ 上的局部近似误差 $\varepsilon_{f_{ik}}(\boldsymbol{x})$ 定义为

$$\varepsilon_{f_{ik}}(\boldsymbol{x}) = \begin{cases} f_i(\boldsymbol{x}) - f_{ik}^*(\boldsymbol{x}) & \boldsymbol{x} \in \bar{S}_k \\ 0 & \text{其他} \end{cases} \tag{15.15}$$

令常数 $\varepsilon_{f_i} > 0$ 为已知量，则假设基矢量集 $\boldsymbol{\phi}_{f_i}$ 充分大，$\mu_k$ 充分小，使得在 $\boldsymbol{x} \in \bar{S}_k$ 内，对于某个未知正常数 $\bar{\varepsilon}_{f_i} < \varepsilon_{f_i}$ 总有 $|\varepsilon_{f_{ik}}(\boldsymbol{x})| \leqslant \bar{\varepsilon}_{f_i}$ 成立。注意：$\max_{x \in \bar{S}_k}(|\varepsilon_{f_{ik}}(\boldsymbol{x})|)$ 的有界性是通过 $|\varepsilon_{f_{ik}}(\boldsymbol{x})|$ 在紧集 $\bar{S}_k$ 上的连续性保证的。

对于任意的 $\boldsymbol{x} \in A^{N(t)}$，$f_i(\boldsymbol{x})$ 可以表示为如下的局部近似器加权和：

$$f_i(\boldsymbol{x}) = \sum_k \bar{w}_{ik}(\boldsymbol{x}) f_{ik}^*(\boldsymbol{x}) + \delta_{f_i}(\boldsymbol{x}) \tag{15.16}$$

由于实际设计中基矢量集 $\boldsymbol{\phi}_{f_i}$ 不可能无限大，而 $\mu_k$ 也不可能无限小，因此式(15.16)中 $\delta_{f_i}(\boldsymbol{x})$ 表示 $\boldsymbol{\phi}_{f_i}$ 和 $\mu_k$ 为有限值时定义在 $A^{N(t)}$ 上的 $\hat{f}_i(\boldsymbol{x})$ 对 $f_i(\boldsymbol{x})$ 的固有近似误差。易知 $|\delta_{f_i}(\boldsymbol{x})| \leqslant \bar{\varepsilon}_{f_i}$，因为

$$\begin{aligned} |\delta_{f_i}| &= \left| f_i(\boldsymbol{x}) - \sum_k \bar{w}_{ik}(\boldsymbol{x}) f_{ik}^*(\boldsymbol{x}) \right| \\ &= \left| \sum_k \bar{w}_{ik}(\boldsymbol{x}) (f_i(\boldsymbol{x}) - f_{ik}^*(\boldsymbol{x})) \right| \\ &\leqslant \sum_k \bar{w}_{ik}(\boldsymbol{x}) |\varepsilon_{f_{ik}}(\boldsymbol{x})| \end{aligned} \tag{15.17}$$

即

$$|\delta_{f_i}(\boldsymbol{x})| \leqslant \max_k(|\varepsilon_{f_{ik}}(\boldsymbol{x})|)\sum_k \bar{w}_{ik}(\boldsymbol{x}) = \bar{\varepsilon}_{f_i} \tag{15.18}$$

因此，如果每个局部最优近似器 $f_{ik}^*(\boldsymbol{x})$ 在紧集 $\bar{S}_k$ 上能够达到精度 $\bar{\varepsilon}_{f_i}$，则 $\sum_k \bar{w}_{ik}(\boldsymbol{x})f_{ik}^*(\boldsymbol{x})$ 在 $A^{N(t)}$ 上的全局精度也至少可以达到 $\bar{\varepsilon}_{f_i}$。

既然 $f_i(\boldsymbol{x})$ 为未知函数，对应每个 $k$ 的最优估计参数矢量 $\boldsymbol{\theta}_{f_{ik}}^*$ 也是未知的。因此，控制律将使用定义在 $A^{N(t)}$ 上的式(15.11)和定义在 $\bar{S}_k$ 上的式(15.14)对二者进行在线近似。本章所设计的控制律自适应能力的基本原理是：在控制器工作的同时，局部估计参数矢量 $\boldsymbol{\theta}_{f_{ik}}$ 将实时自动调整以改善未知函数的近似精度。为了分析参数估计收敛性，对于第 $k$ 个局部近似器，定义参数误差矢量为 $\tilde{\boldsymbol{\theta}}_{f_{ik}} = \boldsymbol{\theta}_{f_{ik}} - \boldsymbol{\theta}_{f_{ik}}^*$。控制器的自组织原理是：在系统工作过程中，当系统跟踪误差超过设计要求时，局部近似器 $\hat{f}_{ik}(\boldsymbol{x})$ 的数量将根据系统跟踪误差自动增加，以减小模型误差部分对系统控制精度的影响。

### 15.1.4 在线自组织近似指令滤波控制

**1. 误差定义**

对于 $i=1,2,\cdots,n$，系统式(15.3)各阶跟踪误差 $\tilde{x}_i$ 定义为

$$\tilde{x}_i = x_i - x_{i,c} \tag{15.19}$$

式中 $x_{1,c}$——实际指令轨迹；

$x_{i,c}(2\leqslant i\leqslant n)$——由指令滤波反推控制过程产生的虚拟控制量或中间控制量。

对于 $i=1,2,\cdots,n$，系统式(15.3)各阶补偿跟踪误差 $\bar{x}_i$ 定义为

$$\bar{x}_i = \tilde{x}_i - \xi_i \tag{15.20}$$

其中 $\xi_i$ 将在下文给出定义。

定义补偿跟踪误差的一个标量映射为

$$e = \sum_{i=1}^{n} \bar{x}_i \tag{15.21}$$

控制器设计的目的是达到指定的跟踪精度：$|e|\leqslant\mu_e$。

下文分析中将用到系统跟踪误差超出期望精度($|e|>\mu_e$)的总时间，为表示方便定义时间区间$[t_1,t_2]$内系统跟踪误差超出期望精度的总时间函数为

$$\bar{\mu}(e,\mu_e,t_1,t_2) = \int_{t_1}^{t_2} 1(|e(t)|-\mu_e)$$

$$1(\lambda) = \begin{cases} 1 & \lambda>0 \\ 0 & \lambda\leqslant 0 \end{cases} \tag{15.22}$$

**2. 指令滤波**

对于 $i=1,2,\cdots,n-1$，定义

$$x_{i+1,c}^0 = \alpha_i - \xi_{i+1} \tag{15.23}$$

$$u_c^0 = \alpha_n \tag{15.24}$$

式中 $\alpha_i$——下文指令滤波反推控制产生的虚拟控制量。

信号 $x_{i+1,c}$ 和 $\dot{x}_{i+1,c}$ 经过如下滤波器获得

$$\dot{x}_{i+1,c} = -K_{i+1}(x_{i+1,c} - x_{i+1,c}^0) \tag{15.25}$$

信号 $u_c$ 经过如下滤波器获得

$$\dot{u}_c = -K(u_c - u_c^0) \tag{15.26}$$

其中，$K,K_{i+1}>0$ 是控制器设计时设计者设置的常数。初始条件为 $x_{i+1,c}(0)=\alpha_i(0)$。因为式(15.25)是稳定的线性滤波器，所以只要输入信号 $x_{i+1,c}^0$ 有界，则 $x_{i+1,c}$ 和 $\dot{x}_{i+1,c}$ 也必然有界。

对于 $i=1,2,\cdots,n-1$，定义

$$\dot{\xi}_i = -k_i\xi_i + (g_i^0 + \hat{g}_i + \beta_{g_i})(x_{i+1,c} - x_{i+1,c}^0) \tag{15.27}$$

对于 $i=n$，定义

$$\dot{\xi}_n = -k_n\xi_n + (g_n^0 + \hat{g}_n + \beta_{g_n})(u_c - u_c^0) \tag{15.28}$$

其中，$k_i>0(1\leqslant i\leqslant n)$ 为设计者指定的控制增益。初始条件 $\xi_i(0)=0$。系统最终输入为 $u=u_c$。

式(15.27)、式(15.28)是一个低通滤波器，它的输入是 $(g_i^0+\hat{g}_i+\beta_{g_i})$ 和 $(x_{i+1,c}-x_{i+1,c}^0)$ 的乘积，其中 $(g_i^0+\hat{g}_i+\beta_{g_i})$ 为有界函数，$(x_{i+1,c}-x_{i+1,c}^0)$ 幅值很小。由于 $x_{i+1,c}$ 和 $\dot{x}_{i+1,c}$ 均由式(15.25)计算得出，因此应确保 $K_{i+1}>>k_{i+1}$ 使得 $x_{i+1c}$ 能够精确跟踪 $x_{i+1,c}^0$。

**3. 基于在线近似的控制器设计**

当 $\boldsymbol{x}\in D^n$，对于 $i=1,2,\cdots,n$，反推过程的虚拟控制信号 $\alpha_i$ 定义为

$$\alpha_i = \frac{u_{\alpha_i}}{g_i^0 + \hat{g}_i + \beta_{g_i}} \tag{15.29}$$

对于 $i=1$：

$$u_{\alpha_1} = -k_1\tilde{x}_1 + \dot{x}_{1,c} - f_1^0 - \hat{f}_1 - \beta_{f_1} \tag{15.30}$$

对于 $i\in[2,n-1]$：

$$u_{\alpha_i} = -k_i\tilde{x}_i + \dot{x}_{i,c} - f_i^0 - \hat{f}_i - \beta_{f_i} - (g_{i-1}^0 + \hat{g}_{i-1} + \beta_{g_{i-1}})\bar{x}_i \tag{15.31}$$

其中，$\beta_{f_i}$ 和 $\beta_{g_i}(1\leqslant i\leqslant n-1)$ 用以实现对固有近似误差的鲁棒性，其定义为

$$\begin{aligned}\beta_{f_i} &= \varepsilon_{f_i}\mathrm{sat}(e/\mu_e)\\ \beta_{g_i} &= \varepsilon_{g_i}\mathrm{sat}(e/\mu_e)\mathrm{sign}(x_{i+1})\end{aligned} \tag{15.32}$$

对于 $i=n$：

$$u_{an} = -k_n\tilde{x}_n + \dot{x}_{n,c} - f_n^0 - \hat{f}_n - \beta_{f_n} - (g_{n-1}^0 + \hat{g}_{n-1} + \beta_{g_{n-1}})\bar{x}_n \tag{15.33}$$

其中，$\beta_{f_n}$ 和 $\beta_{g_n}$ 用以实现对固有近似误差的鲁棒性，其定义为

$$\begin{aligned}\beta_{f_n} &= \varepsilon_{f_n}\mathrm{sat}(e/\mu_e)\\ \beta_{g_n} &= \varepsilon_{g_n}\mathrm{sat}(e/\mu_e)\mathrm{sign}(u)\end{aligned} \tag{15.34}$$

**4. 控制结构图**

综上可知，当系统(15.3)阶次为 3 时，本节提出的控制方法控制结构如图 15－1 所示。

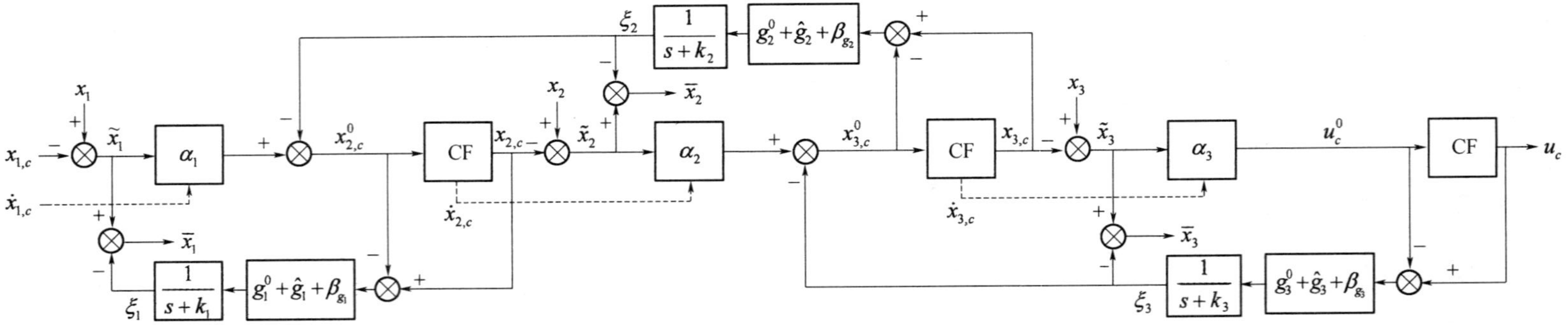


图15-1　阶次为3时的控制结构

图 15-1 中，$\alpha_i$ 为计算式(15.29)。CF 为式(15.25)所表示的滤波器，也可选择高阶滤波器。

**5. 补偿跟踪误差动态**

下文证明控制系统稳定性时，将使用状态量补偿跟踪误差的动态，因此由式(15.19)、式(15.20)和式(15.27)可知系统各阶补偿跟踪误差的动态分为以下三种情况：

对于 $i=1$：

$$\dot{\bar{x}}_1 = -k_1\bar{x}_1 + f_1 - \hat{f}_1 - \beta_{f_1} + (g_1^0 + \hat{g}_1 + \beta_{g_1})\bar{x}_2 + (g_1 - \hat{g}_1 - \beta_{g_1})x_2 \tag{15.35}$$

对于 $i\in[2,n-1]$：

$$\begin{aligned}\dot{\bar{x}}_i &= -k_i\bar{x}_i + f_i - \hat{f}_i - \beta_{f_i} - (g_{i-1}^0 + \hat{g}_{i-1} + \beta_{g_{i-1}})\bar{x}_i \\ &\quad + (g_i^0 + \hat{g}_i + \beta_{g_i})\bar{x}_{i+1} + (g_i - \hat{g}_i - \beta_{g_i})x_{i+1}\end{aligned} \tag{15.36}$$

对于 $i=n$：

$$\dot{\bar{x}}_n = -k_n\bar{x}_n + f_n - \hat{f}_n - \beta_{f_n} - (g_{n-1}^0 + \hat{g}_{n-1} + \beta_{g_{n-1}})\bar{x}_n + (g_n - \hat{g}_n - \beta_{g_n})u \tag{15.37}$$

当 $\boldsymbol{x}\in D^n$ 时，由式(15.21)、式(15.35)、式(15.36)和式(15.37)可得 $e$ 的导数为

$$\begin{aligned}\dot{e} &= \sum_{i=1}^{n}\dot{\bar{x}}_i = \sum_{i=1}^{n-1}(-k_i\bar{x}_i + f_i - \hat{f}_i - \beta_{f_i} + g_i x_{i+1} - \hat{g}_i x_{i+1} - \beta_{g_i}x_{i+1}) \\ &\quad + (-k_n\bar{x}_n + f_n - \hat{f}_n - \beta_{f_n} + g_n u - \hat{g}_n u - \beta_{g_n}u)\end{aligned} \tag{15.38}$$

## 15.1.5 稳定性证明

**1. 控制系统状态的稳定性**

1) 当 $\boldsymbol{x}\in D^n - A^{N(t)}$ 时

此时控制器同样不进行在线近似，即 $\hat{f}_i = \hat{g}_i = 0$，但 $\beta_{f_i}\neq 0$，$\beta_{g_i}\neq 0$。当使用式(15.29)~式(15.34)作为控制律，选择李雅普诺夫函数为 $V_0(e) = e^2/2$，则其导数为

$$\begin{aligned}\dot{V}_0(e) &= e\dot{e} \\ &= e\sum_{i=1}^{n-1}(-k_i\bar{x}_i + f_i - \beta_{f_i} + g_i x_{i+1} - \beta_{g_i}x_{i+1}) + e(-k_n\bar{x}_n + f_n - \beta_{f_n} + g_n u - \beta_{g_n}u) \\ &= e\sum_{i=1}^{n}(-k_i\bar{x}_i + f - \beta_{f_i}) + e\sum_{i=1}^{n-1}(g_i - \beta_{g_i})x_{i+1} + e(g_n - \beta_{g_n})u \\ &\leqslant -e\underline{k_i}\sum_{i=1}^{n}\bar{x}_i + e\left[\sum_{i=1}^{n}(f_i - \beta_{f_i}) + \sum_{i=1}^{n-1}(g_i - \beta_{g_i})x_{i+1} + (g_n - \beta_{g_n})u\right] \\ &= -\underline{k_i}e^2 + e\left[\sum_{i=1}^{n}(f_i - \beta_{f_i}) + \sum_{i=1}^{n-1}(g_i - \beta_{g_i})x_{i+1} + (g_n - \beta_{g_n})u\right]\end{aligned} \tag{15.39}$$

其中，$\underline{k_i}$ 为所有控制增益 $k_i(1\leqslant i\leqslant n)$ 中的最小值。

当 $|e(t)|>\mu_e$ 时，如果 $|f_i|\leqslant\varepsilon_{f_i}$ 且 $|g_i|\leqslant\varepsilon_{g_i}$，那么滑模项式(15.32)和式(15.34)可使下式成立：

$$e\left[\sum_{i=1}^{n}(f_i-\beta_{f_i})+\sum_{i=1}^{n-1}(g_i-\beta_{g_i})x_{i+1}+(g_n-\beta_{g_n})u\right]\leqslant 0 \tag{15.40}$$

由此式(15.39)可简化为

$$\dot{V}_0(e)\leqslant -\underline{k_i}e^2=-2\underline{k_i}V_0(e)<0 \tag{15.41}$$

因此，如果 $|f_i|\leqslant\varepsilon_{f_i}$ 且 $|g_i|\leqslant\varepsilon_{g_i}$，则当 $|e(t)|>\mu_e$ 时，$V_0(e)$ 必随时间下降。反之可知，当 $|e(t)|>\mu_e$ 且 $V_0(e)$ 随时间增加时，则 $|f_i|>\varepsilon_{f_i}$ 或 $|g_i|>\varepsilon_{g_i}$。这一结论可作为增加局部近似器的条件。

由比较定理可知：

$$V_0(t)\leqslant e^{-2\underline{k_i}(t-T_0)}V(T_0) \tag{15.42}$$

$$|e(t)|\leqslant e^{-2\underline{k_i}(t-T_0)}|e(T_0)| \tag{15.43}$$

因此，若 $|e(t)|>\mu_e$，对于 $t\in[T_0,T_0+(1/\underline{k_i})\ln(|e(T_0)|/\mu_e)]$，则 $|f_i|>\varepsilon_{f_i}$ 或 $|g_i|>\varepsilon_{g_i}$。

由此可知，对于被控系统已知模型可提供足够精度（也就是未知部分影响较小时，即 $f_i\leqslant\varepsilon_{f_i}$ 且 $g_i\leqslant\varepsilon_{g_i}$）的某些局部工作域，不需要对系统未知部分($f_i$ 和 $g_i$)进行在线近似就可达到期望跟踪精度 $|e(t)|\leqslant\mu_e$。上述分析也表明，误差 $e(t)$ 能够有效反映系统未知部分($f_i$ 和 $g_i$)对控制器跟踪精度的影响。

因此，可定义局部近似器 $\hat{f}_{ik}$ 和 $\hat{g}_{ik}$ 的增加原则为同时满足以下两个条件：

条件(1)：当前工作点 $\boldsymbol{x}(t)$ 未激活任何已存在的局部近似器，即对于 $1\leqslant i\leqslant n$ 和 $1\leqslant k\leqslant N(t)$ 下式始终成立：

$$w_{ik}(\boldsymbol{x})=0 \tag{15.44}$$

条件(2)：以下两条件之一成立：

① 当 $\dot{V}(t)\geqslant 0$ 且 $|e(t)|>\mu_e$ 时；

② $|e(\tau)|>\mu_e,\tau\in[t-(1/\underline{k_i})\ln(|e(T_0)|/\mu_e),t]$。

为下文表示方便，将第 $j$ 个局部近似器的添加时刻记为 $T_j$，即 $N(T_j)=j$ 且 $\lim\limits_{\varepsilon\to 0}N(T_j-\varepsilon)=j-1$。新加入的局部近似器的近似域中心位置定义为 $\boldsymbol{c}_{N(T_j)}=\boldsymbol{x}(T_j)$。局部近似器初始数量为 $N(0)=0$。

根据这种定义，$N(T_j)$ 在时间区间 $t\in[T_j,T_{j+1})$ 内始终为常数 $j$。对于某一常数 $j$，近似器能够有充足的近似能力，如当 $T_{j+1}=\infty$。

2) 对于 $t\in[T_j,T_{j+1})$ 的分析

本节的目的是证明 $t\in[T_j,T_{j+1})$（该段时间内局部近似器的数量固定为 $j$）时间段内，$\bar{x}_i$、$e$、$\tilde{\boldsymbol{\theta}}_{f_{ik}}$、$\boldsymbol{\theta}_{f_{ik}}$、$\tilde{\boldsymbol{\theta}}_{g_{ik}}$ 和 $\boldsymbol{\theta}_{g_{ik}}\in L_\infty$，$|e(t)|>\mu_e$ 的总时间有界。为简化定义，令 $j=N(T_j)$ 且 $T_{j+1}^{-}=\lim\limits_{\varepsilon\to 0}N(T_{j+1}-\varepsilon)$。

由上文可知，最优近似器 $f_i^*(\boldsymbol{x})=\sum_k\bar{w}_{ik}(\boldsymbol{x})f_{ik}^*(\boldsymbol{x})$、$g_i^*(\boldsymbol{x})=\sum_k\bar{w}_{ik}(\boldsymbol{x})g_{ik}^*(\boldsymbol{x})$ 在

$A^j$ 域上的近似精度可表示为

$$\begin{cases} |f_i(\boldsymbol{x}) - f_i^*(\boldsymbol{x})| \leqslant \varepsilon_{f_i} \\ |g_i(\boldsymbol{x}) - g_i^*(\boldsymbol{x})| \leqslant \varepsilon_{g_i} \end{cases} \tag{15.45}$$

也就是$f_i^*(\boldsymbol{x})$、$g_i^*(\boldsymbol{x})$在 $A^j$ 域上至少达到精度 $\varepsilon_{f_i}$、$\varepsilon_{g_i}$。下面将考虑对于 $\boldsymbol{x} \in D^n$,$\hat{f}_i(\boldsymbol{x})$与 $\hat{g}_i(\boldsymbol{x})$的使用可以使系统控制精度最终达到$|e(t)| \leqslant \mu_e$。

对于 $\boldsymbol{x} \in A^j$,选择李雅普诺夫函数为

$$V_j(t) = \frac{1}{2}e^2 + \frac{1}{2}\sum_{i=1}^{n}\sum_{k=1}^{j}(\tilde{\boldsymbol{\theta}}_{f_{ik}}^{\mathrm{T}}\boldsymbol{\Gamma}_{f_{ik}}^{-1}\tilde{\boldsymbol{\theta}}_{f_{ik}} + \tilde{\boldsymbol{\theta}}_{g_{ik}}^{\mathrm{T}}\boldsymbol{\Gamma}_{g_{ik}}^{-1}\tilde{\boldsymbol{\theta}}_{g_{ik}}) = V_0 + V_\theta^j \tag{15.46}$$

其中,$V_\theta^j = \frac{1}{2}\sum_{i=1}^{n}\sum_{k=1}^{j}(\tilde{\boldsymbol{\theta}}_{f_{ik}}^{\mathrm{T}}\boldsymbol{\Gamma}_{f_{ik}}^{-1}\tilde{\boldsymbol{\theta}}_{f_{ik}} + \tilde{\boldsymbol{\theta}}_{g_{ik}}^{\mathrm{T}}\boldsymbol{\Gamma}_{g_{ik}}^{-1}\tilde{\boldsymbol{\theta}}_{g_{ik}})$。$\boldsymbol{\Gamma}_{f_{ik}}^{-1}$ 和$\boldsymbol{\Gamma}_{g_{ik}}^{-1}$ 均为对角正定矩阵,能够控制参数近似的速率。

令 $t \in [t_1, t_2] \subset [T_j, T_{j+1})$表示系统跟踪误差超出期望精度($|e(t)| > \mu_e$)的时间区间。这段时间中,状态量 $\boldsymbol{x}(t)$既可能在 $A^j$ 域内,也可能在 $A^j$ 域外。不失一般性,分为如下两种情况进行讨论:

(1) 对于满足 $\boldsymbol{x} \notin A^j$ 的任一子时间区间 $t \in [\tau_1, \tau_2] \subset [t_1, t_2]$,因为 $\bar{w}_{ik}(\boldsymbol{x}) = 0$,参数自适应将自动停止。因此,$V_\theta^j$ 始终是某一常数。由前文可知,$V_0$ 在此时间段内是随时间下降的。因此,对于 $t \in [\tau_1, \tau_2] \subset [t_1, t_2]$,$V_j(t)$也是随时间下降的($V_j(\tau_2) \leqslant V_j(\tau_1)$),也就是

$$\dot{V}_j(t) = \dot{V}_0 \leqslant -\underline{k}_i e^2 < 0 \tag{15.47}$$

(2) 对于满足 $\boldsymbol{x} \in A^j$ 的任一子时间区间 $t \in [\tau_2, \tau_3] \subset [t_1, t_2]$,$V_j$ 沿式(15.38)的导数为

$$\begin{aligned}
\dot{V}_j(t) &= \dot{V}_0 + \dot{V}_\theta^j \\
&\leqslant -\underline{k}_i e^2 + e\sum_{i=1}^{n}(f_i - f_i^*) - e\sum_{i=1}^{n}\beta_{f_i} + e\sum_{i=1}^{n-1}(g_i - g_i^*)x_{i+1} - e\sum_{i=1}^{n-1}\beta_{g_i}x_{i+1} \\
&\quad + e(g_n - g_n^*)u - e\beta_{g_n}u + e\sum_{i=1}^{n}(f_i^* - \hat{f}_i) + e\sum_{i=1}^{n-1}(g_i^* - \hat{g}_i)x_{i+1} \\
&\quad + e(g_n^* - \hat{g}_n)u + \sum_{i=1}^{n}\sum_{k=1}^{j}(\tilde{\boldsymbol{\theta}}_{f_{ik}}^{\mathrm{T}}\boldsymbol{\Gamma}_{f_{ik}}^{-1}\dot{\boldsymbol{\theta}}_{f_{ik}} + \tilde{\boldsymbol{\theta}}_{g_{ik}}^{\mathrm{T}}\boldsymbol{\Gamma}_{g_{ik}}^{-1}\dot{\boldsymbol{\theta}}_{g_{ik}}) \\
&= -\underline{k}_i e^2 + e\sum_{i=1}^{n}(f_i - f_i^*) - e\sum_{i=1}^{n}\beta_{f_i} + e\sum_{i=1}^{n-1}(g_i - g_i^*)x_{i+1} - e\sum_{i=1}^{n-1}\beta_{g_i}x_{i+1} \\
&\quad + e(g_n - g_n^*)u - e\beta_{g_n}u - e\sum_{i=1}^{n}\left(\sum_{k=1}^{j}\bar{w}_{ik}\boldsymbol{\phi}_{f_{ik}}^{\mathrm{T}}\tilde{\boldsymbol{\theta}}_{f_{ik}}\right) - e\sum_{i=1}^{n-1}\left(\sum_{k=1}^{j}\bar{w}_{ik}\boldsymbol{\phi}_{g_{ik}}^{\mathrm{T}}\tilde{\boldsymbol{\theta}}_{g_{ik}}\right)x_{i+1} \\
&\quad - e\left(\sum_{k=1}^{j}\bar{w}_{ik}\boldsymbol{\phi}_{g_{ik}}^{\mathrm{T}}\tilde{\boldsymbol{\theta}}_{g_{ik}}\right)u + \sum_{i=1}^{n}\sum_{k=1}^{j}(\tilde{\boldsymbol{\theta}}_{f_{ik}}^{\mathrm{T}}\boldsymbol{\Gamma}_{f_{ik}}^{-1}\dot{\boldsymbol{\theta}}_{f_{ik}} + \tilde{\boldsymbol{\theta}}_{g_{ik}}^{\mathrm{T}}\boldsymbol{\Gamma}_{g_{ik}}^{-1}\dot{\boldsymbol{\theta}}_{g_{ik}}) \\
&\leqslant -\underline{k}_i e^2 + \sum_{i=1}^{n}|e|\delta_{f_i} + \sum_{i=1}^{n-1}|ex_{i+1}|\delta_{g_i} + |eu|\delta_{g_n} - \sum_{i=1}^{n}[e\varepsilon_{f_i}\mathrm{sat}(e/\mu_e)]
\end{aligned}$$

$$- \sum_{i=1}^{n-1} [e\varepsilon_{g_i} \text{sat}(e/\mu_e) \text{sign}(x_{i+1}) x_{i+1}] - e\varepsilon_{g_i} \text{sat}(e/\mu_e) \text{sign}(u) u$$

$$+ \sum_{i=1}^{n} \sum_{k=1}^{j} [\tilde{\boldsymbol{\theta}}_{f_{ik}}^{\mathrm{T}} \boldsymbol{\Gamma}_{f_{ik}}^{-1} (\dot{\boldsymbol{\theta}}_{f_{ik}} - \boldsymbol{\Gamma}_{f_{ik}} \bar{w}_{ik} e \boldsymbol{\phi}_{f_{ik}})] + \sum_{i=1}^{n-1} \sum_{k=1}^{j} [\tilde{\boldsymbol{\theta}}_{g_{ik}}^{\mathrm{T}} \boldsymbol{\Gamma}_{g_{ik}}^{-1} (\dot{\boldsymbol{\theta}}_{g_{ik}} - \boldsymbol{\Gamma}_{g_{ik}} \bar{w}_{ik} e x_{i+1} \boldsymbol{\phi}_{g_{ik}})]$$

$$+ \sum_{k=1}^{j} [\tilde{\boldsymbol{\theta}}_{g_{nk}}^{\mathrm{T}} \boldsymbol{\Gamma}_{g_{nk}}^{-1} (\dot{\boldsymbol{\theta}}_{g_{nk}} - \boldsymbol{\Gamma}_{g_{nk}} \bar{w}_{nk} e u \boldsymbol{\phi}_{g_{nk}})] \tag{15.48}$$

因此,近似器参数更新律可选择为

$$\dot{\boldsymbol{\theta}}_{f_{ik}} = \begin{cases} \boldsymbol{\Gamma}_{f_{ik}} \bar{w}_{ik} e \boldsymbol{\phi}_{f_{ik}} & |e(t)| > \mu_e \\ 0 & \text{其他} \end{cases} \tag{15.49}$$

$$\dot{\boldsymbol{\theta}}_{g_{ik}} = \text{Proj}\{T_{g_{ik}}\}$$

$$T_{g_{ik}} = \begin{cases} \boldsymbol{\Gamma}_{g_{ik}} \bar{w}_{ik} e x_{i+1} \boldsymbol{\phi}_{g_{ik}} & |e(t)| > \mu_e \\ 0 & \text{其他} \end{cases} \tag{15.50}$$

$$\dot{\boldsymbol{\theta}}_{g_{nk}} = \text{Proj}\{T_{g_{nk}}\}$$

$$T_{g_{nk}} = \begin{cases} \boldsymbol{\Gamma}_{g_{nk}} \bar{w}_{nk} e u \boldsymbol{\phi}_{g_{nk}} & |e(t)| > \mu_e \\ 0 & \text{其他} \end{cases} \tag{15.51}$$

其中,映射 Proj{·}的目的是确保 $g_i^0 + \hat{g}_i + \beta_{g_i}$ 为有界函数且不为 0,具体定义参看文献[149]。

将式(15.49)至式(15.51)代入式(15.48),可得

$$\dot{V}_j(t) \leqslant -\underline{k}_i e^2 + \sum_{i=1}^{n} [|e|\delta_{f_i} - e\varepsilon_{f_i} \text{sat}(e/\mu_e)]$$

$$+ \sum_{i=1}^{n-1} [|e x_{i+1}|\delta_{g_i} - e\varepsilon_{g_i} \text{sat}(e/\mu_e) \text{sign}(x_{i+1}) x_{i+1}]$$

$$+ |eu|\delta_{g_n} - e\varepsilon_{g_i} \text{sat}(e/\mu_e) \text{sign}(u) u \tag{15.52}$$

式(15.50)、式(15.51)所示的映射 Proj{·}能够确保 $g_n^0 + \hat{g}_n + \beta_{g_n} > g_l > 0$,由文献[153]可知,对于任意的 $t \in [\tau_2, \tau_3]$ 式(15.52)可推得

$$\dot{V}_j(t) \leqslant -\underline{k}_i e^2 \tag{15.53}$$

因此,对于 $|e(t)| > \mu_e$, $\forall t \in [t_1, t_2]$,明显可得

$$\dot{V}_j(t) \leqslant -\underline{k}_i e^2 < -\underline{k}_i \mu_e^2 \tag{15.54}$$

由式(15.54)可得

$$V_j(t_2) - V_j(t_1) \leqslant -\underline{k}_i \mu_e^2 (t_2 - t_1) = -\underline{k}_i \mu_e^2 \bar{\mu}(e, \mu_e, t_1, t_2) \tag{15.55}$$

即

$$\bar{\mu}(e, \mu_e, t_1, t_2) \leqslant \frac{V_j(t_1) - V_j(t_2)}{\underline{k}_i \mu_e^2} \tag{15.56}$$

由式(15.56)可知,时间区间$[t_1, t_2]$内,$|e(t)| > \mu_e$ 的总时间是有界的。

接下来，假设 $e$ 在 $t_2$ 时刻开始满足控制精度要求（即进入区间 $|e(t)|\leqslant\mu_e$），且一直保持到 $t_3$ 时刻，即 $t_3$ 时刻 $e$ 离开区间 $|e(t)|\leqslant\mu_e$。因此，$t\in[t_2,t_3]\subset[T_j,T_{j+1})$ 指的是 $|e(t)|\leqslant\mu_e$ 且 $N(t)$ 是常数的一段时间。该时间区间内 $|e(t)|>\mu_e$ 的总时间为

$$\bar{\mu}(e,\mu_e,t_2,t_3)=0 \tag{15.57}$$

另外，由上可知以下条件为真：①时间区间$[t_2,t_3]$内，近似器参数为常数，即函数近似停止；② $|e(t_2)|=|e(t_3)|=\mu_e$；③ $|e(t)|\leqslant|e(t_3)|$，$\forall t\in[t_2,t_3]$。

由此显然可得 $V_j(t_2)=V_j(t_3)$ 和 $V_j(t)\leqslant V_j(t_3)$，$\forall t\in[t_2,t_3]$。这些结论与$[t_2,t_3]$内 $\boldsymbol{x}$ 是否进入 $A^j$ 无关。

以下将考虑任意时刻 $t\in[T_j,T_{j+1})$ 的稳定性。根据第 $j$ 个局部近似器添加原则（条件(1)、条件(2)），在 $t=T_j$ 和 $t=T_{j+1}^-$。假设 $t_1=T_j$ 时刻，$e(t)$ 离开区间 $|e(t)|\leqslant\mu_e$；$t_{2j}$时刻，$e(t)$ 进入区间 $|e(t)|\leqslant\mu_e$；$t_{2j+1}$时刻，$e(t)$ 离开区间 $|e(t)|\leqslant\mu_e$；$t_{2j+1}$到 $T_{i+1}^-$ 时刻，$e(t)$ 最终位于区间 $|e(t)|\leqslant\mu_e$ 之外。令 $\bar{t}\in[T_j,T_{j+1})$ 为该时间段内使 $|e(t)|\leqslant\mu_e$ 成立的最后时刻。因此，$t\in[T_j,T_{j+1})$ 时，$e(t)$ 位于区间 $|e(t)|\leqslant\mu_e$ 之外的总时间为

$$\begin{aligned}
\bar{\mu}(e,\mu_e,T_j,T_{j+1}^-) &= \sum_{j\geqslant 1}(t_{2j}-t_{2j-1})+(T_{j+1}^- -\bar{t})\\
&\leqslant \frac{1}{\underline{k_i}\mu_e^2}\left[\sum_{j\geqslant 1}(V_j(t_{2j-1})-V_j(t_{2j}))+(V_j(\bar{t})-V_j(T_{j+1}^-))\right]\\
&= \frac{1}{\underline{k_i}\mu_e^2}\left[\sum_{j\geqslant 1}(V_j(t_{2j-1})-V_j(t_{2j+1}))+(V_j(\bar{t})-V_j(T_{j+1}^-))\right]\\
&= \frac{1}{\underline{k_i}\mu_e^2}\left[(V_j(T_j)-V_j(T_{j+1}^-))\right]
\end{aligned} \tag{15.58}$$

式(15.58)证明了时间区间$[T_j,T_{j+1})$内，$e(t)$ 位于区间 $|e(t)|\leqslant\mu_e$ 之外的总时间是有限的。因此，要么 $T_{j+1}$是无限的，使最终有 $|e(t)|\leqslant\mu_e$；或者 $T_{j+1}$是有限的，$N(t)$ 将在 $t=T_{j+1}$时刻增加 1。

另一个重要的结论是 $\forall t\in[T_j,T_{j+1})$ 使得下式成立：

$$V_j(t)\leqslant V_j(T_j) \tag{15.59}$$

式(15.59)直接来源于上述分析，无论 $|e(t)|>\mu_e$ 或 $|e(t)|\leqslant\mu_e$。因此，对于任意的 $N$、$\bar{x}_i$、$e$、$\tilde{\boldsymbol{\theta}}_{f_{ik}}$、$\boldsymbol{\theta}_{f_{ik}}$、$\tilde{\boldsymbol{\theta}}_{g_{ik}}$ 和 $\boldsymbol{\theta}_{g_{ik}}\in L_\infty$。这些特性始终会保持，即使状态 $\boldsymbol{x}$ 有限次进入或离开 $A^j$，或 $e(t)$ 有限次进入或离开区间 $|e(t)|\leqslant\mu_e$。

既然 $D^n$ 为紧集且 $N(t)$ 的每个增量包含了 $D^n$ 的半径为 $\mu$ 的一个划分，所以只可能有有限数量的 $N(t)$ 的增量发生。因此，将最终有 $|e(t)|\leqslant\mu_e$，且 $\bar{x}_i$、$e$、$\tilde{\boldsymbol{\theta}}_{f_{ik}}$、$\boldsymbol{\theta}_{f_{ik}}$、$\tilde{\boldsymbol{\theta}}_{g_{ik}}$ 和 $\boldsymbol{\theta}_{g_{ik}}\in L_\infty$。

**2. 自组织近似过程的稳定性**

定理 1：式(15.3)所示的系统使用控制律式(15.29)至式(15.34)、自组织函数近似和参数更新律式(15.49)至式(15.51)将有以下特性：

① $\bar{x}_i$、$e$、$\tilde{\boldsymbol{\theta}}_{f_{ik}}$、$\boldsymbol{\theta}_{f_{ik}}$、$\tilde{\boldsymbol{\theta}}_{g_{ik}}$、$\boldsymbol{\theta}_{g_{ik}}$ 和 $N(t)\in L_\infty$；

② $e = \sum_{i=1}^{n} \bar{x}_i$ 将最终收敛于 $|e| \leqslant \mu_e$；

证明：令系统工作时间为 $[T_0, T_f]$，其中 $T_f$ 可以是无限的。初始化近似器数量为 $N(T_0)=0$，定义 $N(t)$ 每到时刻 $T_j$ 增加 1。

当 $t \in [T_0, T_1)$，$N(t)=0$ 且 $\hat{f}_i(\boldsymbol{x}) = \hat{g}_i(\boldsymbol{x}) = 0$。如前证明所述，要么 $|e(t)| > \mu_e$ 的总时间小于 $(1/\underline{k}_i)\ln(|e(T_0)|/\mu_e)$，$T_1 = \infty$；要么 $T_1$ 为有限值。在以上两种情况下，有

$$V_0(T_1^-) \leqslant \max\left(V_0(T_0), \frac{1}{2}\mu_e^2\right) \tag{15.60}$$

对于 $j \geqslant 1$，$t = T_j$ 时第 $j$ 个局部近似域被添加。15.1.5 节已经证明了 $t \in [T_j, T_{j+1})$ 条件下定理 1 中的①和②。唯一未证明的部分是 $V_{j-1}(T_j^-)$ 到 $V_j(T_j)$ 转换期间 $V_j(T_j)$ 的有界性。

以下证明 $V_j(T_j)$ 是有限值。令 $t = T_j$ 时刻的李雅普诺夫函数为

$$V_j(T_j) = \frac{1}{2}e^2(T_j) + \frac{1}{2}\sum_{i=1}^{n}\sum_{k=1}^{j}\left[\tilde{\boldsymbol{\theta}}_{f_{ik}}^{\mathrm{T}}(T_j)\boldsymbol{\Gamma}_{f_{ik}}^{-1}\tilde{\boldsymbol{\theta}}_{f_{ik}}(T_j) + \tilde{\boldsymbol{\theta}}_{g_{ik}}^{\mathrm{T}}(T_j)\boldsymbol{\Gamma}_{g_{ik}}^{-1}\tilde{\boldsymbol{\theta}}_{g_{ik}}(T_j)\right] \tag{15.61}$$

注意到 $e(T_j) = e(T_j^-)$，因为 $T_j^-$ 到 $T_j$ 转换期间 $e(t)$ 是连续的。既然当第 $j$ 个局部近似器于 $t = T_j$ 添加入系统时，$\boldsymbol{x}(T_j)$ 未激活前 $j-1$ 个局部近似器，参数 $\boldsymbol{\theta}_{f_{ik}}$、$\boldsymbol{\theta}_{g_{ik}}$（$k=1,2,\cdots,j-1$）在 $T_j^-$ 到 $T_j$ 转换期间始终保持不变。因此，

$$\begin{aligned}V_j(T_j) &= \frac{1}{2}e^2(T_j^-) + \frac{1}{2}\sum_{i=1}^{n}\sum_{k=1}^{j-1}\left[\tilde{\boldsymbol{\theta}}_{f_{ik}}^{\mathrm{T}}(T_j^-)\boldsymbol{\Gamma}_{f_{ik}}^{-1}\tilde{\boldsymbol{\theta}}_{f_{ik}}(T_j^-) + \tilde{\boldsymbol{\theta}}_{g_{ik}}^{\mathrm{T}}(T_j^-)\boldsymbol{\Gamma}_{g_{ik}}^{-1}\tilde{\boldsymbol{\theta}}_{g_{ik}}(T_j^-)\right] \\ &\quad + \frac{1}{2}\left[\tilde{\boldsymbol{\theta}}_{f_{ik}}^{\mathrm{T}}(T_j)\boldsymbol{\Gamma}_{f_{ik}}^{-1}\tilde{\boldsymbol{\theta}}_{f_{ik}}(T_j) + \tilde{\boldsymbol{\theta}}_{g_{ik}}^{\mathrm{T}}(T_j)\boldsymbol{\Gamma}_{g_{ik}}^{-1}\tilde{\boldsymbol{\theta}}_{g_{ik}}(T_j)\right] \\ &= V_{j-1}(T_j^-) + \frac{1}{2}\left[\tilde{\boldsymbol{\theta}}_{f_{ik}}^{\mathrm{T}}(T_j)\boldsymbol{\Gamma}_{f_{ik}}^{-1}\tilde{\boldsymbol{\theta}}_{f_{ik}}(T_j) + \tilde{\boldsymbol{\theta}}_{g_{ik}}^{\mathrm{T}}(T_j)\boldsymbol{\Gamma}_{g_{ik}}^{-1}\tilde{\boldsymbol{\theta}}_{g_{ik}}(T_j)\right]\end{aligned} \tag{15.62}$$

由式（15.59）已经证明，对于任意的 $t \in [T_{j-1}, T_j^-]$，$V_{j-1}(t) \leqslant V_{j-1}(T_{j-1})$。那么可以推得

$$\begin{aligned}V_j(T_j) &\leqslant V_{j-1}(T_{j-1}) + \frac{1}{2}\left[\tilde{\boldsymbol{\theta}}_{f_{ik}}^{\mathrm{T}}(T_j)\boldsymbol{\Gamma}_{f_{ik}}^{-1}\tilde{\boldsymbol{\theta}}_{f_{ik}}(T_j) + \tilde{\boldsymbol{\theta}}_{g_{ik}}^{\mathrm{T}}(T_j)\boldsymbol{\Gamma}_{g_{ik}}^{-1}\tilde{\boldsymbol{\theta}}_{g_{ik}}(T_j)\right] \\ &\leqslant \frac{1}{2}e^2(T_1) + \frac{1}{2}\sum_{i=1}^{n}\sum_{k=1}^{j}\left[\tilde{\boldsymbol{\theta}}_{f_{ik}}^{\mathrm{T}}(T_k)\boldsymbol{\Gamma}_{f_{ik}}^{-1}\tilde{\boldsymbol{\theta}}_{f_{ik}}(T_k) + \tilde{\boldsymbol{\theta}}_{g_{ik}}^{\mathrm{T}}(T_k)\boldsymbol{\Gamma}_{g_{ik}}^{-1}\tilde{\boldsymbol{\theta}}_{g_{ik}}(T_k)\right]\end{aligned} \tag{15.63}$$

对于 $k=1,2,\cdots,j$，只要 $t = T_k$ 时刻的初始参数估计 $\boldsymbol{\theta}_{f_{ik}}(T_k)$ 是有限值，则每个 $\tilde{\boldsymbol{\theta}}_{f_{ik}}(T_k) = \boldsymbol{\theta}_{f_{ik}}(T_k) - \boldsymbol{\theta}_{f_{ik}}^*$ 是有限值。相似条件下，$\tilde{\boldsymbol{\theta}}_{g_{ik}}(T_k) = \boldsymbol{\theta}_{g_{ik}}(T_k) - \boldsymbol{\theta}_{g_{ik}}^*$ 也是有限值。既然 $N$ 只可能有有限数量的增长，即 $N(T_j) = j < \infty$，则式（15.63）右侧求和项是有限值。又因为 $e(T_1)$ 也是有限值，则可直接推出 $V_j(T_j) < \infty$，也就是说 $\bar{x}_i$、$e$、$\tilde{\theta}_{f_{ik}}$、$\theta_{f_{ik}}$、$\tilde{\theta}_{g_{ik}}$、$\theta_{g_{ik}} \in L_\infty$。

需要说明的是，上述证明过程仅证明了式（15.20）系统补偿跟踪误差 $\bar{x}_i$ 的有界性，而不是式（15.19）系统实际跟踪误差 $\tilde{x}_i$ 的有界性。由式（15.19）、式（15.20）、式（15.23）、

式(15.25)、式(15.27)可知,只要合理选择滤波器增益 $K_i$ 和控制律增益 $k_i$,即可保证 $\bar{x}_i$ 无限趋近于 $\tilde{x}_i$,因此 $\tilde{x}_i$ 的有界性同样能够保证。

### 15.1.6 应用仿真算例

对于如下的二阶单输入、单输出系统:

$$\begin{cases}\dot{x}_1 = \sin(x_1 + x_2) + (2 + g_1(\boldsymbol{x}))x_2 \\ \dot{x}_2 = \sin(x_2) + (2 + g_2(\boldsymbol{x}))u\end{cases} \tag{15.64}$$

其中

$$g_1(\boldsymbol{x}) = g_2(\boldsymbol{x}) = \frac{1}{20}(x_1^2 + |x_1|)\cos(0.01\pi x_1) \tag{15.65}$$

系统状态矢量为 $\boldsymbol{x} = [x_1, x_2]^{\mathrm{T}}$,额定工作域为 $D^2 = [-3,3] \times [-3,3]$。假设该系统已知设计模型为

$$\begin{cases}\dot{x}_1 = 2x_2 \\ \dot{x}_2 = 2u\end{cases} \tag{15.66}$$

其中,已知部分为 $f_1^0 = f_2^0 = 0, g_1^0 = g_2^0 = 2$。未知部分为 $f_1 = \sin(x_1 + x_2), f_2 = \sin(x_2), g_1 = g_2 = \frac{1}{20}(x_1^2 + |x_1|)\cos(0.01\pi x_1)$,每个未知函数将采用上述在线自组织近似方法进行在线逼近。

$\hat{f}_{1k}$、$\hat{f}_{2k}$、$\hat{g}_{1k}$和 $\hat{g}_{2k}$均采用相同的归一化四次幂内核基函数矢量 $\boldsymbol{w}_k(\boldsymbol{x})$:

$$\boldsymbol{w}_k(\boldsymbol{x}) = \begin{cases}(1 - R^2)^2 & R < 1 \\ 0 & R \geqslant 1\end{cases} \tag{15.67}$$

$$R = \left\| \frac{|x_1 - c_{k,1}|}{\mu_{k,1}}, \frac{|x_2 - c_{k,2}|}{\mu_{k,2}} \right\|_\infty \tag{15.68}$$

其中,$\boldsymbol{c}_k = [c_{k,1}, c_{k,2}]^{\mathrm{T}}$ 表示第 $k$ 个基函数的中心;$\mu_{k,1}$、$\mu_{k,2}$分别为第 $k$ 个局部近似域在 $x_1$、$x_2$ 方向上的半径,$\mu_{k,1} = \mu_{k,2} = 0.3$。指定连续基函数矢量为

$$\boldsymbol{\phi}_{f_{ik}} = \boldsymbol{\phi}_{g_{ik}} = [1 \quad x_1 - c_{k,1} \quad x_2 - c_{k,2}]^{\mathrm{T}} \tag{15.69}$$

其他仿真参数设置为 $k_1 = 2, k_2 = 4, \mu_e = 0.1, \varepsilon_{f_i} = \varepsilon_{g_i} = 0.3, \boldsymbol{\Gamma}_{f_{1k}} = \boldsymbol{\Gamma}_{f_{2k}} = 10\boldsymbol{I}_{3\times 3}, \boldsymbol{\Gamma}_{g_{1k}} = \boldsymbol{\Gamma}_{g_{2k}} = 10\boldsymbol{I}_{3\times 3}$。这里采用式(15.25)所表示的一阶滤波器,增益 $K_2 = K = 40$。在线估计参数初始值为 $\boldsymbol{\theta}_{f_{1k}}(0) = \boldsymbol{\theta}_{f_{2k}}(0) = \boldsymbol{\theta}_{g_{1k}}(0) = \boldsymbol{\theta}_{g_{2k}}(0) = [0,0,0]^{\mathrm{T}}$。

参考轨迹 $x_c(t)$ 及其导数 $\dot{x}_c(t)$ 由如下的二阶低通滤波器产生:

$$\begin{aligned}\dot{z}_1 &= z_1 \\ \dot{z}_2 &= a_1[\mathrm{sat}(a_1(\mathrm{sat}(r) - z_1)) - z_2]\end{aligned} \tag{15.70}$$

$$\begin{bmatrix}x_c \\ \dot{x}_c\end{bmatrix} = \begin{bmatrix}1 & 0 \\ 0 & 1\end{bmatrix}\begin{bmatrix}z_1 \\ z_2\end{bmatrix} \tag{15.71}$$

$$r = 3\sin(0.2\pi t) \tag{15.72}$$

其中函数 sat( · )是为了限制输入信号的幅值和速率,以保证$(x_c, \dot{x}_c) \in D^2$。$a_1 = 2\zeta\omega, a_2$

$=\omega^2/(2\zeta\omega)$，$\zeta=0.9$，$\omega=5$。

以式(15.70)~式(15.72)为输入时，控制系统前4个周期的 $x_1-x_2$ 平面相轨迹如图15-2所示。

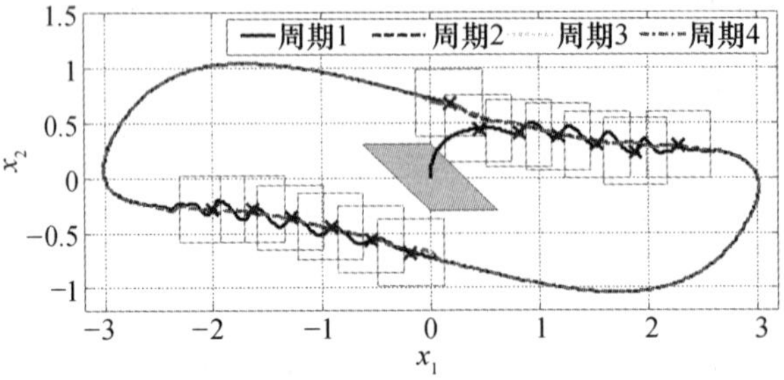


图15-2　系统前4各周期的 $x_1-x_2$ 平面相轨迹

图15-2中灰色平行四边形区域内所有未知函数均较小，即满足 $|f_i|\leqslant\varepsilon_{f_i}$ 且 $|g_i|\leqslant\varepsilon_{g_i}$。×表示局部近似域的中心。□表示局部近似器 $\hat{f}_{ik}$ 和 $\hat{g}_{ik}$ 的近似域（即近似域 $\bar{S}_k$）。

易知，式(15.70)~式(15.72)为周期输入信号，因此图15-2所示闭环系统相轨迹也呈现周期性变化。控制系统根据误差 $e$，自主添加了13个局部近似器 $\hat{f}_{ik}$ 和 $\hat{g}_{ik}$ 用以在线近似相应未知函数 $f_i$ 和 $g_i$。相邻局部近似域中心位置水平方向间距大约为 $\mu_{k,1}=\mu_{k,2}=0.3$。系统启动后，系统状态从原点初始位置迅速向最终稳定相轨迹轨道靠近，当遇到未知函数对系统误差 $e$ 影响较大，并且滑模控制项 $\beta_{f_i}$ 和 $\beta_{g_i}$ 无法单独抵消该影响的局部区域时，控制系统自主添加局部近似器在线逼近未知函数，以抵消未知函数对系统误差 $e$ 的不利影响，使系统状态快速回到期望的相轨迹轨道上。从图15-2可知，系统仅在第一个周期内的部分区域存在状态波动，之后系统状态完全能够保持在最终稳定相轨迹轨道运行。

系统补偿跟踪误差的标量映射 $e$、局部近似器数量 $N$ 和系统补偿跟踪误差 $\bar{x}_i$ 如图15-3所示。系统各阶状态量 $x_i$、控制指令 $x_{i,c}$ 和实际跟踪误差 $\tilde{x}_i$ 如图15-4所示。

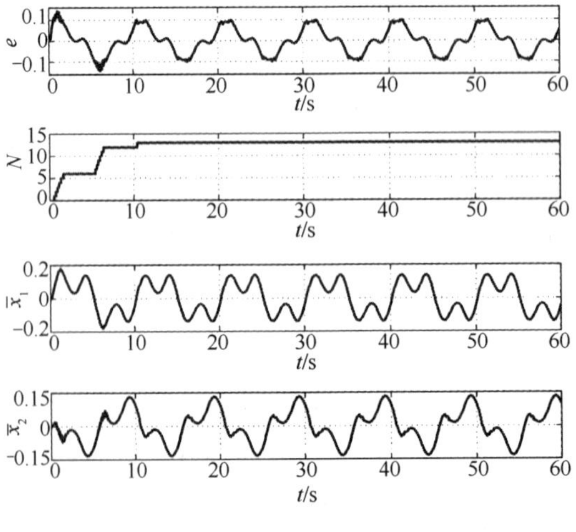


图15-3　$e$、$N$ 和 $\bar{x}_i$

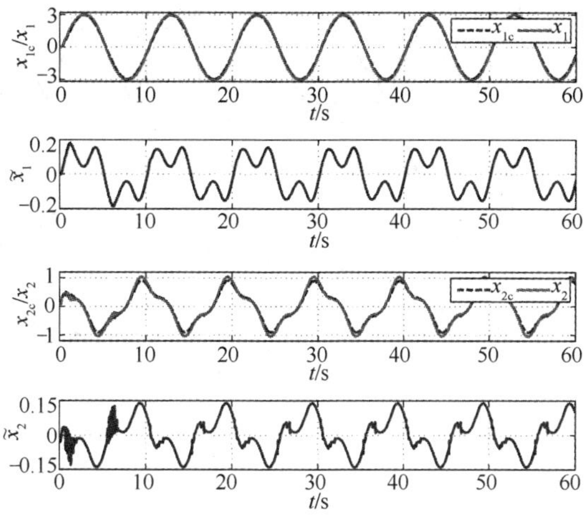


图 15-4　状态 $x_i$、控制指令 $x_{i,c}$ 和跟踪误差 $\tilde{x}_i$

由图 15-3 可知，误差 $e$ 在时间区间 0.5～1.63s、5.4～6.41s 以及 10.41～10.47s 内超出所要求的误差范围 $\mu_e=0.1$，超出误差范围的总时间显然是有限值。这三段时间与图中□表示的局部近似域相对应，此时滑模控制项 $\beta_{f_i}$ 和 $\beta_{g_i}$ 无法单独抵消未知函数过大对误差 $e$ 的影响，控制系统分别自主添加了 6 个、6 个和 1 个局部近似器以抵消未知函数对误差 $e$ 的不利影响。10.47s 以后，由于近似器的加入，系统误差 $e$ 呈周期性变化，且始终满足 $|e|\leqslant\mu_e=0.1$。系统补偿跟踪误差 $\bar{x}_i$ 与误差 $e$ 变化规律相似，当系统稳定运行后（10.47$s$ 以后，）能始终保持有界。对比图 15-3 和图 15-4 可知，由于指令滤波器式（15.25）和式（15.26）采用了较大的增益 $K_2$ 和 $K$，使系统补偿跟踪误差 $\bar{x}_i$ 和实际跟踪误差 $\tilde{x}_i$ 非常接近。

未知函数 $f_i$ 和 $g_i$ 的在线近似函数 $\hat{f}_i$ 和 $\hat{g}_i$ 以及各自对应的滑模控制项 $\beta_{f_i}$ 和 $\beta_{g_i}$ 分别如图 15-5～图 15-8 所示。

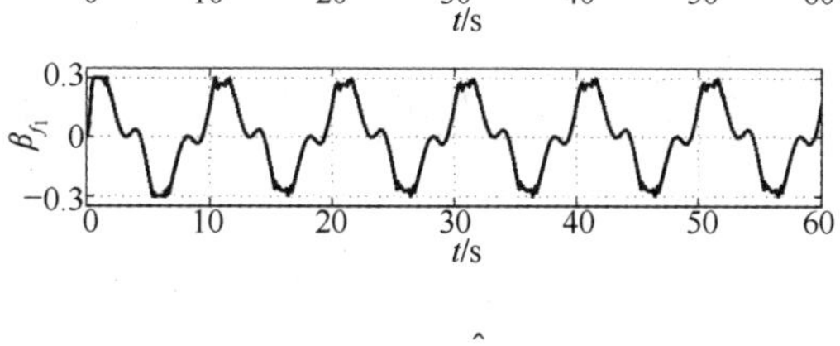

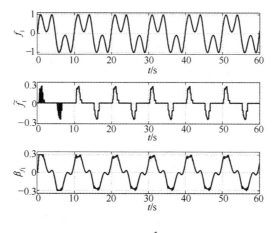

图 15-5　$f_1$、$\hat{f}_1$ 和 $\beta_{f_1}$

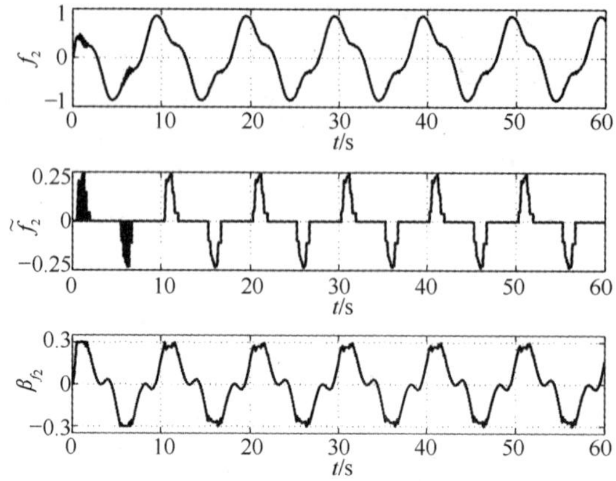


图 15-6 $f_2$、$\hat{f}_2$ 和 $\beta_{f_2}$

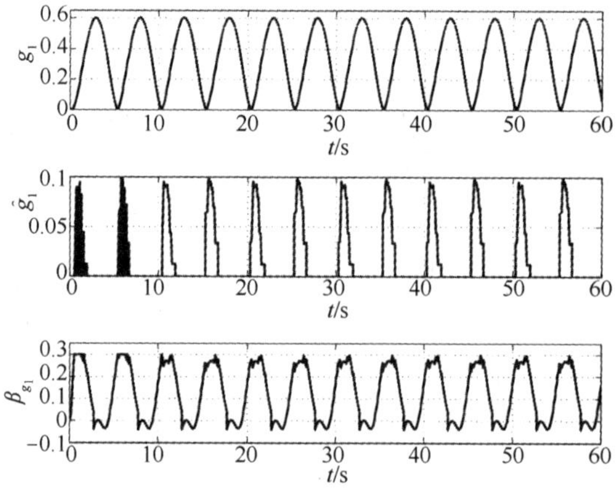


图 15-7 $g_1$、$\hat{g}_1$ 和 $\beta_{g_1}$

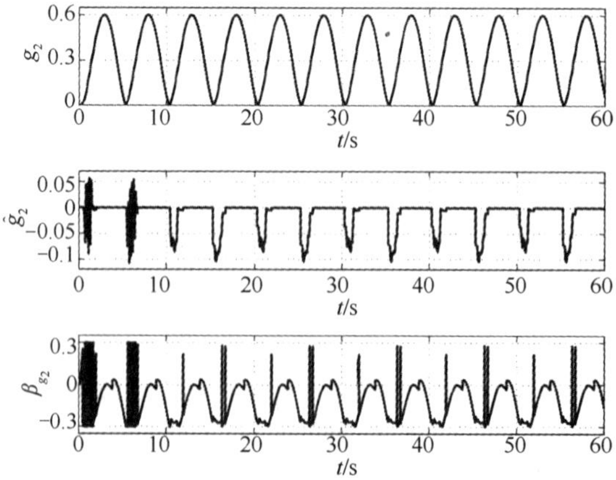


图 15-8 $g_2$、$\hat{g}_2$ 和 $\beta_{g_2}$

由图 15-5 ~ 图 15-8 可知，在线近似器 $\hat{f}_i$ 和 $\hat{g}_i$ 在与图所示局部近似域相对应的位置（即时间区间 0.5 ~ 1.63s、5.4 ~ 6.41s 以及之后各周期相应位置）对未知函数 $f_i$ 和 $g_i$

进行了在线近似。时间区间 0.5 ~ 1.63s 和 5.4 ~ 6.41s 内，可视为近似器 $\hat{f}_i$ 和 $\hat{g}_i$ 处于启动阶段，还未完全起作用，此时滑模控制项 $\beta_{f_i}$ 和 $\beta_{g_i}$ 尽管已经达到饱和状态，仍然无法抵消未知函数过大对误差 $e$ 的影响。当系统稳定运行后，近似器 $\hat{f}_i$ 和 $\hat{g}_i$ 真正开始发挥作用，此时滑模控制项 $\beta_{f_i}$ 和 $\beta_{g_i}$ 始终保持不饱和状态，误差 $e$ 能够始终保持在期望精度内，系统各状态也稳定有界。

系统输入 $u$ 如图 15-9 所示。输入 $u$ 在近似器工作的时间段内，存在轻微的高频抖动，这可能是控制器参数设置不完全合理造成的。

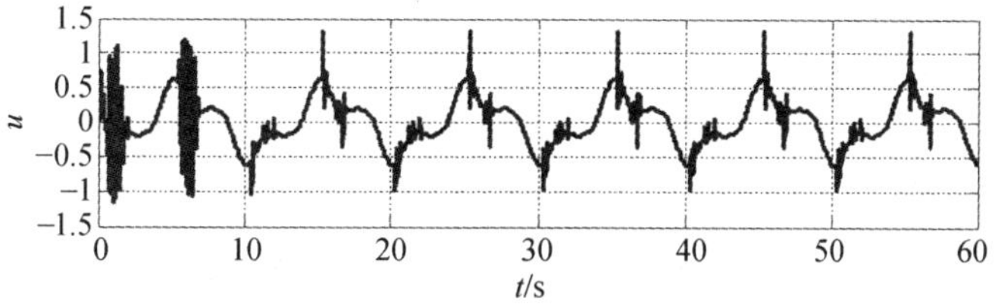


图 15-9　系统输入

需要说明的是，式(15.21)所示的误差 $e$ 是各级补偿跟踪误差 $\bar{x}_i$ 的代数和，无法直接反映系统实际跟踪误差 $\tilde{x}_1$，因此控制参数要根据系统实际跟踪误差要求和仿真效果确定。另外，任何控制方法的优劣很大程度上取决于控制系统设计时控制参数的选取，本仿真算例仅是给出了一个参考参数值，不代表最优值，要获得最佳的控制效果，读者可进一步进行优化。

## 15.2　高阶多输入、多输出系统

### 15.2.1　预备知识

为了表示方便，对本节使用的符号说明如下：‖ ‖ 表示矢量的模。‖ ‖ 表示矩阵的 Frobenius 范数和矢量的 Euclidean 范数。对于方阵 $\boldsymbol{A}\in\mathbf{R}^{m\times m}$，$\lambda_i$ 为 $\boldsymbol{A}$ 的特征值，$\rho(\boldsymbol{A})=\max\limits_i|\lambda_i|$ 表示 $\boldsymbol{A}$ 的谱半径。$\mathrm{Abs}(\boldsymbol{B})$ 表示矩阵 $\boldsymbol{B}$ 的每个元素的绝对值组成的矩阵，即 $\mathrm{Abs}(\boldsymbol{B})=(|b_{ij}|)_{m\times n}$。矩阵 $\boldsymbol{I}$ 表示单位矩阵。矩阵不等式 $\boldsymbol{B}\leqslant\boldsymbol{C}$ 表示矩阵的对应元素 $b_{ij}\leqslant c_{ij}$。

引理：对于任意矩阵 $\boldsymbol{A}\in\mathbf{R}^{m\times m}$，其谱半径为 $\rho(\boldsymbol{A})$，则任意一个常数 $\upsilon>0$ 能够使矩阵 $\boldsymbol{A}+(\rho(\boldsymbol{A})+\upsilon)\boldsymbol{I}_{m\times m}$ 非奇异。

### 15.2.2　问题描述

对于如下的 $n$ 阶多输入、多输出仿射非线性系统：

$$\begin{cases}\dot{\boldsymbol{X}}_i=[\boldsymbol{F}_i^0(\boldsymbol{X})+\boldsymbol{F}_i(\boldsymbol{X})]+[\boldsymbol{G}_i^0(\boldsymbol{X})+\boldsymbol{G}_i(\boldsymbol{X})]\boldsymbol{X}_{i+1} & 1\leqslant i\leqslant n-1\\ \dot{\boldsymbol{X}}_n=[\boldsymbol{F}_n^0(\boldsymbol{X})+\boldsymbol{F}_n(\boldsymbol{X})]+[\boldsymbol{G}_n^0(\boldsymbol{X})+\boldsymbol{G}_n(\boldsymbol{X})]\boldsymbol{U}\end{cases}\tag{15.73}$$

其中，$\boldsymbol{X}_i=[x_{i,1},\cdots,x_{i,m}]^{\mathrm{T}}\in\mathbf{R}^m(i=1,2,\cdots,n)$，$X=[\boldsymbol{X}_1^{\mathrm{T}},\cdots,\boldsymbol{X}_n^{\mathrm{T}}]^{\mathrm{T}}\in D\subset\mathbf{R}^{n\times m}$ 为状态矢量。$D$ 表示该物理系统的整个工作域，即可已知，也可未知。$\boldsymbol{X}_1\in\mathbf{R}^m$ 是系统输出。$\boldsymbol{U}\in\mathbf{R}^m$ 是

控制信号。函数$\boldsymbol{F}_i^0(\boldsymbol{X})=(f_{ij}^0)_{m\times1}\in\mathbf{R}^m$ 和$\boldsymbol{G}_i^0(\boldsymbol{X})=(g_{ijk}^0)_{m\times m}\in\mathbf{R}^{m\times m}(j=1,2,\cdots,m;k=1,2,\cdots,m)$表示控制器设计时被控对象的已知模型。未知函数$\boldsymbol{F}_i(\boldsymbol{X})=(f_{ij})_{m\times1}\in\mathbf{R}^m$ 和$\boldsymbol{G}_i(\boldsymbol{X})=(g_{ijk})_{m\times m}\in\mathbf{R}^{m\times m}$表示被控对象的未知部分，即被控对象真实模型与控制器设计模型之间的误差。令$\boldsymbol{F}_i^0(\boldsymbol{X})$、$\boldsymbol{G}_i^0(\boldsymbol{X})$、$\boldsymbol{F}_i(\boldsymbol{X})$和$\boldsymbol{G}_i(\boldsymbol{X})$均为连续函数。

这里控制目的是设计控制输入信号 $\boldsymbol{U}$ 以驱动$\boldsymbol{X}_1$ 跟踪信号指令$\boldsymbol{X}_{1c}$，并且保证所有状态量$\boldsymbol{X}_i$ 有界。对于系统状态空间的某些区域，模型误差$\boldsymbol{F}_i(\boldsymbol{X})$和$\boldsymbol{G}_i(\boldsymbol{X})$可能会过大致使控制器无法到达期望的跟踪精度。本章将采用一种在线近似的控制器结构，全状态空间内补偿模型误差以确保达到期望的跟踪精度。

### 15.2.3 局部权重学习算法

与 15.2.2 节高阶单输入、单输出系统情况相同，在某一状态点$\boldsymbol{X}_i$，未知函数$\boldsymbol{F}_i(\boldsymbol{X})$中各元素$f_{ij}$的近似值可通过如下的局部近似器$\hat{f}_{ijp}(\boldsymbol{x})$归一化权重平均值表示：

$$\hat{f}_{ij}=\frac{\sum_p w_{ijp}\hat{f}_{ijp}}{\sum_p w_{ijp}} \tag{15.74}$$

其中，$\hat{f}_{ijp}$为未知函数$f_{ij}$的第 $p$ 个局部近似函数。$w_{ijp}$仅在集 $S_p$（见后文定义）内非 0。在集 $S_p$ 内，$\hat{f}_{ijp}$将被用来改善$f_{ij}$的近似精度。以下，将以$f_{ij}$为例，给出局部权重学习算法的相关定义，函数 $g_{ijk}$的相关定义也相似，不再赘述。由此可知，未知函数的近似函数可表示为$\hat{\boldsymbol{F}}_i=(\hat{f}_{ij})_m$，$\hat{\boldsymbol{G}}_i=(\hat{g}_{ijk})_{m\times m}$。

**1. 权重函数**

对于第 $p$ 个局部近似器$\hat{f}_{ijp}$，定义如下的一个连续非负且局部支撑的权重函数 $w_{ijp}$。首先定义 $w_{ijp}$的近似域为

$$S_p=\{\boldsymbol{X}\in D\,|\,w_{ijp}\neq0\} \tag{15.75}$$

若集 $S_p$ 的尺寸定义为$\rho(S)=\max_{x,y\in S}(\|\boldsymbol{x}-\boldsymbol{y}\|)$，则局部支撑指的是$\rho(S_p)$相对$\rho(D)$为小量。令 $\overline{S}_P$ 为集 $S_P$ 的闭包。注意，$\overline{S}_P$ 为紧集。满足以上条件的权重函数的例子之一是以下的四次幂内核函数：

$$w_{ijp}=\begin{cases}[1-(\|\boldsymbol{X}-\boldsymbol{C}_p\|/\mu_p)^2]^2 & \|\boldsymbol{X}-\boldsymbol{C}_p\|<\mu_p\\ 0 & 其他\end{cases} \tag{15.76}$$

式中 $\boldsymbol{C}_p$——第 $p$ 个权重函数的中心；

$\mu_p$ 为一常数，表示近似域 $S_P$ 的半径。

与式(15.76)对应的近似域为

$$S_p=\{\boldsymbol{X}\in \boldsymbol{D}\,|\,\|\boldsymbol{X}-\boldsymbol{C}_p\|<\mu_p\} \tag{15.77}$$

由于近似器是在线自组织的，则局部近似器$\hat{f}_{ijp}$的总数 $N(t)$不是常数，而是随时间增加的变量。$N(t)$在离散时刻的增加条件将在后文介绍。既然 $N(t)$是变量，则式(15.74)所对应的近似域也是随时间变化的，其定义为

$$A^{N(t)} = \bigcup_{1 \leqslant p \leqslant N(t)} S_p \tag{15.78}$$

且在域 $A^{N(t)}$ 内,式(15.74)所表示的近似器不为0。

当 $\boldsymbol{X}(t) \in A^{N(t)}$ 时,至少存在一个 $p$ 使得 $w_{ijp}(\boldsymbol{X}) \neq 0$。归一化的权重函数定义为

$$\bar{w}_{ijp} = \frac{w_{ijp}}{\sum_{p=1}^{N(t)} w_{ijp}} \tag{15.79}$$

易知,非负函数集 $\{\bar{w}_{ijp}(\boldsymbol{X})\}_{p=1}^{N(t)}$ 在 $A^{N(t)}$ 上可构成一个单位划分,即

$$\sum_{p=1}^{N(t)} \bar{w}_{ijp} = 1 \quad \boldsymbol{X} \in A^{N(t)} \tag{15.80}$$

$w_{ijp}$ 的近似域与 $\bar{w}_{ijp}$ 的近似域完全一致。

当 $\boldsymbol{X} \notin A^{N(t)}$ 时,则 $w_{ijp} = 0, 1 \leqslant p \leqslant N(t)$。因此,为使式(15.74)表示的近似器 $\hat{f}_{ijp}$ 对所有 $\boldsymbol{X} \in D$ 均有定义,则 $\hat{f}_{ij}$ 完整表示为

$$\hat{f}_{ij} = \begin{cases} \sum_{p=1}^{N(t)} \bar{w}_{ijp} \hat{f}_{ijp} & \boldsymbol{X} \in A^{N(t)} \\ 0 & \boldsymbol{X} \in D - A^{N(t)} \end{cases} \tag{15.81}$$

以下将给出 $\boldsymbol{X} \in A^{N(t)}$ 时的局部权重学习算法相关定义。

**2. 局部近似器**

令 $f_{ij}$ 的第 $p$ 个局部最优近似器定义为

$$f_{ijp}^{*} = \boldsymbol{\phi}_{f_{ij}}^{\mathrm{T}} \boldsymbol{\theta}_{f_{ijp}}^{*} \tag{15.82}$$

其中,$\boldsymbol{\phi}_{f_{ij}}$ 是设计者指定的连续基函数矢量。矢量 $\boldsymbol{\theta}_{f_{ijp}}^{*}$ 指的是未知最优参数估计矢量(对于 $\boldsymbol{X} \in \bar{S}_p$),即

$$\boldsymbol{\theta}_{f_{ijp}}^{*} = \arg \min_{\theta_{f_{ijp}}} \left( \int_{S_p} w_{ijp} |f_{ij} - \hat{f}_{ijp}|^2 \mathrm{d}\boldsymbol{X} \right) \tag{15.83}$$

$$\hat{f}_{ijp} = \boldsymbol{\phi}_{f_{ij}}^{\mathrm{T}} \boldsymbol{\theta}_{f_{ijp}} \tag{15.84}$$

其中,$\boldsymbol{\theta}_{f_{ijp}}$ 指的是在线更新的未知参数估计矢量(对于 $\boldsymbol{X} \in \bar{S}_p$)。

需要说明的是,$\boldsymbol{\theta}_{f_{ijp}}^{*}$ 对于每个 $p$ 均有定义,因为 $f_{ij}$ 和 $f_{ijp}^{*}$ 在 $\bar{S}_p$ 上均为平滑函数。因此,$f_{ijp}^{*}$ 将作为 $f_{ij}$ 在 $\bar{S}_p$ 上的最优局部近似器。

令 $D$ 上的局部近似误差 $\varepsilon_{f_{ijp}}$ 定义为

$$\varepsilon_{f_{ijp}} = \begin{cases} f_{ij} - f_{ijp}^{*} & \boldsymbol{X} \in \bar{S}_p \\ 0 & 其他 \end{cases} \tag{15.85}$$

令常数 $\varepsilon_{f_{ij}} > 0$ 为已知量,则假设基矢量集 $\boldsymbol{\phi}_{f_{ij}}$ 充分大,$\boldsymbol{\mu}_p$ 充分小,使得在 $\boldsymbol{X} \in \bar{S}_p$ 内,对于某些未知正常数 $\bar{\varepsilon}_{f_{ij}} < \varepsilon_{f_{ij}}$ 总有 $|\varepsilon_{f_{ijp}}| \leqslant \bar{\varepsilon}_{f_{ijp}}$ 成立。注意 $\max_{X \in \bar{S}_p}(|\varepsilon_{f_{ijp}}|)$ 的有界性是通过 $|\varepsilon_{f_{ijp}}|$ 在紧集 $\bar{S}_p$ 上的连续性保证的。

对于任意的 $\boldsymbol{X} \in A^{N(t)}$,$f_{ij}$ 可以表示为如下的局部近似器的加权和:

$$f_{ij} = \sum_p \bar{w}_{ijp} f_{ijp}^* + \delta_{f_{ij}} \tag{15.86}$$

由于实际设计中基矢量集 $\boldsymbol{\phi}_{f_{ij}}$ 不可能无限大，而 $\mu_p$ 也不可能无限小，因此式(15.86)中 $\delta_{f_{ij}}$ 表示 $\boldsymbol{\phi}_{f_{ij}}$ 和 $\mu_p$ 为有限值时定义在 $A^{N(t)}$ 上的 $\hat{f}_{ij}$ 对 $f_{ij}$ 的固有近似误差。易知 $|\delta_{f_{ij}}| \leqslant \bar{\varepsilon}_{f_{ij}}$，因为

$$\begin{aligned}|\delta_{f_{ij}}| &= \left|f_{ij} - \sum_p \bar{w}_{ijp} f_{ijp}^*\right| \\ &= \left|\sum_p \bar{w}_{ijp}(f_{ijp} - f_{ijp}^*)\right| \\ &\leqslant \sum_p \bar{w}_{ijp} |\varepsilon_{f_{ijp}}|\end{aligned} \tag{15.87}$$

即

$$|\delta_{f_{ij}}| \leqslant \max_p(|\varepsilon_{f_{ijp}}|) \sum_p \bar{w}_{ijp} = \bar{\varepsilon}_{f_{ij}} \tag{15.88}$$

因此，如果每个局部最优近似器 $f_{ijp}^*$ 在紧集 $\bar{S}_p$ 上能够达到精度 $\bar{\varepsilon}_{f_{ij}}$，则 $\sum_p \bar{w}_{ijp} f_{ijp}^*$ 在 $A^{N(t)}$ 上的全局精度也至少可以达到 $\bar{\varepsilon}_{f_{ij}}$。

既然 $f_{ij}$ 为未知函数，对应每个 $p$ 的最优估计参数矢量 $\boldsymbol{\theta}_{f_{ijp}}^*$ 也是未知的。因此，控制律将使用定义在 $A^{N(t)}$ 上的式(15.81)和定义在 $\bar{S}_p$ 上的式(15.84)对二者进行在线近似。本章所设计的控制律自适应能力的基本原理是：在控制器工作的同时，局部估计参数矢量 $\boldsymbol{\theta}_{f_{ijp}}$ 将实时自动调整以改善未知函数的近似精度。为了分析参数估计收敛性，对于第 $p$ 个局部近似器，定义参数误差矢量为 $\tilde{\boldsymbol{\theta}}_{f_{ijp}} = \boldsymbol{\theta}_{f_{ijp}} - \boldsymbol{\theta}_{f_{ijp}}^*$。控制器的自组织原理是：在系统工作过程中，当系统跟踪误差超过设计要求时，局部近似器 $\hat{f}_{ij}$ 的数量将根据系统跟踪误差自动增加，以减小模型误差部分对系统控制精度的影响。

### 15.2.4 在线自组织近似指令滤波控制

#### 1. 误差定义

对于 $i=1,2,\cdots,n$，系统式(15.73)各阶跟踪误差 $\tilde{\boldsymbol{X}}_i$ 定义为

$$\tilde{\boldsymbol{X}}_i = \boldsymbol{X}_i - \boldsymbol{X}_{ic} \tag{15.89}$$

其中，$\boldsymbol{X}_{1c}$ 为实际指令轨迹，$\boldsymbol{X}_{ic}(2 \leqslant i \leqslant n)$ 表示由指令滤波反推控制过程产生的虚拟控制量或中间控制量。

对于 $i=1,2,\cdots,n$，系统式(15.73)各阶补偿跟踪误差 $\bar{\boldsymbol{X}}_i$ 定义为

$$\bar{\boldsymbol{X}}_i = \tilde{\boldsymbol{X}}_i - \xi_i \tag{15.90}$$

其中，$\xi_i$ 将在下文给出。

定义补偿跟踪误差的一个映射为

$$\boldsymbol{e} = [e_1, \cdots, e_n]^{\mathrm{T}} = \sum_{i=1}^{n} \bar{\boldsymbol{X}}_i \tag{15.91}$$

本章的目的是设计一种控制算法以达到指定的跟踪精度：$\mathrm{Abs}(\boldsymbol{e}) \leqslant \boldsymbol{\mu}_e$。下文分析中将用到系统跟踪误差超出期望精度($\mathrm{Abs}(\boldsymbol{e}) > \boldsymbol{\mu}_e$)的总时间，为表示方便定义时间区间

$[t_1, t_2]$内系统跟踪误差超出期望精度的总时间函数为

$$\bar{\mu}(\boldsymbol{e}, \boldsymbol{\mu}_e, t_1, t_2) = \int_{t_1}^{t_2} 1(\mathrm{Abs}(\boldsymbol{e}) - \boldsymbol{\mu}_e)$$

$$1(\lambda) = \begin{cases} 1 & \lambda > 0 \\ 0 & \lambda \leqslant 0 \end{cases} \tag{15.92}$$

**2. 指令滤波**

对于 $i=1,2,\cdots,n-1$，定义

$$\boldsymbol{X}_{i+1,c}^0 = \boldsymbol{\alpha}_i - \boldsymbol{\xi}_{i+1} \tag{15.93}$$

$$\boldsymbol{u}_c^0 = \boldsymbol{\alpha}_n \tag{15.94}$$

式中　$\boldsymbol{\alpha}_i$——下文指令滤波反推控制产生的虚拟控制量。

信号$\boldsymbol{X}_{i+1,c}$和$\dot{\boldsymbol{X}}_{i+1,c}$经过如下滤波器获得

$$\dot{\boldsymbol{X}}_{i+1,c} = -\boldsymbol{K}_{i+1}(\boldsymbol{X}_{i+1,c} - X_{i+1,c}^0) \tag{15.95}$$

信号$\boldsymbol{u}_c$经过如下滤波器获得

$$\dot{\boldsymbol{u}}_c = -\boldsymbol{K}(\boldsymbol{u}_c - \boldsymbol{u}_c^0) \tag{15.96}$$

其中，$\boldsymbol{K}, \boldsymbol{K}_{i+1} \in \mathbf{R}^{m \times m}$为对角矩阵且满足 $\boldsymbol{K}, \boldsymbol{K}_{i+1} > \mathbf{0}$，是控制器设计时设计者设置的常数。初始条件为$\boldsymbol{X}_{i+1,c}(0) = \boldsymbol{\alpha}_i(0)$。由于式(15.95)是稳定的线性滤波器，因此只要输入信号$\boldsymbol{X}_{i+1,c}^0$有界，则$\boldsymbol{X}_{i+1,c}$和$\dot{\boldsymbol{X}}_{i+1,c}$也必然是有界的。

对于 $i=1,2,\cdots,n-1$，定义

$$\dot{\boldsymbol{\xi}}_i = -\boldsymbol{k}_i \boldsymbol{\xi}_i + (\boldsymbol{G}_i^0 + \hat{\boldsymbol{G}}_i + \boldsymbol{\beta}_{G_i} + \boldsymbol{\tau}_i \boldsymbol{I})(\boldsymbol{X}_{i+1,c} - \boldsymbol{X}_{i+1,c}^0) \tag{15.97}$$

对于 $i=n$，定义

$$\dot{\boldsymbol{\xi}}_n = -\boldsymbol{k}_n \boldsymbol{\xi}_n + (\boldsymbol{G}_n^0 + \hat{\boldsymbol{G}}_n + \boldsymbol{\beta}_{G_n} + \boldsymbol{\tau}_n \boldsymbol{I})(\boldsymbol{u}_c - \boldsymbol{u}_c^0) \tag{15.98}$$

式中，对于 $i=1,2,\cdots,n$，定义

$$\boldsymbol{\tau}_i = \rho(\boldsymbol{G}_i^0 + \hat{\boldsymbol{G}}_i + \boldsymbol{\beta}_{G_i}) + \boldsymbol{v}_i \tag{15.99}$$

其中，$\boldsymbol{k}_i \in \mathbf{R}^{m \times m}$为对角矩阵且满足$\boldsymbol{k}_i > \mathbf{0}$，是设计者指定的控制增益。初始条件$\boldsymbol{\xi}_i(0) = 0$。$\rho(\cdot)$为谱半径运算，$\boldsymbol{v}_i > 0$ 为已知常数。

式(15.97)是一个低通滤波器，它的输入是$(\boldsymbol{G}_i^0 + \hat{\boldsymbol{G}}_i + \boldsymbol{\beta}_{G_i} + \boldsymbol{\tau}_i \boldsymbol{I})$和$(\boldsymbol{X}_{i+1,c} - \boldsymbol{X}_{i+1,c}^0)$的乘积，其中$(\boldsymbol{G}_i^0 + \hat{G}_i + \beta_{G_i} + \boldsymbol{\tau}_i I)$为有界函数，$(\boldsymbol{X}_{i+1,c} - \boldsymbol{X}_{i+1,c}^0)$范数很小。由于$\boldsymbol{X}_{i+1,c}$和$\dot{\boldsymbol{X}}_{i+1,c}$均由式(15.95)计算得出，因此应确保$\boldsymbol{K}_{i+1} >> \boldsymbol{k}_{i+1}$使得$\boldsymbol{X}_{i+1,c}$能够精确跟踪$\boldsymbol{X}_{i+1,c}^0$。

**3. 基于在线近似的控制器设计**

当 $\boldsymbol{X} \in D$，对于 $i=1,2,\cdots,n$，反推过程的虚拟控制信号$\boldsymbol{\alpha}_i$ 定义为

$$\boldsymbol{\alpha}_i = (\boldsymbol{G}_i^0 + \hat{\boldsymbol{G}}_i + \boldsymbol{\beta}_{G_i} + \boldsymbol{\tau}_i \boldsymbol{I})^{-1} \boldsymbol{u}_{\boldsymbol{\alpha}_i} \tag{15.100}$$

对于 $i=1$：

$$\boldsymbol{u}_{\boldsymbol{\alpha}_1} = -\boldsymbol{k}_1 \tilde{\boldsymbol{X}}_1 + \dot{\boldsymbol{X}}_{1,c} - \boldsymbol{F}_1^0 - \hat{f}_1 - \boldsymbol{\beta}_{F_1} + \boldsymbol{\tau}_1 \boldsymbol{X}_2 \tag{15.101}$$

对于 $i\in[2,n-1]$：

$$\boldsymbol{u}_{\alpha_i}=-\boldsymbol{k}_i\widetilde{\boldsymbol{X}}_i+\dot{\boldsymbol{X}}_{i,c}-\boldsymbol{F}_i^0-\hat{F}_i-\boldsymbol{\beta}_{F_i}-(\boldsymbol{G}_{i-1}^0+\hat{\boldsymbol{G}}_{i-1}+\boldsymbol{\beta}_{G_{i-1}}+\tau_{i-1}I)\overline{\boldsymbol{X}}_i+\tau_i\boldsymbol{X}_{i+1} \tag{15.102}$$

其中，$\boldsymbol{\beta}_{F_i}$和$\boldsymbol{\beta}_{G_i}$($1\leqslant i\leqslant n-1$)用以实现对固有近似误差的鲁棒性，其各元素定义为

$$\begin{cases}\beta_{f_{ij}}=\varepsilon_{f_{ij}}\mathrm{sat}(e_j/\mu_e)\\ \beta_{g_{ijk}}=\varepsilon_{g_{ijk}}\mathrm{sat}(e_j/\mu_e)\mathrm{sign}(x_{i+1,k})\end{cases} \tag{15.103}$$

对于 $i=n$：

$$\boldsymbol{u}_{an}=-\boldsymbol{k}_n\widetilde{\boldsymbol{X}}_n+\dot{\boldsymbol{X}}_{nc}-\boldsymbol{F}_n^0-\hat{f}_n-\boldsymbol{\beta}_{F_n}-(\boldsymbol{G}_{n-1}^0+\hat{\boldsymbol{G}}_{n-1}+\boldsymbol{\beta}_{G_{n-1}}+\tau_{n-1}\boldsymbol{I})\overline{\boldsymbol{X}}_n+\tau_n\boldsymbol{u} \tag{15.104}$$

其中，$\boldsymbol{\beta}_{F_n}$和$\boldsymbol{\beta}_{G_n}$用以实现对固有近似误差的鲁棒性，其各元素定义为

$$\begin{cases}\beta_{f_{nj}}=\varepsilon_{f_{nj}}\mathrm{sat}(e_j/\mu_e)\\ \beta_{g_{njk}}=\varepsilon_{g_{nj}}\mathrm{sat}(e_j/\mu_e)\mathrm{sign}(u_k)\end{cases} \tag{15.105}$$

**4. 控制结构图**

综上可知，当系统式(15.73)阶次为3时，本节提出的控制方法、控制结构如图15－10所示。

图15－10中，$\boldsymbol{\alpha}_i$ 为计算式(15.100)。CF为式(15.95)所表示的滤波器，也可选择高阶滤波器。

**5. 补偿跟踪误差动态**

下文证明控制系统稳定性时，将使用状态量补偿跟踪误差的动态，因此由式(15.89)、式(15.90)和式(15.97)可知系统各阶补偿跟踪误差的动态分为以下三种情况：

对于 $i=1$：

$$\dot{\overline{\boldsymbol{X}}}_1=-\boldsymbol{k}_1\overline{\boldsymbol{X}}_1+\boldsymbol{F}_1-\hat{F}_1-\boldsymbol{\beta}_{F_1}+(\boldsymbol{G}_1^0+\hat{\boldsymbol{G}}_1+\boldsymbol{\beta}_{G_1}+\tau_1\boldsymbol{I})\overline{\boldsymbol{X}}_2+(\boldsymbol{G}_1-\hat{\boldsymbol{G}}_1-\boldsymbol{\beta}_{G_1})\boldsymbol{X}_2 \tag{15.106}$$

对于 $i\in[2,n-1]$：

$$\begin{aligned}\dot{\overline{\boldsymbol{X}}}_i=&-\boldsymbol{k}_i\overline{\boldsymbol{X}}_i+\boldsymbol{F}_i-\hat{\boldsymbol{F}}_i-\boldsymbol{\beta}_{F_i}+(\boldsymbol{G}_i-\hat{\boldsymbol{G}}_i-\boldsymbol{\beta}_{G_i})\boldsymbol{X}_{i+1}\\&+(\boldsymbol{G}_i^0+\hat{\boldsymbol{G}}_i+\boldsymbol{\beta}_{G_i}+\tau_iI)\overline{\boldsymbol{X}}_{i+1}-(\boldsymbol{G}_{i-1}^0+\hat{\boldsymbol{G}}_{i-1}+\boldsymbol{\beta}_{G_{i-1}}+\tau_{i-1}\boldsymbol{I})\overline{\boldsymbol{X}}_i\end{aligned} \tag{15.107}$$

对于 $i=n$：

$$\begin{aligned}\dot{\overline{\boldsymbol{X}}}_n=&-\boldsymbol{k}_n\overline{\boldsymbol{X}}_n+\boldsymbol{F}_n-\hat{\boldsymbol{F}}_n-\boldsymbol{\beta}_{F_n}\\&-(\boldsymbol{G}_{n-1}^0+\hat{\boldsymbol{G}}_{n-1}+\boldsymbol{\beta}_{G_{n-1}}+\tau_{n-1}I)\overline{\boldsymbol{X}}_n+(\boldsymbol{G}_n-\hat{\boldsymbol{G}}_n-\boldsymbol{\beta}_{G_n})\boldsymbol{u}\end{aligned} \tag{15.108}$$

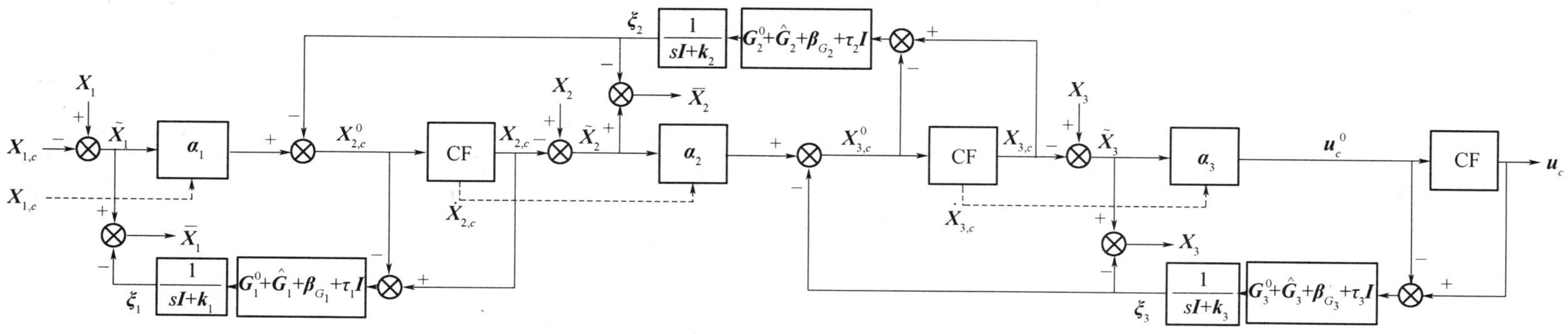


图15-10　阶次为3时的控制结构

由此可知，$\dot{e}$ 为

$$
\begin{aligned}
\dot{\boldsymbol{e}} &= \sum_{i=1}^{n} \dot{\overline{\boldsymbol{X}}}_i \\
&= \sum_{i=1}^{n-1} (-\boldsymbol{k}_i \overline{\boldsymbol{X}}_i + \boldsymbol{F}_i - \hat{\boldsymbol{F}}_i - \boldsymbol{\beta}_{\boldsymbol{F}_i} + \boldsymbol{G}_i \boldsymbol{X}_{i+1} - \hat{\boldsymbol{G}}_i \boldsymbol{X}_{i+1} - \boldsymbol{\beta}_{\boldsymbol{G}_i} \boldsymbol{X}_{i+1}) \\
&\quad + (-\boldsymbol{k}_n \overline{\boldsymbol{X}}_n + \boldsymbol{F}_n - \hat{\boldsymbol{F}}_n - \boldsymbol{\beta}_{\boldsymbol{F}_n} + \boldsymbol{G}_n \boldsymbol{u} - \hat{\boldsymbol{G}}_n \boldsymbol{u} - \boldsymbol{\beta}_{\boldsymbol{G}_n} \boldsymbol{u})
\end{aligned}
\tag{15.109}
$$

### 15.2.5 稳定性证明

#### 1. 控制系统状态的稳定性

1）当 $\boldsymbol{X} \in D - A^{N(t)}$ 时

此时控制器同样不进行在线近似，即 $\hat{\boldsymbol{F}}_i = \boldsymbol{0}, \hat{\boldsymbol{G}}_i = \boldsymbol{0}$，但 $\boldsymbol{\beta}_{\boldsymbol{F}_i} \neq \boldsymbol{0}, \boldsymbol{\beta}_{\boldsymbol{G}_i} \neq \boldsymbol{0}$。当使用式(15.100)至式(15.105)作为控制律，选择李雅普诺夫函数为 $V_0(\boldsymbol{e}) = \boldsymbol{e}^{\mathrm{T}}\boldsymbol{e}/2$，则其导数为

$$
\begin{aligned}
\dot{V}_0(\boldsymbol{e}) &= \boldsymbol{e}^{\mathrm{T}} \dot{\boldsymbol{e}} = \boldsymbol{e}^{\mathrm{T}} \sum_{i=1}^{n} \dot{\overline{\boldsymbol{X}}}_i \\
&= \boldsymbol{e}^{\mathrm{T}} \sum_{i=1}^{n} (-\boldsymbol{k}_i \overline{\boldsymbol{X}}_i) + \boldsymbol{e}^{\mathrm{T}} \sum_{i=1}^{n} (\boldsymbol{F}_i - \boldsymbol{\beta}_{\boldsymbol{F}_i}) + \boldsymbol{e}^{\mathrm{T}} \sum_{i=1}^{n-1} [(\boldsymbol{G}_i - \boldsymbol{\beta}_{\boldsymbol{G}_i}) \boldsymbol{X}_{i+1}] + \boldsymbol{e}^{\mathrm{T}} (\boldsymbol{G}_n - \boldsymbol{\beta}_{\boldsymbol{G}_n}) \boldsymbol{u} \\
&\leqslant -\underline{k_i}\, \boldsymbol{e}^{\mathrm{T}} \boldsymbol{e} + \boldsymbol{e}^{\mathrm{T}} \sum_{i=1}^{n} (\boldsymbol{F}_i - \boldsymbol{\beta}_{\boldsymbol{F}_i}) + \boldsymbol{e}^{\mathrm{T}} \sum_{i=1}^{n-1} [(\boldsymbol{G}_i - \boldsymbol{\beta}_{\boldsymbol{G}_i}) \boldsymbol{X}_{i+1}] + \boldsymbol{e}^{\mathrm{T}} (\boldsymbol{G}_n - \boldsymbol{\beta}_{\boldsymbol{G}_n}) \boldsymbol{u}
\end{aligned}
\tag{15.110}
$$

其中，$\underline{k_i}$ 为所有控制增益矩阵 $\boldsymbol{k}_i (1 \leqslant i \leqslant n)$ 中对角元素的最小值。

当 $\mathrm{Abs}(\boldsymbol{e}) > \boldsymbol{\mu}_e$ 时，如果 $|f_{ij}| \leqslant \varepsilon_{f_{ij}}$ 且 $|g_{ijk}| \leqslant \varepsilon_{g_{ijk}}$，那么滑模项式(15.103)和式(15.105)可使下式成立：

$$
\boldsymbol{e}^{\mathrm{T}} \sum_{i=1}^{n} (\boldsymbol{F}_i - \boldsymbol{\beta}_{\boldsymbol{F}_i}) = \sum_{i=1}^{n} \sum_{j=1}^{m} e_j (f_{ij} - \beta_{f_{ij}}) \leqslant 0 \tag{15.111}
$$

$$
\boldsymbol{e}^{\mathrm{T}} \sum_{i=1}^{n-1} [(\boldsymbol{G}_i - \boldsymbol{\beta}_{\boldsymbol{G}_i}) \boldsymbol{X}_{i+1}] = \sum_{i=1}^{n-1} \sum_{j=1}^{m} \sum_{k=1}^{m} [e_j (g_{ijk} - \beta_{g_{ijk}}) x_{i+1,k}] \leqslant 0 \tag{15.112}
$$

$$
\boldsymbol{e}^{\mathrm{T}} (\boldsymbol{G}_n - \boldsymbol{\beta}_{\boldsymbol{G}_n}) \boldsymbol{u} = \sum_{j=1}^{m} \sum_{k=1}^{m} [e_j (g_{njk} - \beta_{g_{njk}}) u_k] \leqslant 0 \tag{15.113}
$$

由此式(15.110)可简化为

$$
\dot{V}_0(\boldsymbol{e}) \leqslant -\underline{k_i}\, \boldsymbol{e}^{\mathrm{T}} \boldsymbol{e} = -2\underline{k_i} V_0(\boldsymbol{e}) < 0 \tag{15.114}
$$

因此，如果 $|f_{ij}| \leqslant \varepsilon_{f_{ij}}$ 且 $|g_{ijk}| \leqslant \varepsilon_{g_{ijk}}$，则当 $\mathrm{Abs}(\boldsymbol{e}) > \boldsymbol{\mu}_e$ 时，$V_0(\boldsymbol{e})$ 必随时间下降。反之可知，当 $\mathrm{Abs}(\boldsymbol{e}) > \boldsymbol{\mu}_e$ 且 $V_0(\boldsymbol{e})$ 随时间增加时，则 $|f_{ij}| > \varepsilon_{f_{ij}}$ 或 $|g_{ijk}| > \varepsilon_{g_{ijk}}$。这一结论可作为增加局部近似器的条件。

由比较定理可知：

$$
V_0(t) \leqslant |\boldsymbol{e}|^{-2\underline{k_i}(t-T_0)} V_0(T_0) \tag{15.115}
$$

$$
|\boldsymbol{e}(t)| \leqslant |\boldsymbol{e}|^{-2\underline{k_i}(t-T_0)} |\boldsymbol{e}(T)| \tag{15.116}
$$

因此，若 $\mathrm{Abs}(\boldsymbol{e})>\boldsymbol{\mu}_e$，对于 $t\in[T_0,T_0+(1/\underline{k}_i)\ln(|\boldsymbol{e}(T_0)|/|\boldsymbol{\mu}_e|)]$，则有 $|f_{ij}|\leqslant\varepsilon_{f_{ij}}$ 或 $|g_{ijk}|\leqslant\varepsilon_{g_{ijk}}$。

由此可知，对于被控系统已知模型可提供足够精度（也就是未知部分影响较小时，即 $f_{ij}\leqslant\varepsilon_{f_{ij}}$ 且 $g_{ijk}\leqslant\varepsilon_{g_{ijk}}$）的某些局部工作域，不需要对系统未知部分（$f_{ij}$ 和 $g_{ijk}$）进行在线近似就可达到期望跟踪精度 $\mathrm{Abs}(\boldsymbol{e})\leqslant\boldsymbol{\mu}_e$。上述分析也表明，误差 $\boldsymbol{e}$ 能够有效反映系统未知部分（$f_{ij}$ 和 $g_{ijk}$）对控制器跟踪精度的影响。

因此，可定义局部近似器 $\hat{f}_{ijp}$ 和 $\hat{g}_{ijkp}$ 的增加原则为同时满足以下两个条件：

条件(1)：当前工作点 $\boldsymbol{X}$ 未激活任何已存在的局部近似器，即对于 $1\leqslant i\leqslant n$、$1\leqslant j\leqslant m$ 和 $1\leqslant p\leqslant N(t)$ 下式始终成立：

$$w_{ijp}(\boldsymbol{x})=0 \tag{15.117}$$

条件(2)：以下两条件之一成立：

① 当 $\dot{V}_0(t)\geqslant0$ 且 $\mathrm{Abs}(\boldsymbol{e})>\boldsymbol{\mu}_e$ 时；② $\mathrm{Abs}(\boldsymbol{e}(\tau))>\boldsymbol{\mu}_e$，$\tau\in[t-(1/\underline{k}_i)\ln(|\boldsymbol{e}(T_0)|/|\boldsymbol{\mu}_e|),t]$。

为下文表示方便，将第 $q$ 个局部近似器的添加时刻记为 $T_q$，即 $N(T_q)=q$ 且 $\lim\limits_{\varepsilon\to0}N(T_q-\varepsilon)=q-1$。新加入的局部近似器的近似域中心位置定义为 $\boldsymbol{C}_{N(T_q)}=\boldsymbol{X}(T_q)$。局部近似器初始数量为 $N(0)=0$。

根据这种定义，$N(T_q)$ 在时间区间 $t\in[T_q,T_{q+1})$ 内始终为常数 $q$。对于某一常数 $q$，近似器会有充足的近似能力，如 $T_{q+1}=\infty$。

2）对于 $t\in[T_q,T_{q+1})$ 的分析

本节的目的是证明 $t\in[T_q,T_{q+1})$（该段时间内局部近似器的数量固定为 $q$）时间段内，$\bar{\boldsymbol{X}}_i$、$\boldsymbol{e}$、$\tilde{\boldsymbol{\theta}}_{f_{ijp}}$、$\boldsymbol{\theta}_{f_{ijp}}$、$\tilde{\boldsymbol{\theta}}_{g_{ijkp}}$ 和 $\boldsymbol{\theta}_{g_{ijkp}}\in L_\infty$，$\mathrm{Abs}(\boldsymbol{e})>\boldsymbol{\mu}_e$ 的总时间有界。为简化定义，令 $q=N(T_q)$ 且 $T_{q+1}^{-}=\lim\limits_{\varepsilon\to0}N(T_{q+1}-\varepsilon)$。

由上文可知，最优近似器 $f_{ij}^*(\boldsymbol{x})=\sum_p\bar{w}_{ijp}(\boldsymbol{x})f_{ijp}^*(\boldsymbol{x})$，$g_{ijkp}^*(\boldsymbol{x})=\sum_p\bar{w}_{ijkp}(\boldsymbol{x})g_{ijkp}^*(\boldsymbol{x})$ 在 $A^q$ 域上的近似精度可表示为

$$\begin{cases}|f_{ij}-f_{ij}^*|\leqslant\varepsilon_{f_{ij}}\\|g_{ijk}-g_{ijk}^*|\leqslant\varepsilon_{g_{ijk}}\end{cases} \tag{15.118}$$

也就是 $f_{ij}^*$、$g_{ijk}^*$ 在 $A^q$ 域上至少达到精度 $\varepsilon_{f_{ij}}$、$\varepsilon_{g_{ijk}}$。下面将考虑对于 $\boldsymbol{X}\in D$，$\hat{f}_{ij}$ 与 $\hat{g}_{ijk}$ 的使用可以使系统控制精度最终达到 $\mathrm{Abs}(\boldsymbol{e})\leqslant\boldsymbol{\mu}_e$。

对于 $\boldsymbol{X}\in A^q$，选择李雅普诺夫函数为

$$V_q(t)=\frac{1}{2}\boldsymbol{e}^{\mathrm{T}}\boldsymbol{e}+\frac{1}{2}\sum_{i=1}^{n}\sum_{j=1}^{m}\sum_{p=1}^{q}(\tilde{\boldsymbol{\theta}}_{f_{ijp}}^{\mathrm{T}}\boldsymbol{\Gamma}_{f_{ijp}}^{-1}\tilde{\boldsymbol{\theta}}_{f_{ijp}})+\frac{1}{2}\sum_{i=1}^{n}\sum_{j=1}^{m}\sum_{k=1}^{m}\sum_{p=1}^{q}(\tilde{\boldsymbol{\theta}}_{g_{ijkp}}^{\mathrm{T}}\boldsymbol{\Gamma}_{g_{ijkp}}^{-1}\tilde{\boldsymbol{\theta}}_{g_{ijkp}})=V_0+V_{\theta_f}^q+V_{\theta_g}^q \tag{15.119}$$

式中 $V_{\theta_f}^q=\frac{1}{2}\sum_{i=1}^{n}\sum_{j=1}^{m}\sum_{p=1}^{q}(\tilde{\boldsymbol{\theta}}_{f_{ijp}}^{\mathrm{T}}\boldsymbol{\Gamma}_{f_{ijp}}^{-1}\tilde{\boldsymbol{\theta}}_{f_{ijp}})$；$V_{\theta_g}^q=\frac{1}{2}\sum_{i=1}^{n}\sum_{j=1}^{m}\sum_{k=1}^{m}\sum_{p=1}^{q}(\tilde{\boldsymbol{\theta}}_{g_{ijkp}}^{\mathrm{T}}\boldsymbol{\Gamma}_{g_{ijkp}}^{-1}\tilde{\boldsymbol{\theta}}_{g_{ijkp}})$；

$\boldsymbol{\Gamma}_{f_{ijp}}^{-1}$、$\boldsymbol{\Gamma}_{g_{ijkp}}^{-1}$——对角正定矩阵，能够控制参数近似的速率。

令 $t\in[t_1,t_2]\subset[T_q,T_{q+1})$ 表示系统跟踪误差超出期望精度( $\mathrm{Abs}(\boldsymbol{e})>\boldsymbol{\mu}_e$ )的时间区间。这段时间中，状态量 $\boldsymbol{X}$ 既可能在 $A^q$ 域内，也可能在 $A^q$ 域外。不失一般性，分为如下两种情况进行讨论：

(1) 对于满足 $\boldsymbol{X}\notin A^q$ 的任一子时间区间 $t\in[\tau_1,\tau_2]\subset[t_1,t_2]$，因为 $\bar{w}_{ijp}=0$，参数自适应将自动停止。因此，$V_{\theta_f}^q+V_{\theta_g}^q$ 始终是某一常数。由前文可知，$V_0$ 在此时间段内是随时间下降的。因此，对于 $t\in[\tau_1,\tau_2]\subset[t_1,t_2]$，$V_q(t)$ 也是随时间下降的( $V_q(\tau_2)\leqslant V_q(\tau_1)$ )，即

$$\dot{V}_q(t)=\dot{V}_0\leqslant-\underline{k}_i\,\boldsymbol{e}^{\mathrm{T}}\boldsymbol{e}<0 \tag{15.120}$$

(2) 对于满足 $\boldsymbol{X}\in A^q$ 的任一子时间区间 $t\in[\tau_2,\tau_3]\subset[t_1,t_2]$，$V_q(t)$ 沿式(15.109)的导数为

$$\begin{aligned}
\dot{V}_q(t)&=\dot{V}_0+\dot{V}_{\theta_f}^q+\dot{V}_{\theta_g}^q\\
&\leqslant-\underline{k}_i\,\boldsymbol{e}^{\mathrm{T}}\boldsymbol{e}+\boldsymbol{e}^{\mathrm{T}}\sum_{i=1}^{n}(\boldsymbol{F}_i-\boldsymbol{F}_i^*)-\boldsymbol{e}^{\mathrm{T}}\sum_{i=1}^{n}\boldsymbol{\beta}_{F_i}+\boldsymbol{e}^{\mathrm{T}}\sum_{i=1}^{n-1}[(\boldsymbol{G}_i-\boldsymbol{G}_i^*)\boldsymbol{X}_{i+1}]-\boldsymbol{e}^{\mathrm{T}}\sum_{i=1}^{n-1}(\boldsymbol{\beta}_{G_i}\boldsymbol{X}_{i+1})\\
&\quad+\boldsymbol{e}^{\mathrm{T}}(\boldsymbol{G}_n-\boldsymbol{G}_n^*)\boldsymbol{u}-\boldsymbol{e}^{\mathrm{T}}\boldsymbol{\beta}_{G_n}\boldsymbol{u}+\boldsymbol{e}^{\mathrm{T}}\sum_{i=1}^{n}(\boldsymbol{F}_i^*-\hat{\boldsymbol{F}}_i)+\boldsymbol{e}^{\mathrm{T}}\sum_{i=1}^{n-1}[(\boldsymbol{G}_i^*-\hat{\boldsymbol{G}}_i)\boldsymbol{X}_{i+1}]\\
&\quad+\boldsymbol{e}^{\mathrm{T}}(\boldsymbol{G}_n^*-\hat{\boldsymbol{G}}_n)\boldsymbol{u}+\sum_{i=1}^{n}\sum_{j=1}^{m}\sum_{p=1}^{q}(\tilde{\boldsymbol{\theta}}_{f_{ijp}}^{\mathrm{T}}\boldsymbol{\Gamma}_{f_{ijp}}^{-1}\dot{\boldsymbol{\theta}}_{f_{ijp}})+\sum_{i=1}^{n}\sum_{j=1}^{m}\sum_{k=1}^{m}\sum_{p=1}^{q}(\tilde{\boldsymbol{\theta}}_{g_{ijkp}}^{\mathrm{T}}\boldsymbol{\Gamma}_{g_{ijkp}}^{-1}\dot{\boldsymbol{\theta}}_{g_{ijkp}})\\
&=-\underline{k}_i\,\boldsymbol{e}^{\mathrm{T}}\boldsymbol{e}+\sum_{i=1}^{n}\sum_{j=1}^{m}e_j(f_{ij}-f_{ij}^*)-\sum_{i=1}^{n}\sum_{j=1}^{m}e_j\beta_{f_{ij}}+\sum_{i=1}^{n-1}\sum_{j=1}^{m}\sum_{k=1}^{m}[e_j(g_{ijk}-g_{ijk}^*)x_{i+1,k}]\\
&\quad-\sum_{i=1}^{n-1}\sum_{j=1}^{m}\sum_{k=1}^{m}(e_j\beta_{g_{ijk}}x_{i+1,k})+\sum_{j=1}^{m}\sum_{k=1}^{m}[e_j(g_{njk}-g_{njk}^*)u_k]-\sum_{i=1}^{n}\sum_{j=1}^{m}\sum_{p=1}^{q}(e_j\bar{w}_{ijp}\boldsymbol{\phi}_{f_{ijp}}^{\mathrm{T}}\tilde{\boldsymbol{\theta}}_{f_{ijp}})\\
&\quad-\sum_{i=1}^{n-1}\sum_{j=1}^{m}\sum_{k=1}^{m}\sum_{p=1}^{q}(e_j\bar{w}_{ijkp}\boldsymbol{\phi}_{g_{ijkp}}^{\mathrm{T}}\tilde{\boldsymbol{\theta}}_{g_{ijkp}}^{\mathrm{T}}x_{i+1,k})-\sum_{j=1}^{m}\sum_{k=1}^{m}(e_j\beta_{g_{njk}}u_k)+\sum_{i=1}^{n}\sum_{j=1}^{m}\sum_{p=1}^{q}(\tilde{\boldsymbol{\theta}}_{f_{ijp}}^{\mathrm{T}}\boldsymbol{\Gamma}_{f_{ijp}}^{-1}\dot{\boldsymbol{\theta}}_{f_{ijp}})\\
&\quad-\sum_{j=1}^{m}\sum_{k=1}^{m}\sum_{p=1}^{q}(e_j\bar{w}_{njkp}\boldsymbol{\phi}_{g_{njkp}}^{\mathrm{T}}\tilde{\boldsymbol{\theta}}_{g_{njkp}}^{\mathrm{T}}u_k)+\sum_{i=1}^{n}\sum_{j=1}^{m}\sum_{k=1}^{m}\sum_{p=1}^{q}(\tilde{\boldsymbol{\theta}}_{g_{ijkp}}^{\mathrm{T}}\boldsymbol{\Gamma}_{g_{ijkp}}^{-1}\dot{\boldsymbol{\theta}}_{g_{ijkp}})\\
&=-\underline{k}_i\,\boldsymbol{e}^{\mathrm{T}}\boldsymbol{e}+\sum_{i=1}^{n}\sum_{j=1}^{m}e_j(f_{ij}-f_{ij}^*)-\sum_{i=1}^{n}\sum_{j=1}^{m}e_j\beta_{f_{ij}}+\sum_{i=1}^{n-1}\sum_{j=1}^{m}\sum_{k=1}^{m}[e_j(g_{ijk}-g_{ijk}^*)x_{i+1,k}]\\
&\quad-\sum_{i=1}^{n-1}\sum_{j=1}^{m}\sum_{k=1}^{m}(e_j\beta_{g_{ijk}}x_{i+1,k})+\sum_{i=1}^{n}\sum_{j=1}^{m}\sum_{p=1}^{q}[\tilde{\boldsymbol{\theta}}_{f_{ijp}}\boldsymbol{\Gamma}_{f_{ijp}}^{-1}(\dot{\boldsymbol{\theta}}_{f_{ijp}}-\boldsymbol{\Gamma}_{f_{ijp}}e_j\bar{w}_{ijp}\boldsymbol{\phi}_{f_{ijp}})]\\
&\quad+\sum_{i=1}^{n-1}\sum_{j=1}^{m}\sum_{k=1}^{m}\sum_{p=1}^{q}[\tilde{\boldsymbol{\theta}}_{g_{ijkp}}^{\mathrm{T}}\boldsymbol{\Gamma}_{g_{ijkp}}^{-1}(\dot{\boldsymbol{\theta}}_{g_{ijkp}}-\boldsymbol{\Gamma}_{g_{ijkp}}e_j\bar{w}_{ijkp}x_{i+1,k}\boldsymbol{\phi}_{g_{ijkp}})]-\sum_{j=1}^{m}\sum_{k=1}^{m}(e_j\beta_{g_{njk}}u_k)\\
&\quad+\sum_{j=1}^{m}\sum_{k=1}^{m}\sum_{p=1}^{q}[\tilde{\boldsymbol{\theta}}_{g_{njkp}}\boldsymbol{\Gamma}_{g_{njkp}}^{-1}(\dot{\boldsymbol{\theta}}_{g_{njkp}}-\boldsymbol{\Gamma}_{g_{njkp}}e_j\bar{w}_{njkp}u_k\boldsymbol{\phi}_{g_{njkp}})]+\sum_{j=1}^{m}\sum_{k=1}^{m}[e_j(g_{njk}-g_{njk}^*)u_k]
\end{aligned} \tag{15.121}$$

因此，近似器参数更新律可选择为

$$\dot{\boldsymbol{\theta}}_{f_{ijp}}=\begin{cases}\boldsymbol{\Gamma}_{f_{ijp}}e_j\bar{w}_{ijp}\boldsymbol{\phi}_{f_{ijp}} & \mathrm{Abs}(\boldsymbol{e})>\boldsymbol{\mu}_e\\ 0 & \text{其他}\end{cases} \tag{15.122}$$

$$\dot{\boldsymbol{\theta}}_{g_{ijkp}} = \begin{cases} \boldsymbol{\Gamma}_{g_{ijkp}} e_j \bar{w}_{ijkp} x_{i+1,k} \boldsymbol{\phi}_{g_{ijkp}} & \mathrm{Abs}(\boldsymbol{e}) > \boldsymbol{\mu}_e \\ 0 & 其他 \end{cases} \tag{15.123}$$

$$\dot{\boldsymbol{\theta}}_{g_{njkp}} = \begin{cases} \boldsymbol{\Gamma}_{g_{njkp}} e_j \bar{w}_{njkp} u_k \boldsymbol{\phi}_{g_{njkp}} & \mathrm{Abs}(\boldsymbol{e}) > \boldsymbol{\mu}_e \\ 0 & 其他 \end{cases} \tag{15.124}$$

根据 15.2.1 中引理可知，$\boldsymbol{G}_i^0 + \hat{\boldsymbol{G}}_i + \boldsymbol{\beta}_{G_i} + \tau_i \boldsymbol{I}$ 始终非奇异，因此这里不需要 15.1.5 节式(15.50)、式(15.51)所示的映射 Proj{ · }。将式(15.122) ~ 式(15.124)代入式(15.121)，可得

$$\begin{aligned} \dot{V}_q(t) \leqslant & -\underline{k_i}\, \boldsymbol{e}^{\mathrm{T}}\boldsymbol{e} + \sum_{i=1}^{n}\sum_{j=1}^{m}\left[\,|e_j|\delta_{f_{ij}} - e_j\varepsilon_{f_{ij}}\mathrm{sat}(e_j/\mu_e)\right] \\ & + \sum_{i=1}^{n-1}\sum_{j=1}^{m}\sum_{k=1}^{m}\left[\,|e_j x_{i+1,k}|\delta_{g_{ijk}} - e_j\varepsilon_{g_{ijk}}\mathrm{sat}(e_j/\mu_e)\,\mathrm{sign}(x_{i+1,k})x_{i+1,k}\right] \\ & + \sum_{j=1}^{m}\sum_{k=1}^{m}\left[\,|e_j u_{ad,k}|\delta_{g_{njk}} - e_j\varepsilon_{g_{njk}}\mathrm{sat}(e_j/\mu_e)\,\mathrm{sign}(u_{ad,k})u_{ad,k}\right] \end{aligned} \tag{15.125}$$

由文献[153]可知，对于任意的 $t \in [\tau_2, \tau_3]$ 式(15.125)可推得

$$\dot{V}_q(t) \leqslant -\underline{k_i}\, \boldsymbol{e}^{\mathrm{T}}\boldsymbol{e} \tag{15.126}$$

因此，对于 $\mathrm{Abs}(\boldsymbol{e}) > \boldsymbol{\mu}_e$，$\forall t \in [t_1, t_2]$，明显可得

$$\dot{V}_q(t) \leqslant -\underline{k_i}\, \boldsymbol{e}^{\mathrm{T}}\boldsymbol{e} < -\underline{k_i}\, |\boldsymbol{\mu}_e|^2 \tag{15.127}$$

由式(15.127)可得

$$V_q(t_2) - V_q(t_1) \leqslant -\underline{k_i}\, |\boldsymbol{\mu}_e|^2 (t_2 - t_1) = -\underline{k_i}\mu_e^2 \bar{\mu}(\boldsymbol{e}, \boldsymbol{\mu}_e, t_1, t_2) \tag{15.128}$$

即

$$\bar{\mu}(\boldsymbol{e}, \boldsymbol{\mu}_e, t_1, t_2) \leqslant \frac{V_q(t_1) - V_q(t_2)}{\underline{k_i}\, |\boldsymbol{\mu}_e|^2} \tag{15.129}$$

由式(15.129)可知，时间区间$[t_1, t_2]$内，$\mathrm{Abs}(\boldsymbol{e}) > \boldsymbol{\mu}_e$ 的总时间是有界的。

接下来，假设 $\boldsymbol{e}$ 在 $t_2$ 时刻开始满足控制精度要求(即进入区间 $\mathrm{Abs}(\boldsymbol{e}) \leqslant \boldsymbol{\mu}_e$)，且一直保持到 $t_3$ 时刻，即 $t_3$ 时刻 $\boldsymbol{e}$ 离开区间 $\mathrm{Abs}(\boldsymbol{e}) \leqslant \boldsymbol{\mu}_e$。因此，$t \in [t_2, t_3] \subset [T_q, T_{q+1})$ 指的是 $\mathrm{Abs}(\boldsymbol{e}) \leqslant \boldsymbol{\mu}_e$ 且 $N(t)$ 是常数的一段时间。该时间区间内 $\mathrm{Abs}(\boldsymbol{e}) > \boldsymbol{\mu}_e$ 的总时间为

$$\bar{\mu}(\boldsymbol{e}, \boldsymbol{\mu}_e, t_2, t_3) = 0 \tag{15.130}$$

另外，由上可知以下条件为真：①时间区间$[t_2, t_3]$内，近似器参数为常数，即近似停止；②$|\boldsymbol{e}(t_2)| = |\boldsymbol{e}(t_3)| = |\boldsymbol{\mu}_e|$；③$|\boldsymbol{e}(t)| \leqslant |\boldsymbol{e}(t_3)|$，$\forall t \in [t_2, t_3]$。

由此显然可得 $V_q(t_2) = V_q(t_3)$ 和 $V_q(t) \leqslant V_q(t_3)$，$\forall t \in [t_2, t_3]$。这些结论与$[t_2, t_3]$内 $\boldsymbol{X}$ 是否进入 $A^q$ 无关。

以下将考虑任意时刻 $t \in [T_q, T_{q+1})$ 的稳定性。根据第 $q$ 个局部近似器添加准则(条件(1)、条件(2))，在 $t = T_q$ 和 $t = T_{q+1}^-$。假设 $t_1 = T_q$ 时刻，$\boldsymbol{e}(t)$ 离开区间 $\mathrm{Abs}(\boldsymbol{e}) \leqslant \boldsymbol{\mu}_e$；$t_{2q}$ 时刻，$\boldsymbol{e}(t)$ 进入区间 $\mathrm{Abs}(\boldsymbol{e}) \leqslant \boldsymbol{\mu}_e$；$t_{2q+1}$时刻，$\boldsymbol{e}(t)$ 离开区间 $\mathrm{Abs}(\boldsymbol{e}) \leqslant \boldsymbol{\mu}_e$；$t_{2q+1}$ 到 $T_{q+1}^-$时刻，$\boldsymbol{e}(t)$ 最终位于区间 $\mathrm{Abs}(\boldsymbol{e}) \leqslant \boldsymbol{\mu}_e$ 之外。令 $\bar{t} \in [T_q, T_{q+1})$ 为该时间段内使 $\mathrm{Abs}(\boldsymbol{e}) \leqslant \boldsymbol{\mu}_e$ 成立

的最后时刻。因此，$t \in [T_q, T_{q+1})$时间内，$\boldsymbol{e}(t)$位于区间 $\mathrm{Abs}(\boldsymbol{e}) \leqslant \boldsymbol{\mu}_e$ 之外的总时间为

$$\bar{\mu}(e,\boldsymbol{\mu}_e,T_q,T_{q+1}^-) = \sum_{q\geqslant 1}(t_{2q}-t_{2q-1}) + (T_{q+1}^- - \bar{t})$$

$$\leqslant \frac{1}{\underline{k}_i\ |\boldsymbol{\mu}_e|^2}\left[\sum_{q\geqslant 1}(V_q(t_{2q-1}) - V_q(t_{2q})) + (V_q(\bar{t}) - V_q(T_{q+1}^-))\right]$$

$$= \frac{1}{\underline{k}_i\ |\boldsymbol{\mu}_e|^2}\left[\sum_{q\geqslant 1}(V_q(t_{2q-1}) - V_q(t_{2q+1})) + (V_q(\bar{t}) - V_q(T_{q+1}^-))\right]$$

$$= \frac{1}{\underline{k}_i\ |\boldsymbol{\mu}_e|^2}[(V_q(T_q) - V_q(T_{q+1}^-))] \tag{15.131}$$

式(15.131)证明了时间区间$[T_q, T_{q+1})$内，$\boldsymbol{e}(t)$位于区间 $\mathrm{Abs}(\boldsymbol{e}) \leqslant \boldsymbol{\mu}_e$ 之外的总时间是有限的。因此，要么 $T_{q+1}$是无限的，使最终有 $\mathrm{Abs}(\boldsymbol{e}) \leqslant \boldsymbol{\mu}_e$；或者 $T_{q+1}$是有限的，$N(t)$将在 $t = T_{q+1}$时刻增加1。

另一个重要的结论是$\forall t \in [T_q, T_{q+1})$使得下式成立：

$$V_q(t) \leqslant V_q(T_q) \tag{15.132}$$

式(15.132)直接来源于上述分析，无论 $\mathrm{Abs}(\boldsymbol{e}) > \boldsymbol{\mu}_e$ 或 $\mathrm{Abs}(\boldsymbol{e}) \leqslant \boldsymbol{\mu}_e$。因此，对于任意的 $N$、$\overline{\boldsymbol{X}}_i$、$\boldsymbol{e}$、$\tilde{\boldsymbol{\theta}}_{f_{ik}}$、$\boldsymbol{\theta}_{f_{ik}}$、$\tilde{\boldsymbol{\theta}}_{g_{ik}}$和 $\boldsymbol{\theta}_{g_{ik}} \in L_\infty$。这些特性始终会保持，即使状态 $\boldsymbol{X}$ 有限次进入或离开 $A^q$，或 $\boldsymbol{e}(t)$有限次进入或离开区间 $\mathrm{Abs}(\boldsymbol{e}) \leqslant \boldsymbol{\mu}_e$。

既然 $D$ 为紧集且 $N(t)$的每个增量包含了 $D$ 的半径为 $\mu$ 的一个划分，所以只可能有有限数量的 $N(t)$的增量发生。因此，最终有 $\mathrm{Abs}(\boldsymbol{e}) \leqslant \boldsymbol{\mu}_e$，且$\overline{\boldsymbol{X}}_i$、$\boldsymbol{e}$、$\tilde{\boldsymbol{\theta}}_{f_{ijp}}$、$\boldsymbol{\theta}_{f_{ijp}}$、$\tilde{\boldsymbol{\theta}}_{g_{ijkp}}$和 $\boldsymbol{\theta}_{g_{ijkp}} \in L_\infty$。

**2. 自组织近似过程的稳定性**

定理1：式(15.73)所示的系统使用控制律式(15.100)~式(15.105)、自组织函数近似和参数更新律式(15.122)、式(15.123)、式(15.124)将有以下特性：

(1) $\overline{\boldsymbol{X}}_i$、$\boldsymbol{e}$、$\tilde{\boldsymbol{\theta}}_{f_{ijp}}$、$\boldsymbol{\theta}_{f_{ijp}}$、$\tilde{\boldsymbol{\theta}}_{g_{ijkp}}$和 $\boldsymbol{\theta}_{g_{ijkp}}$和 $N(t) \in L_\infty$；

(2) $\boldsymbol{e} = \sum_{i=1}^{n} \overline{\boldsymbol{X}}_i$ 将最终收敛于区间 $\mathrm{Abs}(\boldsymbol{e}) \leqslant \boldsymbol{\mu}_e$。

证明：令系统工作时间区间为$[T_0, T_f]$，其中 $T_f$ 可以是无限的。初始化近似器结构为 $N(T_0) = 0$。如上文一样，定义 $N(t)$每到时刻 $T_q$ 增加1。

当$t \in [T_0, T_1)$，$N(t) = 0$ 且$\hat{f}_{ij} = \hat{g}_{ijk} = 0$。如前证明所述，要么 $\mathrm{Abs}(\boldsymbol{e}) > \boldsymbol{\mu}_e$ 的总时间小于$(1/\underline{k}_i)\ln(|\boldsymbol{e}(T_0)|/|\boldsymbol{\mu}_e|)$，$T_1 = \infty$，且定理得证，或者 $T_1$ 为有限值。在以上两种情况下

$$V_0(T_1^-) \leqslant \max\left(V_0(T_0), \frac{1}{2}\ |\boldsymbol{\mu}_e|^2\right) \tag{15.133}$$

对于$q \geqslant 1$，$t = T_q$ 时第 $q$ 个局部近似域被添加。上文已经证明了 $t \in [T_q, T_{q+1})$条件下定理1中的①和②。唯一未证明的部分是 $V_{q-1}(T_q^-)$到 $V_q(T_q)$转换期间 $V_q(T_q)$的有界性。

以下证明 $V_q(T_q)$ 是有限值。令 $t=T_q$ 时刻的李雅普诺夫函数为

$$V_q(T_q)=\frac{1}{2}\boldsymbol{e}^{\mathrm{T}}\boldsymbol{e}+\frac{1}{2}\sum_{i=1}^{n}\sum_{j=1}^{m}\sum_{p=1}^{q}(\tilde{\boldsymbol{\theta}}_{f_{ijp}}^{\mathrm{T}}\boldsymbol{\Gamma}_{f_{ijp}}^{-1}\tilde{\boldsymbol{\theta}}_{f_{ijp}})+\frac{1}{2}\sum_{i=1}^{n}\sum_{j=1}^{m}\sum_{k=1}^{m}\sum_{p=1}^{q}(\tilde{\boldsymbol{\theta}}_{g_{ijkp}}^{\mathrm{T}}\boldsymbol{\Gamma}_{g_{ijkp}}^{-1}\tilde{\boldsymbol{\theta}}_{g_{ijkp}}) \tag{15.134}$$

注意到 $\boldsymbol{e}(T_q)=\boldsymbol{e}(T_q^-)$，因为 $T_q^-$ 到 $T_q$ 转换期间 $\boldsymbol{e}(t)$ 是连续的。既然当第 $q$ 个局部近似器于 $t=T_q$ 添加入系统时，$\boldsymbol{X}(T_q)$ 未激活前 $q-1$ 个局部近似器，参数 $\theta_{f_{ijp}}$、$\theta_{g_{ijkp}}(p=1,2,\cdots,q-1)$ 在 $T_q^-$ 到 $T_q$ 转换期间始终保持不变。因此，

$$\begin{aligned}V_q(T_q)&=\frac{1}{2}\boldsymbol{e}^{\mathrm{T}}\boldsymbol{e}+\frac{1}{2}\sum_{i=1}^{n}\sum_{j=1}^{m}\sum_{p=1}^{q-1}[\tilde{\boldsymbol{\theta}}_{f_{ijp}}^{\mathrm{T}}(T_q^-)\boldsymbol{\Gamma}_{f_{ijp}}^{-1}\tilde{\boldsymbol{\theta}}_{f_{ijp}}(T_q^-)]\\&\quad+\frac{1}{2}\sum_{i=1}^{n}\sum_{j=1}^{m}\sum_{k=1}^{m}\sum_{p=1}^{q-1}[\tilde{\boldsymbol{\theta}}_{g_{ijkp}}^{\mathrm{T}}(T_q^-)\boldsymbol{\Gamma}_{g_{ijkp}}^{-1}\tilde{\boldsymbol{\theta}}_{g_{ijkp}}(T_q^-)]\\&\quad+\frac{1}{2}\sum_{i=1}^{n}\sum_{j=1}^{m}[\tilde{\boldsymbol{\theta}}_{f_{ijp}}^{\mathrm{T}}(T_q)\boldsymbol{\Gamma}_{f_{ijp}}^{-1}\tilde{\boldsymbol{\theta}}_{f_{ijp}}(T_q)]\\&\quad+\frac{1}{2}\sum_{i=1}^{n}\sum_{j=1}^{m}\sum_{k=1}^{m}[\tilde{\boldsymbol{\theta}}_{g_{ijkp}}^{\mathrm{T}}(T_q)\boldsymbol{\Gamma}_{g_{ijkp}}^{-1}\tilde{\boldsymbol{\theta}}_{g_{ijkp}}(T_q)]\\&=V_q(T_q^-)+\frac{1}{2}\sum_{i=1}^{n}\sum_{j=1}^{m}[\tilde{\boldsymbol{\theta}}_{f_{ijp}}^{\mathrm{T}}(T_q)\boldsymbol{\Gamma}_{f_{ijp}}^{-1}\tilde{\boldsymbol{\theta}}_{f_{ijp}}(T_q)]\\&\quad+\frac{1}{2}\sum_{i=1}^{n}\sum_{j=1}^{m}\sum_{k=1}^{m}[\tilde{\boldsymbol{\theta}}_{g_{ijkp}}^{\mathrm{T}}(T_q)\boldsymbol{\Gamma}_{g_{ijkp}}^{-1}\tilde{\boldsymbol{\theta}}_{g_{ijkp}}(T_q)]\end{aligned} \tag{15.135}$$

上文已经证明，对于任意的 $t\in[T_{q-1},T_q^-]$，$V_{q-1}(t)\leqslant V_{q-1}(T_{q-1})$。那么可以推得

$$\begin{aligned}V_q(T_q)&\leqslant V_{q-1}(T_{q-1})+\frac{1}{2}\sum_{i=1}^{n}\sum_{j=1}^{m}[\tilde{\boldsymbol{\theta}}_{f_{ijp}}^{\mathrm{T}}(T_q)\boldsymbol{\Gamma}_{f_{ijp}}^{-1}\tilde{\boldsymbol{\theta}}_{f_{ijp}}(T_q)]\\&\quad+\frac{1}{2}\sum_{i=1}^{n}\sum_{j=1}^{m}\sum_{k=1}^{m}[\tilde{\boldsymbol{\theta}}_{g_{ijkp}}^{\mathrm{T}}(T_q)\boldsymbol{\Gamma}_{g_{ijkp}}^{-1}\tilde{\boldsymbol{\theta}}_{g_{ijkp}}(T_q)]\\&\leqslant\frac{1}{2}\boldsymbol{e}^{\mathrm{T}}(T_1)\boldsymbol{e}(T_1)+\frac{1}{2}\sum_{i=1}^{n}\sum_{j=1}^{m}\sum_{p=1}^{q}(\tilde{\boldsymbol{\theta}}_{f_{ijp}}^{\mathrm{T}}(T_q)\boldsymbol{\Gamma}_{f_{ijp}}^{-1}\tilde{\boldsymbol{\theta}}_{f_{ijp}}(T_q))\\&\quad+\frac{1}{2}\sum_{i=1}^{n}\sum_{j=1}^{m}\sum_{k=1}^{m}\sum_{p=1}^{q}(\tilde{\boldsymbol{\theta}}_{g_{ijkp}}^{\mathrm{T}}(T_q)\boldsymbol{\Gamma}_{g_{ijkp}}^{-1}\tilde{\boldsymbol{\theta}}_{g_{ijkp}}(T_q))\end{aligned} \tag{15.136}$$

对于 $p=1,2,\cdots,q$，只要 $t=T_q$ 时刻的初始参数估计 $\boldsymbol{\theta}_{f_{ijp}}(T_q)$ 是有限值，则每个 $\tilde{\boldsymbol{\theta}}_{f_{ijp}}(T_q)=\boldsymbol{\theta}_{f_{ijp}}(T_q)-\boldsymbol{\theta}_{f_{ijp}}^*$ 是有限值。相似条件下，$\tilde{\boldsymbol{\theta}}_{g_{ijkp}}(T_q)=\boldsymbol{\theta}_{g_{ijp}}(T_q)-\boldsymbol{\theta}_{g_{ijkp}}^*$ 为有限值。既然 $N$ 只可能有有限数量的增长，即 $N(T_q)=q<\infty$，则式(15.63)右侧求和项是有限值。又因为 $\boldsymbol{e}(T_1)$ 也是有限值，则可直接推出 $V_q(T_q)<\infty$，也就是说 $\bar{\boldsymbol{X}}_i$、$\boldsymbol{e}$、$\tilde{\boldsymbol{\theta}}_{f_{ijp}}$、$\boldsymbol{\theta}_{f_{ijp}}$、$\tilde{\boldsymbol{\theta}}_{g_{ijkp}}$ 和 $\boldsymbol{\theta}_{g_{ijkp}}\in L_\infty$。

需要说明的是，上述证明过程仅证明了系统补偿跟踪误差 $\bar{\boldsymbol{X}}_i$ 的有界性，而不是系统实际跟踪误差 $\tilde{\boldsymbol{X}}_i$ 的有界性。由式(15.89)、式(15.90)、式(15.93)、式(15.95)和式(15.97)可知，只要合理选择滤波器增益 $\boldsymbol{K}_i$ 和控制律增益 $\boldsymbol{k}_i$，即可保证 $\bar{\boldsymbol{X}}_i$ 无限趋近于 $\tilde{\boldsymbol{X}}_i$，因此 $\tilde{\boldsymbol{X}}_i$ 的有界性同样能够保证。

### 15.2.6 应用仿真算例

为验证提出的控制方法的有效性,考虑下面的高阶 MIMO 非线性系统:

$$\begin{cases}\dot{\boldsymbol{X}}_1 = [\boldsymbol{F}_1^0 + \boldsymbol{F}_1] + [\boldsymbol{G}_1^0 + \boldsymbol{G}_1]\boldsymbol{X}_2 \\ \dot{\boldsymbol{X}}_2 = [\boldsymbol{F}_2^0 + \boldsymbol{F}_2] + [\boldsymbol{G}_2^0 + \boldsymbol{G}_2]\boldsymbol{U}\end{cases} \tag{15.137}$$

其中,$\boldsymbol{X}_1 = [x_{11}, x_{12}]^{\mathrm{T}}$,$\boldsymbol{X}_2 = [x_{21}, x_{22}]^{\mathrm{T}}$,$\boldsymbol{F}_1^0 = \begin{bmatrix}0\\0\end{bmatrix}$,$\boldsymbol{F}_1 = \begin{bmatrix}-\sin x_{11}\cos^2 x_{21}\\ \cos x_{11}\sin x_{12}\end{bmatrix}$,$\boldsymbol{F}_2^0 = \begin{bmatrix}0\\0\end{bmatrix}$,$\boldsymbol{F}_2 = \begin{bmatrix}-\sin x_{21}\cos x_{22}\\ \cos x_{21}\sin x_{22}\end{bmatrix}$,$\boldsymbol{G}_1^0 = \begin{bmatrix}1.6 & 0\\ 0 & 1.8\end{bmatrix}$,$\boldsymbol{G}_1 = \begin{bmatrix}\cos x_{11}\sin x_{22} & 0\\ 0 & -\cos x_{12}\sin x_{11}\end{bmatrix}$,$\boldsymbol{G}_2^0 = \begin{bmatrix}2 & 0\\ 0 & 2\end{bmatrix}$,$\boldsymbol{G}_2 = \begin{bmatrix}\cos x_{11}\cos x_{21} & -\sin x_{22}\\ \sin x_{12}\sin x_{22} & -\cos x_{21}\end{bmatrix}$。

$\hat{f}_{ijp}$和$\hat{g}_{ijkp}$均采用相同的归一化四次幂内核基函数矢量$\boldsymbol{w}_p(\boldsymbol{x})$:

$$\boldsymbol{w}_p(x) = \begin{cases}(1 - R^2)^2 & R < 1\\ 0 & R \geqslant 1\end{cases} \tag{15.138}$$

$$R = \left\| \frac{|x_{11} - c_{p,11}|}{\mu}, \frac{|x_{12} - c_{p,12}|}{\mu}, \frac{|x_{21} - c_{p,21}|}{\mu}, \frac{|x_{22} - c_{k,22}|}{\mu} \right\|_\infty \tag{15.139}$$

其中,$\boldsymbol{c}_p = [c_{p,11}, c_{p,12}, c_{p,21}, c_{p,22}]^{\mathrm{T}}$ 表示第 $p$ 个基函数的中心,$\mu$ 为第 $p$ 个局部近似域在 $x_{11}$、$x_{12}$、$x_{21}$、$x_{22}$方向上的半径,$\mu = 0.1$。指定连续基函数矢量为

$$\boldsymbol{\phi}_{f_{ijp}} = \boldsymbol{\phi}_{g_{ijkp}} = [1 \quad x_{11} - c_{p,11} \quad x_{12} - c_{p,12} \quad x_{21} - c_{p,21} \quad x_{22} - c_{p,22}]^{\mathrm{T}} \tag{15.140}$$

其他仿真参数设置为$\boldsymbol{k}_1 = \mathrm{diag}(4.5, 4.5)$,$\boldsymbol{k}_2 = \mathrm{diag}(5, 5)$,$\boldsymbol{\mu}_e = 0.15$,$\boldsymbol{\varepsilon}_{f_i} = \boldsymbol{\varepsilon}_{g_i} = 0.2$,$\boldsymbol{\Gamma}_{f_{1jp}} = \boldsymbol{\Gamma}_{f_{2jp}} = 10\boldsymbol{I}_{5\times5}$,$\boldsymbol{\Gamma}_{g_{1jkp}} = \boldsymbol{\Gamma}_{g_{2jkp}} = 10\boldsymbol{I}_{5\times5}$。这里采用式(15.95)、式(15.96)所表示的一阶滤波器,增益$\boldsymbol{K}_2 = \boldsymbol{K} = 40\boldsymbol{I}_{2\times2}$。在线估计参数初始值为$\boldsymbol{\theta}_{f_{1jp}}(0) = \boldsymbol{\theta}_{f_{2jp}}(0) = \boldsymbol{\theta}_{g_{1jkp}}(0) = \boldsymbol{\theta}_{g_{2jkp}}(0) = [0,0,0,0,0]^{\mathrm{T}}$。

参考轨迹$\boldsymbol{X}_{1c}(t)$及其导数$\dot{\boldsymbol{X}}_{1c}(t)$由如下的二阶低通滤波器产生:

$$\begin{cases}\dot{z}_1 = z_2\\ \dot{z}_2 = 2\zeta\omega_n\left[\dfrac{\omega_n^2}{2\zeta\omega_n}(\boldsymbol{X}_r - z_1) - z_2\right]\end{cases} \tag{15.141}$$

$$\begin{bmatrix}\boldsymbol{X}_{1c}\\ \dot{\boldsymbol{X}}_{1c}\end{bmatrix} = \begin{bmatrix}1 & 0\\ 0 & 1\end{bmatrix}\begin{bmatrix}z_1\\ z_2\end{bmatrix} \tag{15.142}$$

其中,$\zeta = 0.9$,$\omega_n = 5$。参考输入$\boldsymbol{X}_r$ 选择为

$$\begin{cases}x_{11r} = 0.2\sin(t) + 0.8\sin(0.5t + \pi/2)\\ x_{12r} = 0.5\sin(t) + 0.5\sin(0.5t + \pi/2)\end{cases} \tag{15.143}$$

以式(15.141)~式(15.143)为输入时,控制系统前 4 个周期的 $x_{11} - x_{12}$平面相轨迹如图 15-11 所示。

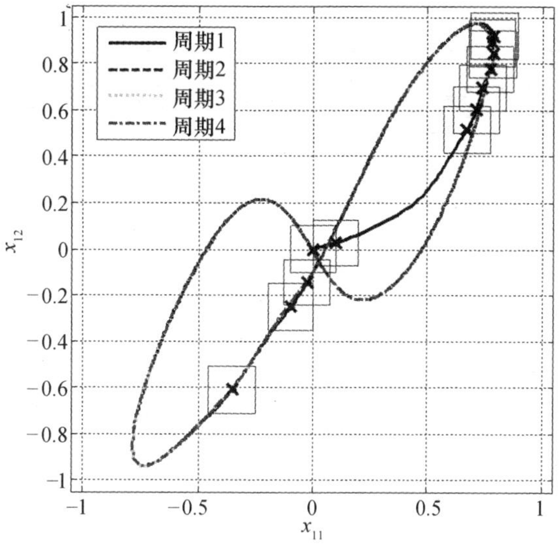


图 15-11　系统前 4 个周期的 $x_1-x_2$ 平面相轨迹

图 15-11 中，×表示局部近似域的中心。□表示局部近似器 $\hat{f}_{ijp}$ 和 $\hat{g}_{ijkp}$ 的近似域（即近似域 $\bar{S}_p$）。

易知，式（15.141）~式（15.143）为周期输入信号，因此图 15-11 所示闭环系统相轨迹也呈现周期性变化。控制系统根据误差 $\boldsymbol{e}$，自主添加了 12 个局部近似器 $\hat{f}_{ijp}$ 和 $\hat{g}_{ijkp}$ 用以在线近似相应未知函数 $f_{ij}$ 和 $g_{ijk}$。相邻局部近似域中心位置水平方向间距大约为 $\mu=0.3$。系统启动后，系统状态从原点初始位置迅速向最终稳定相轨迹轨道靠近，当遇到未知函数对系统误差 $\boldsymbol{e}$ 影响较大，并且滑模控制项 $\beta_{F_i}$ 和 $\beta_{G_i}$ 无法单独抵消该影响的局部区域时，控制系统自主添加局部近似器在线逼近未知函数，以抵消未知函数对系统误差 $\boldsymbol{e}$ 的不利影响，使系统状态快速回到期望的相轨迹轨道上。从图 15-11 可知，系统仅在第一个周期内的部分区域存在状态波动，之后系统状态完全能够保持在最终稳定相轨迹轨道运行。

系统补偿跟踪误差的标量映射 $\boldsymbol{e}$、局部近似器域数量 $N$ 和系统补偿跟踪误差 $\bar{\boldsymbol{X}}_i$ 如图 15-12所示。系统各阶状态量 $x_{ij}$、控制指令 $x_{ij,c}$ 和实际跟踪误差 $\tilde{x}_{ij}$ 如图 15-13、图 15-14所示。

由图 15-12 可知，误差 $\boldsymbol{e}$ 在时间区间 0.13~1.09s、3.61~3.71s 以及 16.76~16.77s 内超出所要求的误差范围 $\mu_e=0.15$，超出误差范围的总时间显然是有限值。这三段时间与图中□表示的局部近似域相对应，此时滑模控制项 $\beta_{F_i}$ 和 $\beta_{G_i}$ 无法单独抵消未知函数过大对误差 $\boldsymbol{e}$ 的影响，控制系统分别自主添加了 9 个、2 个和 1 个局部近似器以抵消未知函数对误差 $\boldsymbol{e}$ 的不利影响。16.77s 以后，由于近似器的加入，系统误差 $\boldsymbol{e}$ 呈周期性变化，且始终满足 $e_1\leqslant\mu_e$ 且 $e_2\leqslant\mu_e$。系统补偿跟踪误差 $\bar{\boldsymbol{X}}_i$ 与误差 $\boldsymbol{e}$ 变化规律相似，当系统稳定运行后（16.77s 以后，）能始终保持有界。对比图 15-13 和图 15-14 可知，由于指令滤波

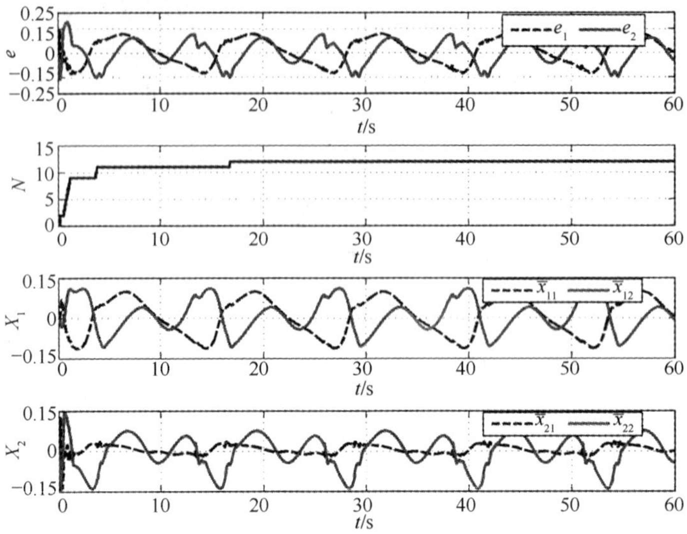


图 15－12　$\boldsymbol{e}$、$N$ 和$\overline{\boldsymbol{X}}_i$

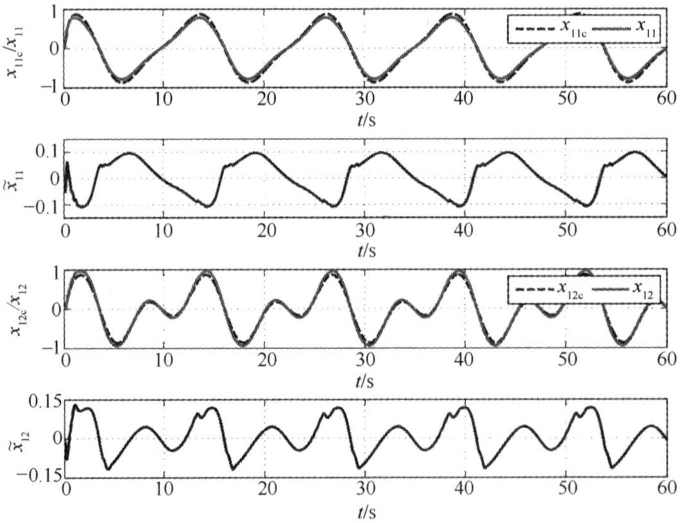


图 15－13　$\boldsymbol{X}_1$、$\boldsymbol{X}_{1c}$和$\widetilde{\boldsymbol{X}}_1$

器式(15.95)、式(15.96)采用了较大的增益$\boldsymbol{K}_2$ 和 $\boldsymbol{K}$，使系统补偿跟踪误差$\overline{\boldsymbol{X}}_i$ 和实际跟踪误差$\widetilde{\boldsymbol{X}}_i$ 非常接近。

未知函数$\boldsymbol{F}_i$ 和$\boldsymbol{G}_i$、未知函数的在线近似函数$\hat{\boldsymbol{F}}_i$ 和$\hat{\boldsymbol{G}}_i$ 以及各自对应的滑模控制项$\boldsymbol{\beta}_{F_i}$和$\boldsymbol{\beta}_{G_i}$分别如图 15－15～图 15－18 所示。

由图 15－15～图 15－18 可知，在线近似器$\hat{\boldsymbol{F}}_i$ 和$\hat{\boldsymbol{G}}_i$ 在与图所示局部近似域相对应的位置(即时间区间 0.13～1.09s、3.61～3.71s、16.76～16.77s 以及之后各周期相应位置)对未知函数$\boldsymbol{F}_i$ 和$\boldsymbol{G}_i$ 进行了在线近似。时间区间 0.13～1.09s、3.61～3.71s、16.76～

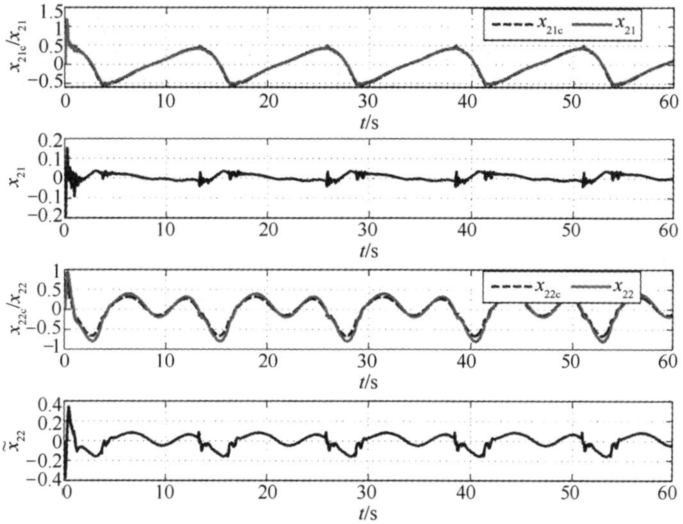


图 15 - 14　$\boldsymbol{X}_2$、$\boldsymbol{X}_{2c}$和$\widetilde{\boldsymbol{X}}_2$

16.77s内，可视为近似器$\hat{\boldsymbol{F}}_i$ 和$\hat{\boldsymbol{G}}_i$ 处于启动阶段，还未完全起作用，此时滑模控制项 $\beta_{F_i}$和 $\beta_{G_i}$尽管已经达到饱和状态，仍然无法抵消未知函数过大对误差 $\boldsymbol{e}$ 的影响。当系统稳定运行后，近似器$\hat{\boldsymbol{F}}_i$和$\hat{\boldsymbol{G}}_i$ 真正开始发挥作用，此时滑模控制项 $\beta_{F_i}$和 $\beta_{G_i}$始终保持不饱和状态，误差 $\boldsymbol{e}$ 能够始终保持在期望精度内，系统各状态也稳定有界。

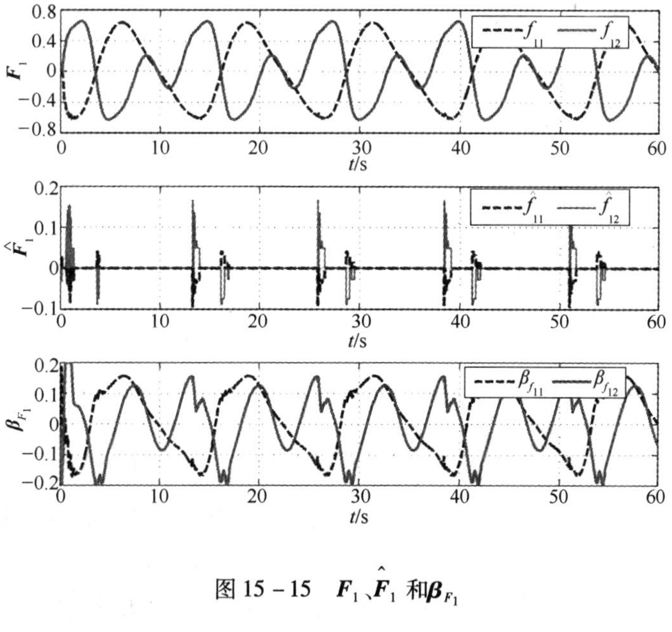


图 15 - 15　$\boldsymbol{F}_1$、$\hat{\boldsymbol{F}}_1$ 和$\boldsymbol{\beta}_{F_1}$

系统输入 $u$ 如图 15 - 19 所示。输入 $u$ 在近似器工作的时间段内，存在轻微的高频抖动，这可能是控制器参数设置不完全合理造成的。

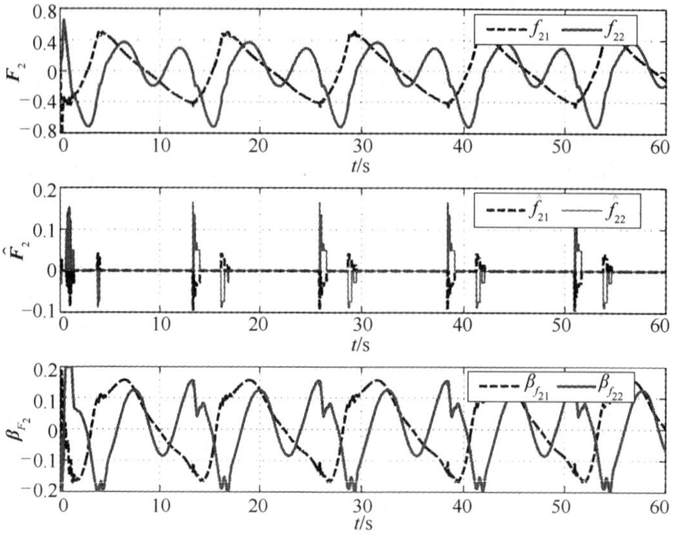


图 15－16　$\boldsymbol{F}_2$、$\hat{\boldsymbol{F}}_2$ 和$\boldsymbol{\beta}_{F_2}$

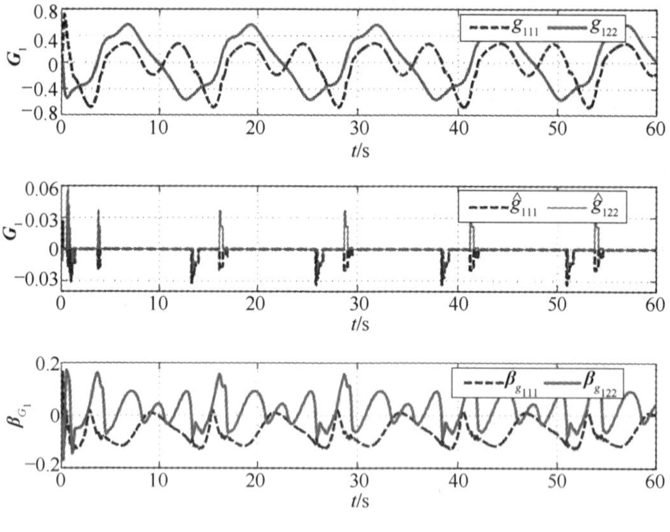


图 15－17　$\boldsymbol{G}_1$、$\hat{\boldsymbol{G}}_1$ 和$\boldsymbol{\beta}_{G_1}$

需要说明的是，式(15.91)所示的误差 $\boldsymbol{e}$ 是各级补偿跟踪误差$\overline{\boldsymbol{X}}_i$ 的代数和，无法直接反映系统实际跟踪误差$\widetilde{\boldsymbol{X}}_i$，因此控制参数要根据系统实际跟踪误差要求和仿真效果确定。另外，任何控制方法的优劣很大程度上取决于控制系统设计时控制参数的选取，本仿真算例仅是给出了一个参考参数值，不代表最优值，要获得最佳的控制效果，读者可进一步进行优化。

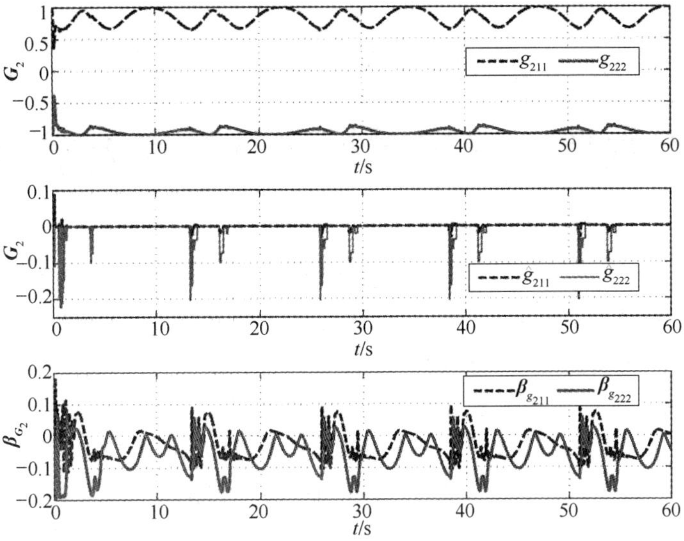


图 15－18　$\boldsymbol{G}_2$、$\hat{\boldsymbol{G}}_2$ 和$\boldsymbol{\beta}_{G_2}$

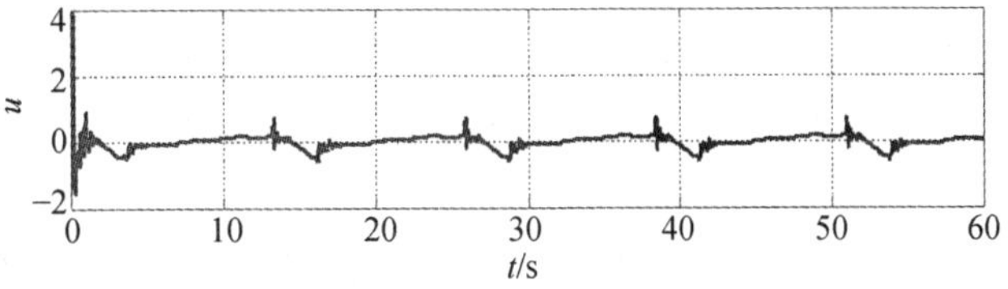


图 15－19　系统输入

# 第十六章　自主对接飞行控制系统设计

无人机自主空中加油分为远距会合、近距对接、位置保持和加油退出四个任务阶段。远距会合阶段要求受油机根据不同导航手段提供的加油机位置信息,实现受油机从较远空域到加油机指定的加油观察位置加入并保持加油编队飞行。目前远距会合阶段所需的导航、控制等相关技术已相当成熟,能够满足无人机远距会合的需求。近距对接、位置保持和加油退出三个近距飞行阶段的导航、控制是制约有人机、无人机空中加油对接成功率和安全性的关键。由于加、受油机距离过近,加油机信号遮挡等原因,单一传统导航方式(GPS、无线电等)精度和可靠性已难以满足要求,包括如前所述的美国无人机自主空中加油研究在内,众多研究者和团体将目光转向基于可见光、红外等机器视觉相对导航的研究,并已取得可喜成果。由于受油机"慢动态"追踪锥套"快动态"、锥套无规则飘摆、加油机尾流和受油机头波扰动等影响使得美国 NASA 无人机自主空中加油对接成功率仅为33%,仅与有人机成功率基本相当。无人机自主空中加油近距飞行阶段的飞行控制研究还有很长的路要走。

因此,本节假设机器视觉、GPS、无线电等单一或组合测量手段能够获取受油锥套的精确位置,根据作者对美国 NASA 开展的 F/A－18 软式自主空中加油研究相关技术报道,采用 15.2 节提出的非线性控制方法设计无人机自主空中加油内环航迹控制系统,采用有限状态机方法设计受油机航迹指令自主生成器。

## 16.1　基于有限状态机的航迹指令生成器

### 16.1.1　控制过程描述

无人机自主空中加油对接机动飞行实际上是包含一系列特殊形式的位置转换的编队飞行。如图 16－1 所示,美国 NASA 软式自主空中加油研究中定义的四个编队位置为跟随、预对接、对接和保持位置。各位置定义和受油机所做工作如下:

跟随位置:UAV 远距会合后可进入观察位置,或直接进入跟随位置。UAV 在此等待加油任务开始。由于锥套相对加油机吊舱的下垂量、偏移量均未知,因此跟随位置必须由设计者预先设定。图 16－1 所示仅为示意,实际中该位置竖直和水平方向可能均不对齐锥套。处于该位置时,UAV 的机器视觉相对导航应开始工作,实时获取锥套位置信息,并计算锥套平均位置。调整受油机相应位置,使导航测量由两机质心相对位置矢量转换为受油插头和锥套相对位置矢量。

预对接位置:该位置竖直和水平方向应为 UAV 跟随位置时获取的锥套平均位置。处于该位置时,UAV 可以根据锥套飘摆程度预判对接成功率,决定是否继续进行对接。从该位置以后,UAV 受油插头竖直和水平追踪目标转换为锥套实际实时位置(需要说明的

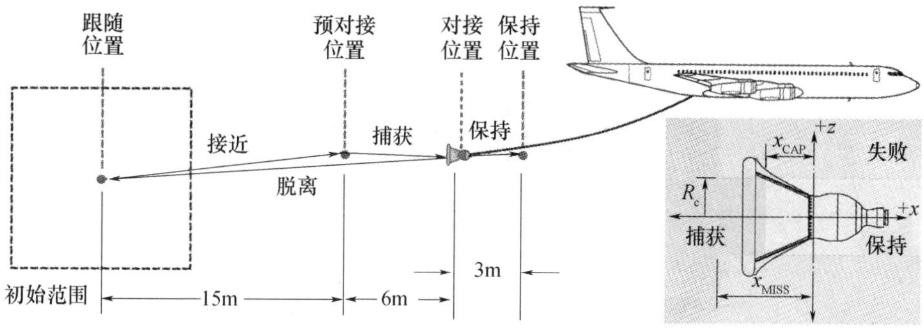


图 16－1　UAV 对接阶段的位置定义

是,该目标也可是经过各种预测手段获得的对接瞬间的锥套预测位置。考虑到目前条件下锥套飘摆位置预测的难度极大,这里采用了简化处理。实际有人机加油时,飞行员通过个人经验瞄准的是锥套的预测位置)。

对接位置:该位置固连于锥套。据 NASA 报道,受油插头位于如图 16－1 右下图所示的半径 $R_c$ 的伞套范围内锁定成功率就可达 90% 以上。下文控制器设计时,即以半径 $R_c$ 的伞套范围作为受油插头追踪目标。

保持位置:由上文可知,加油软管必须由全拖曳位置向后回收一定长度才能开始燃油传输,因此燃油传输时的保持位置位于对接锁定瞬间锥套位置的正前方 3m 处。加油脱离时,UAV 也应该从该位置向正后方减速离开。

图 16－1 所示的位置及其位置转换逻辑可表示为图 16－2 的状态转移图。

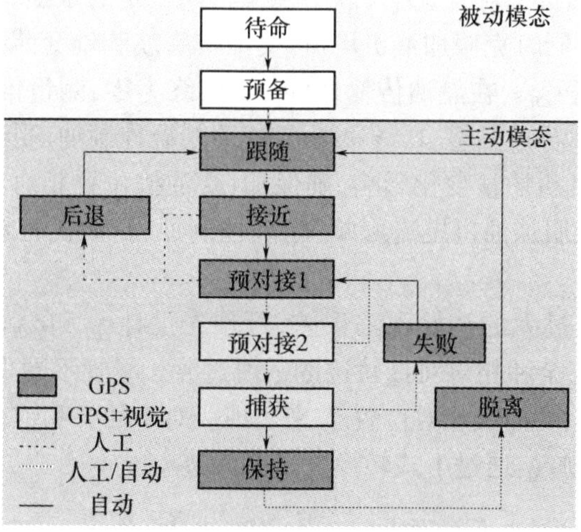


图 16－2　NASA 自主空中加油过程中关键状态的转换逻辑

### 16.1.2　相对航迹控制目标转换

空中加油近距对接阶段加、受油机间的位置关系如图 16－3 所示。

图中,$O_{B_T}$、$O_{B_U}$分别为加油机、UAV 机体系 $B_T$、$B_U$ 的原点;$A$ 为 UAV 实际指令对接点,与图 16－1 中保持位置对应。$B$ 为标称对接点,由加油锥套位置确定,它在 $B_T$ 系下位置

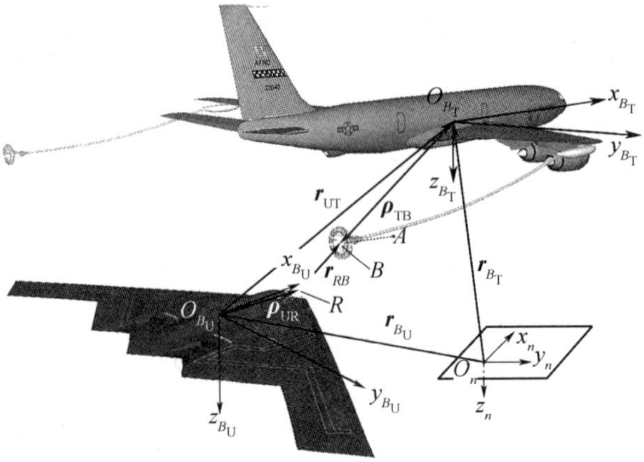


图 16－3　空中加油近距对接阶段加、受油机间的位置关系

矢量表示为$\boldsymbol{\rho}_{TB}$;$R$ 为 UAV 的受油插头位置,它在 $B_U$ 系下位置矢量表示为$\boldsymbol{\rho}_{UR}$。$\boldsymbol{r}_{B_T}$、$\boldsymbol{r}_{B_U}$分别表示加油机和 UAV 在 NED 系下表示的惯性位置;$\boldsymbol{r}_{RB}$表示 $R$ 到 $B$ 在 NED 系下表示的相对位置矢量,即受油插头与加油锥套的相对位置矢量;$\boldsymbol{r}_{UT}$表示 $O_{B_U}$到 $O_{B_T}$在 NED 系下表示的相对位置矢量,即受油机与加油机的相对位置矢量。

从控制系统设计角度分析,UAV 自主对接可抽象为多种内外部扰动影响下的 UAV 航迹跟踪。从观察位置(或从远距会合)到跟随位置飞行期间,UAV 需要克服加油机尾流影响,精确控制加、受油机相对位置$\boldsymbol{r}_{UT}$,以平稳飞行到指定的跟随位置。从跟随位置到对接锁定期间,UAV 需要同时克服加油机尾流、受油机头波和锥套飘摆等影响,精确控制受油插头和锥套相对位置$\boldsymbol{r}_{RB}$。在燃油传输期间,$\boldsymbol{r}_{RB}$始终为零,测量锥套相对位置的机器视觉系统无法再提供相对导航信息,UAV 再次转换为精确控制加、受油机相对位置$\boldsymbol{r}_{UT}$,同时克服加油机尾流和受油机质量变化影响,确保加、受油机位置相对稳定,避免碰撞。脱离期间,UAV 同样需要克服加油机尾流影响,精确控制加、受油机相对位置$\boldsymbol{r}_{UT}$,以平稳飞回指定的跟随位置。

为避免碰撞、防止过大的初始跟踪误差,可预先设计$\boldsymbol{r}_{UT}$和$\boldsymbol{r}_{RB}$的平滑参考航迹$\boldsymbol{r}_{UTr}$和$\boldsymbol{r}_{RBr}$,以确保对接飞行安全和相对对接轨迹的平滑过渡。尽管不同飞行阶段的控制对象不同,但均可通过控制加、受油机相对位置$\boldsymbol{r}_{UT}$来实现。对于插头和锥套相对位置$\boldsymbol{r}_{RB}$的控制,只需要将$\boldsymbol{r}_{RB}$的参考轨迹$\boldsymbol{r}_{RBr}$通过下式转换为参考轨迹$\boldsymbol{r}_{UTr}$。

$$\boldsymbol{r}_{UTr} = \boldsymbol{r}_{RBr} - \boldsymbol{B}_{B_T}^{T}\boldsymbol{\rho}_{TB} + \boldsymbol{B}_{B_U}^{T}\boldsymbol{\rho}_{UR} \tag{16.1}$$

然后使$\boldsymbol{r}_{UT}$跟踪$\boldsymbol{r}_{UTr}$即可。

综上可知,为实现 UAV 近距自主加油对接,控制系统设计可分解两部分:第一,外环设计一个在线状态转移和相对参考航迹$\boldsymbol{r}_{UTr}$生成器,用以自主给出 UAV 航迹指令;第二,内环设计一个能够补偿各种扰动的关于$\boldsymbol{r}_{UT}$的 UAV 航迹跟踪控制器,跟踪所规划的$\boldsymbol{r}_{UTr}$指令。

需要说明的是,为保证 UAV 对接锁定时相对飞行速度处于规定的 0.5 ~ 1.5m/s 范围,UAV 实际指令对接点为 $A$,这在参考航迹规划时仅需对式(16.1)做微小偏移即可。

### 16.1.3 近距对接参考轨迹设计

若将预先定义的跟随位置、预对接位置、对接位置和保持位置作为内环航迹控制器的参考指令，会导致初始位置偏差较大，舵面偏转幅度较大，从而使 UAV 状态剧烈变化，甚至导致 UAV 的不稳定。因此，可行的方法是在上述指令位置之间在线规划一条平滑的相对位置参考轨迹，使相对指令位置与该参考轨迹为一个零初始偏差的平滑函数。同时，为确保飞行安全，该参考轨迹必须能够避免两机碰撞。

为此，以下采用三次多项式拟合方法，分段设计近距对接阶段的相对位置参考轨迹。采用三次多项式拟合，可得任意两个指令位置间的平滑过渡轨迹。对于起点位置 $\boldsymbol{r}(t_0)=[r_x(t_0),r_y(t_0),r_z(t_0)]^{\mathrm{T}}$ 和终点位置 $\boldsymbol{r}(t_f)=[r_x(t_f),r_y(t_f),r_z(t_f)]^{\mathrm{T}}$，三次多项式参考轨迹 $\boldsymbol{r}_r(t)=[r_{xr},r_{yr},r_{zr}]^{\mathrm{T}}$ 可表示为

$$r_{ir}(t)=a_{i3}(t-t_0)^3+a_{i2}(t-t_0)^2+a_{i1}(t-t_0)+a_{i0},i=x,y,z \tag{16.2}$$

式中系数 $a_{ij}(j=0,1,\cdots,3)$ 可通过起点与终点的位置、速度边界条件确定。令 $t_{id}$ 为各个方向上的期望飞行时间，根据起点和终点的位置，可得

$$r_{ir}(t_0)=r_i(t_0),r_{ir}(t_{id})=r_i(t_f) \tag{16.3}$$

令起点和终点的相对速度为 0，则

$$\dot{r}_{ir}(t_0)=0,\dot{r}_{ir}(t_{id})=0 \tag{16.4}$$

将式(16.3)和式(16.4)代回式(16.2)，可得

$$a_{i0}=r_i(t_0),a_{i1}=0,a_{i2}=\frac{3[r_i(t_f)-r_i(t_0)]}{(t_{id}-t_0)^2},a_{i3}=-\frac{2[r_i(t_f)-r_i(t_0)]}{(t_{id}-t_0)^3} \tag{16.5}$$

因此，平滑参考航迹可表示为

$$r_{ir}(t)=-\frac{2[r_i(t_f)-r_i(t_0)]}{(t_{id}-t_0)^3}(t-t_0)^3+\frac{3[r_i(t_f)-r_i(t_0)]}{(t_{id}-t_0)^2}(t-t_0)^2+r_i(t_0),i=x,y,z \tag{16.6}$$

其中，$t_0\leqslant t\leqslant t_{id}$。当 $t\geqslant t_{id}$ 时，将令 $r_{ir}(t)=r_i(t_{id})$。期望飞行时间 $t_{id}$ 必须满足以下最大速度和最大加速度约束：

$$V_{\max,i}=\frac{3[r_i(t_f)-r_i(t_0)]}{2(t_{id}-t_0)},a_{\max,i}=\pm\frac{6[r_i(t_f)-r_i(t_0)]}{(t_{id}-t_0)^2},i=x,y,z \tag{16.7}$$

当限定允许的最大速度和加速度后，由式(16.7)可确定 $t_{id}$ 的最小值。因此，只要给定起点和终点的位置以及最大速度或加速度限制，就可得到平滑参考轨迹。

有前文可知，对接速度过大容易导致软管甩鞭，而过小又难以顶开输油活门，因此软式空中加油对对接速度范围有严格限制，一般在 0.5～1.5m/s 的范围内。这里选择各个方向的最大相对速度为 1.5m/s，目的是增大对接速度，减小锥套在受油机头波影响下的反应时间，使对接时锥套来不及产生过大偏移。

需要注意，从跟随位置到保持位置飞行过程中，实质上是 UAV 插头到达标称对接点 $A$。这期间需要针对矢量 $\boldsymbol{r}_{RB}$ 设计参考轨迹（其中燃油传输阶段，$\boldsymbol{r}_{RBr}$ 始终为零），再根据式(16.1)将 $\boldsymbol{r}_{RBr}$ 转换为参考轨迹 $\boldsymbol{r}_{\mathrm{UT}r}$。此外，由于下文内环航迹控制律需要参考轨迹的时

间导数，因此可将$\boldsymbol{r}_{\mathrm{UT}r}$经过一个二阶低通滤波器产生$\boldsymbol{r}_{\mathrm{UT}r,c}$和$\dot{\boldsymbol{r}}_{\mathrm{UT}r,c}$。

### 16.1.4 航迹指令生成器的程序实现

有限状态机是描述系统运行中状态逻辑变换的有效手段，方法成熟、文献众多，这里不再过多介绍。以下根据图 16－1、图 16－2 和上述三次多项式参考轨迹生成方法，利用 Matlab 中的 State Flow 工具箱直接给出如图 16－4 所示的基于有限状态机的航迹指令自主生成器仿真结构图。

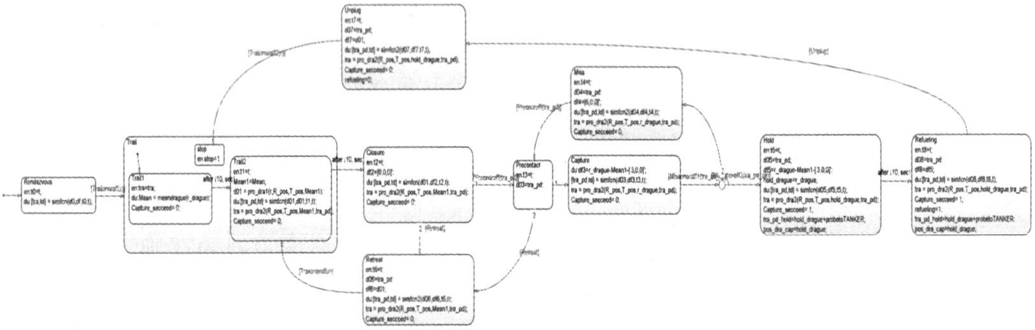


图 16－4　基于有限状态机的航迹指令自主生成器

图 16－4 所示的基于有限状态机的航迹指令自主生成器主要功能是确定图 16－1 所示的跟随、预对接、对接和保持四个相对位置，依据图 16－2 所示的 UAV 位置转换逻辑实时确定当前飞行任务状态，并按照上述三次多项式参考轨迹生成方法在线规划当前任务中起点和终点两位置间的平滑参考轨迹$\boldsymbol{r}_{\mathrm{UT}r}$和$\boldsymbol{r}_{RBr}$，从而为 UAV 内环航迹控制自主提供连续平滑跟踪指令。

## 16.2 基于自组织近似指令滤波反推的航迹跟踪

### 16.2.1 受油机模型变换

为方便使用 16.1 节提出的非线性控制方法，按照系统式(15.73)的标准形式，将第八章在 NED 系下建立的飞机变质量模型进行如下变换。

**1. 加、受油机相对位置方程**

根据式(8.79)表示的受油机位置微分方程，受油机与加油机的相对运动在 NED 系下可描述为

$$\dot{\boldsymbol{r}}_{\mathrm{UT}} = \dot{\boldsymbol{r}}_{B_{\mathrm{T}}} - \dot{\boldsymbol{r}}_{B_{\mathrm{U}}} = \boldsymbol{V}_{\mathrm{T}}^{0} - \boldsymbol{B}_{\mathrm{B}}^{\mathrm{T}}\boldsymbol{V}_{b} = \boldsymbol{V}_{\mathrm{T}}^{0} - \boldsymbol{B}_{\mathrm{B}}^{\mathrm{T}}\boldsymbol{B}_{a}^{\mathrm{T}}\boldsymbol{V} \tag{16.8}$$

式中　$\boldsymbol{r}_{\mathrm{UT}} = [r_{\mathrm{UT}x}, r_{\mathrm{UT}y}, r_{\mathrm{UT}z}]^{\mathrm{T}}$；

$\dot{\boldsymbol{r}}_{B_{\mathrm{T}}}$、$\dot{\boldsymbol{r}}_{B_{\mathrm{U}}}$——加油机和受油机的惯性速度；

$\boldsymbol{V}_{\mathrm{T}}^{0}$——加油机在 NED 系下表示的空速矢量，受油机可通过数据链、机器视觉等方式测量获得；

$\boldsymbol{V}$——受油机在自身速度坐标系下表示的空速；

$\boldsymbol{B}_{\mathrm{B}}$——NED 系向受油机机体坐标系的转换矩阵，见式(8.61)；

$\boldsymbol{B}_a^{\mathrm{T}}$——受油机速度坐标系向机体坐标系的转换矩阵，表达式为

$$\boldsymbol{B}_a^{\mathrm{T}} = \begin{bmatrix} \cos\beta\cos\alpha & 0 & 0 \\ \sin\beta & 0 & 0 \\ \cos\beta\sin\alpha & 0 & 0 \end{bmatrix} \tag{16.9}$$

由此可知，无人机近距自主对接飞行控制可转换为式(16.8)所表示的加、受油机之间的相对位置控制，将式(16.8)变换为式(15.73)的标准形式为

$$\dot{\boldsymbol{X}}_1 = \boldsymbol{F}_1^0 + \boldsymbol{G}_1^0(x_2,\alpha,\beta) \tag{16.10}$$

其中，输出量为$\boldsymbol{X}_1 = r^I$，状态量为 $x_2 = V$，$V$ 表示受油机速度系下表示的空速(标量)，已知函数为$\boldsymbol{F}_1^0 = \boldsymbol{V}_{\mathrm{T}}^0$，$\boldsymbol{G}_1^0(x_2,\alpha,\beta) = -\boldsymbol{B}_{\mathrm{B}}^{\mathrm{T}}\boldsymbol{B}_a^{\mathrm{T}}\boldsymbol{V}$。

**2. 受油机空速方程(平移动力学方程)**

由受油机平移动力学方程(8.80)可得受油机空速方程为

$$\begin{aligned}\dot{V} &= \dot{V}_{bx}\cos\beta\cos\alpha + \dot{V}_{by}\sin\beta + \dot{V}_{bz}\cos\beta\sin\alpha \\ &= (T\cos\alpha\cos\beta - D)/M - V\dot{M}/M \\ &\quad + g(-\cos\beta\cos\alpha\sin\theta + \sin\beta\sin\phi\cos\theta + \cos\beta\sin\alpha\cos\phi\cos\theta) \\ &= g(-\cos\beta\cos\alpha\sin\theta + \sin\beta\sin\phi\cos\theta + \cos\beta\sin\alpha\cos\phi\cos\theta) \\ &\quad - V\dot{M}M^{-1} - DM^{-1} + (M^{-1}\cos\alpha\cos\beta)T \end{aligned} \tag{16.11}$$

式中　$T$——发动机推力(N)；

　　　$D$——飞机空气阻力(N)。

其中，

$$M = M_{\mathrm{s}} + \sum_{j=1}^{h} M_j \tag{16.12}$$

$$\dot{M} = \dot{M}_{\mathrm{s}} + \sum_{j=1}^{h}\dot{M}_j = \sum_{j=1}^{h}\dot{M}_j \tag{16.13}$$

式(16.11)中，空气阻力 $D$ 是不可测的未知量，发动机推力 $T$ 可作为控制输入量，将式(16.11)变换为式(15.73)的标准形式为

$$\dot{x}_2 = f_2 + f_2^0 + g_2^0 T \tag{16.14}$$

其中，状态量为 $x_2 = V$，未知函数为 $f_2 = -DM^{-1}$，已知函数为 $g_2^0 = M^{-1}\cos\alpha\cos\beta$ 和 $f_2^0 = g(-\cos\beta\cos\alpha\sin\theta + \sin\beta\sin\phi\cos\theta + \cos\beta\sin\alpha\cos\phi\cos\theta) - V\dot{M}M^{-1}$。

**3. 受油机姿态角方程(旋转运动学方程)**

采用三个欧拉角表示受油机相对 NED 系的旋转运动方程如下：

$$\begin{bmatrix} \dot{\phi} \\ \dot{\theta} \\ \dot{\psi} \end{bmatrix} = \begin{bmatrix} 1 & \tan\theta\sin\phi & \tan\theta\cos\phi \\ 0 & \cos\phi & -\sin\phi \\ 0 & \sin\phi/\cos\theta & \cos\phi/\cos\theta \end{bmatrix}\begin{bmatrix} p \\ q \\ r \end{bmatrix} \tag{16.15}$$

将式(16.15)变换为式(15.73)的标准形式为

$$\dot{\boldsymbol{X}}_3 = \boldsymbol{G}_3^0 \boldsymbol{X}_4 \tag{16.16}$$

其中，状态量为$\boldsymbol{X}_3 = [\phi, \theta, \psi]^{\mathrm{T}}$，$\boldsymbol{X}_4 = [p, q, r]^{\mathrm{T}}$，已知函数为$\boldsymbol{G}_3^0 = \begin{bmatrix} 1 & \tan\theta\sin\phi & \tan\theta\cos\phi \\ 0 & \cos\phi & -\sin\phi \\ 0 & \sin\phi/\cos\theta & \cos\phi/\cos\theta \end{bmatrix}$。

**4. 受油机旋转角速度方程(旋转动力学方程)**

假设式(8.82)中受油机气动力矩可表示为与操纵舵面无关部分$\boldsymbol{M}_c$和相关部分$\boldsymbol{M}_\delta$和的形式：$\boldsymbol{T}_a = \boldsymbol{M}_c + \boldsymbol{M}_\delta \boldsymbol{\delta}$，则式(8.82)可表示为

$$\begin{aligned} \dot{\boldsymbol{\omega}}_b &= \boldsymbol{I}^{-1}[\boldsymbol{M}_c + \boldsymbol{M}_\delta \boldsymbol{\delta}] + \boldsymbol{I}^{-1}\sum_{j=1}^{h} \boldsymbol{r}_j \times \boldsymbol{B}M_j\boldsymbol{g} - \boldsymbol{I}^{-1}[\boldsymbol{\omega}_b \times (\boldsymbol{I}\,\boldsymbol{\omega}_b)] - \boldsymbol{I}^{-1}\dot{\boldsymbol{I}}\,\boldsymbol{\omega}_b \\ &= \boldsymbol{I}^{-1}\sum_{j=1}^{h} \boldsymbol{r}_j \times \boldsymbol{B}M_j\boldsymbol{g} - \boldsymbol{I}^{-1}[\boldsymbol{\omega}_b \times (\boldsymbol{I}\,\boldsymbol{\omega}_b)] - \boldsymbol{I}^{-1}\dot{\boldsymbol{I}}\,\boldsymbol{\omega}_b + \boldsymbol{I}^{-1}\boldsymbol{M}_c + \boldsymbol{I}^{-1}\boldsymbol{M}_\delta\boldsymbol{\delta} \end{aligned} \tag{16.17}$$

其中，

$$\boldsymbol{I} = \boldsymbol{I}_s + \sum_{j=1}^{h} \boldsymbol{I}_j \tag{16.18}$$

$$\boldsymbol{I}_j = (\boldsymbol{r}_j^{\mathrm{T}} \boldsymbol{r}_j \boldsymbol{E} - \boldsymbol{r}_j \boldsymbol{r}_j^{\mathrm{T}}) M_j + \boldsymbol{I}_{0j} \tag{16.19}$$

$$\dot{\boldsymbol{I}} = \sum_{j=1}^{h} (\boldsymbol{r}_j^{\mathrm{T}} \boldsymbol{r}_j \boldsymbol{E} - \boldsymbol{r}_j \boldsymbol{r}_j^{\mathrm{T}}) \dot{M}_j + \sum_{j=1}^{h} \dot{\boldsymbol{I}}_{0j} \tag{16.20}$$

将式(16.17)变换为式(15.73)的标准形式为

$$\dot{\boldsymbol{X}}_4 = \boldsymbol{F}_4^0 + \boldsymbol{F}_4 + \boldsymbol{G}_4 \boldsymbol{\delta} \tag{16.21}$$

其中，状态量为$\boldsymbol{X}_4 = [p, q, r]^{\mathrm{T}}$，控制输入为$\boldsymbol{\delta} = [\delta_e, \delta_a, \delta_r]$，未知函数为$\boldsymbol{F}_4 = \boldsymbol{I}^{-1}\boldsymbol{M}_c$，$\boldsymbol{G}_4 = \boldsymbol{I}^{-1}\boldsymbol{M}_\delta$，已知函数为$\boldsymbol{F}_4^0 = \boldsymbol{I}^{-1}\sum_{j=1}^{h} \boldsymbol{r}_j \times \boldsymbol{B}M_j\boldsymbol{g} - \boldsymbol{I}^{-1}[\boldsymbol{\omega}_b \times (\boldsymbol{I}\,\boldsymbol{\omega}_b)] - \boldsymbol{I}^{-1}\dot{\boldsymbol{I}}\,\boldsymbol{\omega}_b$。

### 16.2.2 函数近似器定义

根据近似器定义式(15.81)和式(15.84)，对受油机模型变换后式(16.14)、式(16.21)中未知函数$f_2$，$\boldsymbol{F}_4$、$\boldsymbol{G}_4$中各元素$f_{4j}$、$g_{4jk}$($1 \leqslant j \leqslant 3$，$1 \leqslant k \leqslant 3$)定义各自近似器如下：

$$\hat{f}_2 = \begin{cases} \sum_{p=1}^{N(t)} \bar{w}_{2p}\hat{f}_{2p} & \boldsymbol{X} \in A^{N(t)} \\ 0 & \boldsymbol{X} \in \mathbf{R}^{n\times m} - A^{N(t)} \end{cases} \tag{16.22}$$

$$\hat{f}_{2p} = \phi_{f_2}^{\mathrm{T}} \theta_{f_{2p}} \tag{16.23}$$

$$\hat{f}_{4j} = \begin{cases} \sum_{p=1}^{N(t)} \bar{w}_{4lp}\hat{f}_{4jp} & \boldsymbol{X} \in A^{N(t)} \\ 0 & \boldsymbol{X} \in \mathbf{R}^{n\times m} - A^{N(t)} \end{cases} \tag{16.24}$$

$$\hat{f}_{4jp} = \phi_{f_{4j}}^{\mathrm{T}} \theta_{f_{4jp}} \tag{16.25}$$

$$\hat{g}_{4jk} = \begin{cases} \sum_{p=1}^{N(t)} \bar{w}_{4jkp} \hat{g}_{4jkp} & \boldsymbol{X} \in A^{N(t)} \\ 0 & \boldsymbol{X} \in \mathbf{R}^{n \times m} - A^{N(t)} \end{cases} \tag{16.26}$$

$$\hat{g}_{4jkp} = \phi_{g_{4jk}}^{\mathrm{T}} \theta_{g_{4jkp}} \tag{16.27}$$

### 16.2.3 控制律设计

**1. 相对航迹控制**

对于式(16.10)表示的加、受油机相对位置方程,定义相对航迹跟踪误差$\widetilde{\boldsymbol{X}}_1$ 和补偿跟踪误差$\overline{\boldsymbol{X}}_1$ 如下:

$$\widetilde{\boldsymbol{X}}_1 = \boldsymbol{X}_1 - \boldsymbol{X}_{1c} \tag{16.28}$$

$$\overline{\boldsymbol{X}}_1 = \widetilde{\boldsymbol{X}}_1 - \boldsymbol{\xi}_1 \tag{16.29}$$

其中,$\boldsymbol{\xi}_1$ 定义为

$$\dot{\boldsymbol{\xi}}_1 = -\boldsymbol{k}_1 \boldsymbol{\xi}_1 + (\boldsymbol{G}_1^0 - \boldsymbol{a}_1) \tag{16.30}$$

其中,$\boldsymbol{k}_1 \in \mathbf{R}^{3\times3}$为对角矩阵且满足$\boldsymbol{k}_1 > \mathbf{0}$,是设计者指定的控制增益。

式(16.10)关于$[V,\phi,\theta,\psi]^{\mathrm{T}}$ 是非仿射的,无法按照15.2节非线性控制律直接推得空速和姿态角的虚拟控制指令。因此,采取如下近似处理方式:

将式(16.30)中$\boldsymbol{G}_1^0$ 整体看作控制输入,并选择其虚拟控制律$\boldsymbol{a}_1$ 为

$$\boldsymbol{a}_1 = -\boldsymbol{k}_1 \widetilde{\boldsymbol{X}}_1 - \boldsymbol{F}_1^0 + \dot{\boldsymbol{X}}_{1c} \tag{16.31}$$

由式(16.29)、式(16.10)、式(16.28)和式(16.30),可得补偿跟踪误差$\overline{\boldsymbol{X}}_1$ 的动态为

$$\dot{\overline{\boldsymbol{X}}}_1 = \dot{\widetilde{\boldsymbol{X}}}_1 - \dot{\xi}_1 = \dot{X}_1 - \dot{X}_{1c} - \dot{\xi}_1 = -k_1 \overline{\boldsymbol{X}}_1 \tag{16.32}$$

为实现对式(16.14)和式(16.16)表示的空速和姿态角方程进行控制,还需将$\boldsymbol{a}_1$ 转换成虚拟控制量 $V_c^0$、$\phi_c^0$、$\theta_c^0$、$\psi_c^0$。由于 $\alpha$、$\beta$ 均为可测量,当$\boldsymbol{G}_1^0 = \boldsymbol{a}_1$ 可得

$$-\boldsymbol{B}_{\mathrm{B}}^{\mathrm{T}}(\phi_c^0,\theta_c^0,\psi_c^0)\begin{bmatrix} V_c^0\cos\beta\cos\alpha \\ V_c^0\sin\beta \\ V_c^0\cos\beta\sin\alpha \end{bmatrix} = \boldsymbol{a}_1 = \begin{bmatrix} a_{11} \\ a_{12} \\ a_{13} \end{bmatrix} \tag{16.33}$$

其中,

$$\boldsymbol{B}_{\mathrm{B}} = \begin{bmatrix} \cos\psi_c^0\cos\theta_c^0 & \sin\psi_c^0\cos\theta_c^0 & -\sin\theta_c^0 \\ \cos\psi_c^0\sin\theta_c^0\sin\phi_c^0 - \sin\psi_c^0\cos\phi_c^0 & \sin\psi_c^0\sin\theta_c^0\sin\phi_c^0 + \cos\psi_c^0\cos\phi_c^0 & \cos\theta_c^0\sin\phi_c^0 \\ \cos\psi_c^0\sin\theta_c^0\cos\phi_c^0 + \sin\psi_c^0\sin\phi_c^0 & \sin\psi_c^0\sin\theta_c^0\cos\phi_c^0 - \cos\psi_c^0\sin\phi_c^0 & \cos\theta_c^0\cos\phi_c^0 \end{bmatrix} \tag{16.34}$$

式(16.33)是关于 $V_c^0$、$\phi_c^0$、$\theta_c^0$、$\psi_c^0$ 的耦合非线性方程组,很难直接求得 $V_c^0$、$\phi_c^0$、$\theta_c^0$、$\psi_c^0$ 的解析解。另外,因为解不唯一,即使采用数值方法也不能求解 $V_c^0$、$\phi_c^0$、$\theta_c^0$、$\psi_c^0$。因此,采用如下近似方法求解式(16.33)中虚拟控制指令 $V_c^0$、$\phi_c^0$、$\theta_c^0$、$\psi_c^0$:当$\boldsymbol{G}_1^0=\boldsymbol{a}_1$ 时,虚拟控制指令 $-\boldsymbol{a}_1$ 实际上可看作空速指令在 NED 系下的矢量表示,为此可通过引入 NED 系到速度系的欧拉角($\chi_a,\gamma_a,\mu_a$)。从式(16.10)可知,空速虚拟控制指令 $V_c^0$ 在 NED 系下为 $-\boldsymbol{a}_1$,因此可得

$$\begin{cases}V_c^0 = \|-\boldsymbol{a}_1\| \\ \gamma_{ac}^0 = -\arcsin(-a_{13}/V_c^0) \\ \chi_{ac}^0 = \arctan(a_{12}/a_{11})\end{cases} \tag{16.35}$$

其中,$\gamma_{ac}^0$ $\chi_{ac}^0$分别表示 $\gamma_a$ 和$\chi_a$ 的虚拟控制指令。

引入协调转弯约束和爬升速率约束,可以同时确定 $\phi_c^0$、$\theta_c^0$。使用精确协调转弯公式,可得 $\phi_c^0$ 为

$$\phi_c^0 = \arctan\left(G\frac{\cos\beta}{\cos\alpha}\frac{(a_1-b_1^2)+b_1\tan\alpha\sqrt{c(1-b_1^2)+G^2\sin^2\beta}}{a_1^2-b_1^2(1+c\tan^2\alpha)}\right) \tag{16.36}$$

其中,$G=\dot{\psi}V_c^0/g$,$a_1=1-G\tan\alpha\sin\beta$,$b_1=\sin\gamma_{ac}^0/\cos\beta$,$c=1+G^2\cos^2\beta$。

使用爬升速率约束公式,可得 $\theta_c^0$ 为

$$\theta_c^0 = \arctan\left(\frac{a_2b_2+\sin\gamma_{ac}^0\sqrt{a_2^2-\sin^2\gamma_{ac}^0+b_2^2}}{a_2^2-\sin^2\gamma_{ac}^0}\right) \tag{16.37}$$

其中,$a_2=\cos\alpha\cos\beta$,$b_2=\sin\varphi_c^0\sin\beta+\cos\phi_c^0\sin\alpha\cos\beta$。

根据式(16.33),可得如下等式:

$$a_{11} = a_3\sin\psi_c^0 - b_3\cos\psi_c^0 \tag{16.38}$$

其中,$a_3=V_c^0\sin\alpha\cos\beta\sin\phi_c^0-V_c^0\sin\beta\cos\phi_c^0$,$b_3=-V_c^0(\cos\alpha\cos\beta\cos\theta_c^0+\sin\beta\sin\theta_c^0\sin\phi_c^0+\sin\alpha\cos\beta\sin\theta_c^0\cos\phi_c^0)$。

求解式(16.38),可得

$$\psi_c^0 = \arctan\left(\frac{a_3b_3+a_{11}\sqrt{a_3^2-a_{11}^2+b_3^2}}{a_3^2-a_{11}^2}\right) \tag{16.39}$$

最终,$x_{2,c}^0=V_c^0$ 通过如下的滤波器获得实际控制输入量及各自导数 $x_{2,c}$、$\dot{x}_{2,c}$:

$$\dot{x}_{2,c} = -K_2(x_{2,c}-x_{2,c}^0) \tag{16.40}$$

$\boldsymbol{X}_{3,c}^0=[\phi_c^0,\theta_c^0,\psi_c^0]^{\mathrm{T}}$ 通过如下的滤波器获得实际控制输入量及各自导数$\boldsymbol{X}_{3,c}$、$\dot{\boldsymbol{X}}_{3,c}$:

$$\dot{\boldsymbol{X}}_{3,c} = -\boldsymbol{K}_3(\boldsymbol{X}_{3,c}-\boldsymbol{X}_{3,c}^0) \tag{16.41}$$

**2. 空速控制**

对于式(16.14)表示的受油机空速方程,定义空速跟踪误差 $\tilde{x}_2$ 和补偿跟踪误差 $\bar{x}_2$ 如下:

$$\tilde{x}_2 = x_2 - x_{2c} \tag{16.42}$$

$$\bar{x}_2 = \tilde{x}_2 - \xi_2 \tag{16.43}$$

其中,$\xi_2$ 定义为

$$\dot{\xi}_2 = -k_2\xi_2 + g_2^0(T_c - T_c^0) \tag{16.44}$$

式中 $k_2$——设计者指定的标量控制增益。

推力虚拟控制律 $T_c^0$ 选择为

$$T_c^0 = (g_2^0)^{-1}(-k_2\tilde{x}_2 - f_2^0 - \hat{f}_2 - \beta_{f_2} + \dot{x}_{2c}) \tag{16.45}$$

最终,$T_c^0$ 通过如下的滤波器获得实际控制输入量 $T_c$ 及各自导数 $x_{2,c}$、$\dot{x}_{2,c}$,最终推力指令为 $T = T_c$。

$$\dot{T}_c = -K_T(T_c - T_c^0) \tag{16.46}$$

由式(16.43)、式(16.42)、式(16.44)、式(16.14),速度补偿跟踪误差动态为

$$\dot{\bar{x}}_2 = \dot{\tilde{x}}_2 - \dot{\xi}_2 = \dot{x}_2 - \dot{x}_{2c} - \dot{\xi}_2 = -k_2\bar{x}_2 + f_2 - \hat{f}_2 - \beta_{f_2} \tag{16.47}$$

**3. 姿态角控制**

对于式(16.16)表示的受油机姿态角方程,定义姿态角跟踪误差$\widetilde{\boldsymbol{X}}_3$ 和补偿跟踪误差 $\overline{\boldsymbol{X}}_3$ 如下:

$$\widetilde{\boldsymbol{X}}_3 = \boldsymbol{X}_3 - \boldsymbol{X}_{3c} \tag{16.48}$$

$$\overline{\boldsymbol{X}}_3 = \widetilde{\boldsymbol{X}}_3 - \boldsymbol{\xi}_3 \tag{16.49}$$

其中,$\boldsymbol{\xi}_3$ 定义为

$$\dot{\boldsymbol{\xi}}_3 = -\boldsymbol{k}_3\boldsymbol{\xi}_3 + (\boldsymbol{G}_3^0 + \tau_3\boldsymbol{I})(\boldsymbol{X}_{4c} - \boldsymbol{X}_{4c}^0) \tag{16.50}$$

其中,$\boldsymbol{k}_3 \in \mathbf{R}^{3\times 3}$为对角矩阵且满足$\boldsymbol{k}_3 > \boldsymbol{0}$,是设计者指定的控制增益。$\tau_3 = \rho(\boldsymbol{G}_3^0) + \upsilon_3$,$\upsilon_3 > 0$。

虚拟控制律$\boldsymbol{\alpha}_3$ 选择为

$$\boldsymbol{\alpha}_3 = (\boldsymbol{G}_3^0 + \tau_3\boldsymbol{I})^{-1}(-\boldsymbol{k}_3\widetilde{\boldsymbol{X}}_3 + \dot{\boldsymbol{X}}_{3c} + \tau_3\boldsymbol{X}_4) \tag{16.51}$$

根据式(15.93),姿态角速度虚拟控制律$\boldsymbol{X}_{4c}^0$为

$$\boldsymbol{X}_{4c}^0 = \boldsymbol{\alpha}_3 - \boldsymbol{\xi}_4 \tag{16.52}$$

$\boldsymbol{X}_{4,c}^0$通过如下的滤波器获得实际控制输入量及各自导数$\boldsymbol{X}_{4,c}$、$\dot{\boldsymbol{X}}_{4,c}$:

$$\dot{\boldsymbol{X}}_{4,c} = -\boldsymbol{K}_4(\boldsymbol{X}_{4,c} - \boldsymbol{X}_{4,c}^0) \tag{16.53}$$

当 $i = 4$ 时,$\boldsymbol{\xi}_4$ 定义为

$$\dot{\boldsymbol{\xi}}_4 = -\boldsymbol{k}_4\boldsymbol{\xi}_4 + (\hat{\boldsymbol{G}}_4 + \boldsymbol{\beta}_{G_4} + \tau_4\boldsymbol{I})(\boldsymbol{\delta}_c - \boldsymbol{\delta}_c^0) \tag{16.54}$$

由式(16.49)、式(16.48)、式(16.50)、式(16.51)、式(16.52)、式(16.16),姿态角补偿跟踪误差动态为

$$\dot{\overline{\boldsymbol{X}}}_3 = \dot{\widetilde{\boldsymbol{X}}}_3 - \dot{\boldsymbol{\xi}}_3 = -\boldsymbol{k}_3\overline{\boldsymbol{X}}_3 + (\boldsymbol{G}_3^0 + \tau_3\boldsymbol{I})\overline{\boldsymbol{X}}_4 \tag{16.55}$$

### 4. 旋转角速度控制

对于式(16.21)表示的受油机姿态角速度方程,定义姿态角速度跟踪误差$\widetilde{\boldsymbol{X}}_4$ 和补偿跟踪误差$\overline{\boldsymbol{X}}_4$ 如下:

$$\widetilde{\boldsymbol{X}}_4 = \boldsymbol{X}_4 - \boldsymbol{X}_{4c} \tag{16.56}$$

$$\overline{\boldsymbol{X}}_4 = \widetilde{\boldsymbol{X}}_4 - \boldsymbol{\xi}_4 \tag{16.57}$$

根据式(15.94)、式(15.104),气动舵面虚拟控制律$\boldsymbol{\delta}_c^0$ 为

$$\boldsymbol{\delta}_c^0 = (\hat{\boldsymbol{G}}_4 + \boldsymbol{\beta}_{G_4} + \tau_4\boldsymbol{I})^{-1}[-\boldsymbol{k}_4\widetilde{\boldsymbol{X}}_4 + \dot{\boldsymbol{X}}_{4c} - \boldsymbol{F}_4^0 - \hat{\boldsymbol{F}}_4 - \boldsymbol{\beta}_{F_4} - (\boldsymbol{G}_3^0 + \tau_3\boldsymbol{I})\overline{\boldsymbol{X}}_4 + \tau_4\boldsymbol{\delta}] \tag{16.58}$$

其中,$\boldsymbol{k}_4 \in \mathbf{R}^{3\times3}$为对角矩阵且满足$\boldsymbol{k}_4 > \boldsymbol{0}$,是设计者指定的控制增益。$\tau_4 = \rho(\hat{\boldsymbol{G}}_4 + \boldsymbol{\beta}_{G_4}) + \upsilon_4, \upsilon_4 > 0$。

$\boldsymbol{\delta}_c^0$ 通过如下的滤波器获得实际控制输入量及各自导数$\boldsymbol{\delta}_c$,最终气动舵面偏转指令为$\boldsymbol{\delta} = \boldsymbol{\delta}_c$。

$$\dot{\boldsymbol{\delta}}_c = -\boldsymbol{K}_{\boldsymbol{\delta}}(\boldsymbol{\delta}_c - \boldsymbol{\delta}_c^0) \tag{16.59}$$

由式(16.57)、式(16.56)、式(16.54)、式(16.21),姿态角速度补偿跟踪误差动态为

$$\begin{aligned}\dot{\overline{\boldsymbol{X}}}_4 &= \dot{\widetilde{\boldsymbol{X}}}_4 - \dot{\boldsymbol{\xi}}_4 \\ &= -\boldsymbol{k}_4\overline{\boldsymbol{X}}_4 + \boldsymbol{F}_4 - \hat{\boldsymbol{F}}_4 - \boldsymbol{\beta}_{F_4} + (\boldsymbol{G}_4 - \hat{\boldsymbol{G}}_4 - \boldsymbol{\beta}_{G_4})\boldsymbol{\delta} - (\boldsymbol{G}_3^0 + \tau_3\boldsymbol{I})\overline{\boldsymbol{X}}_4\end{aligned} \tag{16.60}$$

定义系统补偿跟踪误差的一个映射为

$$\boldsymbol{e} = [e_1, e_2, e_3]^{\mathrm{T}} = \overline{\boldsymbol{X}}_1 + \overline{\boldsymbol{X}}_2 + \overline{\boldsymbol{X}}_3 + \overline{\boldsymbol{X}}_4 \tag{16.61}$$

其中,$\overline{\boldsymbol{X}}_2 = [\bar{x}_2, 0, 0]^{\mathrm{T}}$。

由式(16.32)、式(16.47)、式(16.55)、式(16.60)可知,$\boldsymbol{e}$ 的动态为

$$\begin{aligned}\dot{\boldsymbol{e}} &= \dot{\overline{\boldsymbol{X}}}_1 + \dot{\overline{\boldsymbol{X}}}_2 + \dot{\overline{\boldsymbol{X}}}_3 + \dot{\overline{\boldsymbol{X}}}_4 \\ &= -\boldsymbol{k}_1\overline{\boldsymbol{X}}_1 - \boldsymbol{k}_2\overline{\boldsymbol{X}}_2 - \boldsymbol{k}_3\overline{\boldsymbol{X}}_3 - \boldsymbol{k}_4\overline{\boldsymbol{X}}_4 + \boldsymbol{F}_2 - \hat{\boldsymbol{F}}_2 - \boldsymbol{\beta}_{F_2} + \boldsymbol{F}_4 - \hat{\boldsymbol{F}}_4 - \boldsymbol{\beta}_{F_4} + (\boldsymbol{G}_4 - \hat{\boldsymbol{G}}_4 - \boldsymbol{\beta}_{G_4})\boldsymbol{\delta}\end{aligned} \tag{16.62}$$

其中,$\boldsymbol{k}_2 = \mathrm{diag}\{k_2, 0, 0\}$,$\boldsymbol{F}_2 = [f_2, 0, 0]^{\mathrm{T}}$,$\hat{\boldsymbol{F}}_2 = [\hat{F}_2, 0, 0]^{\mathrm{T}}$,$\boldsymbol{\beta}_{F_2} = [\beta_{f_2}, 0, 0]^{\mathrm{T}}$。

本节所设计的控制律期望跟踪精度为 $\mathrm{Abs}(\boldsymbol{e}) \leqslant \boldsymbol{\mu}_e$。下文分析中将用到系统跟踪误差超出期望精度(即 $\mathrm{Abs}(\boldsymbol{e}) > \boldsymbol{\mu}_e$)的总时间,其定义与式(15.92)相同。

## 16.2.4 稳定性证明

### 1. 控制系统状态的稳定性

1) 当 $\boldsymbol{X} \in D - A^{N(t)}$ 时

此时控制器同样不进行在线近似,即$\hat{f}_2 = 0$,$\hat{\boldsymbol{F}}_4 = \boldsymbol{0}$,$\hat{\boldsymbol{G}}_4 = \boldsymbol{0}$,但$\beta_{f_2} \neq 0$,$\boldsymbol{\beta}_{F_4} \neq \boldsymbol{0}$,$\boldsymbol{\beta}_{G_4} \neq \boldsymbol{0}$。当使用式(16.31)、式(16.45)、式(16.52)、式(16.58)作为控制律,选择李雅普诺夫函数

为 $V_0(\boldsymbol{e})=\boldsymbol{e}^{\mathrm{T}}\boldsymbol{e}/2$,则其导数为

$$\begin{aligned}\dot{V}_0(\boldsymbol{e}) &= \boldsymbol{e}^{\mathrm{T}}\dot{\boldsymbol{e}} \\ &= \boldsymbol{e}^{\mathrm{T}}[-\boldsymbol{k}_1\overline{\boldsymbol{X}}_1-\boldsymbol{k}_2\overline{\boldsymbol{X}}_2-\boldsymbol{k}_3\overline{\boldsymbol{X}}_3-\boldsymbol{k}_4\overline{\boldsymbol{X}}_4+\boldsymbol{F}_2-\boldsymbol{\beta}_{\boldsymbol{F}_2}+\boldsymbol{F}_4-\boldsymbol{\beta}_{\boldsymbol{F}_4}+(\boldsymbol{G}_4-\boldsymbol{\beta}_{\boldsymbol{G}_4})\boldsymbol{\delta}] \\ &\leqslant -\underline{k_i}\,\boldsymbol{e}^{\mathrm{T}}\boldsymbol{e}+\boldsymbol{e}^{\mathrm{T}}(\boldsymbol{F}_2-\boldsymbol{\beta}_{\boldsymbol{F}_2})+\boldsymbol{e}^{\mathrm{T}}(\boldsymbol{F}_4-\boldsymbol{\beta}_{\boldsymbol{F}_4})+\boldsymbol{e}^{\mathrm{T}}(\boldsymbol{G}_4-\boldsymbol{\beta}_{\boldsymbol{G}_4})\boldsymbol{\delta}\end{aligned} \tag{16.63}$$

其中,$\underline{k_i}$ 为所有控制增益矩阵$\boldsymbol{k}_i$($1\leqslant i\leqslant 4$)中对角元素的最小值。由式(15.103)和式(15.105)可知,滑模项$\boldsymbol{\beta}_{F_2}$、$\boldsymbol{\beta}_{F_4}$、$\boldsymbol{\beta}_{G_4}$用以实现对固有近似误差的鲁棒性,其各元素定义为

$$\beta_{f_2}=\varepsilon_f \mathrm{sat}(e_1/\mu_e) \tag{16.64}$$

$$\beta_{f_{4j}}=\varepsilon_f \mathrm{sat}(e_j/\mu_e) \tag{16.65}$$

$$\beta_{g_{4jk}}=\varepsilon_g \mathrm{sat}(e_j/\mu_e)\,\mathrm{sign}(\delta_k) \tag{16.66}$$

当 $\mathrm{Abs}(\boldsymbol{e})>\boldsymbol{\mu}_e$ 时,如果$|f_{ij}|\leqslant\varepsilon_{f_{ij}}$且$|g_{ijk}|\leqslant\varepsilon_{g_{ijk}}$,那么滑模项式(16.64)、式(16.65)和式(16.66)可使下式成立:

$$\boldsymbol{e}^{\mathrm{T}}(\boldsymbol{F}_2-\boldsymbol{\beta}_{\boldsymbol{F}_2})=e_1(f_2-\beta_{f_2})\leqslant 0 \tag{16.67}$$

$$\boldsymbol{e}^{\mathrm{T}}(\boldsymbol{F}_4-\boldsymbol{\beta}_{\boldsymbol{F}_4})=\sum_{j=1}^{3}e_j(f_{4j}-\beta_{f_{4j}})\leqslant 0 \tag{16.68}$$

$$\boldsymbol{e}^{\mathrm{T}}(\boldsymbol{G}_4-\boldsymbol{\beta}_{G_4})\boldsymbol{\delta}=\sum_{j=1}^{3}\sum_{k=1}^{3}[e_j(g_{4jk}-\beta_{g_{4jk}})\delta_k]\leqslant 0 \tag{16.69}$$

由此式(16.63)可简化为

$$\dot{V}_0(\boldsymbol{e})\leqslant -\underline{k_i}\,\boldsymbol{e}^{\mathrm{T}}e=-2\underline{k_i}V_0(\boldsymbol{e})<0 \tag{16.70}$$

因此,如果$|f_{ij}|\leqslant\varepsilon_{f_{ij}}$且$|g_{ijk}|\leqslant\varepsilon_{g_{ijk}}$,则当 $\mathrm{Abs}(\boldsymbol{e})>\boldsymbol{\mu}_e$ 时,$V_0(\boldsymbol{e})$必随时间下降。反之可知,当 $\mathrm{Abs}(\boldsymbol{e})>\boldsymbol{\mu}_e$ 且 $V_0(\boldsymbol{e})$随时间增加时,则$|f_{ij}|>\varepsilon_{f_{ij}}$或$|g_{ijk}|>\varepsilon_{g_{ijk}}$。这一结论可作为增加局部近似器的条件。

由比较定理可知:

$$V_0(t)\leqslant|\boldsymbol{e}|^{-2\underline{k_i}(t-T_0)}V_0(T_0) \tag{16.71}$$

$$|\boldsymbol{e}(t)|\leqslant|\boldsymbol{e}|^{-2\underline{k_i}(t-T_0)}|\boldsymbol{e}(T)| \tag{16.72}$$

因此,若 $\mathrm{Abs}(\boldsymbol{e})>\boldsymbol{\mu}_e$,对于 $t\in[T_0,T_0+(1/\underline{k_i})\ln(|\boldsymbol{e}(T_0)|/|\mu_e|)]$,则有$|f_{ij}|\leqslant\varepsilon_{f_{ij}}$或$|g_{ijk}|\leqslant\varepsilon_{g_{ijk}}$。

由此可知,对于被控系统已知模型可提供足够精度(也就是未知部分影响较小时,即$f_{ij}\leqslant\varepsilon_{f_{ij}}$且$g_{ijk}\leqslant\varepsilon_{g_{ijk}}$)的某些局部工作域,不需要对系统未知部分($f_{ij}$和$g_{ijk}$)进行在线近似就可达到期望跟踪精度 $\mathrm{Abs}(\boldsymbol{e})\leqslant\boldsymbol{\mu}_e$。上述分析也表明,误差 $\boldsymbol{e}$ 能够有效反映系统未知部分($f_{ij}$和$g_{ijk}$)对控制器跟踪精度的影响。

因此,可定义局部近似器$\hat{f}_{ijp}$和$\hat{g}_{ijkp}$的增加原则为同时满足以下条件:

(1) 当前工作点 $\boldsymbol{X}$ 未激活任何已存在的局部近似器,即对于$1\leqslant i\leqslant 4$、$1\leqslant j\leqslant 3$ 和 $1\leqslant p\leqslant N(t)$下式始终成立:

$$w_{ijp}(\boldsymbol{x}) = 0 \tag{16.73}$$

（2）以下两条件之一成立：

① 当 $\dot{V}_0(t) \geqslant 0$ 且 $\mathrm{Abs}(\boldsymbol{e}) > \boldsymbol{\mu}_e$ 时；② $\mathrm{Abs}(\boldsymbol{e}(\tau)) > \boldsymbol{\mu}_e, \tau \in [t - (1/\underline{k}_i)\ln(|\boldsymbol{e}(T_0)|/|\boldsymbol{\mu}_e|), t]$。

为下文表示方便，将第 $q$ 个局部近似器的添加时刻记为 $T_q$，即 $N(T_q) = q$ 且 $\lim\limits_{\varepsilon\to 0} N(T_q - \varepsilon) = q-1$。新加入的局部近似器的近似域中心位置定义为 $\boldsymbol{C}_{N(T_q)} = \boldsymbol{X}(T_q)$。局部近似器初始数量为 $N(0) = 0$。

根据这种定义，$N(T_q)$ 在时间区间 $t \in [T_q, T_{q+1})$ 内始终为常数 $q$。对于某一常数 $q$，近似器会有充足的近似能力，如 $T_{q+1} = \infty$。

2）对于 $t \in [T_q, T_{q+1})$ 的分析

本节的目的是证明 $t \in [T_q, T_{q+1})$（该段时间内局部近似器的数量固定为 $q$）时间段内，$\overline{\boldsymbol{X}}_i$、$e$、$\tilde{\boldsymbol{\theta}}_{f_{ijp}}$、$\boldsymbol{\theta}_{f_{ijp}}$、$\tilde{\boldsymbol{\theta}}_{g_{ijkp}}$ 和 $\boldsymbol{\theta}_{g_{ijkp}} \in L_\infty$，$\mathrm{Abs}(\boldsymbol{e}) > \boldsymbol{\mu}_e$ 的总时间有界。为简化定义，令 $q = N(T_q)$ 且 $T_{q+1}^- = \lim\limits_{\varepsilon\to 0} N(T_{q+1} - \varepsilon)$。

由上文可知，最优近似器 $f_{ij}^*(\boldsymbol{x}) = \sum_p \bar{w}_{ijp}(\boldsymbol{x}) f_{ijp}^*(x)$、$g_{ijkp}^*(\boldsymbol{x}) = \sum_p \bar{w}_{ijkp}(\boldsymbol{x}) g_{ijkp}^*(\boldsymbol{x})$ 在 $A^q$ 域上的近似精度可表示为

$$\begin{cases} |f_{ij} - f_{ij}^*| \leqslant \varepsilon_{f_{ij}} \\ |g_{ijk} - g_{ijk}^*| \leqslant \varepsilon_{g_{ijk}} \end{cases} \tag{16.74}$$

也就是是 $f_{ij}^*$、$g_{ijk}^*$ 在 $A^q$ 域上至少达到精度 $\varepsilon_{f_{ij}}$、$\varepsilon_{g_{ijk}}$。下面将考虑对于 $\boldsymbol{X} \in D$，$\hat{f}_{ij}$ 与 $\hat{g}_{ijk}$ 的使用可以使系统控制精度最终达到 $\mathrm{Abs}(\boldsymbol{e}) \leqslant \boldsymbol{\mu}_e$。

对于 $\boldsymbol{X} \in A^q$，选择李雅普诺夫函数为

$$\begin{aligned} V_q(t) &= \frac{1}{2}\boldsymbol{e}^{\mathrm{T}}\boldsymbol{e} + \frac{1}{2}\sum_{p=1}^{q}(\tilde{\boldsymbol{\theta}}_{f_{21p}}^{\mathrm{T}} \boldsymbol{\Gamma}_{f_{21p}}^{-1} \tilde{\boldsymbol{\theta}}_{f_{21p}}) + \frac{1}{2}\sum_{j=1}^{3}\sum_{p=1}^{q}(\tilde{\boldsymbol{\theta}}_{f_{4jp}}^{\mathrm{T}} \boldsymbol{\Gamma}_{f_{4jp}}^{-1} \tilde{\boldsymbol{\theta}}_{f_{4jp}}) + \frac{1}{2}\sum_{j=1}^{3}\sum_{k=1}^{3}\sum_{p=1}^{q}(\tilde{\boldsymbol{\theta}}_{g_{4jkp}}^{\mathrm{T}} \boldsymbol{\Gamma}_{g_{4jkp}}^{-1} \tilde{\boldsymbol{\theta}}_{g_{4jkp}}) \\ &= V_0 + V_{\theta_f}^q + V_{\theta_g}^q \end{aligned} \tag{16.75}$$

其中，${}_{\theta_f}^{q} = \frac{1}{2}\sum_{p=1}^{q}(\tilde{\boldsymbol{\theta}}_{f_{21p}}^{\mathrm{T}} \boldsymbol{\Gamma}_{f_{21p}}^{-1} \tilde{\boldsymbol{\theta}}_{f_{21p}}) + \frac{1}{2}\sum_{j=1}^{3}\sum_{p=1}^{q}(\tilde{\boldsymbol{\theta}}_{f_{4jp}}^{\mathrm{T}} \boldsymbol{\Gamma}_{f_{4jp}}^{-1} \tilde{\boldsymbol{\theta}}_{f_{4jp}})$，$V_{\theta_g}^q = \frac{1}{2}\sum_{j=1}^{3}\sum_{k=1}^{3}\sum_{p=1}^{q}(\tilde{\boldsymbol{\theta}}_{g_{4jkp}}^{\mathrm{T}} \boldsymbol{\Gamma}_{g_{4jkp}}^{-1} \tilde{\boldsymbol{\theta}}_{g_{4jkp}})$。$\boldsymbol{\Gamma}_{f_{21p}}^{-1}$、$\boldsymbol{\Gamma}_{f_{4jp}}^{-1}$ 和 $\boldsymbol{\Gamma}_{g_{4jkp}}^{-1}$ 均为对角正定矩阵，能够控制参数近似的速率。

令 $t \in [t_1, t_2] \subset [T_q, T_{q+1})$ 表示系统跟踪误差超出期望精度（$\mathrm{Abs}(\boldsymbol{e}) > \boldsymbol{\mu}_e$）的时间区间。这段时间中，状态量 $\boldsymbol{X}$ 既可能在 $A^q$ 域内，也可能在 $A^q$ 域外。不失一般性，分为如下两种情况进行讨论：

（1）对于满足 $\boldsymbol{X} \notin A^q$ 的任一子时间区间 $t \in [\tau_1, \tau_2] \subset [t_1, t_2]$，因为 $\bar{w}_{ijp} = 0$，参数自适应将自动停止。因此，$V_{\theta_f}^q + V_{\theta_g}^q$ 始终是某一常数。由前文可知，$V_0$ 在此时间段内是随时间下降的。因此，对于 $t \in [\tau_1, \tau_2] \subset [t_1, t_2]$，$V_q(t)$ 也是随时间下降的（$V_q(\tau_2) \leqslant V_q(\tau_1)$），即

$$\dot{V}_q(t) = \dot{V}_0 \leqslant -\underline{k}_i \boldsymbol{e}^{\mathrm{T}}\boldsymbol{e} < 0 \tag{16.76}$$

（2）对于满足 $\boldsymbol{X} \in A^q$ 的任一子时间区间 $t \in [\tau_2, \tau_3] \subset [t_1, t_2]$，$V_q(t)$ 沿式（16.62）的导数为

$$
\begin{aligned}
\dot{V}_q(t) &= \dot{V}_0 + \dot{V}_{\theta_f}^q + \dot{V}_{\theta_g}^q \\
&\leqslant -\underline{k}_i\, \boldsymbol{e}^{\mathrm{T}}\boldsymbol{e} + \boldsymbol{e}^{\mathrm{T}}(\boldsymbol{F}_2 - \boldsymbol{F}_2^*) - \boldsymbol{e}^{\mathrm{T}}\boldsymbol{\beta}_{F_2} + \boldsymbol{e}^{\mathrm{T}}(\boldsymbol{F}_4 - \boldsymbol{F}_4^*) - \boldsymbol{e}^{\mathrm{T}}\boldsymbol{\beta}_{F_4} \\
&\quad + \boldsymbol{e}^{\mathrm{T}}(\boldsymbol{G}_4 - \boldsymbol{G}_4^*)\boldsymbol{\delta} - \boldsymbol{e}^{\mathrm{T}}\boldsymbol{\beta}_{G_4}\boldsymbol{\delta} + \boldsymbol{e}^{\mathrm{T}}(\boldsymbol{F}_2^* - \hat{\boldsymbol{F}}_2) + \boldsymbol{e}^{\mathrm{T}}(\boldsymbol{F}_4^* - \hat{\boldsymbol{F}}_4) + \boldsymbol{e}^{\mathrm{T}}(\boldsymbol{G}_4^* - \hat{\boldsymbol{G}}_4)\delta \\
&\quad + \sum_{p=1}^{q}(\tilde{\boldsymbol{\theta}}_{f_{21p}}^{\mathrm{T}}\boldsymbol{\Gamma}_{f_{21p}}^{-1}\dot{\boldsymbol{\theta}}_{f_{21p}}) + \sum_{j=1}^{3}\sum_{p=1}^{q}(\tilde{\boldsymbol{\theta}}_{f_{4jp}}^{\mathrm{T}}\boldsymbol{\Gamma}_{f_{4jp}}^{-1}\dot{\boldsymbol{\theta}}_{f_{4jp}}) + \sum_{j=1}^{3}\sum_{k=1}^{3}\sum_{p=1}^{q}(\tilde{\boldsymbol{\theta}}_{g_{4jkp}}^{\mathrm{T}}\boldsymbol{\Gamma}_{g_{4jkp}}^{-1}\dot{\boldsymbol{\theta}}_{g_{4jkp}}) \\
&= -\underline{k}_i\, \boldsymbol{e}^{\mathrm{T}}\boldsymbol{e} + e_1(f_{21} - f_{21}^*) - e_1\beta_{f_{21}} + \sum_{j=1}^{3}e_j(f_{4j} - f_{4j}^*) - \sum_{j=1}^{3}e_j\beta_{f_{4j}} \\
&\quad + \sum_{j=1}^{3}\sum_{k=1}^{3}[e_j(g_{4jk} - g_{4jk}^*)\delta_k] - \sum_{j=1}^{3}\sum_{k=1}^{3}(e_j\beta_{g_{4jk}}\delta_k) - \sum_{p=1}^{q}(e_1\bar{w}_{21p}\phi_{f_{21p}}^{\mathrm{T}}\tilde{\boldsymbol{\theta}}_{f_{21p}}) \\
&\quad - \sum_{j=1}^{3}\sum_{p=1}^{q}(e_j\bar{w}_{4jp}\boldsymbol{\phi}_{f_{4jp}}^{\mathrm{T}}\tilde{\boldsymbol{\theta}}_{f_{4jp}}) - \sum_{j=1}^{3}\sum_{k=1}^{3}\sum_{p=1}^{q}(e_j\bar{w}_{4jkp}\phi_{g_{4jkp}}^{\mathrm{T}}\tilde{\boldsymbol{\theta}}_{g_{4jkp}}^{\mathrm{T}}\boldsymbol{\delta}_k) + \sum_{p=1}^{q}(\tilde{\boldsymbol{\theta}}_{f_{21p}}^{\mathrm{T}}\boldsymbol{\Gamma}_{f_{21p}}^{-1}\dot{\boldsymbol{\theta}}_{f_{21p}}) \\
&\quad + \sum_{j=1}^{3}\sum_{p=1}^{q}(\tilde{\boldsymbol{\theta}}_{f_{4jp}}^{\mathrm{T}}\boldsymbol{\Gamma}_{f_{4jp}}^{-1}\dot{\boldsymbol{\theta}}_{f_{4jp}}) + \sum_{j=1}^{3}\sum_{k=1}^{3}\sum_{p=1}^{q}(\tilde{\boldsymbol{\theta}}_{g_{4jkp}}^{\mathrm{T}}\boldsymbol{\Gamma}_{g_{4jkp}}^{-1}\dot{\boldsymbol{\theta}}_{g_{4jkp}}) \\
&= -\underline{k}_i\, \boldsymbol{e}^{\mathrm{T}}\boldsymbol{e} + e_1(f_{21} - f_{21}^*) - e_1\beta_{f_{21}} + \sum_{j=1}^{3}e_j(f_{4j} - f_{4j}^*) - \sum_{j=1}^{3}e_j\beta_{f_{4j}} \\
&\quad + \sum_{j=1}^{3}\sum_{k=1}^{3}[e_j(g_{4jk} - g_{4jk}^*)\delta_k] - \sum_{j=1}^{3}\sum_{k=1}^{3}(e_j\beta_{g_{4jk}}\delta_k) \\
&\quad + \sum_{p=1}^{q}[\tilde{\boldsymbol{\theta}}_{f_{21p}}^{\mathrm{T}}\boldsymbol{\Gamma}_{f_{21p}}^{-1}(\dot{\boldsymbol{\theta}}_{f_{21p}} - \boldsymbol{\Gamma}_{f_{21p}}e_1\bar{w}_{21p}\boldsymbol{\phi}_{f_{21p}})] \\
&\quad + \sum_{j=1}^{3}\sum_{p=1}^{q}[\tilde{\boldsymbol{\theta}}_{f_{4jp}}^{\mathrm{T}}\boldsymbol{\Gamma}_{f_{4jp}}^{-1}(\dot{\boldsymbol{\theta}}_{f_{4jp}} - \boldsymbol{\Gamma}_{f_{4jp}}e_j\bar{w}_{4jp}\boldsymbol{\phi}_{f_{4jp}})] \\
&\quad + \sum_{j=1}^{3}\sum_{k=1}^{3}\sum_{p=1}^{q}[\tilde{\boldsymbol{\theta}}_{g_{4jkp}}^{\mathrm{T}}\boldsymbol{\Gamma}_{g_{4jkp}}^{-1}(\dot{\boldsymbol{\theta}}_{g_{4jkp}} - \boldsymbol{\Gamma}_{g_{4jkp}}e_j\bar{w}_{4jkp}\delta_k\boldsymbol{\phi}_{g_{4jkp}})]
\end{aligned}
\tag{16.77}
$$

因此,近似器参数更新律可选择为

$$
\dot{\theta}_{f_{21p}} = \begin{cases} \boldsymbol{\Gamma}_{f_{21p}}e_1\bar{w}_{21p}\boldsymbol{\phi}_{f_{21p}} & \mathrm{Abs}(\boldsymbol{e}) > \boldsymbol{\mu}_e \\ 0 & \text{其他} \end{cases} \tag{16.78}
$$

$$
\dot{\theta}_{f_{4jp}} = \begin{cases} \boldsymbol{\Gamma}_{f_{4jp}}e_j\bar{w}_{4jp}\boldsymbol{\phi}_{f_{4jp}} & \mathrm{Abs}(\boldsymbol{e}) > \boldsymbol{\mu}_e \\ 0 & \text{其他} \end{cases} \tag{16.79}
$$

$$
\dot{\theta}_{g_{4jkp}} = \begin{cases} \boldsymbol{\Gamma}_{g_{4jkp}}e_j\bar{w}_{4jkp}\delta_k\boldsymbol{\phi}_{g_{4jkp}} & \mathrm{Abs}(\boldsymbol{e}) > \boldsymbol{\mu}_e \\ 0 & \text{其他} \end{cases} \tag{16.80}
$$

将式(15.122)、式(15.123)和式(15.124)代入式(16.77),可得

$$
\dot{V}_q(t) \leqslant -\underline{k}_i\, \boldsymbol{e}^{\mathrm{T}}\boldsymbol{e} + [\,|e_1|\delta_{f_{21}} - e_1\varepsilon_{f_{21}}\mathrm{sat}(e_1/\mu_e)] + \sum_{j=1}^{3}[\,|e_j|\delta_{f_{4j}} - e_j\varepsilon_{f_{4j}}\mathrm{sat}(e_j/\mu_e)]
$$

$$+\sum_{j=1}^{m}\sum_{k=1}^{m}\left[\,|e_j\delta_k|\delta_{g_{4jk}} - e_j\varepsilon_{g_{4jk}}\mathrm{sat}(e_j/\mu_e)\mathrm{sign}(\delta_k)\delta_k\right] \tag{16.81}$$

有文献[153]可知,对于任意的 $t\in[\tau_2,\tau_3]$,可得

$$\dot{V}_q(t)\leqslant -\underline{k}_i\,\boldsymbol{e}^{\mathrm{T}}\boldsymbol{e} \tag{16.82}$$

因此,对于 $\mathrm{Abs}(\boldsymbol{e})>\boldsymbol{\mu}_e$, $\forall t\in[t_1,t_2]$,明显可得

$$\dot{V}_q(t)\leqslant -\underline{k}_i\,\boldsymbol{e}^{\mathrm{T}}\boldsymbol{e}<-\underline{k}_i\,|\boldsymbol{\mu}_e|^2 \tag{16.83}$$

由式(16.83),可得

$$V_q(t_2)-V_q(t_1)\leqslant -\underline{k}_i\,|\boldsymbol{\mu}_e|^2(t_2-t_1)=-\underline{k}_i\mu_e^2\bar{\mu}(\boldsymbol{e},\boldsymbol{\mu}_e,t_1,t_2) \tag{16.84}$$

即

$$\bar{\mu}(\boldsymbol{e},\boldsymbol{\mu}_e,t_1,t_2)\leqslant\frac{V_q(t_1)-V_q(t_2)}{\underline{k}_i\,|\boldsymbol{\mu}_e|^2} \tag{16.85}$$

由式(16.85)可知,时间区间$[t_1,t_2]$内,$\mathrm{Abs}(\boldsymbol{e})>\boldsymbol{\mu}_e$ 的总时间是有界的。

接下来,假设 $\boldsymbol{e}$ 在 $t_2$ 时刻开始满足控制精度要求(即进入区间 $\mathrm{Abs}(\boldsymbol{e})\leqslant\boldsymbol{\mu}_e$),且一直保持到 $t_3$ 时刻,即 $t_3$ 时刻 $\boldsymbol{e}$ 离开区间 $\mathrm{Abs}(\boldsymbol{e})\leqslant\boldsymbol{\mu}_e$。因此,$t\in[t_2,t_3]\subset[T_q,T_{q+1})$ 指的是 $\mathrm{Abs}(\boldsymbol{e})\leqslant\boldsymbol{\mu}_e$ 且 $N(t)$ 是常数的一段时间。该时间区间内 $\mathrm{Abs}(\boldsymbol{e})>\boldsymbol{\mu}_e$ 的总时间为

$$\bar{\mu}(\boldsymbol{e},\boldsymbol{\mu}_e,t_2,t_3)=0 \tag{16.86}$$

另外,由上可知以下条件为真:①时间区间$[t_2,t_3]$内,近似器参数为常数,即近似停止;② $|\boldsymbol{e}(t_2)|=|\boldsymbol{e}(t_3)|=|\boldsymbol{\mu}_e|$;③ $|\boldsymbol{e}(t)|\leqslant|\boldsymbol{e}(t_3)|$, $\forall t\in[t_2,t_3]$。

由此显然可得 $V_q(t_2)=V_q(t_3)$ 和 $V_q(t)\leqslant V_q(t_3)$, $\forall t\in[t_2,t_3]$。这些结论与$[t_2,t_3]$内 $\boldsymbol{X}$ 是否进入 $A^q$ 无关。

以下将考虑任意时刻 $t\in[T_q,T_{q+1})$ 的稳定性。根据上文第 $q$ 个局部近似器添加准则,在 $t=T_q$ 和 $t=T_{q+1}^-$。假设 $t_1=T_q$ 时刻,$\boldsymbol{e}(t)$ 离开区间 $\mathrm{Abs}(\boldsymbol{e})\leqslant\boldsymbol{\mu}_e$;$t_{2q}$时刻,$\boldsymbol{e}(t)$ 进入区间 $\mathrm{Abs}(\boldsymbol{e})\leqslant\boldsymbol{\mu}_e$;$t_{2q+1}$时刻,$\boldsymbol{e}(t)$ 离开区间 $\mathrm{Abs}(\boldsymbol{e})\leqslant\boldsymbol{\mu}_e$;$t_{2q+1}$ 到 $T_{q+1}^-$ 时刻,$\boldsymbol{e}(t)$ 最终位于区间 $\mathrm{Abs}(\boldsymbol{e})\leqslant\boldsymbol{\mu}_e$ 之外。令 $\bar{t}\in[T_q,T_{q+1})$ 为该时间段内使 $\mathrm{Abs}(\boldsymbol{e})\leqslant\boldsymbol{\mu}_e$ 成立的最后时刻。因此,$t\in[T_q,T_{q+1})$ 时间内,$\boldsymbol{e}(t)$ 位于区间 $\mathrm{Abs}(\boldsymbol{e})\leqslant\boldsymbol{\mu}_e$ 之外的总时间为

$$\begin{aligned}
\bar{\mu}(e,\mu_e,T_q,T_{q+1}^-) &= \sum_{q\geqslant 1}(t_{2q}-t_{2q-1})+(T_{q+1}^- - \bar{t})\\
&\leqslant \frac{1}{\underline{k}_i\,|\boldsymbol{\mu}_e|^2}\left[\sum_{q\geqslant 1}(V_q(t_{2q-1})-V_q(t_{2q}))+(V_q(\bar{t})-V_q(T_{q+1}^-))\right]\\
&= \frac{1}{\underline{k}_i\,|\boldsymbol{\mu}_e|^2}\left[\sum_{q\geqslant 1}(V_q(t_{2q-1})-V_q(t_{2q+1}))+(V_q(\bar{t})-V_q(T_{q+1}^-))\right]\\
&= \frac{1}{\underline{k}_i\,|\boldsymbol{\mu}_e|^2}[(V_q(T_q)-V_q(T_{q+1}^-))]
\end{aligned} \tag{16.87}$$

式(16.87)证明了时间区间$[T_q, T_{q+1})$内,$\boldsymbol{e}(t)$位于区间$\mathrm{Abs}(\boldsymbol{e}) \leqslant \boldsymbol{\mu}_e$之外的总时间是有限的。因此,要么$T_{q+1}$是无限的,使最终有$\mathrm{Abs}(\boldsymbol{e}) \leqslant \boldsymbol{\mu}_e$;或者$T_{q+1}$是有限的,$N(t)$将在$t = T_{q+1}$时刻增加1。

另一个重要的结论是$\forall t \in [T_q, T_{q+1})$使得下式成立:

$$V_q(t) \leqslant V_q(T_q) \tag{16.88}$$

式(16.88)直接来源于上述分析,无论$\mathrm{Abs}(\boldsymbol{e}) > \boldsymbol{\mu}_e$或$\mathrm{Abs}(\boldsymbol{e}) \leqslant \boldsymbol{\mu}_e$。因此,对于任意的$N$、$\overline{\boldsymbol{X}}_i$、$\boldsymbol{e}$、$\tilde{\boldsymbol{\theta}}_{f21p}$、$\boldsymbol{\theta}_{f21p}$、$\tilde{\boldsymbol{\theta}}_{f4jp}$、$\boldsymbol{\theta}_{f4jp}$、$\tilde{\boldsymbol{\theta}}_{g4jkp}$和$\boldsymbol{\theta}_{g4jkp} \in L_\infty$。这些特性始终会保持,即使状态$\boldsymbol{X}$有限次进入或离开$A^q$,或$\boldsymbol{e}(t)$有限次进入或离开区间$\mathrm{Abs}(\boldsymbol{e}) \leqslant \boldsymbol{\mu}_e$。

既然$D$为紧集且$N(t)$的每个增量包含了$D$的半径为$\mu$的一个划分,所以只可能有有限数量的$N(t)$的增量发生。因此,最终有$\mathrm{Abs}(\boldsymbol{e}) \leqslant \boldsymbol{\mu}_e$,且$\overline{\boldsymbol{X}}_i$、$e$、$\tilde{\boldsymbol{\theta}}_{f21p}$、$\boldsymbol{\theta}_{f21p}$、$\tilde{\boldsymbol{\theta}}_{f4jp}$、$\boldsymbol{\theta}_{f4jp}$、$\tilde{\boldsymbol{\theta}}_{g4jkp}$和$\boldsymbol{\theta}_{g4jkp} \in L_\infty$。

**2. 自组织近似过程的稳定性**

定理1:式(16.10)、式(16.14)、式(16.16)和式(16.21)所示的系统使用控制律式(16.45)和式(16.58)、自组织函数近似和参数更新律式(16.78)、式(16.79)、式(16.80)将有以下特性:

(1) $\overline{\boldsymbol{X}}_i$、$\boldsymbol{e}$、$\tilde{\boldsymbol{\theta}}_{f21p}$、$\boldsymbol{\theta}_{f21p}$、$\tilde{\boldsymbol{\theta}}_{f4jp}$、$\boldsymbol{\theta}_{f4jp}$、$\tilde{\boldsymbol{\theta}}_{g4jkp}$、$\boldsymbol{\theta}_{g4jkp}$和$N(t) \in L_\infty$;

(2) $\boldsymbol{e} = \sum_{i=1}^{n} \overline{\boldsymbol{X}}_i$将最终收敛于区间$\mathrm{Abs}(\boldsymbol{e}) \leqslant \boldsymbol{\mu}_e$;

证明:令系统工作时间区间为$[T_0, T_f]$,其中$T_f$可以是无限的。初始化近似器结构为$N(T_0) = 0$。如上文一样,定义$N(t)$每到时刻$T_q$增加1。

当$t \in [T_0, T_1)$,$N(t) = 0$且$\hat{f}_{ij} = \hat{g}_{ijk} = 0$。如前证明所述,要么$\mathrm{Abs}(\boldsymbol{e}) > \boldsymbol{\mu}_e$的总时间小于$(1/\underline{k}_i)\ln(|\boldsymbol{e}(T_0)|/|\boldsymbol{\mu}_e|)$,$T_1 = \infty$,且定理得证,或者$T_1$为有限值。在以上两种情况下,

$$V_0(T_1^-) \leqslant \max\left(V_0(T_0), \frac{1}{2}|\boldsymbol{\mu}_e|^2\right) \tag{16.89}$$

对于$q \geqslant 1$,$t = T_q$时第$q$个局部近似域被添加。上文已经证明了$t \in [T_q, T_{q+1})$条件下定理1中的①和②。唯一未证明的部分是$V_{q-1}(T_q^-)$到$V_q(T_q)$转换期间$V_q(T_q)$的有界性。

以下证明$V_q(T_q)$是有限值。令$t = T_q$时刻的李雅普诺夫函数为

$$V_q(T_q) = \frac{1}{2}\boldsymbol{e}^{\mathrm{T}}\boldsymbol{e} + \frac{1}{2}\sum_{p=1}^{q}(\tilde{\boldsymbol{\theta}}_{f21p}^{\mathrm{T}}\boldsymbol{\Gamma}_{f21p}^{-1}\tilde{\boldsymbol{\theta}}_{f21p}) + \frac{1}{2}\sum_{j=1}^{3}\sum_{p=1}^{q}(\tilde{\boldsymbol{\theta}}_{f4jp}^{\mathrm{T}}\boldsymbol{\Gamma}_{f4jp}^{-1}\tilde{\boldsymbol{\theta}}_{f4jp}) + \frac{1}{2}\sum_{j=1}^{3}\sum_{k=1}^{3}\sum_{p=1}^{q}(\tilde{\boldsymbol{\theta}}_{g4jkp}^{\mathrm{T}}\boldsymbol{\Gamma}_{g4jkp}^{-1}\tilde{\boldsymbol{\theta}}_{g4jkp}) \tag{16.90}$$

注意到$\boldsymbol{e}(T_q) = \boldsymbol{e}(T_q^-)$,因为$T_q^-$到$T_q$转换期间$\boldsymbol{e}(t)$是连续的。既然当第$q$个局部近似器于$t = T_q$添加入系统时,$\boldsymbol{X}(T_q)$未激活前$q-1$个局部近似器,参数$\theta_{f21p}$、$\theta_{f4jp}$、$\theta_{g4jkp}$ $(p = 1, 2, \cdots, q-1)$在$T_q^-$到$T_q$转换期间始终保持不变。因此,

$$V_q(T_q) = \frac{1}{2}\boldsymbol{e}^{\mathrm{T}}\boldsymbol{e} + \frac{1}{2}\sum_{p=1}^{q}(\tilde{\theta}_{f21p}^{\mathrm{T}}(T_q^-)\boldsymbol{\Gamma}_{f21p}^{-1}\tilde{\boldsymbol{\theta}}_{f21p}(T_q^-)) + \frac{1}{2}\sum_{p=1}^{q}(\tilde{\boldsymbol{\theta}}_{f21p}^{\mathrm{T}}(T_q)\boldsymbol{\Gamma}_{f21p}^{-1}\tilde{\boldsymbol{\theta}}_{f21p}(T_q))$$

$$+ \frac{1}{2}\sum_{j=1}^{3}\sum_{p=1}^{q}(\tilde{\boldsymbol{\theta}}_{f4jp}^{\mathrm{T}}(T_q^-)\boldsymbol{\Gamma}_{f4jp}^{-1}\tilde{\boldsymbol{\theta}}_{f4jp}(T_q^-)) + \frac{1}{2}\sum_{j=1}^{3}\sum_{p=1}^{q}(\tilde{\boldsymbol{\theta}}_{f4jp}^{\mathrm{T}}(T_q)\boldsymbol{\Gamma}_{f4jp}^{-1}\tilde{\boldsymbol{\theta}}_{f4jp}(T_q))$$

$$+\frac{1}{2}\sum_{j=1}^{3}\sum_{k=1}^{3}\sum_{p=1}^{q}(\tilde{\boldsymbol{\theta}}_{g_{4jkp}}^{\mathrm{T}}(T_q^-)\boldsymbol{\Gamma}_{g_{4jkp}}^{-1}\tilde{\boldsymbol{\theta}}_{g_{4jkp}}(T_q^-))+\frac{1}{2}\sum_{j=1}^{3}\sum_{k=1}^{3}\sum_{p=1}^{q}(\tilde{\boldsymbol{\theta}}_{g_{4jkp}}^{\mathrm{T}}(T_q)\boldsymbol{\Gamma}_{g_{4jkp}}^{-1}\tilde{\boldsymbol{\theta}}_{g_{4jkp}}(T_q))$$

$$=V_q(T_q^-)+\frac{1}{2}\sum_{p=1}^{q}(\tilde{\boldsymbol{\theta}}_{f_{21p}}^{\mathrm{T}}(T_q)\boldsymbol{\Gamma}_{f_{21p}}^{-1}\tilde{\boldsymbol{\theta}}_{f_{21p}}(T_q))+\frac{1}{2}\sum_{j=1}^{3}\sum_{p=1}^{q}(\tilde{\boldsymbol{\theta}}_{f_{4jp}}^{\mathrm{T}}(T_q)\boldsymbol{\Gamma}_{f_{4jp}}^{-1}\tilde{\boldsymbol{\theta}}_{f_{4jp}}(T_q))$$

$$+\frac{1}{2}\sum_{j=1}^{3}\sum_{k=1}^{3}\sum_{p=1}^{q}(\tilde{\boldsymbol{\theta}}_{g_{4jkp}}^{\mathrm{T}}(T_q)\boldsymbol{\Gamma}_{g_{4jkp}}^{-1}\tilde{\boldsymbol{\theta}}_{g_{4jkp}}(\boldsymbol{T}_q)) \tag{16.91}$$

上文已经证明,对于任意的 $t\in[T_{q-1},T_q^-]$,$V_{q-1}(t)\leqslant V_{q-1}(T_{q-1})$。那么可以推得

$$V_q(T_q)\leqslant V_{q-1}(T_{q-1})+\frac{1}{2}\sum_{p=1}^{q}(\tilde{\boldsymbol{\theta}}_{f_{21p}}^{\mathrm{T}}(T_q)\boldsymbol{\Gamma}_{f_{21p}}^{-1}\tilde{\boldsymbol{\theta}}_{f_{21p}}(T_q))+\frac{1}{2}\sum_{j=1}^{3}\sum_{p=1}^{q}(\tilde{\boldsymbol{\theta}}_{f_{4jp}}^{\mathrm{T}}(T_q)\boldsymbol{\Gamma}_{f_{4jp}}^{-1}\tilde{\boldsymbol{\theta}}_{f_{4jp}}(T_q))$$

$$+\frac{1}{2}\sum_{j=1}^{3}\sum_{k=1}^{3}\sum_{p=1}^{q}(\tilde{\boldsymbol{\theta}}_{g_{4jkp}}^{\mathrm{T}}(T_q)\boldsymbol{\Gamma}_{g_{4jkp}}^{-1}\tilde{\boldsymbol{\theta}}_{g_{4jkp}}(\boldsymbol{T}_q))$$

$$\leqslant\frac{1}{2}\boldsymbol{e}^{\mathrm{T}}(T_1)\boldsymbol{e}(T_1)+\frac{1}{2}\sum_{p=1}^{q}(\tilde{\boldsymbol{\theta}}_{f_{21p}}^{\mathrm{T}}(T_q)\boldsymbol{\Gamma}_{f_{21p}}^{-1}\tilde{\boldsymbol{\theta}}_{f_{21p}}(T_q))+\frac{1}{2}\sum_{j=1}^{3}\sum_{p=1}^{q}(\tilde{\boldsymbol{\theta}}_{f_{4jp}}^{\mathrm{T}}(T_q)\boldsymbol{\Gamma}_{f_{4jp}}^{-1}\tilde{\boldsymbol{\theta}}_{f_{4jp}}(T_q))$$

$$+\frac{1}{2}\sum_{j=1}^{3}\sum_{k=1}^{3}\sum_{p=1}^{q}(\tilde{\boldsymbol{\theta}}_{g_{4jkp}}^{\mathrm{T}}(T_q)\boldsymbol{\Gamma}_{g_{4jkp}}^{-1}\tilde{\boldsymbol{\theta}}_{g_{4jkp}}(T_q)) \tag{16.92}$$

对于 $p=1,2,\cdots,q$,只要 $t=T_q$ 时刻的初始参数估计 $\boldsymbol{\theta}_{f_{ijp}}(T_q)$ 是有限值,则每个 $\tilde{\boldsymbol{\theta}}_{f_{ijp}}(T_q)=\boldsymbol{\theta}_{f_{ijp}}(T_q)-\boldsymbol{\theta}_{f_{ijp}}^*$ 是有限值。相似条件下,$\tilde{\boldsymbol{\theta}}_{g_{ijkp}}(T_q)=\boldsymbol{\theta}_{g_{ijp}}(T_q)-\boldsymbol{\theta}_{g_{ijkp}}^*$ 为有限值。既然 $N$ 只可能有有限数量的增长,即 $N(T_q)=q<\infty$,则式(16.92)右侧求和项是有限值。又因为 $\boldsymbol{e}(T_1)$ 也是有限值,则可直接推出 $V_q(T_q)<\infty$,也就是说 $\bar{\boldsymbol{X}}_i$、$\boldsymbol{e}$、$\tilde{\boldsymbol{\theta}}_{f_{21p}}$、$\boldsymbol{\theta}_{f_{21p}}$、$\tilde{\boldsymbol{\theta}}_{f_{4jp}}$、$\boldsymbol{\theta}_{f_{4jp}}$、$\tilde{\boldsymbol{\theta}}_{g_{4jkp}}$、$\boldsymbol{\theta}_{g_{4jkp}}\in L_\infty$。

需要说明的是,上述证明过程仅证明了系统补偿跟踪误差 $\bar{\boldsymbol{X}}_i$ 的有界性,而不是系统实际跟踪误差 $\tilde{\boldsymbol{X}}_i$ 的有界性。由式(15.89)、式(15.90)、式(15.93)、式(15.95)和式(15.97)可知,只要合理选择滤波器增益 $\boldsymbol{K}_i$ 和控制律增益 $\boldsymbol{k}_i$,即可保证 $\bar{\boldsymbol{X}}_i$ 无限趋近于 $\tilde{\boldsymbol{X}}_i$,因此 $\tilde{\boldsymbol{X}}_i$ 的有界性同样能够保证。

### 16.2.5 控制系统结构图

综上可知,以上设计的受油机自主加油对接飞行控制系统可表示为如图 16-5 所示的完整控制系统结构图。

由图 16-5 可知,受油机自主加油对接飞行控制系统包含了外环航迹自主生成器和内环航迹跟踪执行器两部分。其中,内环航迹跟踪执行器尽管采用了自组织近似指令滤波反推非线性控制方法,但控制器整体结构仍然保持了常规飞控系统的回路结构,符合工程实际。

## 16.3 综合仿真分析

为验证所设计的控制系统的有效性,分以下三种情况进行仿真分析。仿真中假设加

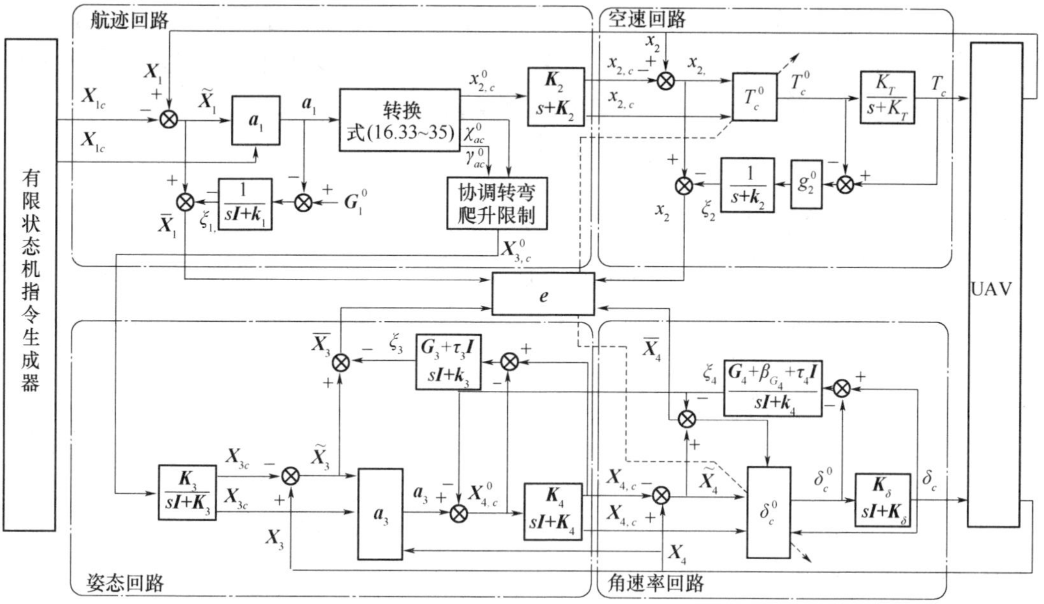

图 16 - 5　受油机自主加油对接飞行控制系统

油机、锥套和受油机三者在 NED 系中的惯性位置和相对位置均准确可测，燃油传输于对接锁定后 10s 开始，燃油传输完成后立即脱离。仿真初值设置为如下：

加油机：始终保持定直平飞，速度、高度、航向分别为 200m/s、7200m、0°。

软管锥套：长度初值 22.86m，其他参数与第九章相同。

受油机：受油机动力学模型采用第八章所建模型，油箱油量初值、加油方案均与第八章中所述的方案 3 相同。受油机初始速度、航向分别为 200m/s、0°，在加油机机体系下的初始位置为(−31,34,2)m，跟随位置设置为(−52.8,34,12)m，预对接和保持位置均由指令生成器根据锥套运动规律自主确定。

控制器参数初值：$R_c = 0.4\text{m}$，$\boldsymbol{k}_1 = \text{diag}(0.8, 0.6, 0.4)$，$k_2 = 15$，$\boldsymbol{k}_3 = \boldsymbol{k}_4 = \text{diag}(17.5, 10, 10)$，$\upsilon_3 = \upsilon_4 = 0.0001$，$\boldsymbol{\mu}_e = [0.005 \quad 0.005 \quad 0.005]^{\mathrm{T}}$，$\varepsilon_f = \varepsilon_g = 0.02$，$\boldsymbol{\Gamma}_{f_2} = \boldsymbol{\Gamma}_{F_4} = \boldsymbol{\Gamma}_{G_4} = 10\,\boldsymbol{I}_{3\times 3}$，$\boldsymbol{K}_2 = \boldsymbol{K}_T = 40$，$\boldsymbol{K}_3 = \boldsymbol{K}_4 = \boldsymbol{K}_\delta = 40\,\boldsymbol{I}_{3\times 3}$。

前文仿真算例中，系统阶次和状态变量较少，局部近似函数自变量选择了系统所有状态变量，这样进行函数逼近的好处是包含系统全部信息，近似函数更为准确，但如飞机等这类系统阶次较高、状态变量众多的系统，选择所有状态变量作为函数近似自变量的方式将导致函数近似器维数巨大，计算量剧增，控制系统难以承受。由于 $\alpha$、$\beta$ 能够有效反映飞机气动信息，这里仅选择 $\alpha$、$\beta$ 作为函数近似自变量，以降低计算量。当然，也可根据需要或仿真效果，重新添加其他状态量作为函数近似自变量。$\hat{f}_{2p}$、$\hat{f}_{4jp}$ 和 $\hat{g}_{4jkp}$ 均采用相同的归一化四次幂内核基函数矢量 $\boldsymbol{w}_p(x)$：

$$\boldsymbol{w}_p(\boldsymbol{x}) = \begin{cases} (1 - R^2)^2 & R < 1 \\ 0 & R \geqslant 1 \end{cases} \tag{16.93}$$

$$R = \left\| \frac{|\alpha - c_{p,1}|}{\mu}, \frac{|\beta - c_{p,2}|}{\mu} \right\|_\infty \tag{16.94}$$

其中，$\boldsymbol{c}_p=[c_{p,1},c_{p,2}]^{\mathrm{T}}$ 表示第 $p$ 个基函数的中心，$\mu$ 为第 $p$ 个局部近似域在 $\alpha$、$\beta$ 方向上的半径，其中仿真 1 和仿真 2 中 $\mu=2°$，仿真 3 中 $\mu=0.25°$。在线估计参数初始值为 $\theta_{f_{2p}}(0)=\boldsymbol{\theta}_{f_{4jp}}(0)=\boldsymbol{\theta}_{g_{4jkp}}(0)=[0\quad 0\quad 0]^{\mathrm{T}}$，指定连续基函数矢量为

$$\boldsymbol{\phi}_{f_2}=\boldsymbol{\phi}_{f_{4j}}=\boldsymbol{\phi}_{g_{4jk}}=[1\quad \alpha-c_{p,1}\quad \beta-c_{p,2}]^{\mathrm{T}} \tag{16.95}$$

### 16.3.1 不考虑紊流和头波的情况

该仿真不考虑紊流和头波，仅在仿真中加入如第六章所述的加油机尾流影响。如第九章所述，当不考虑紊流和头波影响，加油机完全处于定直平飞状态时，拖曳状态的软管锥套组合体在加油机尾流中最终会趋于某一稳定的平衡位置，此时作为对接目标的加油锥套相对受油机可看做相对静止的跟踪目标。因此，本仿真主要用于分析、验证控制系统的跟踪性能。

整个加油对接飞行过程中，受油插头与锥套的相对位置如图 16－6～图 16－8 所示，受油机状态变化如图 16－9～图 16－11 所示，受油机总油量和各油箱油量如图 16－12 所示，受油机控制输入如图 16－13 所示。

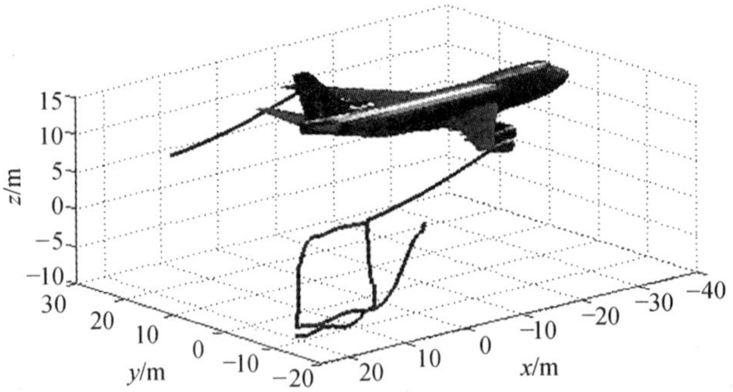


图 16－6　插头与锥套的相对位置曲线

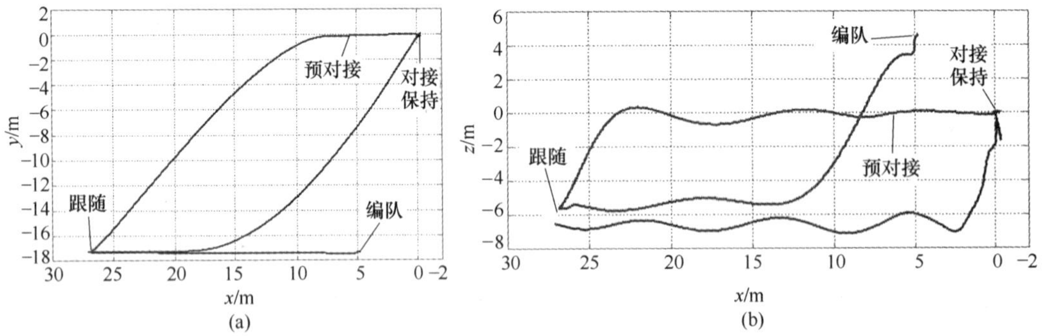


图 16－7　插头与锥套的相对位置投影

(a) $x-y$ 平面；(b) $x-z$ 平面。

由图 16－6～图 16－8 可知，总体来看，有限状态机指令生成器根据加油机、锥套和受油机三者实时相对位置，为内环航迹控制系统在线生成准确的受油机相对位置变换指令；内环自组织近似指令滤波反推航迹控制系统，精准跟踪了外环指令生成器提供的航迹指令。二者能够协调配合，使受油机平稳、精准且“自主”地实现了如图 16－1 所示的整个空中加油过程，达到了一次对接即成功锁定的水平。

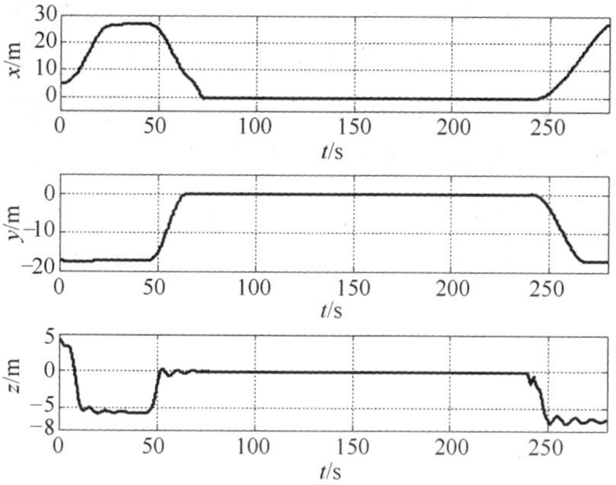


图 16－8　插头与锥套相对位置动态过程

从航迹跟踪细节分析，受油插头（也能反映受油机质心的变化规律）相对此时静止锥套的位置变化曲线在 $x-y$ 平面上的投影非常平滑，一方面说明指令生成器通过三次函数在线生成的航迹指令科学合理，连接不同位置点时未出现途中航迹指令超调、中断和突变等不利情况；另一方面说明内环航迹控制系统航迹跟踪性能较高，特别是一次对接成功证明航迹跟踪性能至少到达了如图 16－1 所示的捕获条件，即航迹跟踪误差小于 40cm。

由图 16－8 可知，受油机从编队位置出发后，于 25s 时到达跟随位置；25～35s 期间，受油机稳定在跟随位置。根据视觉相对导航工作原理，受油机通常在跟随位置开启视觉相对导航。因此，该段位置保持飞行主要用于后续研究中视觉设备测量锥套相对位置，并计算其平均位置等。这里仿真直接假设锥套位置可测，该段飞行中仅计算了锥套的空间相对几何平均位置，从而确定下一步的预对接位置。35～45s 期间，$x$ 方向（受油机 $x$ 轴方向）的受油插头与锥套相对位置稍有增大，主要原因是随着视觉测量开启后受油机与锥套的相对位置测量基准由受油机质心位置转换为受油插头顶端，受油机自行进行位置调整。约 51s 时，受油插头实现对预对接位置的高度对准；约 65s 时，受油插头实现对预对接位置的侧向对准，此时受油插头到达预对接位置。由图 16－1 和图 16－2 可知，在预对接位置，受油机可等待飞行并评估对接成功率后再决定是否继续前进。为方便计，这里仿真未进行等待和判断，到达后直接继续前进。约 72s 时，受油插头实现与锥套的对接并成功锁定，之后直到 239.4s，受油机始终处于位置保持状态。239.4s 后，燃油传输完成，受油机脱离锥套后撤至跟随位置。

由图 16－7 和图 16－8 可知，受油机高度控制存在一定缺陷，即高度转换后，受油机始终要经历短暂的高度起伏。但该起伏峰峰值不超过 0.8m，衰减时间较短（约为 20s），能够满足受油机对接飞行阶段对高度控制的要求。特别是采用首先竖直和水平方向对准，然后前进对接的控制策略后，这一高度控制缺陷的不利影响并不显著，从该仿真能够一次对接成功就可证明。存在高度控制缺陷的原因可能是控制器参数设置并非最优，使飞机纵向阻尼稍差，但具体原因还需后续研究详尽分析。

由图 16－6 可知，受油机对接飞行过程中，飞行轨迹大致位于加油机翼尖后下方。由图 6－7 可知，该区域内加油机尾流作用于受油机的局部气流方向大致为从加油机翼根流向翼尖。

由图 16－9～图 16－13 可知，从整体看，所设计的控制系统自动驱动受油机等效方向舵负向偏转一定角度，从而使受油机机头向左（加油机一侧）始终稍稍偏转一定角度（负向偏航角），进而形成一较小的正向侧滑角。同时，控制系统驱动等效副翼负向偏转，使受油机形成一定正向（向右）滚转角，以抵消侧滑带来的侧力，防止侧滑角无限制增大，保持空速方向不变。控制系统驱动等效升降舵以维持适当的迎角，从而保证升力基本稳定。由此可知，所设计的控制系统能够协调控制受油机三个气动舵面，使受油机保持类似侧风着陆时的“蟹形进场”飞行姿态，目的是补偿加油机尾流影响，维持跟踪航迹稳定。

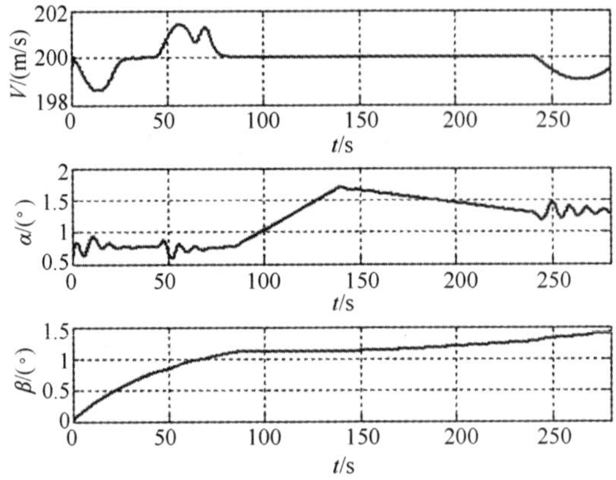


图 16－9　受油机空速与气流角

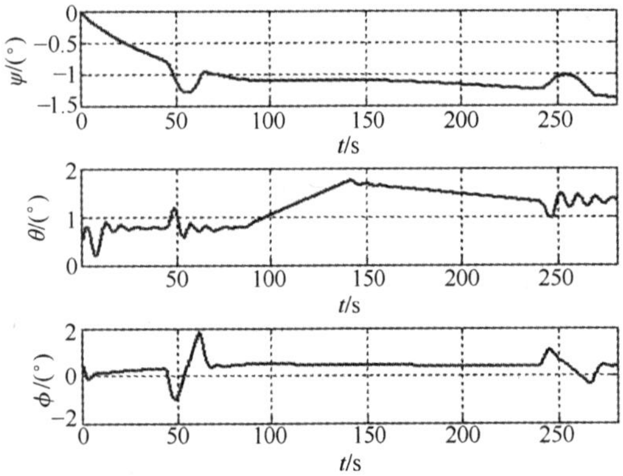


图 16－10　受油机姿态动态过程

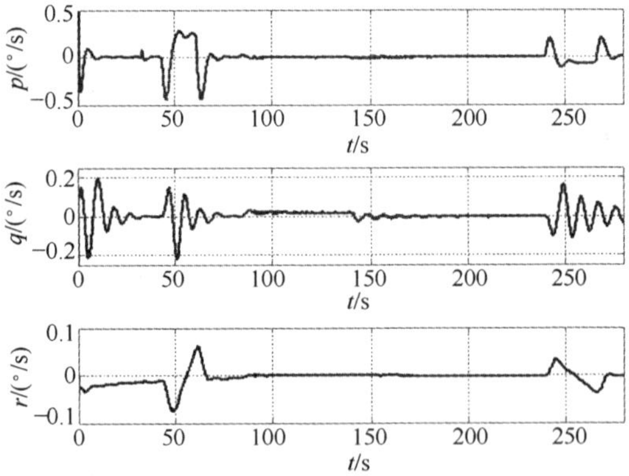


图 16－11　受油机角速率动态过程

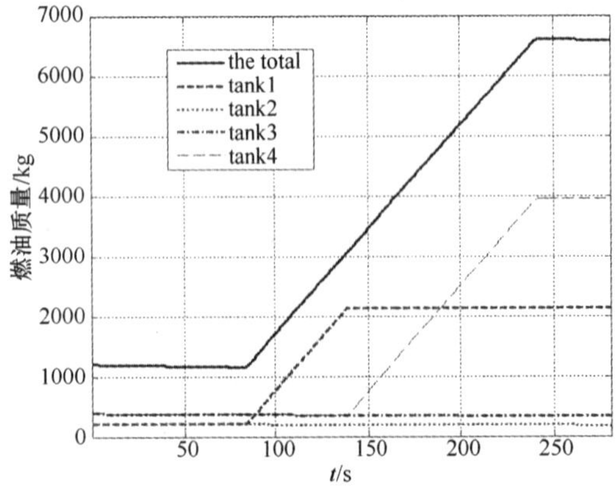


图 16－12　受油机油箱油量变化

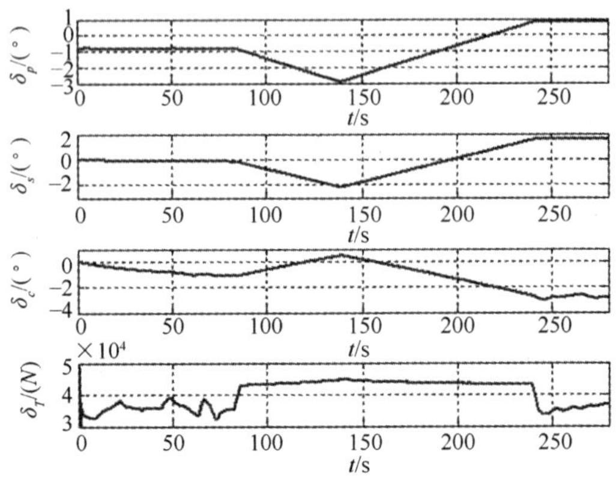


图 16－13　受油机控制输入量

从细节上看:①转弯性能:45~65s 和 244~270s 期间,受油机处于转弯状态,控制系统能够驱动三个气动舵面协调偏转,以实现航迹平滑无超调的精确跟踪。②加减速性能:0~30s 和 240s 以后,受油机处于先减速后加速状态,而 44~80s 期间,受油机处于先加速后减速状态。这两段时间中,控制系统的空速控制支路能够有效驱动油门增减,精确控制所需空速。③燃油传输阶段位置保持性能:由图 16-12 可知,83~243s 期间(其中 83~139s,1 号油箱加油,139~243s,4 号油箱加油),受油机油量由于燃油传输从消耗减少转换为快速增加。位于左前方的 1 号油箱加油期间,纵向上,控制系统驱动等效升降舵逐渐负向偏转增大抬头力矩,以增加飞机俯仰角和迎角,补偿 1 号油箱的产生的低头力矩,保持高度稳定;侧向上,控制系统驱动等效副翼和方向舵相应偏转增大向右滚转和偏航的力矩,以补偿 1 号油箱产生的向左的滚转力矩,保持侧向姿态和航迹稳定。同理,当燃油传输转换到右后部的 4 号油箱后,控制系统驱动三个气动舵面反向偏转,以补偿 4 号油箱的力矩干扰。燃油传输期间,发动机推力整体幅值明显增大,主要是补偿燃油传输导致的附加力作用。当加油结束后,尽管受油机立即减速后撤,但推力幅值却逐渐增大,当恢复平飞后,推力比对接前大,主要是受油机质量大幅增大导致的。

以加油机机体系为参考系,加油对接过程中软管锥套组合体形态变化如图 16-14 和图 16-15 所示,锥套位置动态变化如图 16-16 所示。

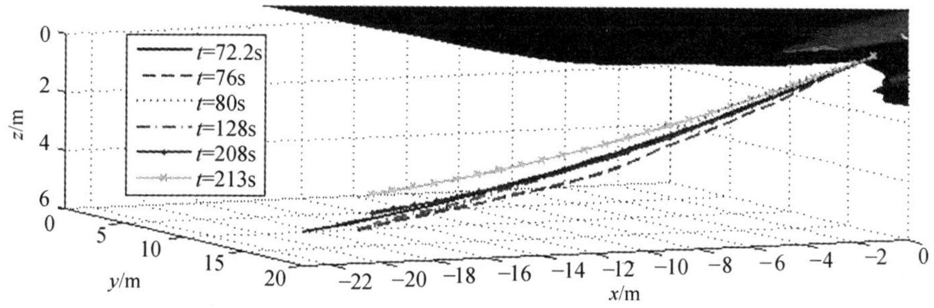


图 16-14　软管锥套组合体形态变化

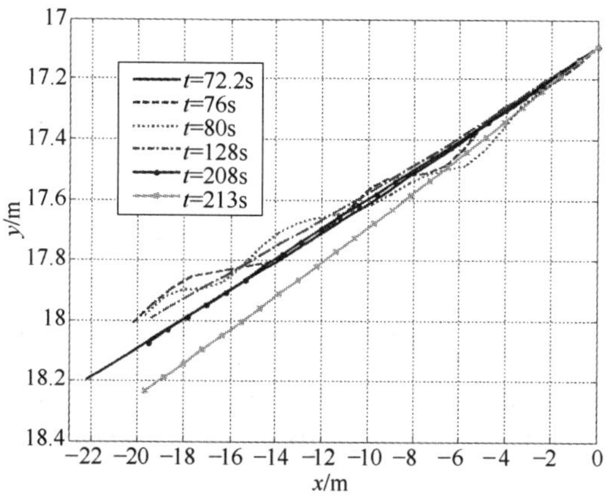


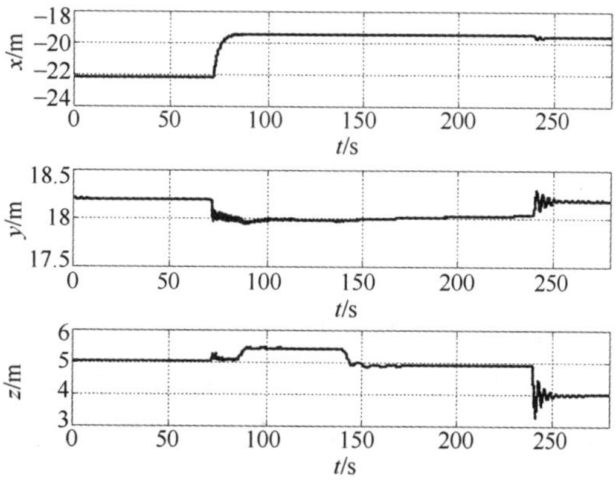


图 16-15　软管形态的 $x-y$ 平面投影　　图 16-16　锥套位置动态变化

由图 16-14 和图 16-15 可知,对接锁定后插头推动锥套前进过程中软管形态仅产生了非常轻微的波动(图中 $t=76s$ 和 $t=80s$),得益于第九章所设计的软管甩鞭现象抑制方法的良好性能，插头停止前进后，软管形态迅速恢复了稳定。这同时证明了所设计的受油机对接飞行控制系统和软管甩鞭抑制控制系统能够协调配合。由图 16－14～图 16－16 可知，由于仿真中未考虑大气紊流、受油机头波的影响，对接锁定前锥套仅受加油机尾流影响而稳定于加油吊舱中线偏右约 1.2m，下沉量约为 5.02m。对接锁定后，锥套受插头的限制而一同运动，其中燃油传输开始前(72.2～83s)，锥套下沉量约为 5.1m；而燃油传输过程中，受飞机质量和惯性变化率的影响，锥套下沉量先后出现约 0.2m 的起伏。对比第八章 LQR 控制效果，燃油传输期间锥套位置起伏可能是所设计的控制系统纵向通道控制参数不是最优的，没有完全克服飞机质量变化的影响。

控制系统运行过程中的近似变量 $\alpha-\beta$ 相轨迹如图 16－17 所示，加权误差 $e$ 如图 16－18所示。系统各级状态变量的实际跟踪误差$\widetilde{\boldsymbol{X}}_i$ 和补偿跟踪误差$\overline{\boldsymbol{X}}_i$ 如图 16－19～图 16－22 所示。

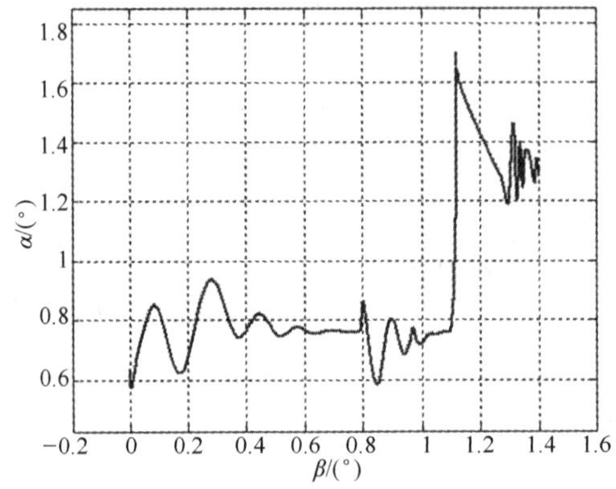


图 16－17　近似变量 $\alpha-\beta$ 相轨迹

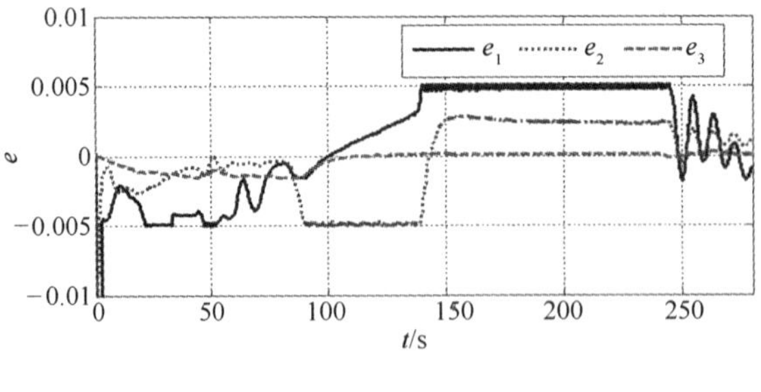


图 16－18　系统加权误差 $e$

与之前的仿真算例不同，飞机飞行过程中很难有完美的周期性，因此如图 16－17 所示的受油机对接飞行过程中迎角—侧滑角平面相轨迹完全不具有周期规律性。由于函数近似半径设置为 2°，系统启动后迎角、侧滑角均未超出该近似域，因此，整个对接飞行过程中局部近似域仅有 1 个。

由图 16－18 可知，尽管飞机飞行不具有周期性，系统启动后补偿跟踪误差 $e$ 的各个分量仍能迅速收敛到所设置的误差带范围内。补偿跟踪误差 $e$ 仅在系统启动的短暂瞬间超出误差带范围，超出误差范围的总时间显然是有限值。

由图 16 - 19 ~ 图 16 - 22 可知，系统状态量的实际跟踪误差和补偿跟踪误差近乎一致。其中$\boldsymbol{X}_1$ 的实际跟踪误差和补偿跟踪误差差异相对较大的部分主要集中在受油机大幅转弯和高度转换期间，原因主要是飞机模型不完全满足第十五章所述的在线自组织近似指令滤波反推控制所需的系统级联结构，控制器设计中采用了式(16. 36)和式(16. 37)所述的协调转弯条件和爬升速率限制两个近似变换关系而带来的误差。得益于合理地控制参数设置，各误差均能快速收敛于某一较小幅值，从而保证了整个系统的控制精度。

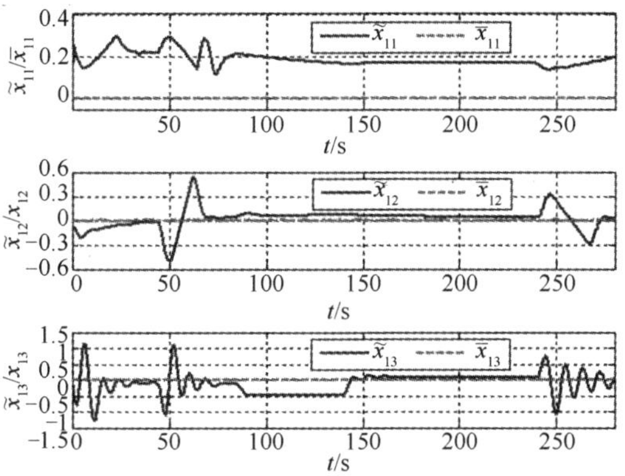


图 16 - 19　$\boldsymbol{X}_1$ 的跟踪误差与补偿跟踪误差

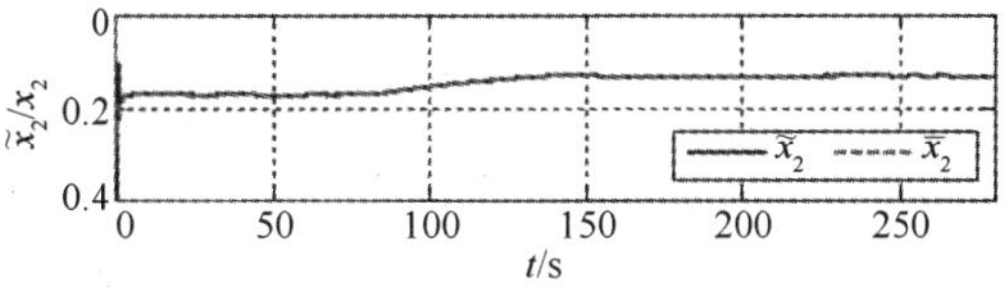


图 16 - 20　$\boldsymbol{X}_2$ 的跟踪误差与补偿跟踪误差

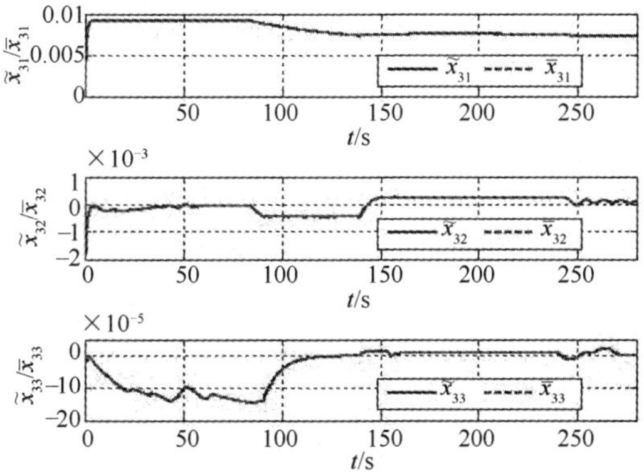


图 16 - 21　$\boldsymbol{X}_3$ 的跟踪误差与补偿跟踪误差

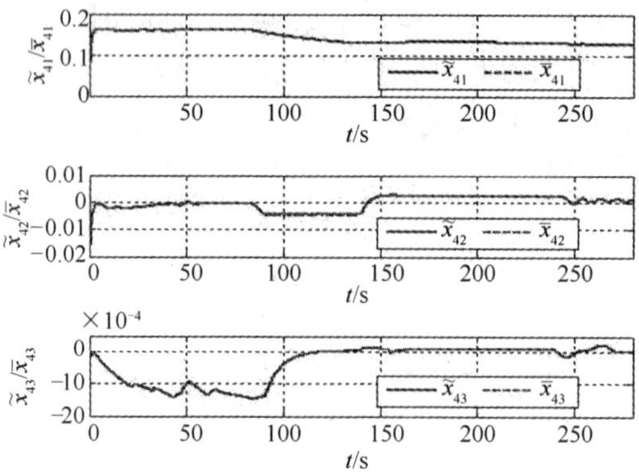


图 16－22　$\boldsymbol{X}_4$ 的跟踪误差与补偿跟踪误差

由于局部近似域半径设置为 2°，控制系统运行过程中近似变量 $\alpha$ 和 $\beta$ 完全位于该局部近似域内，系统启动后在整个飞行对接过程中均对未知函数 $f_2$，$\boldsymbol{F}_4$、$\boldsymbol{G}_4$ 进行在线近似，函数近似效果如图 16－23～图 16－25 所示。

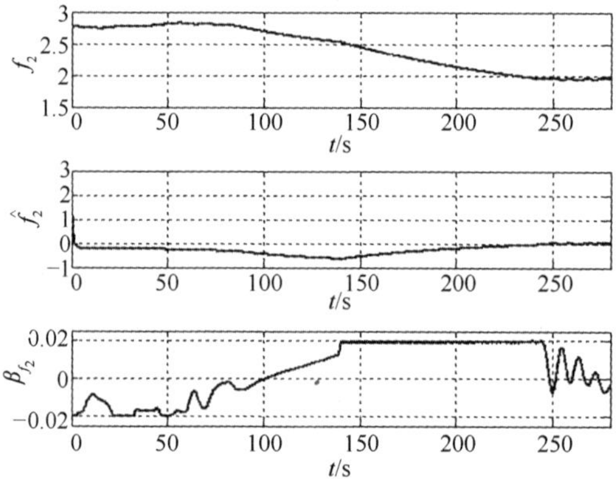


图 16－23　$f_2$、$\hat{f}_2$ 和 $\beta_{f_2}$

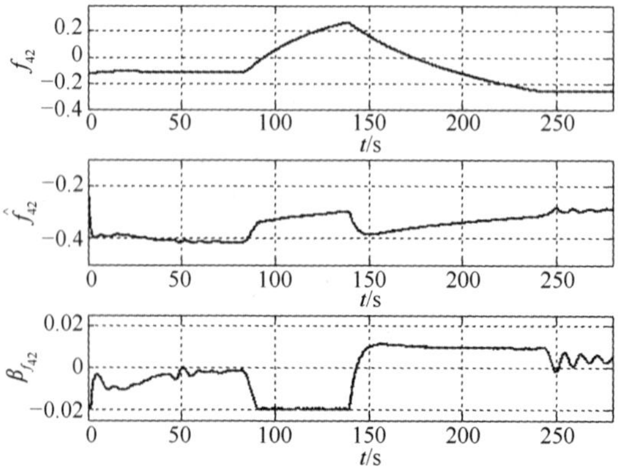


图 16－24　$f_{42}$、$\hat{f}_{42}$ 和 $\beta_{f_{42}}$

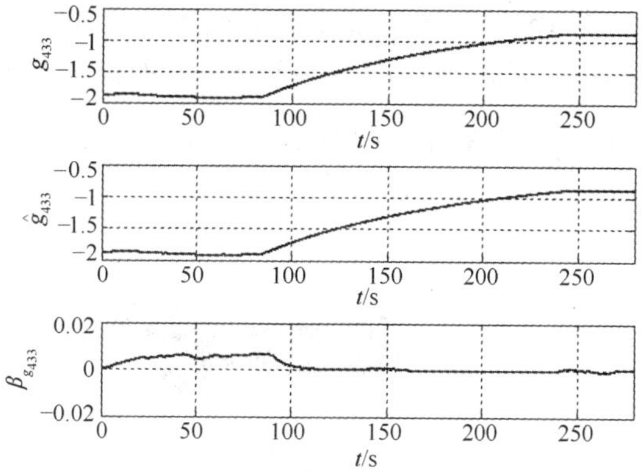


图 16－25　$g_{433}$、$\hat{g}_{433}$和$\beta_{g433}$

需要说明的是，这里对未知函数的在线近似，目的是补偿加油对接飞行过程中加油机尾流等未知气流扰动的影响，确保存在未知扰动影响下控制系统仍能达到期望的控制精度和稳定性。因此，只要加权误差 $\boldsymbol{e}$ 能够进入所设定的限制范围，对未知函数的在线近似即可满足要求。也就是说，本书中未知函数的在线近似不是完全逼近原函数，只是控制系统根据精度要求而进行的部分近似。因此，从图 16－23～图 16－25 可知，近似函数 $\hat{f}_2$、$\hat{f}_{42}$ 的在线近似并未完全“复现”原函数 $f_2$、$f_{42}$，仅是控制系统根据精度需要进行的部分“补偿”。而 $\hat{g}_{433}$ 由于位于如式(16.58)所示的控制律的“分母”位置，对系统控制精度影响较为灵敏，因此，在线近似函数 $\hat{g}_{433}$ 几乎达到了对原函数 $g_{433}$ 完美的“复现”。

综上可知，这里提出的控制系统以指令滤波控制和在线自组织近似两部分为主体结构，能够协调控制飞机全部舵面和推力，自动克服不对称燃油传输影响，在线近似补偿加油机尾流干扰，整体结构科学合理，全部状态稳定可控，对接航迹跟踪精度较高，能够满足整个对接飞行过程的要求。

### 16.3.2　考虑紊流和头波的情况

该仿真同时考虑紊流、受油机头波和加油机尾流影响。如第五章所述，从作用效果上看，紊流可近似视为高频有色噪声。因此，加油机完全处于定直平飞状态时，拖曳状态的软管锥套组合体会在某一平衡位置附近无规则的飘摆。而当受油机机头靠近锥套时，其头波效应也将对锥套位置产生干扰。紊流、头波和加油机尾流三者叠加后的锥套运动规律将很难有明显规律。此时作为对接目标的加油锥套相对受油机可视为相对随机运动的跟踪目标。因此，本仿真将同时用于分析、验证实际飞行环境下的控制系统跟踪性能和对接策略可行性。

**1. 轻度紊流的情况**

仿真中紊流强度设置为轻度($10^{-2}$)，受油机头波采用第七章中 CFD 数据，整个加油对接飞行过程中，受油插头与锥套的相对位置如图 16－26～图 16－28 所示，受油机状态变化如图 16－29～图 16－31 所示，受油机总油量和各油箱油量如图 16－32 所示，受油机控制输入如图 16－33 所示。以加油机机体系为参考系，加油对接过程中软管锥套组合体形态变化如图 16－34 和图 16－35 所示，锥套位置动态变化如图 16－36 所示。控制系统运行过程中的近似变量 $\alpha-\beta$ 相轨迹如图 16－37 所示，加权误差 $e$ 如图 16－38 所示。系统各级状态变量的实际跟踪误差$\widetilde{\boldsymbol{X}}_i$ 和补偿跟踪误差$\overline{\boldsymbol{X}}_i$ 如图 16－39～图 16－42 所示。函数近似效果如图 16－43～图 16－45 所示。

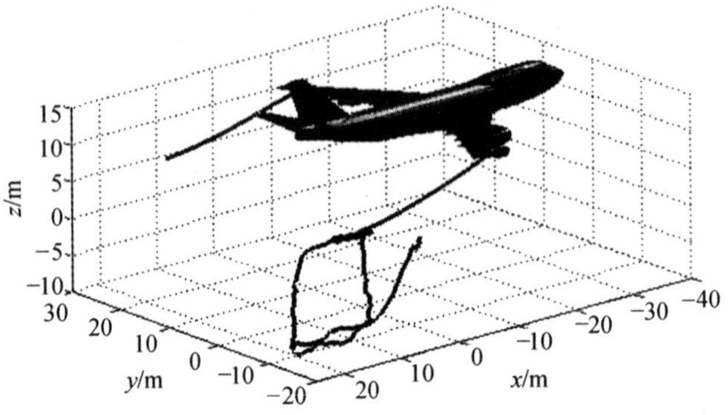


图 16－26　插头与锥套的相对位置曲线

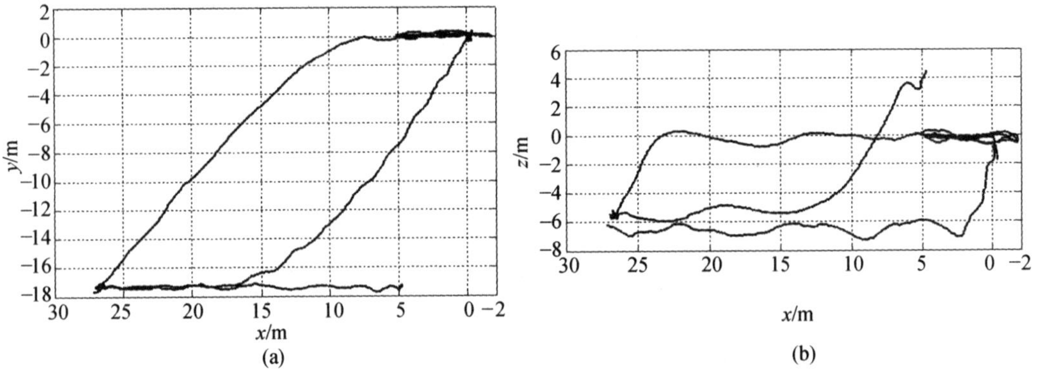


图 16－27　插头与锥套的相对位置投影

（a）$x-y$ 平面；（b）$x-z$ 平面。

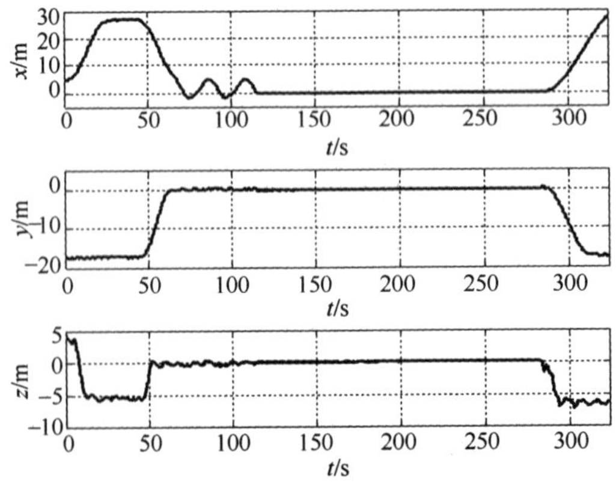


图 16－28　插头与锥套的相对位置动态过程

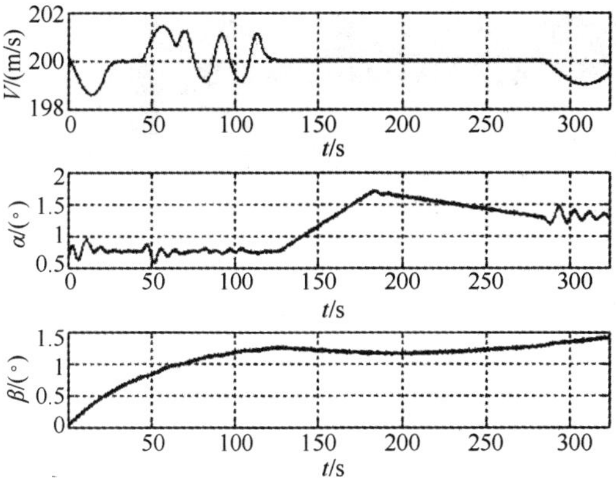


图 16－29　受油机空速与气流角

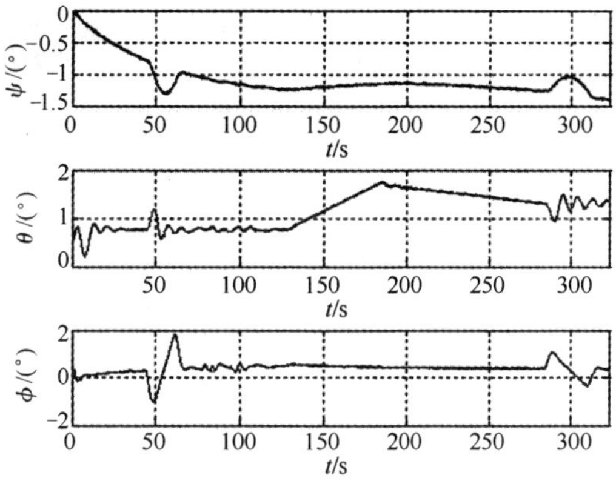


图 16－30　受油机姿态动态过程

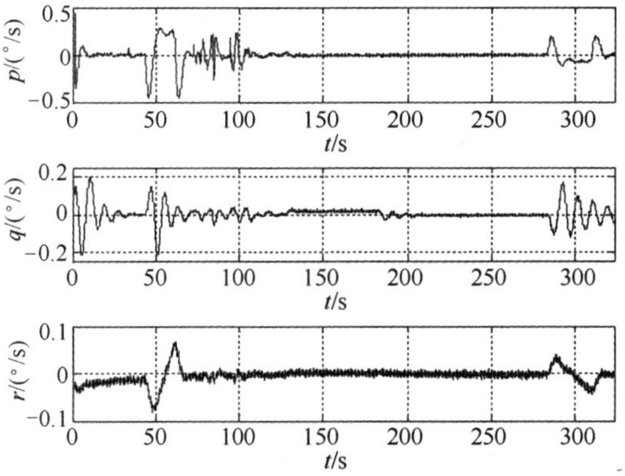


图 16－31　受油机角速率动态过程

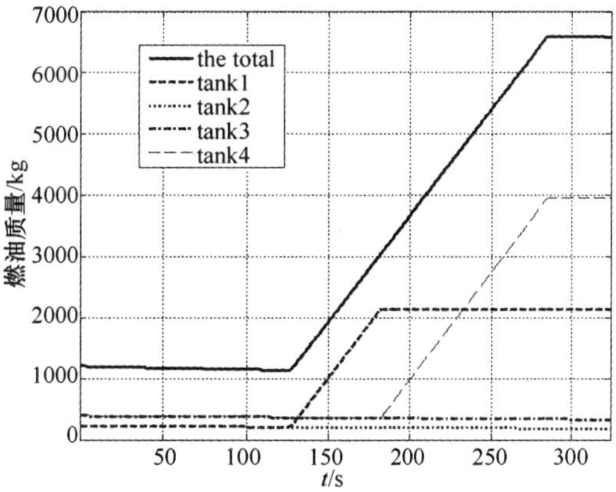


图 16－32　受油机油箱油量变化

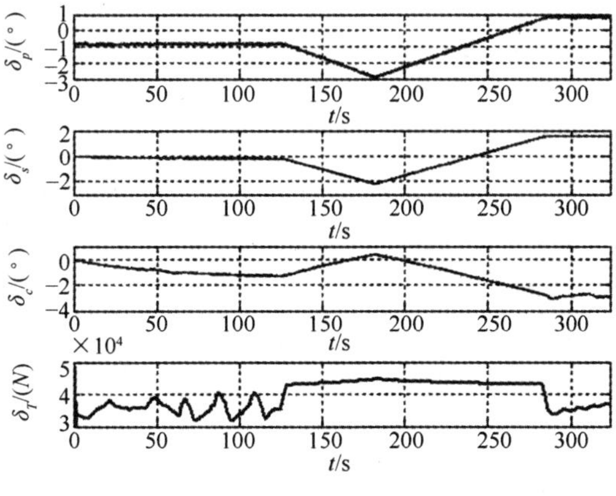


图 16－33　受油机控制输入量

**2. 中度紊流的情况**

仿真中紊流强度设置为中度($10^{-3}$)，受油机头波采用第七章中 CFD 数据，整个加油对接飞行过程与轻度紊流时十分相似，为避免重复只列出如图 16－46～图 16－55 所示的部分仿真结果。

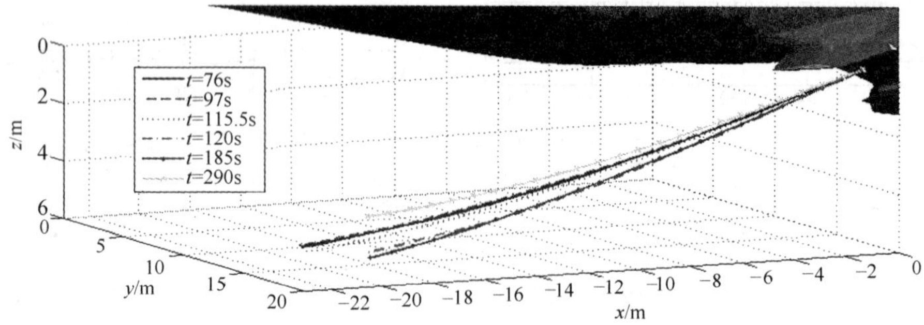


图 16－34　软管锥套组合体形态变化

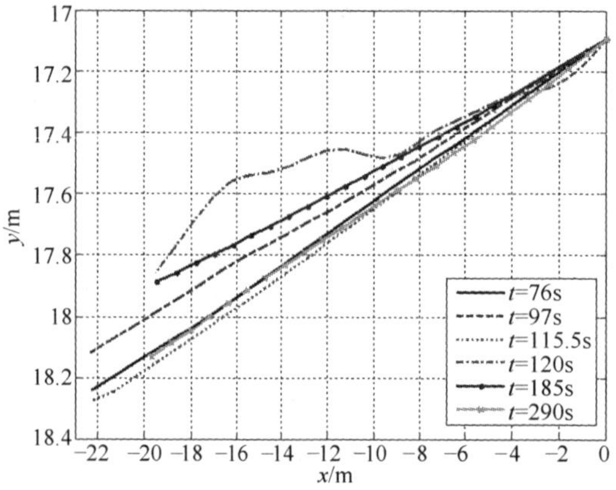


图 16－35　软管形态的 $x-y$ 平面投影

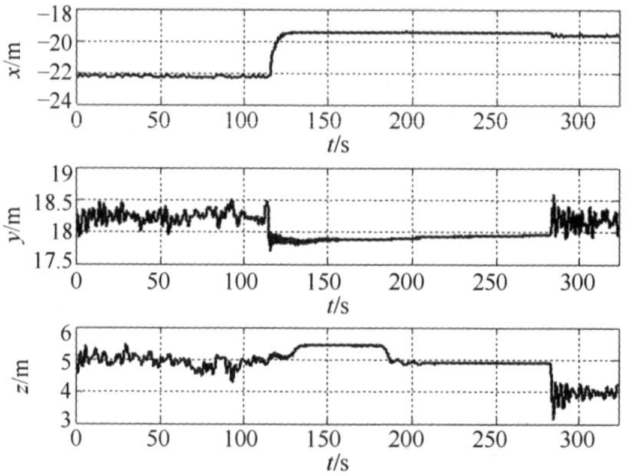


图 16－36　受油插头位置变化

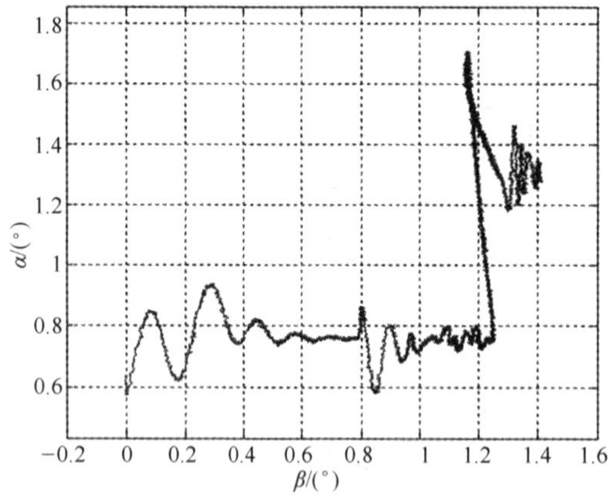


图 16－37　近似变量 $\alpha-\beta$ 相轨迹

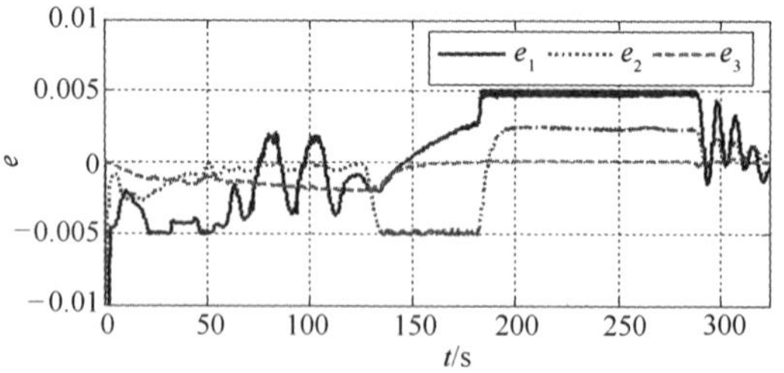


图 16－38　系统加权误差 $e$

**3. 重度紊流的情况**

仿真中紊流强度设置为重度($10^{-5}$)，受油机头波采用第七章中 CFD 数据，整个加油对接飞行过程与轻度紊流时十分相似，为避免重复只列出如图 16－56～图 16－65 所示的部分仿真结果。

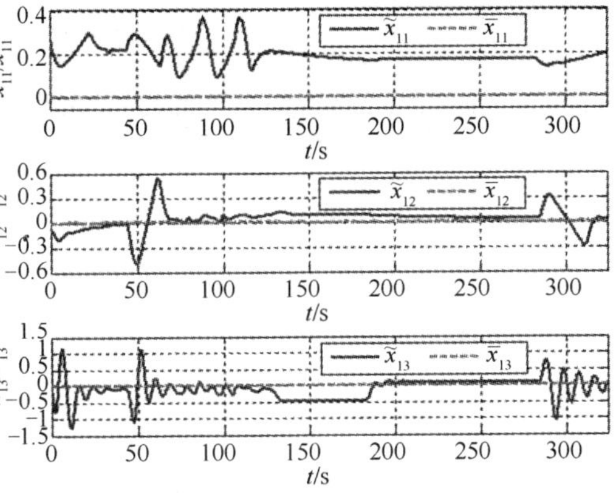


图 16－39　$\boldsymbol{X}_1$ 的跟踪误差与补偿跟踪误差

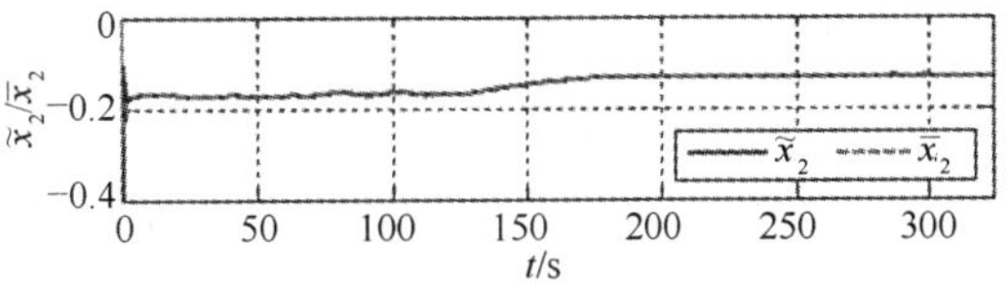


图 16－40　$\boldsymbol{X}_2$ 的跟踪误差与补偿跟踪误差

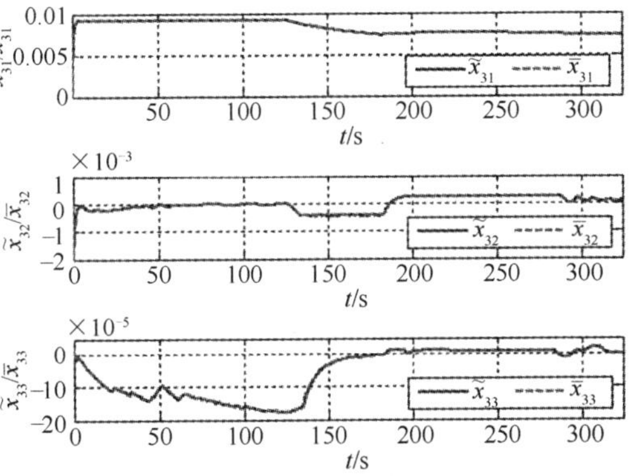


图 16－41　$\boldsymbol{X}_3$ 的跟踪误差与补偿跟踪误差

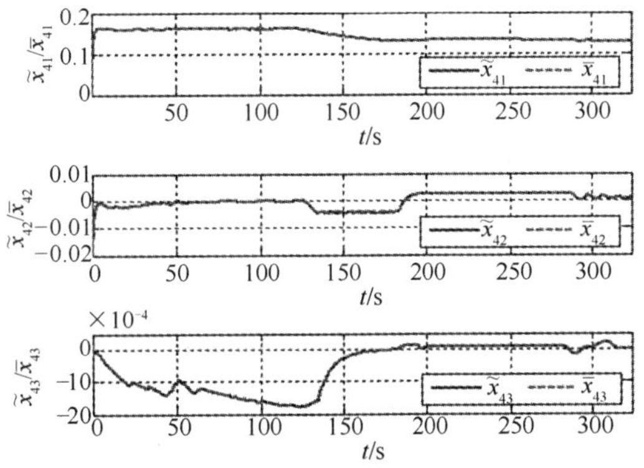


图 16－42　$X_4$ 的跟踪误差与补偿跟踪误差

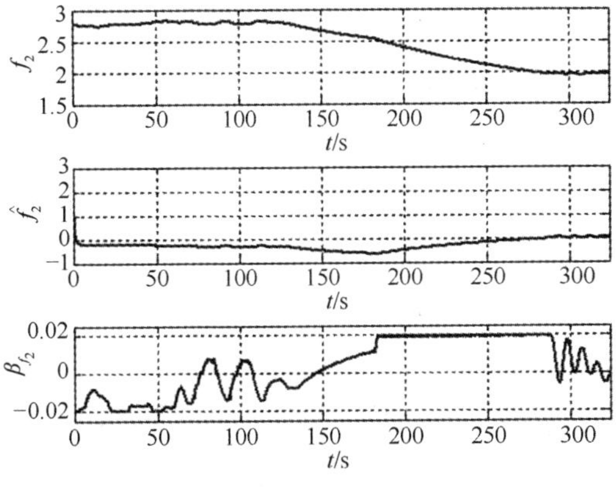


图 16－43　$f_2$、$\hat{f}_2$ 和 $\beta_{f_2}$

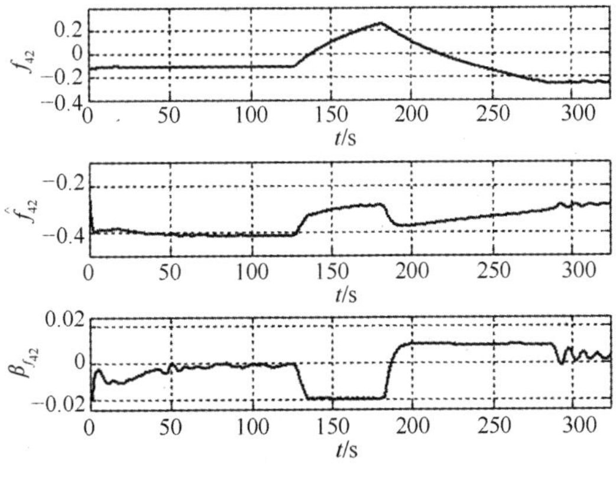


图 16－44　$f_{42}$、$\hat{f}_{42}$ 和 $\beta_{f_{42}}$

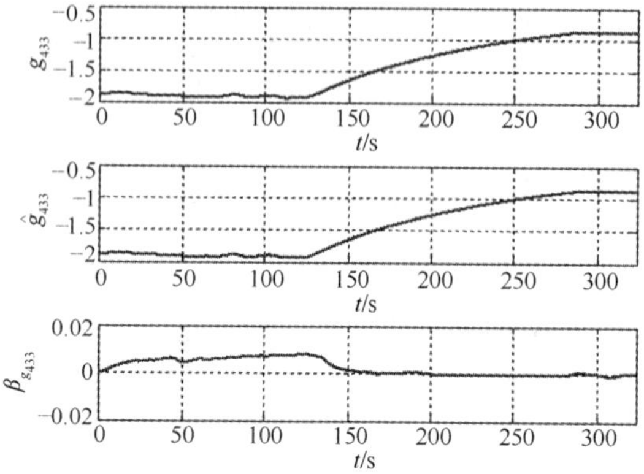


图 16 - 45　$g_{433}$、$\hat{g}_{433}$和$\beta_{g_{433}}$

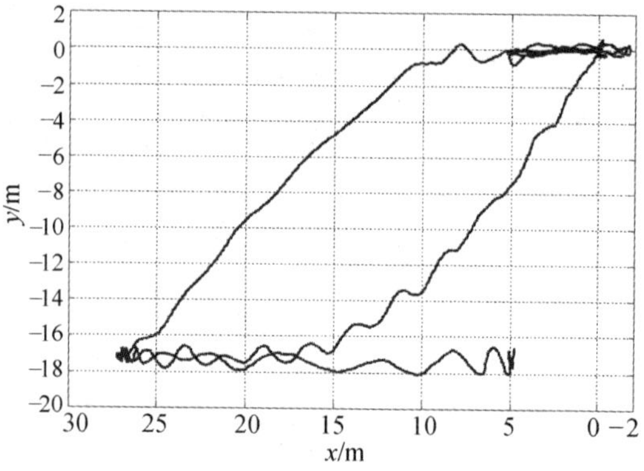


图 16 - 46　插头与锥套相对位置的 $x-y$ 投影

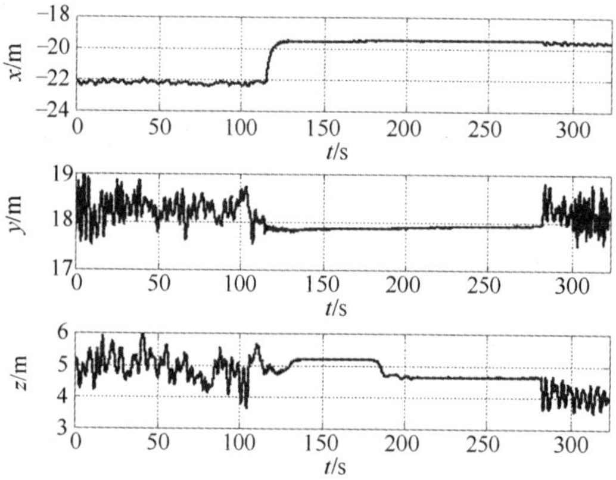


图 16 - 47　受油插头位置变化

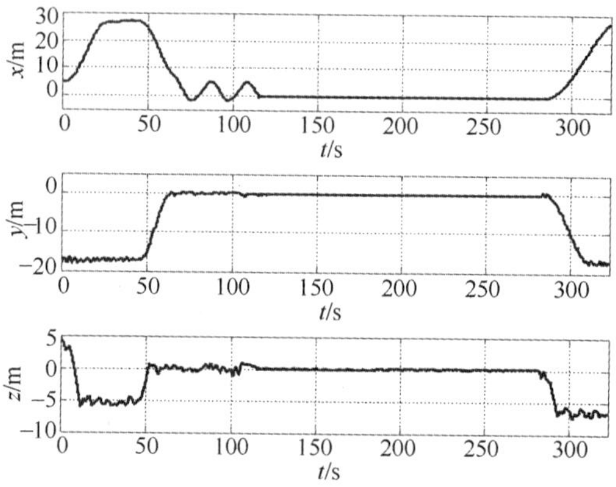


图 16 - 48　插头与锥套的相对位置动态过程

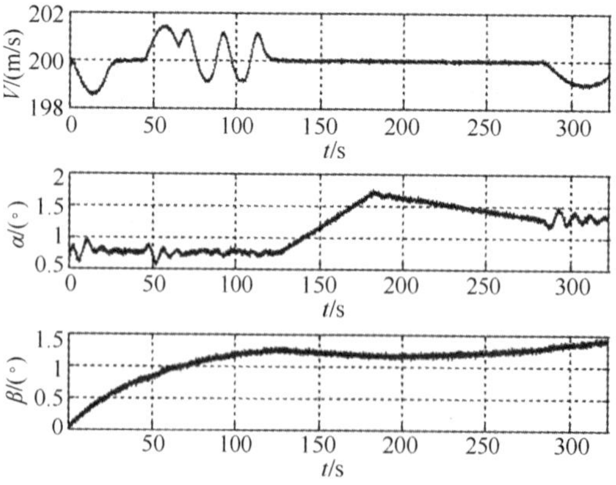


图 16 - 49　受油机空速与气流角

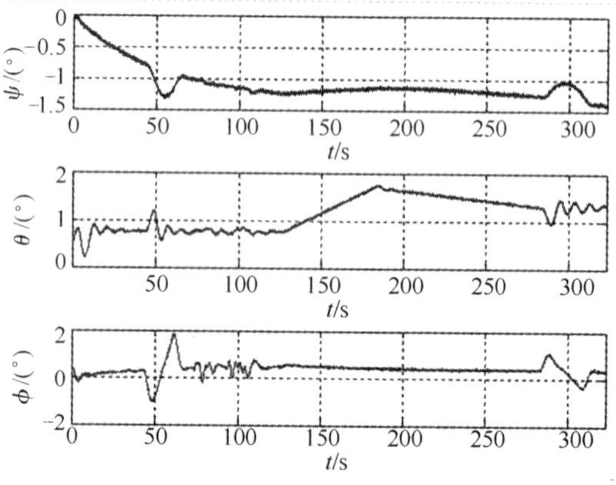


图 16 - 50　受油机姿态动态过程

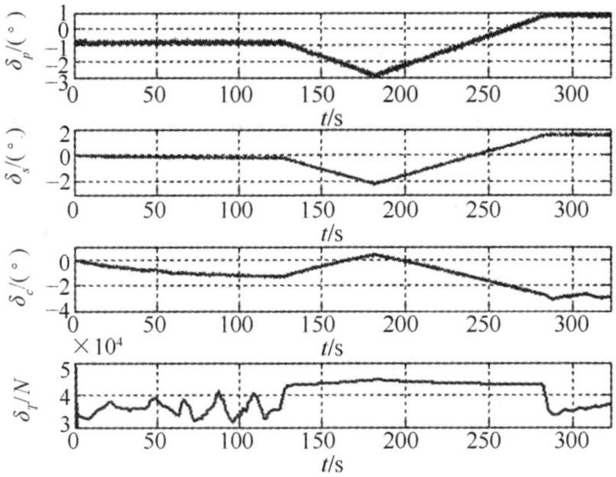


图 16－51　受油机控制输入量

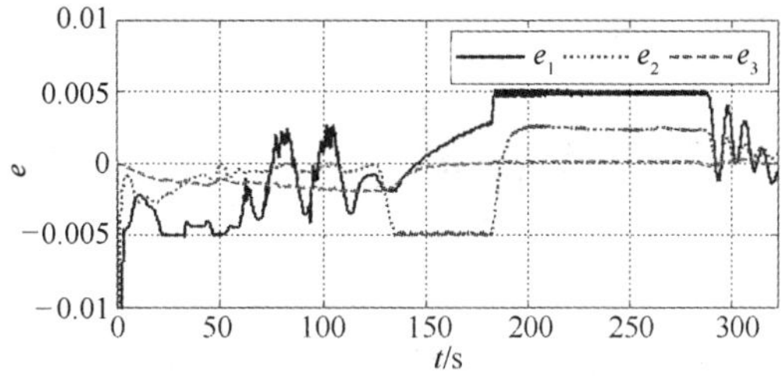


图 16－52　系统加权误差 $e$

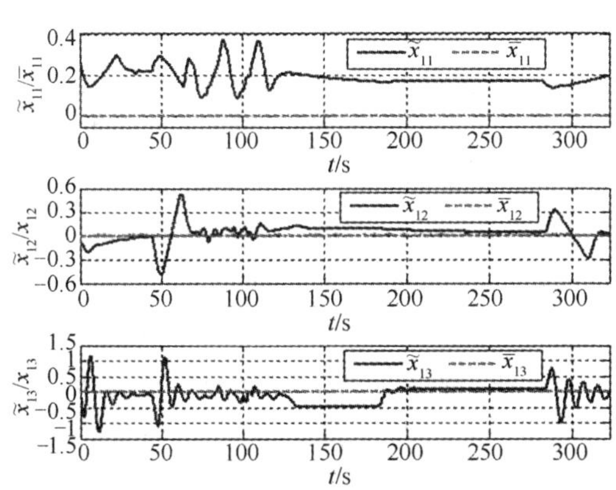


图 16－53　$\boldsymbol{X}_1$ 的跟踪误差与补偿跟踪误差

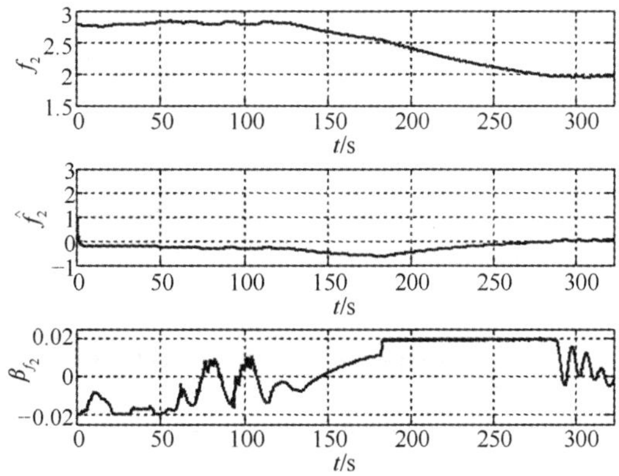


图 16－54　$f_2$、$\hat{f}_2$ 和 $\beta_{f_2}$

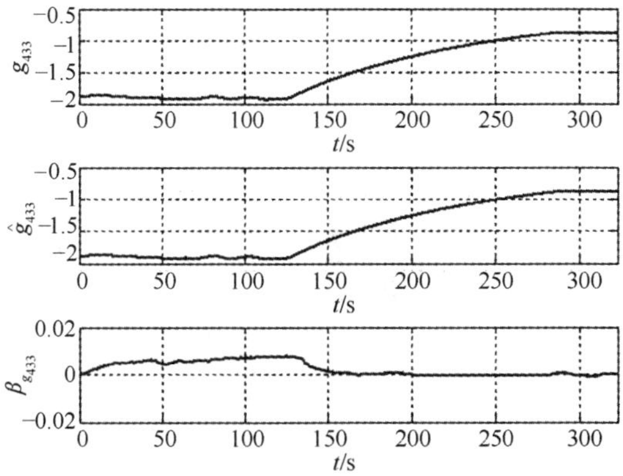


图 16－55　$g_{433}$、$\hat{g}_{433}$ 和 $\beta_{g_{433}}$

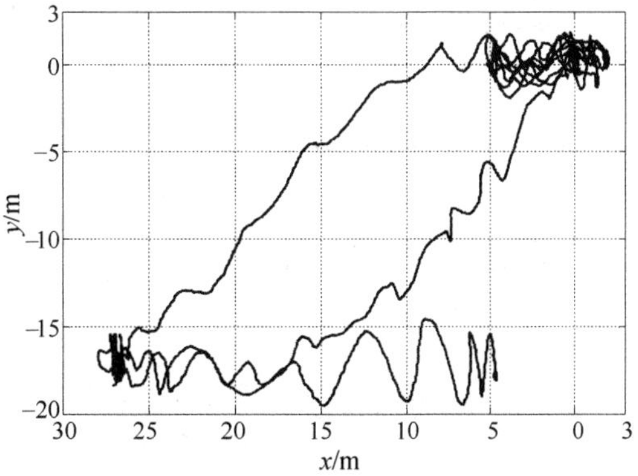


图 16－56　插头与锥套相对位置的 $x-y$ 投影

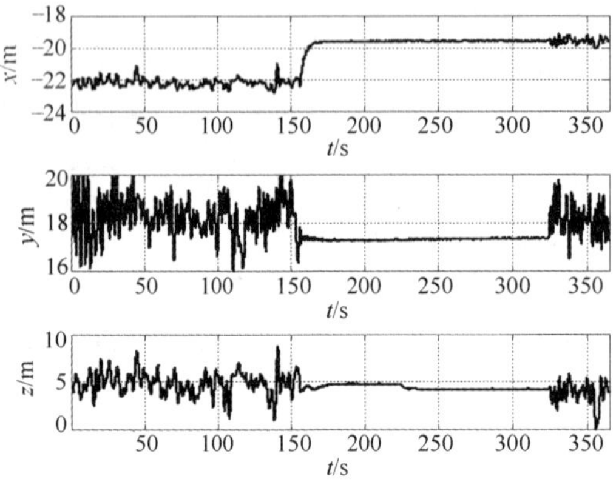


图 16－57　受油插头位置变化

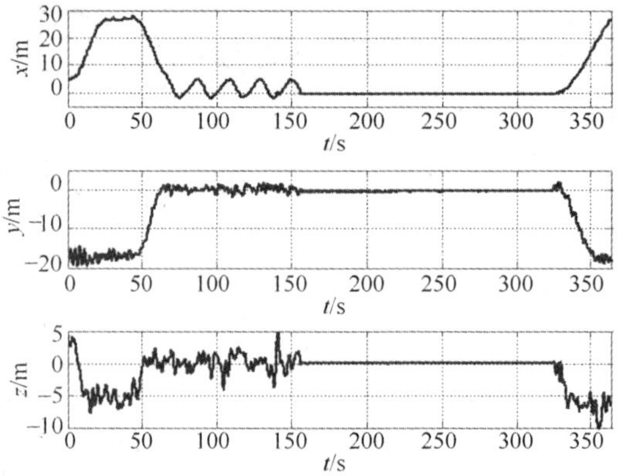


图 16－58　插头与锥套的相对位置动态过程

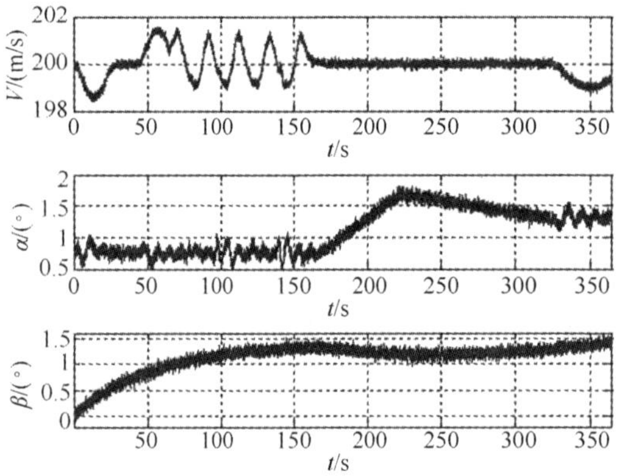


图 16－59　受油机空速与气流角

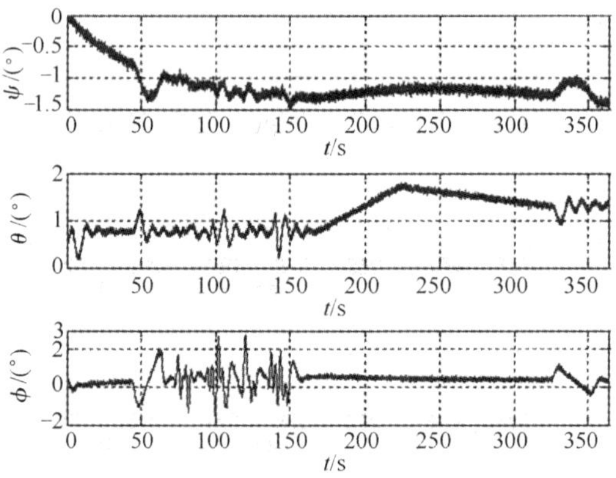


图 16－60　受油机姿态动态过程

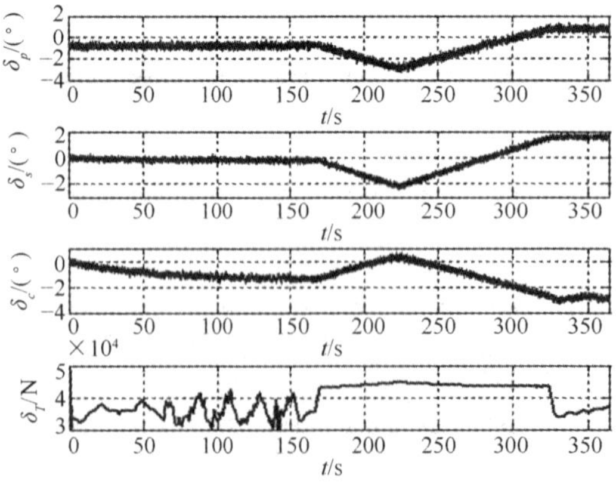


图 16－61　受油机控制输入量

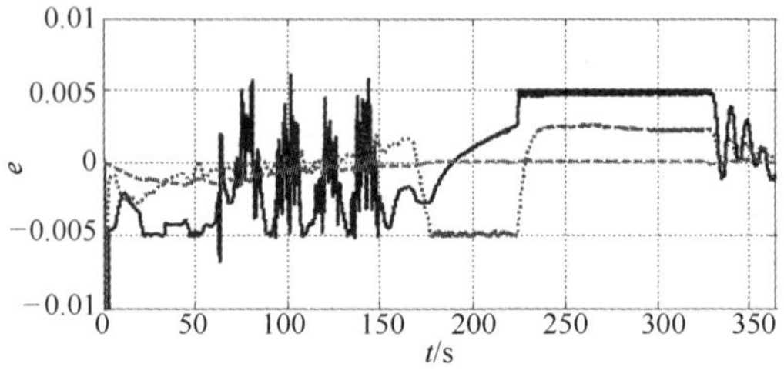


图 16－62　系统加权误差 $e$

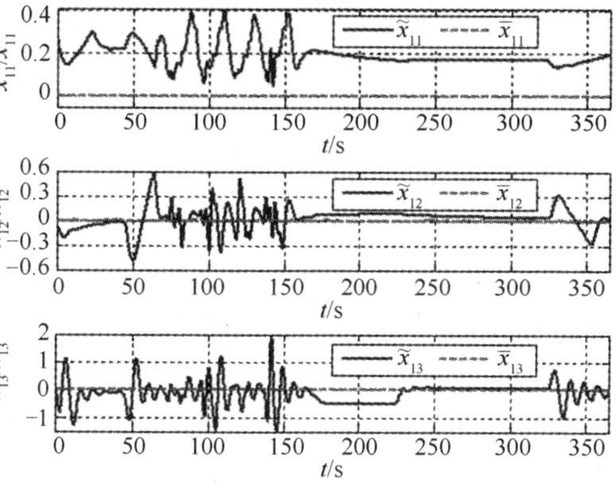


图 16－63　$\boldsymbol{X}_1$ 的跟踪误差与补偿跟踪误差

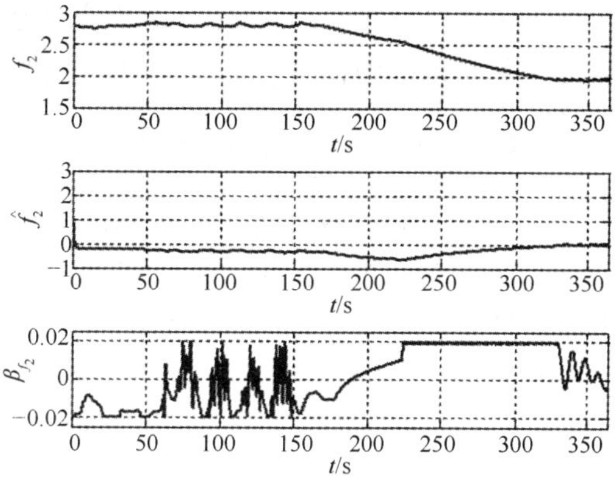


图 16－64　$f_2$、$\hat{f}_2$ 和 $\beta_{f_2}$

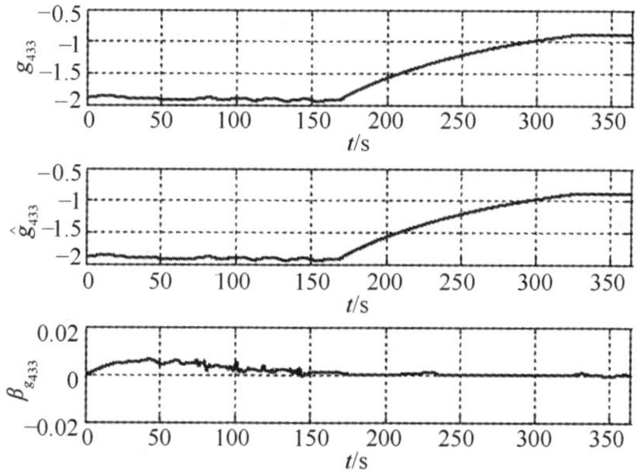


图 16－65　$g_{433}$、$\hat{g}_{433}$ 和 $\beta_{g_{433}}$

与未考虑紊流和头波影响的仿真 1 对比可知，在轻、中、重三种紊流强度和头波影响下，所设计的控制器仍能有效克服紊流干扰，确保控制系统稳定，实现成功对接。但由于紊流带来的类似白噪声的影响，锥套位置稳定性随紊流强度增大而明显下降，拖曳飘摆逐渐加剧。受限于受油机“慢动态”的固有属性，使得受油机无法实现对锥套“快动态”运动的完全跟踪，导致受油机对接次数明显增加，分别为轻度紊流 3 次、中度 3 次和重度 5 次。

由图 16－36、图 16－47 可知，轻、中度紊流条件下，在受油机头波的作用下，锥套下沉量在 75s、90s 附近有较为明显的上升，但该上升并无特别明显规律性。而重度紊流条件下，受油机头波的气动影响几乎完全被紊流所淹没，锥套位置变化已近乎完全随机。目前众多文献，为克服头波影响，提高对接成功率，通常是不考虑大气扰动、加油机尾流等气动影响，简单分析锥套在头波作用下的偏移规律，从而为受油机提前预置某一对接偏移量。由上述仿真结果可知，目前这种克服头波干扰的确定性处理策略，在实际加油飞行中由于大气紊流、加油机尾流、机体震动等随机性因素的影响，可能会使锥套在头波下的偏移规律也不再有明显可预测的规律性。因此，本书克服锥套飘摆随机性是通过多次对接尝试以提高任务总体成功率的策略。

另外,由上述仿真可知,函数在线近似结果与未考虑大气紊流时基本一致。原因是大气紊流本质是高频影响,其变化速率完全超出了在线近似器的近似能力。这类高频扰动主要是靠控制器中比例环节产生相应控制量驱动舵面快速偏转来克服的。

### 16.3.3 在线自组织近似域大小的影响

以上仿真中所设置的在线局部近似域的半径均为 2°,而空中加油对接飞行过程中受油机迎角和侧滑角均未超出该范围,即系统启动后在线局部近似域数量始终为 1。当在线局部近似域的半径均设置为 0.25°时,且局部近似域切换时下一近似域中近似函数状态初值均为 0,即 $\boldsymbol{\theta}_{f_{2p}}(0)=\boldsymbol{\theta}_{f_{4jp}}(0)=\boldsymbol{\theta}_{g_{4jkp}}(0)=[0\quad 0\quad 0]^{\mathrm{T}}$。考虑轻度紊流和头波影响时,加油对接飞行过程的仿真结果如图 16-66 ~ 图 16-75 所示。

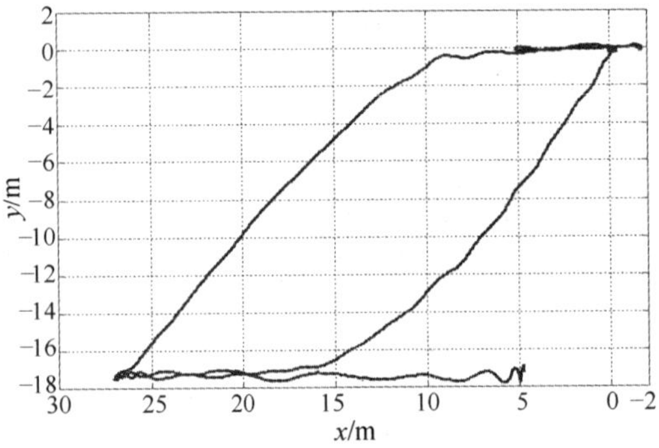

图 16-66 插头与锥套相对位置的 $x-y$ 投影

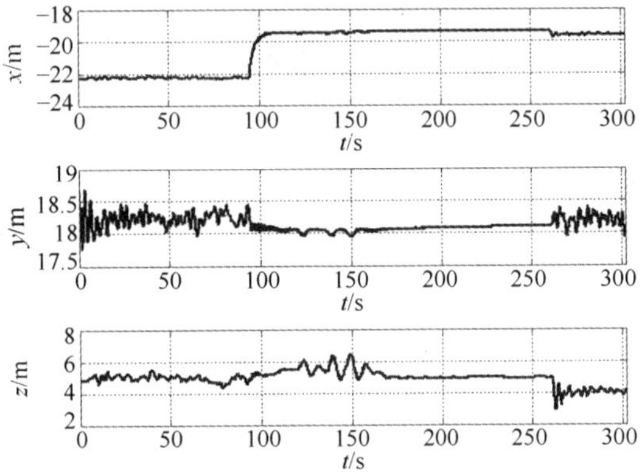

图 16-67 受油插头位置变化

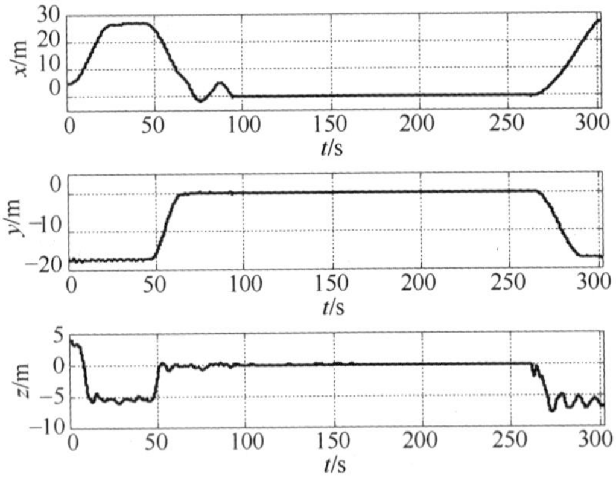

图 16-68 插头与锥套的相对位置动态过程

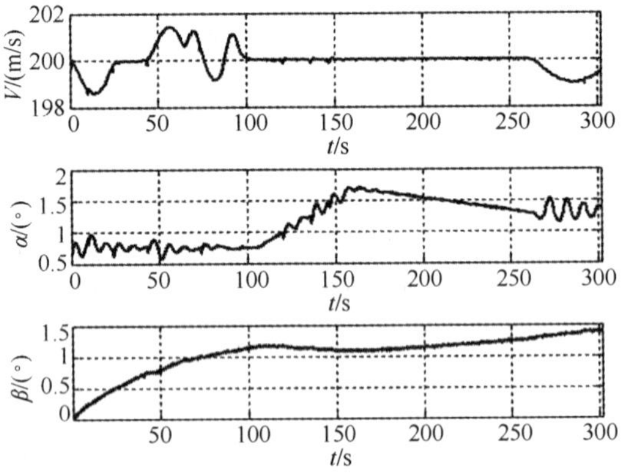

图 16-69 受油机空速与气流角

由以上仿真结果可知,在完全相同的外部条件下,采用较小的在线局部近似域半径,未知函数可以根据系统状态运行轨迹更加精细地确定局部近似域,使得对接次数减少为 2 次即可成功锁定。这说明较小的局部近似域设置有助于提高控制系统精度。但从其他仿真图可知,当局部近似域频繁切换时,由于近似函数状态初值均要重置为 0,导致系统内部状态切换瞬态的瞬时干扰较为频繁。尽管飞机长周期的航迹状态量影响较小,且航迹跟踪精度有所提高,但这种频繁的瞬时干扰显然是不希望的。克服这种由近似函数状态初值为 0 引起的频繁的瞬时干扰的方法是随着局部近似域的切换，将上一局部近似域中的近似函数切换瞬间的状态值设置为下一局部近似域中的近似函数状态初值，从而使每一个新的近似域均能“继承”之前的函数近似精度。但当系统工作域较大时，这种处理方式必将带来控制器设计工作量、数据存储量等代价的大幅增加。因此，实际控制系统设计中，必须权衡控制性能收益和所需代价，从而合理确定折中方案。

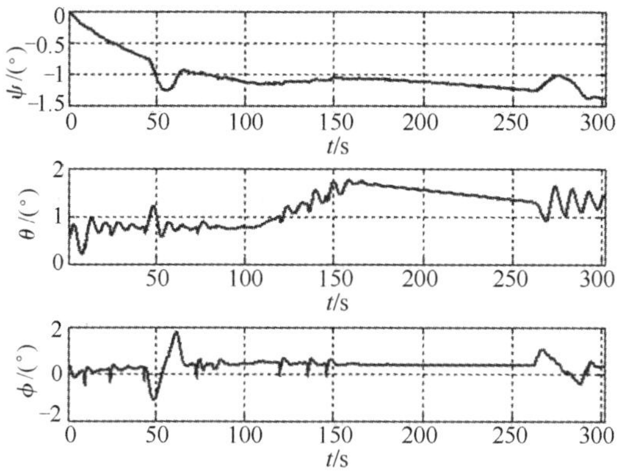


图 16-70　受油机姿态动态过程

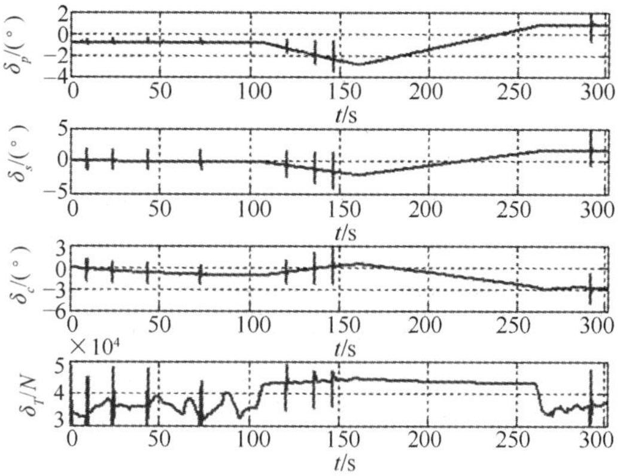


图 16-71　受油机控制输入量

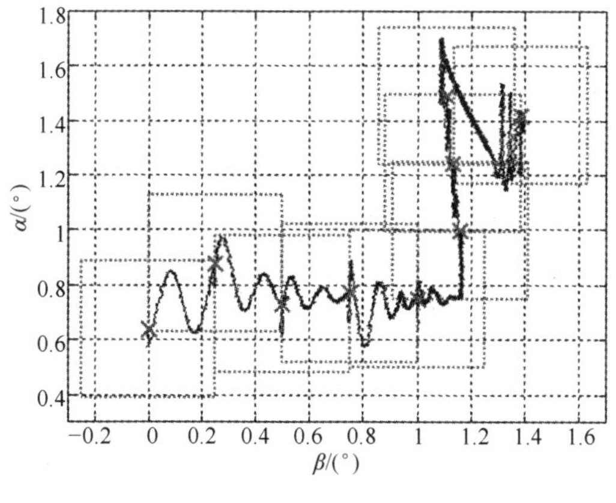


图 16-72　$\alpha-\beta$ 相轨迹及局部近似域

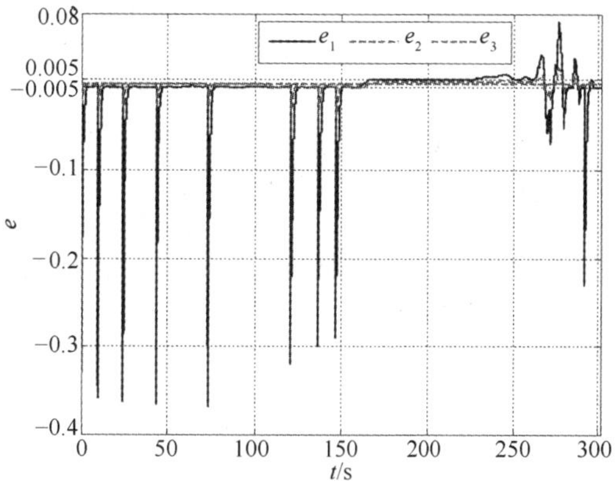


图 16-73　系统加权误差 $e$

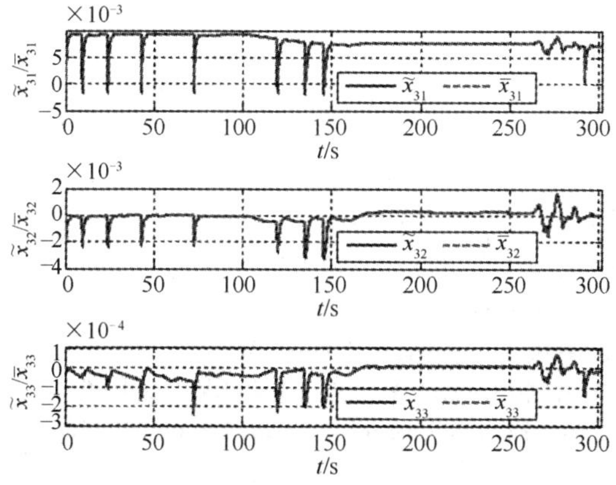


图 16-74　$\boldsymbol{X}_3$ 的跟踪误差与补偿跟踪误差

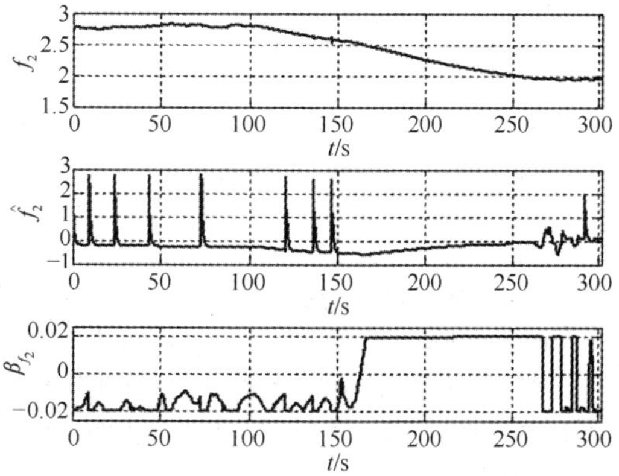


图 16-75　$f_2$、$\hat{f}_2$ 和 $\beta_{f_2}$

# 参考文献


[1] Thomas P R, Bhandari U, Bullock S, et al. Advances in air to air refueling[J]. Progress in Aerospace Sciences, 2014, 71: 14 -35.

[2] Smith R K. Seventy - five years of inflight refueling: highlights, 1923 - 1998[M]. U. S:Air Force History and Museums Program, 1998.

[3] Bolkcom C, Klaus J D. Airforce aerial refueling methods: flying boom versus hose - and - drogue[R]. U. S. : Congressional Research Service Report RL32910, 2005.

[4] NATO Standardization Agency, ATP -56(B). air to air refuelling[S]. U. S. : NATO Standardization Agency, 2010.

[5] 董新民,徐跃鉴,陈博. 自动空中加油技术研究进展与关键问题[J]. 空军工程大学学报(自然科学版),2008,9(6):1 -5.

[6] 全权,魏子博,高俊,等. 软管式自主空中加油对接阶段中的建模与控制综述[J]. 航空学报,2014, 35(9): 2390 -2410.

[7] 陆宇平,杨朝星,刘洋洋. 空中加油系统的建模与控制技术综述[J]. 航空学报,2014,35(9): 2375 -2389.

[8] 傅前哨. 天空中的油料库——加油机发展简史[J]. 中国空军. 2006,5:67 -69.

[9] 晨枫. 苏联空中加油史话[J]. 军事世界画刊,2007,8:12 -16.

[10] 刘永坚,葛蘅,程龙,等. 图“话”空中加油[M]. 北京:国防工业出版社,2014.

[11] 马世强. 中国空中加油技术发展之思考[J]. 中国海军,2009,4:36 -45.

[12] 裴申. 为建设大空军做准备——浅谈我国发展新型空中加油技术[J]. 中国海军,2012,5:68 -72.

[13] 离子鱼. 直升机的空中加油[J]. 海阔天空,2009,9:41 -48.

[14] 佩申. 直升机之“吻”——直升机空中加油技术纵横谈[J]. 兵工科技,2006,39(03):39 -42.

[15] 路录祥. 直升机空中加油技术[C]. 第22届全国直升机年会论文集,2006:241 -245.

[16] 刘夏石. 中国新一代直升机的发展方向[C]. 第14届全国直升机年会论文集,1 998:34 -40.

[17] 任宪文,徐佳龙,刘琳. 直升机空中加油技术综述[J]. 直升机技术,2011(1):69 -71.

[18] Ryan P Dibley, Michael J Allen. Autonomous airborne refueling demonstration phase I flight - test results[C]. AIAA Atmospheric Flight Mechanics Conference and Exhibit, Hilton Head, South Carolina: AIAA, 2007.

[19] 乾锟. 空中加油:从有人到无人的跨越[J]. 国际航空,2007,12:29 -30.

[20] 蒋红岩,李文川,肖铭. 无人机自主空中加油技术探究[J]. 航空科学技术,2011,11:35 -38.

[21] 管元璋. 多用途加油/运输机的发展[J]. 新时代国防,2009,5: 9 -15.

[22] 王文平,葛蘅. 飞机空中加油系统主要技术指标及加/受油能力匹配性分析[J]. 航空装备论证,2009,3:6 -10.

[23] 李亚萍. 波音公司的KC -767空中加油机[J]. 运输机工程,2010,1:73.

[24] 李淼,卢新来. 美国KC -X加油机项目分析[J]. 航空科学技术. 2011,4:21 -23.

[25] 程龙,葛蘅,赵志忠. 解读美空军KC -X空中加油机的能力要求[J]. 国际航空,2011,6:32 -35.

[26] 程龙,葛蘅,柴建忠. 外军空中加油机战略作用于装备进展分析[J]. 国际航空,2011,7:38 -41.

[27] 程龙,葛蘅. 受油机对加油机的约束研究[J]. 国际航空,2011,9:53 -55.

[28] 程龙,韩志敏. 国外大型军用运输机改加油机的总体方案探析[J]. 国际航空,2011,12:27 -28.

[29] 葛蘅,程龙,郭生荣,等. 改变美国空军文化的KC -X新一代空中加油机[M]. 北京:国防工业出版社,2012.

[30] Bennington M A, Visser K D. Aerial refueling implications for commercial aviation[J]. Journal of Aircraft, 2005, 42(2): 366 -375.

[31] Kapseong Ro, Emre Basaran. Aerodynamic investigations of paradrogue assembly in aerial refueling system[C]. 44th

AIAA Aerospace Sciences Meeting and Exhibit, Reno: AIAA, 2006.

[32] Shigeo Hayashibara, James Austin. Simulation – based design (SBD) applications for a mid – air aerial refueling paradrogue system[C]. 6th AIAA Aviation Technology, Integration and Operations Conference (ATIO), Wichita, Kansas: AIAA, 2006.

[33] 萌步. 国外空中加油吊舱的发展概况[J]. 航空科学技术,1993,5:26 – 29.

[34] 周倩,肖铭,胡冬林. 国外机身软式空中加油平台发展探析[J]. 航空科学技术,2012,6:14 – 17.

[35] 陈博,董新民,徐跃鉴,等. 加油机尾流场建模及受油机飞行安全性分析[J]. 系统仿真学报,2008,20(8):1994 – 2002.

[36] 陈博,董新民,徐跃鉴,等. 插头锥管式受油机纵向飞行控制研究[J]. 飞行力学,2008,26(1):31 – 34.

[37] 陈博,董新民,徐跃鉴,等. 加油机尾流场建模与仿真分析[J]. 飞行力学, 2007,25(4):73 – 76.

[38] 徐跃鉴,董新民,陈博. 近距编队飞行气动影响建模与分析[J]. 飞行力学,2008,26(6):14 – 18.

[39] 刘娇龙,薛建平,董新民,等. 基于尾流数值模拟的受油机气动影响建模研究[J]. 飞行力学, 2014,32(5):389 – 393.

[40] Xu Y J, Dong X M. Partially random learning particle swarm optimization with parameter adaptation[C]. WCICA, Dalian, China: IEEE, , 2006.

[41] 王健,董新民,徐跃鉴,等. 软式空中加油受油机头波数值仿真分析[J]. 飞行力学,2015.

[42] Venkataramanan S, Dogan A. Dynamic effects of trailing vortex with turbulence & time – varying inertia in aerial refueling[C]. AIAA Atmospheric Flight Mechanics Conference and Exhibit, Rhode Island: AIAA, 2004.

[43] Dogan A, Venkataramanan S, Blake W. Modeling of aerodynamic coupling between aircraft in close proximity[J]. Journal of Aircraft, 2005, 42(4): 941 – 955.

[44] Dogan A, Lewis T A, Blake W. Flight data analysis and simulation of wind effects during aerial Refueling[J]. Journal of Aircraft, 2008,45(6): 2036 – 2048.

[45] Dogan A, Blake W. Modeling of bow wave effect in aerial refueling[C]. AIAA Atmospheric Flight Mechanics Conference, Toronto: AIAA, 2010.

[46] Dogan A, Blake W, Christian Haag. Bow wave effect in aerial refueling: computational analysis and modeling[J]. Journal of Aircraft, 2013,50(6):1856 – 1868.

[47] Michael Harris, Robert I Young, Friedrich Köpp. Wake Vortex Detection and Monitoring[J]. Aerospace Science and Technology, 2002(6): 325 – 331.

[48] Frank Holzäpfel, Thomas Gerz, Robert Baumann. Theturbulent decay of trailing vortex pairs instably tratified environments[J]. Aerospace Science and Technology, 2001 (5): 95 – 108.

[49] Frank Holzäpfel, Thomas Hofbauer, Denis Darracq, et al. Analysis ofwake vortex decay mechanisms in the atmosphere [J]. Aerospace Science and Technology, 2003 (7): 263 – 275.

[50] Oleg A Likhachev. Equilibriumstate of trailing vortices: two – dimensional model of a far – field vortex wake[J]. Aerospace Science and Technology, 2001 (5): 329 – 338.

[51] Eike Stumpf, R Rudnik, A Ronzheimer. Eulercomputation of the nearfield wake vortex of an aircraft in take – off configuration[J]. Aerospace Science and Technology, 2000 (4): 535 – 543.

[52] Gordon Höhne, Michael Fuhrmann, Robert Luckner. Criticalwake vortex encounter scenarios[J]. Aerospace Science and Technology, 2004 (8): 689 – 701.

[53] Carsten Walter Schwarz, Klaus – Uwe Hahn. Full – flight simulator study for wake vortex hazard area investigation[J]. Aerospace Science and Technology, 2006 (10): 136 – 143.

[54] Haverkamp S,Neuwerth G,Jacob D. Active andpassive vortex wake mitigation using control surfaces[J]. Aerospace Science and Technology, 2005(9): 5 – 18.

[55] Mark S Jurkovich. CFD prediction of the flowfield behind the KC – 135R tanker[C]. AIAA Applied Aerodynamics Conference, Honolulu, Hawaii: AIAA, 2011.

[56] Anthony P Brown. Wakevortex core profiles and stability from enroute flight data[C]. AIAA Atmospheric Space Environments Conference, Honolulu, Hawaii: AIAA, 2011.

[57] 谢江，毛国勇，张武．FLUENT 及其在飞机绕流流场并行计算中的应用[J]．计算机工程与应用，2007，43(28):246－248.
[58] 张兆顺,崔桂香,许春晓．湍流大涡数值模拟的理论和应用[M]．北京:清华大学出版社,2008：54－59.
[59] Ronald Tambor. Flightinvestigation of the lift and drag characteristics of a swept－wing, multijte, transport－type airplane[R]. NASA Technical Note D－30, IN－05, 381802. Washington：NASA, 1960.
[60] Proctor F H, George F Switzer. Numerical simulation of aircraft trailing vortices[C]. 9th Conference on Aviation, Range and Aerospace Meteorology, Orlando Florida：American Meteorology Society, 2000.
[61] Yoshihiro Yamaguchi, Toshiyuki Arima. Simulation of aircraft wake vortex using pressure－based unified numerical approach for incompressible and compressible flows[C]. AIAA Aerospace Sciences Meeting Reno, Nevada：AIAA, 2004.
[62] George F Switzer, Fred H Proctor, Nash'at N Ahmad. Animproved wake vortex tracking algorithm for multiple aircraft [C]. AIAA Atmospheric and Space Environments ConferenceToronto, Ontario Canada：AIAA, 2010.
[63] Takashi Misaka, Frank Holzapfel, Thomas Gerz. Large－eddy simulation of wake vortex evolution from roll－up to vortex decay[C]. AIAA Aerospace Sciences Meeting Orlando, Florida：AIAA, 2011.
[64] Takashi Misaka, Frank Holzapfel, Thomas Gerz. Wakeevolution of wing－body configuration from roll－up to vortex decay[C]. AIAA Aerospace Sciences Meeting Nashville, Tennessee：AIAA, 2012.
[65] 田琳琳,赵宁,钟伟,等．风力机远尾流的计算研究[J]．空气动力学学报,2011,29(6)：805－819.
[66] 祝立国,高为民,吕志咏．空中受油管的绕流特性研究[J]．流体力学实验与测量,2004,18(2):25－27.
[67] Stevens B L, Lewis F L. Aircraftcontrol and simulation[M]. New York：Wiley,1992：21.
[68] Roskam J. Airplane flight dynamics and automatic flight controls[M]. Lawrence：DARcorporation , 2001：5.
[69] 鲁道夫．布罗克豪斯．飞行控制[M]．金长江,译．北京:国防工业出版社,1999.
[70] 肖业伦．飞行器运动方程[M]．北京:航空工业出版社, 1987.
[71] 肖业伦,金长江．大气扰动中的飞行原理[M]．北京:国防工业出版社, 1993.
[72] 袁子怀,钱杏芳．有控飞行力学与计算机仿真[M]．北京:国防工业出版社, 2001.
[73] Bloy A, Khan M. Modeling of the receiver aircraft in air－to－air refueling[J]. Journal of Aircraft, 2001, 38(2)：393－396.
[74] Dogan A, Venkataramanan S. Nonlinear control for reconfiguration of unmanned－aerial－vehicle formation[J]. Journal of Guidance Control and Dynamics, 2005, 28(4)：667 － 678.
[75] Tucker J, Dogan A. Derivation of the dynamics equations of receiver aircraft in aerial refueling[C]. 45th AIAA Aerospace Sciences Meeting and Exhibit, Reno：AIAA, 2007.
[76] Dogan A,Kim E, Blake W. Control and simulation of relative motion for aerial refueling in racetrack maneuvers[J]. Journal of Guidance Control and Dynamics, 2007, 35(5)：1551－1557.
[77] Waishek J, Dogan A, Blake W. Derivation of the dynamics equations of receiver aircraft in aerial aefueling[J]. Journal of Guidance Control and Dynamics, 2009, 32(2)：585－597.
[78] 郭军,董新民,王龙,等．自主空中加油变质量无人机建模与控制[J]．飞行力学,2011,29(6)：36－40.
[79] 刘娇龙,薛建平,董新民,等．空中加油变质量建模与干扰补偿控制[J]．飞行力学,2013,31(4):321－325.
[80] 刘娇龙,薛建平,董新民,等．空中加油变质量飞机建模与仿真[J]．科学技术与工程, 2013,13(30):8971－8976.
[81] Eichler J. Dynamic analysis of an in－flight refueling system[J]. Journal of Aircraft, 1978, 15(5)：311－318.
[82] Bloy A W, Khan M M. Modeling of the hose and drogue in air－to－air refueling[J]. Aeronautical Journal, 2002,106(1055)：17－26.
[83] Hensen J H, Murray J E, Campos NV. The NASA Dryden AAR project：a flight test approach to an aerial refueling system[C]. AIAA Atmospheric Flight Mechanics Conference and Exhibit, AIAA, 2004.
[84] Hensen J H, Murray J E, Campos NV. The NASA Dryden flight test approach to an aerial refueling system[R]. NASA TM－2005－212859, 2005.
[85] Vassberg J C, Yeh D T, Blair AJ, et al. Dynamic characteristics of a KC－10 wing－pod refueling hose by numerical simulation[C]. 20st Applied Aerodynamics Conference, Missouri：AIAA, 2002.

[86] Vassberg J C, Yeh D T, Blair A J, et al. Numerical simulations of KC – 10 wing – mount aerial refueling hose – drogue dynamics with a reel take – up system[C]. 21st Applied Aerodynamics Conference, Orlando: AIAA,2003.

[87] Vassberg J C, Yeh D T, Blair A J, et al. Numerical simulations of KC – 10 centerline aerial refueling hose – drogue dynamics with a reel take – up system[C]. 22nd Applied Aerodynamics Conference and Exhibit, Rhode Island: AIAA, 2004.

[88] Vassberg J C, Yeh D T, Blair AJ, et al. Numerical simulation of KC – 10 in – flight refueling hose – drogue dynamics with an approaching F/A – 18D receiver aircraft[C]. 23rd AIAA Applied Aerodynamics Conference, Toronto: AIAA, 2005.

[89] Kapseong Ro, Emre Basaran, James W Kamman. Aerodynamic characteristics of paradrogue assembly in an aerial refueling system[J]. Journal of Aircraft, 2007, 44(3): 963 – 970.

[90] Vachon M J , Ronald J Ray. Calculated drag of an aerial refueling assembly through airplane performance analysis[C]. 42nd AIAA Aerospace Sciences Meeting, Reno: AIAA, 2004: 1 – 18.

[91] Zhu Z H ,Meguid S A . Elastodynamic analysis of aerial refueling hose using curved beam element[J]. AIAA Journal 2006; 44(6): 1317 – 24.

[92] Zhu Z H,Meguid S A. Modeling and simulation of aerial refueling by finite element method[J]. International Journal of Solids and Structures, 2007, 44: 8057 – 8073.

[93] Ribbens W B,Saggio F,Wierenga R, et al. Dynamics modeling of an aerial refueling hose & drogue system[C]. 25th Applied Aerodynamics Conference, Miami: AIAA, 2007: 1 – 10.

[94] Kamman J W, Huston R L. Modeling of variable length towed and tethered cable systems[J]. Journal of Guidance Control and Dynamics, 1999, 22(4): 602 – 608.

[95] Kapseong Ro, Emre Basaran, James W Kamman. Aerodynamic characteristics of paradrogue assembly in an aerial refueling system[J]. Journal of Aircraft, 2007, 44(3): 963 – 970.

[96] Ro K, Ahmad H, Kamman J W. Dynamic modeling and simulation of hose – paradrogue assembly for mid – air operations[C]. AIAA Infotech@ Aerospace Conference, Seattle, Washington: AIAA, 2009.

[97] Kapseong Ro, James W Kamman. Modeling and simulation of hose – paradrogue aerial refueling systems[J]. Guidance Control and Dynamics, 2010, 33(1):53 – 63.

[98] Kapseong Ro, Taeseung Kuk, James W Kamman. Dynamics and control of hose – drogue refueling systems during coupling[J]. Journal of Guidance Control and Dynamics, 2011, 34(6): 1694 – 708.

[99] Styuart A V, Yamashiro H, Stirling R, et al. Numerical simulation of hose whip phenomenon in aerial refueling[C]. AIAA Atmospheric Flight Mechanics Conference, Oregon: AIAA, 2011.

[100] 胡孟权,柳平,聂鑫,等. 大气紊流对空中加油软管锥套运动的影响[J]. 飞行力学,2010,28(5):20 – 23.

[101] 杨前,刘卫国,骆光照. 高空电推进系统的积分滑模反演速度控制[J]. 电机与控制学报,2012,16(6):50 – 56.

[102] 王海涛,董新民,窦和锋,等. 软管锥套式空中加油系统建模与特性分析[J]. 北京航空航天大学学报, 2014,10(1):92 – 98.

[103] 王海涛,董新民,郭军,等. 空中加油软管锥套组合体甩鞭现象动力学建模与分析[J]. 航空学报, 2015,36(9):3116 – 3127.

[104] Wang H T, Dong X M, Xue J P, et al. Dynamic modeling of hose – drogue aerial refueling system and integral sliding mode backstepping control for whipping phenomenon[J]. Chinese Journal of Aeronautics, 2014,27(4): 930 – 946.

[105] Wang H T, Dong X M, Liu J L, et al. Dynamics and control of the hose whipping phenomenon in aerial refueling[C]. 2015 IEEE Aerospace Conference, Montana: 2015.

[106] Wang H T, Dong X M, Xue J P, et al. Modeling and simulation of a time – varying inertia aircraft in aerial refueling [J]. Chinese Journal of Aeronautics, 2016.

[107] 王良,董新民,王海涛,等. 基于极值理论的空中加油软管风险定量评估[J]. 飞行力学,2014,32(4):376 – 379.

[108] 石超,薛建平,董新民,等. 空中加油锥套支柱数对稳定伞阻力系数影响的研究[J]. 飞行力学,2014,32(4): 320 – 324.

[109] Khan O, Masud J. Trajectory analysis of basket engagement during aerial refueling[C]. AIAA Atmospheric Flight Mechanics Conference, Maryland: AIAA, 2014.
[110] Leitner R M, Estrugo R. Numeric simulation of aerial refueling coupling dynamics in case of hose reelmalfunction[C]. AIAA Modeling and Simulation Technologies (MST) Conference, Boston: AIAA, 2013.
[111] Noriaki Nakagawa, Akira Obataf. Longitudinal stability analysis of aerial – towed systems[J]. Journal of Guidance Control and Dynamics, 1992, 29(6): 978 – 985.
[112] Richard Kerker. Rollingaerial refueling Boom [P]. US, United States Patent, 4586683, May 6, 1986.
[113] Richard Herschel Weiland. Aerialrefueling boom articulation[P]. US, United States Patent, 4072283, February 7, 1978.
[114] Thomas H White. Operatingstation for aircraft refueling boom[P]. US, United States Patent, 4264044, April 28, 1981.
[115] Adam L Mortensen, BSAE. Improvedload alleviation capability for the KC – 135[D]. Air University, 1997.
[116] Debra A Nawrocki. Investigation ofaerodynamic alterations for improving the KC – 135 boom performance during aerial refueling[D]. Air University, 1995.
[117] Luat T Nguyen, Marilyn E Ogburn, William P Gilbert, et al. Simulatorstudy of stall/ post – stall characteristics of a fighter airplane with relaxed longitudinal static stability[R]. Washington, D. C.: NASA, 1979.
[118] 徐鑫福. 飞机飞行操纵系统[M]. 北京:北京航空航天大学出版社,1989.
[119] 宋贵翔,张新国. 电传飞行控制系统[M]. 北京:国防工业出版社, 2003.
[120] 高金源,李陆豫,冯亚昌. 飞机飞行品质[M]. 北京:国防工业出版社, 2003.
[121] 董庚寿,范立钦,刘昶,等. 有人驾驶飞机(固定翼)飞行品质(GJB185 – 86)背景材料和使用说明[M]. 北京:国防科工委航空气动力协作攻关办公室,1993.
[122] 国防科学技术工业委员会. GJB185 – 86. 有人驾驶飞机(固定翼)飞行品质[S]. 北京:国防科学技术工业委员会, 1987.
[123] 国防科学技术工业委员会. GJB2191 – 94. 有人驾驶飞机飞行控制系统通用规范[S]. 北京:国防科学技术工业委员会, 1995.
[124] 国防科学技术工业委员会. GJB2874 – 97. 电传操纵系统飞机的飞行品质[S]. 北京:国防科学技术工业委员会, 1997.
[125] 熊治国,董新民. 程序调参飞行控制律的研究与展望[J]. 飞行力学, 2003, 21(4):9 – 13.
[126] 王海涛,董新民,周倩,等. 飞机中性速度稳定性分数阶 PID 控制律设计[J]. 飞行力学,2015.
[127] Gao N, Qu Z H, Wang H T. Neutral speed stability control law of aircraft design based on fractional order PID[C]. 24th Chinese Control and Decision Conference, 2012.
[128] 王海涛,董新民,王建刚. 分数阶控制理论在飞机俯仰控制中的应用[J]. 飞行力学,2011,29(5):44 – 48.
[129] 廖开俊,董新民,郭军,等. 过失速飞机纵向快速指向研究[J]. 飞行力学,2010,28(5):16 – 19.
[130] 王健,董新民,王海涛,等. 非线性动态逆空中加油自主对接控制[J]. 飞行力学,2015,33(1):30 – 34.
[131] 窦和锋,董新民,薛建平,等. 无人作战飞机空中加油建模与近距机动控制律设计[J]. 飞行力学,2013,31(4):326 – 330.
[132] 郭军,董新民,徐跃鉴,等. 无人机空中加油自主会合控制器设计[J]. 控制与决策,2010:25(4):567 – 571.
[133] 郭军,董新民,王龙. 自主空中加油时变质量无人作战飞机非线性控制[J]. 控制理论与应用,2012,29(5):571 – 579.
[134] 郭军,董新民,王龙. 综合重构与正交迭代位姿估计算法[J]. 应用科学学报,2011,29(6):577 – 584.
[135] 郭军,董新民,王龙,等. 自主空中加油多摄像机近距相对导航与控制[J]. 信息与控制, 2012,41(1):95 – 101.
[136] 郭军,董新民,廖开俊,等. 无人机空中加油自主编队控制器设计[J]. 飞行力学,2010,20(6):36 – 40.
[137] 郭军,董新民,徐跃鉴,等. 视觉导航辅助的自主空中加油建模与仿真[J]. 系统仿真学报,2010, 22(10):2454 – 2458.
[138] 郑红,刘东,郭军,等. 一类 MIMO 非线性系统的局部化自适应控制[J]. 北京航空航天大学学报,2012,38(10):1290 – 1294.

[139] 王龙,董新民,贾海燕. 无人机空中加油相对位姿解耦迭代确定算法[J]. 应用科学学报,2012,30(4):427-432.

[140] 王龙,董新民,贾海燕. 机器视觉辅助的无人机空中加油相对导航[J]. 应用科学学报,2012,30(2):209-214.

[141] 王龙,董新民,张宗麟. 紧耦合 INS/视觉相对位姿测量方法[J]. 中国惯性技术学报,2011,19(6):686-691.

[142] 王旭峰,董新民,孔星炜,等. 视觉辅助的无人机自主空中加油建模与仿真[J]. 飞行力学, 2013,31(4):331-335.

[143] 王旭峰,董新民,孔星炜. 机器视觉辅助的插头锥套式无人机自主空中加油仿真[J]. 科学技术与工程, 2013,13(18):5245-5250.

[144] 王旭峰,董新民,孔星炜,等. MS-KF 融合算法用于锥套跟踪[J]. 应用光学,2013,34(6):951-956.

[145] 支健辉,董新民,孔星炜,等. 相机标定的外界影响因素分析[J]. 应用光学,2014,35(2):286-291.

[146] Zhi J H, Dong X M, Kong X W, et al. Drogue recognition and location for UAV autonomous aerial refueling based on camera calibration[C]. Chinese Control Conference (CCC), 2014 33rd Chinese, 2014.

[147] 支健辉,孔星炜,董新民,等. CamShift 在加油锥套识别跟踪中的应用[J]. 飞行力学,2015,33(1):83-86.

[148] Krstic M, Kanellakopoulos I, Kokotovic P. Nonlinear and adaptive control design[M]. New York: Wiley, 1995.

[149] Slotine J, Li W. Applied nonlinear control[M]. Englewood Cliffs, NJ: Prentice-Hall, 1991.

[150] Farrell J A, Y Zhao. Self-organizing approximation base control [C]. American Control Conference, Minnesota, 2006.

[151] Zhao Y, Farrell J A. Performance-based self-organizing approximation for scalar state estimation and control[C]. American Control Conference, New York, 2007.

[152] Zhao Y, Farrell J A. Self-organizing approximation-based control for higher order systems[J]. IEEE Transactions on Neural Networks, 2007, 18(4): 1220-1231.

[153] Farrell J A, Polycarpou M, Sharma M, et al. Command filtered backstepping[C]. American Control Conference, Seattle, Washington: 2008.

[154] Farrell J A, Polycarpou M, Sharma M, et al. Command filtered backstepping[J]. IEEE Transactions on Automatic Control, 2009, 54(6): 1391-1395.

[155] Zhao Y, Farrell J A. Localized adaptive bounds for approximation-based backstepping[J]. Automatica, 2008, 44: 2607-2613.

[156] Farrell J A, Sharma M, Polycarpou M. Backstepping-based flight control with adaptive function approximation[J]. Journal of Guidance Control and Dynamics, 2005, 28(6):1089-1102.

[157] Sonneveldt L, Chu Q P, Mulder J A. Nonliner flight control design using constrained adaptive backstepping[J]. Journal of Guidance Control and Dynamics, 2007, 30(2): 322-336.

[158] Sonneveldt L, van Oort E R, Chu Q P, et al. Nonliner adaptive trajectory control applied to an F-16 model[J]. Journal of Guidance Control and Dynamics, 2009, 32(1): 25-39.

[159] Praveen Shankar, Rama K Yedavalli, John J Burken. Slef-organizing radial basisfunction Networks for adaptive flight control[J]. Journal of Guidance Control and Dynamics, 2011, 34(3):783-794.

[160] Valasek J, Gunnam K, Tandale M D, et al. Vision-based sensor and navigation system for autonomous aerial refueling [J]. Journal of Guidance Control and Dynamics, 2005, 28(5):979-989.

[161] Tandale M D, Bowers R, Valasek J. Trajectory tracking controller for vision-based probe and drogue autonomous aerial refueling[J]. Journal of Guidance Control and Dynamics, 2006, 29 (4): 846-857.

[162] Wang J, Patel V V, Cao C, et al. Novel L1 adaptive control methodology for aerial refueling with guaranteed transient performance[J]. Journal of Guidance Control and Dynamics, 2008, 31(1): 182-193.

[163] Wang J, Naira Hovakimyan, Cao C. Verifiable adaptive flight control: unmanned combat aerial vehicle and aerial refueling[J]. Journal of Guidance Control and Dynamics, 2010, 33(1): 75-87.

# 致　谢

硕士第二年，偶然看到一本在读博士生撰写的小册子，让我第一次萌生了将自己所学写成书的冲动。到如今心愿达成，一晃已是五年之后的事了。书稿临近完成之时，也正逢博士毕业之际，蓦然回首，已在西安求学十年。十年是个特别容易触动内心深处最柔软地方的词汇，是个有必要停下来总结和回顾的时间节点，更是个值得铭记在心的人生里程碑。十年生死两茫茫，不思量，自难忘。苏东坡在十年这个节点上写下了对亡妻的无限深情，而我用西安求学十年的收获纪念逝去的光阴，记录点滴的成长。书中的内容对于读者可能仅仅是单纯的文字和公式，但对我本人却是十年的苦乐、十年的奋斗、十年的收获。这收获包含了太多人的关心帮助，谨以此书献给你们，并衷心感谢你们。

衷心感谢我的导师董新民教授。西安的十年有六年是与您朝夕相伴度过的。这些年，远离故乡，举目无亲，是您在生活上给予父亲般的温暖，在学业上不厌其烦地答疑解惑。犹记得您在我西安婚礼答谢宴上频频举杯逐一感谢来宾，您说我的父母没来现场，您就是我的家长，这是家长应该做的。犹记得和您一起加班熬夜撰写国家自然科学基金面上项目申请书，您逐字逐句推敲，几近苛刻，不同修改版本的申请书密密麻麻占满屏幕。犹记得每一次亲密无间的畅谈，从学术知识，到为人处事，再到人生规划，无不饱含深情，充满期望。衷心感谢您的教育培养，关怀包容，希望毕业以后还能在空中加油研究上并肩战斗。

衷心感谢制导与控制教研室薛建平、王小平、刘勤三位老师多年的指导帮助，是你们教会我许多做人做事做学问的道理。感谢空中加油小组的陈博、徐跃鉴、郭军、刘娇龙、窦和峰、王健等历届师兄弟，是你们无私共享自己的研究成果，帮助本书的完成。感谢陈娅丽师姐，廖开俊、王龙、李洪波、陈勇、程建峰、王发威、李飞、王建刚等师兄，是你们日常的指导点拨，促使我学术水平逐步提高。一并感谢实验室朝夕相处的王晓东、陈爱华、刘棕成、鲍额尔敦、徐宁、杨杰、吴学钊、王旭峰、孙大伟、王良、支健辉、石超、刘哲、狄方旭、王哲、高宇、苟义勇、易坚等师兄弟，是你们共同营造了轻松快乐的学习氛围，分担了工作学习中的很多琐事，我们的每一次交流讨论都让我受益匪浅。

还要衷心感谢八所赵志忠主任、贺勇军高工、程龙工程师，中航工业南京机电中心肖铭总师、周倩部长，一飞院高亚奎总师，仇江工程师，618 所朱雪耀总师、陈向工程师等在空中加油研究中给予无私帮助指导的所有人。

特别要感谢我的父亲王成友、母亲陈子娟、岳母魏守娥、姐姐王宝方，离家十年，对家庭是十分亏欠的，是你们承担了家庭的重担，你们是我在外求学生活的精神支柱。

郑重感谢我心爱的妻子魏琳，相识到结婚的四年多来，与你聚少离多，家庭的重担无法为你分担,工作的压力无法为你疏导,没有花前月下,没有天天陪伴,但你始终不怨不弃,一如既往地理解支持我。没有你,就没有本书的完成,就没有学业的完成。

十年的求学之路,有六年是围绕空中加油研究度过的,对它充满了热爱。在毕业之际,能以它画上句号是幸福的。今年离家时,我发的微信状态是:前途未卜、归期难定。面对毕业离校,面对未来的人生和事业,尽管吉凶未知,我想只要不忘初衷,找准方向,脚踏实地,总会取得更大的收获,回报所有关心爱护我的人。

王海涛

2015 年 9 月